全国计算机技术与软件专业技术资格（水平）考试指定用书

数据库系统工程师教程

（第4版）

王亚平　刘伟　主编

U0252719

清华大学出版社

北京

内 容 简 介

本书作为全国计算机技术与软件专业技术资格（水平）考试的中级职称考试的指定教材，具有比较权威的指导意义。本书根据《数据库系统工程师考试大纲》（2020 年审定通过）的重点，阐述了 16 章的内容，考生在学习教材内容的同时，还须对照考试大纲认真学习和复习大纲的知识点。

本书是在《数据库系统工程师考试大纲》的指导下，对《数据库系统工程师教程》（第 3 版）进行了认真修编，部分内容重写而成。

本书适合参加本考试的考生和大学在校生作为教材。

图书在版编目（CIP）数据

数据库系统工程师教程 / 王亚平，刘伟主编. 一4 版. 一北京：清华大学出版社，2020.12(2021.12重印)
全国计算机技术与软件专业技术资格（水平）考试指定用书
ISBN 978-7-302-56825-4

Ⅰ. ①数⋯ Ⅱ. ①王⋯ ②刘⋯ Ⅲ. ①数据库系统－资格考试－自学参考资料 Ⅳ. ①TP311.13

中国版本图书馆 CIP 数据核字（2020）第 217358 号

责任编辑：杨如林
封面设计：常雪影
责任校对：徐俊伟
责任印制：宋 林

出版发行：清华大学出版社
　　　网　　　址：http://www.tup.com.cn, http://www.wqbook.com
　　　地　　　址：北京清华大学学研大厦 A 座　　　　　邮　　编：100084
　　　社 总 机：010-62770175　　　　　　　　　　　邮　　购：010-83470235
　　　投稿与读者服务：010-62776969，c-service@tup.tsinghua.edu.cn
　　　质 量 反 馈：010-62772015，zhiliang@tup.tsinghua.edu.cn
印 装 者：三河市君旺印务有限公司
经　　销：全国新华书店
开　　本：185mm×230mm　　印　张：38.5　　防伪页：1　　字　数：911 千字
版　　次：2004 年 11 月第 1 版　　2020 年 12 月第 4 版　　印　次：2021 年 12 月第 3 次印刷
定　　价：139.00 元

产品编号：090288-01

第 4 版　前言

全国计算机技术与软件专业技术资格（水平）考试实施至今已经历了二十余年，在社会上产生了很大的影响，对我国软件产业的形成和发展做出了重要的贡献。为了适应我国计算机信息技术发展的需求，人力资源和社会保障部、工业和信息化部决定将考试的级别拓展到计算机信息技术行业的各个方面，以满足社会上对各种计算机信息技术人才的需要。

编者受全国计算机专业技术资格考试办公室的委托，对《数据库系统工程师教程》（第 3 版）一书进行修订，以适应新的考试大纲要求。在考试大纲中，要求考生掌握的知识面很广，每个章节的内容都能构成相关领域的一门课程，因此编写的难度很高。考虑到参加考试的人员已有一定的基础，所以本书中只对考试大纲中所涉及的知识领域的要点加以阐述，但由于篇幅所限，不能详细地展开，请读者谅解。

全书共分 16 章，各章节内容安排如下：

第 1 章主要介绍计算机硬件基础知识、计算机体系结构、存储系统以及安全性、可靠性和系统性能评测基础知识。

第 2 章主要介绍程序设计语言的基本概念与基本成分，阐述了汇编程序、编译程序与解释程序的基本原理。

第 3 章主要介绍数据结构中的线性结构、数组、矩阵、树和图的基本概念，阐述了查找和排序的基本方法和算法以及算法设计与分析的基本概念等。

第 4 章主要介绍操作系统中的进程管理、存储管理、设备管理、文件管理、作业管理以及网络与嵌入式操作系统基础知识。

第 5 章主要介绍网络体系结构、网络互联硬件、网络协议与标准、Internet 应用以及网络安全知识。

第 6 章主要介绍数据库系统的基本概念、数据模型、数据存储与查询、数据仓库与数据挖掘基础知识。

第 7 章主要介绍关系数据库基本概念、关系运算、元组演算、域演算、查询优化以及关系数据库设计基础理论。

第 8 章主要介绍 SQL 的功能与特点、SQL 数据定义语言（表、视图、索引、约束）、 SQL 数据操作语言（数据检索、数据插入/删除/更新）、创建与删除触发器、SQL 数据控制语言（安全性和授权、事务处理）以及嵌入式 SQL。

第 9 章主要介绍 NoSQL 的功能与特点。

第 10 章主要介绍软件工程基础知识、面向对象的基本概念、面向对象程序设计与开发技术，讨论了面向对象分析与设计方法，介绍了软件系统设计、测试和运行维护方面的知识。

第 11 章主要介绍数据库应用系统设计过程涉及的内容，包括概念结构设计、逻辑结构设计、物理结构设计、数据库系统实施、数据库运行维护与管理、性能调整以及用户支持。

第 12 章主要介绍事务的基本概念、并发控制和封锁协议、数据库备份与恢复、数据库的安全性与完整性。

第 13 章主要介绍云计算技术与大数据处理方面的基础知识。

第 14 章主要介绍数据库主流应用技术，如分布式数据库基本概念与应用、网络环境下数据库系统的设计与实施、面向 Web 的数据库管理系统技术以及数据库系统的发展趋势。

第 15 章主要介绍标准化与知识产权基础知识。

第 16 章主要介绍数据库应用案例，重点介绍 SQL 应用案例和数据库设计应用案例。

本书第 1～3 章由张淑平编写，第 4 章由王亚平编写，第 5 章由严体华编写，第 6 章由景为、王亚平编写，第 7 章、第 8 章由王亚平编写，第 9 章由高海昌编写，第 10 章由褚华编写，第 11 章、第 12 章由王亚平编写，第 13 章由刘伟编写，第 14 章由高海昌编写，第 15 章由景为、刘强编写，第 16 章由刘伟编写，最后由王亚平统稿。

在本书的编写过程中，参考了许多相关的书籍和资料，编者在此对这些参考文献的作者表示感谢。同时感谢清华大学出版社在本书出版过程中所给予的支持和帮助。

因作者的水平有限，书中难免存在错漏和不妥之处，望读者指正，以利改进和提高。

编者
2020 年 10 月

目 录

第 1 章　计算机系统知识

计算机系统是由硬件和软件组成的，它们协同工作来运行程序。本章简要介绍计算机体系结构和存储系统以及安全性、可靠性与系统性能评测基础知识。

1.1　计算机硬件基础知识

计算机的基本硬件系统由运算器、控制器、存储器、输入设备和输出设备 5 大部件组成。运算器、控制器等部件被集成在一起统称为中央处理单元（Central Processing Unit，CPU）。CPU 是硬件系统的核心，用于数据的加工处理，能完成算术运算、逻辑运算及控制功能。存储器是计算机系统中的记忆设备，分为内部存储器和外部存储器。前者速度高、容量小，一般用于存储运行过程中的程序、数据及中间结果；而后者容量大、速度慢，可以长期保存程序和数据。输入设备和输出设备合称为外部设备（简称外设），输入设备用于输入原始数据及各种命令，而输出设备则用于输出计算机运行的结果。

1.1.1　中央处理单元

中央处理单元（CPU）是计算机系统的核心部件，它负责获取程序指令、对指令进行译码并加以执行。

1. CPU 的功能

CPU 的功能如下：

（1）程序控制。CPU 按照程序的安排来执行指令，保证程序指令严格按规定的顺序执行，通过执行程序控制计算机的行为。

（2）操作控制。一条指令功能的实现需要若干操作信号来完成，CPU 产生每条指令的操作信号并将操作信号送往不同的部件，控制相应的部件按指令的功能要求进行操作。

（3）时间控制。CPU 对每条指令的整个执行时间要进行严格控制。同时，指令执行过程中操作信号的出现时间、持续时间及出现的时间顺序都需要进行严格控制。

（4）数据处理。CPU 通过对数据进行算术运算及逻辑运算等方式进行加工处理，数据加工处理的结果为人们所使用。所以，对数据的加工处理是 CPU 最根本的任务。

此外，CPU 还需要对系统内部和外部的中断（异常）做出响应，进行相应的处理。

2. CPU 的组成

CPU 主要由运算器、控制器、寄存器组和内部总线等部件组成，如图 1-1 所示。

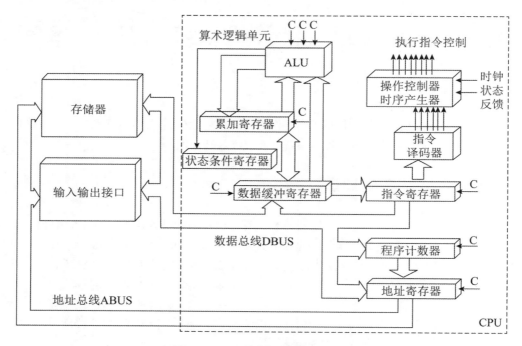

图 1-1　CPU 基本组成结构示意图

1）运算器

运算器包括算术逻辑单元（Arithmetic and Logic Unit，ALU）、累加寄存器、数据缓冲寄存器和状态条件寄存器等，它是数据加工处理部件，完成所规定的各种算术和逻辑运算。相对控制器而言，运算器接受控制器的命令而进行动作，即运算器所进行的全部操作都是由控制器发出的控制信号来指挥的，所以它是执行部件。运算器有如下两个主要功能：

（1）执行所有的算术运算，如加、减、乘、除等基本运算及附加运算。

（2）执行所有的逻辑运算并进行逻辑测试，如与、或、非、零值测试或两个值的比较等。

下面简要介绍运算器中各部件的组成和功能。

（1）算术逻辑单元（ALU）。ALU 是运算器的重要组成部件，负责处理数据，实现对数据的算术运算和逻辑运算。

（2）累加寄存器（AC）。AC 通常简称为累加器，它是一个通用寄存器。其功能是当运算器的算术逻辑单元执行算术或逻辑运算时，为 ALU 提供一个工作区。例如，在执行一个减法运算前，先将被减数暂存在 AC 中，再从内存储器中取出减数，然后与 AC 的内容相减，所得的结果送回 AC 暂存。

（3）数据缓冲寄存器（DR）。在对内存储器进行读写操作时，用 DR 暂时存放由内存储器读写的一条指令或一个数据字，将不同时间段内读写的数据隔离开来。DR 的主要作用为：作为 CPU 和内存、外部设备之间数据传送的中转站以及它们在操作速度上的缓冲；在单累加器结构的运算器中，数据缓冲寄存器还可兼作操作数寄存器。

（4）状态条件寄存器（PSW）。PSW 保存根据算术指令和逻辑指令运行或测试的结果建立的各种条件码内容，主要分为状态标志和控制标志，如运算结果进位标志（C）、运算结果溢出标志（V）、运算结果为 0 标志（Z）、运算结果为负标志（N）、中断标志（I）、方向标志（D）和单步标志等。这些标志通常分别由 1 位触发器保存，保存了当前指令执行完成之后的状态。通常，一个算术操作产生一个运算结果，而一个逻辑操作则产生一个判决。

2）控制器

控制器用于控制整个 CPU 的工作，它决定了计算机运行过程的自动化。它不仅要保证程序的正确执行，而且要能够处理异常事件。控制器一般包括指令控制逻辑、时序控制逻辑、总线控制逻辑和中断控制逻辑等几个部分。

指令控制逻辑要完成取指令、分析指令和执行指令的操作，其过程分为取指令、指令译码、按指令操作码执行、形成下一条指令地址等步骤。控制器在工作过程中主要使用下述几个部件：

（1）指令寄存器（IR）。当 CPU 执行一条指令时，先把它从内存储器取到缓冲寄存器中，再送入 IR 暂存，指令译码器根据 IR 的内容产生各种微操作指令，控制其他部件协调工作，完成指令的功能。

（2）程序计数器（PC）。PC 具有寄存信息和计数两种功能，又称为指令计数器。程序的执行分两种情况，一是顺序执行，二是转移执行。在程序开始执行前，将程序的起始地址送入 PC，该地址在程序加载到内存时确定，因此 PC 的内容即是程序第一条指令的地址。执行指令时，CPU 将自动修改 PC 的内容，以便使其保持的总是将要执行的下一条指令的地址。由于大多数指令都是按顺序来执行的，所以修改的过程通常只是简单地对 PC 加 1。当遇到转移指令时，后继指令的地址根据当前指令的地址加上一个向前或向后转移的位移量产生，或者根据转移指令给出的直接转移的地址产生，再送入 PC。

（3）地址寄存器（AR）。AR 保存当前 CPU 所访问的内存单元的地址。由于内存和 CPU 存在着操作速度上的差异，所以需要使用 AR 保持地址信息，直到内存的读/写操作完成为止。

（4）指令译码器（ID）。指令包含操作码和地址码两部分，为了能执行任何给定的指令，必须对操作码进行分析，以便识别要进行的操作。指令译码器就是对指令中的操作码字段进行分析解释，识别该指令规定的操作，向操作控制器发出具体的控制信号，控制各部件工作，完成所需的功能。

时序控制逻辑要为每条指令按时间顺序提供应有的控制信号。总线控制逻辑是为多个功能部件服务的信息通路的控制电路。中断控制逻辑用于控制各种中断请求，并根据优先级的高低对中断请求进行排队，逐个交给 CPU 处理。

3）寄存器组

寄存器组可分为专用寄存器和通用寄存器。运算器和控制器中的寄存器是专用寄存器，其作用是固定的。通用寄存器用途广泛并可由程序员规定其用途，其数目因处理器不同有所差异。

3. 多核 CPU

CPU 的核心又称为内核，是 CPU 最重要的组成部分。CPU 中心那块隆起的芯片就是核心，是由单晶硅以一定的生产工艺制造出来的，CPU 所有的计算、接收/存储命令、处理数据都由核心执行。各种 CPU 核心都具有固定的逻辑结构，一级缓存、二级缓存、执行单元、指令级单元和总线接口等逻辑单元都需要合理的布局。

多核即在一个单芯片上面集成两个甚至更多个处理器内核，其中每个内核都有自己的逻辑单元、控制单元、中断处理器、运算单元，一级 Cache、二级 Cache 共享或独有，其部件的完整性和单核处理器内核相比完全一致。

起初，CPU 的主要厂商 AMD 和 Intel 的双核技术在物理结构上有很大不同。AMD 将两个内核做在一个 Die（晶元）上，通过直连架构连接起来，集成度更高。Intel 则是将放在不同核心上的两个内核封装在一起，因此有人将 Intel 的方案称为"双芯"，将 AMD 的方案称为"双核"。从用户端的角度来看，AMD 的方案能够使双核 CPU 的管脚、功耗等指标跟单核 CPU 保持一致，从单核升级到双核，不需要更换电源、芯片组、散热系统和主板，只需要刷新 BIOS 软件即可。

多核 CPU 系统最大的优点（也是开发的最主要目的）是可满足用户同时进行多任务处理等要求。

单核多线程 CPU 是交替地转换执行多个任务，只不过交替转换的时间很短，用户一般感觉不出来。如果同时执行的任务太多，就会感觉到"慢"或者"卡"。而多核在理论上则是在任何时间内每个核分别执行各自的任务，不存在交替问题。因此，单核多线程和多核（一般每核也是多线程的）虽然都可以执行多任务，但多核的速度更快。

虽然采用了 Intel 超线程技术的单核可以视为双核，4 核可以视为 8 核。然而，视为 8 核一般比不上实际是 8 核的 CPU 性能。

要发挥 CPU 的多核性能，就需要操作系统能够及时、合理地给各个核分配任务和资源（如缓存、总线、内存等），也需要应用软件在运行时可以把并行的线程同时交付给多个核心分别处理。

1.1.2 存储器

1. 存储器的分类

1）按存储器所处位置分类

按存储器所处的位置，可将其分为内存和外存。

（1）内存。内存也称为主存，设置在主机内（或主机板上），用来存放机器当前运行所需要的程序和数据，以便向 CPU 提供信息。相对于外存，其特点是容量小、速度快。

（2）外存。外存也称为辅存，如磁盘、磁带和光盘等，用来存放当前不参与运行的大量信息，必要时可把需要的信息调入内存。相对于内存，外存的容量大、速度慢。

2）按存储器的构成材料分类

按构成存储器的材料，可将其分为磁存储器、半导体存储器和光存储器。

（1）磁存储器。其是用磁性介质做成的，如磁芯、磁泡、磁膜、磁鼓、磁带及磁盘等。

（2）半导体存储器。根据所用元件又可分为双极型和 MOS 型；根据数据是否需要刷新，又可分为静态（Static memory）和动态（Dynamic memory）两类。

（3）光存储器。如 CD-ROM、DVD-ROM 等光盘（Optical Disk）存储器。

3）按存储器的工作方式分类

按存储器的工作方式可将其分为读写存储器和只读存储器。

（1）读写存储器（read-write memory）。其是既能读取数据也能存入数据的存储器。

（2）只读存储器。根据数据的写入方式，这种存储器又可分为 ROM、PROM、EPROM 和 EEPROM 等类型。

①固定只读存储器（Read Only Memory，ROM）。这种存储器的内容是在厂家生产时就写好的，其内容只能读出，不能改变。一般用于存放系统程序 BIOS 以及用于微程序控制。

②可编程的只读存储器（Programmable Read Only Memory，PROM）。其中的内容可以由用户一次性地写入，写入后不能再修改。

③可擦除可编程的只读存储器（Erasable Programmable Read Only Memory，EPROM）。其中的内容既可以读出，也可以由用户写入，写入后还可以修改。改写的方法是写入之前先用紫外线照射 15～20 分钟以擦去所有信息，然后再用特殊的电子设备写入信息。

④电擦除可编程的只读存储器（Electrically Erasable Programmable Read Only Memory，EEPROM）。与 EPROM 相似，EEPROM 中的内容既可以读出，也可以进行改写。只不过这种存储器是用电擦除的方法进行数据的改写。

⑤闪速存储器（Flash Memory）。其简称闪存，闪存的特性介于 EPROM 和 EEPROM 之间，类似于 EEPROM，也可使用电信号进行信息的擦除操作。整块闪存可以在数秒内删除，速度远快于 EPROM。

4）按访问方式分类

存储器按访问方式可分为按地址访问的存储器和按内容访问的存储器。

5）按寻址方式分类

存储器按寻址方式可分为随机存储器、顺序存储器和直接存储器。

（1）随机存储器（Random Access Memory，RAM）。这种存储器可对任何存储单元存入或读取数据，访问任何一个存储单元所需的时间是相同的。

（2）顺序存储器（Sequentially Addressed Memory，SAM）。访问数据所需要的时间与数据所在的存储位置相关，磁带是典型的顺序存储器。

（3）直接存储器（Direct Addressed Memory，DAM）。介于随机存取和顺序存取之间的一种寻址方式。磁盘是一种直接存取存储器，它对磁道的寻址是随机的，而在一个磁道内则是顺序寻址。

2. 随机访问存储器

随机访问存储器（RAM）分为静态 RAM 和动态 RAM 两类。静态 RAM（SRAM）比动态 RAM（DRAM）更快，也更贵。SRAM 常用来作为高速缓冲存储器，DRAM 用来作为主存及图形系统的帧缓冲存储区。

（1）SRAM。在 SRAM 中，将每个位存储在一个双稳态存储器单元中，每个单元是用一个六晶体管电路来实现的。只要供电，SRAM 存储单元的内容就保持不变。

（2）DRAM。在 DRAM 中，每个位由一个电容和一个晶体管组成，电容量很小（容量越小速度越快）。与 SRAM 不同，DRAM 存储器单元对干扰很敏感，电容的电压被扰乱之后也不能再自行恢复，也有其他原因会导致漏电，因此，必须在电容中的电荷漏掉之前进行补充，以保证信息不会丢失，这称为刷新。DRAM 必须周期性地进行刷新操作。

由于集成度高、价格低，DRAM 常用来构成主存储器，主要采用 SDRAM（Synchronous Dynamic Random Access Memory），发展出了 SDR SDRAM、DDR SDRAM、DDR2 SDRAM、DDR3 SDRAM、DDR4 SDRAM 等。

由 DRAM 芯片可组成所需容量要求的内存模块。例如，由 4 个 8M×8 位的 DRAM 芯片（DRAM 0、DRAM 1、DRAM 2、DRAM 3）构成 8M×32 位的内存区域，32 位字的 4 个字节分别由 4 个 DRAM 芯片的同一地址单元提供，DRAM 0 提供第 1 字节（最低字节），DRAM 1 提供第 2 字节，DRAM 2 提供第 3 字节，DRAM 3 提供第 4 字节（最高字节），如图 1-2 所示。

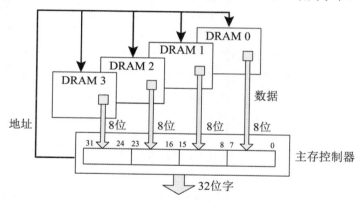

图 1-2　由 4 个 8M×8 位的 DRAM 芯片组成 8M×32 位的内存模块

3. 外存储器

外存储器用来存放暂时不用的程序和数据，并且以文件的形式存储。CPU 不能直接访问外存中的程序和数据，只有将其以文件为单位调入主存后才可访问。外存储器由磁表面存储器（如磁盘、磁带）及光盘存储器构成。下面介绍两种常用的外存储器。

1）磁盘存储器

在磁表面存储器中，磁盘的存取速度较快，且具有较大的存储容量，是目前广泛使用的外存储器。磁盘存储器由盘片、驱动器、控制器和接口组成。盘片用来存储信息。驱动器用于驱动磁头沿盘面径向运动以寻找目标磁道位置，同时驱动盘片以额定速率稳定旋转，并且控制数据的写入和读出。控制器接收主机发来的命令，将它转换成磁盘驱动器的控制命令，并实现主机和驱动器之间数据格式的转换及数据传送，以控制驱动器的读/写操作。一个控制器可以控制一台或多台驱动器。接口是主机和磁盘存储器之间的连接逻辑。

硬盘是最常见的外存储器。一个硬盘驱动器内可装有多个盘片，组成盘片组，每个盘片都配有一个独立的磁头。所有记录面上相同序号的磁道构成一个圆柱面，其编号与磁道编号相同。文件存储在硬盘上时尽可能放在同一圆柱面上，或者放在相邻柱面上，这样可以缩短寻道时间。

为了正确存储信息，将盘片划成许多同心圆，称为磁道，从外到里编号，最外一圈为 0 道，往内道号依次增加。沿径向的单位距离的磁道数称为道密度，单位为 tpi（每英寸磁道数）。将一个磁道沿圆周等分为若干段，每段称为一个扇段或扇区，每个扇区内可存放一个固定长度的数据块，如 512B。磁道上单位距离可记录的位数称为位密度，单位为 bpi（每英寸位数）。因为每条磁道上的扇区数相同，而每个扇区的大小又一样，所以每条磁道都记录同样多的信息。又因为里圈磁道圆周比外圈磁道的圆周小，所以里圈磁道的位密度要比外圈磁道的位密度高。最内圈的位密度称为最大位密度。

硬盘的寻址信息由硬盘驱动号、圆柱面号、磁头号（记录面号）、数据块号（或扇区号）以及交换量组成。

磁盘容量有两种指标：一种是非格式化容量，它是指一个磁盘所能存储的总位数；另一种是格式化容量，它是指各扇区中数据区容量总和。计算公式分别如下：

非格式化容量＝面数×（磁道数/面）×内圆周长×最大位密度

格式化容量＝面数×（磁道数/面）×（扇区数/道）×（字节数/扇区）

按盘片是否固定、磁头是否移动等指标，硬盘可分为移动磁头固定盘片的磁盘存储器、固定磁头的磁盘存储器、移动磁头可换盘片的磁盘存储器和温彻斯特磁盘存储器（简称温盘）。

2）光盘存储器

光盘存储器是一种采用聚焦激光束在盘式介质上非接触地记录高密度信息的存储装置。

根据性能和用途，光盘存储器可分为只读型光盘（CD-ROM）、只写一次型光盘（WORM）和可擦除型光盘。只读型光盘是由生产厂家预先用激光在盘片上蚀刻不能再改写的各种信息，目前这类光盘使用很普遍。只写一次型光盘是指由用户一次写入、可多次读出但不能擦除的光盘，写入方法是利用聚焦激光束的热能，使光盘表面发生永久性变化而实现的。可擦除型光盘是读写型光盘，它是利用激光照射引起介质的可逆性物理变化来记录信息。

光盘存储器由光学、电学和机械部件等组成。其特点是记录密度高，存储容量大，采用非接触式读/写信息（光头距离光盘通常为 2mm），信息可长期保存（其寿命达 10 年以上），采用多通道记录时数据传送率可超过 200MB/s，制造成本低，对机械结构的精度要求不高，存取时间较长等。

1.1.3　总线

所谓总线（Bus），是指计算机设备和设备之间传输信息的公共数据通道。总线是连接计算机硬件系统内多种设备的通信线路，它的一个重要特征是由总线上的所有设备共享，因此可以将计算机系统内的多种设备连接到总线上。

1. 总线的分类

微机中的总线分为数据总线、地址总线和控制总线 3 类。不同型号的 CPU 芯片，其数据总线、地址总线和控制总线的条数可能不同。

数据总线（Data Bus，DB）用来传送数据信息，是双向的。CPU 既可通过 DB 从内存或输入设备读入数据，也可通过 DB 将内部数据送至内存或输出设备。DB 的宽度决定了 CPU 和计算机其他设备之间每次交换数据的位数。

地址总线（Address Bus，AB）用于传送 CPU 发出的地址信息，是单向的。传送地址信息的目的是指明与 CPU 交换信息的内存单元或 I/O 设备。存储器是按地址访问的，所以每个存储单元都有一个固定地址，要访问 1MB 存储器中的任一单元，需要给出 2^{20} 个地址，即需要 20 位地址（2^{20}=1M）。因此，地址总线的宽度决定了 CPU 的最大寻址能力。

控制总线（Control Bus，CB）用来传送控制信号、时序信号和状态信息等。其中有的信号是 CPU 向内存或外部设备发出的信息，有的是内存或外部设备向 CPU 发出的信息。显然，CB 中的每一条线的信息传送方向是单方向且确定的，但 CB 作为一个整体则是双向的。所以，在各种结构框图中，凡涉及控制总线 CB，均是以双向线表示。

总线的性能直接影响整机系统的性能，而且任何系统的研制和外围模块的开发都必须依从所采用的总线规范。总线技术随着微机结构的改进而不断发展与完善。

在计算机的概念模型中，CPU 通过系统总线和存储器之间直接进行通信。实际上在现代的计算机中，存在一个控制芯片的模块。CPU 需要和存储器、I/O 设备等进行交互，会有多种不同功能的控制芯片，称之为控制芯片组。对于目前的计算机结构来说，控制芯片集成在主板上，典型的有南北桥结构和单芯片结构。与芯片相连接的总线可以分为前端总线（FSB）、存储总线、I/O 总线、扩展总线等。

1）南北桥芯片结构

北桥芯片直接与 CPU、内存、显卡、南桥相连，控制着 CPU 的类型、主板的总线频率、内存控制器、显示核心等。前端总线（FSB）是将 CPU 连接到北桥芯片的总线。内存总线是将内存连接到北桥芯片的总线，用于和北桥之间的通信。显卡则通过 I/O 总线连接到北桥芯片。

南桥芯片主要负责外部设备接口与内部 CPU 的联系。其中，通过 I/O 总线将外部 I/O 设备连接到南桥，比如 USB 设备、ATA 和 SATA 设备以及一些扩展接口。扩展总线则是指主板上提供的一些 PCI、ISA 等插槽。

2）单芯片结构

单芯片组方式取消了北桥。由于 CPU 中内置了内存控制器，不再需要通过北桥来控制，这样就能提高内存控制器的频率，减少延迟。还有一些 CPU 集成了显示单元，使得显示芯片的频率更高，延迟更低。

2. 常见总线

常见总线包括：

（1）ISA 总线。ISA 是工业标准总线，只能支持 16 位的 I/O 设备，数据传输率大约是 16MB/s，也称为 AT 标准。

（2）EISA 总线。EISA 是在 ISA 总线的基础上发展起来的 32 位总线。该总线定义 32 位地址线、32 位数据线以及其他控制信号线、电源线、地线等共 196 个接点。总线传输速率达 33MB/s。

（3）PCI 总线。PCI 总线是目前微型机上广泛采用的内总线，采用并行传输方式。PCI 总线有适于 32 位机的 124 个信号的标准和适于 64 位机的 188 个信号的标准。PCI 总线的传输速率至少为 133MB/s，64 位 PCI 总线的传输速率为 266MB/s。PCI 总线的工作与 CPU 的工作是相互独立的，也就是说，PCI 总线时钟与处理器时钟是独立的、非同步的。PCI 总线上的设备是即插即用的。接在 PCI 总线上的设备均可以提出总线请求，通过 PCI 管理器中的仲裁机构允许该设备成为主控设备，主控设备与从属设备间可以进行点对点的数据传输。PCI 总线能够对所传输的地址和数据信号进行奇偶校验检测。

（4）PCI Express 总线。PCI Express 简称为 PCI-E，采用点对点串行连接，每个设备都有自己的专用连接，不需要向整个总线请求带宽，而且可以把数据传输率提高到一个很高的频率。相对于传统 PCI 总线在单一时间周期内只能实现单向传输，PCI Express 的双单工连接能提供更高的传输速率和质量。

PCI Express 的接口根据总线位宽不同而有所差异，包括 X1、X4、X8 以及 X16（X2 模式将用于内部接口而非插槽模式），其中 X1 的传输速度为 250MB/s，而 X16 就是等于 16 倍于 X1 的速度，即是 4GB/s。较短的 PCI Express 卡可以插入较长的 PCI Express 插槽中使用。PCI Express 接口能够支持热拔插。同时，PCI Express 总线支持双向传输模式，还可以运行全双工模式，它的双单工连接能提供更高的传输速率和质量，它们之间的差异与半双工和全双工类似。因此连接的每个装置都可以使用最大带宽。

（5）前端总线。微机系统中，前端总线（Front Side Bus，FSB）是将 CPU 连接到北桥芯片的总线。选购主板和 CPU 时，要注意两者的搭配问题，一般来说，如果 CPU 不超频，那么前端总线是由 CPU 决定的，如果主板不支持 CPU 所需要的前端总线，系统就无法工作。也就是说，需要主板和 CPU 都支持某个前端总线，系统才能工作。通常情况下，一个 CPU 默认的前端总线是唯一的。北桥芯片负责联系内存、显卡等数据吞吐量最大的部件，并与南桥芯片连接。CPU 通过前端总线（FSB）连接到北桥芯片，进而通过北桥芯片与内存、显卡交换数据。FSB 是 CPU 和外界交换数据的最主要通道，因此 FSB 的数据传输能力对计算机整体性能作用很大，如果没足够快的 FSB，再强的 CPU 也不能明显提高计算机整体速度。

（6）RS-232C。RS-232C 是一条串行外总线，其主要特点是所需传输线比较少，最少只需三条线（一条发、一条收、一条地线）即可实现全双工通信。传送距离远，用电平传送为 15m，电流环传送可达千米。有多种可供选择的传送速率。采用非归零码负逻辑工作，电平≤−3V 为逻辑 1，而电平≥+3V 为逻辑 0，具有较好的抗干扰性。

（7）SCSI 总线。小型计算机系统接口（SCSI）是一条并行外总线，广泛用于连接软硬磁盘、光盘、扫描仪等。其中，SCSI–1 是第一个 SCSI 标准，传输速率为 5MB/s；Ultra2 SCSI 的传输速率为 80MB/s；Ultra160 SCSI 也称 Ultra3 SCSI LVD，传输速率为 160MB/s；Ultra320 SCSI 也称 Ultra4 SCSI LVD，传输速率可高达 320MB/s。

（8）SATA。SATA 是 Serial ATA 的缩写，即串行 ATA。它主要用作主板和大量存储设备（如硬盘及光盘驱动器）之间的数据传输。SATA 总线使用嵌入式时钟信号，具备了更强的纠错能力，与以往相比其最大的区别在于能对传输指令（不仅仅是数据）进行检查，如果发现错误会自动矫正，这在很大程度上提高了数据传输的可靠性。串行接口还具有结构简单、支持热插拔的优点。

（9）USB。通用串行总线（USB）已经得到十分广泛的应用。USB 由 4 条信号线组成，其中两条用于传送数据，另外两条传送＋5V 容量为 500mA 的电源。可以经过集线器（Hub）进行树状连接，最多可达 5 层。该总线上可接 127 个设备。USB 1.0 有两种传送速率：低速为 1.5Mb/s，高速为 12Mb/s。USB 2.0 的传送速率为 480Mb/s。USB 3.0 的传送速率为 5Gb/s。USB 总线最大的优点还在于它支持即插即用，并支持热插拔。

（10）IEEE-1394。IEEE-1394 是高速串行外总线，也支持外设热插拔，可为外设提供电源，省去了外设自带的电源，能连接多个不同设备，支持同步和异步数据传输。IEEE-1394 由 6 条信号线组成，其中两条用于传送数据，两条传送控制信号，另外两条传送 8～40V 容量为 1500mA 的电源，IEEE-1394 总线理论上可接 63 个设备。IEEE-1394 的传送速率从 400Mb/s、800Mb/s、1600Mb/s 直到 3.2Gb/s。

（11）IEEE-488 总线。IEEE-488 是并行总线接口标准。微计算机、数字电压表、数码显示器等设备及其他仪器仪表均可用 IEEE-488 总线连接装配，它按照位并行、字节串行双向异步方式传输信号，连接方式为总线方式，仪器设备不需中介单元直接并联于总线上。总线上最多可连接 15 台设备。最大传输距离为 20m，信号传输速率一般为 500KB/s，最大传输速率为 1MB/s。

1.1.4　输入输出控制

从硬件角度看，输入/输出（I/O）设备是电子芯片、导线、电源、电子控制设备、电机等组成的物理设备，从软件角度只关注输入/输出设备的编程接口。

1. I/O 设备概述

I/O 设备可分为块设备和字符设备两类。块设备把信息存放在固定大小的块中，每个块都有自己的地址，独立于其他块，可寻址。例如磁盘、USB 闪存、CD-ROM 等。字符设备以字符为单位接收或发送一个字符流，字符设备不可以寻址。例如打印机、网卡、鼠标键盘等。

I/O 设备一般都包含设备控制器，一般以芯片的形式出现，如南桥芯片。不同的控制器可以控制不同的设备。南桥芯片中包含了多种设备的控制器，如硬盘控制器、USB 控制器、网卡、声卡控制器等。I/O 设备通过总线以及卡槽与计算机其他部件进行连接，如 PCI、PCI-E、SATA、

USB 等。

不同设备控制器的操作控制通过专门的软件即驱动程序进行控制。每个控制器都有几个寄存器与 CPU 进行通信。通过写入这些寄存器，可以命令设备发送或接收数据，开启或关闭。通过读这些寄存器就能知道设备的状态。由于寄存器数量和大小是有限的，所以设备一般会有一个 RAM 性质的缓冲区，来存放一些数据。比如硬盘的读写缓存、显卡的显存等。一方面提供数据存放，另一方面是提高 I/O 操作的速度。

CPU 与 I/O 设备控制器中的寄存器或数据缓冲区如何进行通信？存在以下两个可选方案：

（1）为每个控制器分配一个 I/O 端口号，所有的控制器可以形成一个 I/O 端口空间，这些信息存放在内存中，一般程序不能访问，操作系统则通过特殊的指令和端口号来从设备读取或是写入数据。早期计算机基本都是这种方式，通常使用汇编语言进行操作。

（2）将所有控制器的寄存器映射到内存空间，于是每个设备的寄存器都有一个唯一的地址。这种称为内存映射 I/O。由于不需要特殊的指令控制，对待 I/O 设备和其他普通数据访问方式是相同的，因此可以使用 C 语言来编程。

也可以将上述两种方式相结合，例如，寄存器拥有 I/O 端口，而数据缓冲区则映射到内存空间。

CPU 无论是从内存还是 I/O 设备读取数据，都需要把地址放到地址总线上，然后向控制总线传递一个读信号，还要用一条信号线来表示是从内存还是 I/O 读取数据。

2. 程序控制方式

程序控制 I/O 是指外设数据的输入/输出过程是在 CPU 执行程序的控制下完成的。这种方式分为无条件传送和程序查询方式两种情况。

1）无条件传送

在此情况下，外设总是准备好的，它可以无条件地随时接收 CPU 发来的输出数据，也能够无条件地随时向 CPU 提供需要输入的数据。

2）程序查询方式

通过 CPU 执行程序来查询外设的状态，判断外设是否准备好接收数据或准备好了向 CPU 输入的数据。根据这种状态，CPU 有针对性地为外设的输入/输出服务。

通常，一个计算机系统中可以存在着多种不同的外设，如果这些外设是用查询方式工作，则 CPU 应对这些外设逐一进行查询，发现哪个外设准备就绪就对该外设服务。这种工作方式有两大缺点：一是降低了 CPU 的效率，二是对外部的突发事件无法做出及时响应。

计算机系统中的 CPU 是稀缺资源，应尽量提高其利用率，减少等待 I/O 操作的时间。

3. 中断方式

在中断方式下，I/O 设备工作时 CPU 不再等待，而是进行其他的操作，当 I/O 设备完成后，通过一个硬件中断信号通知 CPU，CPU 再来处理接下来的工作。

利用中断方式完成数据的输入/输出过程为：当系统与外设交换数据时，CPU 无须等待也不必去查询 I/O 设备的状态，而是处理其他任务。当 I/O 设备准备好以后，就发出中断请求信号通知 CPU，CPU 接到中断请求信号后，保存正在执行程序的现场，转入 I/O 中断服务程序的执行，完成与 I/O 系统的数据交换，然后再返回被打断的程序继续执行。与程序控制方式相比，中断方式因为 CPU 无须等待而提高了效率。

在系统中具有多个中断源的情况下，常用的处理方法有多中断信号线法（multiple interrupt lines）、中断软件查询法（software poll）、菊花链法（daisy chain）、总线仲裁法和中断向量表法。

（1）多中断信号线法。每个中断源都有属于自己的一根中断请求信号线向 CPU 提出中断请求。

（2）中断软件查询法。当 CPU 检测到一个中断请求信号以后，即转入到中断服务程序去轮询每个中断源以确定是谁发出了中断请求信号。对各个设备的响应优先级由软件设定。

（3）菊花链法。软件查询的缺陷在于花费的时间太多。菊花链法实际上是一种硬件查询法。所有的 I/O 模块共享一根共同的中断请求线，而中断确认信号则以链式在各模块间相连。当 CPU 检测到中断请求信号时，则发出中断确认信号。中断确认信号依次在 I/O 模块间传递，直到发出请求的模块，该模块则把它的 ID 送往数据线由 CPU 读取。

（4）总线仲裁法。一个 I/O 设备在发出中断请求之前，必须先获得总线控制权，所以可由总线仲裁机制来裁定谁可以发出中断请求信号。当 CPU 发出中断响应信号后，该设备即把自己的 ID 发往数据线。

（5）中断向量表法。中断向量表用来保存各个中断源的中断服务程序的入口地址。当外设发出中断请求信号（INTR）以后，由中断控制器（INTC）确定其中断号，并根据中断号查找中断向量表来取得其中断服务程序的入口地址，同时 INTC 把中断请求信号提交给 CPU，如图 1-3 所示。中断源的优先级由 INTC 来控制。

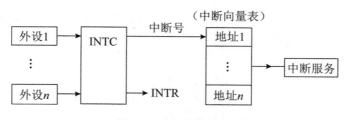

图 1-3   中断向量表法

在具有多个中断源的计算机系统中，各中断源对服务的要求紧迫程度可能不同。在这样的计算机系统中，就需要按中断源的轻重缓急来安排对它们的服务。

在中断优先级控制系统中，给最紧迫的中断源分配高的优先级，而给那些要求相对不紧迫的中断源分配低一些的优先级。在进行优先级控制时解决以下两种情况：

（1）当不同优先级的多个中断源同时提出中断请求时，CPU 应优先响应优先级最高的中断源。

（2）当 CPU 正在对某一个中断源服务时，又有比它优先级更高的中断源提出中断请求，

CPU 应能暂时中断正在执行的中断服务程序而转去对优先级更高的中断源服务，服务结束后再回到原先被中断的优先级较低的中断服务程序继续执行。这种情况称为中断嵌套，即一个中断服务程序的执行中嵌套着另一个中断服务程序的执行过程。

4. DMA 方式

在计算机与外设交换数据的过程中，无论是无条件传送、利用查询方式传送还是利用中断方式传送，都需要由 CPU 通过执行程序来实现。这就限制了数据的传送速度。

直接内存存取（Direct Memory Access，DMA）是指数据在内存与 I/O 设备间的直接成块传送，即在内存与 I/O 设备间传送一个数据块的过程中，不需要 CPU 的任何干涉，只需要 CPU 在过程开始启动（即向设备发出"传送一块数据"的命令）与过程结束（CPU 通过轮询或中断得知过程是否结束和下次操作是否准备就绪）时的处理，实际操作由 DMA 硬件直接执行完成，CPU 在此传送过程中可处理别的任务。

DMA 传送的一般过程如图 1-4 所示。

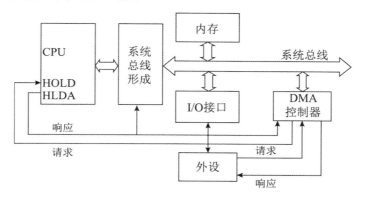

图 1-4　DMA 过程示意图

（1）外设向 DMA 控制器（DMAC）提出 DMA 传送的请求。

（2）DMA 控制器向 CPU 提出请求，其请求信号通常加到 CPU 的保持请求输入端 HOLD 上。

（3）CPU 在完成当前的总线周期后立即对此请求进行响应，CPU 的响应包括两个方面的内容：一方面，CPU 将有效地保持响应信号 HLDA 输出加到 DMAC 上，告诉 DMAC 它的请求已得到响应；另一方面，CPU 将其输出的总线信号置为高阻，这就意味着 CPU 放弃了对总线的控制权。

（4）此时 DMAC 获得了对系统总线的控制权，开始实施对系统总线的控制。同时向提出请求的外设送出 DMAC 的响应信号，告诉外设其请求已得到响应，现在准备开始进行数据的传送。

（5）DMAC 送出地址信号和控制信号，实现数据的高速传送。

（6）当 DMAC 将规定的字节数传送完时，它就将 HOLD 信号变为无效并加到 CPU 上，撤销对 CPU 的请求。CPU 检测到无效的 HOLD 就知道 DMAC 已传送结束，CPU 就送出无效的

HLDA 响应信号，同时重新获得系统总线的控制权，接着 DMA 前的总线周期继续执行下面的总线周期。

在 DMA 传送过程中无须 CPU 的干预，整个系统总线完全交给了 DMAC，由它控制系统总线完成数据传送。在 DMA 传送数据时要占用系统总线，根据占用总线的方法不同，DMA 可以分为中央处理器停止法、总线周期分时法和总线周期挪用法等。无论采用哪种方法，在 DMA 传送数据期间，CPU 不能使用总线。

5. 输入输出处理器（IOP）

DMA 方式的出现减少了 CPU 对 I/O 操作的控制，使得 CPU 的效率显著提高，而通道的出现则进一步提高了 CPU 的效率。

通道是一个具有特殊功能的处理器，又称为输入输出处理器（Input/Output Processor，IOP），它分担了 CPU 的一部分功能，可以实现对外围设备的统一管理，完成外围设备与主存之间的数据传送。

通道方式大大提高了 CPU 的工作效率，然而这种效率的提高是以增加更多的硬件为代价的。

外围处理机（Peripheral Processor Unit，PPU）方式是通道方式的进一步发展。PPU 是专用处理机，它根据主机的 I/O 命令，完成对外设数据的输入输出。在一些系统中，设置了多台 PPU，分别承担 I/O 控制、通信、维护诊断等任务。从某种意义上说，这种系统已变成分布式的多机系统。

1.2 计算机体系结构

计算机体系结构（computer architecture）是指计算机的概念性结构、功能和性能特性，它从一个更高的层次对计算机的结构和特征等宏观特性进行研究。计算机体系结构分类如下所述：

（1）宏观上按处理机的数量进行分类，分为单处理系统、并行处理与多处理系统和分布式处理系统。

- 单处理系统（uniprocessing system）。其是指利用一个处理单元与其他外部设备结合起来，实现存储、计算、通信、输入与输出等功能的系统。
- 并行处理与多处理系统（parallel processing and multiprocessing system）。其是指为了充分发挥问题求解过程中处理的并行性，将两个以上的处理机互连起来，彼此进行通信协调，以便共同求解一个大问题的计算机系统。
- 分布式处理系统（distributed processing system）。其是指物理上远距离而松耦合的多计算机系统。其中，物理上的远距离意味着通信时间与处理时间相比已不可忽略，在通信线路上的数据传输速率要比在处理机内部总线上传输慢得多，这也正是松耦合的含义。

（2）微观上按并行程度分类，有 Flynn 分类法、冯泽云分类法、Handler 分类法和 Kuck 分类法。

- Flynn 分类法。1966 年，M.J.Flynn 提出按指令流和数据流的多少进行分类。指令流为机器执行的指令序列，数据流是由指令调用的数据序列。Flynn 把计算机系统的结构分为单指令流单数据流（Single Instruction stream Single Data stream，SISD）、单指令流多数据流（Single Instruction stream Multiple Data stream，SIMD）、多指令流单数据流（Multiple Instruction stream Single Data stream，MISD）和多指令流多数据流（Multiple Instruction stream Multiple Data stream，MIMD）4 类。

- 冯泽云分类法。1972 年，美籍华人冯泽云（Tse-yun Feng）提出按并行度对各种计算机系统进行结构分类。所谓最大并行度，是指计算机系统在单位时间内能够处理的最大二进制位数。冯泽云把计算机系统分成字串行位串行（WSBS）计算机、字并行位串行（WPBS）计算机、字串行位并行（WSBP）计算机和字并行位并行（WPBP）计算机 4 类。

- Handler 分类法。1977 年，德国的汉德勒（Wolfgang Handler）提出一个基于硬件并行程度计算并行度的方法，把计算机的硬件结构分为三个层次：处理机级、每个处理机中的算逻单元级、每个算逻单元中的逻辑门电路级。分别计算这三级中可以并行或流水处理的程序，即可算出某系统的并行度。

- Kuck 分类法。1978 年，美国的库克（David J.Kuck）提出与 Flynn 分类法类似的方法，用指令流和执行流（execution stream）及其多重性来描述计算机系统控制结构的特征。Kuck 把系统结构分为单指令流单执行流（SISE）、单指令流多执行流（SIME）、多指令流单执行流（MISE）和多指令流多执行流（MIME）4 类。

1.2.1　CISC 和 RISC

指令集体系结构（Instruction Set Architecture，ISA）是指一个处理器支持的指令和指令的字节级编码。不同的处理器族支持不同的指令集体系结构，因此，一个程序被编译在一种机器上运行，就不能在另一种机器上运行。CISC 和 RISC 是指令集体系结构发展的两个途径。

（1）CISC（Complex Instruction Set Computer，复杂指令集计算机）的基本思想是进一步增强原有指令的功能，用更为复杂的新指令取代原先由软件子程序完成的功能，实现软件功能的硬化，导致机器的指令系统越来越庞大而复杂。微处理器 x86 的体系结构属于 CISC 类型。

CISC 的主要弊病如下：

①指令集过分庞杂。

②微程序技术是 CISC 的重要支柱，每条复杂指令都要通过执行一段解释性微程序才能完成，这就需要多个 CPU 周期，从而降低了机器的处理速度。

③由于指令系统过分庞大，使高级语言编译程序选择目标指令的范围很大，并使编译程序本身冗长而复杂，从而难以优化编译使之生成真正高效的目标代码。

④CISC 强调完善的中断控制，势必导致动作繁多，设计复杂，研制周期长。

⑤CISC 给芯片设计带来很多困难，使芯片种类增多，出错概率增大，成本提高而成品率降低。

（2）RISC（Reduced Instruction Set Computer，精简指令集计算机）的基本思想是通过减少指令总数和简化指令功能，降低硬件设计的复杂度，使指令能单周期执行，并通过优化编译，提高指令的执行速度，采用硬线控制逻辑，优化编译程序，使机器的指令系统更加简单。ARM处理器属于 RISC。

RISC 的关键技术如下：

①重叠寄存器窗口技术。在伯克利的 RISC 项目中首先采用了重叠寄存器窗口（overlapping register windows）技术。其基本思想是在处理机中设置一个数量比较大的寄存器堆，并把它划分成很多个窗口。每个过程使用其中相邻的 3 个窗口和一个公共的窗口，而在这些窗口中有一个窗口是与前一个过程共用，还有一个窗口是与下一个过程共用的。与前一过程共用的窗口可以用来存放前一过程传送给本过程的参数，同时也存放本过程传送给前一过程的计算结果。同样，与下一过程共用窗口可以用来存放本过程传送给下一过程的参数和存放下一过程传送给本过程的计算结果。

②优化编译技术。RISC 使用了大量的寄存器，如何合理分配寄存器、提高寄存器的使用效率及减少访存次数等，都应通过编译技术的优化来实现。

③超流水线及超标量技术。其是为了进一步提高流水线速度而采用的技术。

④硬布线逻辑与微程序相结合在微程序技术中。

1.2.2　流水线技术

流水线是指将一个较复杂的处理过程分为 m 个复杂程度相当、处理时间大致相等的子过程，每个子过程由一个独立的功能部件来完成，处理对象在各子过程连成的线路上连续流动，在同一时间，m 个部件同时进行不同的操作，完成对不同对象的处理。

流水处理技术是在重叠、先行控制方式的基础上发展起来的。

（1）指令控制方式。指令控制方式有顺序方式、重叠方式和流水方式三种。

①顺序方式。顺序方式是指各机器指令之间顺序串行地执行，执行完一条指令后才取下一条指令，而且每条机器指令内部的各个微操作也是顺序串行地执行。这种方式的优点是控制简单。缺点是速度慢，各部件的利用率低。

②重叠方式。重叠方式是指在解释第 K 条指令的操作完成之前，就开始解释第 $K+1$ 条指令，如图 1-5 所示。通常采用的是一次重叠，即在任何时候，指令分析部件和指令执行部件都只有相邻两条指令在重叠解释。这种方式的优点是速度有所提高，控制也不太复杂。缺点是会出现冲突、转移和相关等问题，在设计时必须想办法解决。

图 1-5　一次重叠处理

③流水方式。流水方式是模仿工业生产过程的流水线（如汽车装配线）而提出的一种指令控制方式。流水（pipe lining）技术是把并行性或并发性嵌入计算机系统的一种形式，它把重复的顺序处理过程分解为若干子过程，每个子过程能在专用的独立模块上有效地并发工作，如图 1-6 所示。

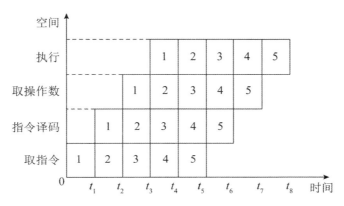

图 1-6　流水处理的时空图

在概念上，"流水"可以看成是"重叠"的延伸。差别仅在于"一次重叠"只是把一条指令解释分解为两个子过程，而"流水"则是分解为更多的子过程。

【例 1.1】　通常可以将计算机系统中执行一条指令的过程分为取指令、分析和执行指令 3 步，若取指令时间为 $4\Delta t$，分析时间为 $2\Delta t$，执行时间为 $3\Delta t$，按顺序方式从头到尾执行完 600 条指令所需时间为　(1)　Δt；若按照执行第 i 条、分析第 $i+1$ 条、读取第 $i+2$ 条重叠的流水线方式执行指令，则从头到尾执行完 600 条指令所需时间为　(2)　Δt。

（1）A．2400　　　B．3000　　　C．3600　　　D．5400
（2）A．2400　　　B．2405　　　C．3000　　　D．3009

分析：指令顺序执行时，每条指令需要 $9\Delta t$（$4\Delta t+2\Delta t+3\Delta t$），执行完 600 条指令需要 $5400\Delta t$。若采用流水方式，则在分析和执行第 1 条指令时，就可以读取第 2 条指令，当第 1 条指令执行完成，第 2 条指令进行分析和执行，而第 3 条指令可进行读取操作。因此，第 1 条指令执行完成后，每 $4\Delta t$ 就可以完成 1 条指令，600 条指令的总执行时间为 $9\Delta t+599\times4\Delta t=2405\Delta t$。

（2）流水线的种类：

①从级别角度可分为部件级、处理机级以及系统级的流水线。

②从功能角度可分为单功能流水线和多功能流水线。

③从联接方式上可分为静态流水线和动态流水线。

④从流水线是否有反馈回路，可分为线性流水线和非线性流水线。

⑤从流水线的流动顺序上，可分为同步流水线和异步流水线。

⑥从流水线的数据表示上，可分为标量流水线和向量流水线。

（3）流水的相关处理。

由于流水时机器同时解释多条指令，可能存在对同一主存单元或同一寄存器的"先写后读"的要求，这时就出现了相关。这种相关包括指令相关、访存操作数相关以及通用寄存器组相关等，它只影响相关的两条或几条指令，而且至多影响流水线的某些段推后工作，并不会改动指令缓冲器中预取到的指令内容，影响是局部的，所以称为局部性相关。解决局部性相关有推后法和通路法两种方法。推后法是推后对相关单元的读，直至写入完成。通路法设置相关专用通路，使得不必先把运算结果写入相关存储单元，再从这里读出后才能使用，而是经过相关专用通路直接使用运算结果，以加快速度。

转移指令（尤其是条件转移指令）与它后面的指令之间存在关联，使之不能同时解释。执行转移指令时，可能会改动指令缓冲器中预取到的指令内容，从而会造成流水线吞吐率和效率下降，比局部性相关的影响要严重得多，所以称为全局性相关。

解决全局性相关有三种方法：猜测转移分支、加快和提前形成条件码、加快短循环程序的处理。

条件转移指令的两个分支中，一个分支是按原来的顺序继续执行下去，称为转移不成功分支；另一个分支是按转移后的新指令序列执行，称为转移成功分支。许多流水机器都猜选转移不成功分支，若猜对的概率很大，流水线的吞吐率和效率就会比不采用猜测法时高得多。

尽早获得条件码以便对流水线简化条件转移的处理。例如，一个乘法运算所需时间较长，但在运算之前就能知道其结果为正或为负，或者是否为 0，因此，加快单条指令内部条件码的形成，或者在一段程序内提前形成条件码，对转移问题的顺利解决是很有好处的。

由于程序中广泛采用循环结构，因此流水线大都采用特殊措施以加快循环程序的处理。例如，使整个循环程序都放入指令缓冲存储器中，对提高流水效率和吞吐率均有明显效果。流水的中断处理和转移一样，也会引起流水线断流。一般情况下，中断出现的概率要比条件转移出现的概率低得多，因此只要处理好断点现场保护及中断后的恢复，尽量缩短断流时间即可。

RISC 中采用的流水技术有三种：超流水线、超标量以及超长指令字。

①超流水线技术。超流水线（super pipeline）技术是 RISC 采用的一种并行处理技术。它通过细化流水、增加级数和提高主频，使得在每个机器周期内能完成一个甚至两个浮点操作。其实质是以时间换取空间。超流水机器的特征是在所有的功能单元都采用流水，并有更高的时钟频率和更深的流水深度。由于它只限于指令级的并行，所以超流水机器的 CCPI（Clock Cycles Per Instruction，每个指令需要的机器周期数）值稍高。

②超标量技术。超标量（super scalar）技术是 RISC 采用的又一种并行处理技术，它通过内装多条流水线来同时执行多个处理，其时钟频率虽然与一般流水接近，却有更小的 CCPI。其实质是以空间换取时间。

③超长指令字技术。超长指令字（Very Long Instruction Word，VLIW）技术由 LIW 发展而来。VLIW 和超标量都是 20 世纪 80 年代出现的概念，其共同点是要同时执行多条指令，其不同在于超标量依靠硬件来实现并行处理的调度，VLIW 则充分发挥软件的作用，而使硬件简化，性能提高。VLIW 有更小的 CPI 值，但需要有足够高的时钟频率。

（4）吞吐率和流水建立时间。

吞吐率是指单位时间里流水线处理机流出的结果数。对指令而言，就是单位时间里执行的指令数。如果流水线的子过程所用时间不一样，则吞吐率 P 应为最长子过程所用时间的倒数，即：

$$p = 1 / \max\{\Delta t_1, \Delta t_2, \cdots, \Delta t_m\}$$

流水线开始工作，须经过一定时间才能达到最大吞吐率，这就是建立时间。若 m 个子过程所用时间一样，均为 Δt_0，则建立时间 $T_0 = m\Delta t_0$。

1.2.3　阵列处理机、并行处理机和多处理机

并行性包括同时性和并发性两个侧面。其中，同时性是指两个或两个以上的事件在同一时刻发生，并发性是指两个或两个以上的事件在同一时间间隔内连续发生。

从计算机信息处理的步骤和阶段的角度看，并行处理可分为如下几类：

①存储器操作并行。

②处理器操作步骤并行（流水线处理机）。

③处理器操作并行（阵列处理机）。

④指令、任务、作业并行（多处理机、分布处理系统、计算机网络）。

1）阵列处理机

阵列处理机将重复设置的多个处理单元（PU）按一定方式连成阵列，在单个控制部件（CU）控制下，对分配给自己的数据进行处理，并行地完成一条指令所规定的操作。这是一种单指令流多数据流计算机，通过资源重复实现并行性。

2）并行处理机

SIMD 和 MIMD 是典型的并行计算机，SIMD 有共享存储器和分布式存储器两种形式。

具有共享存储器的 SIMD 结构（如图 1-7 所示）中，将若干个存储器构成统一的并行处理机存储器，通过互联网络 ICN 为整个并行系统的所有处理单元共享。其中，PE 为处理单元，CU 为控制部件，M 为共享存储器，ICN 为互联网络。

分布式存储器的 SIMD 处理机如图 1-8 所示，其中 PE 为处理单元，CU 为控制部件，PEM 为局部存储器，ICN 为互联网络。含有多个同样结构的处理单元，通过寻径网络 ICN 以一定方式互相连接。

分布式存储器的并行处理机结构中有两类存储器：一类存储器附属于主处理机，主处理机实现整个并行处理机的管理，在其附属的存储器内常驻操作系统；另一类是分布在各个处理单元上的存储器（即 PEM），这类存储器用来保存程序和数据，在阵列控制部件的统一指挥下，实现并行操作。程序和数据通过主机装入控制存储器。通过控制部件的是单指令流，所以指令的执行顺序还是和单处理机一样，基本上是串行处理。指令送到控制部件进行译码。划分后的数据集合通过向量数据总线分布到所有 PE 的本地存储器 PEM。PE 通过数据寻径网络互联。数据寻径网络执行 PE 间的通信。控制部件通过执行程序来控制寻径网络。PE 的同步由控制部件的硬件实现。

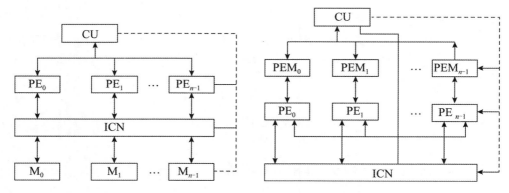

图 1-7　具有共享存储器的 SIMD 结构　　　　图 1-8　具有分布式存储器的 SIMD 结构

3）多处理机

多处理机系统是由多台处理机组成的系统，每台处理机有属于自己的控制部件，可以执行独立的程序，共享一个主存储器和所有的外部设备。它是多指令流多数据流计算机。在多处理机系统中，机间的互连技术决定着多处理机的性能。多处理机之间的互连，要满足高频带、低成本、连接方式的多样性以及在不规则通信情况下连接的无冲突性。

4）其他计算机

集群一般是指连接在一起的两个或多个计算机（节点）。集群计算机是一种并行或分布式处理系统，由很多连接在一起的独立计算机组成，像一个单集成的计算机资源一样协同工作，主要用来解决大型计算问题。计算机节点可以是一个单处理器或多处理器的系统，拥有内存、I/O 设备和操作系统。连接在一起的计算机集群对用户和应用程序来说像一个单一的系统，这样的系统可以提供一种价格合理且可获得所需性能和快速而可靠的服务的解决方案。

1.3　存储系统

冯·诺依曼计算机结构中，一个非常重要的部件就是存储器。在理想情形下，存储器应该具备执行快、容量足和价格便宜等特点。但目前技术无法同时满足这三个目标，因此由不同的容量、成本和访问时间的存储器构成的层次结构的存储系统，将这些存储器通过适当的硬件和软件有机地组合在一起，如图 1-9 所示。

存储器系统的顶层是 CPU 的寄存器，其速度和 CPU 速度相当。第二层是高速缓冲存储器 Cache，和 CPU 速度接近。第三层是主存储器，也称为内部存储器或者 RAM（Random Access Memory）。第四层是磁盘。存储器体系最后一层是光盘、磁带等。在存储器层次结构中，越靠近上层，速度越快，容量越小，单位存储容量价格越高。

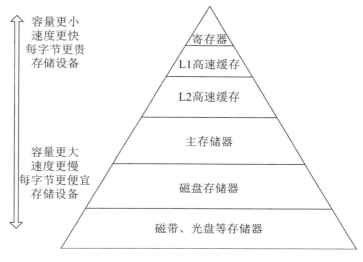

图 1-9　存储器层次结构

　　将上述两种或两种以上的存储器经过硬件、软件等组合在一起并对其进行管理，则构成存储器系统。Cache 和主存可构成 Cache 存储系统；主存和磁盘构成虚拟存储系统。

1.3.1　高速缓存

　　高速缓存（Cache）用来存放当前最活跃的程序和数据，其特点是：容量一般在几千字节到几兆字节之间；速度一般比主存快 5～10 倍，由快速半导体存储器构成；其内容是主存局部域的副本，对程序员来说是透明的。

　　Cache 一般位于 CPU 与主存之间，主要包括管理模块、由相联存储器构成的存储表以及小容量高速度存储器，如图 1-10 所示。应用中首先判断 CPU 要访问的信息是否在 Cache 存储器中，若在即为命中，若不在则没有命中。命中时直接对 Cache 存储器寻址；未命中时，要按照替换原则决定将主存的一块信息放到 Cache 存储器的哪一块里。

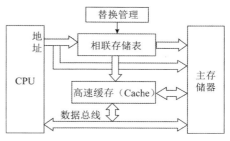

图 1-10　Cache 的组成

1. 高速缓存的地址映像

　　CPU 工作时给出的是主存的地址，要从 Cache 存储器中读写信息，就需要将主存地址转换成 Cache 存储器的地址，这种地址的转换叫作地址映像。Cache 的地址映像有以下三种方法：
　　（1）直接映像。直接映像是指主存的块与 Cache 块的对应关系是固定的，如图 1-11 所示。在这种映像方式下，由于主存中的块只能存放在 Cache 存储器的相同块号中，因此，只要主存地址中的主存区号与 Cache 中的主存区号相同，则表明访问 Cache 命中。一旦命中，根据主存地址中的区内块号立即可得到要访问的 Cache 存储器中的块，而块内地址就是主存地址中给出的低位地址。

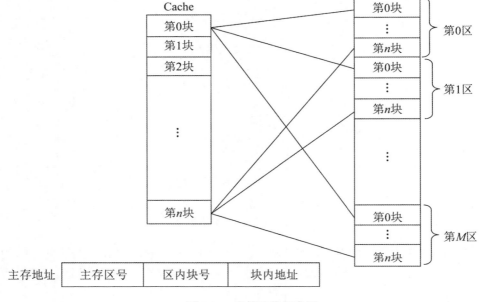

图 1-11   直接映像示意图

直接映像方式的优点是地址变换很简单，缺点是灵活性差。例如，不同区号中块号相同的块无法同时调入 Cache 存储器，即使 Cache 中有空闲块也无法使用。

（2）全相联映像。全相联映像的示意图如图 1-12 所示。同样，主存与 Cache 存储器均分成容量相同的块。这种映像方式允许主存的任一块可以调入 Cache 存储器的任何一个块的空间中。

进行地址变换时，利用主存地址高位表示的主存块号与 Cache 中保存的主存块号进行比较，若相同即为命中。这时根据块号就可知道要访问的是哪一块。Cache 存储器的块找到后，块内地址就是主存的低位地址。这时便可以读写 Cache 块中的内容。在变换时，当找到主存块号命中时，还必须知道主存的这一块存到了 Cache 的哪一块里面。

全相联映像的主要优点是主存的块调入 Cache 的位置不受限制，十分灵活。其主要缺点是无法从主存块号中直接获得所对应 Cache 的块号，变换比较复杂，速度比较慢。

（3）组相联映像。这种方式是前面两种方式的折衷。具体做法是将 Cache 中的块再分成组。例如，假定 Cache 有 16 块，再将每两块分为 1 组，则 Cache 的块就分为 8 组。主存同样分区，每区 16 块，再将每两块分为 1 组，则每区的块就分为 8 组。

组相联映像就是规定组采用直接映像方式而块采用全相联映像方式。也就是说，主存任何区的 0 组只能存到 Cache 的 0 组中，1 组只能存到 Cache 的 1 组中，依此类推。组内的块则采用全相联映像方式，即一组内的块可以任意存放。也就是说，主存一组中的任一块可以存入 Cache 相应组的任一块中。

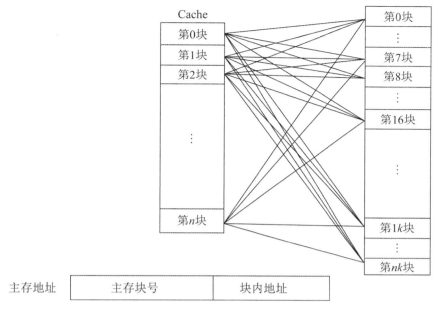

图 1-12　全相联映像示意图

这种方式下，通过直接映像方式来决定组号，在一组内再用全相联映像方式来决定 Cache 中的块号。由主存地址高位决定主存区号与 Cache 中区号比较可决定是否命中。主存后面的地址即为组号。

2. 高速缓存的替换算法

替换算法的目标就是使 Cache 获得最高的命中率。常用算法有如下几种：

（1）随机替换算法。这种方法是用随机数发生器产生一个要替换的块号，将该块替换出去。

（2）先进先出算法。这种方法是将最先进入 Cache 的信息块替换出去。

（3）近期最少使用算法。这种方法是将近期最少使用的 Cache 信息块替换出去。

（4）优化替换算法。这种方法必须先执行一次程序，统计 Cache 的替换情况。有了这样的先验信息，在第二次执行该程序时便可以用最有效的方式来替换。

3. 高速缓存的性能分析

Cache 的性能是计算机系统性能的重要方面。命中率是 Cache 的一个重要指标。Cache 的设计目标是在成本允许的条件下达到较高的命中率，使存储系统具有最短的平均访问时间。设 H_c 为 Cache 的命中率，t_c 为 Cache 的存取时间，t_m 为主存的访问时间，则 Cache 存储器的等效加权平均访问时间 t_a 为：

$$t_a = H_c t_c + (1 - H_c)t_m = t_c + (1 - H_c)(t_m - t_c)$$

这里假设 Cache 访问和主存访问是同时启动的，其中，t_c 为 Cache 命中时的访问时间，

$(t_m - t_c)$ 为失效访问时间。如果在 Cache 不命中时才启动主存，则：

$$t_a = t_c + (1 - H_c)t_m$$

在指令流水线中，Cache 访问作为流水线中的一个操作阶段，Cache 失效将影响指令的流水。因此，降低 Cache 的失效率是提高 Cache 性能的一项重要措施。当 Cache 容量比较小时，容量因素在 Cache 失效中占有比较大的比例。降低 Cache 失效率的方法主要有选择恰当的块容量、提高 Cache 的容量和提高 Cache 的相联度等。

Cache 的命中率与 Cache 容量的关系是：Cache 容量越大，则命中率越高，随着 Cache 容量的增加，其失效率接近 0%（命中率逐渐接近 100%）。但是，增加 Cache 容量意味着增加 Cache 的成本和增加 Cache 的命中时间。

在多级 Cache 的计算机中，Cache 分为一级（L1 Cache）、二级（L2 Cache）等，CPU 访存时首先查找 L1 Cache，如果不命中，则访问 L2 Cache，直到所有级别的 Cache 都不命中，才访问主存。目前，CPU 内的 Cache 通常为二级结构。通常要求 L1 Cache 的速度足够快，以赶上 CPU 的主频。L1 Cache 的容量一般都比较小，为几千字节到几十千字节；L2 Cache 则具有较高的容量，一般为几百字节到几兆字节，以具有足够高的命中率。

1.3.2 虚拟存储器

在概念上，可以将主存存储器看作一个由若干个字节构成的存储空间，每个字节（称为一个存储单元）有一个地址编号，主存单元的该地址称为物理地址（physical address）。当需要访问主存中的数据时，由 CPU 给出要访问数据所在的存储单元地址，然后由主存的读写控制部件定位对应的存储单元，对其进行读（或写）操作来完成访问操作。

现代系统提供了一种对主存的抽象，称为虚拟存储（virtual memory），使用虚拟地址（virtual address，由 CPU 生成）的概念来访问主存，使用专门的 MMU（Memory Management Unit）将虚拟地址转换为物理地址后访问主存。设主存容量为 4GB，则其简化后的访问操作和内存模型如图 1-13 所示。

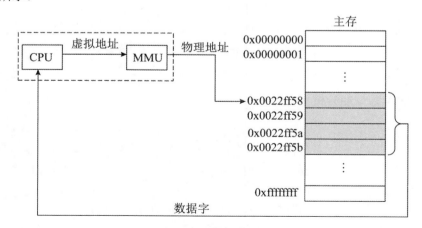

图 1-13　内存模型及使用虚拟地址访存示意图

虚拟存储器实际上是一种逻辑存储器，实质是对物理存储设备进行逻辑化的处理，并将统一的逻辑视图呈现给用户。因此，用户在使用时，操作的是虚拟设备，无须关心底层的物理环境，从而可以充分利用基于异构平台的存储空间，达到最优化的使用效率。

1.3.3　相联存储器

相联存储器是一种按内容访问的存储器。其工作原理就是把数据或数据的某一部分作为关键字，将该关键字与存储器中的每一单元进行比较，找出存储器中所有与关键字相同的数据字。

相联存储器各部件的功能如表 1-1 所示。

表 1-1　部件功能说明

部　件	功　能
输入检索寄存器	用来存放要检索的内容（关键字）
屏蔽寄存器	用来屏蔽那些不参与检索的字段
比较器	将检索的关键字与存储体的每一单元进行比较。为了提高速度，比较器的数量应很大。对于位比较器，应每位对应一个，应有 $2^m \times N$ 个。对于字比较器应有 2^m 个
存储体	用于存放信息
匹配寄存器	用来记录比较的结果。它应有 2^m 个二进制位，用来记录 2^m 个比较器的结果，1 为相等（匹配），0 为不相等（不匹配）
数据寄存器	用来存放存储体中某个单元的内容
地址寄存器、地址译码器	使相联存储器具有按地址查找的功能

相联存储器可用在高速缓冲存储器中；在虚拟存储器中用来作段表、页表或快表存储器；用在数据库和知识库中。

1.3.4　磁盘阵列技术

磁盘阵列是由多台磁盘存储器组成的一个快速、大容量、高可靠的外存子系统。现在常见的称为廉价冗余磁盘阵列（Redundant Array of Independent Disk，RAID）。目前，常见的 RAID 如表 1-2 所示。

表 1-2　廉价冗余磁盘阵列

RAID 级别	说　明
RAID-0	RAID-0 是一种不具备容错能力的磁盘阵列。由 N 个磁盘存储器组成的 0 级阵列，其平均故障间隔时间（MTBF）是单个磁盘存储器的 N 分之一，但数据传输率是单个磁盘存储器的 N 倍
RAID-1	RAID-1 是采用镜像容错改善可靠性的一种磁盘阵列
RAID-2	RAID-2 是采用海明码作错误检测的一种磁盘阵列
RAID-3	RAID-3 减少了用于检验的磁盘存储器的台数，从而提高了磁盘阵列的有效容量。一般只有一个检验盘

续表

RAID 级别	说　明
RAID-4	RAID-4 是一种可独立地对组内各磁盘进行读写的磁盘阵列，该阵列也只用一个检验盘
RAID-5	RAID-5 是对 RAID-4 的一种改进，它不设置专门的检验盘。同一台磁盘上既记录数据，也记录检验信息，这就解决了前面多台磁盘机争用一台检验盘的问题
RAID-6	RAID-6 磁盘阵列采用两级数据冗余和新的数据编码以解决数据恢复问题，使在两个磁盘出现故障时仍然能够正常工作。在进行写操作时，RAID-6 分别进行两个独立的校验运算，形成两个独立的冗余数据，写入两个不同的磁盘

除此之外，上述各种类型的 RAID 还可以组合起来，构成复合型的 RAID，此处不再赘述。

1.3.5　存储域网络

在大型服务器系统的背后都有一个网络，把一个或多个服务器与多个存储设备连接起来，每个存储设备可以是 RAID、磁带备份系统、磁带库和 CD-ROM 库等，构成了存储域网络（Storage Area Network，SAN）。这样的网络不仅解决了服务器对存储容量的要求，还可以使多个服务器之间共享文件系统和辅助存储空间，避免数据和程序代码的重复存储，提高辅助存储器的利用率。另外，SAN 还实现了分布式存储系统的集中管理，降低了大容量存储系统的管理成本，提高了管理效率。存储域网络是连接服务器与存储设备的网络，如图 1-14 所示。它能够将多个分布在不同地点的 RAID 组织成一个逻辑存储设备，供多个服务器共享访问。

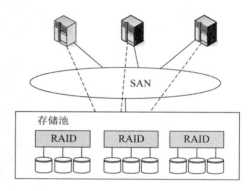

图 1-14　SAN 的结构

1.4　安全性、可靠性与系统性能评测基础知识

1.4.1　计算机安全概述

计算机安全是一个涵盖非常广的课题，既包括硬件、软件和技术，又包括安全规划、安全管理和安全监督。计算机安全可包括安全管理、通信与网络安全、密码学、安全体系及模型、容错与容灾、涉及安全的应用程序及系统开发、法律、犯罪及道德规范等领域。

其中安全管理是非常重要的，作为信息系统的管理部门应根据管理原则和该系统处理数据的保密性，制定相应的管理制度或规范。例如，根据工作的重要程度确定系统的安全等级，根据确定的安全等级确定安全管理的范围，制定相应的机房管理制度、操作规程、系统维护措施以及应急措施等。

1. 计算机的安全等级

计算机系统中的三类安全性是指技术安全性、管理安全性和政策法律安全性。但是，一个安全产品的购买者如何知道产品的设计是否符合规范，是否能解决计算机网络的安全问题，不同的组织机构各自都制定了一套安全评估准则。一些重要的安全评估准则如下：

（1）美国国防部和国家标准局推出的《可信计算机系统评估准则》（TCSEC）。

（2）加拿大的《可信计算机产品评估准则》（CTCPEC）。

（3）美国制定的《联邦（最低安全要求）评估准则》（FC）。

（4）欧洲英、法、德、荷四国国防部门信息安全机构联合制定的《信息技术安全评估准则》（ITSEC），该准则事实上已成为欧盟各国使用的共同评估标准。

（5）美国制定的《信息技术安全评估通用准则》（简称 CC 标准），国际标准组织（ISO）于 1996 年批准 CC 标准以 ISO/IEC 15408—1999 名称正式列入国际标准系列。

其中，美国国防部和国家标准局的《可信计算机系统评测标准》TCSEC/TDI 将系统划分为 4 组 7 个等级，如表 1-3 所示。

表 1-3　安全性的级别

组	安全级别	定义
1	A1	可验证安全设计。提供 B3 级保护，同时给出系统的形式化隐秘通道分析，非形式化代码一致性验证
2	B3	安全域。该级的 TCB 必须满足访问监控器的要求，提供系统恢复过程
	B2	结构化安全保护。建立形式化的安全策略模型，并对系统内的所有主体和客体实施自主访问和强制访问控制
	B1	标记安全保护。对系统的数据加以标记，并对标记的主体和客体实施强制存取控制
3	C2	受控访问控制。实际上是安全产品的最低档次，提供受控的存取保护，存取控制以用户为单位
	C1	只提供了非常初级的自主安全保护，能实现对用户和数据的分离，进行自主存取控制，数据的保护以用户组为单位
4	D1	最低级别，保护措施很小，没有安全功能

2. 信息安全

信息安全的 5 个基本要素为机密性、完整性、可用性、可控性和可审查性。

（1）机密性。确保信息不暴露给未授权的实体或进程。

（2）完整性。只有得到允许的人才能修改数据，并能够判别出数据是否已被篡改。

（3）可用性。得到授权的实体在需要时可访问数据。

（4）可控性。可以控制授权范围内的信息流向及行为方式。

（5）可审查性。对出现的安全问题提供调查的依据和手段。

随着信息交换的激增，安全威胁所造成的危害越来越受到重视，因此对信息保密的需求也从军事、政治和外交等领域迅速扩展到民用和商用领域。所谓安全威胁，是指某个人、物、事件对某一资源的机密性、完整性、可用性或合法性所造成的危害。某种攻击就是威胁的具体实现。安全威胁分为两类：故意（如黑客渗透）和偶然（如信息发往错误的地址）。

典型的安全威胁举例如表 1-4 所示。

表 1-4　典型的安全威胁

威　　胁	说　　明
授权侵犯	为某一特权使用一个系统的人却将该系统用作其他未授权的目的
拒绝服务	对信息或其他资源的合法访问被无条件地拒绝，或推迟与时间密切相关的操作
窃听	信息从被监视的通信过程中泄露出去
信息泄露	信息被泄露或暴露给某个未授权的实体
截获/修改	某一通信数据项在传输过程中被改变、删除或替代
假冒	一个实体（人或系统）假装成另一个实体
否认	参与某次通信交换的一方否认曾发生过此次交换
非法使用	资源被某个未授权的人或者未授权的方式使用
人员疏忽	一个授权的人为了金钱或利益，或由于粗心将信息泄露给未授权的人
完整性破坏	通过对数据进行未授权的创建、修改或破坏，使数据的一致性受到损坏
媒体清理	信息被从废弃的或打印过的媒体中获得
物理入侵	一个入侵者通过绕过物理控制而获得对系统的访问
资源耗尽	某一资源（如访问端口）被故意超负荷地使用，导致其他用户的服务被中断

3. 影响数据安全的因素及防范措施

影响数据安全的因素有内部和外部两类。

（1）内部因素。可采用多种技术对数据加密；制定数据安全规划；建立安全存储体系，包括容量、容错数据保护和数据备份等；建立事故应急计划和容灾措施；重视安全管理，制定数据安全管理规范。

（2）外部因素。可将数据分成不同的密级，规定外部使用员的权限。设置身份认证、密码、设置口令、设置指纹和声纹笔迹等多种认证。设置防火墙，为计算机建立一道屏障，防止外部入侵破坏数据。建立入侵检测、审计和追踪，对计算机进行防卫。同时，也包括计算机物理环境的保障、防辐射、防水和防火等外部防灾措施。

1.4.2　加密技术和认证技术

1. 加密技术

加密技术是最常用的安全保密手段，数据加密技术的关键在于加密/解密算法和密钥管理。数据加密的基本过程就是对原来为明文的文件或数据按某种加密算法进行处理，使其成为不可读的一段编码，通常称为"密文"。"密文"只能在输入相应的密钥之后才能显示出原来的内容，通过这样的途径使数据不被窃取。

数据加密和数据解密是一对逆过程。数据加密是用加密算法 E 和加密密钥 K_1 将明文 P 变换成密文 C，记为：

$$C = E_{K_1}(P)$$

数据解密是数据加密的逆过程，用解密算法 D 和解密密钥 K_2 将密文 C 变换成明文 P，记为：

$$P = D_{K_2}(C)$$

在安全保密中，可通过适当的密钥加密技术和管理机制来保证网络信息的通信安全。密钥加密技术的密码体制分为对称密钥体制和非对称密钥体制两种。相应地，对数据加密的技术分为两类，即对称加密（私有密钥加密）和非对称加密（公开密钥加密）。

1）对称加密技术

对称加密采用了对称密码编码技术，其特点是文件加密和解密使用相同的密钥，这种方法在密码学中叫作对称加密算法。

常用的对称加密算法有如下几种：

（1）数据加密标准（Data Encryption Standard，DES）算法。DES 主要采用替换和移位的方法加密。它用 56 位密钥对 64 位二进制数据块进行加密，每次加密可对 64 位的输入数据进行 16 轮编码，经一系列替换和移位后，输入的 64 位原始数据转换成完全不同的 64 位输出数据。DES 算法运算速度快，密钥生产容易，适合于在当前大多数计算机上用软件方法实现，同时也适合于在专用芯片上实现。

（2）三重 DES（3DES，或称 TDEA）。在 DES 的基础上采用三重 DES，即用两个 56 位的密钥 K_1 和 K_2，发送方用 K_1 加密，K_2 解密，再使用 K_1 加密。接收方则用 K_1 解密，K_2 加密，再使用 K_1 解密，其效果相当于将密钥长度加倍。

（3）RC-5（Rivest Cipher 5）。RC-5 是由 Ron Rivest（公钥算法的创始人之一）在 1994 年开发出来的。RC-5 是在 RCF2040 中定义的，RSA 数据安全公司的很多产品都使用了 RC-5。

（4）国际数据加密算法（International Data Encryption Algorithm，IDEA）。IDEA 是在 DES 算法的基础上发展起来的，类似于三重 DES。IDEA 的密钥为 128 位，这么长的密钥在今后若干年内应该是安全的。类似于 DES，IDEA 算法也是一种数据块加密算法，它设计了一系列加密轮次，每轮加密都使用从完整的加密密钥中生成的一个子密钥。IDEA 加密标准由 PGP（Pretty Good Privacy）系统使用。

（5）高级加密标准（Advanced Encryption Standard，AES）算法。AES 算法基于排列和置换运算。排列是对数据重新进行安排，置换是将一个数据单元替换为另一个。AES 使用几种不同的方法来执行排列和置换运算。

AES 是一个迭代的、对称密钥分组的密码，它可以使用 128、192 和 256 位密钥，并且用 128 位（16 字节）分组加密和解密数据。

2）非对称加密技术

与对称加密算法不同，非对称加密算法需要两个密钥：公开密钥（publickey）和私有密钥

（privatekey）。公开密钥与私有密钥是一对，如果用公开密钥对数据进行加密，只有用对应的私有密钥才能解密；如果用私有密钥对数据进行加密，那么只有用对应的公开密钥才能解密。因为加密和解密使用的是两个不同的密钥，所以这种算法称为非对称加密算法。

非对称加密有两个不同的体制，如图1-15所示。

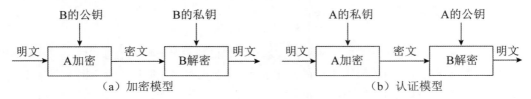

图1-15   非对称加密体制模型

非对称加密算法实现机密信息交换的基本过程是：甲方生成一对密钥并将其中的一把作为公用密钥向其他方公开；得到该公用密钥的乙方使用该密钥对机密信息进行加密后再发送给甲方；甲方再用自己保存的另一把专用密钥对加密后的信息进行解密。

非对称加密算法的保密性比较好，它消除了最终用户交换密钥的需要，但加密和解密花费时间长、速度慢，不适合于对文件加密，而只适用于对少量数据进行加密。

RSA（Rivest，Shamir and Adleman）算法是一种公钥加密算法，它按照下面的要求选择公钥和密钥：

（1）选择两个大素数 p 和 q（大于 10^{100}）。

（2）令 $n=p\times q$ 和 $z=(p-1)\times(q-1)$。

（3）选择 d 与 z 互质。

（4）选择 e，使 $e\times d=1(\bmod z)$。

加密时对明文 P 进行以下计算得到密文 C：

$$C=P^e(\bmod n)$$

这样公钥为（e,n）。解密时计算：

$$P=C^d(\bmod n)$$

即私钥为（d, n）。

例如，设 $p=3$，$q=11$，$n=33$，$z=20$，$d=7$，$e=3$，$C=P^3(\bmod 33)$，$P=C^7(\bmod 33)$，则有：

$C=2^3(\bmod 33)=8(\bmod 33)=8$

$P=8^7(\bmod 33)=2097152(\bmod 33)=2$

RSA 算法的安全性是基于大素数分解的困难性。攻击者可以分解已知的 n，得到 p 和 q，然后可得到 z，最后用 Euclid 算法，由 e 和 z 得到 d。但是要分解 200 位的数，需要 40 亿年；分解 500 位的数，则需要 10^{25} 年。

3）密钥管理

密钥是有生命周期的，它包括密钥和证书的有效时间，以及已撤销密钥和证书的维护时间等。密钥既然要求保密，这就涉及密钥的管理问题，任何保密也只是相对的，是有时效的。密钥管理主要是指密钥对的安全管理，包括密钥产生、密钥备份、密钥恢复和密钥更新等。

（1）密钥产生。密钥对的产生是证书申请过程中重要的一步，其中产生的私钥由用户保留，公钥和其他信息则交于 CA（Certificate Authority）中心进行签名，从而产生证书。根据证书类型和应用的不同，密钥对的产生也有不同的形式和方法。对普通证书和测试证书，一般由浏览器或固定的终端应用来产生，这样产生的密钥强度较小，不适合应用于比较重要的安全网络交易。而对于比较重要的证书，如商家证书和服务器证书等，密钥对一般由专用应用程序或 CA 中心直接产生，这样产生的密钥强度大，适合于重要的应用场合。

另外，根据密钥的应用不同，也可能会有不同的产生方式。例如，签名密钥可能在客户端或 RA（Register Authority）中心产生，而加密密钥则需要在 CA 中心直接产生。

（2）密钥备份和恢复。在一个 PKI（Public Key Infrastructure，公开密钥体系）系统中，维护密钥对的备份至关重要，如果没有这种措施，当密钥丢失后，将意味着加密数据的完全丢失，对于一些重要数据，这将是灾难性的。所以，密钥的备份和恢复也是 PKI 密钥管理中的重要一环。换句话说，即使密钥丢失，使用 PKI 的企业和组织必须仍能够得到确认，受密钥加密保护的重要信息也必须能够恢复。当然，不能让一个独立的个人完全控制最重要的主密钥，否则可能引起严重后果。

企业级的 PKI 产品至少应该支持用于加密的安全密钥的存储、备份和恢复。密钥一般用口令进行保护，而口令丢失则是管理员最常见的安全疏漏之一。所以，PKI 产品应该能够备份密钥，即使口令丢失，它也能够让用户在一定条件下恢复该密钥，并设置新的口令。

（3）密钥更新。如果用户可以一次又一次地使用同样密钥与别人交换信息，那么密钥也同其他任何密码一样存在着一定的安全性问题，虽然说用户的私钥是不对外公开的，但是也很难保证私钥长期的保密性，很难保证不被泄露。如果某人偶然地知道了用户的密钥，那么用户曾经和另一个人交换的每一条消息都不再是保密的了。另外，使用一个特定密钥加密的信息越多，提供给窃听者的材料也就越多，从某种意义上来讲也就越不安全了。

每一个由 CA 颁发的证书都会有有效期，密钥对生命周期的长短由签发证书的 CA 中心来确定，各 CA 系统的证书有效期限有所不同，一般为 2～3 年。当用户的私钥被泄露或证书的有效期快到时，用户应该更新私钥。这时用户可以废除证书，产生新的密钥对，申请新的证书。

（4）多密钥的管理。假设在某机构中有 100 个人，如果他们任意两人之间可以进行秘密对话，那么总共需要多少密钥呢？每个人需要知道多少密钥呢？也许很容易得出答案，如果任何两个人之间要不同的密钥，则总共需要 4950 个密钥，而且每个人应记住 99 个密钥。如果机构的人数是 1000、10 000 或更多，这种办法显然就过于愚蠢了，管理密钥将是一件非常困难的事情。为此需要研究并开发用于创建和分发密钥的加密安全的方法。

Kerberos 提供了一种解决这个问题的较好方案，它是由 MIT 发明的，使保密密钥的管理和分发变得十分容易，但这种方法本身还存在一定的缺点。为能在因特网上提供一个实用的解决方案，Kerberos 建立了一个安全的、可信任的密钥分发中心（Key Distribution Center，KDC），每个用户只要知道一个和 KDC 进行会话的密钥就可以了，而不需要知道成百上千个不同的密钥。

2. 认证技术

认证技术主要解决网络通信过程中通信双方的身份认可。认证的过程涉及加密和密钥交换。通常，加密可使用对称加密、不对称加密及两种加密方法的混合方法。认证方一般有账户名/口令认证、使用摘要算法认证和基于 PKI 的认证。

一个有效的 PKI 系统必须是安全的和透明的，用户在获得加密和数字签名服务时，不需要详细地了解 PKI 的内部运作机制。在一个典型、完整和有效的 PKI 系统中，除了具有证书的创建和发布，特别是证书的撤销功能外，一个可用的 PKI 产品还必须提供相应的密钥管理服务，包括密钥的备份、恢复和更新等。没有一个好的密钥管理系统，将极大地影响一个 PKI 系统的规模、可伸缩性和在协同网络中的运行成本。在一个企业中，PKI 系统必须有能力为一个用户管理多对密钥和证书；能够提供安全策略编辑和管理工具，如密钥周期和密钥用途等。

PKI 是一种遵循既定标准的密钥管理平台，能够为所有网络应用提供加密和数字签名等密码服务及所必需的密钥和证书管理体系。简单来说，PKI 就是利用公钥理论和技术建立的提供安全服务的基础设施。PKI 技术是信息安全技术的核心，也是电子商务的关键和基础技术。PKI 的基础技术包括加密、数字签名、数据完整性机制、数字信封和双重数字签名等。完整的 PKI 系统必须具有权威认证机构（CA）、数字证书库、密钥备份及恢复系统、证书作废系统、应用接口（Application Programming Interface，API）等基本构成部分。

（1）认证机构。数字证书的申请及签发机关，CA 必须具备权威性的特征。

（2）数字证书库。用于存储已签发的数字证书及公钥，用户可由此获得所需的其他用户的证书及公钥。

（3）密钥备份及恢复系统。如果用户丢失了用于解密数据的密钥，则数据将无法被解密，这将造成合法数据丢失。为避免这种情况，PKI 提供备份与恢复密钥的机制。但须注意，密钥的备份与恢复必须由可信的机构来完成。并且，密钥备份与恢复只能针对解密密钥，签名私钥为确保其唯一性而不能够作备份。

（4）证书作废系统。证书作废处理系统是 PKI 的一个必备组件。与日常生活中的各种身份证件一样，证书有效期以内也可能需要作废，原因可能是密钥介质丢失或用户身份变更等。为实现这一点，PKI 必须提供作废证书的一系列机制。

（5）应用接口。PKI 的价值在于使用户能够方便地使用加密、数字签名等安全服务，因此一个完整的 PKI 必须提供良好的应用接口系统，使得各种各样的应用能够以安全、一致、可信的方式与 PKI 交互，确保安全网络环境的完整性和易用性。

PKI 采用证书进行公钥管理，通过第三方的可信任机构（认证中心，即 CA）把用户的公钥和用户的其他标识信息捆绑在一起，其中包括用户名和电子邮件地址等信息，以在 Internet 上验证用户的身份。PKI 把公钥密码和对称密码结合起来，在 Internet 上实现密钥的自动管理，保证网上数据的安全传输。

因此，从大的方面来说，所有提供公钥加密和数字签名服务的系统，都可归结为 PKI 系统的一部分，PKI 的主要目的是通过自动管理密钥和证书，为用户建立起一个安全的网络运行环境，使用户可以在多种应用环境下方便地使用加密和数字签名技术，从而保证网上数据的机密性、完整性和有效性。数据的机密性是指数据在传输过程中不能被非授权者偷看；数据的完整性是指数据在传输过程中不能被非法篡改；数据的有效性是指数据不能被否认。

PKI 发展的一个重要方面就是标准化问题，它也是建立互操作性的基础。目前，PKI 标准化主要有两个方面：一是 RSA 公司的公钥加密标准（Public Key Cryptography Standards，PKCS），它定义了许多基本 PKI 部件，包括数字签名和证书请求格式等；二是由 Internet 工程任务组（Internet Engineering Task Force，IETF）和 PKI 工作组（Public Key Infrastructure Working Group，PKIX）所定义的一组具有互操作性的公钥基础设施协议。在今后很长的一段时间内，PKCS 和 PKIX 将会并存，大部分的 PKI 产品为保持兼容性，也将会对这两种标准进行支持。

1）Hash 函数与信息摘要（Message Digest）

Hash（哈希）函数提供了这样一种计算过程：输入一个长度不固定的字符串，返回一串固定长度的字符串，又称 Hash 值。单向 Hash 函数用于产生信息摘要。Hash 函数主要可以解决以下两个问题：在某一特定的时间内，无法查找经 Hash 操作后生成特定 Hash 值的原报文；也无法查找两个经 Hash 操作后生成相同 Hash 值的不同报文。这样，在数字签名中就可以解决验证签名和用户身份验证、不可抵赖性的问题。

信息摘要简要地描述了一份较长的信息或文件，它可以被看作一份长文件的"数字指纹"。信息摘要用于创建数字签名，对于特定的文件而言，信息摘要是唯一的。信息摘要可以被公开，它不会透露相应文件的任何内容。MD2、MD4 和 MD5（MD 表示信息摘要）是由 Ron Rivest 设计的专门用于加密处理的，并被广泛使用的 Hash 函数，它们产生一种 128 位的信息摘要，除彻底地搜寻外，没有更快的方法对其加以攻击，而其搜索时间一般需要 1025 年之久。

2）数字签名

数字签名主要经过以下几个过程：

（1）信息发送者使用一个单向散列函数（Hash 函数）对信息生成信息摘要。

（2）信息发送者使用自己的私钥签名信息摘要。

（3）信息发送者把信息本身和已签名的信息摘要一起发送出去。

（4）信息接收者通过使用与信息发送者使用的同一个单向散列函数（Hash 函数）对接收的信息本身生成新的信息摘要，再使用信息发送者的公钥对信息摘要进行验证，以确认信息发送者的身份和信息是否被修改过。

数字加密主要经过以下几个过程：

（1）当信息发送者需要发送信息时，首先生成一个对称密钥，用该对称密钥加密要发送的报文。

（2）信息发送者用信息接收者的公钥加密上述对称密钥。

（3）信息发送者将第（1）步和第（2）步的结果结合在一起传给信息接收者，称为数字信封。

（4）信息接收者使用自己的私钥解密被加密的对称密钥，再用此对称密钥解密被发送方加密的密文，得到真正的原文。

　　数字签名和数字加密的过程虽然都使用公开密钥体系，但实现的过程正好相反，使用的密钥对也不同。数字签名使用的是发送方的密钥对，发送方用自己的私有密钥进行加密，接收方用发送方的公开密钥进行解密，这是一个一对多的关系，任何拥有发送方公开密钥的人都可以验证数字签名的正确性。数字加密则使用的是接收方的密钥对，这是多对一的关系，任何知道接收方公开密钥的人都可以向接收方发送加密信息，只有唯一拥有接收方私有密钥的人才能对信息解密。另外，数字签名只采用了非对称密钥加密算法，它能保证发送信息的完整性、身份认证和不可否认性；而数字加密采用了对称密钥加密算法和非对称密钥加密算法相结合的方法，它能保证发送信息的保密性。

　　3）SSL 协议

　　SSL（Secure Sockets Layer，安全套接层）协议最初是由 Netscape Communication 公司设计开发的，主要用于提高应用程序之间数据的安全系数。SSL 协议可以被概括为是一个保证任何安装了安全套接字的客户和服务器间事务安全的协议，它涉及所有 TCP/IP 应用程序。SSL 协议主要提供如下三方面的服务：

　　（1）用户和服务器的合法性认证。认证用户和服务器的合法性，使得它们能够确信数据将被发送到正确的客户端和服务器上。客户端和服务器都有各自的识别号，这些识别号由公开密钥进行编号，为了验证用户是否合法，安全套接层协议要求在握手交换数据时进行数字认证，以此来确保用户的合法性。

　　（2）加密数据以隐藏被传送的数据。安全套接层协议所采用的加密技术既有对称密钥技术，也有公开密钥技术。在客户端与服务器进行数据交换之前，交换 SSL 初始握手信息，在 SSL 握手信息中采用了各种加密技术对其加密，以保证机密性和数据的完整性，并且用数字证书进行鉴别，这样就可以防止非法用户进行破译。

　　（3）保护数据的完整性。安全套接层协议采用 Hash 函数和机密共享的方法来提供信息的完整性服务，建立客户端与服务器之间的安全通道，使所有经过安全套接层协议处理的业务在传输过程中能全部完整准确无误地到达目的地。

　　安全套接层协议是一个保证计算机通信安全的协议，对通信对话过程进行安全保护，其实现过程主要经过如下几个阶段：

　　（1）接通阶段。客户端通过网络向服务器打招呼，服务器回应。

　　（2）密码交换阶段。客户端与服务器之间交换双方认可的密码，一般选用 RSA 密码算法，也有的选用 Diffie-Hellman 和 Fortezza-KEA 密码算法。

　　（3）会谈密码阶段。客户端与服务器间产生彼此交谈的会谈密码。

　　（4）检验阶段。客户端检验服务器取得的密码。

　　（5）客户认证阶段。服务器验证客户端的可信度。

　　（6）结束阶段。客户端与服务器之间相互交换结束的信息。

　　当上述动作完成之后，两者间的资料传送就会加密，另外一方收到资料后，再将编码资料还原。即使盗窃者在网络上取得编码后的资料，如果没有原先编制的密码算法，也不能获得可读的有用资料。

发送时，信息用对称密钥加密，对称密钥用非对称算法加密，再把两个包绑在一起传送过去。接收的过程与发送正好相反，先打开有对称密钥的加密包，再用对称密钥解密。

在电子商务交易过程中，由于有银行参与，按照 SSL 协议，客户的购买信息首先发往商家，商家再将信息转发银行，银行验证客户信息的合法性后，通知商家付款成功，商家再通知客户购买成功，并将商品寄送客户。

4）数字时间戳技术

数字时间戳就是数字签名技术的一种变种应用。在电子商务交易文件中，时间是十分重要的信息。在书面合同中，文件签署的日期和签名一样均是十分重要的防止文件被伪造和篡改的关键性内容。数字时间戳服务（Digital Time Stamp Service，DTS）是网上电子商务安全服务项目之一，能提供电子文件的日期和时间信息的安全保护。

时间戳是一个经加密后形成的凭证文档，包括如下三个部分：

（1）需加时间戳的文件的摘要（digest）。

（2）DTS 收到文件的日期和时间。

（3）DTS 的数字签名。

一般来说，时间戳产生的过程为：用户首先将需要加时间戳的文件用 Hash 编码加密形成摘要，然后将该摘要发送到 DTS，DTS 在加入了收到文件摘要的日期和时间信息后再对该文件加密（数字签名），然后送回用户。

书面签署文件的时间是由签署人自己写上的，而数字时间戳则是由认证单位 DTS 来加入的，以 DTS 收到文件的时间为依据。

1.4.3　计算机可靠性

1. 计算机可靠性概述

计算机系统的硬件故障通常是由元器件的失效引起的。对元器件进行寿命试验并根据实际资料统计得知，元器件的可靠性可分成三个阶段：开始阶段器件工作处于不稳定期，失效率较高；第二阶段器件进入正常工作期，失效率最低，基本保持常数；第三阶段元器件开始老化，失效率又重新提高。这就是所谓的"浴盆曲线"。因此，应保证在计算机中使用的元器件处于第二阶段。在第一阶段应对元器件进行老化筛选，而到了第三个阶段，则淘汰该计算机。

计算机系统的可靠性是指从它开始运行（ $t = 0$ ）到某时刻 t 这段时间内能正常运行的概率，用 $R(t)$ 表示。所谓失效率，是指单位时间内失效的元件数与元件总数的比例，用 λ 表示，当 λ 为常数时，可靠性与失效率的关系为：

$$R(t) = e^{-\lambda t}$$

典型的失效率与时间的关系曲线如图 1-16 所示。

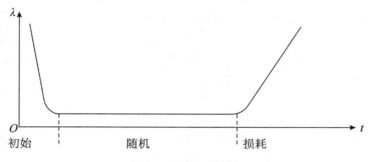

图1-16　失效率特性

两次故障之间系统能正常工作的时间的平均值称为平均无故障时间（MTBF），即：

$$\text{MTBF} = 1/\lambda$$

通常用平均修复时间（MTRF）来表示计算机的可维修性，即计算机的维修效率，指从故障发生到机器修复平均所需要的时间。计算机的可用性是指计算机的使用效率，它以系统在执行任务的任意时刻能正常工作的概率 A 来表示，即：

$$A = \frac{\text{MTBF}}{\text{MTBF} + \text{MTRF}}$$

计算机的 RAS 就是指用可靠性 R、可用性 A 和可维修性 S 三个指标衡量一个计算机系统。但在实际应用中，引起计算机故障的原因除了元器件以外还与组装工艺、逻辑设计等因素有关。因此，不同厂家生产的兼容机，即使采用相同的元器件，其可靠性及 MTBF 也可能会相差很大。

2. 计算机可靠性模型

计算机系统是一个复杂的系统，而且影响其可靠性的因素也非常繁复，很难直接对其进行可靠性分析。但通过建立适当的数学模型，把大系统分割成若干子系统，可以简化其分析过程。常见的系统可靠性数学模型有以下三种：

（1）串联系统。假设一个系统由 N 个子系统组成，当且仅当所有的子系统都能正常工作时，系统才能正常工作，这种系统称为串联系统，如图1-17所示。

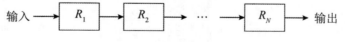

图1-17　串联系统的可靠性模型

设系统中各个子系统的可靠性度量值分别用 $R_1, R_2, \cdots, R_N$ 来表示，则系统的可靠性 R 度量值由下式求得：

$$R = R_1 R_2 \cdots R_N$$

如果系统的各个子系统的失效率分别用 $\lambda_1, \lambda_2 \cdots, \lambda_N$ 来表示，则系统的失效率 λ 可由下式求得：

$$\lambda = \lambda_1 + \lambda_2 + \cdots + \lambda_N$$

例如，设某计算机系统由 CPU、存储器、I/O 三部分组成，其可靠性分别为 0.95、0.90 和

0.85，则该计算机系统的可靠性度量值为 $R = R_1 \cdot R_2 \cdot R_3 = 0.95 \times 0.90 \times 0.85 \approx 0.73$。

（2）并联系统。假如一个系统由 N 个子系统组成，只要有一个子系统正常工作，系统就能正常工作，这样的系统称为并联系统，如图 1-18 所示。

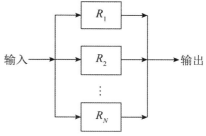

设每个子系统的可靠性度量值分别以 R_1，R_2，$\cdots$，R_N 表示，整个系统的可靠性度量值由下式来求得：

$$R = 1 - (1 - R_1)(1 - R_2) \cdots (1 - R_N)$$

假如所有子系统的失效率均为 λ，则系统的失效率 μ 为：

$$\mu = \frac{1}{\dfrac{1}{\lambda} \displaystyle\sum_{j=1}^{N} \frac{1}{j}}$$

图 1-18　并联系统的可靠性模型

在并联系统中只有一个子系统是真正需要的，其余 $N-1$ 个子系统称为冗余子系统，随着冗余子系统数量的增加，系统的平均无故障时间也增加了。

【例 1.2】 设某系统由三个相同子系统构成，每个子系统的可靠性度量值为 0.9，平均无故障时间（MTBF）为 10 000 小时，求系统的可靠性和平均无故障时间。

分析：$R_1 = R_2 = R_3 = 0.9$，失效率 $\lambda = \lambda_1 = \lambda_2 = \lambda_3 = 1/10\ 000 = 1 \times 10^{-4}$。

系统可靠性度量值 $R = 1 - (1 - R_1)^3 = 0.999$。

系统平均无故障时间为：

$$\text{MTBF} = \frac{1}{\mu} = \frac{1}{\lambda} \sum_{j=1}^{3} \frac{1}{j} = \frac{1}{\lambda} \times \left(1 + \frac{1}{2} + \frac{1}{3}\right) \approx 18\ 333 \text{（小时）}$$

（3）N 模冗余系统。N 模冗余系统由 N 个（$N = 2n+1$）相同的子系统和一个表决器组成，表决器把 N 个子系统中占多数相同结果的输出作为系统的输出，如图 1-19 所示。

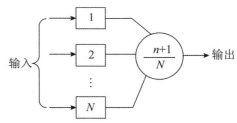

图 1-19　N 模冗余系统

在 N 个子系统中，只要有 $n+1$ 个或 $n+1$ 个以上子系统能正常工作，系统就能正常工作，输出正确的结果。假设表决器是完全可靠的，每个子系统的可靠性为 R_0，则 N 模冗余系统的可靠性度量值为：

$$R = \sum_{i=n+1}^{N} \binom{i}{N} \times R_0^i \left(1 - R_0\right)^{N-i}$$

其中，$\dbinom{i}{N}$ 表示从 N 个元素中取 i 个元素的组合数。

提高计算机的可靠性一般采取如下两项措施：

（1）提高元器件质量，改进加工工艺与工艺结构，完善电路设计。

（2）发展容错技术，使得在计算机硬件有故障的情况下，计算机仍能继续运行，得出正确的结果。

1.4.4　计算机系统的性能评价

　　无论是生产计算机的厂商还是使用计算机的用户，都需要有某种方法来衡量计算机的性能来作为设计、生产、购买和使用的依据。但是，由于计算机系统是一个极复杂的系统，其体系结构、组成和实现都有若干种策略，而且其应用领域也千差万别，所以很难找到统一的规则或标准去评测所有的计算机。

1. 性能评测的常用方法

　　性能测评的常用方法包括：

　　（1）时钟频率。计算机的时钟频率在一定程度上反映了机器速度，一般来讲，主频越高，速度越快。但是，相同频率、不同体系结构的机器，其速度可能会相差很多倍，因此还需要用其他方法来测定机器性能。

　　（2）指令执行速度。在计算机发展的初期，曾用加法指令的运算速度来衡量计算机的速度，速度是计算机的主要性能指标之一。因为加法指令的运算速度大体上可反映出乘法、除法等其他算术运算的速度，而且逻辑运算、转移指令等简单指令的执行时间往往设计成与加法指令相同，因此加法指令的运算速度有一定代表性。当时表征机器运算速度的单位是 KIPS（每秒千条指令），后来随着机器运算速度的提高，计量单位由 KIPS 发展到 MIPS（每秒百万条指令）。

　　（3）等效指令速度法。随着计算机指令系统的发展，指令的种类大大增加，用单种指令的 MIPS 值来表征机器的运算速度的局限性日益暴露，因此很快就出现了改进的办法，称之为吉普森（Gibson）混合法或等效指令速度法。

　　等效指令速度法统计各类指令在程序中所占比例，并进行折算。设某类指令 i 在程序中所占比例为 w_i，执行时间为 t_i，则等效指令的执行时间为：

$$T = \sum_{i=1}^{n} (w_i \times t_i)$$

其中 n 为指令的种类数。

　　（4）数据处理速率（Processing Data Rate，PDR）法。因为在不同程序中，各类指令的使用频率是不同的，所以固定比例方法存在着很大的局限性，而且数据长度与指令功能的强弱对解题的速度影响极大。同时，这种方法也不能反映现代计算机中高速缓冲存储器（Cache）、流水线和交叉存储等结构的影响。具有这种结构的计算机的性能不仅与指令的执行频率有关，而且也与指令的执行顺序与地址分布有关。

　　采用计算 PDR 值的方法来衡量机器性能时，PDR 值越大，机器性能越好。PDR 与每条指令和每个操作数的平均位数以及每条指令的平均运算速度有关，其计算方法如下：

$$PDR = L / R$$

其中，$L = 0.85G + 0.15H + 0.4J + 0.15K$，$R = 0.85M + 0.09N + 0.06P$。

式中：　G ——每条定点指令的位数；

　　　　M ——平均定点加法时间；

H ——每条浮点指令的位数；

N ——平均浮点加法时间；

J ——定点操作数的位数；

P ——平均浮点乘法时间；

K ——浮点操作数的位数。

此外，还做了如下规定：$G>20$ 位，$H>30$ 位；从主存取一条指令的时间等于取一个字的时间；指令与操作数存放在主存，无变址或间址操作；允许有并行或先行取指令功能，此时选择平均取指令时间。PDR 值主要对 CPU 和主存储器的速度进行度量，但不适合衡量机器的整体速度，因为它没有涉及 Cache、多功能部件等技术对性能的影响。

（5）核心程序法。上述性能评价方法主要是针对 CPU（有时包括主存），它没有考虑诸如 I/O 结构、操作系统、编译程序的效率等系统性能的影响，因此难以准确评价计算机的实际工作能力。

核心程序法是研究较多的一种方法，它把应用程序中用得最频繁的那部分核心程序作为评价计算机性能的标准程序，在不同的机器上运行，测得其执行时间，作为各类机器性能评价的依据。机器软硬件结构的特点能在核心程序中得到反映，但是核心程序各部分之间的联系较小。由于程序短，所以访问存储器的局部性特征很明显，以致 Cache 的命中率比一般程序高。

2. 基准测试程序

基准程序法（Benchmark）是测试性能的较好方法，有多种多样的基准程序，如主要测试整数性能的基准程序、测试浮点性能的基准程序等。

（1）整数测试程序。Dhrystone 是一个综合性的基准测试程序，它是为了测试编译器及 CPU 处理整数指令和控制功能的有效性，人为地选择一些"典型指令"综合起来形成的测试程序。

Dhrystone 程序测试的结果由每秒多少个 Dhrystones 来表示机器的性能，这个数值越大，性能越好。VAX11/780 的测试结果为每秒 1757Dhrystones，为便于比较，人们假设 1VAX MIPS＝每秒 1757Dhrystones，将被测机器的结果除以 1757，就得到被测机器相对 VAX11/780 的 MIPS 值。有些厂家在宣布机器性能时就用 Dhrystone MIPS 值作为各自机器的 MIPS 值。

不过不同的厂家在测试 MIPS 值时，使用的基准程序一般是不同的，因此不同厂家机器的 MIPS 值有时虽然是相同的，但其性能却可能差别很大，那是因为各厂家在设计计算机时针对不同的应用领域（如科学和工程、商业管理、图形处理等）而采用了不同的体系结构和实现方法。同一厂家的机器，采用相同的体系结构，用相同的基准程序测试，得到的 MIPS 值越大，一般说明机器速度越快。

（2）浮点测试程序。在计算机科学和工程应用领域内，浮点计算工作量占很大比例，因此机器的浮点运算性能对系统的应用有很大的影响。有些机器只标出单个浮点操作性能，如浮点加法、浮点乘法时间，而大部分工作站则标出用 Linpack 和 Whetstone 基准程序测得的浮点性能。Linpack 主要测试向量性能和高速缓存性能。Whetstone 是一个综合性测试程序，除测试浮点操作外，还测试整数计算和功能调用等性能。

①理论峰值浮点速度。巨型机和小巨型机在说明书中经常给出"理论峰值速度"的 MFLOPS 值，它不是机器实际执行程序时的速度，而是机器在理论上最大能完成的浮点处理速度。它不仅与处理机时钟周期有关，而且还与一个处理机里能并行执行操作的流水线功能部件数目和处理机的数目有关。多个 CPU 机器的峰值速度是单个 CPU 的峰值速度与 CPU 个数的乘积。

②Linpack 基准测试程序。Linpack 基准程序是一个用 Fortran 语言编写的子程序软件包，称为基本线性代数子程序包，此程序完成的主要操作是浮点加法和浮点乘法操作。测量计算机系统的 Linpack 性能时，让机器运行 Linpack 程序，测量运行时间，将结果用 MFLOPS 表示。

当解 n 阶线性代数方程组时，n 越大，向量化程度越高。其关系如表 1-5 所示。

表 1-5　矩阵的向量化程度

矩阵规模	100×100	300×300	1000×1000
向量化百分比	80%	95%	98%

向量化百分比指的是含向量成分的计算量占整个程序计算量的百分比。在同一台机器中，向量化程度越高，机器的运算速度越快，因为不管 n 的大小，求解方程时花在非向量操作的时间差不多是相等的。

③Whetstone 基准测试程序。Whetstone 是用 Fortran 语言编写的综合性测试程序，主要由执行浮点运算、整数算术运算、功能调用、数组变址、条件转移和超越函数的程序组成。Whetstone 的测试结果用 Kwips 表示，1Kwips 表示机器每秒钟能执行 1000 条 Whetstone 指令。

（3）SPEC 基准程序（SPEC Benchmark）。SPEC（Standard Performance Evaluation Corporation）是由几十家世界知名的计算机大厂商所支持的非营利的合作组织，旨在开发共同认可的标准基准程序。

SPEC 基准程序是由 SPEC 开发的一组用于计算机性能综合评价的程序。以对 VAX11/780 机的测试结果作为基数，其他计算机的测试结果以相对于这个基数的比率来表示。SPEC 基准程序能较全面地反映机器性能，有很高的参考价值。

SPEC 1.0 是 1989 年 10 月宣布的，是一套复杂的基准程序集，主要用于测量与工程和科学应用有关的数字密集型的整数和浮点数方面的计算。源程序超过 15 万行，包含 10 个测试程序，使用的数据量比较大，分别测试应用的各个方面。

SPEC 基准程序测试结果一般以 SPECmark（SPEC 分数）、SPECint（SPEC 整数）和 SPECfp（SPEC 浮点数）来表示。其中，SPEC 分数是 10 个程序的几何平均值，SPEC 整数是 4 个整数程序的几何平均值，SPEC 浮点数是 6 个浮点程序的几何平均值。

1992 年，在原来 SPECint89 和 SPECfp89 的基础上又增加了两个整数测试程序和 8 个浮点数测试程序，因此 SPECint92 由 6 个程序组成，SPECfp92 由 14 个程序组成。这 20 个基准程序是基于不同的应用写成的，主要测 32 位 CPU、主存储器、编译器和操作系统的性能。

SPEC 基准程序的测试结果获得了普遍的认可。

（4）TPC 基准程序。TPC（Transaction Processing Council，事务处理委员会）基准程序是由 TPC 开发的评价计算机事务处理性能的测试程序，用以评测计算机在事务处理、数据库处理、企业管理与决策支持系统等方面的性能。TPC 已经推出了 4 套基准程序：TPC-A、TPC-B、TPC-C 和 TPC-D。其中 A 和 B 已经过时，不再使用。TPC-C 是在线事务处理（On-Line Transaction Processing, OLTP）的基准程序，TPC-D 是决策支持的基准程序。TPC 即将推出 TPC-E，作为大型企业信息服务的基准程序。该基准程序的评测结果用每秒完成的事务处理数 TPC 来表示。TPC 基准测试程序在商业界范围内建立了用于衡量机器性能以及性能价格比的标准。但是，任何一种测试程序都有一定的适用范围，TPC 也不例外。

第 2 章　程序语言基础知识

程序设计语言是为了书写计算机程序而人为设计的符号系统，用于对计算过程进行描述、组织和推导。程序设计语言的广泛使用始于 1957 年出现的 Fortran，程序语言仍然处于不断演化的过程中。

2.1　程序语言概述

本节主要介绍程序设计语言的基本概念、基本成分和一些有代表性的程序语言。

2.1.1　程序语言的基本概念

1. 低级语言和高级语言

计算机的硬件只能识别由 0、1 组成的机器指令序列，即机器指令程序，因此机器指令是最基本的计算机语言。由于机器指令是特定的计算机系统所固有的、面向机器的语言，所以用机器语言进行程序设计时，有较多不便之处，如效率低、程序可读性很差、难以理解、难以修改和维护等。因此，人们就用容易记忆的符号代替 0、1 序列来表示机器指令，例如，用 ADD 表示加法、SUB 表示减法等。用符号表示的指令称为汇编指令，汇编指令的集合被称为汇编语言。汇编语言与机器语言十分接近，其格式在很大程度上取决于特定计算机的机器指令，因此它仍然是一种面向机器的语言，人们称机器语言和汇编语言为低级语言。在此基础上，人们设计了功能更强、抽象级别更高的语言以支持程序设计，于是就产生了面向各类应用的程序语言，称为高级语言，常见的有 Java、C、C++、C#、Python、PHP、JavaScript 等，这类语言与人们使用的自然语言比较接近，大大提高了程序设计的效率。

2. 编译程序和解释程序

高级程序语言必须进行翻译才能为计算机硬件所理解，语言之间的翻译形式有多种，基本方式为汇编、解释和编译。

用某种高级语言或汇编语言编写的程序称为源程序，源程序不能直接在计算机上执行。如果源程序是用汇编语言编写的，则需要一个汇编程序将其翻译成目标程序后才能执行。如果源程序是用某种高级语言编写的，则需要对应的解释程序或编译程序对其进行翻译，然后在机器上运行。

解释程序也称为解释器，它或者直接解释执行源程序，或者将源程序翻译成某种中间代码后再加以执行；而编译程序（编译器）则是将源程序翻译成目标语言程序，然后在计算机上运行目标程序。这两种语言处理程序的根本区别是：在编译方式下，机器上运行的是与源程序等价的目标程序，源程序和编译程序都不再参与目标程序的执行过程；而在解释方式下，解释程序和源程序（或其某种等价表示）要参与到程序的运行过程中，运行程序的控制权在解释程序。简单来说，在解释方式下，翻译源程序时不生成独立的目标程序，而编译器则将源程序翻译成独立保存的目标程序。

3. 程序设计语言的定义

程序设计语言的定义涉及语法、语义和语用等方面。

语法是指由程序语言的基本符号组成程序中的各个语言结构（包括程序）的一组规则，其中由基本字符构成的符号（单词）书写规则称为词法规则，由符号构成语法成分的规则称为语法规则。程序语言的语法可用形式语言进行描述。

语义是程序语言中按语法规则构成的各个语法成分的含义，可分为静态语义和动态语义。静态语义指编译时可以确定的语法成分的含义，而运行时才能确定的含义是动态语义。一个程序的执行结果说明了该程序的语义，它取决于构成程序的各个组成部分的语义。

语用表示构成语言的各个记号和使用者的关系，涉及符号的来源、使用和影响。语言的实现则有个语境问题。语境是指理解和实现程序设计语言的环境，包括编译环境和运行环境。

4. 程序设计语言的分类

程序语言有交流算法和计算机实现的双重目的，现在的程序语言种类繁多，它们在应用上各有不同的侧重面。若一种程序语言不依赖于机器硬件，则称为高级语言；若程序语言能够应用于范围广泛的问题求解领域，则称为通用的程序设计语言。

1）程序语言发展概述

各种程序语言都在不断地发展之中，许多新的语言也相继出现，各种开发工具在组件化和可视化方面进展迅速。

Fortran（Formula Translation）是第一个被广泛用来进行科学和工程计算的高级语言。一个 Fortran 程序由一个主程序和若干个子程序组成。主程序及每一个子程序都是独立的程序单位，称为一个程序模块。该语言自诞生以来广泛地应用于数值计算领域，积累了大量高效而可靠的源程序。Fortran 语言的最大特性是接近数学公式的自然描述，具有很高的执行效率，目前被广泛地应用于并行计算和高性能计算领域。

ALGOL（ALGOrithmic Language）诞生于晶体管计算机流行的年代，ALGOL 60 是程序设计语言发展史上的一个里程碑，主导了 20 世纪 60 年代程序语言的发展，并为后来软件自动化及软件可靠性的发展奠定了基础。ALGOL 60 有严格的公式化说明，即采用巴科斯范式 BNF 来描述语言的语法。ALGOL 60 引进了许多新的概念，如局部性概念、动态、递归等。

Pascal 是一种过程式、结构化程序设计语言，由瑞士苏黎世联邦工业大学的沃斯（N.Wirth）教授设计，于 1970 年发表。该语言是从 ALGOL60 衍生的，但功能更强且容易使用。Pascal 语言曾经在高校计算机软件教学中一直处于主导地位，其集成开发工具 Turbo Pascal 曾经非常流行。1985 年发布了 Object Pascal。

C 语言是 20 世纪 70 年代初发展起来的一种通用程序设计语言，UNIX 操作系统及其上的许多软件都是用 C 编写的。它兼顾了高级语言和汇编语言的特点，提供了一个丰富的运算符集合以及比较紧凑的语句格式。由于 C 提供了高效的执行语句并且允许程序员直接访问操作系统和底层硬件，因此在系统级应用和实时处理应用开发中成为主要语言。

C++是在 C 语言的基础上于 20 世纪 80 年代发展起来的，与 C 兼容，但是比 C 多了封装和抽象，增加的类机制使 C++成为一种面向对象的程序设计语言。

C#（C Sharp）是由 Microsoft 公司所开发的一种面向对象的、运行于.NET Framework 的高级程序设计语言，相对于 C++，这个语言在许多方面进行了限制和增强。

Objective-C 是根据 C 语言所衍生出来的语言，继承了 C 语言的特性，是扩充 C 的面向对象编程语言，其与流行的编程语言风格差异较大。由于 GCC（GNU Compiler Collection，GNU 编译器套装）含 Objective-C 的编译器，因此可以在 GCC 运作的系统中编写和编译。该语言主要由 Apple 公司维护，是 MAC 系统下的主要开发语言。与 C#类似，Objective-C 仅支持单一父类继承，不支持多重继承。

Java 产生于 20 世纪 90 年代，其初始用途是开发网络浏览器的小应用程序，但是作为一种通用的程序设计语言，Java 得到非常广泛的应用。Java 保留了 C++的基本语法、类和继承等概念，删掉了 C++中一些不好的特征，因此与 C++相比，Java 更简单，其语法和语义更合理。

Ruby 是松本行弘（Yukihiro Matsumoto，常称为 Matz）大约在 1993 年设计的一种解释性、面向对象、动态类型的脚本语言。在 Ruby 语言中，任何东西都是对象，包括其他语言中的基本数据类型，比如整数；每个过程或函数都是方法；变量没有类型；任何东西都有值（不管是数学或者逻辑表达式还是一个语句，都会有值）等等。

PHP（Hypertext Preprocessor）是一种在服务器端执行的、嵌入 HTML 文档的脚本语言，其语言风格类似于 C 语言，由网站编程人员广泛运用。PHP 可以快速地执行动态网页，其语法混合了 C、Java、Perl 以及 PHP 自创的语法。由于在服务器端执行，PHP 能充分利用服务器的性能。另外，PHP 支持几乎所有流行的数据库以及操作系统。

Python是一种面向对象的解释型程序设计语言，可以用于编写独立程序、快速脚本和复杂应用的原型。Python 也是一种脚本语言，它支持对操作系统的底层访问，也可以将 Python 源程序翻译成字节码在 Python 虚拟机上运行。虽然 Python 的内核很小，但它提供了丰富的基本构建块，还可以用 C、C++和 Java 等进行扩展，因此可以用它开发任何类型的程序。

JavaScript 是一种脚本语言，被广泛用于 Web 应用开发，常用来为网页添加各式各样的动态功能，为用户提供更流畅美观的浏览效果。通常，将 JavaScript 脚本嵌入在 HTML 中来实现自身的功能。

Delphi 是一种可视化开发工具，在 Windows 环境下使用，其在 Linux 上的对应产品是 Kylix，其主要特性为基于窗体和面向对象的方法、高速的编译器、强大的数据库支持、与 Windows 编程紧密结合以及成熟的组件技术。它采用面向对象的编程语言 Object Pascal 和基于构件的开发结构框架。

Visual Basic.NET 是基于微软.NET Framework 的面向对象的编程语言。用.NET 语言（包括 VB.NET）开发的程序源代码不是直接编译成能够直接在操作系统上执行的二进制本地代码，而是被编译成为中间代码 MSIL（Microsoft Intermediate Language），然后通过.NET Framework 的通用语言运行时（CLR）来执行。程序执行时，.NET Framework 将中间代码翻译成为二进制机器码后，使它得以运行。因此，如果计算机上没有安装.NET Framework，这些程序将不能够被执行。

2）程序语言的分类

程序语言的分类没有统一的标准，这里根据设计程序的方法将程序语言大致分为命令式和结构化的程序设计语言、面向对象的程序设计语言、函数式程序设计语言和逻辑型程序设计语言等范型。

（1）命令式程序设计语言。命令式语言是基于动作的语言，在这种语言中，计算被看成是动作的序列。命令式语言族开始于 Fortran，Pascal 和 C 语言都可以体现命令式程序设计的关键思想。

通常所称的结构化程序设计语言属于命令式语言类，其结构特性主要反映在以下几个方面：一是用自顶向下逐步精化的方法编程；二是按模块组织的方法编程；三是程序只包含顺序、判定（分支）及循环构造，而且每种构造只允许单入口和单出口。结构化程序的结构简单清晰、模块化强，描述方式接近人们习惯的推理式思维方式，因此可读性强，在软件重用性、软件维护等方面都有所进步，在大型软件开发中曾发挥过重要的作用。目前仍有许多应用程序的开发采用结构化程序设计技术和方法。C、Pascal 等都是典型的结构化程序设计语言。

（2）面向对象的程序设计语言。程序设计语言的演化从最开始的机器语言到汇编语言到各种结构化高级语言，最后到支持面向对象技术的面向对象语言，反映的就是一条抽象机制不断提高的演化道路。

面向对象的程序设计在很大程度上应归功于从模拟领域发展起来的 Simula，其提出了对象和类的概念。C++、Java 和 Smalltalk 是面向对象程序设计语言的代表，它们都必须支持新的程序设计技术，如数据隐藏、数据抽象、用户定义类型、继承和多态等。

（3）函数式程序设计语言。函数式语言是一类以 λ-演算为基础的语言，其基本概念来自于 LISP，这是一个在 1958 年为了人工智能应用而设计的语言。函数是一种对应规则（映射），它使定义域中每个元素和值域中唯一的元素相对应。

函数定义 1：Square[x]:=x*x

函数定义 2：Plustwo[x]:=Plusone[Plusone[x]]

函数定义 3：fact[n]:=if n=0 then 1 else n*fact[n−1]

在函数定义 2 中，使用了函数复合，即将一个函数调用嵌套在另一个函数定义中。在函数定义 3 中，函数被递归定义。由此可见，函数可以看成是一种程序，其输入就是定义中左边括号中的量。它也可将输入组合起来产生一个规则，组合过程中可以使用其他函数或该函数本身。这种用函数和表达式建立程序的方法就是函数式程序设计。函数式程序设计语言的优点之一就是对表达式中出现的任何函数都可以用其他函数来代替，只要这些函数调用产生相同的值。

函数式语言的代表 LISP 在许多方面与其他语言不同，其中最为显著的是，其程序和数据的形式是等价的，这样数据结构就可以作为程序执行，程序也可以作为数据修改。在 LISP 中，大量地使用递归。常见的函数式语言有 Haskell、Scala、Scheme、APL 等。

（4）逻辑型程序设计语言。逻辑型语言是一类以形式逻辑为基础的语言，其代表是建立在关系理论和一阶谓词理论基础上的 Prolog。Prolog 代表 Programming in Logic。Prolog 程序是一系列事实、数据对象或事实间的具体关系和规则的集合。通过查询操作把事实和规则输入数据库。用户通过输入查询来执行程序。在 Prolog 中，关键操作是模式匹配，通过匹配一组变量与一个预先定义的模式并将该组变量赋给该模式来完成操作。以值集合 S 和 T 上的二元关系 R 为例，R 实现后，可以询问：

①已知 a 和 b，确定 $R(a,b)$ 是否成立。

②已知 a，求所有使 $R(a,y)$ 成立的 y。

③已知 b，求所有使 $R(x,b)$ 成立的 x。

④求所有使 $R(x,y)$ 成立的 x 和 y。

逻辑型程序设计具有与传统的命令型程序设计完全不同的风格。Prolog 数据库中的事实和规则是形式为 "P:-P$_1$, P$_2$,…, P$_n$" 的 Hore 子句，其中 $n \geq 0$，P$_i$（$1 \leq i \leq n$）为形如 R$_i$(…)的断言，R$_i$ 是关系名。该子句表示规则：若 P$_1$, P$_2$,…, P$_n$ 均为真（成立），则 P 为真。当 $n=0$ 时，Hore 子句变成 P，这样的子句称为事实。

一旦有了事实与规则后，就可以提出询问。测试用户询问 A 是否成立时，采用归结方法。

①如果程序中包含事实 P，且 P 和 A 匹配，则 A 成立。

②如果程序中包含 Hore 子句"P:-P$_1$, P$_2$,…, P$_n$"，且 P 和 A 匹配，则 Prolog 转而测试 P$_1$, P$_2$,…, P$_n$。只有当 P$_1$, P$_2$,…, P$_n$ 都成立时才能断言 P 成立。当求解某个 P$_i$ 失败时，则返回到前面的某个成功点并尝试另一种选择，也就是进行回溯。

③只有当所有可能情况都已穷尽时，才能推导出 P 失败。

Prolog 有很强的推理功能，适用于书写自动定理证明、专家系统和自然语言理解等问题的程序。

2.1.2　程序语言的基本成分

程序语言的基本成分包括数据、运算、控制和传输。

1. 程序语言的数据成分

程序语言的数据成分指其程序中的数据对象。数据对象总是对应着应用系统中某些有意义的东西，数据表示则指示了程序中值的组织形式。数据类型用于描述数据对象，还用于在基础机器中完成对值的布局，同时还可用于检查表达式中对运算的应用是否正确。

数据是程序操作的对象，具有存储类别、类型、名称、作用域和生存期等属性，使用时要为它分配内存空间。数据名称由用户通过标识符命名，在一些语言中，标识符是由字母、数字和下画线 "_" 组成的标记；类型说明数据占用内存的大小和存放形式；存储类别说明数据在内存中的位置和生存期；作用域则说明可以使用数据的代码范围；生存期说明数据占用内存的时间范围。从不同角度可将数据进行不同的划分。

1）常量和变量

按照程序运行时数据的值能否改变，将程序中的数据分为常量和变量。程序中的数据对象可以具有左值和（或）右值，左值指存储单元（或地址、容器），右值是值（或内容）。变量具有左值和右值，在程序运行过程中其右值可以改变；常量只有右值，在程序运行过程中其右值不能改变。

2）全局变量和局部变量

按数据的作用域范围，可将其分为全局量和局部量。系统为全局变量分配的存储空间在程序运行的过程中一般是不改变的，而为局部变量分配的存储单元是可以动态改变的。

3）数据类型

按照数据组织形式的不同可将数据分为基本类型、用户定义类型、构造类型及其他类型。以 C/C++为例，其数据类型如下：

（1）基本类型：整型（int）、字符型（char）、实型（float、double）和布尔类型（bool）。

（2）特殊类型：空类型（void）。

（3）用户定义类型：枚举类型（enum）。

（4）构造类型：数组、结构、联合。

（5）指针类型：type *。

（6）抽象数据类型：类类型。

其中，布尔类型和类类型由 C++语言提供。

2. 程序语言的运算成分

程序语言的运算成分指明允许使用的运算符号及运算规则。大多数高级程序语言的基本运算可以分成算术运算、关系运算和逻辑运算等，有些语言如 C/C++还提供位运算。运算符号的使用与数据类型密切相关。为了明确运算结果，运算符号要规定优先级和结合性，必要时还要使用圆括号。

3. 程序语言的控制成分

控制成分指明语言允许表述的控制结构，程序员使用控制成分来构造程序中的控制逻辑。理论上已经证明，可计算问题的程序都可以用顺序、选择和循环这三种控制结构来描述。

1）顺序结构

顺序结构用来表示一个计算操作序列。计算过程从所描述的第一个操作开始，按顺序依次执行后续的操作，直到序列的最后一个操作，如图 2-1 所示。顺序结构内也可以包含其他控制结构。

2）选择结构

选择结构提供了在两种或多种分支中选择其中一个的逻辑。基本的选择结构是指定一个条件 P，然后根据条件的成立与否决定控制流走计算 A 还是计算 B，从两个分支中选择一个执行，如图 2-2（a）所示。选择结构中的计算 A 或计算 B 还可以包含顺序、选择和重复结构。程序语言中通常还提供简化了的选择结构，也就是没有计算 B 的分支结构，如图 2-2（b）所示。

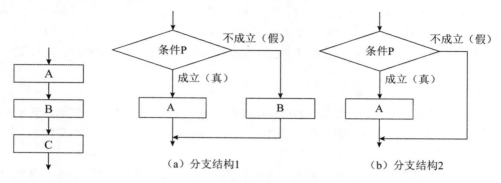

图 2-1   顺序结构示意图   图 2-2   选择结构示意图

3）循环结构

循环结构描述了重复计算的过程，通常由三部分组成：初始化、循环体和循环条件。其中初始化部分有时在控制的逻辑结构中不进行显式的表示。循环结构主要有两种形式：while 型循环结构和 do-while 型循环结构。while 型结构的逻辑含义是先判断条件 P，若成立则执行循环体 A，然后再去判断条件 P；否则控制流就退出循环结构，如图 2-3（a）所示。do-while 型结构的逻辑含义是先执行循环体 A，然后再判断条件 P，若成立则继续执行 A 的过程并判断条件；否则控制流就退出循环结构，如图 2-3（b）所示。

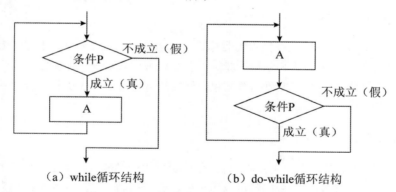

图 2-3   循环结构示意图

4）C/C++语言中的控制语句

（1）复合语句。复合语句用于描述顺序结构。复合语句是一系列用"｛"和"｝"括起来的声明和语句，其主要作用是将多条语句组成一个可执行单元。语法上能出现语句的地方都可以使用复合语句。复合语句是一个整体，要么全部执行，要么一条语句也不执行。

（2）if 语句和 switch 语句。

①if 语句实现的是双分支的选择结构，其一般形式为：

```
if (表达式) 语句1;else 语句2;
```

其中，语句 1 和语句 2 可以是任何合法的 C/C++语言，当语句 2 为空语句时，可以简化为：

```
if (表达式) 语句1;
```

使用 if 语句时，需要注意 if 和 else 的匹配关系。C/C++语言规定，else 总是与离它最近的尚没有 else 的 if 相匹配。

②switch 语句描述了多分支的选择结构，其一般形式为：

```
switch (表达式) {
    case 常量表达式1：语句1;
    case 常量表达式2：语句2;
    ...
    case 常量表达式n：语句n;
    default：语句n+1;
}
```

执行 switch 语句时，首先计算表达式的值，然后用所得的值与列举的常量表达式值依次比较，若任一常量表达式都不能与所得的值相匹配，则执行 default 的"语句 n+1"，然后结束 switch 语句。若表达式的值与常量表达式 i(i=1,2,…,n)的值相同，则执行"语句序 i"，当 case i 的语句 i 中无 break 语句时，则执行随后的语句 i+1，语句 i+2……直到执行完语句 n+1 后，才退出 switch 语句；或者遇到 break 时跳出 switch 语句。要使得程序在执行"语句 i"后结束整个 switch 语句，则语句 i 中应包含控制流能够到达的 break 语句。

常量表达式通常为字符型或整型。多个常量表达式可以共用一个语句组。

（3）循环语句。C/C++语言中有 while、do-while 和 for 三种循环语句，用于描述循环计算的控制结构。

①while 语句。while 语句描述了先判断条件再执行循环体的控制结构，其一般形式是：

```
while (条件表达式) 循环体语句;
```

其中，循环体语句多于一条时，应使用"{"和"}"括起来。执行 while 语句时，先计算条件表达式的值，当值为非 0 时，就执行循环体语句，然后重新计算条件表达式的值后再进行判断，否则就结束 while 语句的执行过程。

②do-while 语句。do-while 语句描述了先执行循环体再判断条件的控制结构，其一般格式是：

```
do
```

```
        循环体语句；
while (条件表达式)；
```

执行 do-while 语句时，先执行其循环体语句，然后再计算条件表达式的值，若值为非 0，则再一次地执行循环体语句，计算条件表达式并进行判断，直到条件表达式的值为 0 时，才结束 do-while 语句的执行过程。

③for 语句。for 语句的基本格式是：

```
for(表达式 1;表达式 2;表达式 3)    循环体语句；
```

可用 while 语句等价地表示为：

```
表达式 1；
while(表达式 2){
        循环体语句；
        表达式 3；
}
```

for 语句的使用是很灵活的，其内部的三个表达式都可以省略，但用于分隔三个表达式的分号 ";" 不能遗漏。

C/C++语言中还有实现控制流跳转的 goto、break 和 continue 语句，由于使用 goto 有可能导致程序的逻辑结构不够清晰，因此不提倡使用。

程序语言的传输成分指明语言允许的数据传输方式，如赋值处理、数据的输入和输出等。

4. 函数

函数是程序模块的主要成分，它是一段具有独立功能的程序代码。C 程序由一个或多个函数组成，每个函数都有一个名字，其中有且仅有一个名字为 main 的函数，作为程序运行时的起点。函数的使用涉及三个概念：函数定义、函数声明和函数调用。

1）函数定义

函数的定义包括两部分：函数首部和函数体。函数的定义描述了函数做什么和怎么做。函数定义的一般格式是：

```
返回值的类型    函数名(形式参数表)    //函数首部
{
    函数体；
}
```

函数首部说明了函数返回值的数据类型、函数的名字和函数运行时所需的参数及类型。函数所实现的功能在函数体部分进行描述。

　　C/C++程序中所有函数的定义都是独立的。在一个函数的定义中不允许定义另外一个函数，也就是不允许函数的嵌套定义。

　　2）函数声明

　　对于函数，应该先声明后引用。如果程序中对一个函数的调用在该函数的定义之前进行，则应该在调用前对被调用函数进行声明。函数原型用于声明函数。函数声明的一般形式为：

```
返回值类型 函数名(参数类型表);
```

　　使用函数原型的目的是告诉编译器传递给函数的参数个数、类型以及函数返回值的类型，参数表中仅需要依次列出函数定义时参数的类型，以使编译器能更彻底地检查源程序中对函数的调用是否合适。

　　3）函数调用

　　当在一个函数（称为主调函数）中需要使用另一个函数（称为被调函数）实现的功能时，便以名字进行调用，称为函数调用。在使用一个函数时，只要知道如何调用就可以了，并不需要了解被调用函数的内部实现。因此，主调函数需要知道被调函数的名字、返回值和需要向被调函数传递的参数（个数、类型、顺序）等信息。

　　函数调用的一般形式为：

```
函数名(实参表);
```

　　在 C 程序的执行过程中，通过函数调用实现了函数定义时描述的功能。函数体中若调用自己，则称为递归调用。

　　调用函数和被调用函数之间交换信息的方法主要有两种：一种是由被调用函数把返回值返回给主调函数；另一种是通过参数带回信息。函数调用时实参与形参间交换信息的方法有值调用和引用调用两种。

　　（1）值调用（Call by value）。若实现函数调用时实参向形式参数传递相应类型的值（副本），则称为是传值调用。这种方式下形参不能向实参传递信息。

　　在 C 语言中，要实现被调用函数对实参的修改，必须用指针作形参。即调用时需要先对实参进行取地址运算，然后将实参的地址传递给指针形参。本质上仍属于值调用。这种方式实现了间接内存访问。

　　（2）引用调用（Call by Reference）。引用是 C++中增加的数据类型，当形参为引用类型时，形参名实际上是实参的别名，函数中对形参的访问和修改实际上就是针对相应实际参数所作的访问和改变。例如：

```
void swap(int &x, int &y) {    /*交换 x 和 y*/
    int temp;
    temp=x;x=y;y=temp;
}
```

函数调用：swap(a,b);。

在实现调用 swap(a,b)时，x、y 就是 a、b 的别名，因此，函数调用完成后，交换了 a 和 b 的值。

2.2　程序语言翻译基础

语言翻译程序是系统软件的一种，其主要作用是将高级语言或汇编语言编写的程序翻译成某种机器语言程序，使程序可在计算机上运行。语言处理程序主要分为汇编程序、编译程序和解释程序三种基本类型。

2.2.1　汇编程序基本原理

1. 汇编语言

汇编语言是为特定的计算机或计算机系统设计的面向机器的符号化程序设计语言。用汇编语言编写的程序称为汇编语言源程序。因为计算机不能直接识别和运行符号语言程序，所以要用专门的翻译程序——汇编程序进行翻译。用汇编语言编写程序要遵循所用语言的规范和约定。

汇编语言源程序由若干条语句组成，一个程序中可以有三类语句：指令语句、伪指令语句和宏指令语句。

（1）指令语句。指令语句又称为机器指令语句，将其汇编后能产生相应的机器代码，这些代码能被 CPU 直接识别并执行相应的操作。常见的基本指令如 ADD、SUB 和 AND 等，书写指令语句时必须遵循指令的格式要求。

指令语句可分为传送指令、算术运算指令、逻辑运算指令、移位指令、转移指令和处理机控制指令等类型。

（2）伪指令语句。伪指令语句指示汇编程序在汇编源程序时完成某些工作，例如给变量分配存储单元地址，给某个符号赋值等。伪指令语句与指令语句的区别是：伪指令语句经汇编后不产生机器代码，而指令语句经汇编后要产生相应的机器代码。另外，伪指令语句所指示的操作是在源程序被汇编时完成的，而指令语句对应的操作必须在程序运行时完成。

（3）宏指令语句。在汇编语言中，还允许用户将多次重复使用的程序段定义为宏。宏的定义必须按照相应的规定进行，每个宏都有相应的宏名。在程序的任意位置，若需要使用这段程序，只要在相应的位置使用宏名，即相当于使用了这段程序。因此，宏指令语句就是宏的引用。

2. 汇编程序

汇编程序的功能是将汇编语言所编写的源程序翻译成机器指令程序。汇编程序的基本工作包括将每一条可执行汇编语句转换成对应的机器指令；处理源程序中出现的伪指令。由于汇编指令中，形成操作数地址的部分可能出现后面才会定义的符号，所以汇编程序一般需要两次扫描源程序才能完成翻译过程。

　　第一次扫描的主要工作是定义符号的值并创建一个符号表 ST，ST 记录了汇编时所遇到的符号的值。另外，有一个固定的机器指令表 MOT 1，其中记录了每条机器指令的记忆码和指令的长度。在汇编程序翻译源程序的过程中，为了计算各汇编语句标号的地址，需要设立一个位置计数器或单元地址计数器 LC（Location Counter），其初值一般为 0。在扫描源程序时，每处理完一条机器指令或与存储分配有关的伪指令（如定义常数语句、定义储存语句），LC 的值就增加相应的长度。这样，在汇编过程中，LC 的内容就是下一条被汇编的指令的偏移地址。若正在汇编的语句是有标号的，则该标号的值就取 LC 的当前值。

　　此外，在第一次扫描中，还需要对与定义符号值有关的伪指令进行处理。为了叙述方便，不妨设立伪指令表 POT1。POT1 表的每一个元素只有两个域：伪指令助记符和相应的子程序入口。下面的步骤（1）～（5）描述了汇编程序第一次扫描源程序的过程。

　　（1）单元计数器 LC 置初值 0；

　　（2）打开源程序文件；

　　（3）从源程序中读入第一条语句；

　　（4）while (若当前语句不是 END 语句)　{

　　if(当前语句有标号)则将标号和单元计数器 LC 的当前值填入符号表 ST；

　　if(当前语句是可执行的汇编指令语句)则查找 MOT1 表获得当前指令的长度 K，并令 LC=LC+K；

　　if(当前指令是伪指令)则查找 POT1 表并调用相应的子程序；

　　if(当前指令的操作码是非法记忆码)则调用出错处理子程序；

　　从源程序中读入下一条语句；

　　}

　　（5）关闭源程序文件。

　　第二次扫描的任务是产生目标程序。除了使用前一次扫描所生成的符号表 ST 外，还要使用机器指令表 MOT2，该表中有机器指令助记符、机器指令的二进制操作码（binary-code）、格式（type）和长度（length）等。此外，还要设立一个伪指令表 POT2，供第二次扫描时使用。POT2 的每一元素仍有两个域：伪指令记忆码和相应的子程序入口。与第一次扫描的不同之处是：在第二次扫描中，伪指令有着完全不同的处理。

　　在第二次扫描中，可执行汇编语句应被翻译成对应的二进制代码机器指令。这一过程涉及两个方面的工作：一是把机器指令助记符转换成二进制机器指令操作码，这可通过查找 MOT2 表来实现；二是求出操作数区各操作数的值（用二进制表示）。在此基础上，就可以装配出用二进制代码表示的机器指令。从求值的角度看，第二部分工作并不复杂。由于形成操作数地址的各个部分都以表达式的形式出现，只要定义一个过程 eval-expr(index,value)，其功能是通过 index 给定一个表达式在汇编语句缓冲区 S 的开始位置，该过程就用 value 返回此表达式的值。例如，虚拟计算机 COMET 的机器指令可归属于 X 型指令，其汇编语句为：

```
OP  R1,N2,X2
OP  R1,N2
```

可以写出下面处理 X 型指令的程序段（假定 index 已指向操作数在缓冲区 S 的首地址）：

```
eval-expr(index,R1);
index:=index+1;
eval-expr(index,N2);
if S[index]= ',' then
   begin
        index:=index+1;
         eval-expr(index,X2);
   end
else
   X2:=0;
```

类似地，可以写出其他类型指令处理操作数的程序段。设当前可执行汇编语句的操作助记符在 MOT2 表的索引值为 i，则整个可执行汇编语句的处理可以描述如下：

```
OP:=MOT2[i].binary-code;
TYPE:=MOT2[i].type;
case TYPE of
      'X': 求 X 型指令操作数各部分值,然后按规定字节形成指令;
      ...
end;
将形成的指令送往输出区;
```

在第二次扫描中，根据伪指令助记符，调用 POT2 表相应元素所规定的子程序。例如，DS 伪指令的主要目的是预留存储空间。不妨设一个工作单元 K（初值为 0），用于累计以字节为单位的存储空间大小。从 DS 伪指令的操作数区求出 K 的大小后，就向输出区送 K 个空格以达到保留所规定存储单元的目的。DC 伪指令处理的结果是向输出区送出转换得到的常量。开始伪指令工作是输出目标程序开始的标准信息，而结束伪指令则是输出目标程序结束的标准信息，这些信息都是为装配程序提供的。

2.2.2　编译程序基本原理

1. 编译过程概述

编译程序的作用是把某高级语言书写的源程序翻译成与之等价的目标程序（汇编语言或机

器语言形式）。编译程序的工作过程一般可以分为 6 个阶段，如图 2-4 所示，实际的编译器中可能会将其中的某些阶段结合在一起进行处理。下面简要介绍各阶段实现的主要功能。

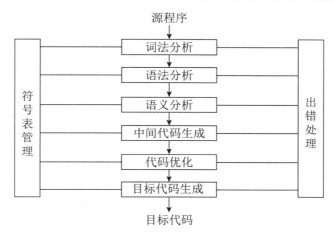

图 2-4　编译器的工作阶段示意图

1）词法分析

源程序可以简单地被看成是一个多行的字符串。词法分析阶段是编译过程的第一阶段，这个阶段的任务是对源程序从前到后（从左到右）逐个字符地扫描，从中识别出一个个"单词"符号。"单词"符号是程序设计语言的基本语法单位，如关键字（或称保留字）、标识符、常数、运算符和分隔符（如标点符号、左右括号）等。词法分析程序输出的"单词"常以二元组的方式输出，即单词类别和单词自身的值。

词法分析过程依据的是语言的词法规则，即描述"单词"结构的规则。例如，对于某 Pascal 源程序中的一条声明语句和赋值语句：

```
VAR X,Y,Z:real;
X:=Y+Z*60;
```

词法分析阶段将构成这条语句的字符串分割成如下 17 个单词序列：

（1）保留字	VAR	（2）标识符	X	（3）逗号	,
（4）标识符	Y	（5）逗号	,	（6）标识符	Z
（7）冒号	:	（8）标准标识符	real	（9）分号	;
（10）标识符	X	（11）赋值号	:=	（12）标识符	Y
（13）加号	+	（14）标识符	Z	（15）乘号	*
（16）整常数	60	（17）分号	;		

对于标识符 X、Y、Z，其单词类别都是 id（用户标识符），字符串"X""Y""Z"都是单词的值；而对于单词 60，整常数是该单词的类别，60 是该单词的值。这里用 id1、id2 和 id3 分别代表 X、Y 和 Z，强调标识符的内部标识由于组成该标识符的字符串不同而有所区别。经过词法

分析后，声明语句 VAR X,Y,Z:real;表示为 VAR id1,id2,id3:real，赋值语句 X:=Y+Z*60;表示为 id1:=id2+id3*60;。

2）语法分析

语法分析的任务是在词法分析的基础上，根据语言的语法规则将单词符号序列分解成各类语法单位，如"表达式""语句""程序"等。语法规则就是各类语法单位的构成规则。通过语法分析确定整个输入串是否构成一个语法上正确的程序。如果源程序中没有语法错误，语法分析后就能正确地构造出其语法树；否则就指出语法错误，并给出相应的诊断信息。对 id1:=id2+id3*60 进行语法分析后形成的语法树如图 2-5 所示。

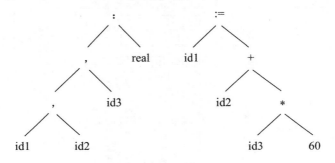

图 2-5　语法树示意图

词法分析和语法分析本质上都是对源程序的结构进行分析。

3）语义分析

语义分析阶段分析各语法结构的含义，检查源程序是否包含静态语义错误，并收集类型信息供后面的代码生成阶段使用。只有语法和语义都正确的源程序才能翻译成正确的目标代码。

语义分析的一个主要工作是进行类型分析和检查。程序语言中的一个数据类型一般包含两个方面的内容：类型的载体及其上的运算。例如，整除取余运算符只能对整型数据进行运算，若其运算对象中有浮点数就认为是一种类型不匹配的错误。

在确认源程序的语法和语义之后，就可对其进行翻译并给出源程序的内部表示。对于声明语句，需要记录所遇到的符号的信息，所以应进行符号表的填查工作。在图 2-6 所示的符号表中，每一行存放一个符号的信息。第一行存放标识符 X 的信息，其类型为 real，为它分配的地址是 0；第二行存放 Y 的信息，其类型是 real，为它分配的地址是 4。因此，在该语言中，为一个 real 型数据分配的存储空间是 4 个存储单元。对于可执行语句，则检查结构合理的表达式是否有意义。对 id1:=id2+id3*60 进行语义分析后的语法树如图 2-6 所示，其中增加了一个语义处理节点 inttoreal，该运算用于将一个整型数转换为浮点数。

符号表部分内容

X	real	0
Y	real	4
Z	real	8

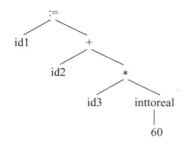

图 2-6　语义分析后的符号表和语法树示意图

4）中间代码生成

中间代码生成阶段的工作是根据语义分析的输出生成中间代码。"中间代码"是一种简单且含义明确的记号系统，可以有若干种形式，它们的共同特征是与具体的机器无关。最常用的一种中间代码是与汇编语言的指令非常相似的三地址码，其实现方式常采用四元式。四元式的形式为：

(运算符,运算对象 1,运算对象 2,运算结果)

例如，对语句 X:=Y+Z*60，可生成以下四元式序列：

①(inttoreal, 60, -, t1)

②(*,　　　　id3,t1,t2)

③(+,　　　　id2,t2,t3)

④(:=,　　　　t3, -,id1)

其中，t1、t2、t3 是编译程序生成的临时变量，用于存放临时的运算结果。

语义分析和中间代码生成所依据的是语言的语义规则。

5）代码优化

优化是一个编译器的重要组成部分，由于编译器将源程序翻译成中间代码的工作是机械的、按固定模式进行的，因此，生成的中间代码往往在时间和空间方面的效率较差。当需要生成高效的目标代码时，就必须进行优化。优化过程可以在中间代码生成阶段进行，也可以在目标代码生成阶段进行。由于中间代码不依赖于具体机器，此时所作的优化一般建立在对程序的控制流和数据流分析的基础之上，与具体的机器无关。优化所依据的原则是程序的等价变换规则。例如，在生成 X:=Y+Z*60 的四元式后，60 是编译时已知的常数，把它转换为 60.0 的工作可以在编译时完成，没有必要生成一个四元式，同时 t3 仅仅用来将其值传递给 id1，也可以化简掉，因此上述的中间代码可转优化成下面的等价代码：

①(*,id3,60.0,t1)

②(+,id2,t1, id1)

这只是优化工作中的一个简单示例，真正的优化工作要复杂得多。

6）目标代码生成

目标代码生成是编译器工作的最后一个阶段。这一阶段的任务是把中间代码变换成特定机器上的绝对指令代码、可重定位的指令代码或汇编指令代码，这个阶段的工作与具体的机器密切相关。例如，使用两个寄存器 R1 和 R2，可对上述的四元式生成下面的目标代码：

① MOVF　　　id3,　　　R2
② MULF　　　#60.0,　　R2
③ MOVF　　　id2,　　　R1
④ ADDF　　　R2,　　　R1
⑤ MOV　　　R1,　　　id1

这里用#表明 60.0 为常数。

7）符号表管理

符号表的作用是记录源程序中各符号的必要信息，以辅助语义的正确性检查和代码生成，在编译过程中需要对符号表进行快速有效地查找、插入、修改和删除等操作。符号表的建立可以始于词法分析阶段，也可以放到语法分析和语义分析阶段，但符号表的使用有时会延续到目标代码的运行阶段。

8）出错处理

源程序中不可避免地会有一些错误，这些错误大致可分为静态错误和动态错误。动态错误也称动态语义错误，它们发生在程序运行时，例如变量取零时作除数、引用数组元素下标错误等。静态错误是指编译阶段发现的程序错误，可分为语法错误和静态语义错误，如单词拼写错误、标点符号错误、表达式中缺少操作数、括号不匹配等有关语言结构上的错误称为语法错误，而语义分析时发现的运算符与运算对象类型不合法等错误属于静态语义错误。

在编译时发现程序中的错误后，编译程序应采用适当的策略修复它们，使得分析过程能够继续下去，以便在一次编译过程中尽可能多地找出程序中的错误。

对于编译器的各个阶段，在逻辑上可以把它们划分为前端和后端两部分。前端包括从词法分析到中间代码生成各阶段的工作，后端包括中间代码优化和目标代码的生成及优化等阶段。这样，以中间代码为分水岭，把编译器分成了与机器有关的部分和与机器无关的部分。如此一来，对于各种程序语言可以开发各自的编译器前端，针对指令系统和体系结构都不同的各种处理器开发相应的后端，最后将每种程序语言的前端与各种处理器的后端有机结合，就形成了每种语言在各种处理器上的编译器。这样，当语言有改动时，只需要修改其编译器的前端部分，如果处理器有改变，仅替换该语言的编译器后端即可。

2. 文法和语言的形式描述

语言 L 是有限字母表 Σ 上有限长度字符串的集合，这个集合中的每个字符串都是按照一定的规则生成的。下面从产生语言的角度出发，给出文法和语言的形式定义。所谓产生语言，是指制定出有限个规则，借助它们就能产生此语言的全部句子。

1）字母表、字符串、字符串集合及运算

- 字母表 Σ 和字符：字母表是字符的非空有穷集合，字符是字母表 Σ 中的一个元素。例如 $\Sigma=\{a,b\}$，a 或 b 是字符。
- 字符串：Σ 中的字符组成的有穷序列。例如 a，ab，aba，$aaaa$ 都是 Σ 的字符串。
- 字符串的长度：指字符串中的字符个数。如 $|aba|=3$。
- 空串 ε：由零个字符组成的序列，$|\varepsilon|=0$。
- 连接：字符串 S 和 T 的连接是指将串 T 接续在串 S 之后，表示为 $S \cdot T$，连接符号 "$\cdot$" 可省略。显然，对于字母表 Σ 的任意字符串 S，$S \cdot \varepsilon = \varepsilon \cdot S = S$。
- Σ^*：是指包括空串 ε 在内的 Σ 上所有字符串的集合。例如，设 $\Sigma=\{a,b\}$，$\Sigma^*=\{\varepsilon,a,b,aa,bb,ab,ba,aaa,\cdots\}$。
- 字符串的方幂：把字符串 α 自身连接 n 次得到的串，称为字符串 α 的 n 次方幂，记为 α^n。$\alpha^0 = \varepsilon$，$\alpha^n = \alpha\alpha^{n-1} = \alpha^{n-1}\alpha$ $(n>0)$。
- 字符串集合的运算：设 A，B 代表字母表 Σ 上的两个字符串集合。
  - 或（合并）：$A \cup B = \{\alpha \mid \alpha \in A \text{或} \alpha \in B\}$。
  - 积（连接）：$AB = \{\alpha\beta \mid \alpha \in A \text{且} \beta \in B\}$。
  - 幂：$A^n = A \cdot A^{n-1} = A^{n-1} \cdot A (n>0)$，并规定 $A^0 = \{\varepsilon\}$。
  - 正则闭包+：$A^+ = A^1 \cup A^2 \cup A^3 \cup \cdots \cup A^n \cup \cdots$。
  - 闭包*：$A^* = A^0 \cup A^+$。显然，$\Sigma^* = \Sigma^0 \cup \Sigma^1 \cup \Sigma^2 \cup \cdots \cup \Sigma^n \cup \cdots$。

2）文法

描述语言语法结构的形式规则称为文法。文法 G 是一个四元组，可表示为 $G=(V_N, V_T, P, S)$。其中 V_T 是一个非空有限集，其每个元素称为一个终结符；V_N 是一个非空有限集，其每个元素称为非终结符。$V_N \cap V_T = \Phi$，即 V_N 和 V_T 不含公共元素。令 $V = V_N \cup V_T$，称 V 为文法 G 的词汇表，V 中的符号称为文法符号，包括终结符和非终结符。$S \in V_N$，称为开始符号，它至少要在一条产生式中作为左部出现。P 是产生式的有限集合，每个产生式形如 "$\alpha \rightarrow \beta$"。其中，α 称为产生式的左部，$\alpha \in V^+$ 且 α 中至少含有一个非终结符；β 称为产生式的右部，且 $\beta \in V^*$。若干个产生式 $\alpha \rightarrow \beta_1, \alpha \rightarrow \beta_2, \cdots, \alpha \rightarrow \beta_n$ 的左部相同时，可简写为 $\alpha \rightarrow \beta_1 \mid \beta_2 \mid \cdots \mid \beta_n$，称 $\beta_i(1 \leqslant i \leqslant n)$ 为 α 的一个候选式。

（1）文法的分类。乔姆斯基（Chomsky）把文法分成 4 种类型，即 0 型、1 型、2 型和 3 型。这 4 类文法之间的差别在于对产生式要施加不同的限制。若文法 $G =(V_N, V_T, P, S)$ 的每个产生式 $\alpha \rightarrow \beta$，均有 $\alpha \in (V_N \cup V_T)^*$，$\alpha$ 至少含有一个非终结符，且 $\beta \in (V_N \cup V_T)^*$，则称 G 为 0 型文法。对 0 型文法的每条产生式分别施加以下限制，则可得以下文法：

- 1 型文法：G 的任何产生式 $\alpha \rightarrow \beta$（$S \rightarrow \varepsilon$ 除外）均满足 $|\alpha| \leqslant |\beta|$（$|x|$ 表示 x 中文法符号的个数）。
- 2 型文法：G 的任何产生式形如 $A \rightarrow \beta$，其中 $A \in V_N$，$\beta \in (V_N \cup V_T)^*$。
- 3 型文法：G 的任何产生式形如 $A \rightarrow a$ 或 $A \rightarrow aB$（或者 $A \rightarrow Ba$），其中 A，$B \in V_N$，$a \in V_T$。

0型文法也称为短语文法，其能力相当于图灵机，任何0型语言都是递归可枚举的；反之，递归可枚举集也必定是一个0型语言。1型文法也称为上下文有关文法，它意味着对非终结符的替换必须考虑上下文，并且一般不允许替换成 ε 串。例如，若 $\alpha A\beta \rightarrow \alpha\gamma\beta$ 是1型文法的产生式，α 和 β 不全为空，则非终结符 A 只有在左边是 α，右边是 β 的上下文中才能替换成 γ。2型文法就是上下文无关文法，其非终结符的替换无需考虑上下文。3型文法等价于正规式，因此也被称为正规文法或线性文法。

若文法 G_1 与文法 G_2 产生的语言相同，即 $L(G_1) = L(G_2)$，则称这两个文法是等价的。

（2）句子和语言。设有文法 $G=(V_N, V_T, P, S)$。

- 推导与直接推导：推导就是从文法的开始符号 S 出发，反复使用产生式，将产生式左部的非终结符替换为右部的文法符号序列（展开产生式用 $\Rightarrow$ 表示），直到产生一个终结符的序列时为止。若有产生式 $\alpha \rightarrow \beta \in P$，且 $\gamma, \delta \in V^*$，则 $\gamma\alpha\delta \Rightarrow \gamma\beta\delta$ 称为文法 G 中的一个直接推导，并称 $\gamma\alpha\delta$ 可直接推导出 $\gamma\beta\delta$。显然，对 P 中的每一个产生式 $\alpha \rightarrow \beta$ 都有 $\alpha \Rightarrow \beta$。若在文法中存在一个直接推导序列，即 $\alpha_0 \Rightarrow \alpha_1 \Rightarrow \alpha_2 \Rightarrow \cdots \Rightarrow \alpha_n (n > 0)$，则称 α_0 可推导出 α_n，α_n 是 α_0 的一个推导，并记为 $\alpha_0 \underset{G}{\overset{+}{\Rightarrow}} \alpha_n$。用记号 $\alpha_0 \underset{G}{\overset{*}{\Rightarrow}} \alpha_n$ 表示 $\alpha_0 = \alpha_n$ 或者 $\alpha_0 \underset{G}{\overset{+}{\Rightarrow}} \alpha_n$。

- 直接归约和归约：归约是推导的逆过程。若文法 G 中有一个直接推导 $\alpha \Rightarrow \beta$，则称 β 可直接归约成 α，或 α 是 β 的一个直接归约。若文法 G 中有一个推导 $\gamma \underset{G}{\overset{*}{\Rightarrow}} \delta$，则称 δ 可归约成 γ，或 γ 是 δ 的一个归约。

- 句型和句子：若文法 G 的开始符号为 S，那么，从开始符号 S 能推导出的符号串称为文法的一个句型，即 α 是文法 G 的一个句型，当且仅当有如下推导 $S \underset{G}{\overset{*}{\Rightarrow}} \alpha, \alpha \in V^*$。若 X 是文法 G 的一个句型，且 $X \in V_T^*$，则称 X 是文法 G 的一个句子，即仅含终结符的句型是一个句子。

- 语言：从文法 G 的开始符号出发，能推导出的句子的全体称为文法 G 产生的语言，记为 $L(G)$。

3. 词法分析

语言中具有独立含义的最小语法单位是符号（单词），如标识符、无符号常数与界限符等。词法分析的任务是把构成源程序的字符串转换成单词符号序列。词法规则可用3型文法（正规文法）或正规表达式描述，它产生的集合是语言规定的基本字符集 Σ（字母表）上的字符串的一个子集，称为正规集。

1）正规表达式和正规集

对于字母表 Σ，其上的正规式及其表示的正规集可以递归定义如下：

（1）ε 是一个正规式，它表示集合 $L(\varepsilon) = \{\varepsilon\}$。

（2）若 a 是 Σ 上的字符，则 a 是一个正规式，它所表示的正规集为 $\{a\}$。

（3）若正规式 r 和 s 分别表示正规集 $L(r)$ 和 $L(s)$，则：

①$r|s$ 是正规式，表示集合 $L(r) \cup L(s)$。

②$r \cdot s$ 是正规式，表示集合 $L(r)L(s)$。

③r^* 是正规式，表示集合 $(L(r))^*$。

④(r) 是正规式，表示集合 $L(r)$。

仅由有限次地使用上述三个步骤定义的表达式才是 Σ 上的正规式，其中运算符"|""·""*"分别称为"或""连接""闭包"。在正规式的书写中，连接运算符"·"可省略。运算符的优先级从高到低顺序排列为"*""·""|"。

设 $\Sigma = \{a,b\}$，表 2-1 列出了 Σ 上的一些正规式和相应的正规集。

表 2-1　正规式与正规集示例

正　规　式	正　规　集
ab	字符串 ab 构成的集合
$a|b$	字符串 a、b 构成的集合
a^*	由 0 个或多个 a 构成的字符串集合
$(a|b)^*$	所有字符 a 和 b 构成的串的集合
$a(a|b)^*$	以 a 为首字符的 a、b 字符串的集合
$(a|b)^* abb$	以 abb 结尾的 a、b 字符串的集合

若两个正规式表示的正规集相同，则认为二者等价。两个等价的正规式 U 和 V 记为 $U=V$。例如，$b(ab)^* = (ba)^* b$，$(a|b)^* = (a^*b^*)^*$。设 U、V 和 W 均为正规式，正规式的代数性质如表 2-2 所示。

表 2-2　正规式的代数性质

正规式的代数性质	正规式的代数性质
$U|V=V|U$	$(UV)W= U(VW)$
$(U|V)|W= U|(V|W)$	$\varepsilon U=U\varepsilon=U$
$U(V|W) = UV|UW$	$V^* = (V^+|\varepsilon)$
$(U|V)W= U W| V W$	$V^{**} = V^*$

2）有限自动机

有限自动机是一种识别装置的抽象概念，它能准确地识别正规集。有限自动机分为确定的有限自动机和不确定的有限自动机两类。

（1）确定的有限自动机（Deterministic Finite Automata，DFA）。一个确定的有限自动机是一个五元组 (S, Σ, f, s_0, Z)，其中：

- S 是一个有限集，其每个元素称为一个状态。
- Σ 是一个有穷字母表，其每个元素称为一个输入字符。
- f 是 $S \times \Sigma \rightarrow S$ 上的单值部分映像。$f(A,a)=Q$ 表示当前状态为 A、输入为 a 时，将转换

到下一状态 Q。称 Q 为 A 的一个后继状态。

- $s_0 \in S$，s_0 称为开始状态，是唯一的。
- Z 是非空的终止状态集合，$Z \subseteq S$。

一个 DFA 可以用两种直观的方式表示：状态转换图和状态转换矩阵。状态转换图简称为转换图，是一个有向图。DFA 中的每个状态对应转换图中的一个节点，DFA 中的每个转换函数对应图中的一条有向弧，若转换函数为 $f(A,a)=Q$，则该有向弧从节点 A 出发，进入节点 Q，字符 a 是弧上的标记。

【例 2.1】 已知有 DFA $M1=(\{s_0, s_1, s_2, s_3\}, \{a,b\}, f, s_0, \{s_3\})$，其中 f 为：

$f(s_0,a)=s_1, f(s_0,b)=s_2, f(s_1,a)=s_3, f(s_1,b)=s_2, f(s_2,a)=s_1, f(s_2,b)=s_3, f(s_3,a)=s_3$

与 DFA $M1$ 对应的状态图如图 2-7（a）所示，其中，双圈表示的节点是终态节点。状态转换矩阵可以用一个二维数组 G 表示，矩阵元素 $G[A,a]$ 的行下标表示状态，列下标表示输入字符，$G[A,a]$ 的值是当前状态为 A、输入为 a 时，应转换到的下一状态。与 DFA $M1$ 对应的状态转换矩阵如图 2-7（b）所示。在转换矩阵中，一般以第一行的行下标所对应的状态作为初态，而终态则需要特别指明。

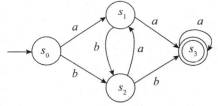

	a	b
s_0	s_1	s_2
s_1	s_3	s_2
s_2	s_1	s_3
s_3	s_3	—

（a）状态转换图   （b）状态转换矩阵

图 2-7   DFA 的状态转换图和转换矩阵

对于 Σ 中的任何字符串 ω，若存在一条从初态节点到某一终态节点的路径，且这条路径上所有弧的标记符连接成的字符串等于 ω，则称 ω 可由 DFA M 识别（接受或读出）。若一个 DFA M 的初态节点同时又是终态节点，则空字 ε 可由该 DFA 识别（或接受）。DFA M 所能识别的语言 $L(M)=\{\omega | \omega$ 是从 M 的初态到终态的路径上的弧上标记所形成的串$\}$。

Σ 上的一个字符串集合 V 是正规的，当且仅当存在 Σ 上的一个 DFA M，且 $V=L(M)$。

（2）不确定的有限自动机（Nondeterministic Finite Automata，NFA）。一个不确定的有限自动机也是一个五元组，它与确定有限自动机的区别如下：

①f 是 $S \times \Sigma \rightarrow 2^S$ 上的映像。对于 S 中的一个给定状态及输入符号，返回一个状态的集合。即当前状态的后继状态不一定是唯一的。

②有向弧上的标记可以是 ε。

【例 2.2】 已知有 NFA $N=(\{s_0, s_1, s_2, s_3\}, \{a,b\}, f, s_0, \{s_3\})$，其中 f 为：

$f(s_0,a)=s_0$, $f(s_0,a)=s_1$, $f(s_0,b)=s_0$, $f(s_1,b)=s_2$, $f(s_2,b)=s_3$

与 NFA N 对应的状态转换图和状态转换矩阵如图 2-8 所示。

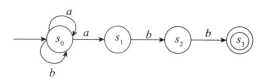

	a	b
s_0	$\{s_0, s_1\}$	$\{s_0\}$
s_1	—	$\{s_2\}$
s_2	—	$\{s_3\}$
s_3	—	—

（a）状态转换图　　　　　　　　　（b）状态转换矩阵

图 2-8　NFA 的状态转换图和转换矩阵

显然，DFA 是 NFA 的特例。实际上，对于每个 NFA N，都存在一个 DFA M，且 $L(M)=L(N)$。对于任何两个有限自动机 $M1$ 和 $M2$，如果 $L(M1)=L(M2)$，则称 $M1$ 和 $M2$ 是等价的。

（3）NFA 到 DFA 的转换。

任何一个 NFA 都可以转换为 DFA，下面先定义转换过程中需要的计算。

定义 1：状态集 I 的 ε_闭包。

若 I 是 NFA N 的状态集合的一个子集，定义 ε_CLOSURE(I)如下：

- 状态集 I 的 ε_CLOSURE(I)是一个状态集。
- 状态集 I 的所有状态属于 ε_CLOSURE(I)。
- 若 $s \in I$，那么从 s 出发经过任意条 ε 弧到达的状态 s' 都属于 ε_CLOSURE(I)。

状态集 ε_CLOSURE(I)称为 I 的 ε_闭包。

由以上的定义可知，I 的 ε_闭包就是从状态集 I 的状态出发，经 ε 所能到达的状态的全体。

定义 2：状态集 I 的对字符 a 的状态转移。

假定 I 是 NFA N 的状态集的一个子集，a 是 Σ 中的一个字符，定义：

$$I_a = \varepsilon\_CLOSURE(J)$$

其中，J 是所有那些可从 I 中的某一状态节点出发经过一条 a 弧而到达的状态节点的全体。

用子集法将一个 NFA 转换为一个 DFA。

设 NFA $N=(S, \Sigma, f, s_0, Z)$，与之等价的 DFA $M=(S', \Sigma, f', q_0, Z')$，用子集法将非确定的有限自动机确定化的算法步骤如下：

①求出 DFA M 的初态 q_0，即令 $q_0 = \varepsilon\_CLOSURE(\{s_0\})$，此时 S' 仅含初态 q_0，并且没有标记。

②对于 S' 中尚未标记的状态 $q_i = \{s_{i1}, s_{i2}, \cdots, s_{im}\}, s_{ij} \in S(j=1, \cdots, m)$ 进行以下处理：

- 标记 q_i，以说明该状态已经计算过。
- 对于每个 $a \in \Sigma$，令 $T=f(\{s_{i1}, s_{i2}, \cdots, s_{im}\}, a)$，$q_j = \varepsilon\_CLOSURE(T)$。
- 若 q_j 尚不在 S' 中，则将 q_j 作为一个未加标记的新状态添加到 S'，并把状态转换函数 $f'(q_i, a)=q_j$ 添加到 DFA M 中。

③重复进行步骤②，直到 S' 中不再出现未标记的状态时为止。

④令 $Z' = \{q \mid q \in S' \text{且} q \cap Z \neq \phi\}$。

【例 2.3】 已知一个识别正规式 $ab*a$ 的非确定有限自动机，其状态转换图如图 2-9 所示，用子集法将其转换为 DFA M。

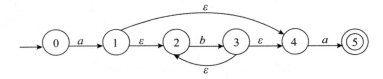

图 2-9 $ab*a$ 的 NFA 状态转换图

根据 ε_CLOSURE 的定义，可以求出 ε_CLOSURE({0})={0}，将 {0} 记为 DFA 的初态 q_0。然后根据题中所给的状态转换图以及算法步骤②求解 DFA M 的各个状态的过程如下：

ε_CLOSURE(q_0,a)={1,2,4}，将{1,2,4}记为 q_1；ε_CLOSURE(q_0,b)={}，标记 q_0。

ε_CLOSURE(q_1,a)={5}，将{5}记为 q_2（终态）。

ε_CLOSURE(q_1,b)={2,3,4}，将{2,3,4}记为 q_3，标记 q_1。

ε_CLOSURE(q_2,a)={}，ε_CLOSURE(q_2,b)={}，标记 q_2。

ε_CLOSURE(q_3,a)={5}，即 q_2。

ε_CLOSURE(q_3,b)={2,3,4}，即 q_3，标记 q_3。

当 S' 中没有未标记的状态时，算法即可终止，所得的 DFA M 如图 2-10 所示。

从 NFA 转换得到的 DFA 不一定是最优的，可以通过等价变换将 DFA 进行最小化处理。

对于有限自动机中的任何两个状态 t 和 s，若从其中一个状态出发接受输入字符串 ω，而从另一状态出发不接受 ω，或者从 t 和 s 出发到达不同的接受状态，则称 ω 对状态 s 和 t 是可区分的。若状态 s 和 t 不可区分，则称其为可以合并的等价状态。

对图 2-10 所示的自动机进行化简所得的 DFA 如图 2-11 所示。

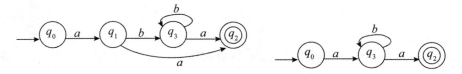

图 2-10   识别 $ab*a$ 的 DFA 示意图　　　图 2-11   识别 $ab*a$ 的最小化 DFA 示意图

3）正规式与有限自动机之间的转换

正规式与有限自动机间可以相互转换。

（1）有限自动机转换为正规式。

对于 Σ 上的 NFA M，可以构造一个 Σ 上的正规式 R，使得 $L(R)=L(M)$。

拓广状态转换图的概念，令每条弧可用一个正规式作标记。为 Σ 上的 NFA M 构造相应的正规式 R，分为如下两步：

第一步：在 M 的状态转换图中加两个节点，一个 x 节点，一个 y 节点。从 x 节点到 NFA M 的初始状态节点引一条弧并用 ε 标记，从 NFA M 的所有终态节点到 y 节点引一条弧并用 ε 标记。

形成一个与 M 等价的 M'，M' 只有一个初态 x 和一个终态 y。

第二步：按下面的方法逐步消去 M' 中除 x 和 y 的所有节点。在消除节点的过程中，用正规式来标记弧，最后节点 x 和 y 之间弧上的标记就是所求的正规式。消除节点的规则如图 2-12 所示。

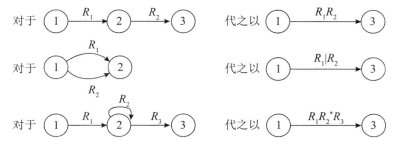

图 2-12　有限自动机到正规式的转换规则示意图

（2）正规式转换为有限自动机。

同样地，对于 Σ 上的每个正规式 R，可以构造一个 Σ 上的 NFA M，使得 $L(M)=L(R)$。

①对于正规式 R，可用图 2-13 所示的拓广状态图表示。

②通过对正规式 R 进行分裂并加入新的节点，逐步把图转变成每条弧上的标记是 Σ 上的一个字符或 ε，转换规则如图 2-14 所示。

图 2-13　拓广状态图

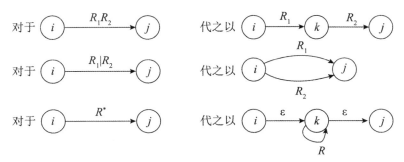

图 2-14　正规式到有限自动机的转换规则示意图

最后所得的图即为一个 NFA M，x 为初态节点，y 为终态节点。显然，$L(M)=L(R)$。

4）词法分析器的构造

构造词法分析器的一般步骤为：用正规式描述语言中的单词构成规则；为每个正规式构造一个 NFA，它识别正规式所表示的正规集；将构造出的 NFA 转换成等价的 DFA；对 DFA 进行最小化处理，使其最简；最后用手工编码或表驱动的方式从最简 DFA 构造词法分析器。

4. 语法分析

语法分析的任务是根据语言的语法规则，分析单词串是否构成短语和句子，即是否为合法的表达式、语句和程序等基本语言结构，同时检查和处理程序中的语法错误。程序设计语言的绝大多数语法规则可以采用上下文无关文法进行描述。语法分析方法有多种，根据产生语法树的方向，可分为自底向上（或自下而上）和自顶向下（或自上而下）两类。

1）上下文无关文法

上下文无关文法属于乔姆斯基定义的 2 型文法，被广泛地用于表示各种程序设计语言的语法。对于上下文无关文法 $G[S]=(V_N, V_T, P, S)$，其产生式的形式都是 $A \rightarrow \beta$，其中 $A \in V_N$，$\beta \in (V_N \cup V_T)^*$。

若不加特别说明，下面用大写英文字母 A、B、C 等表示非终结符，小写英文字母 a、b、c 等表示终结符号，u、v、w 等表示终结符号串，小写希腊字母 α、β、γ、δ 等表示终结符和非终结符构成的文法符号串。由于一个上下文无关文法的核心部分是其产生式集合，所以文法可以简写为其产生式集合的描述形式。

（1）规范推导（最右推导）。如果在推导的任何一步 $\alpha \Rightarrow \beta$（其中 α、β 是句型），都是对 α 中最右边的非终结符进行替换，则称这种推导为最右推导。最右推导常称为规范推导。同理可定义最左推导。

（2）短语、直接短语和句柄。设 $\alpha\delta\beta$ 是文法 G 的一个句型，即 $S \overset{*}{\Rightarrow} \alpha\delta\beta$，且满足 $S \overset{*}{\Rightarrow} \alpha A\beta$ 和 $A \overset{+}{\Rightarrow} \delta$，则称 δ 是句型 $\alpha\delta\beta$ 相对于非终结符 A 的短语。特别地，如果有 $A \Rightarrow \delta$，则称 δ 是句型 $\alpha\delta\beta$ 相对于产生式 $A \rightarrow \delta$ 的直接短语。一个句型的最左直接短语称为该句型的句柄。

【例 2.4】 对于简单算术表达式，可以用下面的文法 $G[E]$ 进行描述：

$G[E]=(\{E, T, F\}, \{+, *, (,)\ , id\}, P, E)$

$P =\{E \rightarrow T \mid E+T, T \rightarrow F \mid T*F, F \rightarrow (E) \mid id\}$

可以证明，$id+id*id$ 是该文法的句子。下面用最右推导的方式从文法的开始符号出发推导出该句子。为了表示推导过程中相同文法符号的不同次出现，给符号加一个下标。

$E \Rightarrow E_1+T_1 \Rightarrow E_1+T_2*F_1 \Rightarrow E_1+T_2*id_3 \Rightarrow E_1+F_2*id_3 \Rightarrow E_1+id_2*id_3$
$\Rightarrow T_3+id_2*id_3 \Rightarrow F_3+id_2*id_3 \Rightarrow id_1+id_2*id_3$

该推导过程可以用树型结构进行描述，如图 2-15 所示。

由于 $E \overset{*}{\Rightarrow} E_1+T_2*id_3$，且 $T_2 \overset{+}{\Rightarrow} id_2$，所以 id_2 是句型 $E_1+id_2*id_3$ 的相对于非终结符 T 的短语。

由于 $E \overset{*}{\Rightarrow} F_3+id_2*id_3$，且 $F_3 \Rightarrow id_1$，所以 id_1 是句型 $id_1+id_2*id_3$ 的相对于非终结符 F 的短语，也是相对于产生式 $F \rightarrow id$ 中 F 的直接短语。

由于 $E \Rightarrow E_1+T_1$，且 $T_1 \overset{+}{\Rightarrow} id_2*id_3$，所以 id_2*id_3 是句型 $E_1+id_2*id_3$ 的相对于非终结符 T 的短语。

由于 $E \overset{+}{\Rightarrow} id_1+id_2*id_3$，所以 $id_1+id_2*id_3$ 是句型 $id_1+id_2*id_3$ 的相对于非终结符 E 的短语。

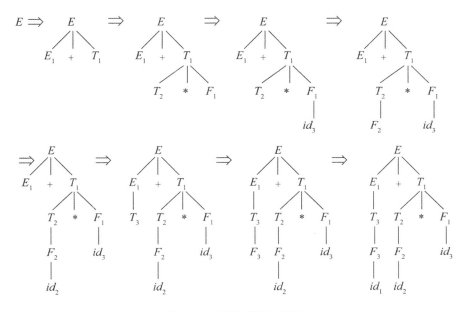

图 2-15　推导过程示意图

实际上 id_1，id_2，id_3，id_2*id_3 和 $id_1+id_2*id_3$ 都是句型 $id_1+id_2*id_3$ 的短语，而且 id_1、id_2、id_3 均是直接短语，其中 id_1 是最左直接短语，即句柄。

2）自顶向下语法分析方法

自顶向下分析法的基本思想是：对于给定的输入串 ω，从文法的开始符号 S 出发进行最左推导，直到得到一个合法的句子或者发现一个非法结构。在推导的过程中试图用一切可能的方法，自上而下、从左到右地为输入串 ω 建立语法树。整个分析过程是一个试探的过程，是反复使用不同产生式谋求与输入序列匹配的过程。若输入串是给定文法的句子，则必能成功，反之必然出错。

文法中存在下述产生式时，自顶向下分析过程中会出现下面的问题：

（1）若文法中存在形如 $A \rightarrow \alpha\beta | \alpha\delta$ 的产生式，即 A 产生式中有多于一个候选项的前缀相同（称为公共左因子，简称左因子），则可能导致分析过程中的回溯处理。

（2）若文法中存在形如 $A \rightarrow A\alpha$ 的产生式，由于采取了最左推导，可能会造成分析过程陷入死循环的情况，产生式的这种形式被称为左递归。

因此，需要对文法进行改造，消除其中的左递归，以避免分析陷入死循环；提取左因子，以避免回溯。

（3）递归下降分析法。递归下降分析法直接以子程序调用的方法模拟产生式产生语言的过程，其基本思想是：为每一个非终结符构造一个子程序，每个子程序的过程体按该产生式候选项分情况展开，遇到终结符即进行匹配，而遇到非终结符则调用相应的子程序。该分析法从调用文法开始符号的子程序开始，直到所有非终结符都展开为终结符并得到匹配为止。若分析过程可以达到这一步，则表明分析成功，否则表明输入串中有语法错误。递归下降分析法的优点是简单且易于构造，缺点是程序与文法直接相关，对文法的任何改变都需要在程序中进行相应的修改。

（4）预测分析法。预测分析法是另一种自顶向下的语法分析方法，其基本模型如图 2-16 所示。

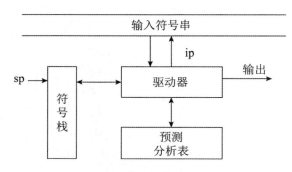

图 2-16   预测分析模型示意图

预测分析法的核心是预测分析表，可以用一个二维数组 M 表示，其元素 $M[A,a]$（$A \in V_N$，$a \in V_T \cup$ #）存放关于 A 的产生式，表明当遇到输入符号为 a 且用 A 进行推导时，所应采用的产生式；若 $M[A,a]$ 为 error，则表明推导时遇到了不该出现的符号，应进行出错处理。

例如，根据文法 $G[E]=\{E \to TE', E' \to +TE' \mid \varepsilon, T \to FT', T' \to *FT' \mid \varepsilon, F \to (E) \mid id\}$ 构造的预测分析表如表 2-3 所示。

表 2-3   预测分析表

	id	+	*	(	)	#
E	$E \to TE'$			$E \to TE'$		
E'		$E' \to +TE'$			$E' \to \varepsilon$	$E' \to \varepsilon$
T	$T \to FT'$			$T \to FT'$		
T'		$T' \to \varepsilon$	$T' \to *FT'$		$T' \to \varepsilon$	$T' \to \varepsilon$
F	$F \to id$			$F \to (E)$		

预测分析法的工作过程是：初始时，将"#"和文法的开始符号依次压入栈中；在分析过程中，根据输入串中的当前输入符号 a 和当前的栈顶符号 X 进行处理。

若 $X = a = $ '#'，则分析成功；若 $X = $ '#' 且 $a \neq$ '#'，则出错。

若 $X \in V_T$ 且 $X = a$，则 X 退栈，并读入下一个符号 a；若 $X \in V_T$ 且 $X \neq a$，则出错。

若 $X \in V_N$ 且 $M[X,a]=$'$A \to \alpha$'，则 X 退栈，α 中的符号从右到左依次进栈（ε 无须进栈）；若 $M[X,a]=$'error'，则调用出错程序进行处理。

3）自底向上语法分析方法

常用的自底向上分析方法也称移进-归约分析法，工作模型是下推自动机，如图 2-17 所示。其基本思想是对输入序列 ω 自左向右进行扫描，并将输入符号逐个移进一个栈中，边移进边分析，一旦栈顶符号串形成某个句型的可归约串（即句柄）时，就用某个产生式的左部非终结符来替代，这称为一步归约。重复这一过程，直至栈中只剩下文法的开始符号且输入串也被扫描完时为止，确认输入串 ω 是文法的句子，表明分析成功；否则，进行出错处理。

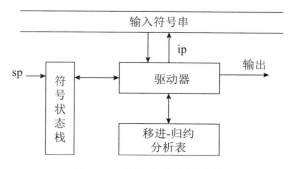

图 2-17　移进-归约分析模型

　　LR分析法是一种规范归约分析法。规范归约是规范推导（最右推导）的逆过程，下面举例说明规范归约的过程。

　　【例 2.5】　设文法 $G[S]$={ $S{\rightarrow}aAcBe$, $A{\rightarrow}b$, $A{\rightarrow}Ab$, $B{\rightarrow}d$}，下面对输入串#abbcde#（#为开始和结束标志符号）进行分析。先设一个初始为空的符号栈，并把"#"放入栈中，其分析过程如下：

步骤	符号栈	输入符号串	动作
（1）	#	abbcde#	移进
（2）	#a	bbcde#	移进
（3）	#ab	bcde#	归约（依据 $A{\rightarrow}b$，将 b 替换为 A）
（4）	#aA	bcde#	移进
（5）	#aAb	cde#	归约（依据 $A{\rightarrow}Ab$，将 Ab 替换为 A）
（6）	#aA	cde#	移进
（7）	#aAc	de#	移进
（8）	#aAcd	e#	归约（依据 $B{\rightarrow}d$，将 d 替换为 B）
（9）	#aAcB	e#	移进
（10）	#aAcBe	#	归约（依据 $S{\rightarrow}aAcBe$，将 $aAcBe$ 替换为 S）
（11）	#S	#	接受

　　说明：在第（3）步中栈顶符号串 b 是句型 abbcde 的句柄，用产生式 $A{\rightarrow}b$ 进行归约；第（5）步中栈顶的 Ab 是句型 aAbcde 的句柄，用相应产生式 $A{\rightarrow}Ab$ 进行归约；第（8）步和第（10）步是同样的道理。上述分析过程也可看成是自底向上构造语法树的过程。

　　LR 分析法根据当前分析栈中的符号串（通常以状态表示）和向右顺序查看输入串的 k 个（$k{\geq}0$）符号，就可唯一确定分析器的动作是移进还是归约，以及用哪条产生式进行归约，因而也就能唯一地确定句柄。当 k=1 时，已能满足当前绝大多数高级语言编译程序的需求。常用的

LR 分析器有 LR(0)、SLR(1)、LALR(1)和 LR(1)。

一个 LR 分析器由如下三个部分组成：

（1）驱动器。或称驱动程序。对所有 LR 分析器，驱动程序都是相同的。

（2）分析表。不同的文法具有不同的分析表。同一文法采用不同的 LR 分析器时，分析表也不同。分析表又可分为动作表（ACTION）和状态转换表（GOTO）两个部分，它们都可用二维数组表示。

（3）分析栈。其包括文法符号栈和相应的状态栈。

分析器的动作由栈顶状态和当前输入符号决定（LR(0)分析器不需向前查看输入符号），LR 分析器的模型如图 2-18 所示。

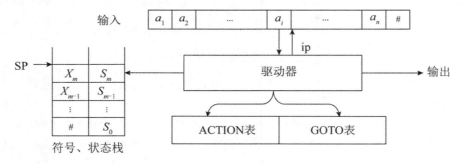

图 2-18　LR 分析器模型示意图

其中 SP 为栈顶指针，S_i 为状态，X_i 为文法符号。ACTION[S_i, a]= S_j 规定了栈顶状态为 S_i 且遇到输入符号 a 时应执行的动作。状态转换表 GOTO[S_i, X]=S_j 表示当状态栈顶为 S_i 且文法符号栈顶为 X 时应转向状态 S_j。

LR 分析器的工作过程以格局的变化来反映。格局的形式为（栈，剩余输入，动作）。分析是从某个初始格局开始的，经过一系列的格局变化，最终达到接受格局，表明分析成功；或者达到出错格局，表明发现一个语法错误。因此，开始格局的剩余输入应该是全部的输入序列，而接受格局中的剩余输入应该为空，任何其他格局或者出错格局中的剩余输入应该是全部输入序列的一个后缀。

在 LR 分析过程中，改变格局的动作有以下 4 种：

（1）移进（shift）。当 ACTION[S_i, a]= S_j 时，把 a 移进文法符号栈并转向状态 S_j。

（2）归约（reduce）。当在文法符号栈顶形成句柄 β 时，把 β 归约为相应产生式 $A \rightarrow \beta$ 的非终结符 A。若 β 的长度为 r（即$|\beta|=r$），则弹出文法符号栈顶的 r 个符号，然后将 A 压入文法符号栈中。

（3）接受（accept）。当文法符号栈中只剩下文法的开始符号 S，并且输入符号串已经结束时（当前输入符是 "#"），分析成功。

（4）报错（error）。当输入串中出现不该有的文法符号时，就报错。

LR 分析器的核心部分是分析表的构造，这里不再详述。

5. 语法制导翻译和中间代码生成

程序语言的语义分为静态语义和动态语义。描述程序语义的形式化方法主要有属性文法、公理语义、操作语义和指称语义等，其中属性文法是对上下文无关文法的扩充。目前应用最广的静态语义分析方法是语法制导翻译，其基本思想是将语言结构的语义以属性的形式赋予代表此结构的文法符号，而属性的计算以语义规则的形式赋予文法的产生式。在语法分析的推导或归约的步骤中，通过执行语义规则实现对属性的计算，以实现对语义的处理。

1）中间代码

从原理上讲，对源程序进行语义分析之后就可以直接生成目标代码，但由于源程序与目标代码的逻辑结构往往差别很大，特别是考虑到具体机器指令系统的特点，要使翻译一次到位很困难，而且用语法制导方式机械生成的目标代码往往是烦琐和低效的，因此有必要设计一种中间代码，将源程序首先翻译成中间代码表示形式，以利于进行与机器无关的优化处理。由于中间代码实际上也起着编译器前端和后端的分水岭作用，所以使用中间代码也有助于提高编译程序的可移植性。常用的中间代码有后缀式、四元式和树等形式。

（1）后缀式（逆波兰式）。逆波兰式是波兰逻辑学家卢卡西维奇（Lukasiewicz）发明的一种表示表达式的方法。这种表示方式把运算符写在运算对象的后面，例如，把 a+b 写成 ab+，所以也称为后缀式。这种表示法的优点是根据运算对象和算符的出现次序进行计算，不需要使用括号，也便于用栈实现求值。对于表达式 x:=(a+b)*(c+d)，其后缀式为 xab+cd+*:=。

（2）树形表示。例如，表达式 x:=(a+b)*(c+d)的树形表示如图 2-19 所示。

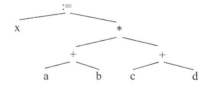

图 2-19　表达式的树形表示

（3）四元式表示。四元式是一种普遍采用的中间代码形式，其组成成分为运算符 OP、第一运算对象 ARG1、第二运算对象 ARG2 和运算结果 RESULT。其中，运算对象和运算结果有时指用户自定义的变量，有时指编译程序引入的临时变量，RESULT 总是一个新引进的临时变量，用来存放运算结果。例如，表达式 x:=(a+b) * (c+d)的四元式表示为：

①（+，a，b，t1）　②（+，c，d，t2）　③（*，t1，t2，t3）　　④（:=，t3，_，x）

2）常见语言结构的翻译

常见的程序语言结构主要有算术表达式、布尔表达式、赋值语句和控制语句（if、while）等。不同结构需要不同的处理方法，但翻译程序的构造原理是相似的。

对于各种语法结构的语法制导翻译，一般是在相应的语法规则中加入适当的语义处理，从而在对程序语句进行语法分析过程中的恰当时机同时完成语义处理，实现语义分析。

例如，语句 if x<y then while a<b do a:=a+b 翻译成的四元式如表 2-4 所示，其中 2、4 两条四元式尚未完全确定，有待于回填。

表 2-4　四元式表

序　号	四 元 式	说　明
1	(j<,x,y,3)	若 x<y，则转第 3 条
2	(j,-,-,0)	否则（即 x≥y），转向地址待定
3	(j<,a,b,5)	若 a<b，则转第 5 条
4	(j,-,-,0)	否则（即 a≥b），转向地址待定
5	(+,a,b,t1)	相加运算：a+b 的结果保存为 t1
6	(:=,t1,-,a)	传值：将 t1 的值传给 a
7	(j,-,-,3)	无条件转移至第 3 条

3）动态存储分配和过程调用的翻译

过程（函数）说明和过程（函数）调用是程序中一种常见的语法结构，绝大多数语言都含有这方面的内容。过程说明和调用语句的翻译，有赖于形参与实参结合的方式以及数据空间的分配方式。

由于各种语言的不同特点，在目标程序运行时，对存储空间的分配和组织有不同的要求，在编译阶段应产生相应的目标来满足不同的要求。需要分配存储空间的对象有基本数据类型（如整型、实型和布尔型等）、结构化数据类型（如数组和记录等）和连接数据（如返回地址、参数等）。分配的依据是名字的作用域和生存期的定义规则。分配的策略有静态存储分配和动态存储分配两大类。

如果在编译时就能确定目标程序运行时所需的全部数据空间的大小，则在编译时就安排好目标程序运行时的全部数据空间，并确定每个数据对象的存储位置（逻辑地址）。这种分配策略称为静态存储分配。Fortran 语言的早期版本可以完全采用静态存储分配策略。

如果一个程序语言允许递归过程和动态可变数据结构，那么就需采用动态存储分配技术。动态存储分配策略的实现有栈分配方式和堆分配方式两种。在栈式动态存储分配中，将程序的数据空间设计为一个栈，每当调用一个过程时，它所需的数据空间就分配在栈顶；每当过程执行结束时，就释放这部分空间。若空间的使用未必服从"先申请后释放"的原则，那么栈式的动态存储分配方式就不适用了，这种情况下通常使用堆分配技术。

6. 中间代码优化和目标代码生成

优化就是对程序进行等价变换，使得从变换后的程序能生成更有效的目标代码。所谓等价，是指不改变程序的运行结果；所谓有效，是指目标代码运行时间较短，占用的存储空间较少。优化可在编译的各个阶段进行。最主要的优化是在目标代码生成以前对中间代码进行的，这类优化不依赖于具体的计算机。

目标代码的生成由代码生成器实现。代码生成器以经过语义分析或优化后的中间代码为输入，以特定的机器语言或汇编代码为输出。代码生成所需考虑的主要问题如下所述：

（1）中间代码形式。中间代码有多种形式，其中树与后缀表示形式适用于解释器，而编译器多采用与机器指令格式较接近的四元式形式。

（2）目标代码形式。目标代码可以分为两大类：汇编语言形式和机器指令形式。机器指令形式的目标代码又可以根据需求的不同分为绝对机器指令代码和可再定位机器代码。绝对机器代码的优点是可以立即执行，一般应用于一类称为 load-and-go 形式的编译模式，即编译后立即执行，不形成保存在外存上的目标代码文件。可再定位机器代码的优点是目标代码可以被任意链接并装入内存的任意位置，是编译器采用较多的代码形式。汇编语言作为一种中间输出形式，便于进行分析和测试。

（3）寄存器的分配。由于访问寄存器的速度远快于访问内存单元的速度，所以总是希望尽可能多地使用寄存器存储数据，而寄存器的个数是有限的，因此，如何分配及使用寄存器，是目标代码生成时需要着重考虑的。

（4）计算次序的选择。代码执行的效率会随计算次序的不同有较大的差别。在生成正确目标代码的前提下，适当地安排计算次序并优化代码序列，也是生成目标代码时要考虑的重要因素之一。

2.2.3　解释程序基本原理

解释程序是另一种语言处理程序，在词法、语法和语义分析方面与编译程序的工作原理基本相同，但是在运行用户程序时，它直接执行源程序或源程序的中间表示。因此，解释程序不产生源程序的目标程序，这是它和编译程序的主要区别。图 2-20 显示了解释程序实现高级语言的三种方式。

源程序被直接解释执行的处理方式如图 2-20 中的标记 A 所示。这种解释程序对源程序进行逐个字符的检查，进行词法、语法分析和语义分析后就执行程序语句规定的动作。例如，如果扫描到符号序列：

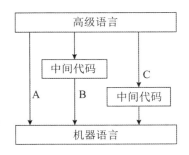

图 2-20　解释器类型示意图

```
GOTO   L
```

解释程序就开始搜索源程序中标号 L 的定义位置（即 L 后面紧跟冒号“:”的语句位置）。这类解释程序通过反复扫描源程序来实现程序的运行，运行效率很低。

解释程序也可以先将源程序翻译成某种中间代码形式，然后对中间代码进行解释来实现用户程序的运行，这种翻译方式如图 2-20 中的标记 B 和 C 所示。通常，在中间代码和高级语言的语句间存在一一对应的关系。APL 和 SNOBOL4 的很多实现就采用这种方法。解释方式 B 和 C 的不同之处在于中间代码的级别，在方式 C 下，解释程序采用的中间代码更接近于机器语言。在这种实现方案中，高级语言和低级中间代码间存在着 1 : n 的对应关系。Pascal-P 解释系统是这类解释程序的一个实例，它在词法分析、语法分析和语义基础上，先将源程序翻译成 P-代码，再由一个非常简单的解释程序来解释执行这种 P-代码。这类系统具有比较好的可移植性。

1. 解释程序的基本结构

解释程序通常可以分成两部分：第一部分是分析部分，包括通常的词法分析、语法分析和语义分析程序，经语义分析后把源程序翻译成中间代码，中间代码常采用逆波兰表示形式；第二部分是解释部分，用来对第一部分产生的中间代码进行解释执行。下面简要介绍第二部分的工作原理。

设用数组 MEM 模拟计算机的内存，源程序的中间代码和解释部分的各个子程序都存放在 MEM 中。全局变量 PC 是一个程序计数器，它记录了当前正在执行的中间代码的位置。这种解释部分的常见结构可以由下面两部分组成：

（1）PC:=PC+1。

（2）执行位于 opcode-table[MEM[PC]]的子程序（解释子程序执行后返回到前面）。

下面用一个简单例子来说明其工作原理。设两个实型变量 A 和 B 进行相加的中间代码是：

```
start:  Ipush
             A
        Ipush
             B
        Iaddreal
```

其中，中间代码 Ipush 和 Iaddreal 实际上都是 opcode-table 表的索引值（即位移），而该表的单元中存放的值就是对应的解释子程序的起始地址，A 和 B 都是 MEM 中的索引值。解释部分开始执行时，PC 的值为 start–1。

```
opcode-table [Ipush]=push
opcode-table[Iaddreal]=addreal
```

解释部分可表示如下：

```
interpreter-loop:     PC:=PC+1;
                      goto opcode-table[MEM[PC]];
        push:         PC:=PC+1;
                      stackreal(MEM[MEM[PC]]);
                      goto  interpreter-loop;
      addreal:        stackreal(popreal()+popreal());
                      goto  interpreter-loop;
...(其余各解释子程序,此处省略)
```

其中, stackreal()表示把相应值压入栈中, 而 popreal()表示取得栈顶元素值并弹出栈顶元素。上面的代码基于栈实现了将两个数值相加并将结果存入栈中的处理。

2. 编译与解释方式的比较

对于高级语言的编译和解释工作方式, 可以从以下几个方面进行比较:

(1) 效率。编译比解释方式可能取得更高的效率。

一般情况下, 在解释方式下运行程序时, 解释程序可能需要反复扫描源程序。例如, 每一次引用变量都要进行类型检查, 甚至需要重新进行存储分配, 从而降低了程序的运行速度。在空间上, 以解释方式运行程序需要更多的内存, 因为系统不但需要为用户程序分配运行空间, 而且要为解释程序及其支撑系统分配空间。

在编译方式下, 编译程序除了对源程序进行语法和语义分析外, 还要生成源程序的目标代码并进行优化, 所以这个过程比解释方式需要更多的时间。虽然与精心设计的机器代码程序相比, 一般由编译程序创建的目标程序运行的时间更长, 需要占用的存储空间更多, 但源程序只需要被编译程序翻译一次, 就可以多次运行。因此总体来讲, 编译方式比解释方式可能取得更高的效率。

(2) 灵活性。由于解释程序需要反复检查源程序, 这也使得解释方式能够比编译方式更灵活。当解释器直接运行源程序时, "在运行中"修改程序就成为可能, 例如增加语句或者修改错误等。另外, 当解释器直接在源程序上工作时, 它可以对错误进行更精确的定位。

(3) 可移植性。解释器一般也是用某种程序设计语言编写的, 因此只要对解释器进行重新编译, 就可以使解释器运行在不同的环境中。

由于编译和解释的方法各有特点, 因此现有的一些编译系统既提供编译的方式, 也提供解释的方式, 甚至将两种方式进行结合。例如, 在 Java 虚拟机上发展出的 compiling-just-in-time 新技术, 就是在代码第一次运行时进行编译, 在其后的运行中就不再进行编译了。

第 3 章　数据结构与算法

数据结构是指数据元素的集合及元素间的相互关系和构造方法，结构就是元素之间的关系。在数据结构中，元素之间的相互关系是数据的逻辑结构。按照逻辑关系的不同将数据结构分为线性结构和非线性结构，其中，线性结构包括线性表、栈、队列、串，非线性结构主要包括树和图。数据元素及元素之间关系的存储形式称为存储结构，主要有顺序存储和链式存储两种基本方式。

3.1　线性结构

线性结构的特点是数据集合中的元素之间是一种线性关系，数据元素"一个接一个地排列"，也就是一个序列。

3.1.1　线性表

线性表是指一个序列，常采用两种存储方法：顺序存储和链式存储，主要的基本操作是插入、删除和查找。

1. 线性表的定义

一个线性表是 n 个元素的有限序列（$n \geq 0$），通常表示为（$a_1, a_2, \cdots, a_n$），其特点是在非空的线性表中：

（1）存在唯一的一个称作"第一个"的元素。

（2）存在唯一的一个称作"最后一个"的元素。

（3）除第一个元素外，序列中的每个元素均只有一个直接前驱。

（4）除最后一个元素外，序列中的每个元素均只有一个直接后继。

2. 线性表的存储结构

1）线性表的顺序存储

线性表的顺序存储是指用一组地址连续的存储单元依次存储线性表中的数据元素，从而使得逻辑上相邻的两个元素在物理位置上也相邻，如图 3-1 所示。在这种存储方式下，元素间的逻辑关系无需占用额外的空间来存储。

一般地，以 $\text{LOC}(a_1)$ 表示线性表中第一个元素的存储位置，L 表示每个元素所占空间的大小，则顺序存储结构中，第 i 个元素 a_i 的存储位置为：

$$\text{LOC}(a_i) = \text{LOC}(a_1) + (i-1) \times L$$

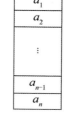

图 3-1　线性表的顺序存储

　　线性表采用顺序存储结构的优点是可以随机存取表中的元素，按序号查找元素的速度很快。缺点是插入和删除操作需要移动元素，插入元素前要移动元素以挪出空的存储单元，然后再插入元素；删除元素时同样需要移动元素，以填充被删除的元素空出来的存储位置。

　　在表长为 n 的线性表中插入新元素时，共有 $n+1$ 个可插入位置，在位置 1（元素 a_1 所在位置）插入元素时需要移动 n 个元素，在位置 $n+1$（元素 a_n 所在位置之后）插入元素时不需要移动元素，因此，等概率下插入一个元素时平均的移动元素次数 E_{insert} 为：

$$E_{\text{insert}} = \sum_{i=1}^{n+1} P_i \times (n-i+1) = \frac{1}{n+1} \sum_{i=1}^{n+1} (n-i+1) = \frac{n}{2}$$

　　其中，P_i 表示在表中位置 i 插入元素的概率。

　　在表长为 n 的线性表中删除元素时，共有 n 个可删除的元素，删除元素 a_1 时需要移动 $n-1$ 个元素，删除元素 a_n 时不需要移动元素，因此，等概率下删除一个元素时平均的移动元素次数 E_{delete} 为：

$$E_{\text{delete}} = \sum_{i=1}^{n} q_i \times (n-i) = \frac{1}{n} \sum_{i=1}^{n} (n-i) = \frac{n-1}{2}$$

　　其中，q_i 表示删除元素 a_i 的概率。

　　2）线性表的链式存储

　　线性表的链式存储是用结点来存储数据元素，元素的结点地址可以连续，也可以不连续，因此，存储数据元素的同时必须存储元素之间的逻辑关系。另外，结点空间只有在需要的时候才申请，无须事先分配。基本的结点结构如下所示：

数据域	指针域

　　结点中的数据域用于存储数据元素的值，指针域则存储当前元素的直接前驱或直接后继元素的位置信息，指针域中所存储的信息称为指针（或链）。

　　n 个结点通过指针连成一个链表，若结点中只有一个指针域，则称为线性链表（或单链表），如图 3-2（a）所示。

　　在链式存储结构中，只需要一个指针（称为头指针，如图 3-2（b）中的 Head）指向第一个结点，就可以按照链接关系顺序地访问表中的任意一个元素。为了简化对链表状态的判定和处理，特别引入一个不存储数据元素的结点，称为头结点，将其作为链表的第一个结点并令头指针指向该结点。

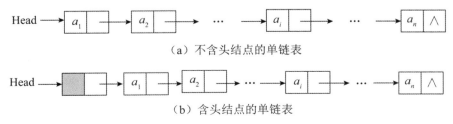

（a）不含头结点的单链表

（b）含头结点的单链表

图 3-2　线性表元素的单链表存储

在链式存储结构下进行插入和删除，其实质都是对相关指针的修改。

设单链表结点类型的定义为：

```
typedef struct node{
        int data;              /*数据域*/
        struct node *next;     /*指针域*/
}NODE, *LinkList;
```

在单链表 p 所指结点（图 3-3 中元素 a 所在结点）后插入新元素结点（s 所指结点，图 3-3（a）中元素 c 所在结点）时，操作如下：

①s->next = p->next;   /*s 所指结点的指针域改为指向 p 所指结点的后继结点*/

②p->next = s;   /*p 所指结点的指针域改为指向 s 所指结点*/

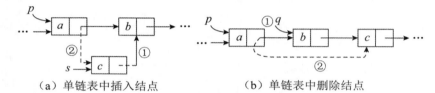

（a）单链表中插入结点　　　　　　　（b）单链表中删除结点

图 3-3　在单链表中插入和删除结点时的指针变化示意图

在单链表中删除 p 所指结点的后继结点时，操作如下：

①q = p->next;   /*备份被删除结点的指针*/

②p->next = p->next->next;   /*修改结点间的链接关系，从链表中摘除要删除的结点*/

③free(q);   /*释放被删除结点的空间*/

在图 3-3（b）中，若需删除元素 b，则令 p 结点的指针域指向其后继的后继结点（即图 3-3（b）中元素 c 所在结点），从而将元素 b 所在的结点从链表中摘除。

下面给出单链表上的插入和删除运算的实现过程。

【函数】 单链表的插入运算。

```
int insert_List (LinkList L, int k, int elem) /*L 为带头结点单链表的头指针*/
   /*将 elem 插入表 L 的第 k 个元素之前(即第 k-1 个元素之后),若成功则返回 0,否则返回-1*/
{   LinkList p,s;   /*p 的作用是指向第 k-1 个元素结点,s 则指向新申请的结点*/
    int i;

    i = 0; p = L;     /*初始时,令 p 指向头结点,i 用于元素个数计数*/
    /*顺着结点的链接关系依次查找,直到 p 指向第 k-1 个元素结点或到达表尾*/
    while (p && i < k-1) {
      p = p->next;  i++;
    }
```

```
    /*查找结束时 p 应指向第 k-1 个元素所在结点,若不存在第 k-1 个元素,则 p 为空指针*/
    if (!p)  return -1;                  /*表中不存在第 k-1 个元素,插入操作失败,返回*/
    /*若表中存在第 k-1 个元素,则生成新元素的结点并将其插入第 k-1 个元素之后*/
    s = (NODE *)malloc(sizeof(NODE));
    if (!s) return -1;                   /*生成新结点失败,无法完成插入操作,返回*/
    s->data = elem;                      /*元素存入新结点的数据域*/
    s->next = p->next;  p->next = s;     /*新结点插入第 k-1 个元素结点之后*/
    return 0;
} /* insert_List */
```

【函数】单链表的删除运算。

```
int delete_List (LinkList L, int k)     /*L 为带头结点单链表的头指针*/
/*删除表中的第 k 个元素结点,若成功返回 0;否则返回-1*/
{   LinkList p,q;       /*p 用于指向待删除结点的前驱结点,q 指向待删除的结点*/
    int i;
    /*删除第 k 个元素,需要将第 k-1 个元素结点中的指针域改为指向第 k+1 个元素的结点*/
    i = 0; p = L;       /*初始时,令 p 指向头结点,i 用于元素个数计数*/
    /*顺着结点的链接关系依次查找,直到 p 指向第 k-1 个元素结点或到达表尾*/
    while (p && i < k-1) {
      p = p->next;  i++;
    }
    /*查找结束时 p 应指向第 k-1 个元素所在结点,若不存在第 k-1 个元素,则 p 为空指针*/
    if (!p) return -1; /*表中不存在第 k-1 个元素(也不存在第 k 个元素),删除操作失败,返回*/
    if (!p->next)  return -1;         /*表中不存在第 k 个元素,删除操作失败,返回*/
    q = p->next;                      /*令 q 指向待删除的第 k 个元素结点*/
    p->next = q->next;free(q);        /*删除结点并释放结点空间*/
    return 0;
    } /* delete_List */
```

线性表采用链表作为存储结构时,只能顺序地访问元素,而不能对元素进行随机存取。但其优点是插入和删除操作不需要移动元素。

根据结点中指针信息的实现方式,还有双向链表、循环链表和静态链表等链表结构。

- 双向链表:每个结点包含两个指针,分别指明当前元素的直接前驱和直接后继信息,可在两个方向上遍历链表中的元素。
- 循环链表:表尾结点的指针指向表中的第一个结点,可从表中任意结点开始遍历整个链表。

● 静态链表：借助数组来描述线性表的链式存储结构。

若双向链表中结点的 front 和 next 指针域分别指示当前结点的直接前驱和直接后继，则在双向链表中插入 s 所指结点时相关结点的指针域变化情况如图 3-4（a）所示，其操作过程如下：

①s -> front = p -> front;

②p -> front -> next = s;　　　　　/*或者表示为 s -> front -> next = s;* /

③p -> front = s;

④s -> next = p;

在双向链表中删除 p 所指结点时相关结点的指针域变化情况如图 3-4（b）所示，其操作过程如下：

①p -> front -> next = p -> next;

②p -> next -> front = p -> front;

③free(p);

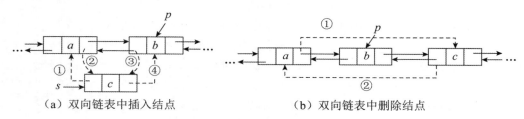

（a）双向链表中插入结点　　　　　　（b）双向链表中删除结点

图 3-4　双向链表中插入和删除结点时的指针变化示意图

3.1.2　栈和队列

栈和队列是常用的两种数据结构，它们的逻辑结构与线性表相同。其特点在于运算受到了限制：栈按"后进先出"的规则进行修改，队列按"先进先出"的规则进行修改。

1. 栈

1）栈的定义及基本运算

栈是只能通过访问它的一端来实现数据存储和检索的一种线性数据结构。换句话说，栈的修改是按先进后出的原则进行的。因此，栈又称为先进后出（FILO）或后进先出（LIFO）的线性表。在栈中进行插入和删除操作的一端称为栈顶（top），相应地，另一端称为栈底（bottom）。不含数据元素的栈称为空栈。

栈的基本运算如下：

①初始化栈 initStack(S)：创建一个空栈 S。

②判栈空 isEmpty(S)：当栈 S 为空栈时返回"真"值，否则返回"假"值。

③入栈 push(S,x)：将元素 x 加入栈顶，并更新栈顶指针。

④出栈 pop(S)：将栈顶元素从栈中删除，并更新栈顶指针。若需要得到栈顶元素的值，可

将 pop(S)定义为一个函数，它返回栈顶元素的值。

⑤读栈顶元素 top(S)：返回栈顶元素的值，但不修改栈顶指针。

2）栈的存储结构

（1）栈的顺序存储。栈的顺序存储是指用一组地址连续的存储单元依次存储自栈顶到栈底的数据元素，同时附设指针 top 指示栈顶元素的位置。采用顺序存储结构的栈也称为顺序栈。在顺序存储方式下，需要预先定义或申请栈的存储空间，也就是说栈空间的容量是有限的。因此在顺序栈中，当一个元素入栈时，需要判断是否栈满（栈空间中没有空闲单元），若栈满，则元素入栈会发生上溢现象。

（2）栈的链式存储。为了克服顺序存储的栈可能存在上溢的不足，可以用链表存储栈中的元素。用链表作为存储结构的栈也称为链栈。由于栈中元素的插入和删除仅在栈顶一端进行，因此不必设置头结点，链表的头指针就是栈顶指针。

3）栈的应用

栈的典型应用包括表达式求值、括号匹配等，在计算机语言的实现以及将递归过程转变为非递归过程的处理中，栈有重要的作用。

【例 3.1】 表达式求值。

计算机在处理算术表达式时，可将表达式先转换为后缀形式，然后利用栈进行计算。例如，表达式"46+5*(120−37)"的后缀表达式形式为"46 5 120 37 − * +"。

计算后缀表达式时，从左至右扫描后缀表达式：若遇到运算对象，则压入栈中；遇到运算符，则从栈中弹出相应运算对象进行计算，并将运算结果压入栈中。重复以上过程，直到后缀表达式结束。例如，后缀表达式"46 5 120 37 − * +"的计算过程为：

（1）依次将 46、5、120、37 压入栈中。

（2）遇到"−"，弹出 37、120，计算 120−37，得 83，将其压入栈中。

（3）遇到"*"，弹出 83、5，计算 5*83，得 415，将其压入栈中。

（4）遇到"+"，弹出 415、46，计算 46+415，得 461，将其压入栈中。

（5）表达式结束，则计算过程完成。

2. 队列

1）队列的定义及基本运算

队列是一种先进先出（FIFO）的线性表，它只允许在表的一端插入元素，而在表的另一端删除元素。在队列中，允许插入元素的一端称为队尾（rear），允许删除元素的一端称为队头（front）。

队列的基本运算如下：

①初始化队列 initQueue(Q)：创建一个空的队列 Q。

②判队空 isEmpty(Q)：当队列为空时返回"真"值，否则返回"假"值。

③入队 enQueue(Q,x)：将元素 x 加入到队列 Q 的队尾，并更新队尾指针。

④出队 deQueue(Q)：将队头元素从队列 Q 中删除，并更新队头指针。

⑤读队头元素 frontQueue(Q)：返回队头元素的值，但不更新队头指针。

2）队列的存储结构

（1）队列的顺序存储。队列的顺序存储结构又称为顺序队列，它也是利用一组地址连续的存储单元存放队列中的元素。由于队中元素的插入和删除限定在表的两端进行，因此设置队头指针和队尾指针，分别指示出当前的队首元素和队尾元素。

设顺序队列 Q 的容量为 6，其队头指针为 front，队尾指针为 rear，头、尾指针和队列中元素之间的关系如图 3-5 所示。

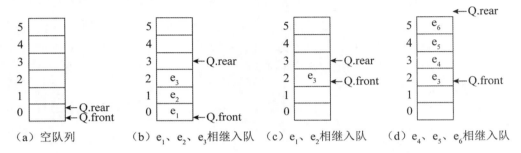

图 3-5   队列的头、尾指针与队列中元素之间的关系

在顺序队列中，为了简化运算，元素入队时，只修改队尾指针；元素出队时，只修改队头指针。由于顺序队列的存储空间是提前设定的，因此队尾指针会有一个上限值，当队尾指针达到其上限时，就不能只通过修改队尾指针来实现新元素的入队操作了。此时，可将顺序队列假想成一个环状结构，如图 3-6 所示，称之为循环队列。

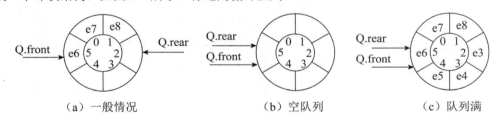

图 3-6   循环队列的头、尾指针示意图

设循环队列 Q 的容量为 MAXSIZE，初始时队列为空，且 Q.rear 和 Q.front 都等于 0，如图 3-7（a）所示。元素入队时修改队尾指针，即令 Q.rear = (Q.rear+1)% MAXSIZE，如图 3-7（b）所示。元素出队时修改队头指针，即令 Q.front = (Q.front+1)% MAXSIZE，如图 3-7（c）所示。

根据出队列操作的定义，当出队操作导致队列变为空时，有 Q.rear==Q.front，如图 3-7（d）所示；若队列满，则 Q.rear==Q.front，如图 3-7（e）所示。在队列空和队列满的情况下，循环队列的队头、队尾指针指向的位置是相同的，此时仅仅根据 Q.rear 和 Q.front 之间的关系无法断定队列的状态。为了区分队空和队满的情况，可采用两种处理方式：其一是设置一个标志位，以区别头、尾指针的值相同时队列是空还是满；其二是牺牲一个元素空间，约定以"队列的尾指针所指位置的下一个位置是头指针"表示队列满，如图 3-7（f）所示，而头、尾指针的值相同时表示队列为空。

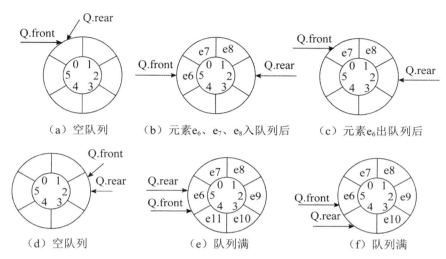

图 3-7　循环队列的头、尾指针示意图

设队列中的元素类型为整型，则循环队列的类型定义为：

```
#define  MAXQSIZE  100
typedef  struct  {
    int  *base;               /*循环队列的存储空间,假设队列元素类型为整型*/
    int  front, rear;        /*队头、队尾指针*/
}SqQueue;
```

【函数】创建一个空的循环队列。

```
int initQueue(SqQueue *Q)
/*创建容量为 MAXQSIZE 的空队列,若成功返回 1;否则返回 0*/
{  Q->base = (int *)malloc(MAXQSIZE*sizeof(int));
    if (!Q->base) return 0;
    Q->front = 0; Q->rear = 0; return 1;
}/*initQueue*/
```

【函数】元素入循环队列。

```
int enQueue(SqQueue *Q, int e)  /*元素 e 入队,若成功返回 1;否则返回 0*/
{  if ( (Q->rear+1)% MAXQSIZE == Q->front) return 0;
    Q->base[Q->rear] = e;
```

```
        Q->rear = (Q->rear + 1)% MAXQSIZE;
        return 1;
}/*enQueue*/
```

【函数】元素出循环队列。

```
int deQueue(SqQueue *Q,int *e)
/*若队列不空,则删除队头元素,由参数 e 带回其值并返回 1;否则返回 0*/
{   if (Q->rear == Q->front) return 0;
    *e = Q->base[Q->front];
    Q->front = (Q->front + 1) % MAXQSIZE ;
    return 1;
}/*deQueue*/
```

（2）队列的链式存储。队列的链式存储也称为链队列。为了便于操作，可给链队列添加一个头结点，并令头指针指向头结点，如图 3-8 所示。因此，队列为空的判定条件是头指针和尾指针的值相同，且均指向头结点。

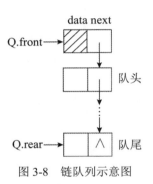

图 3-8　链队列示意图

3）队列的应用

队列常用于处理需要排队的场合，如操作系统中处理打印任务的打印队列、离散事件的计算机模拟等。

3.1.3　串

字符串是一串文字及符号的简称，是一种特殊的线性表。字符串的基本数据元素是字符，计算机中非数值问题处理的对象经常是字符串数据，如在汇编和高级语言的编译程序中，源程序和目标程序都是字符串数据；在事务处理程序中，姓名、地址等一般也是作为字符串处理的。另外，串还具有自身的特性，常常把一个串作为一个整体来处理。这里简单介绍串的定义、基本运算和存储结构。

1. 串的定义及基本运算

串是仅由字符构成的有限序列，是取值范围受限的线性表。一般记为 $S='a_1a_2\cdots a_n'$，其中 S 是串名，单引号括起来的字符序列是串值。

- 串长：即串的长度，指字符串中的字符个数。
- 空串：长度为 0 的串，空串不包含任何字符。
- 空格串：由一个或多个空格组成的串。虽然空格是一个空白符，但它也是一个字符，计算串长度时要将其计算在内。
- 子串：由串中任意长度的连续字符构成的序列称为子串。含有子串的串称为主串。子串在主串中的位置指子串首次出现时，该子串的第一个字符在主串的位置。空串是任意串的子串。

- 串相等：指两个串长度相等且对应位置上的字符也相同。
- 串比较：两个串比较大小时以字符的 ASCII 码值作为依据。比较操作从两个串的第一个字符开始进行，字符的 ASCII 码值大者所在的串为大；若其中一个串先结束，则以串长较大者为大。

串的基本操作如下：

①赋值操作 StrAssign(s,t)：将串 t 的值赋给串 s。

②连接操作 Concat(s,t)：将串 t 接续在串 s 的尾部，形成一个新串。

③求串长 StrLength(s)：返回串 s 的长度。

④串比较 StrCompare(s,t)：比较两个串的大小。返回值–1、0 和 1 分别表示 s<t、s=t 和 s>t 三种情况。

⑤求子串 SubString(s,start,len)：返回串 s 中从 start 开始的、长度为 len 的字符序列。

2. 串的存储结构

字符串可以采用顺序存储和链式存储方式。

（1）顺序存储。该方式是用一组地址连续的存储单元来存储串值的字符序列。由于串中的元素为字符，所以可通过程序语言提供的字符数组定义串的存储空间（即存储空间的容量固定），也可以根据串长的需要动态申请字符串的空间（即存储空间的容量可扩充或缩减）。

（2）链式存储。字符串也可以采用链表作为存储结构，当用链表存储串中的字符时，每个结点中可以存储一个字符，也可以存储多个字符，需要考虑存储密度问题。结点大小为 4 的块链如图 3-9 所示。

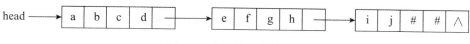

图 3-9　串的链式存储方式

在链式存储结构中，结点大小的选择和顺序存储方法中数组空间大小的选择一样重要，它直接影响对串处理的效率。

通常情况下，字符串存储在一维字符数组中，每个字符串的末尾都有一个串结束符，在 C/C++程序中以特殊字符“\0”作为结束标记。

3. 字符串运算

大多数的程序语言在其开发资源包中都提供了字符串的赋值（拷贝）、连接、比较、求串长、求子串等基本运算，利用它们就可以实现关于串的其他运算。下面简要介绍求串长和串比较运算的实现。

【函数】求串长，即计算给定串中除结束标志字符'\0'之外的字符数目。

```
int strlen(char *s)
```

```
{
   int n = 0;
   while (s[n]!='\0')
        n++;
   return n;
}/*strlen*/
```

【函数】 串比较。

对于串 s1 和 s2，比较过程为：从两个串的第一个字符开始，若串 s1 和 s2 的对应字符相同，则继续比较下一对字符；若串 s1 的对应字符大于 s2 的相同位置字符，则串 s1 大于 s2，否则 s1 小于 s2。返回值 0 表示 s1 和 s2 的长度及对应字符完全相同，其他返回值则表示两个串中第一个不同字符的编码差值。

```
int strcmp(char *s1,char *s2)
{  int i = 0;
   while (s1[i]!='\0'|| s2[i]!='\0') {
        if (s1[i] == s2[i])   i++;
        else  return s1[i] – s2[i];
   }
   return 0;
}/*strcmp*/
```

4. 串的模式匹配

子串（也称为模式串）在主串中的定位操作通常称为串的模式匹配，它是各种串处理系统中最重要的运算之一。

1）基本的模式匹配算法

该算法也称为布鲁特—福斯算法，其基本思想是从主串的第一个字符起与模式串的第一个字符比较，若相等，则继续下一对字符的比较，否则从主串的第二个字符起与模式串的第一个字符重新开始比较，直至模式串中每个字符依次和主串中的一个连续的字符序列相等时为止，此时称为匹配成功，否则称为匹配失败。

【函数】 以字符数组存储字符串，实现朴素的模式匹配算法。

```
int Index(char S[], char T[], int pos)
/*查找并返回模式串 T 在主串 S 中从 pos 开始的位置(下标),若 T 不是 S 的子串,则返回-1*/
{   i = pos; j = 0;  /*i,j 分别用于指示出主串字符和模式串字符的位置(下标)*/
    slen = strlen(S); tlen = strlen(T); /*计算主串和模式串的长度*/
    while (i < slen && j < tlen)
```

```
    { if (S[i] == T[j]) {i++;j++;}
      else
        { i = i-j+1;        /*主串字符的位置指针回退*/
          j = 0;            /*模式串重新从起始字符开始*/
        }
    } /*while*/
    if (j >= tlen)
        return i - tlen;
    return -1;
} /*Index*/
```

假设主串的长度为 n，模式串的长度为 m，下面分析朴素模式匹配算法的时间复杂度，位置序号从 1 开始计算。设从主串的第 i 个位置开始与模式串匹配成功，而在前 i–1 趟匹配中，每趟不成功的匹配都是模式串的第一个字符与主串中相应的字符不相同，则在前 i–1 趟匹配中，字符的比较共进行了 i–1 次，因第 i 趟成功匹配的字符比较次数为 m，所以总的字符比较次数为(i–1+m)且 $1 \leqslant i \leqslant n-m+1$。若在这 $n-m+1$ 个起始位置上匹配成功的概率相同，则在最好情况下，匹配成功时字符间的平均比较次数为：

$$\sum_{i=1}^{n-m+1} p_i (i-1+m) = \frac{1}{n-m+1} \sum_{i=1}^{n-m+1} (i-1+m) = \frac{1}{2}(n+m)$$

因此，在最好情况下匹配算法的时间复杂度为 $O(n+m)$。而在最坏的情况下，每一趟不成功的匹配都是模式串的最后一个字符与主串中相应的字符不相等。若第 i 趟匹配时成功，则前 i–1 趟不成功的匹配加上最后一趟成功的匹配，每趟的字符比较次数都是 m 次，总共比较了 $i \times m$ 次。因此，最坏情况下的平均比较次数为：

$$\sum_{i=1}^{n-m+1} p_i (i \times m) = \frac{m}{n-m+1} \sum_{i=1}^{n-m+1} i = \frac{1}{2}m(n+m)$$

由于 $n \gg m$，所以该算法在最坏情况下的时间复杂度为 $O(n \times m)$。

2）改进的模式匹配算法

改进的模式匹配算法又称为 KMP 算法（由 D.E.Knuth、V.R.Pratt 和 J.H.Morris 提出），其改进之处在于：每当匹配过程中出现相比较的字符不相等时，不需要回溯主串字符的位置指针，而是利用已经得到的"部分匹配"的结果，将模式串向后"滑动"尽可能远的距离，再继续进行比较。此算法可在 $O(n+m)$ 的时间内完成。

3.2 数组和矩阵

数组可看作是线性表的推广，其特点是多维数组的数据元素仍然是一个表。这里主要介绍多维数组的逻辑结构和存储结构，以及特殊矩阵和矩阵的压缩存储。

1. 数组

1）数组的定义及基本运算

一维数组是长度固定的线性表，数组中的每个数据元素类型相同。n 维数组是定长线性表在维数上的扩张，即线性表中的元素又是一个线性表。

设有 n 维数组 $A[b_1,b_2,\cdots,b_n]$，其每一维的下界都为 1，b_i 是第 i 维的上界。从数据结构的逻辑关系角度来看，A 中的每个元素 $A[j_1,j_2,\cdots,j_n](1 \leqslant j_i \leqslant b_i)$ 都被 n 个关系所约束。在每个关系中，除第一个和最后一个元素外，其余元素都只有一个直接后继和一个直接前驱。因此就单个关系而言，这 n 个关系仍是线性的。

以下面的二维数组 $A[m][n]$ 为例，可以把它看成是一个定长的线性表，它的每个元素也是一个定长线性表。

$$A_{m*n}=\begin{bmatrix} a_{11} & a_{12} & \cdots & a_{1n-1} & a_{1n} \\ a_{21} & a_{22} & \cdots & a_{2n-1} & a_{2n} \\ \vdots & \vdots & \vdots & \vdots & \vdots \\ a_{m1} & a_{m2} & \cdots & a_{mn-1} & a_{mn} \end{bmatrix}$$

可将 A 看作一个行向量形式的线性表：

$$A_{m*n}=\left[[a_{11}a_{12}\cdots a_{1n}][a_{21}a_{22}\cdots a_{2n}]\cdots[a_{m1}a_{m2}\cdots a_{mn}]\right]$$

也可将 A 看作列向量形式的线性表：

$$A_{m*n}=\left[[a_{11}a_{21}\cdots a_{m1}][a_{12}a_{22}\cdots a_{m2}]\cdots[a_{1n}a_{2n}\cdots a_{mn}]\right]$$

数组结构的特点如下：

（1）数据元素数目固定。一旦定义了一个数组结构，就不再有元素的增减变化。

（2）数据元素具有相同的类型。

（3）数据元素的下标关系具有上下界的约束且下标有序。

在数组中通常做下面两种操作：

（1）取值操作。给定一组下标，读其对应的数据元素。

（2）赋值操作。给定一组下标，存储或修改与其相对应的数据元素。

几乎所有的程序设计语言都提供了数组类型。实际上，在语言中把数组看成是具有共同名字的同一类型多个变量的集合。需要注意的是，不能对数组进行整体的运算，只能对单个数组元素进行运算。

2）数组的顺序存储

由于数组一般不作插入和删除运算，也就是说，一旦定义了数组，则结构中的数据元素个数和元素之间的关系就不再发生变动，因此数组适合于采用顺序存储结构。

对于数组，一旦确定了它的维数和各维的长度，便可为它分配存储空间。反之，只要给出一组下标便可求得相应数组元素的存储位置，也就是说，在数据的顺序存储结构中，数据元素的位置是其下标的线性函数。

　　二维数组的存储结构可分为以行为主序（按行存储）和以列为主序（按列存储）两种方法，如图 3-10 所示。

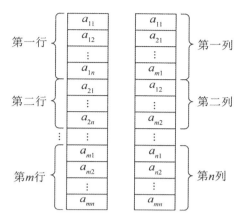

图 3-10　二维数组的两种存储方式

　　设每个数据元素占用 L 个单元，m、n 为数组的行数和列数，那么以行为主序优先存储的地址计算公式为：

$$\text{Loc}(a_{ij}) = \text{Loc}(a_{11}) + ((i-1) \times n + (j-1)) \times L$$

　　同理，以列为主序优先存储的地址计算公式为：

$$\text{Loc}(a_{ij}) = \text{Loc}(a_{11}) + ((j-1) \times m + (i-1)) \times L$$

2. 矩阵

　　矩阵是很多科学与工程计算问题中研究的数学对象。在数据结构中主要讨论如何在尽可能节省存储空间的情况下，使矩阵的各种运算能高效地进行。

　　在一些矩阵中，存在很多值相同的元素或者是零元素。为了节省存储空间，可以对这类矩阵进行压缩存储。压缩存储的含义是为多个值相同的元素只分配一个存储单元，对零元不分配存储单元。

　　1）特殊矩阵

　　常见的特殊矩阵有对称矩阵、三角矩阵和对角矩阵等。对于特殊矩阵，由于其非零元的分布都有一定的规律，所以可将其压缩存储在一维数组中，并建立起每个非零元在矩阵中的位置与其在一维数组中的位置之间的对应关系。

　　若矩阵 $A_{n \times n}$ 中的元素有 $a_{ij} = a_{ji}$（$1 \leqslant i, j \leqslant n$）的特点，则称之为对称矩阵。

　　若为对称矩阵中的每一对元素分配一个存储单元，那么就可将 n^2 个元素压缩存储到能存放 $n(n+1)/2$ 个元素的存储空间中。不失一般性，以行为主序存储下三角（包括对角线）中的元素。假设以一维数组 $B[n(n+1)/2]$ 作为 n 阶对称矩阵 A 中元素的存储空间，则 $B[k]$（$0 \leqslant k < n(n+1)/2$）与矩阵元素 $a_{ij} (a_{ji})$ 之间存在着一一对应的关系。

$$k = \begin{cases} \dfrac{i(i-1)}{2} + j - 1 & i \geq j \\[2mm] \dfrac{j(j-1)}{2} + i - 1 & i < j \end{cases}$$

对角矩阵是指矩阵中的非零元素都集中在以主对角线为中心的带状区域中，即除了主对角线上和直接在对角线上、下方若干条对角线上的元素外，其余的矩阵元素都为零。一个 n 阶的三对角矩阵如图 3-11 所示。

若以行为主序将 n 阶三对角矩阵 $A_{n \times n}$ 的非零元素存储在一维数组 $B[k]$（$0 \leq k < 3n-2$）中，则元素位置之间的对应关系为：

$$k = 3 \times (i-1) - 1 + j - i + 1 = 2i + j - 3 \qquad (1 \leq i, j \leq n)$$

其他特殊矩阵可作类似的推导和计算，这里不再一一说明。

2）稀疏矩阵

在一个矩阵中，若非零元素的个数远远少于零元素的个数，且非零元素的分布没有规律，则称之为稀疏矩阵。

对于稀疏矩阵，存储非零元素时必须同时存储其位置（即行号和列号），所以三元组 (i, j, a_{ij}) 可唯一确定矩阵中的一个元素。由此，一个稀疏矩阵可由表示非零元素的三元组及其行、列数唯一确定。

一个 6 行 7 列的稀疏矩阵如图 3-12 所示，其三元组表为((1,2,12),(1,3,9),(3,1,–3),(3,6,14),(4,3,24), (5,2,18),(6,1,15),(6,4,–7))。

$$A_{n \times n =} \begin{bmatrix} a_{1,1} & a_{1,2} & & & & \\ a_{2,1} & a_{2,2} & a_{2,3} & & & 0 \\ & a_{3,2} & a_{3,3} & a_{3,4} & & \\ & \cdots & \cdots & \cdots & & \\ & & a_{i,i-1} & a_{i,i} & a_{i,i+1} & \\ & 0 & & \cdots & \cdots & \cdots \\ & & & a_{n,n-1} & & a_{n,n} \end{bmatrix}$$

$$M_{6 \times 7=} \begin{bmatrix} 0 & 12 & 9 & 0 & 0 & 0 & 0 \\ 0 & 0 & 0 & 0 & 0 & 0 & 0 \\ -3 & 0 & 0 & 0 & 0 & 14 & 0 \\ 0 & 0 & 24 & 0 & 0 & 0 & 0 \\ 0 & 18 & 0 & 0 & 0 & 0 & 0 \\ 15 & 0 & 0 & -7 & 0 & 0 & 0 \end{bmatrix}$$

图 3-11　三对角矩阵示意图　　　　图 3-12　稀疏矩阵示意图

稀疏矩阵的三元组表构成一个线性表，其顺序存储结构称为三元组顺序表，其链式存储结构称为十字链表。

3.3　树和图

3.3.1　树

树结构是一种非常重要的非线性结构，该结构中一个数据元素可以有两个或两个以上的直接后继元素，可以用来描述客观世界中广泛存在的层次关系。

1. 树的定义

树是 $n(n \geq 0)$ 个结点的有限集合。当 $n=0$ 时称为空树。在任一非空树（$n>0$）中，有且仅有一个称为根的结点；其余结点可分为 $m(m \geq 0)$ 个互不相交的有限集 T_1，T_2，$\cdots$，T_m，其中每个集合又都是一棵树，并且称为根结点的子树。

树的定义是递归的，它表明了树本身的固有特性，也就是一棵树由若干棵子树构成，而子树又由更小的子树构成。该定义只给出了树的组成特点，若从数据结构的逻辑关系角度来看，树中元素之间有明显的层次关系。对树中的某个结点，它最多只和上一层的一个结点（即其双亲结点）有直接关系，而与其下一层的多个结点（即其子树结点）有直接关系，如图 3-13 所示。通常，凡是分等级的分类方案都可以用具有严格层次关系的树结构来描述。

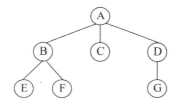

图 3-13　树结构示意图

- 双亲、孩子和兄弟：结点的子树的根称为该结点的孩子，相应地，该结点称为其子结点的双亲。具有相同双亲的结点互为兄弟。例如，图 3-13 中，结点 A 是树根，B、C、D 是 A 的孩子结点，B、C、D 互为兄弟；B 是 E、F 的双亲，E、F 互为兄弟。

- 结点的度：一个结点的子树的个数记为该结点的度。例如，图 3-13 中，A 的度为 3，B 的度为 2，C 的度为 0，D 的度为 1。

- 叶子结点：也称为终端结点，指度为零的结点。例如，图 3-13 中，E、F、C、G 都是叶子结点。

- 内部结点：度不为零的结点称为分支结点或非终端结点。除根结点之外，分支结点也称为内部结点。例如，图 3-13 中，B、D 都是内部结点。

- 结点的层次：根为第一层，根的孩子为第二层。以此类推，若某结点在第 i 层，则其孩子结点就在第 $i+1$ 层。例如，图 3-13 中，A 在第 1 层，B、C、D 在第 2 层，E、F 和 G 在第 3 层。

- 树的高度：一棵树的最大层次数记为树的高度（或深度）。例如，图 3-13 所示树的高度为 3。

- 有序（无序）树：若将树中结点的各子树看成是从左到右具有次序的，即不能交换，则称该树为有序树，否则则称为无序树。

- 森林：$m(m \geq 0)$ 棵互不相交的树的集合。

2. 二叉树的定义

二叉树是 $n(n \geq 0)$ 个结点的有限集合，它或者是空树（$n=0$），或者是由一个根结点及两棵不相交的、分别称为左子树和右子树的二叉树所组成。

尽管树和二叉树的概念之间有许多联系，但它们有区别。树和二叉树之间最主要的区别是：二叉树中结点的子树要区分左子树和右子树，即使在结点只有一棵子树的情况下也要明确指出该子树是左子树还是右子树，树中则不区分，如图 3-14 所示。另外，二叉树中结点的最大度为 2，而树中不限制结点的度数。

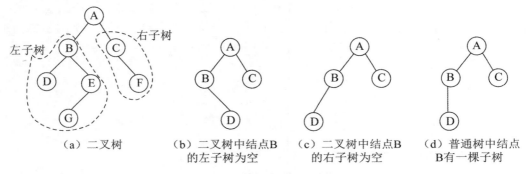

（a）二叉树　　（b）二叉树中结点B　　（c）二叉树中结点B　　（d）普通树中结点
　　　　　　　　的左子树为空　　　　的右子树为空　　　　B有一棵子树

图 3-14　二叉树与普通树

3. 二叉树的性质

性质 1：二叉树第 i 层（$i \geq 1$）上至多有 2^{i-1} 个结点。

可用归纳法证明性质 1。

性质 2：深度为 k 的二叉树至多有 2^k-1 个结点（$k \geq 1$）。

由性质 1，每一层的结点数都取最大值即得 $\sum_{i=1}^{k} 2^{i-1} = 2^k - 1$，因此性质 2 得证。

性质 3：对任何一棵二叉树，若其终端结点数为 n_0，度为 2 的结点数为 n_2，则 $n_0=n_2+1$。

对二叉树中结点的度求总和也就是分支的数目，而二叉树中结点总数恰好比分支数目多 1，因此性质 3 得证。

性质 4：具有 n 个结点的完全二叉树的深度为 $\lfloor \log_2 n \rfloor +1$。

若深度为 k 的二叉树有 2^k-1 个结点，则称其为满二叉树。可以对满二叉树中的结点进行连续编号，约定编号从根结点起，自上而下、自左至右依次进行。即根结点的编号为 1，其左孩子结点编号为 2，右孩子结点编号为 3，以此类推，编号为 i 的结点的左孩子编号为 $2i$、右孩子编号为 $2i+1$。

当深度为 k、有 n 个结点的二叉树，当且仅当其每一个结点都与深度为 k 的满二叉树中编号为 $1 \sim n$ 的结点一一对应时，称之为完全二叉树。高度为 3 的满二叉树和完全二叉树如图 3-15（a）～（d）所示，显然，满二叉树也是完全二叉树。

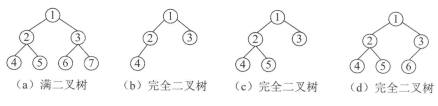

（a）满二叉树　（b）完全二叉树　（c）完全二叉树　（d）完全二叉树

图 3-15　满二叉树和完全二叉树示意图

在一个高度为 h 的完全二叉树中，除了第 h 层（即最后一层），其余各层都是满的。在第 h 层上的结点必须从左到右依次放置，不能留空。图 3-16 所示的高度为 3 的二叉树都不是完全二叉树，其中，（a）中 4 号结点、（b）中 5 号结点、（c）中 6 号结点的左边有空结点。

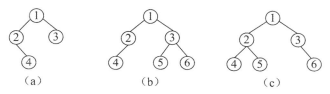

（a）　　　　　（b）　　　　　（c）

图 3-16　非完全二叉树

显然，具有 n 个结点的完全二叉树的高度为 $\lfloor \log_2 n \rfloor + 1$。

4. 二叉树的存储结构

1）二叉树的顺序存储结构

用一组地址连续的存储单元存储二叉树中的结点，必须把结点排成一个适当的线性序列，并且结点在这个序列中的相互位置能反映出结点之间的逻辑关系。对于深度为 k 的完全二叉树，除第 k 层外，其余各层中含有最大的结点数，即每一层的结点数恰为其上一层结点数的两倍，由此从一个结点的编号可推知其双亲、左孩子和右孩子的编号。

假设有编号为 i 的结点，则有：

- 若 $i=1$，则该结点为根结点，无双亲；若 $i>1$，则该结点的双亲结点为 $\lfloor i/2 \rfloor$。
- 若 $2i \leq n$，则该结点的左孩子编号为 $2i$，否则无左孩子。
- 若 $2i+1 \leq n$，则该结点的右孩子编号为 $2i+1$，否则无右孩子。

完全二叉树的顺序存储结构如图 3-17（a）所示。

显然，顺序存储结构对完全二叉树而言既简单又节省空间，而对于一般二叉树则不适用。因为在顺序存储结构中，以结点在存储单元中的位置来表示结点之间的关系，那么对于一般的二叉树来说，也必须按照完全二叉树的形式存储，也就是要添上一些实际并不存在的"虚结点"，这将造成空间的浪费，如图 3-17（b）所示。

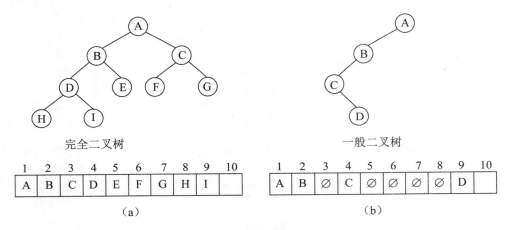

图 3-17　二叉树的顺序存储结构

在最坏的情况下，一个深度为 h 且只有 h 个结点的二叉树（单枝树）却需要 2^h-1 个存储单元。

2）二叉树的链式存储结构

由于二叉树中结点包含有数据元素、左子树根、右子树根及双亲等信息，因此可以用三叉链表或二叉链表（即一个结点含有三个指针或两个指针）来存储二叉树，链表的头指针指向二叉树的根结点，如图 3-18 所示。

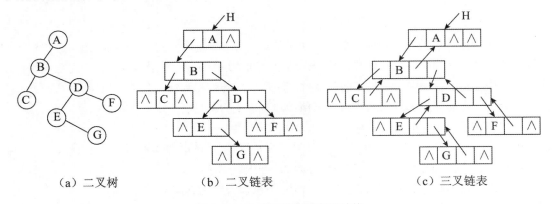

（a）二叉树　　　　　（b）二叉链表　　　　　（c）三叉链表

图 3-18　二叉树的链式存储结构

设结点中的数据元素为整型，则二叉链表的结点类型定义如下：

```
typedef struct BiTnode{
    int   data;                        /*结点的数据域*/
    struct BiTnode *lchild,*rchild;    /*左孩子、右孩子指针域*/
}BiTnode,*BiTree;
```

5. 二叉树的遍历

遍历是按某种策略访问树中的每个结点，且仅访问一次。

由于二叉树所具有的递归性质，一棵非空的二叉树可以看作是由根结点、左子树和右子树三部分构成，因此若能依次遍历这三个部分的信息，也就遍历了整棵二叉树。按照遍历左子树要在遍历右子树之前进行的约定，依据访问根结点位置的不同，可得到二叉树的前序、中序和后序三种遍历方法。

中序遍历二叉树的操作定义如下。若二叉树为空，则进行空操作。否则：

（1）中序遍历根的左子树。

（2）访问根结点。

（3）中序遍历根的右子树。

【函数】二叉树的中序遍历算法。

```
void InOrder(BiTree root)
{   if (root == NULL) return;          /*空树*/
    else { InOrder(root->lchild);      /*中序遍历根结点的左子树*/
           printf("%d",root->data);    /*访问根结点*/
           InOrder(root->rchild);      /*中序遍历根结点的右子树*/
    }/*if*/
}/*InOrder*/
```

实际上，将中序遍历算法中对根结点的访问操作放在左子树的遍历之前或右子树的遍历之后，就分别得到先序遍历和后序遍历算法。遍历二叉树的过程实质上是按一定规则，将树中的结点排成一个线性序列的过程。

遍历二叉树的基本操作就是访问结点，不论按照哪种次序遍历，对含有 n 个结点的二叉树，遍历算法的时间复杂度都为 $O(n)$。因为在遍历的过程中，每进行一次递归调用，都是将函数的"活动记录"压入栈中，因此，栈的容量恰为树的高度。在最坏情况下，二叉树是有 n 个结点且深度为 n 的单枝树，遍历算法的空间复杂度也为 $O(n)$。

设二叉树的根结点所在层数为 1，二叉树的层序遍历就是从树的根结点出发，首先访问第 1 层的树根结点，然后从左到右依次访问第二层上的结点，其次是第三层上的结点，以此类推，自上而下、自左至右逐层访问树中各层结点的过程就是层序遍历。

6. 最优二叉树

最优二叉树又称为哈夫曼树，是一类带权路径长度最短的树。

从树中一个结点到另一个结点之间的通路称为结点间的路径，该通路上分支数目称为路径长度。树的路径长度是从树根到每一个叶子之间的路径长度之和。结点的带权路径长度为从该结点到树根之间的路径长度与该结点权的乘积。

树的带权路径长度为树中所有叶子结点的带权路径长度之和，记为：

$$WPL = \sum_{k=1}^{n} w_k l_k$$

其中，n 为带权叶子结点数目，w_k 为叶子结点的权值，l_k 为叶子结点到根结点的路径长度。

最优二叉树是指权值为 $w_1, w_2, \cdots, w_n$ 的 n 个叶子结点的二叉树中带权路径长度最小的二叉树。例如，在图 3-19 中所示的具有 4 个叶子结点的二叉树中，以图 3-19（b）所示二叉树的带权路径长度最小。

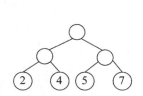 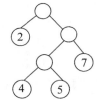

（a）WPL=（2+4+5+7）×2 = 36　　（b）WPL=（2+4）×3+5×2+7×1 =35　　（c）WPL=（4+5）×3+7×2+2 = 43

图 3-19　不同带权路径长度的二叉树

构造最优二叉树的哈夫曼方法如下：

（1）根据给定的 n 个权值 $\{w_1, w_2, \cdots, w_n\}$ 构成 n 棵二叉树的集合 $F=\{T_1, T_2, \cdots, T_n\}$，其中每棵树 T_i 中只有一个带权为 w_i 的根结点，其左右子树均空。

（2）在 F 中选取两棵根结点的权值最小的树作为左右子树，构造一棵新的二叉树，置新构造二叉树的根结点的权值为其左、右子树根结点的权值之和。

（3）从 F 中删除这两棵树，同时将新得到的二叉树加入到 F 中。

重复（2）、（3）步，直到 F 中只含一棵树时为止，这棵树便是最优二叉树（哈夫曼树）。

最优二叉树的一个应用是对字符集中的字符进行编码和译码。

对给定的字符集 $D=\{d_1, d_2, \cdots, d_n\}$ 及权值集合 $W=\{w_1, w_2, \cdots, w_n\}$，构造其哈夫曼编码的方法为：以 $d_1, d_2, \cdots, d_n$ 作为叶子结点，$w_1, w_2, \cdots, w_n$ 作为对应叶子结点的权值，构造出一棵最优二叉树，然后将树中每个结点的左分支标上 0，右分支标上 1，则每个叶子结点代表的字符的编码就是从根到叶子的路径上的 0、1 字符组成的串。

例如，设有字符集 $\{a,b,c,d,e\}$ 及对应的权值集合 $\{0.30,0.25,0.15,0.22,0.08\}$，按照构造最优二叉树的哈夫曼方法：先取字符 c 和 e 所对应的结点构造一棵二叉树（根结点的权值为 c 和 e 的权值之和），然后与 d 对应的结点分别作为左、右子树构造二叉树，之后选 a 和 b 所对应的结点作为左、右子树构造二叉树，最后得到的最优二叉树（哈夫曼树）如图 3-20 所示。其中，字符 a 的编码为 00，字符 b、c、d、

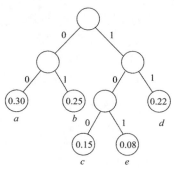

图 3-20　哈夫曼树及编码示例

e 的编码分别为 01、100、11、101。译码时就从树根开始，若编码序列中当前编码为 0，则进入当前结点的左子树，为 1 则进入右子树，到达叶子时一个字符就翻译出来了，然后再从树根开始重复上述过程，直到编码序列结束。例如，若编码序列 101110000100 对应的字符编码采用图 3-20 所示的树进行构造，则可翻译出字符序列"edaac"。

7. 二叉查找树

二叉查找树又称为二叉排序树，它或者是一棵空树，或者是具有如下性质的二叉树。

（1）若它的左子树非空，则左子树上所有结点的关键码值均小于根结点的关键码值；

（2）若它的右子树非空，则右子树上所有结点的关键码值均大于根结点的关键码值；

（3）左、右子树本身就是两棵二叉查找树。

一棵二叉查找树如图 3-21（a）所示。图 3-21（b）所示的二叉树不是二叉查找树，因为 46 比 54 小，它应该在根结点 54 的左子树上。

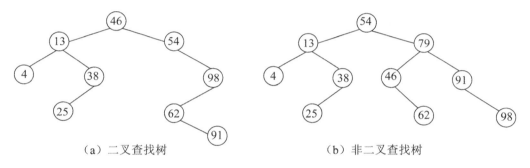

（a）二叉查找树　　　　　　　　　　（b）非二叉查找树

图 3-21　二叉查找树与非二叉查找树

从二叉查找树的定义可知，对二叉查找树进行中序遍历，可得到一个关键码递增有序的结点序列。

3.3.2　图

图是比树结构更复杂的一种数据结构。在树结构中，可认为除根结点没有前驱结点外，其余的每个结点只有唯一的一个前驱（双亲）结点和多个后继（子树）结点。而在图结构中，任意两个结点之间都可能有直接的关系，所以图中一个结点的前驱和后继的数目是没有限制的。图结构被用于描述各种复杂的数据对象，在自然科学、社会科学和人文科学等许多领域有非常广泛的应用。

1. 图的定义及术语

图 *G* 是由两个集合 *V* 和 *E* 构成的二元组，记作 *G*= (*V*, *E*)，其中 *V* 是图中顶点的非空有限集合，*E* 是图中边的有限集合。从数据结构的逻辑关系角度来看，图中任一顶点都有可能与图中其他顶点有关系，而图中所有顶点都有可能与某一顶点有关系。在图中，数据结构中的数据元素用顶点表示，数据元素之间的关系用边表示。

- 有向图：若图中每条边都是有方向的，则称为有向图。从顶点 v_i 到 v_j 的有向边 $<v_i, v_j>$ 也称为弧，起点 v_i 称为弧尾；终点 v_j 称为弧头。在有向图中，$<v_i, v_j>$ 与 $<v_j, v_i>$ 分别表示两条弧，如图3-22（a）所示。
- 无向图：若图中的每条边都是无方向的，顶点 v_i 和 v_j 之间的边用（v_i, v_j）表示。在无向图中，（v_i, v_j）与（v_j, v_i）表示的是同一条边。5个顶点的一个无向图如图3-22（b）所示。

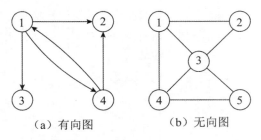

（a）有向图　　　　（b）无向图

图3-22　有向图和无向图示意图

- 完全图：若一个无向图具有 n 个顶点，而每一个顶点与其他 $n–1$ 个顶点之间都有边，则称之为无向完全图。显然，含有 n 个顶点的无向完全图共有 $n(n–1)/2$ 条边。类似地，有 n 个顶点的有向完全图中弧的数目为 $n(n–1)$，即任意两个不同顶点之间都存在方向相反的两条弧。
- 度、出度和入度：顶点 v 的度是指关联于该顶点的边的数目，记作 $D(v)$。若 G 为有向图，顶点的度表示该顶点的入度和出度之和。顶点的入度是以该顶点为终点的有向边的数目，而顶点的出度指以该顶点为起点的有向边的数目，分别记为 $ID(v)$ 和 $OD(v)$。例如，图3-22（a）中，顶点1，2，3，4的入度分别为1，2，1，1，出度分别为3，0，0，2。图3-22（b）中，顶点1，2，3，4，5的度分别为3，2，4，3，2。
- 路径：在无向图 G 中，从顶点 v_p 到顶点 v_q 的路径是指存在一个顶点序列 $v_p, v_{i1}, v_{i2}, \cdots, v_{in}, v_q$，使得 （$v_p, v_{i1}$），（$v_{i1}, v_{i2}$），$\cdots$，（$v_{in}, v_q$）均属于 $E(G)$。若 G 是有向图，其路径也是有方向的，它由 $E(G)$ 中的有向边 $<v_p, v_{i1}>$，$<v_{i1}, v_{i2}>$，$\cdots$，$<v_{in}, v_q>$ 组成。路径长度是路径上边或弧的数目。第一个顶点和最后一个顶点相同的路径称为回路或环。若一条路径上除了 v_p 和 v_q 可以相同外，其余顶点均不相同，这种路径称为一条简单路径。
- 子图：若有两个图 $G = (V, E)$ 和 $G' = (V', E')$，如果 $V' \subseteq V$ 且 $E' \subseteq E$，则称 G' 为 G 的子图。
- 连通图：在无向图 G 中，若从顶点 v_i 到顶点 v_j 有路径，则称顶点 v_i 和顶点 v_j 是连通的。如果无向图 G 中任意两个顶点都是连通的，则称其为连通图。图3-22（b）所示的无向图是连通图。
- 强连通图：在有向图 G 中，如果对于每一对顶点 v_i，$v_j \in V$ 且 $v_i \neq v_j$，从顶点 v_i 到顶点 v_j 和从顶点 v_j 到顶点 v_i 都存在路径，则称图 G 为强连通图。图3-22（a）所示的有向图不是强连通图。以顶点 1 和顶点 3 为例，顶点 1 至顶点 3 存在路径，而顶点 3 至顶点 1 没有路径。

● 网：边（或弧）具有权值的图称为网。

从图的逻辑结构的定义来看，图中的顶点之间不存在全序关系（即无法将图中的顶点排列成一个线性序列），任何一个顶点都可被看成第一个顶点；另一方面，任一顶点的邻接点之间也不存在次序关系。为便于运算，为图中每个顶点赋予一个序号。

2. 图的存储结构

邻接矩阵和邻接表是两种常用的图的存储结构。

1）邻接矩阵表示法

邻接矩阵表示法利用一个矩阵来表示图中顶点之间的关系。对于具有 n 个顶点的图 $G=(V, E)$ 来说，其邻接矩阵是一个 n 阶方阵，且满足：

$$A[i][j] = \begin{cases} 1 & 若(v_i,v_j)或<v_i,v_j>是\ E\ 中的边 \\ 0 & 若(v_i,v_j)或<v_i,v_j>不是\ E\ 中的边 \end{cases}$$

有向图和无向图的邻接矩阵如图 3-23 中的矩阵 A 和 B 所示。

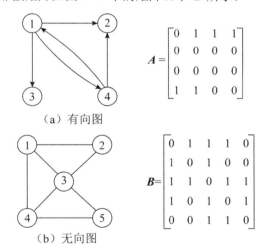

（a）有向图

（b）无向图

图 3-23　有向图和无向图的邻接矩阵存储示意图

由邻接矩阵的定义可知，无向图的邻接矩阵是对称的，而有向图的邻接矩阵则不一定具有该性质。

借助于邻接矩阵，可判定任意两个顶点之间是否有边（或弧）相连，并且容易求得各个顶点的度。对于无向图，顶点 v_i 的度是邻接矩阵中第 i 行（或列）的值不为 0 的元素数目（或元素的和）；对于有向图，第 i 行的元素之和为顶点 v_i 的出度 $OD(v_i)$，第 j 列的元素之和为顶点 v_j 的入度 $ID(v_j)$。

类似地，网（赋权图）的邻接矩阵可定义为：

$$A[i][j] = \begin{cases} W_{ij} & 若(v_i, v_j)或 < v_i, v_j > 是 \ E \ 中的边 \\ \infty & 若(v_i, v_j)或 < v_i, v_j > 不是 \ E \ 中的边 \end{cases}$$

图 3-24 所示的是网及其邻接矩阵 C。

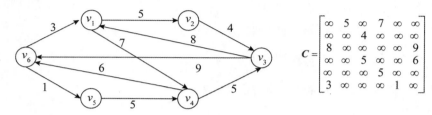

图 3-24　一个网及其邻接矩阵表示

若图用邻接矩阵表示，则图的数据类型可定义为：

```
#define MaxN    36                              /*图中顶点数目的最大值*/
typedef int AdjMatrix[MaxN][MaxN];              /*邻接矩阵*/
```

或

```
typedef double AdjMatrix[MaxN][MaxN];           /*网(赋权图)的邻接矩阵*/
typedef struct {
    int Vnum;                                   /*图中的顶点数目*/
    AdjMatrix    Arcs;
}Graph;
```

2）邻接链表表示法

邻接链表指的是为图的每个顶点建立一个单链表，第 i 个单链表中的结点表示依附于顶点 v_i 的边（对于有向图是以 v_i 为尾的弧）。邻接链表中的结点有表结点和表头结点两种类型，如下所示：

表结点		
adjvex	nextarc	info

表头结点	
data	firstarc

其中各参数的含义如下：

● adjvex：指示与顶点 v_i 邻接的顶点的序号。

● nextarc：指示下一条边或弧的结点。

● info：存储和边或弧有关的信息，如权值等。

● data：存储顶点 v_i 的名或其他有关信息。

● firstarc：指示链表中的第一个结点。

这些表头结点通常以顺序结构的形式存储，以便随机访问任一顶点及其邻接表。若图用邻接链表来表示，则对应的数据类型可定义如下：

```
#define MaxN  36                /*图中顶点数目的最大值*/
typedef struct ArcNode{         /*邻接链表的表结点类型*/
    int adjvex;                 /*邻接顶点的顶点序号*/
    double weight;              /*边(弧)上的权值*/
    struct ArcNode *nextarc;    /*下一个邻接顶点*/
}EdgeNode;
typedef struct VNode{           /*邻接链表的头结点*/
    char  data;                 /*顶点表示的数据,以一个字符表示*/
    struct ArcNode *firstarc;   /*指向第一条依附于该顶点的边(弧)的指针*/
}AdjList[MaxN];
typedef struct {
        int Vnum;               /*图中实际的顶点数目*/
        AdjList   Vertices;
}Graph;
```

显然,对于有 n 个顶点、e 条边的无向图来说,其邻接链表需要 n 个头结点和 $2e$ 个表结点,如图 3-25 所示。对于无向图的邻接链表,顶点 v_i 的度恰为第 i 个邻接链表中表结点的数目。

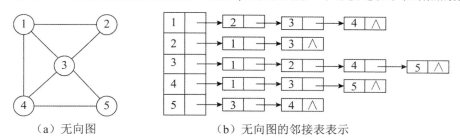

　　（a）无向图　　　　　　　（b）无向图的邻接表表示

图 3-25　无向图的邻接表表示

图 3-26（b）是图 3-26（a）所示有向图的邻接表。从中可以看出,由于第 i 个邻接链表中表结点的数目只是顶点 v_i 的出度,因此必须逐个扫描每个顶点的邻接表,才能求出一个顶点的入度。为此,可以建立一个有向图的逆邻接链表,如图 3-26（c）所示。

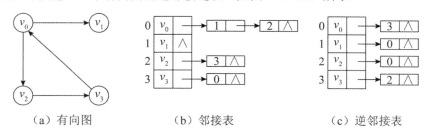

　　（a）有向图　　　　　　（b）邻接表　　　　　　（c）逆邻接表

图 3-26　有向图的邻接表及逆邻接表表示

3.4　常用算法

3.4.1　算法概述

1. 算法的基本概念

算法是问题求解过程的精确描述，它为解决某一特定类型的问题规定了一个运算过程，并且具有下列特性：

（1）有穷性。一个算法必须在执行有穷步骤之后结束，且每一步都可在有穷时间内完成。

（2）确定性。算法的每一步必须是确切定义的，不能有歧义。

（3）可行性。算法应该是可行的，这意味着算法中所有要进行的运算都能够由相应的计算装置所理解和实现，并可通过有穷次运算完成。

（4）输入。一个算法有零个或多个输入，它们是算法所需的初始量或被加工的对象的表示。这些输入取自特定的对象集合。

（5）输出。一个算法有一个或多个输出，它们是与输入有特定关系的量。

因此，算法实质上是特定问题的可行的求解方法、规则和步骤。一个算法的优劣可从以下几个方面考查：

（1）正确性。正确性也称为有效性，是指算法能满足具体问题的要求。即对任何合法的输入，算法都能得到正确的结果。

（2）可读性。可读性指算法被理解的难易程度。人们常把算法的可读性放在比较重要的位置，因为晦涩难懂的算法不易交流和推广使用，也难以修改和扩展。因此，设计的算法应尽可能简单易懂。

（3）健壮性。健壮性也称为鲁棒性，即对非法输入的抵抗能力。对于非法的输入数据，算法应能加以识别和处理，而不会产生误动作或执行过程失控。

（4）效率。粗略地讲，就是算法运行时花费的时间和使用的空间。对算法的理想要求是运行时间短、占用空间小。

2. 算法与数据结构

算法与数据结构密切相关，算法实现时总是建立在一定的数据结构基础之上。

计算机程序从根本上看包括两方面的内容：一是对数据的描述，二是对操作（运算）的描述。概括来讲，在程序中需要指定数据的类型和数据的组织形式就是定义数据结构，描述的操作步骤就构成了算法。因此，从某种意义上可以说"数据结构+算法=程序"。

当然，设计程序时还需选择不同的程序设计方法、程序语言及工具。但是，数据结构和算法仍然是程序中最为核心的内容。用计算机求解问题时，一般应先设计初步的数据结构，然后再考虑相关的算法及其实现。设计数据结构时应当考虑可扩展性，修改数据结构会影响算法的实现方案。

3. 算法的描述

算法的描述方法有很多，若用程序语言描述，就成了计算机程序。常用的算法描述方法有流程图、N/S 盒图、伪代码和决策表等。

（1）流程图。流程图（flow chart）即程序框图，是历史最久、流行最广的一种算法的图形表示方法。每个算法都可由若干张流程图描述。流程图给出了算法中所进行的操作以及这些操作执行的逻辑顺序。程序流程图包括三种基本成分：加工步骤，用方框表示；逻辑条件，用菱形表示；控制流，用箭头表示。流程图中常用的几种符号如图 3-27 所示。

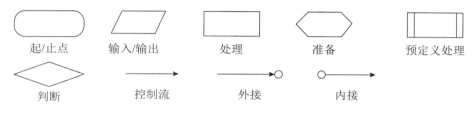

图 3-27 流程图的基本符号

例如，求正整数 m 和 n 的最大公约数流程图如图 3-28（a）所示。

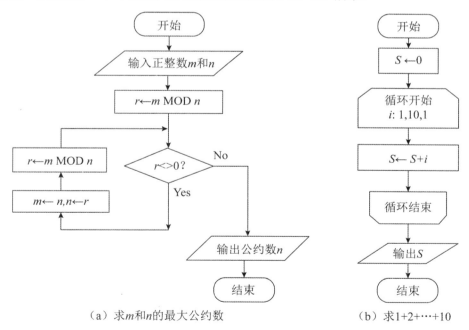

（a）求 m 和 n 的最大公约数   （b）求 $1+2+\cdots+10$

图 3-28 算法的流程图表示

若流程图中的循环结构通过控制变量以确定的步长进行计次循环，则可用⌒和⌐⌐分别表示"循环开始"和"循环结束"，并在"循环开始"框中标注"循环控制变量：初始值，终止值，增量"，如图 3-28（b）所示。

（2）N/S 盒图。盒图是结构化程序设计出现之后，为支持这种设计方法而产生的一种描述工具。N/S 盒图的基本元素与控制结构如图 3-29 所示。在 N/S 图中，每个处理步骤用一个盒子表示，盒子可以嵌套。对于每个盒子，只能从上面进入，从下面走出，除此之外别无其他出入口，所以盒图限制了随意的控制转移，保证了程序的良好结构。

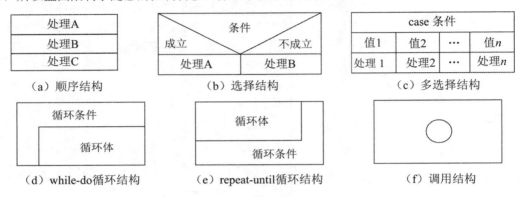

图 3-29　N/S 盒图的基本元素与控制结构

用 N/S 盒图描述求最大公约数的欧几里德算法，如图 3-30 所示。

（3）伪代码。用伪代码描述算法的特点是借助于程序语言的语法结构和自然语言叙述，使算法具有良好的结构又不拘泥于程序语言的限制。这样的算法易读易写，而且容易转换成程序。

（4）决策表。决策表是一种图形工具，它将比较复杂的决策问题简洁、明确、一目了然地描述出来。例如，如果订购金额超过 500元，以前没有欠账，则发出批准单和提货单；如果订购金额超过 500元，但以前的欠账尚未还清，则发予不批准的通知；如果订购金额低于 500 元，则不论以前的欠账是否还清都发批准单和提货单，在欠账未还清的情况下还要发出"催款单"。处理该问题的决策表如表 3-1 所示。

图 3-30　求 m、n 的最大公约数的 N/S 盒图

表 3-1　决策表　　　　　　　　　　　　　　　单位：元

订 购 金 额	>500	>500	≤500	≤500
欠账情况	已还清	未还清	已还清	未还清
发不批准通知		√		
发出批准单	√		√	√
发出提货单	√		√	√
发出催款单				√

4. 算法效率

解决同一个问题总是存在多种算法，每个算法在计算机上执行时，都要消耗时间（CPU 执行指令的时间）和使用存储空间资源。因此，设计算法时需要考虑算法运行时所花费的时间和使用的空间，以时间复杂度和空间复杂度表示。

由于算法往往和需要求解的问题规模相关，因此常将问题规模 n 作为一个参照量，求算法的时间、空间开销和 n 的关系。详细分析指令的执行时间会涉及计算机运行过程的细节，因此时间消耗情况难以精确表示，所以算法分析时常采用算法的时空开销随 n 的增长趋势来表示其时空复杂度。

对于一个算法的时间开销 $T(n)$，从数量级大小考虑，当 n 增大到一定值后，$T(n)$ 计算公式中影响最大的就是 n 的幂次最高的项，其他的常数项和低幂次项都可以忽略，即采用渐进分析，表示为 $T(n)=O(f(n))$。其中，n 反映问题的规模，$T(n)$ 是算法运行所消耗时间或存储空间的总量，O 是数学分析中常用的符号"大 O"，而 $f(n)$ 是自变量为 n 的某个具体的函数表达式。例如，若 $f(n)=n^2+2n+1$，则 $T(n)=O(n^2)$。

下面以语句频度为基础给出算法时间复杂度的度量。

语句频度（frequency count）是指语句被重复执行的次数，即对于某个基本语句，若在算法的执行过程中被执行 n 次，则其语句频度为 n。这里的"语句"是指描述算法的基本语句（基本操作），它的执行是不可分割的，因此，循环语句的整体、函数调用语句不能算作基本语句，因为它们还包括循环体或函数体。

算法中各基本语句的语句频度之和表示算法的执行时间。

例如，对于下面的三个程序段（1）、（2）、（3），其实现基本操作"x 增 1"的语句 ++x 的语句频度分别为 1、n、n^2。

（1）{s=0; ++x;}

（2）for(i = 1; i <= n; i++)　　{s += x; ++x;}

（3）for(k = 1; k <= n; ++k)

　　　　for(i = 1; i <= n; i++)

　　　　　{s += x; ++x;}

因此，程序段（1）、（2）、（3）的时间复杂度分别为 $O(1)$、$O(n)$、$O(n^2)$，分别称为常量阶、线性阶和平方阶。若程序段（1）、（2）、（3）组成一个算法的整体，则该算法的时间复杂度为 $O(n^2)$。

3.4.2　排序

假设含 n 个记录的文件内容为 $\{R_1, R_2, \cdots, R_n\}$，其相应的关键字为 $\{k_1, k_2, \cdots, k_n\}$。经过排序确定一种排列 $\{R_{j1}, R_{j2}, \cdots, R_{jn}\}$，使得它们的关键字满足如下递增（或递减）关系：$k_{j1} \leqslant k_{j2} \leqslant \cdots \leqslant k_{jn}$（或 $k_{j1} \geqslant k_{j2} \geqslant \cdots \geqslant k_{jn}$）。

1）排序的稳定性

若在待排序的一组序列中，R_i 和 R_j 的关键字相同，即 $k_i = k_j$，且在排序前 R_i 领先于 R_j，那么当排序后，如果 R_i 和 R_j 的相对次序保持不变，R_i 仍领先于 R_j，则称此类排序方法为稳定的。若在排序后的序列中有可能出现 R_j 领先于 R_i 的情形，则称此类排序为不稳定的。

2）内部排序和外部排序

内部排序是指待排序记录全部存放在内存中进行排序的过程。

外部排序是指待排序记录的数量很大，以至内存不能容纳全部记录，在排序过程中尚需对外存进行访问的排序过程。

在排序过程中需进行下列两种基本操作：

（1）比较两个关键字的大小。

（2）将记录从一个位置移动到另一个位置。

1. 简单排序

这里的简单排序包括直接插入排序、冒泡排序和简单选择排序。

1）直接插入排序

直接插入排序是一种简单的排序方法，具体做法是：在插入第 i 个记录时，$R_1, R_2, \cdots, R_{i-1}$ 已经排好序，这时将记录 R_i 的关键字 k_i 依次与关键字 $k_{i-1}, k_{i-2}, \cdots, k_1$ 进行比较，从而找到 R_i 应该插入的位置，插入位置及其后的记录依次向后移动。

【算法】 直接插入排序算法。

```
void insertSort(int data[], int n )
/*将数组 data[0]～data[n-1]中的 n 个整数按非递减有序的方式进行排列*/
{  int i, j;
   int tmp;
   for(i = 1; i < n; i++){
       if (data[i] < data[i-1]) {
           tmp = data[i];  data[i] = data[i-1];
           for(j = i-1; j>=0&&data[j] > tmp; j--)  data[j+1] = data[j];
           data[j+1] = tmp;
       }/*if*/
   }/*for*/
}/*insertSort*/
```

直接插入排序法在最好情况下（待排序列已按关键码有序），每趟排序只需作 1 次比较且不需要移动元素，因此 n 个元素排序时的总比较次数为 $n-1$ 次，总移动次数为 0 次。在最坏情况下（元素已经逆序排列），进行第 i 趟排序时，待插入的记录需要同前面的 i 个记录都进行 1

次比较，因此，总比较次数为 $\sum_{i=1}^{n-1} i = \dfrac{n(n-1)}{2}$。排序过程中，第 i 趟排序时移动记录的次数为 $i+1$

（包括移进、移出 temp），总移动次数为 $\sum_{i=2}^{n}(i+1) = \dfrac{(n+3)(n-2)}{2}$。

由此，直接插入排序是一种稳定的排序方法，其时间复杂度为 $O(n^2)$。排序过程中仅需要一个元素的辅助空间，空间复杂度为 $O(1)$。

2）冒泡排序

n 个记录进行冒泡排序的方法是：首先将第一个记录的关键字和第二个记录的关键字进行比较，若为逆序，则交换两个记录的值，然后比较第二个记录和第三个记录的关键字，以此类推，直至第 $n–1$ 个记录和第 n 个记录的关键字比较完为止。上述过程称作一趟冒泡排序，其结果是关键字最大的记录被交换到第 n 个位置。然后进行第二趟冒泡排序，对前 $n–1$ 个记录进行同样的操作，其结果是关键字次大的记录被交换到第 $n–1$ 个位置。当进行完第 $n–1$ 趟时，所有记录有序排列。

【算法】　冒泡排序算法。

```
void bubbleSort(int data[],int n )
/*将数组 data[0]～data[n-1]中的 n 个整数按非递减有序的方式进行排列*/
{  int i,j,tag;  /*用 tag 表示排序过程中是否交换过元素值*/
   int tmp;
   for(i = 1,tag = 1;tag == 1&&i < n;i++){
       tag = 0;
       for(j = 0;j < n-i;j++)
           if (data[j]>data[j+1]){
               tmp = data[j]; data[j] = data[j+1]; data[j+1] = tmp;
               tag = 1;
           }/*if*/
   }/*for*/
}/*bubbleSort*/
```

冒泡排序法在最好情况下（待排序列已按关键码有序）只需作 1 趟排序，元素的比较次数为 $n–1$ 且不需要交换元素，因此总比较次数为 $n–1$ 次，总交换次数为 0 次。在最坏情况下（元素已经逆序排列），进行第 i 趟排序时，最大的 $i–1$ 个元素已经排好序，其余的 $n–(i–1)$ 个元素需要进行 $n–i$ 次比较和 $n–i$ 次交换，因此总比较次数为 $\sum_{i=1}^{n-1}(n-i) = \dfrac{n(n-1)}{2}$，总交换次数为

$$\sum_{i=1}^{n-1}(n-i) = \frac{n(n-1)}{2}。$$

由此，冒泡排序是一种稳定的排序方法，其时间复杂度为 $O(n^2)$。排序过程中仅需要一个元素的辅助空间用于元素的交换，空间复杂度为 $O(1)$。

3）简单选择排序

n 个记录进行简单选择排序的基本方法是：通过 $n-i$ 次关键字之间的比较，从 $n-i+1$ 个记录中选出关键字最小的记录，并和第 $i(1 \leqslant i \leqslant n)$ 个记录进行交换，当 i 等于 n 时所有记录有序排列。

【算法】　简单选择排序算法。

```
void selectSort(int data[],int n )
/*将数组 data[0]～data[n-1]中的 n 个整数按非递减有序的方式进行排列*/
{  int i,j,k;
   int tmp;
   for(i = 1;i < n;i++){
       k = i;
       for(j = i+1;j <= n;j++)          /*找出最小元素的下标,用 k 表示*/
           if (data[j] < data[k]) k = j;
       if (k != i) {
           tmp = data[i]; data[i] = data[k]; data[k] = tmp;
       }/*if*/
   }/*for*/
}/*selectSort*/
```

简单选择排序法在最好情况下（待排序列已按关键码有序）不需要移动元素，因此 n 个元素排序时的总移动次数为 0 次。在最坏情况下（元素已经逆序排列），每趟排序移动记录的次数都为 3 次（两个数组元素交换值），共进行 $n-1$ 趟排序，总移动次数为 $3(n-1)$。无论在哪种情况下，元素的总比较次数为 $\sum_{i=1}^{n-1}(n-i)=\dfrac{n(n-1)}{2}$。

由此，简单选择排序是一种不稳定的排序方法，其时间复杂度为 $O(n^2)$。排序过程中仅需要一个元素的辅助空间用于数组元素值的交换，空间复杂度为 $O(1)$。

2. 希尔排序

希尔排序又称"缩小增量排序"，是对直接插入排序方法的改进。

希尔排序的基本思想是：先将整个待排记录序列分割成若干子序列，然后分别进行直接插入排序，待整个序列中的记录基本有序时，再对全体记录进行一次直接插入排序。具体做法是：先取定一个小于 n 的整数 d_1 作为第一个增量，把文件的全部记录分成 d_1 组，将所有距离为 d_1 倍数的记录放在同一个组中，在各组内进行直接插入排序；然后取第二个增量 d_2（$d_2 < d_1$），重复上述的分组和直接插入排序过程，依此类推，直至所取的增量 $d_i=1(d_i < d_{i-1} < \cdots < d_2 < d_1)$，即所

有记录放在同一组进行直接插入排序为止。

增量序列为 5，3，1 时，希尔插入排序过程如图 3-31 所示。

```
[初始关键字]:   48   37   64   96   75   12   26   4̄8̄   54   03
               48                       12
                    37                       26
                         64                       4̄8̄
                              96                       54
                                   75                       03
第一趟排序结果:  12   26   4̄8̄        54   03   48   37   64   96   75
               12             54             37             75
                    26             03             64
                         4̄8̄             48             96
第二趟排序结果:  12   03   4̄8̄   37   26   48   54   64   96   75
第三趟排序结果:  03   12   26   37   4̄8̄   48   54   64   75   96
```

图 3-31　希尔排序示例

希尔排序是不稳定的排序方法。

3. 快速排序

快速排序的基本思想是：通过一趟排序将待排的记录划分为独立的两部分，称为前半区和后半区，其中，前半区中记录的关键字均不大于后半区记录的关键字，然后再分别对这两部分记录继续进行快速排序，从而使整个序列有序。

一趟快速排序的过程称为一次划分，具体做法是：附设两个位置指示变量 i 和 j，它们的初值分别指向序列的第一个记录和最后一个记录。设枢轴记录（通常是第一个记录）的关键字为 pivot，则首先从 j 所指位置起向前搜索，找到第一个关键字小于 pivot 的记录时将该记录向前移到 i 指示的位置，然后从 i 所指位置起向后搜索，找到第一个关键字大于 pivot 的记录时将该记录向后移到 j 所指位置，重复该过程直至 i 与 j 相等为止。

【函数】　快速排序过程中的划分。

```
int partition(int data[], int low, int high)
 /*用 data[low]作为枢轴元素 pivot 进行划分*/
 /*使得 data[low..i-1]均不大于 pivot,data[i+1..high]均不小于 pivot*/
{        int i, j;  int pivot;
         pivot = data[low];  i = low;  j = high;
         while(i < j) {                 /*从数组的两端交替地向中间扫描*/
                while(i < j && data[j] >= pivot) j--;
                data[i] = data[j];       /*比枢轴元素小者往前移*/
```

```
        while (i < j && data[i] <= pivot) i++;
        data[j] = data[i];                     /*比枢轴元素大者向后移*/
    }
    data[i] = pivot;
    return i;
}
```

【函数】 用快速排序方法对整型数组进行非递减排序。

```
void quickSort(int data[], int low, int high)
 /*用快速排序方法对数组元素 data[low..high]作非递减排序*/
{
    if (low < high) {
        int loc = partition(data, low, high);    /*进行划分*/
        quicksort(data,low,loc−1);                /*对前半区进行快速排序*/
        quicksort(data,loc+1,high);               /*对后半区进行快速排序*/
    }
}/* quickSort */
```

快速排序算法的时间复杂度为 $O(n\log_2 n)$，在所有算法复杂度为此数量级的排序方法中，快速排序被认为是平均性能最好的一种。但是，若初始记录序列按关键字有序或基本有序时，即每次划分都是将序列划分为某一半序列的长度为 0 的情况，此时快速排序的性能退化为时间复杂度是 $O(n^2)$。快速排序是不稳定的排序方法。

4. 堆排序

对于 n 个元素的关键字序列 $\{k_1, k_2, \cdots, k_n\}$，当且仅当满足下列关系时称其为堆。

$$\begin{cases} k_i \leqslant k_{2i} \\ k_i \leqslant k_{2i+1} \end{cases} \quad 或 \quad \begin{cases} k_i \geqslant k_{2i} \\ k_i \geqslant k_{2i+1} \end{cases}$$

若将此序列对应的一维数组（即以一维数组作为序列的存储结构）看成是一个完全二叉树，则堆的含义表明，完全二叉树中所有非终端结点的值均不大于（或不小于）其左、右孩子结点的值。因此，在一个堆中，堆顶元素（即完全二叉树的根结点）必为序列中的最小元素（或最大元素），并且堆中任一棵子树也都是堆。若堆顶为最小元素，则称为小顶堆；若堆顶为最大元素，则称为大顶堆。

例如，将序列（48，37，64，96，75，12，26，54，03，33）中的元素依次放入一棵完全二叉树中，如图 3-32（a）所示。显然，它既不是大顶堆（48<64），也不是小顶堆（48>37），调整为大顶堆后如图 3-32（b）所示。

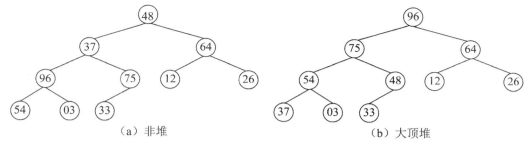

图 3-32　用完全二叉树表示堆

堆排序的基本思想是：对一组待排序记录的关键字，首先把它们按堆的定义排成一个序列（即建立初始堆），从而输出堆顶的最小关键字（对于小顶堆而言）。然后将剩余的关键字再调整成新堆，便得到次小的关键字，如此反复，直到全部关键字排成有序序列为止。

n 个元素进行堆排序时，时间复杂度为 $O(n\log_2 n)$，空间复杂度为 $O(1)$。堆排序是不稳定的排序方法。

5. 归并排序

所谓"归并"，是将两个或两个以上的有序文件合并成为一个新的有序文件。从线性表的讨论可知，将两个有序表合并成为一个有序表，无论是顺序存储结构还是链式存储结构，都是容易实现的。利用归并的思想可以进行排序。归并排序是把一个有 n 个记录的无序文件看成是由 n 个长度为 1 的有序子文件组成的文件，然后进行两两归并，得到 $\left\lceil \dfrac{n}{2} \right\rceil$ 个长度为 2 或 1 的有序文件，再两两归并，如此重复，直至最后形成包含 n 个记录的有序文件为止。这种反复将两个有序文件归并成一个有序文件的排序方法称为两路归并排序。

n 个元素进行二路归并排序的时间复杂度为 $O(n\log_2 n)$，空间复杂度为 $O(n)$。二路归并排序是稳定的排序方法。

6. 内部排序方法小结

综合比较以上所讨论的各种排序方法，大致结果如表 3-2 所示。

表 3-2　各种排序方法的性能比较

排序方法	最好时间	平均时间	最坏时间	辅助空间	稳定性
直接插入排序	$O(n)$	$O(n^2)$	$O(n^2)$	$O(1)$	稳定
简单选择排序	$O(n^2)$	$O(n^2)$	$O(n^2)$	$O(1)$	不稳定
冒泡排序	$O(n)$	$O(n^2)$	$O(n^2)$	$O(1)$	稳定
希尔排序	—	$O(n^{1.25})$	—	$O(1)$	不稳定
快速排序	$O(n\log_2 n)$	$O(n\log_2 n)$	$O(n^2)$	$O(\log_2 n)\sim O(n)$	不稳定
堆排序	$O(n\log_2 n)$	$O(n\log_2 n)$	$O(n\log_2 n)$	$O(1)$	不稳定
归并排序	$O(n\log_2 n)$	$O(n\log_2 n)$	$O(n\log_2 n)$	$O(n)$	稳定

不同的排序方法各有优缺点，可根据需要运用到不同的场合。选取排序方法时需要考虑的主要因素有：待排序的记录个数 n，记录本身的大小，关键字的分布情况，对排序稳定性的要求，语言工具的条件，辅助空间的大小等。

依据这些因素，可以得到以下几点结论：

（1）若待排序的记录数目 n 较小时，可采用插入排序和简单选择排序。由于直接插入排序所需的记录移动操作较简单选择排序多，因此当记录本身信息量较大时，用简单选择排序方法较好。

（2）若待排序记录按关键字基本有序，则宜采用直接插入排序或冒泡排序。

（3）若 n 较大，则应采用时间复杂度为 $O(n\log_2 n)$ 的排序方法，例如快速排序、堆排序或归并排序。

快速排序在目前内部排序方法中被认为是最好的方法，当待排序的关键字随机分布时，快速排序的平均时间最短；堆排序只需一个辅助存储空间，并且不会出现在快速排序中可能出现的最坏情况。这两种排序方法都是不稳定的排序方法，若要求排序稳定，可选择归并排序。通常可将归并排序和直接插入排序结合起来使用。先利用直接插入排序求得较长的有序子文件，然后再两两归并。

前面讨论的内部排序算法都是在一维数组上实现的。当记录本身信息量较大时，为避免耗费大量的时间移动记录，可以采用链表作为存储结构。

7. 外部排序

外部排序就是对大型文件的排序，待排序的记录存放在外存。在排序的过程中，内存只存储文件的一部分记录，整个排序过程需要进行多次内外存间的数据交换。

常用的外部排序方法是归并排序，一般分为两个阶段：在第一阶段，把文件中的记录分段读入内存，利用某种内部排序方法对这段记录进行排序并输出到外存的另一个文件中，在新文件中形成许多有序的记录段，称为归并段；在第二阶段，对第一阶段形成的归并段用某种归并方法进行一趟趟地归并，使文件的有序段逐渐加长，直到将整个文件归并为一个有序段时为止。

3.4.3　查找

查找是非数值数据处理中一种常用的基本运算，查找运算的效率与查找表所采用的数据结构和查找方法密切相关。

1. 查找表及查找效率

查找表是指由同一类型的数据元素（或记录）构成的集合。由于"集合"这种数据结构中的数据元素之间存在着完全松散的关系，因此，查找表是一种非常灵活的数据结构，分为静态查找表和动态查找表，哈希表是一种动态查找表。

（1）静态查找表。对查找表经常要进行的两种操作如下：

①查询某个"特定"的数据元素是否在查找表中。

②检索某个"特定"的数据元素的各种属性。

通常将只进行这两种操作的查找表称为静态查找表。

（2）动态查找表。对查找表经常要进行的另外两种操作如下：

①在查找表中插入一个数据元素。

②从查找表中删除一个数据元素。

若在查找过程中还可能插入查找表中不存在的数据元素，或者从查找表中删除已存在的某个数据元素，则称相应的查找表为动态查找表。

（3）关键字。关键字是数据元素（或记录）的某个数据项的值，用它来识别（标识）这个数据元素（或记录）。主关键字是指能唯一标识一个数据元素的关键字；次关键字是指能标识多个数据元素的关键字。

（4）查找。根据给定的某个值，在查找表中确定是否存在一个其关键字等于给定值的记录或数据元素。若表中存在这样的一个记录，则称查找成功，此时或者给出整个记录的信息，或者指出记录在查找表中的位置；若表中不存在关键字等于给定值的记录，则称查找不成功，此时的查找结果用一个"空记录"或"空指针"表示。

（5）平均查找长度。对于查找算法来说，其基本操作是"将记录的关键字与给定值进行比较"。因此，通常以"其关键字和给定值进行过比较的记录个数的平均值"作为衡量查找算法好坏的依据。

为确定记录在查找表中的位置，需和给定值进行比较的关键字个数的期望值称为查找算法在查找成功时的平均查找长度。

对于含有 n 个记录的表，查找成功时的平均查找长度定义为：

$$\text{ASL} = \sum_{i=1}^{n} P_i C_i$$

其中，P_i 为对表中第 i 个记录进行查找的概率，且 $\sum_{i=1}^{n} P_i = 1$，一般情况下，均认为查找每个记录的概率是相等的，即 $P_i = 1/n$；C_i 为找到表中其关键字与给定值相等的记录时（为第 i 个记录），和给定值已进行过比较的关键字个数。显然，C_i 随查找方法的不同而不同。

2. 顺序查找

从表中的一端开始，逐个进行记录的关键字和给定值的比较，若找到一个记录的关键字与给定值相等，则查找成功；若整个表中的记录均比较过，仍未找到关键字等于给定值的记录，则查找失败。

顺序查找的方法对于顺序存储和链式存储方式的查找表都适用。

从顺序查找的过程可见，C_i 取决于所查记录在表中的位置。若需查找的记录正好是表中的第一个记录时，仅需比较一次；若查找成功时找到的是表中的最后一个记录，则需比较 n 次。一般情况下，$C_i = n-i+1$，因此在等概率情况下，顺序查找成功的平均查找长度为：

$$\text{ASL}_{ss} = \sum_{i=1}^{n} P_i C_i = \frac{1}{n} \sum_{i=1}^{n} (n-i+1) = \frac{n+1}{2}$$

也就是说，成功查找的平均比较次数约为表长的一半。若所查记录不在表中，则至少进行 *n* 次比较才能确定失败。

与其他查找方法相比，顺序查找方法在 *n* 值较大时，其平均查找长度较大，查找效率较低。但这种方法也有优点，那就是算法简单且适应面广，对查找表的结构没有要求，无论记录是否按关键字有序排列均可应用。

3. 折半查找

折半查找也称为二分查找，其基本思想是：先令查找表中间位置记录的关键字和给定值比较，若相等，则查找成功；若不等，则缩小范围，直至新的查找区间中间位置记录的关键字等于给定值或者查找区间没有元素时（表明查找不成功）为止。

设查找表的元素存储在一维数组 r[1..n]中，那么在表中的元素已经按关键字递增（或递减）排序的情况下，进行折半查找的方法是：首先比较 key 值与表 *r* 中间位置（下标为 mid）的记录的关键字，若相等，则查找成功。若 key>r[mid].key，则说明待查记录只可能在后半个子表 r[mid+1..n]中，下一步应在后半个子表中再进行折半查找；若 key<r[mid].key，说明待查记录只可能在前半个子表 r[1..mid–1]中，下一步应在 *r* 的前半个子表中进行折半查找。这样通过逐步缩小范围，直到查找成功或子表为空时失败为止。

【函数】 设有一个整型数组中的元素是按非递减的方式排列的，在其中进行折半查找的算法如下：

```
int Bsearch(int r[],int low,int high,int key)
/*元素存储在数组 r[low..high],用折半查找的方法在数组 r 中找值为 key 的元素*/
/*若找到则返回该元素的下标,否则返回-1*/
{  int mid;
   while(low <= high) {
      mid = (low+high)/2 ;
      if (key == r[mid]) return mid;
      else if (key < r[mid]) high = mid-1;
             else low = mid+1;
   }/*while*/
   return -1;
}/*Bsearch*/
```

折半查找的过程可以用一棵二叉树描述，方法是：以当前查找区间的中间位置上的记录作为根，左子表和右子表中的记录分别作为根的左子树和右子树上的结点，这样构造的二叉树称为折半查找判定树。例如，具有 11 个结点的折半查找判定树如图 3-33 所示，结点中的数字表示元素的序号。

从折半查找判定树可以看出，查找成功时，折半查找的过程恰好走了一条从根结点到被查结点的路径，关键字进行比较的次数即为被查找结点在树中的层数。因此，折半查找在查找成功时进行比较的关键字数最多不超过树的高度，而具有 n 个结点的判定树的高度为 $\lfloor \log_2 n \rfloor + 1$，所以折半查找在查找成功时和给定值进行比较的关键字个数至多为 $\lfloor \log_2 n \rfloor + 1$。

给判定树中所有结点的空指针域加上一个指向一个方型结点的指针，称这些方型结点为判定树的外部结点（与之相对，称那些圆形结点为内部结点），如图 3-34 所示。那么折半查找不成功的过程就是走了一条从根结点到外部结点的路径。和给定值进行比较的关键字个数等于该路径上内部结点个数。因此，折半查找在查找不成功时和给定值进行比较的关键字个数最多也不会超过 $\lfloor \log_2 n \rfloor + 1$。

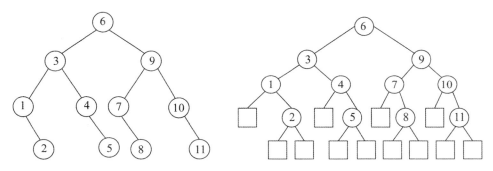

图 3-33　具有 11 个结点的折半查找判定树　　　　图 3-34　加上外部结点的判定树

那么折半查找的平均查找长度是多少呢？为了方便起见，不妨设结点总数为 $n=2^h-1$，则判定树是深度为 $h = \log_2(n+1)$ 的满二叉树。在等概率情况下，折半查找的平均查找长度为：

$$\mathrm{ASL}_{bs} = \sum_{j=1}^{n} P_i C_i = \frac{1}{n} \sum_{j=1}^{n} j \times 2^{j-1} = \frac{n+1}{n} \log_2(n+1) - 1$$

当 n 值较大时，　$\mathrm{ASL}_{bs} \approx \log_2(n+1) - 1$。

折半查找比顺序查找的效率要高，但它要求查找表进行顺序存储并且按关键字有序排列。因此，折半查找适用于表不易变动，且又经常进行查找的情况。

4. 索引顺序查找

索引顺序查找又称分块查找，是对顺序查找方法的一种改进。

在分块查找过程中，首先将表分成若干块，每一块中关键字不一定有序，但块之间是有序的，即后一块中所有记录的关键字均大于前一个块中最大的关键字。此外，还建立了一个"索引表"，索引表按关键字有序，如图 3-35 所示。

因此，查找过程分为两步：第一步在索引表中确定待查记录所在的块；第二步在块内顺序查找。

由于分块查找实际上是两次查找的过程，因此整个分块查找的平均查找长度应该是两次查找的平均查找长度（块内查找与索引查找）之和，所以分块查找的平均查找长度为 $\mathrm{ASL}_{bs} = L_b + L_w$，其中 L_b 为查找索引表的平均查找长度，L_w 为块内查找时的平均查找长度。

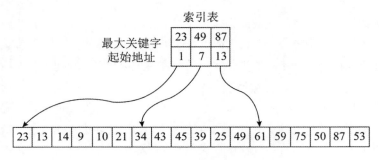

图 3-35　查找表及其索引表

进行分块查找时可将长度为 n 的表均匀地分成 b 块，每块含有 s 个记录，即 $b = \left\lceil \dfrac{n}{s} \right\rceil$。在等概率的情况下，块内查找的概率为 $\dfrac{1}{s}$，每块的查找概率为 $\dfrac{1}{b}$，若用顺序查找方法确定元素所在的块，则分块查找的平均查找长度为：

$$\text{ASL}_{bs} = L_b + L_w = \frac{1}{b}\sum_{j=1}^{b} j + \frac{1}{s}\sum_{i=1}^{s} i = \frac{b+1}{2} + \frac{s+1}{2} = \frac{1}{2}\left(\frac{n}{s} + s\right) + 1$$

可见，其平均查找长度在这种条件下不仅与表长 n 有关，而且和每一块中的记录数 s 有关。可以证明，当 s 取 $\sqrt{n}$ 时，ASL_{bs} 取最小值 $\sqrt{n}+1$，这时的查找效率较顺序查找要好得多，但远不及折半查找。

5. 树表查找

二叉查找树、B-树、红黑树等是常见的以树表方式组织的查找表。

1）二叉查找树的查找过程

二叉查找树是一种动态查找表，其特点是表结构本身是在查找过程中动态生成的，即对于给定值 key，若表中存在关键字等于 key 的记录，则查找成功返回，否则插入关键字等于 key 的记录。

根据定义，非空的二叉查找树中左子树上所有结点的关键字均小于根结点的关键字，右子树上所有结点的关键字均大于根结点的关键字，因此，可将二叉查找树看成是一个有序表，其查找过程与折半查找过程相似。

在二叉查找树上进行查找的过程为：若二叉查找树非空，将给定值与根结点的关键字值相比较，若相等，则查找成功；若不等，则当根结点的关键字值大于给定值时，到根的左子树中进行查找，否则到根的右子树中进行查找。若找到，则查找过程是走了一条从树根到所找到结点的路径；否则，查找过程终止于一棵空树。

设二叉查找树以二叉链表为存储结构，结点的类型定义如下：

```
typedef struct Tnode
{
```

```
        int data;                          /*结点的键值*/
        struct Tnode *lchild,*rchild;      /*指向左、右子树的指针*/
}Tnode, *BiTree;
```

【**算法**】　二叉查找树的查找算法。

```
Bitree searchBST(BiTree root, int key, BiTree *father)
/*在 root 指向根的二叉查找树中查找键值为 key 的结点*/
/*若找到,则返回该结点的指针,否则返回 NULL*/
{   Bitree  p = root;   *father = NULL;
    while (p && p->data!=key)
    {
        *father = p;
        if (key < p->data) p = p->lchild;
        else p = p->rchild;
    }/*while*/
    return p;
}/*searchBST*/
```

2）二叉查找树中插入结点的操作

二叉查找树是通过依次输入数据元素并把它们插入到二叉树的适当位置上构造起来的，即每读入一个元素，首先在二叉查找树中进行查找，若找到则不再插入，否则根据查找时得到的位置信息进行插入。其过程为：若二叉查找树为空，则为新元素创建结点并作为二叉查找树的根结点；若二叉查找树非空，则将新元素的值与根结点的值相比较，如果小于根结点的值，则继续在左子树中查找，否则在右子树中继续查找，直到某结点的值与新元素的值相等，或者到达空的子树为止，此时创建新元素的结点并替换该空的子树完成插入处理。设关键字序列为{46, 25, 54, 13, 29, 91}，则对应的二叉查找树构造过程如图 3-36（a）～（g）所示。

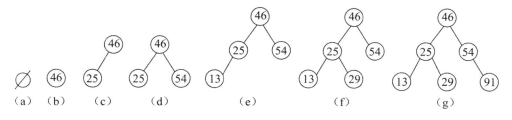

图 3-36　二叉查找树的构造过程

从上面的插入过程还可以看到，每次插入的新结点都是二叉查找树上新的叶子结点，因此在进行插入操作时，不必移动其他结点，仅需改动某个结点的指针域，由空变为非空即可。这就相当于在一个有序序列上插入一个记录而不需要移动其他记录。

另外，由于一棵二叉查找树的形态完全由输入序列决定，所以在输入序列已经有序的情况下，所构造的二叉查找树是一棵单枝树。从二叉查找树的查找过程可知，这种情况下的查找效率与顺序查找的效率相当。

3）B_树

一棵 m 阶的 B_树，或为空树，或为满足下列特性的 m 叉树。

（1）树中每个结点最多有 m 棵子树。

（2）若根结点不是叶子结点，则最少有两棵子树。

（3）除根之外的所有非终端结点最少有 $\left\lceil \dfrac{m}{2} \right\rceil$ 棵子树。

（4）所有的非终端结点中包含下列数据信息：

$$(n, A_0, K_1, A_1, K_2, A_2, \cdots, K_n, A_n)$$

其中，$K_i (i=1, 2, \cdots, n)$ 为关键字，且 $K_i < K_{i+1}(i=1, 2, \cdots, n-1)$；$A_i (i=0, 1, \cdots, n)$ 为指向子树根结点的指针，且指针 A_{i-1} 所指子树中所有结点的关键字均小于 $K_i (i=1, 2, \cdots, n)$，A_n 所指子树中所有结点的关键字均大于 K_n，n 为结点中关键字的个数且满足 $\left(\left\lceil \dfrac{m}{2} \right\rceil - 1 \leqslant n \leqslant m-1 \right)$。

（5）所有的叶子结点都出现在同一层次上，并且不带信息（可以看作是外部结点或查找失败的结点，实际上这些结点不存在，指向这些结点的指针为空）。

一棵 4 阶的 B_树如图 3-37 所示。

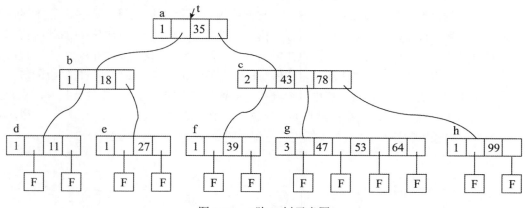

图 3-37   4 阶 B_树示意图

由 B_树的定义可知，在 B_树上进行查找的过程是：首先在根结点所包含的关键字中查找给定的关键字，若找到则成功返回；否则确定待查找的关键字所在的子树并继续进行查找，直到查找成功或查找失败（指针为空）时为止。

B_树上的插入和删除运算较为复杂，因为要保证运算后结点中关键字的个数大于等于 $\left\lceil \dfrac{m}{2} \right\rceil - 1$，因此涉及结点的"分裂"及"合并"问题。

在 B_树中插入一个关键字时，不是在树中增加一个叶子结点，而是首先在低层的某个非终端结点中添加一个关键字，若该结点中关键字的个数不超过 $m–1$，则完成插入；否则，要进行结点的"分裂"处理。所谓"分裂"，就是把结点中处于中间位置上的关键字取出来插入到其父结点中，并以该关键字为分界线，把原结点分成两个结点。"分裂"过程可能会一直持续到树根。

同样，在 B_树中删除一个结点时，首先找到关键字所在的结点，若该结点在含有信息的最后一层，且其中关键字的数目不少于 $\left\lceil \dfrac{m}{2} \right\rceil -1$，则完成删除；否则需进行结点的"合并"运算。若待删除的关键字所在的结点不在含有信息的最后一层，则将该关键字用其在 B_树中的后继替代，然后删除其后继元素，即将需要处理的情况统一转化为在含有信息的最后一层再进行删除运算。

6. 哈希查找

对于前面讨论的几种查找方法，由于记录的存储位置与其关键码之间不存在确定的关系，所以查找时都要通过一系列对关键字的比较，才能确定被查记录在表中的位置，即这类查找方法都建立在对关键字进行比较的基础之上。理想的情况是依据记录的关键码直接得到对应的存储位置，即要求记录的关键码与其存储位置之间存在一一对应关系，通过这个关系，能很快地由关键码找到记录。哈希表就是按这种思想组织的查找表。

1）哈希造表

根据设定的哈希函数 Hash(key) 和处理冲突的方法，将一组关键字映射到一个有限的连续的地址集（区间）上，并以关键字在地址集中的"像"作为记录在表中的存储位置，这种表称为哈希表，这一映射过程称为哈希造表或散列，所得的存储位置称为哈希地址或散列地址。

在构造哈希表时，是以记录的关键字为自变量计算一个函数（称为哈希函数）来得到该记录的存储地址并存入元素，因此在哈希表中进行查找操作时，必须计算同一个哈希函数，首先得到待查记录的存储地址，然后到相应的存储单元去获得有关信息再判定查找是否成功。

对于某个哈希函数 Hash 和两个关键字 K_1 和 K_2，如果 $K_1 \neq K_2$ 而 $\text{Hash}(K_1) = \text{Hash}(K_2)$，则称为出现了冲突，对该哈希函数来说，$K_1$ 和 K_2 则称为同义词。

一般情况下，只能尽可能地减少冲突而不能完全避免，所以在建造哈希表时不仅要设定一个"好"的哈希函数，而且要设定一种处理冲突的方法。

采用哈希法主要考虑的两个问题是哈希函数的构造和冲突的解决。

2）处理冲突

解决冲突就是为出现冲突的关键字找到另一个"空"的哈希地址。常见的处理冲突的方法有开放定址法、链地址法（拉链法）、再哈希法、建立公共溢出区法等，在处理冲突的过程中，可能得到一个地址序列，记为 $H_i(i=1, 2, \cdots, k)$。下面简要介绍开放定址法和链地址法。

（1）开放定址法。

$$H_i=(\text{Hash(key)}+d_i)\,\%\,m \quad i=1, 2, \cdots, k \quad (k \leqslant m-1)$$

其中，Hash(key)为哈希函数；m 为哈希表的表长；d_i 为增量序列。

常见的增量序列有如下三种：

- $d_i = 1, 2, 3, \cdots, m-1$，称为线性探测再散列。
- $d_i = 1^2, -1^2, 2^2, -2^2, 3^2, \cdots, \pm k^2$（$k \leqslant m/2$），称为二次探测再散列。
- $d_i =$ 伪随机序列，称为随机探测再散列。

最简单的产生探测序列的方法是进行线性探测。也就是发生冲突时，顺序地到存储区的下一个单元进行探测。

例如，某记录的关键字为 key，哈希函数值 $H(\text{key})=j$。若在哈希地址 j 发生了冲突（即此位置已存放了其他元素），则对哈希地址 $j+1$ 进行探测，若仍然有冲突，再对地址 $j+2$ 进行探测，以此类推，直到将元素存入哈希表。

【例 3.2】 设关键码序列为 47，34，19，12，52，38，33，57，63，21，哈希表表长为 13，哈希函数为 Hash(key)=key mod 11，用线性探测法解决冲突构造哈希表。

Hash(47) = 47 MOD 11 = 3　　Hash(34) = 34 MOD 11 = 1

Hash(19) = 19 MOD 11 = 8　　Hash(12) = 12 MOD 11 = 1

Hash(52) = 52 MOD 11 = 8　　Hash(38) = 38 MOD 11 = 5

Hash(33) = 33 MOD 11 = 0　　Hash(57) = 57 MOD 11 = 2

Hash(63) = 63 MOD 11 = 8　　Hash(21) = 21 MOD 11 = 10

使用线性探测法解决冲突构造哈希表的过程如下：

（a）开始时哈希表为空表。

哈希地址	0	1	2	3	4	5	6	7	8	9	10	11	12
关键码													

（b）根据哈希函数，计算出关键码 47 的哈希地址为 3，在该单元处无冲突，因此插入 47。此后关键码 34 和 19 需要插入的哈希地址 1 和 8 处也没有冲突，因此在对应位置直接插入后如下所示。

哈希地址	0	1	2	3	4	5	6	7	8	9	10	11	12
关键码		34		47					19				

（c）将关键码 12 存入哈希地址为 1 的单元时发生冲突，探测下一个单元（即哈希地址为 2 的单元），不再冲突，因此将 12 存入哈希地址为 2 的单元后如下所示。

哈希地址	0	1	2	3	4	5	6	7	8	9	10	11	12
关键码		34	12	47					19				

（d）将关键码 52 存入哈希地址为 8 的单元时发生冲突，探测下一个单元（即哈希地址为 9 的单元），不再冲突，因此将 52 存入哈希地址为 9 的单元后如下所示。

哈希地址	0	1	2	3	4	5	6	7	8	9	10	11	12
关键码		34	12	47					19	52			

（e）在哈希地址为 5 的单元存入关键码 38，没有冲突；在哈希地址为 0 的单元中存入关键码 33，没有冲突。因此将 38 和 33 先后存入哈希地址为 5 和 0 的单元后如下所示。

哈希地址	0	1	2	3	4	5	6	7	8	9	10	11	12
关键码	33	34	12	47		38			19	52			

（f）在哈希地址为 2 的单元存入关键码 57 时发生冲突，探测下一个单元（即哈希地址为 3 的单元），仍然冲突，再探测哈希地址为 4 的单元，不再冲突，因此将 57 存入哈希地址为 4 的单元后如下所示。

哈希地址	0	1	2	3	4	5	6	7	8	9	10	11	12
关键码	33	34	12	47	57	38			19	52			

（g）在哈希地址为 8 的单元存入关键码 63 时发生冲突，探测下一个单元（即哈希地址为 9 的单元），仍然冲突，再探测哈希地址为 10 的单元，不再冲突，因此将 63 存入哈希地址为 10 的单元后如下所示。

哈希地址	0	1	2	3	4	5	6	7	8	9	10	11	12
关键码	33	34	12	47	57	38			19	52	63		

（h）在哈希地址为 10 的单元存入关键码 21 时发生冲突，用线性探测法解决冲突，算出哈希地址 11，不再冲突，因此将 21 存入哈希地址为 11 的单元后如下所示，此时得到最终的哈希表。

哈希地址	0	1	2	3	4	5	6	7	8	9	10	11	12
关键码	33	34	12	47	57	38			19	52	63	21	

线性探测法可能使第 i 个哈希地址的同义词存入第 $i+1$ 个哈希地址，这样本应存入第 $i+1$ 个哈希地址的元素变成了第 $i+2$ 个哈希地址的同义词，……，因此，可能出现很多元素在相邻的哈希地址上"聚集"起来的现象，大大降低了查找效率。为此，可采用二次探测再散列法或随机探测再散列法，以降低"聚集"现象。

（2）链地址法。链地址法是一种经常使用且很有效的方法。它将具有相同哈希函数值的记录组织成一个链表，当链域的值为 NULL 时，表示已没有后继记录。

例如，哈希表表长为 11、哈希函数为 Hash(key)=key mod 11，对于关键码序列 47，34，13，12，52，38，33，27，3，使用链地址法构造的哈希表如图 3-38 所示。

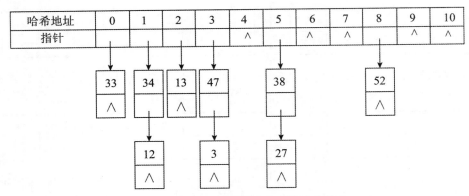

图 3-38   用链地址法解决冲突构造哈希表

3）哈希查找

在线性探测法解决冲突的方式下，进行哈希查找有两种可能：第一种情况是在某一位置上查到了关键字等于 key 的记录，查找成功；第二种情况是按探测序列查不到关键字为 key 的记录而又遇到了空单元，这时表明元素不在表中，表示查找失败。

在用链地址法解决冲突构造的哈希表中查找元素，就是根据哈希函数得到元素所在链表的头指针，然后在链表中进行顺序查找的过程。

3.4.4   递归算法

递归（recursion）是一种描述和解决问题的基本方法，用来解决可归纳描述的问题，或者是可分解为结构自相似的问题。所谓结构自相似，是指构成问题的部分与问题本身在结构上相似。这类问题具有的特点是：整个问题的解决可以分为两部分，第一部分是一些特殊或基本的情况，可直接解决；第二部分与原问题相似，可用类似的方法解决，但比原问题的规模小。

由于第二部分比整个问题的规模小，所以每次递归时第二部分的规模都在缩小，如果最终缩小为第一部分的情况则结束递归。因此，通过递归不断地分解问题，第一部分和第二部分的解密切配合，完成原问题的求解。

这类问题在数学中很常见，例如求 $n!$。

$$f(n) = n! = \begin{cases} 1 & n = 0 \\ n \times f(n-1) & n > 0 \end{cases}$$

在该式中，$f(n-1)$ 的计算与原问题 $f(n)$ 的计算相似，只是规模更小。

【例 3.3】   在整型数组中用递归方式找出最大元素。

设一维数组 A 的元素 A[k1]～A[k2]中存放着整数，用递归方法求出它们中的最大者。显然，若 k1=k2，即数组中只有 1 个元素，则 A[k1]就是最大元素；若 k1<k2，则用类似的方法先求出 A[k1+1]～A[k2]中的最大者 m，然后令 m 与 A[k1]进行比较，二者中的最大者即为所求。

【算法】   用递归方法求 A[k1]～A[k2]中的最大者，并作为函数值返回。

```
int maxint(int A[], int k1, int k2)    /*求 A[k1]～A[k2]中的最大者并返回*/
```

```
{   if(k1 == k2) return  A[k1];
    else{
            m = maxint(A,k1+1,k2);
            return (A[k1] > m) ? A[k1] : m;
    }
}/* maxint */
```

【例 3.4】　在有序的整型数组中用递归方式实现折半查找。

【算法】　设有一个整型数组中的元素是按非递减的方式排列的,递归地进行折半查找。

```
int Bsearch_rec(int r[],int low,int high,int key)
/*元素存储在数组 r[low..high],用折半查找的方法在数组 r 中找值为 key 的元素*/
/*若找到则返回该元素的下标,否则返回-1*/
{   int mid;
    if (low <= high) {
        mid = (low+high)/2 ;
        if (key == r[mid]) return mid;
        else if (key < r[mid]) return Bsearch_2(r, low, mid-1, key);
                else return Bsearch_2(r, mid+1, high, key);
                        }/*if*/
    return -1;
}/*Bsearch_rec*/
```

3.4.5　图的相关算法

1. 求最小生成树算法

1）生成树的概念

设图 $G=(V, E)$ 是一个连通图,如果其子图是一棵包含 G 的所有顶点的树,则该子图称为 G 的生成树(Spanning Tree)。

当从图 G 中任一顶点出发遍历该图时,会将边集 $E(G)$ 分为两个集合 $A(G)$ 和 $B(G)$。其中 $A(G)$ 是遍历时所经过的边的集合,$B(G)$ 是遍历时未经过的边的集合。显然,$G_1=(V, A)$ 是图 G 的子图,称子图 G_1 为连通图 G 的生成树。图 3-39 所示的是图及其生成树。

对于有 n 个顶点的连通图,至少有 $n-1$ 条边,而生成树中恰好有 $n-1$ 条边,所以连通图的生成树是该图的极小连通子图。若在图的生成树中任意加一条边,则必然形成回路。

图的生成树不是唯一的。从不同的顶点出发,选择不同的存储方式和遍历方式,可以得到不同的生成树。对于非连通图而言,每个连通分量中的顶点集和遍历时走过的边集一起构成若干棵生成树,把它们称为非连通图的生成树森林。

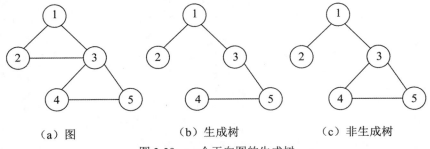

（a）图　　　　　　　　（b）生成树　　　　　　（c）非生成树

图 3-39　一个无向图的生成树

2）最小生成树

对于连通网来说，边是带权值的，生成树的各边也带权值，于是就把生成树各边的权值总和称为生成树的权，把权值最小的生成树称为最小生成树。求解最小生成树有许多实际的应用。普里姆（Prim）算法和克鲁斯卡尔（Kruskal）算法是两种常用的求最小生成树的算法。

（1）普里姆（Prim）算法思想。

假设 $N=(V, E)$ 是连通网，TE 是 N 上最小生成树中边的集合。算法从顶点集合 $U=\{u_0\}(u_0 \in V)$、边的集合 TE={}开始，重复执行下述操作：在所有 $u \in U$，$v \in V-U$ 的边 $(u, v) \in E$ 中找一条代价最小的边 (u_0, v_0)，把这条边并入集合 TE，同时将 v_0 并入集合 U，直至 $U=V$ 时为止。此时 TE 中必有 $n-1$ 条边，则 $T=(V, \{TE\})$ 为 N 的最小生成树。

由此可知，普里姆算法构造最小生成树的过程是以一个顶点集合 $U=\{u_0\}$ 作初态，不断寻找与 U 中顶点相邻且代价最小的边的另一个顶点，扩充 U 集合直至 $U=V$ 时为止。

用普里姆算法构造最小生成树的过程如图 3-40 所示。

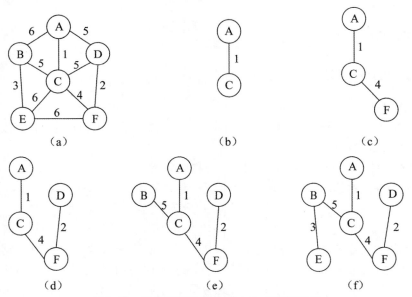

（a）　　　　　　　　　（b）　　　　　　　　　（c）

（d）　　　　　　　　　（e）　　　　　　　　　（f）

图 3-40　普里姆算法构造最小生成树的过程

（2）克鲁斯卡尔（Kruskal）算法思想。

克鲁斯卡尔求最小生成树的算法思想为：假设连通网 $N=(V, E)$，令最小生成树的初始状态为只有 n 个顶点而无边的非连通图 $T=(V, \{\})$，图中每个顶点自成一个连通分量。在 E 中选择代价最小的边，若该边依附的顶点落在 T 中不同的连通分量上，则将此边加入到 T 中，否则舍去此边而选择下一条代价最小的边。以此类推，直至 T 中所有顶点都在同一连通分量上为止。

用克鲁斯卡尔算法构造最小生成树的过程如图 3-41 所示。

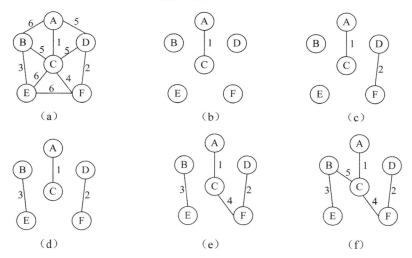

图 3-41　克鲁斯卡尔算法构造最小生成树的过程

克鲁斯卡尔算法的时间复杂度为 $O(eloge)$（e 为网中的边数），与图中的顶点数无关，因此该算法适合于求边稀疏的网的最小生成树。

2. 拓扑排序

1）AOV 网

在工程领域，一个大的工程项目通常被划分为许多较小的子工程（称为活动），当这些子工程都完成时，整个工程也就完成了。若以顶点表示活动，用有向边表示活动之间的优先关系，则称这样的有向图为以顶点表示活动的网（Activity On Vertex network，AOV 网）。在有向网中，若从顶点 v_i 到顶点 v_j 有一条有向路径，则顶点 v_i 是 v_j 的前驱，顶点 v_j 是 v_i 的后继。若<v_i, v_j>是网中的一条弧，则顶点 v_i 是 v_j 的直接前驱，顶点 v_j 是 v_i 的直接后继。AOV 网中的弧表示了活动之间的优先关系，也可以说是一种活动进行时的制约关系。

在 AOV 网中不应出现有向环，若存在的话，则意味着某项活动必须以自身任务的完成为先决条件，显然这是荒谬的。因此，若要检测一个工程划分后是否可行，首先就应检查对应的 AOV 网是否存在回路。检测的方法是对其 AOV 网进行拓扑排序。

2）拓扑排序

拓扑排序是将 AOV 网中所有顶点排成一个线性序列的过程，并且该序列满足：若在 AOV 网中从顶点 v_i 到 v_j 有一条路径，则在该线性序列中，顶点 v_i 必然在顶点 v_j 之前。

一般情况下，假设 AOV 网代表一个工程计划，则 AOV 网的一个拓扑排序就是一个工程顺利完成的可行方案。对 AOV 网进行拓扑排序的方法如下：

（1）在 AOV 网中选择一个入度为零（没有前驱）的顶点且输出它；

（2）从网中删除该顶点以及与该顶点有关的所有边；

（3）重复上述两步，直至网中不存在入度为零的顶点为止。

按照上述步骤进行拓扑排序的过程如图 3-42 所示，得到的拓扑序列为 6,1,4,3,2,5。显然，对有向图进行拓扑排序所产生的拓扑序列有可能是多种。

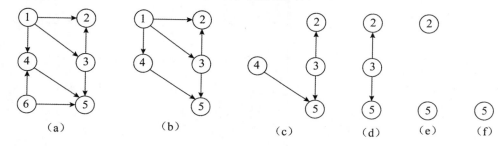

图 3-42   拓扑排序过程

执行的结果会有两种情况：一种是所有顶点已输出，此时整个拓扑排序完成，说明网中不存在回路；另一种是尚有未输出的顶点，剩余的顶点均有前驱顶点，表明网中存在回路，拓扑排序无法进行下去。

3. 求单源点的最短路径算法

所谓单源点最短路径，是指给定带权有向图 G 和源点 v_0，求从 v_0 到 G 中其余各顶点的最短路径。迪杰斯特拉（Dijkstra）提出了按路径长度递增的次序产生最短路径的算法，其思想是：把网中所有的顶点分成两个集合 S 和 T，S 集合的初态只包含顶点 v_0，T 集合的初态包含除 v_0 之外的所有顶点，凡以 v_0 为源点，已经确定了最短路径的终点并入 S 集合中，按各顶点与 v_0 间最短路径长度递增的次序，逐个把 T 集合中的顶点加入到 S 集合中去。

每次从 T 集合选出一个顶点 u 并使之并入集合 S 后（即 v_0 至 u 的最短路径已找出），从 v_0 到 T 集合中各顶点的路径有可能变得更短。例如，对于 T 集合中的某一个顶点 v_i 来说，其已知的最短路径可能变为（$v_0,\cdots, u, v_i$），其中的…仅包含 S 中的顶点。对 T 集合中各顶点的路径进行考查并进行必要的修改后，再从中挑选出一个路径长度最小的顶点，从 T 集合中删除它，同时将其并入 S 集合。重复该过程，就能求出源点到其余各顶点的最短路径及路径长度。

在图 3-43 所示的有向网中，用迪杰斯特拉算法求解顶点 V_0 到达其余顶点的最短路径的过程如表 3-3 所示。

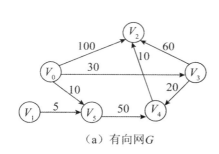
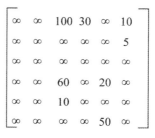

（a）有向网 G　　　　　　（b）网 G 的邻接矩阵

图 3-43　有向网 G 及其邻接矩阵

表 3-3　迪杰斯特拉算法求解图 3-43（a）顶点 V_0 到 V_1、V_2、V_3、V_4、V_5 最短路径的过程

终点	第 1 步	第 2 步	第 3 步	第 4 步	第 5 步
V_1	∞	∞	∞	∞	∞
V_2	100 (V_0, V_2)	100 (V_0, V_2)	90 (V_0, V_3, V_2)	60 (V_0, V_3, V_4, V_2)	
V_3	30 (V_0, V_3)	30 (V_0, V_3)			
V_4	∞	60 (V_0, V_5, V_4)	50 (V_0, V_3, V_4)		
V_5	10 (V_0, V_5)				
说明	从 V_0 到 V_1、V_2、V_3、V_4、V_5 的路径中，(V_0, V_5) 最短，将顶点 V_5 加入 S 集合，并且更新 V_0 到 V_4 的路径	从 V_0 到 V_1、V_2、V_3、V_4 的路径中，(V_0, V_3) 最短，将顶点 V_3 加入 S 集合，并且更新 V_0 到 V_2、V_0 到 V_4 的路径	从 V_0 到 V_1、V_2、V_4 的路径中，(V_0, V_3, V_4) 最短，将顶点 V_4 加入 S 集合，并且更新 V_0 到 V_2 的路径	从 V_0 到 V_1、V_2 的路径中，(V_0, V_3, V_4, V_2) 最短，将顶点 V_2 加入 S 集合	V_0 到 V_1 无路径
集合 S	$\{V_0, V_5\}$	$\{V_0, V_5, V_3\}$	$\{V_0, V_5, V_3, V_4\}$	$\{V_0, V_5, V_3, V_4, V_2\}$	$\{V_0, V_5, V_3, V_4, V_2\}$

第 4 章　操作系统基础

4.1　操作系统概述

计算机系统中的软件极为丰富，通常分为系统软件和应用软件两大类。系统软件是计算机系统的一部分，由它支持应用软件的运行。应用软件是指计算机用户利用计算机的软件、硬件资源为某一专门的应用目的而开发的软件。例如，科学计算、工程设计、数据处理、事务处理和过程控制等方面的程序，以及文字处理软件、表格处理软件、辅助设计软件（CAD）和实时处理软件等。常用的系统软件有操作系统、语言处理程序、链接程序、诊断程序和数据库管理系统等。操作系统（Operating System，OS）是计算机系统中的核心系统软件，其他软件建立在操作系统的基础上，并在操作系统的统一管理和支持下运行，是用户与计算机之间的接口。

4.1.1　基本概念

1. 操作系统定义及作用

传统计算机系统资源分为硬件资源和软件资源。硬件资源包括中央处理机、存储器和输入/输出设备等物理设备；软件资源是以文件形式保存在存储器上的程序和数据等信息。现代计算机系统资源管理范围已经扩展到感知、能源、通信资源和服务资源。本教材主要介绍传统计算机系统资源管理。

操作系统定义：能有效地组织和管理系统中的各种软/硬件资源，合理地组织计算机系统工作流程，控制程序的执行，并且向用户提供一个良好的工作环境和友好的接口。

操作系统是计算机系统的资源管理者，它含有对系统软件/硬件资源实施管理的一组程序。操作系统的两个重要的作用：第一，通过资源管理提高计算机系统的效率；第二，改善人机界面向用户提供友好的工作环境。

2. 操作系统特征与功能

操作系统的 4 个特征是并发性、共享性、虚拟性和不确定性。从传统的计算机资源管理的观点来看，操作系统的功能可分为处理机管理（也称进程管理）、文件管理、存储管理、设备管理和作业管理 5 大部分。操作系统的5大部分通过相互配合、协调工作来实现对计算机系统中资源的管理，控制任务的运行。

（1）进程管理：实质上是对处理机的执行"时间"进行管理，采用多道程序等技术将 CPU 的时间合理地分配给每个任务，主要包括进程控制、进程同步、进程通信和进程调度。

（2）文件管理：主要包括文件存储空间管理、目录管理、文件的读/写管理和存取控制。

（3）存储管理：是对主存储器"空间"进行管理，主要包括存储分配与回收、存储保护、地址映射（变换）和主存扩充。

（4）设备管理：实质是对硬件设备的管理，包括对输入/输出设备的分配、启动、完成和回收。

（5）作业管理：包括任务、界面管理、人机交互、图形界面、语音控制和虚拟现实等。

操作系统提供系统命令一级的接口，供用户用于组织和控制自己的作业运行，如命令行、菜单式或 GUI "联机"、命令脚本"脱机"。操作系统还提供编程一级接口，供用户程序和系统程序调用操作系统功能，如系统调用和高级语言库函数。

4.1.2　操作系统分类

通常，操作系统可分为批处理操作系统、分时操作系统、实时操作系统、网络操作系统、分布式操作系统和嵌入式操作系统等类型。本小节主要介绍如下五种。

1. 分时操作系统

在分时操作系统中，一个计算机系统与多个终端设备连接。分时操作系统是将 CPU 的工作时间划分为许多很短的时间片，轮流为各个终端的用户服务。例如，一个带20个终端的分时系统，若每个用户每次分配一个 50ms 的时间片，则每隔 1s 即可为所有的用户服务一遍。因此，尽管各个终端上的作业是断续地运行的，但由于操作系统每次对用户程序都能做出及时的响应，因此用户感觉整个系统均归其一人占用。

分时系统主要有 4 个特点：多路性、独立性、交互性和及时性。

2. 实时操作系统

实时是指计算机对于外来信息能够以足够快的速度进行处理，并在被控对象允许的时间范围内做出快速反应。实时系统对交互能力要求不高，但要求可靠性有保障。为了提高系统的响应时间，对随机发生的外部事件应及时做出响应并对其进行处理。

实时系统分为实时控制系统和实时信息处理系统。实时控制系统主要用于生产过程的自动控制，例如数据自动采集、武器控制、火炮自动控制、飞机自动驾驶和导弹的制导系统等。实时信息处理系统主要用于实时信息处理，例如飞机订票系统、情报检索系统等。实时系统与分时系统除了应用的环境不同，主要有以下三点区别：

（1）系统的设计目标不同。分时系统是设计成一个多用户的通用系统，交互能力强；而实时系统大多是专用系统。

（2）交互性的强弱不同。分时系统是多用户的通用系统，交互能力强；而实时系统是专用系统，仅允许操作并访问有限的专用程序，不能随便修改，且交互能力差。

（3）响应时间的敏感程度不同。分时系统是以用户能接收的等待时间为系统的设计依据，而实时系统是以被测物体所能接受的延迟为系统设计依据。因此，实时系统对响应时间的敏感程度更强。

3. 网络操作系统

网络操作系统是使联网计算机能方便而有效地共享网络资源，为网络用户提供各种服务的软件和有关协议的集合。因此，网络操作系统的功能主要包括高效、可靠的网络通信；对网络中共享资源（在 LAN 中有硬盘、打印机等）的有效管理；提供电子邮件、文件传输、共享硬盘和打印机等服务；网络安全管理；提供互操作能力。

计算机网络系统除了硬件外，还需要有系统软件，二者结合构成计算机网络的基础平台。操作系统是最重要的系统软件。网络操作系统是网络用户和计算机网络之间的一个接口，它除了应具备通常操作系统应具备的基本功能外，还应有联网功能，支持网络体系结构和各种网络通信协议，提供网络互联功能，支持有效、可靠安全的数据传送。

一个典型的网络操作系统的特征包括硬件独立性、多用户支持等。其中，硬件独立性是指网络操作系统可以运行在不同的网络硬件上，可以通过网桥或路由器与别的网络连接；多用户支持，应能同时支持多个用户对网络的访问，应对信息资源提供完全的安全和保护功能；支持网络实用程序及其管理功能，如系统备份、安全管理、容错和性能控制；多种客户端支持，如 Windows NT 网络操作系统包括 OS/2、Windows 98 和 UNIX 等多种客户端，极大地方便了网络用户；提供目录服务，以单一逻辑的方式让用户访问位于世界范围内的所有网络服务和资源的技术；支持多种增值服务，如文件服务、打印服务、通信服务和数据库服务等。

网络操作系统可分为集中模式、客户端/服务器模式和对等模式三类。

（1）集中模式。集中式网络操作系统是由分时操作系统加上网络功能演变而来的，系统的基本单元由一台主机和若干台与主机相连的终端构成，将多台主机连接起来形成了网络，信息的处理和控制是集中的。UNIX 就是这类系统的典型例子。

（2）客户端/服务器模式。这是流行的网络工作模式，该种模式网络可分为服务器和客户端。服务器是网络的控制中心，其任务是向客户端提供一种或多种服务，服务器可有多种类型，如提供文件/打印服务的文件服务器等。客户端是用于本地处理和访问服务器的站点，在客户端中包含了本地处理软件和访问服务器上服务程序的软件接口。

（3）对等模式（peer-to-peer）。在采用这种模式的操作系统网络中，各个站点是对等的。它既可作为客户端去访问其他站点，又可作为服务器向其他站点提供服务，在网络中既无服务处理中心，也无控制中心，或者说，网络的服务和控制功能分布在各个站点上。可见，该模式具有分布处理及分布控制的特征。

4. 分布式操作系统

分布式计算机系统是由多个分散的计算机经连接而成的计算机系统，系统中的计算机无主、次之分，任意两台计算机可以通过通信交换信息。通常，为分布式计算机系统配置的操作系统称为分布式操作系统。

分布式操作系统能直接对系统中的各类资源进行动态分配和调度、任务划分、信息传输协调工作，并为用户提供一个统一的界面、标准的接口，用户通过这一界面实现所需要的操作和使用系统资源，使系统中若干台计算机相互协作完成共同的任务，有效地控制和协调诸任务的并行执行，并向系统提供统一、有效的接口的软件集合。

分布式操作系统是网络操作系统的更高级形式，它保持网络系统所拥有的全部功能，同时又有透明性、可靠性和高性能等特性。

5. 嵌入式操作系统

嵌入式操作系统运行在嵌入式智能芯片环境中，对整个智能芯片以及它所操作、控制的各种部件装置等资源进行统一协调、处理、指挥和控制。其主要特点如下：

（1）微型化。从性能和成本角度考虑，希望占用的资源和系统代码量少，如内存少、字长短、运行速度有限、能源少（用微小型电池）。

（2）可定制。从减少成本和缩短研发周期考虑，要求嵌入式操作系统能运行在不同的微处理器平台上，能针对硬件变化进行结构与功能上的配置，以满足不同应用需要。

（3）实时性。嵌入式操作系统主要应用于过程控制、数据采集、传输通信、多媒体信息及关键要害领域需要迅速响应的场合，所以对实时性要求较高。

（4）可靠性。系统构件、模块和体系结构必须达到应有的可靠性，对关键要害应用还要提供容错和防故障措施。

（5）易移植性。为了提高系统的易移植性，通常采用硬件抽象层（Hardware Abstraction Layer，HAL）和板级支撑包（Board Support Package，BSP）的底层设计技术。

嵌入式实时操作系统有很多，常见的有 VxWorks、μClinux、PalmOS、WindowsCE、μC/OS-II 和 eCos 等。

4.1.3　操作系统的发展

操作系统是在人们不断地改善计算机系统性能和提高资源利用率的过程中逐步地形成和发展起来的。推动操作系统发展的主要动力是"需求"，如社会需求、企业需求、用户需求等。

促使操作系统发展的因素主要有 3 个方面：第一，硬件的不断升级与新的硬件产品出现，需要操作系统提供更多、更复杂的支持；第二，新的服务需求，操作系统为了满足系统管理者和用户需求，需要不断扩大服务范围；第三，修补操作系统自身的错误，操作系统在运行的过程中其自身的错误也会不断地被发现，因此需要不断地修补操作系统自身的错误（即所谓的"补丁"）。需要说明的是，在修补的过程中也可能会产生新的错误。

4.2　进程管理

进程管理也称处理机管理。引入进程的原因：在多道程序批处理系统和分时系统中有多个并发执行的程序，采用程序已无法描述系统中程序执行时动态变化的过程。进程是资源分配和独立运行的基本单位。进程管理重点需要研究诸进程之间的并发特性，以及进程之间相互合作与资源竞争产生的问题。

4.2.1　基本概念

1. 程序与进程

1）程序顺序执行的特征

前趋图是一个有向无循环图，由结点和有向边组成，结点代表各程序段的操作，而结点间的有向边表示两个程序段操作之间存在的前趋关系（→）。程序段 P_i 和 P_j 的前趋关系表示成 $P_i \rightarrow P_j$，其中，P_i 是 P_j 的前趋，P_j 是 P_i 的后继，其含义是 P_i 执行结束后 P_j 才能执行。例如，图 4-1 为 3 个程序段，其中输入是计算的前驱（计算是输入的后继），输入结束才能进行计算；计算是输出的前驱，计算结束才能进行输出。

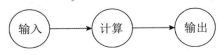

图 4-1　3 个结点的前驱图

程序顺序执行时的主要特征包括顺序性、封闭性和可再现性。

2）程序并发执行的特征

若在计算机系统中采用多道程序设计技术，则主存中的多道程序可处于并发执行状态。对于上述有 3 个程序段的作业类，虽然每个作业有前趋关系的各程序段不能在 CPU 和输入/输出各部件并行执行，但是同一个作业内没有前趋关系的程序段或不同作业的程序段可以分别在 CPU 和各输入/输出部件上并行执行。例如，某系统中有一个 CPU、一台输入设备和一台输出设备，每个作业具有 3 个程序段，输入 I、计算 C_i 和输出 $P_i(i=1,2,3)$。图 4-2 为 3 个作业的各程序段并发执行的前驱图，图中的前驱关系可记为：

$$\rightarrow = \{ I_1 \rightarrow C_1, I_1 \rightarrow I_2, I_2 \rightarrow C_2, I_2 \rightarrow I_3, I_3 \rightarrow C_3, C_1 \rightarrow P_1, C_1 \rightarrow C_2, C_2 \rightarrow P_2, C_2 \rightarrow C_3,$$
$$C_3 \rightarrow P_3, P_1 \rightarrow P_2, P_2 \rightarrow P_3 \}$$

从图 4-2 中可以看出，I_2 与 C_1 并行执行；I_3、C_2 与 P_1 并行执行；C_3 与 P_2 并行执行。其中，I_2、I_3 受到 I_1 的间接制约，C_2、C_3 受到 C_1 的间接制约，P_2、P_3 受到 P_1 的间接制约，而 C_1、P_1 受到 I_1 的直接制约，等等。

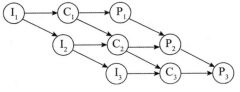

图 4-2　程序并发执行的前驱图

程序并发执行时的特征如下：

（1）失去了程序的封闭性。

（2）程序和机器的执行程序的活动不再一一对应。

（3）并发程序间的相互制约性。

例如，两个并发执行的程序段完成交通流量的统计，其中，"观察者" P_1 识别通过的车辆数，"报告者" P_2 定时将观察者的计数值清 0。程序实现如下：

```
         P1                          P2
L1:  if 有车通过  then        L2: PRINT COUNT;
     COUNT:=COUNT+1;              COUNT:=0;
     GOTO L1;                     GOTO L2;
```

对于上例，由于程序可并发执行，所以可能有以下 3 种执行序列：

①COUNT:=COUNT+1；PRINT COUNT；COUNT:=0

②PRINT COUNT；COUNT:=0；COUNT:=COUNT+1

③PRINT COUNT；COUNT:=COUNT+1；COUNT:=0

假定 COUNT 的某个循环的初值为 n，那么这 3 种执行序列得到的 COUNT 结果不同，如表 4-1 所示。

表 4-1　程序并发执行的结果

执 行 序 列	①	②	③
COUNT 打印的值	$n+1$	n	n
COUNT 执行后的值	0	1	0

这种不正确结果的发生是因为两个程序 P_1 和 P_2 共享变量 COUNT 引起的，即程序并发执行破坏了程序的封闭性和可再现性，使得程序和执行程序的活动不再一一对应。为了解决这一问题，需要研究进程间的同步与互斥问题。

2. 进程的组成

进程是程序的一次执行，该程序可以和其他程序并发执行。进程通常是由程序、数据和进程控制块（Process Control Block，PCB）组成的。

（1）PCB。PCB 是进程存在的唯一标志，其主要内容如表 4-2 所示。

表 4-2　PCB 的内容

信　息	含　义
进程标识符	标明系统中的各个进程
状态	说明进程当前的状态
位置信息	指明程序及数据在主存或外存的物理位置
控制信息	参数、信号量、消息等
队列指针	链接同一状态的进程
优先级	进程调度的依据
现场保护区	将处理机的现场保护到该区域，以便再次调度时能继续正确运行
其他	因不同的系统而异

（2）程序。程序部分描述了进程需要完成的功能。假如一个程序能被多个进程同时共享执行，那么这一部分就应该以可再入（纯）码的形式编制，它是程序执行时不可修改的部分。

（3）数据。数据部分包括程序执行时所需的数据及工作区。该部分只能为一个进程所专用，是进程的可修改部分。

3. 进程的状态及其状态间的切换

1）三态模型

在多道程序系统中，进程在处理器上交替运行，状态也不断地发生变化，因此进程一般有

3 种基本状态：运行、就绪和阻塞。图 4-3 显示了进程基本状态及其转换，也称三态模型。

（1）运行。当一个进程在处理机上运行时，则称该进程处于运行状态。显然，对于单处理机系统，处于运行状态的进程只有一个。

（2）就绪。一个进程获得了除处理机外的一切所需资源，一旦得到处理机即可运行，则称此进程处于就绪状态。

（3）阻塞。阻塞也称等待或睡眠状态，一个进程正在等待某一事件发生（例如请求 I/O，等待 I/O 完成等）而暂时停止运行，这时即使把处理机分配给进程也无法运行，故称该进程处于阻塞状态。

2）五态模型

事实上，对于一个实际的系统，进程的状态及其转换更复杂。例如，引入新建态和终止态构成了进程的五态模型，如图 4-4 所示。

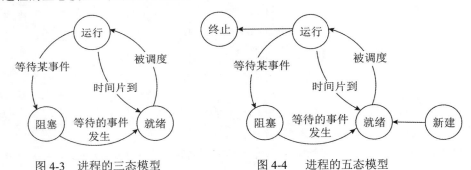

图 4-3　进程的三态模型　　　　图 4-4　进程的五态模型

其中，新建态对应于进程刚刚被创建时没有被提交的状态，并等待系统完成创建进程的所有必要信息。因为创建进程时分为两个阶段，第一个阶段为一个新进程创建必要的管理信息，第二个阶段让该进程进入就绪状态。由于有了新建态操作系统，往往可以根据系统的性能和主存容量的限制推迟新建态进程的提交。类似地，进程的终止也可分为两个阶段，第一个阶段等待操作系统进行善后处理，第二个阶段释放主存。

3）具有挂起状态的进程状态及其转换

由于进程的不断创建，系统资源特别是主存资源已不能满足进程运行的要求。这时，就必须将某些进程挂起，放到磁盘对换区，暂时不参加调度，以平衡系统负载。或者是系统出现故障，或者是用户调试程序，也可能需要将进程挂起检查问题。图 4-5 是具有挂起状态的进程状态及其转换。

（1）活跃就绪。活跃就绪是指进程在主存并且可被调度的状态。

（2）静止就绪。静止就绪是指就绪进程被对换到辅存时的状态，它是不能被直接调度的状态，只

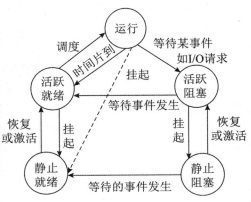

图 4-5　细分进程状态及其转换

有当主存中没有活跃就绪态进程，或者是挂起态进程具有更高的优先级时，系统将把挂起就绪态进程调回主存并转换为活跃就绪。

（3）活跃阻塞。活跃阻塞是指进程在主存，一旦等待的事件产生便进入活跃就绪状态。

（4）静止阻塞。静止阻塞是指阻塞进程对换到辅存时的状态，一旦等待的事件产生便进入静止就绪状态。

4.2.2　进程的控制

进程控制就是对系统中的所有进程从创建到消亡的全过程实施有效的控制。为此，操作系统设置了一套控制机构，该机构的主要功能包括创建一个新进程，撤销一个已经运行完的进程，改变进程的状态，实现进程间的通信。进程控制是由操作系统内核（Kernel）中的原语实现的。内核是计算机系统硬件的首次延伸，是基于硬件的第一层软件扩充，它为系统对进程进行控制和管理提供了良好的环境。

原语（Primitive）是指由若干条机器指令组成的，用于完成特定功能的程序段。原语的特点是在执行时不能被分割，即原子操作要么都做，要么都不做。内核中所包含的原语主要有进程控制原语、进程通信原语、资源管理原语以及其他方面的原语。属于进程控制方面的原语有进程创建原语、进程撤销原语、进程挂起原语、进程激活原语、进程阻塞原语以及进程唤醒原语等。不同的操作系统内核所包含的功能不同，但大多数操作系统的内核都包含支撑功能和资源管理的功能。

4.2.3　进程间的通信

在多道程序环境的系统中存在多个可以并发执行的进程，使得进程之间会存在资源共享和相互合作的问题。进程通信是指各个进程交换信息的过程。

1. 同步与互斥

同步是合作进程间的直接制约问题，互斥是申请临界资源进程间的间接制约问题。

1）进程间的同步

在计算机系统中，多个进程可以并发执行，每个进程都以各自独立的、不可预知的速度向前推进，但是需要在某些确定点上协调相互合作进程间的工作。例如，进程 A 向缓冲区送数据，进程 B 从缓冲区取数据加工，当进程 B 要取数据加工时，必须是进程 A 完成了向缓冲区送数据的操作，否则进程 B 必须停下来等待进程 A 的操作结束。

可见，所谓进程间的同步是指在系统中一些需要相互合作，协同工作的进程，这样的相互联系称为进程的同步。

2）进程间的互斥

进程的互斥是指系统中多个进程因争用临界资源而互斥执行。在多道程序系统环境中，各进程可以共享各类资源，但有些资源一次只能供一个进程使用，称为临界资源（Critical Resource，CR），如打印机、共享变量和表格等。

3）临界区管理的原则

临界区（Critical Section，CS）是进程中对临界资源实施操作的那段程序。对互斥临界区管理的 4 条原则如下：

（1）有空即进。当无进程处于临界区时，允许进程进入临界区，并且只能在临界区运行有限的时间。

（2）无空则等。当有一个进程在临界区时，其他欲进入临界区的进程必须等待，以保证进程互斥地访问临界资源。

（3）有限等待。对于要求访问临界资源的进程，应保证进程能在有限的时间进入临界区，以免陷入"饥饿"状态。

（4）让权等待。当进程不能进入自己的临界区时，应立即释放处理机，以免进程陷入忙等状态。

2. 信号量机制

荷兰学者 Dijkstra 于 1965 年提出的信号量机制是一种有效的进程同步与互斥工具。目前，信号量机制有了很大的发展，主要有整型信号量、记录型信号量和信号量集机制。

1）整型信号量与 PV 操作

信号量是一个整型变量，根据控制对象的不同被赋予不同的值。信号量分为如下两类：

（1）公用信号量。实现进程间的互斥，初值为 1 或资源的数目。

（2）私用信号量。实现进程间的同步，初值为 0 或某个正整数。

信号量 S 的物理意义：$S \geq 0$ 表示某资源的可用数，若 $S<0$，则其绝对值表示阻塞队列中等待该资源的进程数。

对于系统中的每个进程，其工作的正确与否不仅取决于它自身的正确性，而且与它在执行中能否与其他相关进程正确地实施同步互斥有关。PV 操作是实现进程同步与互斥的常用方法。P 操作和 V 操作是低级通信原语，在执行期间不可分割。其中，P 操作表示申请一个资源，V 操作表示释放一个资源。

P 操作的定义：S:=S–1。若 $S \geq 0$，则执行 P 操作的进程继续执行；若 $S<0$，则将该进程置为阻塞状态（因为无可用资源），并将其插入阻塞队列。

P 操作可用如下过程表示，其中，Semaphore 表示所定义的变量是信号量。

```
Procedure P(Var S:Semaphore);
  Begin
    S:=S-1;
    If S<0 then W(S)        {执行 P 操作的进程插入等待队列}
  End;
```

V 操作定义：S: =S+1。若 $S>0$，则执行 V 操作的进程继续执行；若 $S \leq 0$，则从阻塞状态唤醒一个进程，并将其插入就绪队列，然后执行 V 操作的进程继续。

V 操作可用如下过程表示：

```
Procedure V(Var S:Semaphore);
   Begin
      S:=S+1;
      If S≤0 then R(S)          {从阻塞队列中唤醒一个进程}
   End;
```

2）利用 PV 操作实现进程的互斥

令信号量 mutex 的初值为 1，当进入临界区时执行 P 操作，退出临界区时执行 V 操作。这样，利用 PV 操作实现进程互斥的代码段如下：

```
P(mutex)
   临界区
V(mutex)
```

【例 4.1】 将交通流量统计程序改写如下：

```
             P1                        P2
L1: if 有车通过 then        L2: begin
       begin                      P(mutex)
         P(mutex)                 PRINT COUNT;
         COUNT:=COUNT+1;          COUNT:=0;
         V(mutex)                 V(mutex)
       end                     end
     GOTO L1;                   GOTO L2;
```

3）利用 PV 操作实现进程的同步

进程的同步是由于进程间合作引起的相互制约的问题，要实现进程的同步可用一个信号量与消息联系起来，当信号量的值为 0 时表示等待的消息未产生，当信号量的值为非 0 时表示等待的消息已经存在。假定用信号量 S 表示某条消息，进程可以通过调用 P 操作测试消息是否到达，调用 V 操作通知消息已准备好。最典型的同步问题是单缓冲区的生产者和消费者的同步问题。

【例 4.2】 生产者进程 P_1 不断地生产产品送入缓冲区，消费者进程 P_2 不断地从缓冲区中取产品进行消费。请给出实现进程同步的模型图。

分析：为了实现 P_1 与 P_2 进程间的同步问题，需要设置两个信号量 S_1 和 S_2，但信号量初值不同可有如下两种实现方案。

方案 1：信号量 S_1 的初值为 1，表示缓冲区空，可以将产品送入缓冲区；信号量 S_2 的初值为 0，表示缓冲区有产品。其同步过程如图 4-6 所示。

方案 2：信号量 S_1 的初值为 0，信号量 S_2 的初值为 0，此时同步过程如图 4-7 所示。

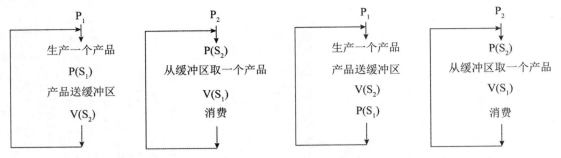

图 4-6　单缓冲区的同步举例方法 1　　　　　图 4-7　单缓冲区的同步举例方法 2

【例 4.3】　一个生产者和一个消费者，缓冲区中可存放 n 件产品，生产者不断地生产产品，消费者不断地消费产品，如何用 PV 操作实现生产者和消费者的同步。可以通过设置 3 个信号量 S、S_1 和 S_2，其中，S 是一个互斥信号量，初值为 1，因为缓冲区是一个互斥资源，所以需要进行互斥控制；S_1 表示是否可以将产品放入缓冲区，初值为 n；S_2 表示缓冲区是否存有产品，初值为 0。其同步过程如图 4-8 所示。

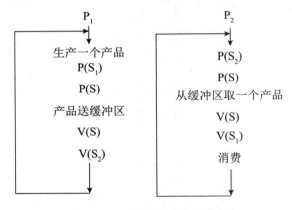

图 4-8　n 个缓冲区的同步举例

3. 高级通信原语

进程间通信是指进程之间的信息交换，少则一个信息，多则成千上万个信息。根据交换信息量的多少和效率的高低，进程通信的方式分为低级方式和高级方式。PV 操作属于低级通信方式，若用 PV 操作实现进程间通信，则存在如下问题：

（1）编程难度大，通信对用户不透明，即要用户利用低级通信工具实现进程间的同步与互斥。而且，PV 操作使用不当容易引起死锁。

（2）效率低，生产者每次只能向缓冲区放一个消息，消费者只能从缓冲区取一个消息。

为了提高信号通信的效率，传递大量数据，减轻程序编制的复杂度，系统引入了高级通信方式。高级通信方式主要分为共享存储模式、消息传递模式和管道通信。

（1）共享存储模式。相互通信的进程共享某些数据结构（或存储区）实现进程之间的通信。

（2）消息传递模式。进程间的数据交换以消息为单位，程序员直接利用系统提供的一组通信命令（原语）来实现通信，如 Send(A)、Receive(A)。

（3）管道通信。管道是用于连接一个读进程和一个写进程，以实现它们之间通信的共享文件（pipe 文件）。向管道（共享文件）提供输入的发送进程（即写进程），以字符流的形式将大量的数据送入管道；而接收进程可从管道接收大量的数据。由于它们通信时采用管道，所以称为管道通信。

4.2.4　管程

若用信号量和 P、V 操作来解决进程的同步与互斥问题，需要在程序中的适当位置安排 P、V 操作，否则会造成死锁错误。为了解决分散编程带来的困难，1974 年和 1975 年汉森（Brinsh Hansen）和霍尔（Hoare）提出了另一种同步机制——管程（monitor）。其基本思路是采用资源集中管理的方法，将系统中的资源用某种数据结构抽象地表示出来。由于临界区是访问共享资源的代码段，因而建立一个管程来管理进程提出的访问请求。

采用这种方式对共享资源的管理就可以借助数据结构及在其上实施操作的若干过程来进行，对共享资源的申请和释放可以通过过程在数据结构上的操作来实现。

管程由一些共享数据、一组能为并发进程所执行的作用在共享数据上的操作的集合、初始代码以及存取权组成。管程提供了一种允许多进程安全、有效地共享抽象数据类型的机制，管程实现同步机制由"条件结构（condition construct）"所提供。为实现进程互斥同步，必须定义一些条件变量，例如 var notempty、notfull: condition，这些条件变量只能被 wait 和 signal 操作所访问。notfull.wait 操作意味着调用该操作的进程将被挂起，使另一个进程执行；而 notfull.signal 操作仅仅是启动一个被挂起的进程，如无挂起进程，则 notfull.signal 操作相当于空操作，不改变 notfull 状态，这不同于 V 操作。

4.2.5　进程调度

进程调度方式是指当有更高优先级的进程到来时如何分配 CPU。调度方式分为可剥夺和不可剥夺两种。可剥夺式是指当有更高优先级的进程到来时，强行将正在运行进程的 CPU 分配给高优先级的进程；不可剥夺式是指当有更高优先级的进程到来时，必须等待正在运行进程自动释放占用的 CPU，然后将 CPU 分配给高优先级的进程。

1. 三级调度

在某些操作系统中，一个作业从提交到完成需要经历高、中、低三级调度。

（1）高级调度。高级调度又称"长调度""作业调度"或"接纳调度"，它决定处于输入池中的哪个后备作业可以调入主系统做好运行的准备，成为一个或一组就绪进程。在系统中一个作业只需经过一次高级调度。

（2）中级调度。中级调度又称"中程调度"或"对换调度"，它决定处于交换区中的哪个就绪进程可以调入内存，以便直接参与对 CPU 的竞争。在内存资源紧张时，为了将进程调入内存，必须将内存中处于阻塞状态的进程调出至交换区，以便为调入进程腾出空间。这相当于使处于内存的进程和处于盘交换区的进程交换了位置。

（3）低级调度。低级调度又称"短程调度"或"进程调度"，它决定处于内存中的哪个就绪进程可以占用 CPU。低级调度是操作系统中最活跃、最重要的调度程序，对系统的影响很大。

2. 调度算法

常用的进程调度算法有先来先服务、时间片轮转、优先级调度和多级反馈调度算法。

（1）先来先服务（FCFS）。FCFS 按照作业提交或进程成为就绪状态的先后次序分配 CPU，即进程调度总是将就绪队列队首的进程投入运行。FCFS 的特点是比较有利于长作业，而不利于短作业；有利于 CPU 繁忙的作业，而不利于 I/O 繁忙的作业。FCFS 算法主要用于宏观调度。

（2）时间片轮转。时间片轮转算法主要用于微观调度，其设计目标是提高资源利用率。通过时间片轮转提高进程并发性和响应时间特性，从而提高资源利用率。时间片的长度可以从几毫秒到几百毫秒，选择的方法一般分为固定时间片和可变时间片两种。

（3）优先级调度。该算法是让每一个进程都拥有一个优先数，数值大的表示优先级高，系统在调度时总选择优先数大的占用 CPU。优先级调度分为静态优先级和动态优先级两种。

（4）多级反馈调度。多级反馈队列调度算法是时间片轮转算法和优先级算法的综合与发展。其优点有三个方面：第一，照顾了短进程以提高系统吞吐量，缩短了平均周转时间；第二，照顾 I/O 型进程以获得较好的 I/O 设备利用率和缩短响应时间；第三，不必估计进程的执行时间，动态调节优先级。

3. 进程优先级确定

优先级确定需要考虑如下情况：

（1）对于 I/O 型进程，让其进入最高优先级队列，以及时响应需要 I/O 交互的进程。通常执行一个小的时间片，在该时间片内要求可处理完一次 I/O 请求的数据，然后转入到阻塞队列。

（2）对于计算型进程，每次都执行完时间片后进入更低级队列。最终采用最大时间片来执行，以减少调度次数。

（3）对于 I/O 次数不多，主要是 CPU 处理的进程，在 I/O 完成后，返回优先 I/O 请求时离开的队列，以免每次都回到最高优先级队列后再逐次下降。

（4）为适应一个进程在不同时间段的运行特点，I/O 完成时，提高优先级；时间片用完时，降低优先级。

4.2.6 死锁

在计算机系统中有许多互斥资源（如磁带机、打印机和绘图仪等）或软件资源（如进程表、临界区等），若两个进程同时使用打印机，或同时进入临界区必然会出现问题。所谓死锁，是指两个以上的进程互相都要求对方已经占有的资源导致无法继续运行下去的现象。

1. 死锁举例

【例 4.4】 进程推进顺序不当引起的死锁。设系统中有一台读卡机 A 和一台打印机 B 资源，这些资源被进程 P_1 和 P_2 共享，当 P_1 和 P_2 并发执行时，按如下顺序请求和释放资源。

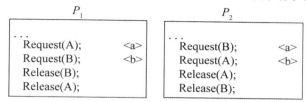

其中，P_1<a>表示执行 Request(A)，P_2<a>表示执行 Request(B)，……。如果系统按照 P_1<a> P_2<a> P_1<b> P_2<b>的顺序执行，则系统会发生死锁。因为进程 P_1<a>时，由于读卡机未被占用，所以请求可以得到满足；进程 P_2<a>时，由于打印机未被占用，所以请求也可以得到满足。接着进程 P_1<b>时，由于打印机被占用，所以请求得不到满足，P_1 等待；进程 P_2<b>时，由于读卡机被占用，所以请求得不到满足，P_2 也等待，导致互相在请求对方已占有的资源，系统发生死锁。

【例 4.5】 同类资源分配不当引起死锁。若系统中有 m 个资源被 n 个进程共享，当每个进程都要求 k 个资源，而 $m < nk$ 时，即资源数小于进程所要求的总数时，可能会引起死锁。例如，$m=5$，$n=3$，$k=3$，若系统采用的分配策略是轮流地为每个进程分配，则第一轮系统先为每个进程分配一台，还剩下两台；第二轮系统再为两个进程各分配一台，此时，系统中已无可供分配的资源，使得各个进程都处于等待状态导致系统发生死锁。

【例 4.6】 PV 操作使用不当引起的死锁。对于图 4-9，当信号量 $S_1=S_2=0$ 时将发生死锁。

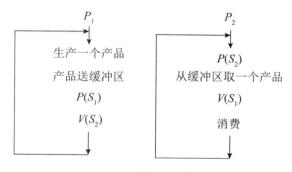

图 4-9　PV 操作引起的死锁

从图 4-9 可知，进程 P_2 从缓冲区取产品前，先执行 $P(S_2)$，由于 $S_2=-1$，故进程 P_2 等待；P_1 将产品送到缓冲区后，执行 $P(S_1)$，由于 $S_1=-1$，故 P_1 等待。这样，进程 P_1、P_2 都无法继续运行下去，导致系统死锁。

根据例 4.4～例 4.6 的情况分析不难看出，产生死锁的原因为竞争资源及进程推进顺序非法。当系统中有多个进程所共享的资源不足以同时满足它们的需求时，将引起它们对资源的竞争导致死锁。其中，进程推进顺序非法，是指进程在运行的过程中请求和释放资源的顺序不当，导致进程死锁。

2. 进程资源图

进程资源有向图由方框、圆圈和有向边三部分组成。其中方框表示资源，圆圈表示进程。请求资源：○→□，箭头由进程指向资源；分配资源：○←□，箭头由资源指向进程。

例如，系统中有进程 P_1、P_2 和 P_3，资源 R_1、R_2 和 R_3。假设系统中 R_1、R_2 和 R_3 的资源数分别为 1、1 和 2，其中 P_1 占用了 1 台 R_1，又申请 1 台 R_3；P_2 占用了 1 台 R_2，又申请 1 台 R_1；P_3 占用了 2 台 R_3，又申请 1 台 R_2。对于这种情况可用进程资源图来描述，如图 4-10 所示。

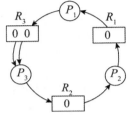

图 4-10　进程资源有向图

3. 死锁产生的原因及 4 个必要条件

产生死锁的 4 个必要条件是互斥条件、请求保持条件、不可剥夺条件和环路条件。当发生死锁时，在进程资源有向图中必构成环路，其中每个进程占有了下一个进程申请的一个或多个资源，导致进程申请的资源无法满足而产生死锁。

4. 死锁的处理

死锁的处理策略主要有 4 种：鸵鸟策略（即不理睬策略）、预防策略、避免策略和检测与解除死锁。

1）死锁预防

死锁预防是采用某种策略限制并发进程对资源的请求,破坏死锁产生的 4 个必要条件之一，使系统在任何时刻都不满足死锁的必要条件。预防死锁的两种策略如下：

（1）预先静态分配法。破坏了"不可剥夺条件"，预先分配所需资源，保证不等待资源。该方法的问题是降低了对资源的利用率，降低进程的并发程度；有时可能无法预先知道所需资源。

（2）资源有序分配法。破坏了"环路条件"，把资源分类按顺序排列，保证不形成环路。该方法存在的问题是限制进程对资源的请求；由于资源的排序占用系统开销。

2）死锁避免

死锁预防是设法破坏产生死锁的 4 个必要条件之一，严格防止死锁的产生。死锁避免则不那么严格地限制产生死锁的必要条件。最著名的死锁避免算法是 Dijkstra 提出的银行家算法，死锁避免算法需要很大的系统开销。

银行家算法对于进程发出的每一个系统可以满足的资源请求命令加以检测，如果发现分配资源后系统进入不安全状态，则不予分配；若分配资源后系统仍处于安全状态，则实施分配。与死锁预防策略相比，它提高了资源的利用率，但检测分配资源后系统是否安全增加了系统开销。

所谓安全状态，是指系统能按某种顺序如 $<P_1,P_2,\cdots,P_n>$ 来为每个进程分配其所需资源，直到最大需求，使每个进程都可顺序完成。通常称 $<P_1,P_2,\cdots,P_n>$ 序列为安全序列。若系统不存在这样一个安全序列，则称系统处于不安全状态。

【例 4.7】　假设系统中有三类互斥资源 R_1、R_2 和 R_3，可用资源数分别为 8、7 和 4。在 T_0 时刻系统中有 P_1、P_2、P_3、P_4 和 P_5 这 5 个进程，这些进程对资源的最大需求量和已分配资源数如图 4-11 所示。若有如下①～④个执行序列，那么进程按什么序列执行，系统状态是安全的。

①$P_1 \rightarrow P_2 \rightarrow P_4 \rightarrow P_5 \rightarrow P_3$　　　　　②$P_2 \rightarrow P_1 \rightarrow P_4 \rightarrow P_5 \rightarrow P_3$

③$P_4 \rightarrow P_2 \rightarrow P_1 \rightarrow P_5 \rightarrow P_3$　　　　　④$P_4 \rightarrow P_2 \rightarrow P_5 \rightarrow P_1 \rightarrow P_3$

资源 进程	最大需求量 R_1 R_2 R_3	已分配资源数 R_1 R_2 R_3
P_1	6　4　2	1　1　1
P_2	2　2　2	2　1　1
P_3	8　1　1	2　1　0
P_4	2　2　1	1　2　1
P_5	3　4　2	1　1　1

图 4-11　进程已分配资源数

分析：初始时系统的可用资源数分别为 8、7 和 4，在 T_0 时刻已分配资源数分别为 7、6 和 4，因此系统剩余的可用资源数分别为 1、1 和 0。

由于 R_3 资源为 0，系统不能再分配 R_3 资源了，所以不能一开始就运行需要分配 R_3 资源的进程 P_1 和 P_2，故①和②显然是不安全的。

分析序列③ $P_4 \rightarrow P_2 \rightarrow P_1 \rightarrow P_5 \rightarrow P_3$ 的执行是否安全。进程 P_4 可以设置能完成标志 True，因为系统的可用资源数为（1，1，0），而进程 P_4 只需要一台 R_1 资源；进程 P_2 可以设置能完成标志 True，因为进程 P_4 运行完毕将释放所有资源，此时系统的可用资源数应为（2，3，1），而进程 P_2 只需要（0，1，1），进程 P_2 运行完毕将释放所有资源，此时系统的可用资源数应为（4，4，2），如图 4-12 所示。进程 P_1 不能设置能完成标志 True，因为进程 P_1 需要 R_1 资源为 5，系统能提供的 R_1 资源为 4，所以序列③无法进行下去，因此，$P_4 \rightarrow P_2 \rightarrow P_1 \rightarrow P_5 \rightarrow P_3$ 为不安全序列。

资源 进程	可用 R_1 R_2 R_3	需求 R_1 R_2 R_3	已分 R_1 R_2 R_3	可用+已分 R_1 R_2 R_3	能否完成标志
P_4	1　1　0	1　0　0	1　2　1	2　3　1	True
P_2	2　3　1	0　1　1	2　1　1	4　4　2	True
P_1	4　4　2	5　3　1	1　1　1		

图 4-12　进程按序列③$P_4 \rightarrow P_2 \rightarrow P_1 \rightarrow P_5 \rightarrow P_3$ 执行

序列④的 $P_4 \rightarrow P_2 \rightarrow P_5 \rightarrow P_1 \rightarrow P_3$ 是安全的，因为所有的进程都能设置完成标志 True，如图 4-13 所示。

资源 进程	可用 R_1 R_2 R_3			需求 R_1 R_2 R_3			已分 R_1 R_2 R_3			可用+已分 R_1 R_2 R_3			能否完 成标志
P_4	1	1	0	1	0	0	1	2	1	2	3	1	True
P_2	2	3	1	0	1	1	2	1	1	4	4	2	True
P_5	4	4	2	2	3	1	1	1	1	5	5	3	True
P_1	5	5	3	5	3	1	1	1	1	6	6	4	True
P_3	6	6	4	6	0	1	2	1	0	8	7	4	True

图 4-13　进程按序列④$P_4 \rightarrow P_2 \rightarrow P_5 \rightarrow P_1 \rightarrow P_3$ 执行

3）死锁检测

解决死锁的另一条途径是使用死锁检测方法，这种方法对资源的分配不加限制，即允许死锁产生。但系统定时地运行一个死锁检测程序，判断系统是否发生死锁，若检测到有死锁，则设法加以解除。

4）死锁解除

死锁解除通常采用资源剥夺法和撤销进程法。资源剥夺法从一些进程那里强行剥夺足够数量的资源分配给死锁进程；撤销进程法根据某种策略逐个地撤销死锁进程，直到解除死锁为止。

4.2.7　线程

传统的进程有两个基本属性：可拥有资源的独立单位；可独立调度和分配的基本单位。引入线程的原因是进程在创建、撤销和切换中，系统必须为之付出较大的时空开销，故在系统中设置的进程数目不宜过多，进程切换的频率不宜太高，这就限制了并发程度的提高。引入线程后，将传统进程的两个基本属性分开，线程作为调度和分配的基本单位，进程作为独立分配资源的单位。用户可以通过创建线程来完成任务，以减少程序并发执行时付出的时空开销。

例如，在文件服务进程中可设置多个服务线程，当一个线程受阻时，第二个线程可以继续运行，当第二个线程受阻时，第三个线程可以继续运行……从而显著地提高了文件系统的服务质量及系统的吞吐量。

这样，对于拥有资源的基本单位，不用频繁地切换，进一步提高了系统中各程序的并发程度。需要说明的是，线程是进程中的一个实体，是被系统独立分配和调度的基本单位。线程基本上不拥有资源，只拥有一点运行中必不可少的资源（如程序计数器、一组寄存器和栈），它可与同属一个进程的其他线程共享进程所拥有的全部资源。

线程也具有就绪、运行和阻塞 3 种基本状态。由于线程具有许多传统进程所具有的特性，故称为"轻型进程（Light-Weight Process）"；传统进程称为"重型进程（Heavy-Weight Process）"。线程可创建另一个线程，同一个进程中的多个线程可并发执行。

线程分为用户级线程（User-Level Threads）和内核支持线程（Kernel-Supported Threads）两类。用户级线程不依赖于内核，该类线程的创建、撤销和切换都不利用系统调用来实现；内核支持线程依赖于内核，即无论是在用户进程中的线程，还是在系统中的线程，它们的创建、撤销和切换都利用系统调用来实现。某些系统同时实现了两种类型的线程。

　　与线程不同的是，不论是系统进程还是用户进程，在进行切换时，都要依赖于内核中的进程调度。因此，不论是什么进程都是与内核有关的，是在内核支持下进行切换的。尽管线程和进程表面上看起来相似，但它们在本质上是不同的。

4.3　存储管理

　　存储器管理的对象是主存存储器，简称主存或内存。存储器是计算机系统中的关键性资源，是存放各种信息的主要场所。尽管近年来内存越来越便宜、容量越来越大，但系统软件、应用软件在功能及其所需存储空间等方面都在急剧膨胀，如何对存储器实施有效的管理，不仅直接影响存储器的利用率，而且还对系统性能有很大的影响。存储器管理的主要功能包括主存空间的分配和回收、提高主存的利用率、扩充主存、对主存信息实现有效保护。

4.3.1　基本概念

1. 存储器的结构

　　存储组织的功能是在存储技术和 CPU 寻址技术许可的范围内组织合理的存储结构，使得各层次的存储器都处于均衡的繁忙状态。常用的存储器的结构有"寄存器—主存—外存"结构和"寄存器—缓存—主存—存储组织的功能外存"结构。

　　（1）虚拟地址。对于程序员来说，数据的存放地址是由符号决定的，故称符号名地址，或者称为名地址，而把源程序的地址空间称为符号名地址空间或者名空间。它是从 0 号单元开始编址，并顺序分配所有的符号名所对应的地址单元，所以它不是主存中的真实地址，故称为相对地址、程序地址、逻辑地址或虚拟地址。

　　（2）地址空间。把程序中由符号名组成的空间称为名空间。源程序经过汇编或编译后再经过链接编辑程序加工形成程序的装配模块，即转换为相对地址编址的模块，它是以 0 为基址顺序进行编址的。相对地址也称为逻辑地址或虚地址，把程序中由相对地址组成的空间称为逻辑地址空间。相对地址空间通过地址再定位机构转换到绝对地址空间，绝对地址空间也称为物理地址空间。

　　（3）存储空间。简单来说，逻辑地址空间（简称地址空间）是逻辑地址的集合，物理地址空间（简称存储空间）是物理地址的集合。

2. 地址重定位

　　地址重定位是指将逻辑地址变换成主存物理地址的过程。在可执行文件装入时，需要解决可执行文件中地址（指令和数据）与主存地址的对应关系，由操作系统中的装入程序Loader 和地址重定位机构来完成。地址重定位分为静态地址重定位和动态地址重定位。其中，静态重定位是指在程序装入主存时已经完成了逻辑地址到物理地址的变换，在程序的执行期间将不会再发生变化。动态重定位是指在程序运行期间完成逻辑地址到物理地址的变换。

4.3.2　存储管理方案

存储管理的主要目的是解决多个用户使用主存的问题，其存储管理方案主要包括分区存储管理、分页存储管理、分段存储管理、段页式存储管理以及虚拟存储管理。本小节介绍分区存储管理方案，其他存储管理方案将在后续章节中介绍。

1. 分区存储管理

分区存储管理是早期的存储管理方案，其基本思想是把主存的用户区划分成若干个区域，每个区域分配给一个用户作业使用，并限定它们只能在自己的区域中运行，这种主存分配方案就是分区存储管理方式。按划分方式不同，分区可分为固定分区、可变分区和可重定位分区。

（1）固定分区。固定分区是一种静态分区方式，在系统生成时已将主存划分为若干个分区，每个分区的大小可不等。操作系统通过主存分配情况表管理主存。这种方法的突出问题是已分配区中存在未用空间，原因是程序或作业的大小不可能刚好等于分区的大小，故造成了空间的浪费。通常将已分配分区内的未用空间称为零头或内碎片。

（2）可变分区。可变分区是一种动态分区方式，存储空间的划分是在作业装入时进行的，故分区的个数是可变的，分区的大小刚好等于作业的大小。可变分区分配需要已分配表和未分配表两种管理表格，分别记录已分配分区和未分配分区的情况。对于可变分区的请求和释放分区主要有 4 种算法：最佳适应算法、最差适应算法、首次适应算法和循环首次适应算法。

引入可变分区后虽然主存的分配更灵活，也提高了主存的利用率，但是由于系统在不断地分配和回收中，必定会出现一些不连续的小的空闲区，尽管这些小的空闲区的总和超过某一个作业要求的空间，但是由于不连续而无法分配，产生了未分配区的无用空间，通常称之为外碎片。解决碎片的方法是拼接（或称紧凑），即向一个方向（例如向低地址端）移动已分配的作业，使那些零散的小空闲区在另一个方向连成一片。

（3）可重定位分区。可重定位分区是解决碎片问题的简单且行之有效的方法。基本思想是移动所有已分配好的分区，使之成为连续区域。如同队列有一个队员出列，指挥员叫大家"靠拢"一样。分区"靠拢"的时机是当用户请求空间得不到满足时或某个作业执行完毕时。由于"靠拢"是要代价的，所以通常是在用户请求空间得不到满足时进行。需要注意的是，当进行分区"靠拢"时会导致地址发生变化，所以有地址重定位问题。

2. 分区保护

分区保护的目的是防止未经核准的用户访问分区，常用的两种方式如下：

（1）采用上界/下界寄存器保护。上界寄存器中存放的是作业的装入地址，下界寄存器中装入的是作业的结束地址，形成的物理地址必须满足如下条件：

$$上界寄存器 \leqslant 物理地址 \leqslant 下界寄存器$$

（2）采用基址/限长寄存器保护。基址寄存器中存放的是作业的装入地址，限长寄存器中装入的是作业的长度，形成的物理地址必须满足如下条件：

$$基址寄存器 \leqslant 物理地址 < 基址寄存器 + 限长寄存器$$

4.3.3　分页存储管理

尽管分区管理方案是解决多道程序共享主存的可行方案，但是该方案的主要问题是用户程序必须装入连续的地址空间中，若无满足用户要求的连续空间，需要进行分区靠拢操作，这是以耗费系统时间为代价的。为此，引入了分页存储管理方案。

1. 纯分页存储管理

1）分页原理

将一个进程的地址空间划分成若干个大小相等的区域，称为页。相应地，将主存空间划分成与页相同大小的若干个物理块，称为块或页框。在为进程分配主存时，将进程中若干页分别装入多个不相邻接的块中。

2）地址结构

分页系统的地址结构由两部分组成：前一部分为页号 P；后一部分为偏移量 W，即页内地址。图中的地址长度为 32 位，其中，0~11 位为页内地址（每页的大小为 4KB），12~31 位为页号，所以允许地址空间的大小最多为 1MB 个页。

3）页表

当进程的多个页面离散地分配到主存的多个物理块时，系统应能保证在主存中找到进程要访问的页面所对应的物理块。为此，系统为每个进程建立了一张页面映射表，简称页表（如图 4-14 所示）。每个页在页表中占一个表项，记录该页在主存中对应的物理块号。

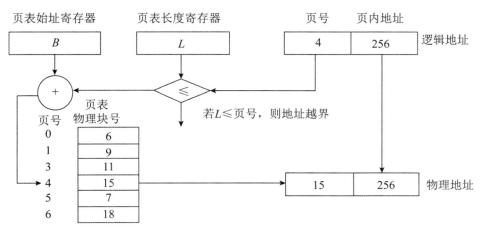

图 4-14　页式存储管理的地址映射

2. 快表

从地址映射的过程可以发现，页式存储管理至少需要两次访问主存。例如，第一次是访问页表，得到的是数据的物理地址；第二次是存取数据；若该数据是间接地址，还需要再进行地址变换，再存取数据，显然访问主存的次数大于 2。为了提高访问主存的速度，可以在地址映射机构中增加一组高速寄存器，用来保存页表。这种方法需要大量的硬件开销，在经济上是不可行的。另一种方法是在地址映射机构中增加一个小容量的联想存储器，联想存储器由一组高速存储器组成，称之为快表，用来保存当前访问频率高的少数活动页的页号及相关信息。

3. 两级页表机制

两级页表机制的基本方法是将页表进行分页，每个页面的大小与主存物理块的大小相同，并为它们进行编号，可以离散地将各个页面分别存放在不同的物理块中。为此需要建立一张页表，称为外层页表（页表目录），即第一级是页目录表，其中的每个表目是存放某个页表的物理地址；第二级是页表，其中的每个表目所存放的是页的物理块号。

两级页表的逻辑地址结构和两级页表的地址变换机构如图 4-15 所示。

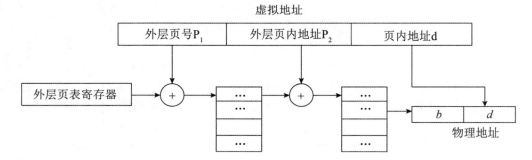

图 4-15　两级页表的地址变换机构

4.3.4　分段存储管理

在分段存储管理方式中，作业的地址空间被划分为若干个段，每个段是一组完整的逻辑信息，例如有主程序段、子程序段、数据段及堆栈段等，每个段都有自己的名字，都是从 0 开始编址的一段连续的地址空间，各段的长度是不等的。分段系统的地址结构如图 4-16 所示，逻辑地址由段号（名）和段内地址两部分组成。在该地址结构中，允许一个作业最多有 64 KB 个段，每个段的最大长度为 64 KB。

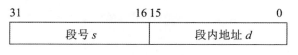

图 4-16　分段的地址结构

在分段式存储管理系统中，为每个段分配一个连续的分区，而进程中的各个段可以离散地分配到主存的不同分区中。在系统中为每个进程建立一张段映射表，简称为"段表"。每个段在表中占有一个表项，在其中记录了该段在主存中的起始地址（又称为"基址"）和段的长度，如图 4-17 所示。进程在执行时，通过查段表来找到每个段所对应的主存区。可见，段表实现了从逻辑段到物理主存区的映射。

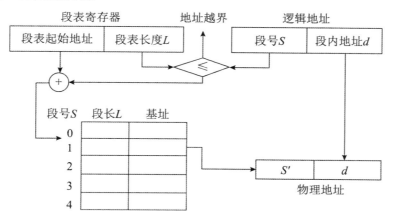

图 4-17　段式存储管理的地址变换机构

为了实现从逻辑地址到物理地址的变换功能，系统中设置了段表寄存器，用于存放段表始址和段表长度。在进行地址变换时，系统将逻辑地址中的段号 S 与段表长度 L 进行比较。若 $S \geqslant L$，表示段号太大，访问越界，于是产生越界中断信号；若未越界，则根据段表的始址和该段的段号，计算出该段对应段表项的位置，从中读出该段在主存中的起始地址，然后再检查段内地址 d 是否超过该段的段长 SL。若超过，即 $d \geqslant SL$，同样发出越界中断信号；若未越界，则将该段的基址 S' 与段内地址 d 相加，得到要访问的主存物理地址。

【例 4.8】　系统采用段式存储管理方案，假设某作业的段表如下：

段号	基地址	段长
0	219	600
1	2300	200
2	90	100
3	1327	580
4	1952	96

（1）逻辑地址（0，168）、（1，58）、（2，98）、（3，300）和（4，100）能否转换为对应的物理地址？为什么？

（2）将问题（1）的逻辑地址分别转换成对应的物理地址。

分析：（1）逻辑地址（0，168）、（1，58）、（2，98）和（3，300）可以转换成对应的物理地址，而逻辑地址（4，100）不能转换为对应的物理地址，因为地址越界。

（2）逻辑地址（0，168）对应的物理地址是 219+168=387；逻辑地址（1，58）对应的物理地址是 2300+58=2358；逻辑地址（2，98）对应的物理地址是 90+98=188；逻辑地址（3，300）对应的物理地址是 1327+300=1627。

4.3.5　段页式存储管理

段页式系统的基本原理是先将整个主存划分成大小相等的存储块（页框），将用户程序按程序的逻辑关系分为若干个段，并为每个段赋予一个段名，再将每个段划分成若干页，以页框为单位离散分配。在段页式系统中，其地址结构由段号、段内页号和页内地址三部分组成。作业地址空间的结构如图 4-18 所示。

段号S	段内页号P	页内地址W

图 4-18　段页式管理的地址结构

在段页式系统中，为了实现从逻辑地址到物理地址的变换，系统必须同时配置段表和页表。采用该管理方式是将段中的页进行离散地分配，段表中的内容不再是段的主存始址和段长，而是页表始址和页表长度。在段页式系统中有一个段表寄存器，用于存放段表起始地址和段表长度 TL，其地址变换结构如图 4-19 所示。

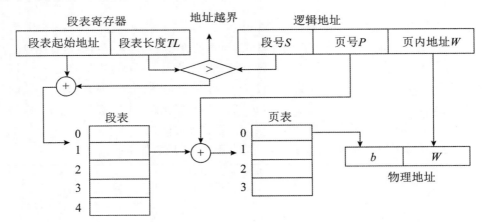

图 4-19　段页式存储管理的地址变换结构

在段页式系统中逻辑地址到物理地址的变换过程如下：

（1）根据段号 S 查段表，得到页表的起始地址；

（2）根据页号 P 查页表，得到物理块号 b；

（3）将物理块号 b 拼上页内地址 W 得到物理地址。

4.3.6　虚拟存储管理

在前面介绍的存储管理方案中，必须为每个作业分配足够的空间，以便装入全部信息。当主存空间不能满足作业要求时，作业无法装入主存执行。

如果一个作业只部分装入主存便可开始启动运行，其余部分暂时留在磁盘上，在需要时再装入主存，这样可以有效地利用主存空间。从用户角度看，该系统所具有的主存容量将比实际主存容量大得多，人们把这样的存储器称为虚拟存储器。虚拟存储器是为了扩大主存容量而采用的一种设计方法，其容量是由计算机的地址结构决定的。

1. 程序局部性原理

早在 1968 年 P.Denning 就指出，程序在执行时将呈现出局部性规律，即在一段时间内，程序的执行仅局限于某个部分。相应地，它所访问的存储空间也局限于某个区域内。程序的局限性表现在时间局限性和空间局限性两个方面。

（1）时间局限性是指如果程序中的某条指令一旦执行，则不久的将来该指令可能再次被执行；如果某个存储单元被访问，则不久以后该存储单元可能再次被访问。产生时间局限性的典型原因是在程序中存在着大量的循环操作。

（2）空间局限性是指一旦程序访问了某个存储单元，则在不久的将来，其附近的存储单元也最有可能被访问。即程序在一段时间内所访问的地址可能集中在一定的范围内，其典型原因是程序是顺序执行的。

2. 虚拟存储器的实现

虚拟存储器是具有请求调入功能和置换功能，能仅把作业的一部分装入主存便可运行作业的存储器系统，是能从逻辑上对主存容量进行扩充的一种虚拟的存储器系统。其逻辑容量由主存和外存容量之和以及 CPU 可寻址的范围来决定，其运行速度接近于主存速度，成本也下降。可见，虚拟存储技术是一种性能非常优越的存储器管理技术，故被广泛地应用于大、中、小型机器和微型机中。虚拟存储器的实现主要有如下 3 种方式：

（1）请求分页系统。该系统是在分页系统的基础上增加了请求调页功能和页面置换功能所形成的页式虚拟存储系统。它允许只装入若干页的用户程序和数据（而非全部程序）就可以启动运行，以后再通过调页功能和页面置换功能陆续把将要使用的页面调入主存，同时把暂不运行的页面置换到外存上，置换时以页面为单位。

（2）请求分段系统。该系统是在分段系统的基础上增加了请求调段和分段置换功能所形成的段式虚拟存储系统。它允许只装入若干段的用户程序和数据就可以启动运行，以后再通过调段功能和置换功能将不运行的段调出，同时调入将要运行的段。注意：置换时以段为单位。

（3）请求段页式系统。该系统是在段页式系统的基础上增加了请求调页和页面置换功能所形成的段页式虚拟存储系统。

3. 请求分页管理的实现

请求分页是在纯分页系统的基础上增加了请求调页功能、页面置换功能所形成的页式虚拟存储系统，它是目前常用的一种虚拟存储器的方式。

请求分页的页表机制是在纯分页的页表机制上形成的，由于只将应用程序的一部分调入主存，还有一部分仍在磁盘上，故需在页表中再增加若干项（如状态位、访问字段和辅存地址等）供程序（数据）在换进、换出时参考。

请求分页系统中的地址变换机构是在分页系统的地址变换结构的基础上增加了某些功能，如产生和处理缺页中断、从主存中换出一页实现虚拟存储。

在请求分页系统中，每当所要访问的页面不在主存时便要产生一个缺页中断，请求 OS 将所缺的页调入主存，这是由缺页中断机构完成的。缺页中断与一般中断的主要区别如下：

（1）缺页中断在指令执行期间产生和处理中断信号，而一般中断在一条指令执行完，下一条指令开始执行前检查和处理中断信号。

（2）发生缺页中断时，返回到被中断指令的开始重新执行该指令，而一般中断返回到下一条指令执行。

（3）一条指令在执行期间可能会产生多次缺页中断。

【例 4.9】　在某计算机中，假设某程序的 COPY 指令跨两个页面，且源地址 A 和目标地址 B 所涉及的区域也跨两个页面，如下图所示。

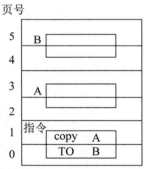

若地址为 A 和 B 的操作数均不在内存，计算机执行 COPY 指令时，系统将产生 ___(1)___ 次缺页中断；若系统产生 3 次缺页中断，那么该程序有 ___(2)___ 个页面在内存。

（1）A．2　　　　　　B．3　　　　　　C．4　　　　　　D．5

（2）A．2　　　　　　B．3　　　　　　C．4　　　　　　D．5

分析：从例题的图中可以看到，程序的 COPY 指令跨两个页面，且源地址 A 和目标地址 B 所涉及的区域也跨两个页面页内地址，这时，如果 2、3、4 和 5 号页面不在内存，系统执行"COPY A TO B"指令时，取地址为 A 的操作数。由于该操作数不在内存且跨两个页面 2、3，需要将 2、3 页面装入内存，所以产生两次缺页中断。同理，取地址为 B 的操作数，由于该操作数不在内存且跨两个页面 4 和 5，需要将 4、5 页面装入内存，所以产生两次缺页中断，共产生 4 次缺页中断。故例题空（1）的正确答案为 C。

同理，如果 1、2、3 号页面不在内存，系统执行"COPY A TO B"指令时，由于程序的 COPY 指令跨两个页面，当取出指令分析是多字节的，那么系统将产生一次缺页中断取指令的后半部分；当取地址为 A 的操作数，由于该操作数不在内存，且跨两个页面 2 和 3，需要将 2 和 3 页面装入内存，所以产生两次缺页中断，共产生 3 次缺页中断。故例题空（2）的正确答案为 B。

4. 页面置换算法

请求分页是在纯分页系统的基础上增加了请求调页功能、页面置换功能所形成的页式虚拟存储系统，它是目前常用的一种虚拟存储器的方式。在进程运行过程中，如果发生缺页，此时主存中又无空闲块时，为了保证进程能正常运行，必须从主存中调出一页程序或数据送磁盘的对换区。但究竟将哪个页面调出，需要根据一定的页面置换算法来确定。置换算法的好坏将直接影响系统的性能，不适当的算法可能会导致系统发生"抖动"（thrashing）。即刚被换出的页很快又被访问，需重新调入，导致系统频繁地更换页面，以至于一个进程在运行中把大部分时间花费在完成页面置换的工作上，这种现象称为系统发生了"抖动"（也称颠簸）。请求分页系统的核心问题是选择合适的页面置换算法，常用的页面置换算法如下所述。

1）最佳（Optimal）置换算法

这是一种理想化的算法，即选择那些永不使用的，或者是在最长时间内不再被访问的页面置换出去。这种方法性能最好，但实际上难于实现，并且要确定哪一个页面是未来最长时间内不再被访问的是很难的，所以该算法通常用来评价其他算法。

【例 4.10】 假定系统为进程 P1 分配了 3 个物理块，该进程访问页面的顺序为"7，0，6，5，7，4，7，3，5，4，7，4，5，6，5，7，6，0，7，6"，利用最佳置换算法的结果如图 4-20 所示，图中×表示产生缺页中断。求缺页中断次数、页面置换次数和缺页率。

访问页面	7	0	6	5	7	4	7	3	5	4	7	4	5	6	5	7	6	0	7	6
物	7	0	0	5	5	5	5	5	5	5	5	5	5	5	5	5	5	0	0	0
理			7	7	7	7	7	3	3	3	7	7	7	7	7	7	7	7	7	7
块				6	6	6	6	4	4	4	4	4	4	6	6	6	6	6	6	6
缺页	×	×	×	×		×		×			×			×				×		

图 4-20　最佳置换算法

分析：根据题意系统为 P1 分配了 3 个物理块，故 P1 开始运行申请的 7、0、6 三个页面将产生缺页中断，但不需要置换页面（因为刚开始分配的内存物理块"空闲"）；当进程访问页面 5 时产生缺页中断，由于页面 0 将在第 18 次才被访问，根据最佳置换算法，7、0、6 三页中 0 页是最久不被访问的页面，所以被淘汰；接着访问页面 7，发现已在主存中，不会产生缺页中断，以此类推。

从上述分析可知，采用最佳置换算法产生了 9 次缺页中断，发生了 6 次页面置换（前 3 次无需页面置换），缺页率 $f=$ 缺页次数/访问次数$=9/20=45\%$。

2）先进先出（FIFO）置换算法

该算法总是淘汰最先进入主存的页面，即选择在主存中驻留时间最久的页面予以淘汰。该算法实现简单，只需把一个进程调入主存的页面，按先后次序链接成一个队列，并设置一个指针即可。它是一种最直观、性能最差的算法，有 Belady 异常现象。所谓 Belady 现象，是指如果对一个进程未分配它所要求的全部页面，有时就会出现分配的页面数增多但缺页率反而提高的异常现象。例如，对于页面访问序列"1，2，3，4，1，2，5，1，2，3，4，5"，当分配的物理块从 3 块增加到 4 块时，有缺页次数增加、缺页率提高的异常现象。

【例 4.11】 假定系统中某进程访问页面的顺序为"7，0，6，5，7，4，7，3，5，4，7，4，5，6，5，7，6，0，7，6"，利用 FIFO 算法对上例进行页面置换的结果如图 4-21 所示。

访问页面	7	0	6	5	7	4	7	3	5	4	7	4	5	6	5	7	6	0	7	6
物	7	0	6	5	7	4	4	3	5	5	7	4	4	6	5	7	7	0	0	6
理		7	0	6	5	7	7	4	3	3	5	7	7	4	6	5	5	7	7	0
块			7	0	6	5	5	7	4	4	3	5	5	7	4	6	6	5	5	7
缺页	×	×	×	×	×	×		×	×		×	×		×	×	×		×		×

图 4-21　先进先出置换算法

分析略。从图中可见，发生了 14 次缺页中断，页面置换 11 次，缺页率 $f=14/20=70\%$。

3）最近最少使用（Least Recently Used，LRU）置换算法

该算法是选择最近最少使用的页面予以淘汰，系统在每个页面设置一个访问字段，用于记录这个页面自上次被访问以来所经历的时间 T，当要淘汰一个页面时，选择 T 最大的页面，但在实现时需要硬件的支持（寄存器或栈）。

【例 4.12】 假定系统中某进程访问页面的顺序为"7，0，6，5，7，4，7，3，5，4，7，4，5，6，5，7，6，0，7，6"，利用 LRU 算法对上例进行页面置换的结果如图 4-22 所示。

访问页面	7	0	6	5	7	4	7	3	5	4	7	4	5	6	5	7	6	0	7	6
物	7	0	6	5	7	4	7	3	5	4	7	4	5	6	5	7	6	0	7	6
理		7	0	6	5	7	4	7	3	5	4	7	4	5	6	5	7	6	0	7
块			7	0	6	5	5	4	7	3	5	5	7	4	4	6	5	7	6	0
缺页	×	×	×	×	×	×		×	×	×	×			×		×		×		

图 4-22　最近最少使用置换算法

分析略。从图中可见，发生了 13 次缺页中断，页面置换 10 次，缺页率 $f=13/20=65\%$。

4）最近未用（Not Used Recently，NUR）置换算法

NUR 算法将最近一段时间未引用过的页面换出，这是一种 LRU 的近似算法。该算法为每个页面设置一位访问位，将主存中的所有页面都通过链接指针链成一个循环队列。当某页被访问时，其访问位置 1。在选择一页淘汰时，检查其访问位，如果是 0，则选择该页换出；若为 1，则重新置为 0，暂不换出该页，在循环队列中检查下一个页面，直到访问位为 0 的页面为止。

由于该算法只有一位访问位，只能用它表示该页是否已经使用过，而置换时是将未使用过的页面换出去，所以把该算法称为最近未用算法。

5. 工作集

事实上，程序在运行中所产生的缺页情况会影响程序的运行速度及系统性能，而缺页率的高低又与每个进程所占用的物理块数目有关。那么，究竟应该为每个进程分配多少个物理块才能把缺页率保持在一个合理的水平上，而不会因为进程频繁地从辅存请求页面而出现"颠簸"（也称抖动）现象？为了解决这一问题，引入了工作集理论。

工作集的理论是 1968 年由 Denning 提出的，他认为，虽然程序只需有少量的几页在主存就可以运行，但为了使程序能够有效地运行，较少地产生缺页，必须使程序的工作集驻留在主存中。把某进程在时间 t 的工作集记为 $w(t, \Delta)$，变量 Δ 称为工作集"窗口尺寸（Windows Size）"。正确地选择工作集窗口（Δ）的大小，对存储器的有效利用和系统吞吐量的提高都将产生重大的影响。可见工作集就是指在某段时间间隔（Δ）里进程实际要访问的页面的集合。

程序在运行时对页面的访问是不均匀的，即往往在某段时间内的访问仅局限于较少的若干个页面，如果能够预知程序在某段时间间隔内要访问哪些页面，并能将它们提前调入主存，将会大大地降低缺页率，从而减少置换工作，提高 CPU 的利用率。当每个工作集都已达到最小值时，虚存管理程序跟踪进程的缺页数量，根据主存中自由页面的数量可以适当增加其工作集的大小。

4.4　设备管理

设备管理是操作系统中最繁杂而且与硬件紧密相关的部分。设备管理不仅要管理实际 I/O 操作的设备（如键盘、鼠标、打印机等），还要管理诸如设备控制器、DMA 控制器、中断控制器和 I/O 处理机（通道）等支持设备。设备管理包括各种设备分配、缓冲区管理和实际物理 I/O 设备操作，通过管理达到提高设备利用率和方便用户的目的。

4.4.1　概述

设备是计算机系统与外界交互的工具，具体负责计算机与外部的输入/输出工作，所以常称为外部设备（简称外设）。在计算机系统中，将负责管理设备和输入/输出的机构称为 I/O 系统。因此，I/O 系统由设备、控制器、通道（具有通道的计算机系统）、总线和 I/O 软件组成。

1. 设备的分类

现代计算机系统都配有各种各样的设备，如打印机、显示器、绘图仪、扫描仪、键盘和鼠标等。设备可以有各种不同的分类方式。

（1）按数据组织分类：设备可分为块设备（Block Device）和字符设备（Character Device）。块设备是指以数据块为单位来组织和传送数据信息的设备，如磁盘。字符设备是指以单个字符为单位来传送数据信息的设备，如交互式终端、打印机等。

（2）按功能分类：设备可分为输入设备、输出设备、存储设备、网络联网设备、供电设备等等。输入设备是将数据、图像、声音送入计算机的设备；输出设备是将加工好的数据显示、印制、再生出来的设备；存储设备是指能进行数据或信息保存的设备；网络联网设备是指网络互联设备以及直接连接上网的设备；供电设备是指向计算机提供电力能源、电池后备的部件与设备，如开关电源、联机 UPS 等。

（3）从资源分配角度分类：设备可分为独占设备、共享设备和虚拟设备。独占设备是指在一段时间内只允许一个用户（进程）访问的设备，大多数低速的 I/O 设备（如用户终端、打印机等）属于这类设备。共享设备是指在一段时间内允许多个进程同时访问的设备。显然，共享设备必须是可寻址的和可随机访问的设备。典型的共享设备是磁盘。虚拟设备是指通过虚拟技术将一台独占设备变换为若干台供多个用户（进程）共享的逻辑设备。一般可以利用假脱机技术（Spooling 技术）实现虚拟设备。

（4）按数据传输率分类：设备可分为低速设备、中速设备和高速设备。低速设备是指传输速率为每秒钟几个字节到数百个字节的设备，典型的低速设备有键盘、鼠标、语音的输入等。中速设备是指传输速率在每秒钟数千个字节到数十千个字节的设备，典型的中速设备有行式打印机、激光打印机等。高速设备是指传输速率在数百千个字节到数兆字节的设备，典型的高速设备有磁带机、磁盘机和光盘机等。

2. 设备管理的目标与任务

设备管理的目标主要是如何提高设备的利用率，为用户提供方便、统一的界面。提高设备的利用率，就是提高 CPU 与 I/O 设备之间的并行操作程度。在设备管理中，主要利用的技术有中断技术、DMA 技术、通道技术和缓冲技术。

设备管理的任务是保证在多道程序环境下，当多个进程竞争使用设备时，按一定的策略分配和管理各种设备，控制设备的各种操作，完成 I/O 设备与主存之间的数据交换。

设备管理的主要功能是动态地掌握并记录设备的状态、设备分配和释放、缓冲区管理、实现物理 I/O 设备的操作、提供设备使用的用户接口及设备的访问和控制。

4.4.2　I/O 软件

设备管理软件的设计水平决定了设备管理的效率。从事 I/O 设备管理软件的结构，通常采用分层构造，即把设备管理软件组织成为一系列的层次。其中，低层与硬件相关，它把硬件与较高层次的软件隔离开来，而最高层的软件则向应用提供一个友好的、清晰且统一的接口。

设计 I/O 软件的主要目标是设备独立性和统一命名。I/O 软件独立于设备，就可以提高设备管理软件的设计效率。当输入/输出设备更新时，没有必要重新编写全部设备驱动程序。用户在实际应用中也可以看到，在常用操作系统中，只要安装了相对应的设备驱动程序，就可以很方便地安装好新的输入/输出设备，甚至不必重新编译就能将设备管理程序移到他处执行。

I/O 设备管理软件一般分为 4 层：中断处理程序、设备驱动程序、与设备无关的系统软件和用户级软件。至于一些具体分层时细节上的处理，是依赖于系统的，没有严格的划分，只要有利于设备独立这一目标，就可以为了提高效率设计不同的层次结构。

I/O 软件的所有层次及每一层的主要功能如图 4-23 所示。

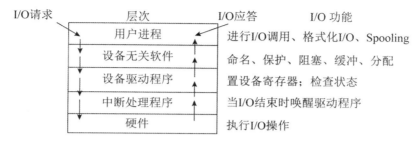

图 4-23　I/O 系统的层次结构与每层的主要功能

图中的箭头给出了 I/O 部分的控制流。这里举一个读硬盘文件的例子，当用户程序试图读一个硬盘文件时，需要通过操作系统实现这一操作。与设备无关软件检查高速缓存中有无要读的数据块，若没有，则调用设备驱动程序，向 I/O 硬件发出一个请求。然后，用户进程阻塞并等待磁盘操作的完成。当磁盘操作完成时，硬件产生一个中断，转入中断处理程序。中断处理程序检查中断的原因，认识到这时磁盘读取操作已经完成，于是唤醒用户进程取回从磁盘读取的信息，从而结束此次 I/O 请求。用户进程在得到了所需的硬盘文件内容之后，继续运行。

4.4.3　设备管理采用的相关技术

1. 通道技术

引入通道的目的是使数据的传输独立于 CPU，使 CPU 从烦琐的 I/O 工作中解脱出来。设置通道后，CPU 只需向通道发出 I/O 命令，通道收到命令后，从主存中取出本次 I/O 要执行的通道程序并执行，仅当通道完成了 I/O 任务后才向 CPU 发出中断信号。

根据信息交换方式的不同，将通道分为字节多路通道、数组选择通道和数组多路通道三类。由于通道价格昂贵，导致计算机系统中的通道数是有限的，这往往会成为输入/输出的"瓶颈"问题。在一个单通路的 I/O 系统中，主存和设备之间只有一条通路。一旦某通道被设备占用，即使另一通道空闲，连接该通道的其他设备也只有等待。解决"瓶颈"问题的最有效方法是增加设备到主机之间的通路，使得主存和设备之间有两条以上的通路。

2. DMA 技术

直接主存存取（Direct Memory Access，DMA）是指数据在主存与 I/O 设备间直接成块传送，即在主存与 I/O 设备间传送一个数据块的过程中不需要 CPU 的任何干涉，只需要 CPU 在过程开始启动（即向设备发出"传送一块数据"的命令）与过程结束（CPU 通过轮询或中断得知过程是否结束和下次操作是否准备就绪）时的处理，实际操作由 DMA 硬件直接执行完成，CPU 在此传送过程中可做别的事情。例如，在非 DMA 时，打印 2048 字节至少需要执行 2048

次输出指令，加上 2048 次中断处理的代价。而在 DMA 情况下，若一次 DMA 可传送 512 个字节，则只需要执行 4 次输出指令和处理 4 次打印机中断。若一次 DMA 可传送字节数大于等于 2048 个字节，则只需要执行一次输出指令和处理一次打印机中断。

3. 缓冲技术

缓冲技术可提高外设利用率，尽可能使外设处于忙状态。缓冲技术可以采用硬件缓冲和软件缓冲。硬件缓冲是利用专门的硬件寄存器作为缓冲，软件缓冲是通过操作系统来管理的。引入缓冲的主要原因有以下几个方面：

（1）缓和 CPU 与 I/O 设备间速度不匹配的矛盾。

（2）减少对 CPU 的中断频率，放宽对中断响应时间的限制。

（3）提高 CPU 和 I/O 设备之间的并行性。

在所有的 I/O 设备与处理机（主存）之间都使用了缓冲区来交换数据，所以操作系统必须组织和管理好这些缓冲区。缓冲可分为单缓冲、双缓冲、多缓冲和环形缓冲。

4. Spooling 技术

Spooling 是 Simultaneous Peripheral Operations On Line（外围设备联机操作）的简称。所谓 Spooling 技术，实际上是用一类物理设备模拟另一类物理设备的技术，是使独占使用的设备变成多台虚拟设备的一种技术，也是一种速度匹配技术。

Spooling 系统是由"预输入程序""缓输出程序"和"井管理程序"以及输入和输出井组成的。其中，输入井和输出井是为了存放从输入设备输入的信息以及作业执行的结果，系统在辅助存储器上开辟的存储区域。Spooling 系统的组成和结构如图 4-24 所示。

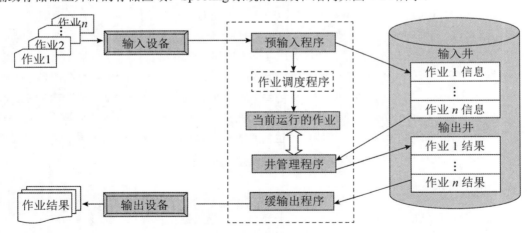

图 4-24　Spooling 系统的组成和结构

Spooling 系统的工作过程是操作系统初启后激活 Spooling 预输入程序使它处于捕获输入请求的状态，一旦有输入请求消息，Spooling 输入程序立即得到执行，把装在输入设备上的作业输入到硬盘的输入井中并填写好作业表,以便在作业执行中要求输入信息时可以随时找到它们的存放位置。当作业需要输出数据时,可以先将数据送到输出井,当输出设备空闲时,由 Spooling 输出程序把硬盘上输出井的数据送到慢速的输出设备上。

Spooling 系统中拥有一张作业表用来登记进入系统的所有作业的作业名、状态和预输入表位置等信息。每个用户作业拥有一张预输入表来登记该作业的各个文件的情况,包括设备类、信息长度及存放位置等。输入井中的作业有如下 4 种状态:

(1) 提交状态。作业的信息正从输入设备上预输入。

(2) 后备状态。作业预输入结束但未被选中执行。

(3) 执行状态。作业已被选中运行,在运行过程中,它可从输入井中读取数据信息,也可向输出井写信息。

(4) 完成状态。作业已经撤离,该作业的执行结果等待缓输出。

【例 4.13】 某计算机系统输入/输出采用双缓冲工作方式,其工作过程如图 4-25 所示,假设磁盘块与缓冲区大小相同,每个盘块读入缓冲区的时间 T 为 10μs,缓冲区送用户区的时间 M 为 6μs,系统对每个磁盘块数据的处理时间 C 为 2μs。若用户需要将大小为 10 个磁盘块的 Doc1 文件逐块从磁盘读入缓冲区,并送用户区进行处理,那么采用双缓冲需要花费的时间为___(1)___ μs,比使用单缓冲节约了___(2)___ μs 时间。

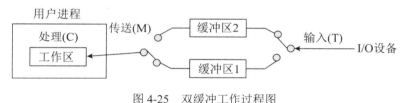

图 4-25　双缓冲工作过程图

(1) A. 100　　　　　B. 108　　　　　C. 162　　　　　D. 180

(2) A. 0　　　　　　B. 8　　　　　　C. 54　　　　　　D. 62

分析: (1) 本小题的正确答案为 B。双缓冲的工作特点是可以实现对缓冲区中数据的输入 T 和提取 M,与 CPU 的计算 C,三者并行工作。双缓冲的基本工作过程是在设备输入时,先将数据输入到缓冲区 1,装满后便转向缓冲区 2。所以双缓冲进一步加快了 I/O 的速度,提高了设备的利用率。在双缓冲时,系统处理一块数据的时间可以粗略地认为是 Max(C,T)。如果 C<T,可使块设备连续输入;如果 C>T,则可使系统不必等待设备输入。本题每一块数据的处理时间为 10,采用双缓冲需要花费的时间为 10×10+6+2=108。

(2) 本小题的正确答案为 C。采用单缓冲的工作过程如图 4-26 所示。

图 4-26　单缓冲工作过程图

当第一块数据送入用户工作区后，缓冲区是空闲的可以传送第二块数据。这样第一块数据的处理 C1 与第二块数据的输入 T2 是可以并行的，以此类推，如图 4-27 所示。

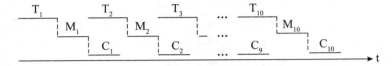

图 4-27　单缓冲并行工作示意图

系统对每一块数据的处理时间为：$Max(C, T)+M$。因为，当 $T>C$ 时，处理时间为 $M+T$；当 $T<C$ 时，处理时间为 $M+C$。本题每一块数据的处理时间为 $10+6=16$，Doc1 文件的处理时间为 $16×10+2=162μs$，比使用单缓冲节约了 $162-108=54μs$ 时间。

4.4.4　磁盘调度

磁盘是可被多个进程共享的设备。当有多个进程请求访问磁盘时，为了保证信息的安全，系统在每一时刻只允许一个进程启动磁盘进行 I/O 操作，其余的进程只能等待。因此，操作系统应采用一种适当的调度算法，使各进程对磁盘的平均访问（主要是寻道）时间最小。磁盘调度分为移臂调度和旋转调度两类，并且是先进行移臂调度，然后进行旋转调度。由于访问磁盘最耗时的是寻道时间，因此，磁盘调度的目标是使磁盘的平均寻道时间最少。

1. 磁盘驱动调度

常用的磁盘调度算法如下：

（1）先来先服务（First-Come First-Served，FCFS）。这是最简单的磁盘调度算法，它根据进程请求访问磁盘的先后次序进行调度。此算法的优点是公平、简单，且每个进程的请求都能依次得到处理，不会出现某进程的请求长期得不到满足的情况。但此算法由于未对寻道进行优化，致使平均寻道时间可能较长。

（2）最短寻道时间优先（Shortest Seek Time First，SSTF）。该算法选择这样的进程，其要求访问的磁道与当前磁头所在的磁道距离最近，使得每次的寻道时间最短。但这种调度算法不能保证平均寻道时间最短。

（3）扫描算法（SCAN）。扫描算法不仅考虑到要访问的磁道与当前磁道的距离，更优先考虑的是磁头的当前移动方向。例如，当磁头正在由里向外移动时，SCAN 算法所选择的下一个访问对象应是其要访问的磁道既在当前磁道之外，又是距离最近的。这样由里向外地访问，直到再无更外的磁道需要访问时才将磁臂换向，由外向里移动。这时，同样也是每次选择在当前磁道之内，且距离最近的进程来调度。这样，磁头逐步地向里移动，直到再无更里面的磁道需要访问。显然，这种方式避免了饥饿现象的出现。在这种算法中，磁头移动的规律颇似电梯的运行，故又常称为电梯调度算法。

（4）单向扫描调度算法（CSCAN）。SCAN 存在这样的问题：当磁头刚从里向外移动过某一磁道时，恰有一进程请求访问此磁道，这时该进程必须等待，待磁头从里向外，再从外向里扫描完所有要访问的磁道后才处理该进程的请求，致使该进程的请求被严重地推迟。为了减少这种延迟，算法规定磁头只做单向移动。

2. 旋转调度算法

当移动臂定位后，有多个进程等待访问该柱面时，应当如何决定这些进程的访问顺序？这就是旋转调度要考虑的问题。显然，系统应该选择延迟时间最短的进程对磁盘的扇区进行访问。当有若干等待进程请求访问磁盘上的信息时，旋转调度应考虑如下情况：

（1）进程请求访问的是同一磁道上不同编号的扇区。

（2）进程请求访问的是不同磁道上不同编号的扇区。

（3）进程请求访问的是不同磁道上具有相同编号的扇区。

对于（1）和（2），旋转调度总是让首先到达读/写磁头位置下的扇区先进行传送操作；对于（3），旋转调度可以任选一个读/写磁头位置下的扇区进行传送操作。

【**例 4.14**】　数据存储在磁盘上的排列方式会影响 I/O 服务的总时间。假设每个磁道划分成 10 个物理块，每块存放 1 个逻辑记录。逻辑记录 $R_1, R_2, \cdots, R_{10}$ 存放在同一个磁道上，记录的顺序如下表所示。

物理块	1	2	3	4	5	6	7	8	9	10
逻辑记录	R_1	R_2	R_3	R_4	R_5	R_6	R_7	R_8	R_9	R_{10}

假定磁盘的旋转速度为每周 20ms，磁头当前处在 R_1 的开始处。若系统顺序处理这些记录，使用单缓冲区，每个记录处理时间为 4ms，则处理这 10 个记录的最长时间为　(1)　；对信息存储进行优化分布后，处理 10 个记录的最少时间为　(2)　。

（1）A．180ms　　　　B．200ms　　　　C．204ms　　　　D．220ms

（2）A．40ms　　　　B．60ms　　　　C．100ms　　　　D．160ms

分析：（1）系统读记录的时间为 20/10＝2ms，对于第一种情况，系统读出并处理记录 R_1 之后，磁头已转到记录 R_4 的开始处，所以为了读出记录 R_2，磁盘必须再转一圈，需要 2ms（读记录）加 20ms（转一圈）的时间。这样，处理 10 个记录的总时间应为处理前 9 个记录（即 R_1、R_2、$\cdots$、R_9）的总时间再加上读 R_{10} 和处理时间，即 $9 \times 22ms+ 6ms=204ms$。

（2）对于第二种情况，对信息进行分布优化的结果如下表所示。

物理块	1	2	3	4	5	6	7	8	9	10
逻辑记录	R_1	R_8	R_5	R_2	R_9	R_6	R_3	R_{10}	R_7	R_4

可以看出，当读出记录 R_1 并处理结束后，磁头刚好转至 R_2 记录的开始处，立即就可以读出并处理，因此处理 10 个记录的总时间为 $10 \times$（2ms（读记录）+4ms（处理记录））$=10 \times$ 6ms=60ms。

【**例 4.15**】　当进程请求读磁盘时，操作系统　(1)　。假设磁盘的每个磁道有 10 个扇区，移动臂位于 18 号柱面上，且进程的请求序列如表 4-3 所示。

表 4-3   进程的请求序列

请 求 序 列	柱 面 号	磁 头 号	扇 区 号
①	15	8	9
②	20	6	3
③	20	9	6
④	40	10	5
⑤	15	8	4
⑥	6	3	10
⑦	8	7	9
⑧	15	10	4

那么，按照最短寻道时间优先的响应序列为___（2）___。

（1）A. 只需要进行旋转调度，无须进行移臂调度

  B. 旋转、移臂调度同时进行

  C. 先进行移臂调度，再进行旋转调度

  D. 先进行旋转调度，再进行移臂调度

（2）A. ②③⑤①⑧⑦⑥④   B. ②③⑤⑧①⑦⑥④

  C. ⑤⑧①⑦⑥②④③   D. ⑥⑦⑧①⑤②③④

分析：空（1）的正确答案为 C。当进程请求读磁盘时，操作系统先进行移臂调度，再进行旋转调度。空（2）的正确答案为 A。由于移动臂位于18 号柱面上，按照最短寻道时间优先的响应柱面序列为 20→15→8→6→40。按照旋转调度的原则：进程在 20 号柱面上的响应序列为②→③，因为进程访问的是不同磁道上的不同编号的扇区，旋转调度总是让首先到达读/写磁头位置下的扇区先进行传送操作。进程在 15 号柱面上的响应序列为⑤→①→⑧或⑧→①→⑤。对于⑤和⑧可以任选一个进行读/写，因为进程访问的是不同磁道上具有相同编号的扇区，旋转调度可以任选一个读/写磁头位置下的扇区进行传送操作。④在 40 号柱面上。⑥在 6 号柱面上。⑦在 8 号柱面上。

4.5   文件管理

如果没有文件系统用户要访问外存储器上的信息是很麻烦的，不仅要考虑信息在外存储器上的存放位置，而且要记住信息在外存储器的分布情况，构造 I/O 程序。稍不注意，就会破坏已存放的信息。特别是多道程序技术出现后，多个用户之间根本无法预料各个不同程序间的信息在外存储器上是如何分配的。鉴于这些原因，引入文件系统专门负责管理外存储器上的信息，而这些信息是以文件的形式存放的，使用户可以"按名"高效、快速和方便地存取信息。

4.5.1　基本概念

1. 文件

文件（File）是具有符号名的、在逻辑上具有完整意义的一组相关信息项的集合。例如，一个源程序、一个目标程序、编译程序、一批待加工的数据和各种文档等都可以各自组成一个文件。

信息项是构成文件内容的基本单位，可以是一个字符，也可以是一个记录，记录可以等长，也可以不等长。一个文件包括文件体和文件说明。文件体是文件真实的内容。文件说明是操作系统为了管理文件所用到的信息，包括文件名、文件内部标识、文件的类型、文件存储地址、文件的长度、访问权限、建立时间和访问时间等。

文件是一种抽象机制，它隐藏了硬件和实现细节，提供了将信息保存在磁盘上而且便于以后读取的手段，使用户不必了解信息存储的方法、位置以及存储设备实际操作方式便可存取信息。因此，文件管理中的一个非常关键的问题在于文件的命名。文件名是在进程创建文件时确定的，以后这个文件将独立于进程存在直到它被显式删除。当其他进程要使用文件时必须显式指出该文件名，操作系统根据文件名对其进行控制和管理。不同的操作系统，文件的命名规则有所不同，即文件名字的格式和长度因系统而异。

2. 文件系统

由于计算机系统处理的信息量越来越大，所以不可能将所有的信息保存到主存中。特别是在多用户系统中，既要保证各用户文件存放的位置不冲突，又要防止任一用户对外存储器（简称外存）空间占而不用；既要保证各用户文件在未经许可的情况下不被窃取和破坏，又要允许在特定的条件下多个用户共享某些文件。因此，需要设立一个公共的信息管理机制来负责统一管理外存和外存上的文件。

所谓文件管理系统，就是操作系统中实现文件统一管理的一组软件和相关数据的集合，专门负责管理和存取文件信息的软件机构，简称文件系统。文件系统的功能包括按名存取，即用户可以"按名存取"，而不是"按地址存取"；统一的用户接口，在不同设备上提供同样的接口，方便用户操作和编程；并发访问和控制，在多道程序系统中支持对文件的并发访问和控制；安全性控制，在多用户系统中的不同用户对同一文件可有不同的访问权限；优化性能，采用相关技术提高系统对文件的存储效率、检索和读/写性能；差错恢复，能够验证文件的正确性，并具有一定的差错恢复能力。

3. 文件的类型

（1）按文件性质和用途可将文件分为系统文件、库文件和用户文件。

（2）按信息保存期限分类可将文件分为临时文件、档案文件和永久文件。

（3）按文件的保护方式分类可将文件分为只读文件、读/写文件、可执行文件和不保护文件。

（4）UNIX 系统将文件分为普通文件、目录文件和设备文件（特殊文件）。

目前常用的文件系统类型有 FAT、Vfat、NTFS、Ext2 和 HPFS 等。

文件分类的目的是对不同文件进行管理，提高系统效率，提高用户界面友好性。当然，根据文件的存取方法和物理结构的不同还可以将文件分为不同的类型，这将在文件的逻辑结构和文件的物理结构中介绍。

4.5.2　文件的结构和组织

文件的结构是指文件的组织形式。从用户角度看到的文件组织形式称为文件的逻辑结构，文件系统的用户只要知道所需文件的文件名就可以存取文件中的信息，而无须知道这些文件究竟存放在什么地方。从实现的角度看，文件在文件存储器上的存放方式称为文件的物理结构。

1. 文件的逻辑结构

文件的逻辑结构可分为两大类：一是有结构的记录式文件，它是由一个以上的记录构成的文件，故又称为记录式文件；二是无结构的流式文件，它是由一串顺序字符流构成的文件。

1）有结构的记录式文件

在记录式文件中，所有的记录通常都是描述一个实体集的，有着相同或不同数目的数据项，记录的长度可分为定长和变长两类。

（1）定长记录：指文件中所有记录的长度相同。所有记录中的各个数据项都处在记录中相同的位置，具有相同的顺序及相同的长度，文件的长度用记录数目表示。定长记录的特点是处理方便，开销小，它是目前较常用的一种记录格式，被广泛用于数据处理中。

（2）变长记录：指文件中各记录的长度不相同。这是因为：一个记录中所包含的数据项数目可能不同，如书的著作者、论文中的关键词；数据项本身的长度不定，如病历记录中的病因、病史，科技情报记录中的摘要等。但是，不论是哪一种结构，在处理前每个记录的长度是可知的。

2）无结构的流式文件

文件体为字节流，不划分记录。无结构的流式文件通常采用顺序访问方式，并且每次读/写访问可以指定任意数据长度，其长度以字节为单位。对于流式文件访问，是利用读/写指针指出下一个要访问的字符。可以把流式文件看作是记录式文件的一个特例。在 UNIX 系统中，所有的文件都被看作是流式文件，即使是有结构的文件，也被视为流式文件，系统不对文件进行格式处理。

2. 文件的物理结构

文件的物理结构是指文件的内部组织形式，即文件在物理存储设备上的存放方法。由于文件的物理结构决定了文件在存储设备上的存放位置，所以文件的逻辑块号到物理块号的转换也是由文件的物理结构决定的。根据用户和系统管理上的需要，可采用多种方法来组织文件，下面介绍几种常见的文件物理结构。

（1）连续结构。连续结构也称顺序结构，它将逻辑上连续的文件信息（如记录）依次存放在连续编号的物理块上。只要知道文件的起始物理块号和文件的长度，就可以很方便地进行文件的存取。对文件诸记录进行批量存取时，连续结构在所有逻辑文件中的存取效率是最高的。但在交互应用的场合，如果用户（程序）要求随机地查找或修改单个记录，此时系统需要逐个地查找各个记录，这样采用连续结构所表现出来的性能就可能很差，尤其是当文件较大时情况更为严重。连续结构的另一个缺点是不便于记录的增加或删除操作。

（2）链接结构。链接结构也称串联结构，它是将逻辑上连续的文件信息（如记录）存放在不连续的物理块上，每个物理块设有一个指针指向下一个物理块。因此，只要知道文件的第一个物理块号，就可以按链指针查找整个文件。

（3）索引结构。在采用索引结构时，将逻辑上连续的文件信息（如记录）存放在不连续的物理块中，系统为每个文件建立一张索引表。索引表记录了文件信息所在的逻辑块号对应的物理块号，并将索引表的起始地址放在与文件对应的文件目录项中。

（4）多个物理块的索引表。索引表是在文件创建时由系统自动建立的，并与文件一起存放在同一文件卷上。根据一个文件大小的不同，其索引表占用物理块的个数不等，一般占一个或几个物理块。多个物理块的索引表可以有两种组织方式：链接文件和多重索引方式。

在 UNIX 文件系统中采用的是三级索引结构，在文件系统中 inode 是基本的构件，它表示文件系统树形结构的结点。UNIX 文件索引表项分 4 种寻址方式：直接寻址、一级间接寻址、二级间接寻址和三级间接寻址。

4.5.3　文件目录

为了实现"按名存取"，系统必须为每个文件设置用于描述和控制文件的数据结构，它至少要包括文件名和存放文件的物理地址，这个数据结构称为文件控制块（FCB），文件控制块的有序集合称为文件目录。换句话说，文件目录是由文件控制块组成的，专门用于文件的检索。文件控制块也称为文件的说明或文件目录项（简称目录项）。文件目录结构的组织方式直接影响文件的存取速度，关系文件的共享性和安全性，因此组织好文件的目录是设计文件系统的重要环节。常见的目录结构有 3 种：一级目录结构、二级目录结构和多级目录结构。

在采用多级目录结构的文件系统中，用户要访问一个文件，必须指出文件所在的路径名，路径名是从根目录开始到该文件的通路上所有各级目录名拼起来得到的。在各目录名之间、目录名与文件名之间需要用分隔符隔开。例如，在 MS-DOS 中分隔符为"\"，在 UNIX 中分隔符为"/"。绝对路径名（absolute path name）是指从根目录"/"开始的完整文件名，即它是由从根目录开始的所有目录名以及文件名构成的。

【例 4.16】　若某文件系统的目录结构如图 4-28 所示，假设用户要访问文件 f1.java，且当前工作目录为 Program，则该文件的全文件名为__(1)__，其相对路径为__(2)__。

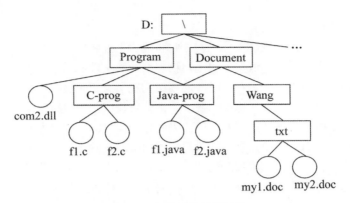

图 4-28　文件系统目录结构

（1）A．f1.java　　　　　　　　　　　　B．\Document\Java-prog\f1.java

　　　C．D:\Program\Java-prog\f1.java　　D．\Program\Java-prog\f1.java

（2）A．Java-prog\　　　　　　　　　　　B．\Java-prog\

　　　C．Program\Java-prog　　　　　　　D．\Program\Java-prog\

分析：空（1）的正确选项为 C。因为，文件的全文件名应包括盘符及从根目录开始的路径名，所以从题图可以看出文件 f1.java 的全文件名为 D:\Program\Java-prog\f1.java。空（2）的正确选项为 A。因为，文件的相对路径是从当前工作目录下的路径名，所以从题图可以看出文件 f1.java 的相对路径名为 Java-prog\。

4.5.4　存取方法和存储空间的管理

1. 文件的存取方法

文件的存取方法是指读/写文件存储器上的一个物理块的方法。通常有顺序存取和随机存取两种方法。顺序存取方法是指对文件中的信息按顺序依次进行读/写；随机存取方法是指对文件中的信息可以按任意的次序随机地读/写。

2. 文件存储空间的管理

要将文件保存到外部存储器（简称外存或辅存）上首先必须知道存储空间的使用情况，即哪些物理块是被"占用"的，哪些是"空闲"的。特别是对大容量的磁盘存储空间被多用户共享时，用户执行程序经常要在磁盘上存储文件和删除文件，根本无法人工记忆磁盘存储空间的使用情况，故采用文件系统对磁盘空间进行管理。外存空闲空间管理的数据结构通常称为磁盘分配表（disk allocation table）。常用的空闲空间的管理方法有空闲区表、位示图和空闲块链 3 种。

（1）空闲区表。将外存空间上的一个连续的未分配区域称为"空闲区"。操作系统为磁盘外存上的所有空闲区建立一张空闲表，每个表项对应一个空闲区，空闲表中包含序号、空闲区的第一块号、空闲块的块数和状态等信息，如表 4-4 所示。它适用于连续文件结构。

表 4-4 空闲区表

序 号	第一个空闲块号	空 闲 块 数	状 态
1	18	5	可用
2	29	8	可用
3	105	19	可用
4	—	—	未用

（2）位示图。这种方法是在外存上建立一张位示图（bitmap），记录文件存储器的使用情况。每一位对应文件存储器上的一个物理块，取值 0 和 1 分别表示空闲和占用。例如，某文件存储器上位示图的大小为 *n*，物理块依次编号为 0，1，2，…。假如计算机系统中字长为 32 位，那么在位示图中的第 0 个字（逻辑编号）对应文件存储器上的 0，1，2，…，31 号物理块；第 1 个字对应文件存储器上的 32，33，34，…，63 号物理块，以此类推，如图 4-29 所示。

第 0 字	1	0	1	0	0	1	…	0	1
第 1 字	0	1	1	1	0	0	…	1	1
第 2 字	0	1	1	1	1	0	…	1	0
第 3 字	1	1	1	1	0	0	…	0	1
⋮			⋮						
第 n−1 字	0	1	0	1	0	1	…	1	1

图 4-29 位示图例

这种方法的主要特点是位示图的大小由磁盘空间的大小（物理块总数）决定，位示图的描述能力强，适合各种物理结构。

（3）空闲块链。每个空闲物理块中有指向下一个空闲物理块的指针，所有空闲物理块构成一个链表，链表的头指针放在文件存储器的特定位置上（如管理块中），不需要磁盘分配表，节省空间。每次申请空闲物理块只需根据链表的头指针取出第一个空闲物理块，根据第一个空闲物理块的指针可找到第二个空闲物理块，依此类推。

（4）成组链接法。UNIX 系统采用该方法。例如，在实现时系统将空闲块分成若干组，每 100 个空闲块为一组，每组的第一个空闲块登记了下一组空闲块的物理盘块号和空闲块总数。假如某个组的第一个空闲块号等于 0，意味着该组是最后一组，无下一组空闲块。

【例 4.17】 某文件管理系统在磁盘上建立了位示图（bitmap），记录磁盘的使用情况。若系统的字长为 32 位，磁盘上的物理块依次编号为 0，1，2，…，那么 4096 号物理块的使用情况在位示图中的第__（1）__个字中描述；若磁盘的容量为 200GB，物理块的大小为 1MB，那么位示图的大小为__（2）__个字。

（1）A．129　　B．257　　C．513　　D．1025

（2）A．600　　B．1200　　C．3200　　D．6400

分析：空（1）的正确答案是 A。根据题意：系统的字长为 32 位，可记录 32 个物理块的使用情况，这样 0～31 号物理块的使用情况在位示图中的第 1 个字中描述，32～63 号物理块的使用情况在位示图中的第 2 个字中描述，……，4064～4095 号物理块的使用情况在位示图中的第 128 个字中描述，4096～4127 号物理块的使用情况在位示图中的第 129 个字中描述。空（2）的正确答案是 D。由于磁盘的容量为 200GB，物理块的大小为 1MB，而磁盘有 200×1024=204 800 个物理块，故位示图的大小为 204 800/32=6400 个字。

4.5.5　文件的使用

文件系统将用户的逻辑文件按一定的组织方式转换成物理文件存放到文件存储器上，也就是说，文件系统为每个文件与该文件在磁盘上的存放位置建立了对应关系。当用户使用文件时，文件系统通过用户给出的文件名查出对应文件的存放位置，读出文件的内容。在多用户环境下，为了文件安全和保护起见，操作系统为每个文件建立和维护关于文件主、访问权限等方面的信息。为此，操作系统在操作级（命令级）和编程级（系统调用和函数）向用户提供文件的服务。

操作系统在操作级向用户提供的命令有目录管理类命令、文件操作类命令（如复制、删除和修改）和文件管理类命令（如设置文件权限）等。

4.5.6　文件的共享和保护

1. 文件的共享

文件共享是指不同用户进程使用同一文件，它不仅是不同用户完成同一任务所必需的功能，还可以节省大量的主存空间，减少由于文件复制而增加的访问外存的次数。文件共享有多种形式，采用文件名和文件说明分离的目录结构有利于实现文件共享。

常见的文件链接有硬链接和符号链接两种。

（1）硬链接。文件的硬链接是指两个文件目录表目指向同一个索引结点的链接，该链接也称基于索引结点的链接。换句话说，硬链接是指不同文件名与同一个文件实体的链接。文件硬链接不利于文件主删除它拥有的文件，因为文件主要删除它拥有的共享文件，必须首先删除（关闭）所有的硬链接，否则就会造成共享该文件的用户的目录表目指针悬空。

（2）符号链接。符号链接建立新的文件或目录，并与原来文件或目录的路径名进行映射，当访问一个符号链接时，系统通过该映射找到原文件的路径，并对其进行访问。符号链接的优点是可以跨越文件系统，甚至可以通过计算机网络连接到世界上任何地方的机器中的文件，此时只需提供该文件所在的地址以及在该机器中的文件路径。符号链接的缺点是其他用户读取符号链接的共享文件比读取硬链接的共享文件需要增加读盘操作的次数。

2. 文件的保护

文件系统对文件的保护常采用存取控制方式进行。所谓存取控制，就是不同的用户对文件的访问规定不同的权限，以防止文件被未经文件主同意的用户访问。

（1）存取控制矩阵。理论上，存取控制方法可用存取控制矩阵，它是一个二维矩阵，一维列出计算机的全部用户，另一维列出系统中的全部文件，矩阵中的每个元素 A_{ij} 表示第 i 个用户对第 j 个文件的存取权限。通常，存取权限有可读 R、可写 W、可执行 X 以及它们的组合，如表 4-5 所示。存取控制矩阵在概念上是简单、清楚的，但在实现上却有困难。当一个系统用户数和文件数很大时，二维矩阵要占很大的存储空间，验证过程也将耗费许多系统时间。

表 4-5　存取控制矩阵

用户 \ 文件	ALPHA	BETA	REPORT	SQRT	…
张军	RWX	—	R-X	—	…
王伟	—	RWX	R-X	R-X	…
赵凌	—	—	—	RWX	…
李晓钢	R-X	—	RWX	R-X	…
…	…	…	…	…	…

（2）存取控制表。存取控制矩阵由于太大往往无法实现。一个改进的办法是按用户对文件的访问权力的差别对用户进行分类，由于某一文件往往只与少数几个用户有关，所以这种分类方法可使存取控制表大大简化。

UNIX 系统就是使用了这种存取控制表方法。它把用户分成三类，即文件主、同组用户和其他用户，每类用户的存取权限为可读、可写、可执行以及它们的组合。在用 ls 长列表显示时，每组存取权限用 3 个字母 R、W、X 表示，如果读、写和执行中哪一样存取都不允许，则用"-"字符表示。用 ls -l 长列表显示 ls 文件如下：

```
-r-xr-xr-t 1 bin  bin  43296  May 13  1997  /opt/K/SCO/Unix/5.0.4Eb/bin/ls
```

显示前 2～10 共 9 个字符表示文件的存取权限，每 3 个字符为一组，分别表示文件主、同组用户和其他用户的存取权限。由于存取控制表对每个文件按用户分类，所以该存取控制表可存放在每个文件的文件控制块中，对 UNIX 只需 9 位二进制来表示三类用户对文件的存取权限，该权限存在文件索引结点的 di_mode 中。

（3）用户权限表。改进存取控制矩阵的另一种方法是以用户或用户组为单位将用户可存取的文件集中起来存入表中，这称为用户权限表。表中的每个表目表示该用户对应文件的存取权限，这相当于存取控制矩阵一行的简化。

（4）密码。在创建文件时，由用户提供一个密码，在文件存入磁盘时用该密码对文件内容加密。在进行读取操作时，要对文件进行解密，只有知道密码的用户才能读取文件。

4.5.7　系统的安全与可靠性

1. 系统的安全

系统的安全涉及两类不同的问题，一类涉及技术、管理、法律、道德和政治等问题，另一类涉及操作系统的安全机制。随着计算机应用范围扩大，在所有稍具规模的系统中都从多个级别上来保证系统的安全性。一般从 4 个级别上对文件进行安全性管理：系统级、用户级、目录级和文件级。

（1）系统级。系统级安全管理的主要任务是不允许未经授权的用户进入系统，从而也防止了他人非法使用系统中各类资源（包括文件）。系统级管理的主要措施有注册与登录。

（2）用户级。用户级安全管理是通过对所有用户分类和对指定用户分配访问权，不同的用户对不同文件设置不同的存取权限来实现。例如，在 UNIX 系统中将用户分为文件主、同组用户和其他用户。有的系统将用户分为超级用户、系统操作员和一般用户。

（3）目录级。目录级安全管理是为了保护系统中各种目录而设计的，它与用户权限无关。为了保证目录的安全，规定只有系统核心才具有写目录的权利。

（4）文件级。文件级安全管理是通过系统管理员或文件主对文件属性的设置来控制用户对文件的访问。通常可设置以下几种属性：只执行、隐含、只读、读/写、共享、系统。用户对文件的访问，将由用户访问权、目录访问权限及文件属性三者的权限所确定，或者说是有效权限和文件属性的交集。例如对于只读文件，尽管用户的有效权限是读/写，但都不能对只读文件进行修改、更名和删除。对于一个非共享文件，将禁止在同一时间内由多个用户对它们进行访问。

2. 文件系统的可靠性

文件系统的可靠性是指系统抵抗和预防各种物理性破坏和人为性破坏的能力。比起计算机的损坏，文件系统破坏往往后果更加严重。例如，将开水撒在键盘上引起的故障，尽管伤脑筋但毕竟可以修复；但如果文件系统被破坏了，在很多情况下是无法恢复的。特别是对于那些程序文件、客户档案、市场计划或其他数据文件丢失的客户来说，这不亚于一场大的灾难。尽管文件系统无法防止设备和存储介质的物理损坏，但至少应能保护信息。保护信息的主要方法有转储和恢复、日志文件和文件系统的一致性检查。文件系统的一致性检查包括块的一致性检查和文件的一致性检查。

4.6　作业管理

作业是系统为完成一个用户的计算任务（或一次事务处理）所做的工作总和。例如，对用户编写的源程序，需要经过编译、连接、装入以及执行等步骤得到结果，这其中的每一个步骤称为作业步。在操作系统中用来控制作业进入、执行和撤销的一组程序称为作业管理程序。操作系统可以进一步为每个作业创建作业步进程，完成用户的工作。

4.6.1　基本概念

1. 作业与作业控制方式

通常，可以采用脱机和联机两种控制方式控制用户作业的运行。在脱机控制方式中，作业运行的过程是无须人工干预的，因此，用户必须将自己想让计算机干什么的意图用作业控制语言（JCL）编写成作业说明书，连同作业一起提交给计算机系统。在联机控制方式中，操作系统向用户提供了一组联机命令，用户可以通过终端输入命令将自己想让计算机干什么的意图告诉计算机，以控制作业的运行过程，因此整个作业的运行过程需要人工干预。

作业由程序、数据和作业说明书 3 个部分组成。作业说明书包括作业基本情况、作业控制、作业资源要求的描述，它体现用户的控制意图。其中，作业基本情况包括用户名、作业名、编程语言和最大处理时间等；作业控制描述包括作业控制方式、作业步的操作顺序、作业执行出错处理；作业资源要求描述包括处理时间、优先级、主存空间、外设类型和数量等。

2. 作业状态及转换

作业状态分为 4 种：提交、后备、执行和完成。

（1）提交。作业提交给计算机中心，通过输入设备送入计算机系统的过程状态称为提交状态。

（2）后备。通过 Spooling 系统将作业输入计算机系统的后备存储器（磁盘）中，随时等待作业调度程序调度时的状态。

（3）执行。一旦作业被作业调度程序选中，为其分配了必要的资源，并为其建立相应的进程后，该作业便进入了执行状态。

（4）完成。当作业正常结束或异常终止时，作业进入完成状态。此时，由作业调度程序对该作业进行善后处理。如撤销作业的作业控制块，收回作业所占的系统资源，将作业的执行结果形成输出文件放到输出井中，由 Spooling 系统控制输出。

作业的状态及其转换如图 4-30 所示。

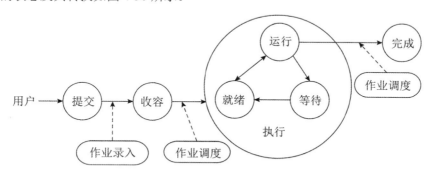

图 4-30　作业的状态及其转换

3. 作业控制块和作业后备队列

所谓作业控制块（JCB），是记录与该作业有关的各种信息的登记表。JCB 是作业存在的唯一标志，包括用户名、作业名和状态标志等信息。

由于在输入井中有较多的后备作业，为了便于作业调度程序调度，通常将作业控制块排成一个或多个队列，而这些队列称为作业后备队列。也就是说，作业后备队列是由若干个 JCB 组成的。

4.6.2　作业调度

选择调度算法需要考虑如下因素：与系统的整个设计目标一致，均衡地使用系统资源，以及平衡系统和用户的要求。对于用户来说，作业能"立即执行"往往难以做到，但是应保证进入系统的作业在规定的截止时间内完成，而且系统应设法缩短作业的平均周转时间。

1. 作业调度算法

常用的作业调度算法如下：

（1）先来先服务。按作业到达的先后进行调度，即启动等待时间最长的作业。

（2）短作业优先。以要求运行时间的长短进行调度，即启动要求运行时间最短的作业。

（3）响应比高优先。响应比高的作业优先启动。响应比的定义为：

$$R_p = \frac{作业响应时间}{作业执行时间}$$

其中，作业响应时间为作业进入系统后的等候时间与作业的执行时间之和，即响应比也可写为 $R_p = 1 + \dfrac{作业等待时间}{作业执行时间}$。

对于响应比高者优先算法，在每次调度前都要计算所有被选作业（在作业后备队列中）的响应比，然后选择响应比最高的作业执行。该算法比较复杂，系统开销大。

（4）优先级调度算法。可由用户指定作业优先级，优先级高的作业先启动。也可由系统根据作业要求的紧迫程度，或者照顾"I/O繁忙"的作业，以便充分发挥外设的效率等。

（5）均衡调度算法。这种算法的基本思想是根据系统的运行情况和作业本身的特性对作业进行分类。作业调度程序轮流地从这些不同类别的作业中挑选作业执行。这种算法力求均衡地使用系统的各种资源，既注意发挥系统效率，又使用户满意。

【例4.18】　作业J1、J2、J3的提交时间和所需运行时间如下表所示。若采用响应比高者优先调度算法，则作业调度次序为___（1）___。

作业号	提交时间	运行时间（分钟）
J1	6:00	30
J2	6:20	20
J3	6:25	6

（1）A. J1→J2→J3　　　B. J1→J3→J2　　　C. J2→J1→J3　　　D. J2→J3→J1

分析：空（1）的正确答案是B。根据题意有3个作业J1、J2、J3，它们到达输入井的时间分别为6：00、6：20、6：25，它们需要执行的时间分别为30分钟、20分钟、6分钟。若采用响应比高者优先算法对它们进行调度，那么，系统在6：00时，因为系统输入井中只有作业J1，因此J1先运行。6：30当作业J1运行完毕时，先计算作业J2和J3的响应比，然后令响应比高者运行。

响应比＝作业周转时间/作业运行时间

　　　＝1+作业等待时间/作业运行时间

作业 J2 的响应比=1+10/20=1.5

作业 J3 的响应比=1+5/6≈1.83

按照响应比高者优先算法，优先调度 J3。

综上分析可知，作业被选中执行的次序应是 J1→J3→J2。

2. 作业调度算法性能的衡量指标

在一个以批量处理为主的系统中，通常用平均周转时间或平均带权周转时间来衡量调度性能的优劣。假设作业 J_i（$i=1,2,\cdots,n$）的提交时间为 t_{si}，执行时间为 t_{ri}，作业完成时间为 t_{oi}，则作业 J_i 的周转时间 T_i 和带权周转时间 W_i 分别定义为：

$$T_i = t_{oi} - t_{si} \quad (i=1,2,\cdots,n), \quad W_i = T_i/t_{ri} \quad (i=1,2,\cdots,n)$$

n 个作业的平均周转时间 T 和平均带权周转时间 W 分别定义为：

$$T = \frac{1}{n}\sum_{i=1}^{n} T_i, \quad W = \frac{1}{n}\sum_{i=1}^{n} W_i$$

从用户的角度来说，总是希望自己的作业在提交后能立即执行，这意味着当等待时间为 0 时作业的周转时间最短，即 $T_i = t_{ri}$。但是，作业的执行时间 t_{ri} 并不能直观地衡量出系统的性能，而带权周转时间 W_i 却能直观地反映系统的调度性能。从整个系统的角度来说，不可能满足每个用户的这种要求，而只能是系统的平均周转时间或平均带权周转时间最小。

4.6.3　用户界面

用户界面（user interface）是计算机中实现用户与计算机通信的软、硬件部分的总称。用户界面也称用户接口，或人机界面。

用户界面的硬件部分包括用户向计算机输入数据或命令的输入装置，以及由计算机输出供用户观察或处理的输出装置。用户界面的软件部分包括用户与计算机相互通信的协议、约定、操纵命令及其处理软件。目前，常用的输入/输出装置有键盘、鼠标、显示器和打印机等。常用的人机通信方法有命令语言、选项、表格填充及直接操纵等。

从计算机用户界面的发展过程来看，用户界面可分为控制面板式用户界面、字符用户界面、图形用户界面和新一代用户界面四个阶段。

虚拟现实技术将用户界面的发展推向新一代用户界面这一阶段：人将作为参与者，以自然的方式与计算机生成的虚拟环境进行通信。以用户为中心、自然、高效、高带宽、非精确、无地点限制等是新一代用户界面的特征。多媒体、多通道及智能化是新一代用户界面的技术支持。语音、自然语言、手势、头部跟踪、表情和视线跟踪等新的、更加自然的交互技术将为用户提供更方便的输入技术。计算机将通过多种感知通道来理解用户的意图，实现用户的要求。计算机不仅以二维屏幕向用户输出，而且以真实感（立体视觉、听觉、嗅觉和触觉等）的计算机仿真环境向用户提供真实的体验。

第 5 章　网络基础知识

　　计算机网络是由多台计算机组成的系统，与传统的单机系统、多机系统相比有很大的区别。计算机网络的结构、功能、组成以及实现技术更复杂，维护起来难度更大。本章将简要介绍计算机网络的体系结构、网络应用、网络互联设备、网络构建与网络安全方面的基本内容，涉及与网络有关的软硬件和应用知识。

5.1　计算机网络概述

5.1.1　计算机网络的概念

1. 计算机网络的发展

　　计算机网络是计算机技术与通信技术日益发展和密切结合的产物，它的发展过程大致可以划分为如下 4 个阶段。

　　1）具有通信功能的单机系统

　　该系统又称终端—计算机网络，是早期计算机网络的主要形式。它将一台计算机经通信线路与若干终端直接相连。美国于 20 世纪 50 年代建立的半自动地面防空系统 SAGE 就属于这一类网络。它把远距离的雷达和其他测量控制设备的信息通过通信线路送到一台旋风型计算机上进行处理和控制，首次实现了计算机技术与通信技术的结合。

　　2）具有通信功能的多机系统

　　对终端—计算机网进行改进：在主计算机的外围增加了一台计算机，专门用于处理终端的通信信息及控制通信线路，并能对用户的作业进行某些预处理操作，这台计算机称为"前端处理机"或"通信控制处理机"。在终端设备较集中的地方设置一台集中器，终端通过低速线路先汇集到集中器上，然后再用高速线路将集中器连到主机上。这就形成了多机系统。

　　3）以共享资源为目的的计算机网络

　　具有通信功能的多机系统是计算机—计算机网络，它是由若干台计算机互联的系统，即利用通信线路将多台计算机连接起来，在计算机之间进行通信。该网络有两种结构形式：一种形式是主计算机通过通信线路直接互联的结构，其中主计算机同时承担数据处理和通信工作；另一种形式是通过通信控制处理机间接地把各主计算机连接的结构，其中通信处理机和主计算机分工，前者负责网络上各主计算机间的通信处理和控制，后者是网络资源的拥有者，负责数据处理，它们共同组成资源共享的计算机网络。20 世纪 70 年代，美国国防部高级研究计划局所研制的 ARPANET 是计算机—计算机网络的典型代表。最初该网仅由 4 台计算机连接而成，到

1975 年，已连接 100 多台不同型号的大型计算机。ARPANET 成为第一个完善地实现分布式资源共享的网络，为计算机网络的发展奠定了基础。

在这期间，国际标准化组织（ISO）提出了开放系统互连参考模型 OSI/RM（Open System Interconnection Reference Model）。该模型定义了异种机联网所应遵循的框架结构。OSI/RM 很快得到了国际上的认可，并为许多厂商所接受。由此使计算机网络的发展进入了新的阶段。

4）以局域网及因特网为支撑环境的分布式计算机系统

局域网是继远程网之后发展起来的，它继承了远程网的分组交换技术和计算机的 I/O 总线结构技术。局域网的发展也促使计算机网络的模式发生了变革，即由早期的以大型机为中心的集中式模式转变为由微机构成的分布式计算机模式。

计算机网络的定义随网络技术的更新可从不同的角度给予描述。目前人们已公认的有关计算机网络的定义是利用通信设备和线路将地理位置分散的、功能独立的自主计算机系统或由计算机控制的外部设备连接起来，在网络操作系统的控制下，按照约定的通信协议进行信息交换，实现资源共享的系统。

定义中涉及的"资源"应该包括硬件资源（CPU、大容量的磁盘、光盘以及打印机等）和软件资源（语言编译器、文本编辑器、各种软件工具和应用程序等）。

2. 计算机网络的功能

计算机网络提供的主要功能如下：

（1）数据通信。通信或数据传输是计算机网络主要功能之一，用以在计算机系统之间传送各种信息。利用该功能，地理位置分散的生产单位和业务部门可通过计算机网络连接在一起进行集中控制和管理。也可以通过计算机网络传送电子邮件，发布新闻消息及进行电子数据交换，极大地方便了用户，提高了工作效率。

（2）资源共享。资源共享是计算机网络最有吸引力的功能。通过资源共享，可使网络中分散在异地的各种资源互通有无，分工协作，从而大大提高系统资源的利用率。资源共享包括软件资源共享和硬件资源共享。

（3）负载均衡。在计算机网络中可进行数据的集中处理或分布式处理，一方面可以通过计算机网络将不同地点的主机或外设采集到的数据信息送往一台指定的计算机，在此计算机上对数据进行集中和综合处理，通过网络在各计算机之间传送原始数据和计算结果；另一方面，当网络中某台计算机任务过重时，可将任务分派给其他空闲的多台计算机，使多台计算机相互协作，均衡负载，共同完成任务。

（4）高可靠性。在计算机网络中的各台计算机可以通过网络彼此互为后备机，一旦某台计算机出现故障，故障机的任务就可由其他计算机代为处理，从而提高系统的可靠性。避免了单机无后备使用的情况下，计算机出现故障而导致系统瘫痪的现象，从而大大提高了系统的可靠性。

借助于计算机网络，在各种功能软件的支持下，人类可以进行高速的异地电子信息交换，并获得了多种服务，如新闻浏览和信息检索、传送电子邮件、多媒体电信服务、远程教育、网上营销、网上娱乐和远程医疗诊断等。

计算机网络按照数据通信和数据处理的功能，可分为两层：内层通信子网和外层资源子网，如图5-1所示。通信子网（图中虚线内）的节点计算机和高速通信线路组成独立的数据系统，承担全网的数据传输、交换、加工和变换等通信处理工作，即将一台计算机的输出信息传送给另一台计算机。资源子网（图中点画线内虚线外）包括计算机、终端、通信子网接口设备、外部设备（如打印机、磁带机和绘图机等）及各种软件资源等，它负责全网的数据处理和向网络用户提供网络资源及网络服务。

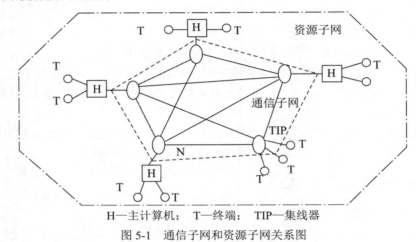

H—主计算机；　T—终端；　TIP—集线器

图5-1　通信子网和资源子网关系图

通信子网和资源子网的划分，完全符合国际标准化组织所制定的开放式系统互连参考模型（OSI）的思想。其中，通信子网对应于OSI中的低三层（物理层、数据链路层、网络层），而资源子网对应于OSI中的高三层（会话层、表示层、应用层）。这种划分将通信子网的任务从主机中抽取出来，由通信子网中的设备专门解决数据传输和通信控制问题。而资源子网中的计算机可集中精力处理数据，从而提高主机效率和网络的整体性能。

3. 我国互联网的发展

我国互联网的发展启始于20世纪80年代末。1987年9月20日，钱天白教授通过意大利公用分组交换网ITAPAC设在北京的PAD发出我国的第一封电子邮件，与德国卡尔斯鲁厄大学进行通信，揭开了中国人使用Internet的序幕。

1989年9月，国家计委组织建立中关村地区教育与科研示范网络（NCFC）。立项的主要目标是在北京大学、清华大学和中科院3个单位间建设高速互联网络，并建立一个超级计算中心，这个项目于1992年建设完成。

1990年10月，中国正式在DDN-NIC注册登记了我国的顶级域名CN。1993年4月，中国科学院计算机网络信息中心召集部分网络专家调查了各国的域名系统，据此提出了我国的域名体系。

　　1994 年 1 月 4 日，NCFC 工程通过美国 Sprint 公司连入 Internet 的 64K 国际专线开通，实现了与 Internet 的全功能连接，从此我国正式成为有 Internet 的国家。此事被国家统计公报列为 1994 年重大科技成就之一。

　　从 1994 年开始，分别由国家计委、邮电部、国教教委和中科院主持，建成了我国的四大因特网，即中国金桥信息网、中国公用计算机互联网、中国教育科研网和中国科技网。在短短几年间，这些主干网络就投入使用，形成了国家主干网的基础。

　　1996 年以后，我国互联网的发展进入应用平台建设和增值业务开发阶段。中国互联网进入了空前活跃的高速发展时期。一大批中文网站，包括综合性的"门户"网站和各种专业性的网站纷纷出现，提供新闻报道、技术咨询、软件下载和休闲娱乐等 ICP 服务，以及虚拟主机、域名注册、免费空间等技术支持服务。与此同时，各种增值服务也逐步展开，其中主要有电子商务、IP 电话、视频点播和无线上网等。在互联网的应用面扩宽和普及率快速增长的前提下，一些中国互联网公司开始进军海外股市纳斯达克，成为世纪之交中国新经济发展的重要标志。

　　1997 年 6 月 3 日，根据国务院信息化工作领导小组办公室的决定，中国科学院网络信息中心组建了中国互联网络信息中心（CNNIC），同时，国务院信息化工作领导小组办公室宣布成立中国互联网络信息中心工作委员会，1997 年 11 月，CNNIC 发布了第 1 次《中国 Internet 发展状况统计报告》。

　　2019 年 2 月 28 日，　CNNIC 在京发布第 43 次《中国互联网络发展状况统计报告》，从互联网基础建设、互联网应用发展、政务应用发展、产业与技术发展及互联网安全等多个方面展示了 2018 年我国互联网发展状况。2018 年是贯彻党的十九大精神的开局之年，是改革开放 40 周年，是决胜全面建成小康社会、实施"十三五"规划承上启下的关键一年，中国互联网络发展迅速，呈现出七个特点：一是互联网普及率接近六成，入网门槛进一步降低；二是基础资源保有量稳步提升，IPv6 应用前景广阔；三是电子商务领域首部法律出台，行业加速动能转换；四是线下支付习惯持续巩固，国际支付市场加速开拓；五是互联网娱乐进入规范发展轨道，短视频用户使用率近八成；六是在线政务服务效能得到提升，践行以民为本的发展理念；七是新兴技术领域保持良好发展势头，开拓网络强国建设新局面。

5.1.2　计算机网络的分类

　　计算机网络的分类方式很多，按照不同的分类原则，可以得到各种不同类型的计算机网络。例如，按通信距离可分为广域网、局域网和城域网；按信息交换方式可分为电路交换网、分组交换网和综合交换网；按网络拓扑结构可分为星型网、树型网、环型网和总线网；按通信介质可分为双绞线网、同轴电缆网、光纤网和卫星网等；按传输带宽可分为基带网和宽带网；按使用范围可分为公用网和专用网；按速率可分为高速网、中速网和低速网；按通信传播方式可分为广播式和点到点式。

　　这里主要介绍根据计算机网络的覆盖范围和通信终端之间相隔的距离不同将其分为局域网、城域网和广域网三类的情况，各类网络的特征参数如表 5-1 所示。

表 5-1　各类网络的特征参数

网 络 分 类	缩　写	分 布 距 离	计算机分布范围	传输速率范围
局域网	LAN	10m 左右	房间	4Mb/s～1Gb/s
		100m 左右	楼寓	
		1000m 左右	校园	
城域网	MAN	10km	城市	50Kb/s～100Mb/s
广域网	WAN	100km 以上	国家或全球	9.6Kb/s～45Mb/s

1. 局域网

局域网（Local Area Network，LAN）是指传输距离有限，传输速度较高，以共享网络资源为目的的网络系统。由于局域网投资规模较小，网络实现简单，故新技术易于推广。局域网技术与广域网相比发展迅速。局域网的特点如下：

（1）分布范围有限。加入局域网中的计算机通常处在几千米的距离之内。通常它分布在一个学校、一个企业单位，为本单位使用。一般称为"园区网"或"校园网"。

（2）有较高的通信带宽，数据传输率高。一般为 1Mb/s 以上，最高已达 1000Mb/s。

（3）数据传输可靠，误码率低。误码率一般为 $10^{-4}\sim10^{-6}$。

（4）通常采用同轴电缆或双绞线作为传输介质。跨楼寓时使用光纤。

（5）拓扑结构简单简洁，大多采用总线、星型和环型等，系统容易配置和管理。网上的计算机一般采用多路控制访问技术或令牌技术访问信道。

（6）网络的控制一般趋向于分布式，从而减少了对某个节点的依赖性，避免并减小了一个节点故障对整个网络的影响。

（7）通常网络归单一组织所拥有和使用。不受任何公共网络管理机构的规定约束，容易进行设备的更新和新技术的引用，以不断增强网络功能。

2. 城域网

城域网（Metropolitan Area Network，MAN）是规模介于局域网和广域网之间的一种较大范围的高速网络，一般覆盖临近的多个单位和城市，从而为接入网络的企业、机关、公司及社会单位提供文字、声音和图像的集成服务。城域网规范由 IEEE 802.6 协议定义。

3. 广域网

广域网（Wide Area Network，WAN）又称远程网，它是指覆盖范围广、传输速率相对较低、以数据通信为主要目的的数据通信网。广域网最根本的特点如下：

（1）分布范围广。加入广域网中的计算机通常处在从数公里到数千公里的地方。因此，网络所涉及的范围可为市、地区、省、国家乃至世界。

（2）数据传输率低。一般为几十兆位每秒以下。

（3）数据传输可靠性随着传输介质的不同而不同，若用光纤，误码率一般在 $10^{-6}\sim10^{-11}$

之间。

(4) 广域网常常借用传统的公共传输网来实现，因为单独建造一个广域网极其昂贵。

(5) 拓扑结构较为复杂，大多采用"分布式网络"，即所有计算机都与交换节点相连，从而实现网络中任何两台计算机都可以进行通信。

广域网的布局不规则，使得网络的通信控制比较复杂。尤其是使用公共传输网，要求连接到网上的任何用户都必须严格遵守各种标准和规程。设备的更新和新技术的引用难度较大。广域网可将一个集团公司、团体或一个行业的各处部门和子公司连接起来。这种网络一般要求兼容多种网络系统（异构网络）。

5.1.3　网络的拓扑结构

网络拓扑结构是指网络中通信线路和节点的几何排序，用以表示整个网络的结构外貌，反映各节点之间的结构关系。它影响着整个网络的设计、功能、可靠性和通信费用等重要方面，是计算机网络十分重要的要素。常用的网络拓扑结构有总线型、星型、环型、树型和分布式结构等。

1. 总线型结构

总线型拓扑结构如图 5-2（a）所示，其特点为总线型拓扑结构中只有一条双向通路，便于进行广播式传送信息；总线型拓扑结构属于分布式控制，无需中央处理器，故结构比较简单；节点的增、删和位置的变动较容易，变动中不影响网络的正常运行，系统扩充性能好；节点的接口通常采用无源线路，系统可靠性高；设备少，价格低，安装使用方便；由于电气信号通路多，干扰较大，因此对信号的质量要求高。负载重时，线路的利用率较低。网上的信息延迟时间不确定，故障隔离和检测困难。

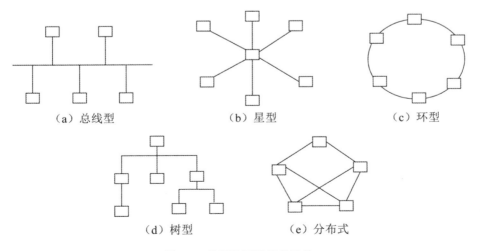

（a）总线型　　　　　　　（b）星型　　　　　　　（c）环型

（d）树型　　　　　　　（e）分布式

图 5-2　常用的网络拓扑结构

2. 星型结构

星型结构中，使用中央交换单元以放射状连接到网中的各个节点，如图 5-2（b）所示。中央单元采用电路交换方式以建立所希望通信的两节点间专用的路径。通常用双绞线将节点与中央单元进行连接。其特点为维护管理容易，重新配置灵活；故障隔离和检测容易；网络延迟时间短；各节点与中央交换单元直接连通，各节点之间通信必须经过中央单元转换；网络共享能力差；线路利用率低，中央单元负荷重。

3. 环型结构

环型结构的信息传输线路构成一个封闭的环型，各节点通过中继器连入网内，各中继器间首尾相接，如图 5-2（c）所示。信息单向沿环路逐点传送。其特点为环型网中信息的流动方向是固定的，两个节点仅有一条通路，路径控制简单；有旁路设备，节点一旦发生故障，系统自动旁路，可靠性高；信息要串行穿过多个节点，在网中节点过多时传输效率低，系统响应速度慢；由于环路封闭，扩充较难。

4. 树型结构

树型结构是总线型结构的扩充形式，传输介质是不封闭的分支电缆，如图 5-2（d）所示。它主要用于多个网络组成的分级结构中。其特点同总线型网。

5. 分布式结构

分布式结构无严格的布点规定和形状，各节点之间有多条线路相连，如图 5-2（e）所示。其特点为分布式网有较高的可靠性，当一条线路有故障时，不会影响整个系统工作；资源共享方便，网络响应时间短；由于节点与多个节点连接，故节点的路由选择和流量控制难度大，管理软件复杂；硬件成本高。

广域网与局域网所使用的网络拓扑结构有所不同，广域网多用分布式或树型结构，而局域网常使用总线型、环型、星型或树型结构。

5.2　网络硬件基础

构建一个实际的网络，需要网络的传输介质、网络互联设备作为支持。本节主要介绍构建网络的传输介质和互联设备。

5.2.1　网络设备

网络互联的目的是使一个网络的用户能访问其他网络的资源，使不同网络上的用户能够互相通信和交换信息，实现更大范围的资源共享。在网络互联时，一般不能简单地直接相连，而是通过一个中间设备来实现。按照 ISO/OSI 的分层原则，这个中间设备要实现不同网络之间的协议转换功能，根据它们工作的协议层不同进行分类。网络互联设备可以有中继器（实现物理层协议转换，在电缆间转发二进制信号）、网桥（实现物理层和数据链路层协议转换）、路由器（实现网络层和以下各层协议转换）、网关（提供从最低层到传输层或以上各层的协议转换）和交换机等。

1. 网络传输介质互联设备

网络线路与用户节点具体衔接时，需要网络传输介质的互联设备。如 T 型头（细同轴电缆连接器）、收发器、RJ-45（屏蔽或非屏蔽双绞线连接器）、RS232 接口（目前计算机与线路接口的常用方式）、DB-15 接口（连接网络接口卡的 AUI 接口）、VB35 同步接口（连接远程的高速同步接口）、网络接口单元和调制解调器（数字信号与模拟信号转换器）等。

2. 物理层的互联设备

物理层的互联设备有中继器（Repeater）和集线器（Hub）。

1）中继器

它是在物理层上实现局域网网段互联的，用于扩展局域网网段的长度。由于中继器只在两个局域网网段间实现电气信号的恢复与整形，因此它仅用于连接相同的局域段。

理论上说，可以用中继器把网络延长到任意长的传输距离，但是，局域网中接入的中继器的数量将受时延和衰耗的影响，因而必须加以限制。例如，在以太网中最多使用 4 个中继器。以太网设计连线时指定两个最远用户之间的距离，包括用于局域网的连接电缆，不得超过 500m。即便使用了中继器，典型的 Ethernet 局域网应用要求从头到尾整个路径不超过 1500m。中继器的主要优点是安装简便、使用方便、价格便宜。

2）集线器

可以看成是一种特殊的多路中继器，也具有信号放大功能。使用双绞线的以太网多用 Hub 扩大网络，同时也便于网络的维护。以集线器为中心的网络优点是当网络系统中某条线路或某节点出现故障时，不会影响网上其他节点的正常工作。集线器可分为无源（passive）集线器、有源（active）集线器和智能（intelligent）集线器。

无源集线器只负责把多段介质连接在一起，不对信号做任何处理，每一种介质段只允许扩展到最大有效距离的一半；有源集线器类似于无源集线器，但它具有对传输信号进行再生和放大从而扩展介质长度的功能；智能集线器除具有有源集线器的功能外，还可将网络的部分功能集成到集线器中，如网络管理、选择网络传输线路等。

3. 数据链路层的互联设备

数据链路层的互联设备有网桥（Bridge）和交换机（Switch）。

1）网桥

用于连接两个局域网网段，工作于数据链路层。网桥要分析帧地址字段，以决定是否把收到的帧转发到另一个网络段上。确切地说，网桥工作于 MAC 子层，只要两个网络 MAC 子层以上的协议相同，都可以用网桥互联。

网桥检查帧的源地址和目的地址，如果目的地址和源地址不在同一个网络段上，就把帧转发到另一个网络段上；若两个地址在同一个网络段上，则不转发，所以网桥能起到过滤帧的作用。网桥的帧过滤特性很有用，当一个网络由于负载很重而性能下降时，可以用网桥把它分成两个网络段并使得段间的通信量保持最小。例如，把分布在两层楼上的网络分成每层一个网络段，段中间用网桥相连，这样的配置可以最大限度地缓解网络通信繁忙的程度，提高通信效率。同时，由于网桥的隔离作用，一个网络段上的故障不会影响到另一个网络段，从而提高了网络的可靠性。

2）交换机

交换机是一个具有简化、低价、高性能和高端口密集特点的交换产品，它是按每一个包中的 MAC 地址相对简单地决策信息转发，而这种转发决策一般不考虑包中隐藏的更深的其他信息。交换机转发数据的延迟很小，操作接近单个局域网性能，远远超过了普通桥接的转发性能。交换技术允许共享型和专用型的局域网段进行带宽调整，以减轻局域网之间信息流通出现的瓶颈问题。

交换机的工作过程为：当交换机从某一节点收到一个以太网帧后，将立即在其内存中的地址表（端口号—MAC 地址）进行查找，以确认该目的 MAC 的网卡连接在哪一个节点上，然后将该帧转发至该节点。如果在地址表中没有找到该 MAC 地址，也就是说，该目的 MAC 地址是首次出现，交换机就将数据包广播到所有节点。拥有该 MAC 地址的网卡在接收到该广播帧后，将立即做出应答，从而使交换机将其节点的"MAC 地址"添加到 MAC 地址表中。

交换机的三种交换技术：端口交换、帧交换和信元交换。

（1）端口交换技术用于将以太模块的端口在背板的多个网段之间进行分配、平衡。

（2）帧交换技术对网络帧的处理方式分为直通交换和存储转发。其中，直通交换方式可提供线速处理能力，交换机只读出网络帧的前 14 个字节，便将网络帧传送到相应的端口上；存储转发方式通过对网络帧的读取进行验错和控制。

（3）信元交换技术采用长度（53 个字节）固定的信元交换，由于长度固定，因而便于用硬件实现。

4. 网络层互联设备

路由器（Router）是网络层互联设备，用于连接多个逻辑上分开的网络。逻辑网络是指一个单独的网络或一个子网，当数据从一个子网传输到另一个子网时，可通过路由器来完成。

路由器具有很强的异种网互联能力，互联的网络最低两层协议可以互不相同，通过驱动软件接口到第三层上而得到统一。对于互联网络的第三层协议，如果相同，可使用单协议路由器进行互联；如果不同，则应使用多协议路由器。多协议路由器同时支持多种不同的网络层协议，并可以设置为允许或禁止某些特定的协议。所谓支持多种协议，是指支持多种协议的路由，而不是指不同类协议的相互转换。

通常把网络层地址信息叫作网络逻辑地址，把数据链路层地址信息叫作物理地址。路由器最主要的功能是选择路径。在路由器的存储器中维护着一个路径表，记录各个网络的逻辑地址，用于识别其他网络。在互联网络中，当路由器收到从一个网络向另一个网络发送的信息包时，将丢弃信息包的外层，解读信息包中的数据，获得目的网络的逻辑地址，使用复杂的程序来决定信息经由哪条路径发送最合适，然后重新打包并转发出去。路由器的功能还包括过滤、存储转发、流量管理和介质转换等。一些增强功能的路由器还可有加密、数据压缩、优先和容错管理等功能。由于路由器工作于网络层，它处理的信息量比网桥要多，因而处理速度比网桥慢。

5. 应用层互联设备

网关（Gateway）是应用层的互联设备。在一个计算机网络中，当连接不同类型而协议差别又较大的网络时，则要选用网关设备。网关的功能体现在 OSI 模型的最高层，它将协议进行转换，将数据重新分组，以便在两个不同类型的网络系统之间进行通信。由于协议转换是一件复杂的事，一般来说，网关只进行一对一转换，或是少数几种特定应用协议的转换，网关很难实现通用的协议转换。

5.2.2　网络传输介质

传输介质是信号传输的媒体，常用的介质分为有线介质和无线介质。有线介质有双绞线、同轴电缆和光纤等；无线介质有微波、红外线和激光等。

1. 双绞线（Twisted-Pair）

双绞线是现在最普通的传输介质，它分为屏蔽双绞线（STP）和非屏蔽双绞线（UTP）。非屏蔽双绞线有线缆外皮作为屏蔽层，适用于网络流量不大的场合中。屏蔽式双绞线具有一个金属甲套，对电磁干扰具有较强的抵抗能力，适用于网络流量较大的高速网络协议应用。双绞线又可分为 3 类、4 类和 5 类、6 类和 7 类双绞线，现在常用的是 5 类 UTP，其频率带宽为 100MHz。6 类、7 类双绞线分别可工作于 200MHz 和 600MHz 的频率带宽之上，且采用特殊设计的 RJ45 插头。

双绞线最多应用于 10Base-T 和 100Base-T 的以太网中，具体规定有：一段双绞线的最大长度为 100m，只能连接一台计算机；双绞线的每端需要一个 RJ45 插件；各段双绞线通过集线器互联，利用双绞线最多可连接 64 个站点到中继器。

2. 同轴电缆（Coaxial）

同轴电缆也像双绞线那样由一对导体组成。同轴电缆又分为基带同轴电缆（阻抗为 50Ω）和宽带同轴电缆（阻抗为 75Ω）。基带同轴电缆用来直接传输数字信号，它又分为粗同轴电缆和细同轴电缆，其中粗同轴电缆适用于较大局域网的网络干线，布线距离较长，可靠性较好，但是网络安装、维护等方面比较困难，造价较高；而细同轴电缆安装较容易，而且造价较低，但因受网络布线结构的限制，其日常维护不甚方便。宽带同轴电缆用于频分多路复用（FDM）的模拟信号发送，还用于不使用频分多路复用的高速数字信号发送和模拟信号发送。闭路电视所使用的 CATV 电缆就是宽带同轴电缆。

3. 光纤（Fiber Optic）

光导纤维简称光纤，它重量轻，体积小。用光纤传输电信号时，在发送端先要将其转换成光信号，而在接收端又要由光检波器还原成电信号。光纤是软而细的、利用内部全反射原理来传导光束的传输介质。按光源采用不同的发光管分为发光二极管和注入型激光二极管。多模光纤（Multimode Fiber）使用的材料是发光二极管，价格较便宜，但定向性较差；单模光纤（Single Mode Fiber）使用的材料是注入型二极管，定向性好，损耗少，效率高，传播距离长，但价格昂贵。

4. 微波

微波通信是在对流层视线距离范围内利用无线电波进行传输的一种通信方式，频率范围为 2～40GHz。微波通信是沿直线传播的，由于地球表面是曲面，微波在地面的传播距离有限，直接传播的距离与天线的高度有关，天线越高距离越远，但超过一定距离后就要用中继站来接力，两微波站的通信距离一般为 30km～50km，长途通信时必须建立多个中继站。中继站的功能是变频和放大，进行功率补偿。微波通信分为模拟微波通信和数字微波通信两种。模拟微波通信主要采用调频制，数字微波通信大都采用相移键控（PSK）。微波通信的传输质量比较稳定，影响质量的主要因素是雨雪天气对微波产生的吸收损耗，不利地形或环境对微波所造成的衰减现象。

5. 红外线和激光

红外通信和激光通信也像微波通信一样，有很强的方向性，都是沿直线传播的。这三种技术都需要在发送方和接收方之间有一条视线（Line-of-sight）通路，有时统称这三者为视线媒体。所不同的是，红外通信和激光通信把要传输的信号分别转换为红外光信号和激光信号，直接在空间传播。由于这三种视线媒体都不需要铺设电缆，对于不论是在地下或用电线杆很难在建筑物之间架设电缆，特别是要穿越的空间属于公共场所的局域网特别有用。但这三种技术对环境气候较为敏感，例如雨、雾和雷电。相对来说，微波一般对雨和雾的敏感度较低。

6. 卫星通信

卫星通信是以人造卫星为微波中继站，它是微波通信的特殊形式。卫星接收来自地面发送站发出的电磁波信号后，再以广播方式用不同的频率发回地面，被地面工作站接收。卫星通信可以克服地面微波通信距离的限制。一个同步卫星可以覆盖地球的 1/3 以上表面，三个这样的卫星就可以覆盖地球上全部通信区域，这样地球上的各个地面站之间都可互相通信了。由于卫星信道频带宽，也可采用频分多路复用技术分为若干个子信道，有些用于由地面站向卫星发送（称为上行信道），有些用于由卫星向地面转发（称为下行信道）。卫星通信的优点是容量大、距离远，缺点是传播延迟时间长。

5.3 网络的协议与标准

计算机网络的硬件设备是承载计算机通信的实体，但它们是怎样有序地完成计算机之间通信任务的呢？也就是说，要共享计算机网络的资源，以及进行网络中的交换信息，就需要实现不同系统中实体的通信。两个实体要想成功地通信，它们必须具有相同的语言，在计算机网络中称为协议（或规程）。所谓协议，指的是网络中的计算机与计算机进行通信时，为了能够实现数据的正常发送与接收，必须要遵循的一些事先约定好的规则（标准或约定），在这些规程中明确规定了通信时的数据格式、数据传送时序以及相应的控制信息和应答信号等内容。下面主要介绍网络的标准、局域网协议与广域网协议。

5.3.1 网络的标准

在网络的标准化方面，有许多标准化机构在工作，如国际标准化组织、国际电信联盟、电子工业协会、电气和电子工程师协会、因特网活动委员会等。

1. 电信标准

1865 年成立国际电信联盟（International Telecommunication Union，ITU），1947 年 ITU 成为联合国的一个组织，它由如下三部分组成：

- ITU-R：无线通信部门。ITU-R 的主要工作是确保无线电频率和卫星轨道被所有国家平等、有效和经济地利用，召开世界性和地区性大会来制定无线电法规和地区性协议，起草并通过有关技术、业务和系统的建议。
- ITU-T：电信标准部门。其下设许多研究组，研究组下设专题，从事网络管理、网络维护、业务运营、网络和终端的端对端传输特性、网络总体方面、多媒体业务和系统等方面的研究。例如，Q42/SG VII 专门研究 OSI 参考模型。
- ITU-D：开发部门。其主要宗旨是促进第三世界国家的电信发展。

1953—1993 年，ITU-T 被称为 CCITT（国际电报电话咨询委员会）。CCITT 建议自 1993 年起都打上了 ITU-T 标记。已经公布并使用的最重要的标准如下：

（1）V 系列。ITU-T 提出的 V 系列标准主要是针对调制解调器的标准。例如，V.90 是 56kb/s 调制解调器的标准。

（2）X 系列。ITU-T 提出的 X 系列标准是应用于广域网的，该系列标准分为如下两组：

- X.1—X.39 标准。应用于终端形式、接口、服务设施和设备。最著名的标准是 X.25，它规定了数据包装和传送的协议。
- X.40—X.199 标准。管理网络结构、传输、发信号等。

2. 国际标准

1946 年成立的国际标准化组织负责制定各种国际标准，ISO 有 89 个成员国家，85 个其他成员。ISO 的任务是促进全球范围内的标准化及其有关活动，以利于国际间产品与服务的交流，以及在知识、科学、技术和经济活动中发展国际间的相互合作。例如，ISO 开发了开放式系统互连网络结构模型，模型定义了用于网络结构的 7 个数据处理层。

其他标准化组织如下：

（1）ANSI：美国国家标准研究所，ISO 的美国代表。ANSI 设计了 ASCII 代码组，它是一种广泛使用的数据通信标准代码。

（2）NIST：美国国家标准和技术研究所，美国商业部的标准化机构。

（3）IEEE：电气和电子工程师协会（Institute of Electrical and Electronics Engineers）。IEEE 设置了电子工业标准，分成一些标准委员会（或工作组），每个工作组负责标准的一个领域，工作组 802 设置了网络上的设备如何彼此通信的标准，即 IEEE 802 标准委员会划分成的工作组有：802.1 工作组，协调低档与高档 OSI 模型；802.2 工作组，涉及逻辑数据链路标准；802.3 工作组，有关 CSMA/CD 标准在以太网的应用；802.4 工作组，令牌总线标准在 LAN 中的应用；802.5 工作组，设置有关令牌环网络的标准。

（4）EIA：电子工业协会（Electronic Industries Association）。最为人熟悉的 EIA 标准之一是 RS-232C 接口，这一通信接口允许数据在设备之间交换。

值得注意的是，ITU-T 和 ISO 之间有很好的合作和协调。

3. Internet 标准

Internet 标准的特点是自发而非政府干预的，管理松散，每个分网络均由各自分别管理，目前已组成了一个民间性质的协会 ISOC（Internet Society）进行必要的协调与管理，有一个网络信息中心（NIC）来管理 IP 地址，保证注册地址的唯一性，并为用户提供一些文件，介绍可用的服务。ISOC 设有 Internet 总体管理机构结构（IAB）。

1969 年，在 ARPANET 时代就开始发布请求评注（Request For Comments，RFC），至今已超过 3000 个。

5.3.2　局域网协议

IEEE 局域网标准委员会对局域网的定义为："局域网络中的通信被限制在中等规模的地理范围内，如一所学校；能够使用具有中等或较高数据速率的物理信道，且具有较低的误码率；局域网络是专用的，由单一组织机构所使用。"局域网技术由于具有规模小、组网灵活和结构规整的特点，因此极易形成标准。事实上，局域网技术也是在所有计算机网络技术中标准化程序最高的一部分。国际电子电气工程师协议早在 20 世纪 70 年代就制定了三个局域网标准：IEEE 802.3（CSMA/CD，以太网）、IEEE 802.4（Token Bus，令牌总线）和 IEEE 802.5（Token Ring，令牌环）。由于它已被市场广泛接受，因此 IEEE 802 系列标准已被 ISO 采纳为国际标准。而且，随着网络技术的发展，又出现了 IEEE 802.7（FDDI）、IEEE 802.3u（快速以太网）、IEEE 802.12（100VG-AnyLAN）和 IEEE 802.3z（千兆以太网）等新一代网络标准。

一个局域网的基本组成主要有网络服务器、网络工作站、网络适配器和传输介质。这些设备在特定网络软件支持下完成特定的网络功能。决定局域网特性的主要技术有三个方面：用以传输数据的传输介质；用以连接各种设备的拓扑结构；用以共享资源的介质访问控制方法。它们在很大程度上决定了传输数据的类型、网络的响应时间、吞吐量和利用率，以及网络应用等各种网络特性。不同的局域网协议最重要的区别是介质访问控制方法，它对网络特性具有十分重要的影响。

1. LAN 模型

参照 ISO/OSI 的 7 层参考模型，在 IEEE 802 局域网（LAN）标准中，定义了物理层和数据链路层两层，并根据 LAN 的特点，把数据链路层分成逻辑链路控制（Logical Link Control，LLC）子层和介质访问控制（Medium Access Control，MAC）子层，还加强了数据链路层的功能，把网络层中的寻址、排序、流控和差错控制等功能放在 LLC 子层来实现。图 5-3 为 LAN 协议的层次以及与 OSI/RM 参考模型的对应关系。

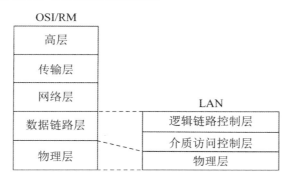

图 5-3　LAN 层次与 OSI/RM 的对应关系

1）物理层

LAN 的物理层和 OSI 物理层的功能一样，主要处理在物理链路上发送、传递和接收非结构化的比特流，包括对带宽的频道分配和对基带的信号调制、建立、维持、撤销物理链路，处理机械的、电气的和过程的特性。其特点是可以采用一些特殊的通信媒体，在信息组成的格式上可以有多种。

2）MAC

MAC 的主要功能是控制对传输介质的访问，MAC 与网络的具体拓扑方式以及传输介质的类型有关，主要是介质的访问控制和对信道资源的分配。MAC 层还实现帧的寻址和识别，完成帧检测序列产生和检验等功能。

3）LLC

LLC 可提供两种控制类型，即面向连接服务和非连接服务。其中，面向连接服务能够提供可靠的信道。逻辑链路控制层提供的主要功能是数据帧的封装和拆除，为高层提供网络服务的逻辑接口，能够实现差错控制和流量控制。

在计算机网络体系结构中，最具代表性和权威的是 ISO 的 OSI/RM 和 IEEE 的 802 协议。OSI 是设计和实现网络协议标准的最重要的参考模型和依据，而 IEEE 802 则制定了一系列具体的局域网标准，并不断地增加新的标准，它们之间的关系如图 5-4 所示。

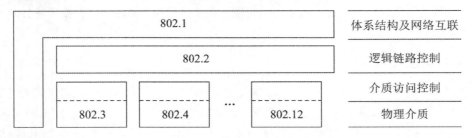

图 5-4   IEEE 802 标准系列间的关系

2. 以太网（IEEE 802.3 标准）

以太网技术可以说是局域网技术中历史最悠久和最常用的一种。它采用的"存取方法"是带冲突检测的载波监听多路访问协议（Carrier-Sense Multiple Access with Collision Detection，CSMA/CD）技术。

目前以太网主要包括三种类型：IEEE 802.3 中定义的标准局域网，速度为 10Mb/s，传输介质为细同轴电缆；IEEE 802.3u 中定义的快速以太网，速度为 100Mb/s，传输介质为双绞线；IEEE 802.3z 中定义的千兆以太网，速度为 1000Mb/s，传输介质为光纤或双绞线。

1）介质访问技术

IEEE 802.3 所使用的介质访问协议 CSMA/CD 是让整个网络上的主机都以竞争的方式来抢夺传送数据的权力。工作过程为：首先侦听信道，如果信道空闲，则发送；如果信道忙，则继续侦听，直到信道空闲时立即发送。开始发送后再进行一段时间的检测，方法是边发送边接收，并将收、发信息相比较，若结果不同，表明发送的信息遇到碰撞，于是立即停止发送，并向总线上发出一串阻塞信号，通知信道上各站冲突已发生。已发出信息的各站收到阻塞信号后，等待一段随机时间，等待时间最短的站将重新获得信道，可重新发送。

在 CSMA/CD 中，当检测到冲突并发出阻塞信号后，为了降低再次冲突概率，需要等待一个退避时间。退避算法有许多种，常用的一种通用退避算法称为二进制指数退避算法。

2）IEEE 802.3——10Mb/s 以太网

IEEE 802.3——10Mb/s 以太网 定义过 10Base 5、10Base 2、10Base-T 和 10Base-F 等（需要注明的是，其中 10Base-T 与 10Base-F 的最后一项就是以线缆类型进行命名的，其中 T 代表双绞线，F 代表光纤）。10Base 5 标准是最早的媒体规范，它使用阻抗为 50Ω 的同轴粗缆。但由于同轴粗缆的缆线直径大，所以比较笨重，不易铺设。10Base 2 标准是为建立一个比 10Base 5 更廉价的局域网，它使用阻抗为 50Ω 的同轴细缆，唯一的差别就是它使得每两个节点间的距离限制从 500m 降为 185m。10Base-T 标准是一个使用非屏蔽双绞线为传输介质的标准，所要用到的非屏蔽双绞线只需 3 类线标准即可满足要求，是一个成功的标准。10Base-F 标准充分利用了新兴媒体光纤的距离长、传输性能好的优点，大大改进了以太网技术。

3）IEEE 802.3u——100Mb/s 快速以太网

随着计算机技术的不断发展，10Mb/s 的网络传输速度实在无法满足日益增大的需求。IEEE 802.3u 充分考虑了向下兼容性：它采用了非屏蔽双绞线（或屏蔽双绞线、光纤）作为传输媒介，采用与 IEEE 802.3 一样的介质访问控制层——CSMA/CD。IEEE 802.3u 常称为快速以太网。根据实现的介质不同，快速以太网可以分为 100BaseTX、100BaseFX 和 100BaseT4 三种。

100BaseTX 用两对 5 类非屏蔽双绞线，或者 1 类、2 类屏蔽双绞线作为传输媒介，来实现传输速度为 100Mb/s 的网络，最多支持两个中继器。100BaseFX 是 2 束多模光纤上的标准，在没有中继设备的网络中最大传输距离为 400m。100BaseT4 利用 10Mb/s 的网络中使用的 3 类线有两对是空着没有利用的特点，使用 4 对 3 类非屏蔽双绞线上提供传输速度为 100Mb/s 的网络。

4）IEEE 802.3z——1000Mb/s 千兆以太网

IEEE 802.3z 对介质访问控制层规范进行了重新定义，以维持适当的网络传输距离，介质访问控制方法仍采用 CSMA/CD 协议，并且重新制定了物理层标准，使之能提供 1000Mb/s 的原始带宽。因此，它仍是一种共享介质的局域网，发送到网上的信号是广播式的，接收站根据地址接收信号。网络接口硬件能监听线路上是否已存在信号，以避免冲突，或在没有冲突时重发数据。

在物理层，千兆以太网支持如下三种传输介质：

（1）光纤系统。支持多模光纤和单模光纤系统，多模光纤的工作距离为 500m，单模光纤的工作距离为 2000m。

（2）宽带同轴电缆系统。其传输距离为 25m。

（3）5 类 UTP 电缆。其传输距离为 100m，链路操作模式为半双工。

千兆位以太网采用以交换机为中心的星型拓扑结构，主要用于交换机与交换机之间或者交换机与企业超级服务器之间的高速网络连接。

3. 令牌环网（IEEE 802.5）

令牌环是环型网中最普遍采用的介质访问控制，它适用于环型网络结构的分布式介质访问控制，其流行性仅次于以太网。令牌环网的传输介质虽然没有明确定义，但主要基于屏蔽双绞线和非屏蔽双绞线两种，拓扑结构可以有多种，如环型（最典型）、星型（采用得最多）和总线型（一种变形）。编码方法为差分曼彻斯特编码。

IEEE 802.5 的介质访问使用的是令牌环控制技术，其工作过程为：首先，令牌环网在网络中传递一个很小的帧，称为"令牌"，只有拥有令牌环的工作站才有权力发送信息。令牌在网络上依次顺序传递。当工作站要发送数据时，等待捕获一个空令牌，然后将要发送的信息附加到后边，发往下一站，如此直到目标站。然后将令牌释放。如果工作站要发送数据时，经过的令牌不是空的，则等待令牌释放。

当信息帧绕环通过各站时，各站都要将帧的目的地址与本站地址相比较，如果地址符合，说明是发送给本站的，则将帧复制到本站的接收缓冲器中，同时将帧送回到环上，使帧继续沿环传送；如果地址不符合，则简单地将信息帧重新送到环上即可。

4. FDDI

FDDI（Fiber Distributed Data Interface，光纤分布式数据接口）是类似令牌环网的协议，它用光纤作为传输介质，数据传速可达到 100Mb/s，环路长度可扩展到 200km，连接的站点数可以达到 1000 个。FDDI 采用一种新的编码技术，称为 4B/5B 编码，即每次对 4 位数据进行编码。每 4 位数据编码成 5 位符号，用光信号的存在或不存在来代表 5 位符号中的每一位是 1 还是 0。

光纤中传送的是光信号，有光脉冲表示 1，无光脉冲表示 0。这种简单编码的缺点是没有同步功能。在同轴电缆或双绞线作为传输介质的局域网中，通常采用曼彻斯特编码方式。它利用中间的跳变作为同步信号。这样对每一位数据单元产生两次瞬变，使带宽的利用率降低。5 位编码的 32 种组合中，实际只使用了 24 种，其中的 16 种用来做数据，其余 8 种用来做控制符号（如帧的起始和结束符号等）。4B/5B 编码中，5 位码中的"1"码至少为 2 位，按 NRZI 编码原理，信号中就至少有两次跳变，因此接收端可得到足够的同步信息。

FDDI 采用双环体系结构，两环上的信息反方向流动。双环中的一环称为主环，另一环称为次环。在正常情况下，主环传输数据，次环处于空闲状态。双环设计的目的是提供高可靠性和稳定性。FDDI 定义的传输介质有单模光纤和多模光纤两种。

5.3.3　广域网协议

广域网通常是指覆盖范围大，传输速率低，以数据通信为主要目的的数据通信网。随着信息技术的迅速发展，很多国家的数据通信业务的增长率已大大提高，特别是国际互联网的普及促进了数据通信网技术的发展。

在地域分布很远、很分散，以至于无法用直接连接来接入局域网的场合，广域网（WAN）通过专用的或交换式的连接把计算机连接起来。这种广域连接可以是通过公众网建立的，也可以通过服务于某个专门部门的专用网建立起来。相对来说，广域网显得比较错综复杂，目前主要用于广域传输的协议比较多，如 PPP（点对点协议）、DDN、ISDN（综合业务数字网）、FR（帧中继）和 ATM（异步传输模式）等。

1. 点对点协议（PPP）

点对点协议主要用于"拨号上网"这种广域连接模式。它的优点在于简单、具备用户验证能力、可以解决 IP 分配等。它主要通过拨号或专线方式建立点对点连接发送数据，使其成为各种主机、网桥和路由器之间简单连接的一种共通的解决方案。

家庭拨号上网就是通过 PPP 在用户端和运营商的接入服务器之间建立通信链路。目前，宽带接入正在成为取代拨号上网的趋势，在宽带接入技术日新月异的今天，PPP 也衍生出新的应用。典型的应用是在 ADSL（Asymmetric Digital Subscriber Line，非对称数据用户线）接入方式当中，PPP 与其他的协议共同派生出了符合宽带接入要求的新的协议，如 PPPoE 和 PPPoA。

利用以太网（Ethernet）资源，在以太网上运行 PPP 来进行用户认证接入的方式称为 PPPoE。PPPoE 既保护了用户方的以太网资源，又完成了 ADSL 的接入要求，是目前 ADSL 接入方式中应用最广泛的技术标准。　同样，在 ATM 网络上运行 PPP 来管理用户认证的方式称为 PPPoA。它与 PPPoE 的原理相同，作用相同。不同的是，它是在 ATM 网络上，而 PPPoE 是在以太网网络上运行，所以要分别适应 ATM 标准和以太网标准。

2. 数字用户线（xDSL）

xDSL 是各种数字用户线的统称，根据各种宽带通信业务需要，目前还有 DSL 技术和产品，如 ADSL、SDSL（Single pair DSL，单对线数字用户环路）、IDSL（ISDN DSL，ISDN 用的数字用户线）、RADSL（Rate adaptive DSL，速率自适应非对称型数字用户线）和 VDSL（Very high Bit rate DSL，甚高速数字用户线）等。

ADSL 是研制最早，发展较快的一种。它是在一对铜双绞线上为用户提供上、下行非对称的传输速率（即带宽）。ADSL 接入服务能做到较高的性能价格比，ADSL 接入技术较其他接入技术具有其独特的技术优势：它的速率可达到上行 1 兆/下行 8 兆，速度非常快。另外，使用 ADSL 上网不需要占用电话线路，在电话和上网互不干扰的同时，大大节省了普通上网方式的话费支出；独享带宽安全可靠；安装快捷方便；价格实惠。它把线路按频段分成语音、上行和下行三个信道，故语音和数据可共用 1 对线。ADSL 特别适合于像 VOD 业务及 Internet 和多媒体业务的应用。ADSL 一般采用 CAP 和 DMT 两种线路编码调制技术。传输距离与线径、速率有关，一般在 3km 以上。因此，ADSL 是一种很有发展前途的数字接入技术。ADSL 技术作为一种宽带接入方式，可以为用户提供中国电信宽带网的所有应用业务。采用各种拨号方式上网的用户将逐步过渡到 ADSL 宽带接入方式。ADSL 在宽带接入中已经扮演着越来越重要的角色。

对于个人用户，在现有电话线上安装 ADSL，只需在用户端安装一台 ADSL Modem 和一只分离器，用户线路不用任何改动，极其方便。数据线路为：PC－ADSL Modem－分离器－入户接线盒－电话线－DSL 接入复用器－ATM/IP 网络；语音线路为：话机－分离器－入户接线盒－电话线－DSL 接入复用器－交换机。

对于企业用户，在现有电话线上安装 ADSL 和分离器，连接 HUB 或 Switch。数据线路为：PC－以太网（HUB 或 Switch）－ADSL 路由器－分离器－入户接线盒－电话线－DSL 接入复用器－ATM/IP 网络；语音线路为：话机－分离器－入户接线盒－电话线－DSL 接入复用器－交换机。

3. 数字专线

数字数据网（Digital Data Network，DDN）是采用数字传输信道传输数据信号的通信网，可提供点对点、点对多点透明传输的数据专线出租电路，为用户传输数据、图像和声音等信息。数字数据网是以光纤为中继干线网络，组成 DDN 的基本单位是节点，节点间通过光纤连接，构成网状的拓扑结构。

DDN 专线就是市内或长途的数据电路，电信部门将它们出租给用户做资料传输使用后，它们就变成用户的专线，直接进入电信的 DDN 网络，因为这种电路是采用固定连接的方式，不需经过交换机房，所以称之为固定 DDN 专线。DDN 专线不仅需要铺设专用线路（在 DDN 的客户端需要一个称为 DDN Modem 的 CSU/DSU 设备以及一个路由器）从用户端进入主干网络，而且需要付电信月租费、网络使用费和电路租用费等。其优势是网络传输速率高、时延小、质量好、网络透明度高、可支持任何规程、安全可靠。

4. X.25 协议

X.25 在本地 DTE 和远程 DTE 之间提供一个全双工、同步的透明信道，并定义了三个相互独立的控制层：物理层、数据链路层和分组层，它们分别对应于 ISO/OSI 的物理层、数据链路层和网络层，如图 5-5 所示。

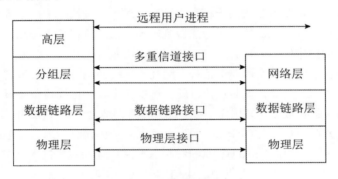

图 5-5   X.25 层次模型

X.25 是在公用数据网上，以分组方式进行操作的 DTE（数据终端设备）和 DCE（数据通信设备）之间的接口。X.25 只是对公用分组交换网络的接口规范说明，并不涉及网络内部实现，它是面向连接的，支持交换式虚电路和永久虚电路。

物理层接口指 DTE 和网络之间的线路连接，X.25 指出可采用 V.24、V.35、G.703 和 X.21 等接口；链路层逻辑接口采用链路层协议，负责 DTE 和 DCE 之间的初始化、校验，并控制物理链路上的数据传输，用户数据以信息帧在 DTE 和 DCE 之间传送；分组层逻辑接口描述了呼叫的建立、保持和拆除的过程，以及数据和控制信息在分组中的格式。而默认的数据分组长度是 128 个字节。

5.3.4　TCP/IP 协议簇

TCP/IP 作为 Internet 的核心协议，通过 20 多年的发展已日渐成熟，并被广泛应用于局域网和广域网中，目前已成为事实上的国际标准。作为一个最早的，也是迄今为止发展最为成熟的互联网络协议系统，TCP/IP 包含许多重要的基本特性，这些特性主要表现在 5 个方面：逻辑编址、路由选择、域名解析、错误检测和流量控制以及对应用程序的支持等。

（1）逻辑编址。每一块网卡在出厂时就由厂家分配了一个独一无二的永久性的物理地址。在 Internet 中，为每台连入因特网的计算机分配一个逻辑地址，这个逻辑地址被称为 IP 地址。一个 IP 地址可以包括一个网络 ID 号，用来标识网络；一个子网络 ID 号，用来标识网络上的一个子网；另外，还有一个主机 ID 号，用来标识子网络上的一台计算机。这样，通过这个分配给某台计算机的 IP 地址，就可以很快地找到相应的计算机。

（2）路由选择。在 TCP/IP 中包含了专门用于定义路由器如何选择网络路径的协议，即 IP 数据包的路由选择。

（3）域名解析。虽然 TCP/IP 采用的是 32 位的 IP 地址，但考虑用户的记忆方便，专门设计了一种方便的字母式地址结构，称为域名或 DNS（域名服务）名字。将域名映射为 IP 地址的操作，称为域名解析。域名具有较稳定的特点，而 IP 地址则较易发生变化。

（4）错误检测与流量控制。TCP/IP 具有分组交换确保数据信息在网络上可靠传递的特性，这些特性包括检测数据信息的传输错误（保证到达目的地的数据信息没有发生变化），确认已传递的数据信息已被成功地接收，监测网络系统中的信息流量，防止出现网络拥塞。

1. TCP/IP 分层模型

协议是对数据在计算机或设备之间传输时的表示方法进行定义和描述的标准。协议规定了进行传输、检测错误以及传送确认信息等内容。TCP/IP 是一个协议簇，它包含了多种协议。ISO/OSI 模型、TCP/IP 的分层模型及协议的对比如图 5-6 所示。

ISO/OSI 模型	TCP/IP 协议					TCP/IP 模型
应用层	文件传输协议（FTP）	远程登录协议（Telnet）	电子邮件协议（SMTP）	网络文件服务协议（NFS）	网络管理协议（SNMP）	应用层
表示层						
会话层						
传输层	TCP　　　　　　　UDP					传输层
网络层	IP	ICMP	ARP　　RARP			网际层
数据链路层	Ethernet IEEE 802.3	FDDI	Token-Ring/ IEEE 802.5	ARCnet	PPP/SLIP	网络接口层
物理层						硬件层

图 5-6　TCP/IP 模型与 OSI 模型的对比

从图 5-6 可知，TCP/IP 分层模型由 5 个层次构成，即应用层、传输层、网际层、网络接口层和硬件层，各层的功能简述如下，其中硬件层的相关描述略。

（1）应用层。应用层处在分层模型的最高层，用户调用应用程序来访问 TCP/IP 互联网络，以享受网络上提供的各种服务。应用程序负责发送和接收数据。每个应用程序可以选择所需要的传输服务类型，并把数据按照传输层的要求组织好，再向下层传送，包括独立的报文序列和连续字节流两种类型。

（2）传输层。传输层的基本任务是提供应用程序之间的通信服务。这种通信又叫端到端的通信。传输层既要系统地管理数据信息的流动，还要提供可靠的传输服务，以确保数据准确而有序地到达目的地。为了这个目的，传输层协议软件需要进行协商，让接收方回送确认信息及让发送方重发丢失的分组。在传输层与网际层之间传递的对象是传输层分组。

（3）网际层。网际层又称 IP 层，主要处理机器之间的通信问题。它接收传输层请求，传送某个具有目的地址信息的分组。该层主要完成如下功能：

①把分组封装到 IP 数据报（IP Datagram）中，填入数据报的首部（也称为报头），使用路由算法选择把数据报直接送到目标机或把数据报发送给路由器，然后再把数据报交给下面的网络接口层中对应的网络接口模块。

②处理接收到的数据报，检验其正确性。使用路由算法来决定是在本地进行处理，还是继续向前发送。如果数据报的目标机处于本机所在的网络，该层软件就把数据报的报头剥去，再选择适当的传输层协议软件来处理这个分组。

③适时发出 ICMP 的差错和控制报文，并处理收到的 ICMP 报文。

（4）网络接口层。网络接口层又称数据链路层，处于 TCP/IP 协议层之下，负责接收 IP 数据报，并把数据报通过选定的网络发送出去。该层包含设备驱动程序，也可能是一个复杂的使用自己的数据链路协议的子系统。

2. 网络接口层协议

TCP/IP 协议不包含具体的物理层和数据链路层，只定义了网络接口层作为物理层与网络层的接口规范。这个物理层可以是广域网，如 X.25 公用数据网；可以是局域网，如 Ethernet、Token-Ring 和 FDDI 等。任何物理网络只要按照这个接口规范开发网络接口驱动程序，都能够与 TCP/IP 协议集成起来。网络接口层处在 TCP/IP 协议的最底层，主要负责管理为物理网络准备数据所需的全部服务程序和功能。

3. 网际层协议 IP

网际层是整个 TCP/IP 协议簇的重点。在网际层定义的协议除了 IP 外，还有 ICMP、ARP 和 RARP 等几个重要的协议。

IP 所提供的服务通常被认为是无连接的（connectionless）和不可靠的（unreliable）。事实上，在网络性能良好的情况下，IP 传送的数据能够完好无损地到达目的地。所谓无连接的传输，是指没有确定目标系统在已做好接收数据准备之前就发送数据。与此相对应的就是面向连接的（connection oriented）传输（如 TCP），在该类传输中，源系统与目的系统在应用层数据传送之前需要进行三次握手。至于不可靠的服务，是指目的系统不对成功接收的分组进行确认，IP 只是尽可能地使数据传输成功。但是只要需要，上层协议必须实现用于保证分组成功提供的附加服务。

由于 IP 只提供无连接、不可靠的服务，所以把差错检测和流量控制之类的服务授权给了其他的各层协议，这正是 TCP/IP 能够高效率工作的一个重要保证。这样，可以根据传送数据的属性来确定所需的传送服务以及客户应该使用的协议。例如，传送大型文件的 FTP 会话就需要面向连接的、可靠的服务（因为如果稍有损坏，就可能导致整个文件无法使用）。

IP 的主要功能包括将上层数据（如 TCP、UDP 数据）或同层的其他数据（如 ICMP 数据）封装到 IP 数据报中；将 IP 数据报传送到最终目的地；为了使数据能够在链路层上进行传输，对数据进行分段；确定数据报到达其他网络中的目的地的路径。

IP 协议软件的工作流程：当发送数据时，源计算机上的 IP 协议软件必须确定目的地是在同一个网络上，还是在另一个网络上。IP 通过执行这两项计算并对结果进行比较，才能确定数据到达的目的地。如果两项计算的结果相同，则数据的目的地确定为本地；否则，目的地应为远程的其他网络。如果目的地在本地，那么 IP 协议软件就启动直达通信；如果目的地是远程计算机，那么 IP 必须通过网关（或路由器）进行通信，在大多数情况下，这个网关应当是默认网关。当源 IP 完成了数据报的准备工作时，它就将数据报传递给网络访问层，网络访问层再将数据报传送给传输介质，最终完成数据帧发往目的计算机的过程。

当数据抵达目的计算机时，网络访问层首先接收该数据。网络访问层要检查数据帧有无错误，并将数据帧送往正确的物理地址。假如数据帧到达目的地时正确无误，网络访问层便从数据帧的其余部分中提取数据有效负载（Payload），然后将它一直传送到帧层次类型域指定的协议。在这种情况下，可以说数据有效负载已经传递给了 IP。

4. ARP 和 RARP

地址解析协议（Address Resolution Protocol，ARP）及反地址解析协议（RARP）是驻留在网际层中的重要协议。ARP 的作用是将 IP 地址转换为物理地址，RARP 的作用是将物理地址转换为 IP 地址。网络中的任何设备，主机、路由器和交换机等均有唯一的物理地址，该地址通过网卡给出，每个网卡出厂后都有不同的编号，这意味着用户所购买的网卡有着唯一的物理地址。另一方面，为了屏蔽底层协议及物理地址上的差异，IP 协议又使用了 IP 地址，因此，在数据传输过程中，必须对 IP 地址与物理地址进行相互转换。

用 ARP 进行 IP 地址到物理地址转换的过程为：当计算机需要与任何其他的计算机进行通信时，首先需要查询 ARP 高速缓存，如果 ARP 高速缓存中这个 IP 地址存在，便使用与它对应的物理地址，直接将数据报发送给所需的物理网卡；如果 ARP 高速缓存中没有该 IP 地址，那么 ARP 便在局域网上以广播方式发送一个 ARP 请求包。如果局域网上 IP 地址与某台计算机中的 IP 地址相一致，那么该计算机便生成一个 ARP 应答信息，信息中包含对应的物理地址。ARP 协议软件将 IP 地址与物理地址的组合添加到它的高速缓存中，这时即可开始数据通信。

RARP 负责物理地址到 IP 地址的转换。这主要用于无盘工作站上，网络上的无盘工作站在网卡上有自己的物理地址，但无 IP 地址，因此必须有一个转换过程。为了完成这个转换过程，网络中有一个 RARP 服务器，网络管理员事先必须把网卡上的 IP 地址和相应的物理地址存储到 IP RARP 服务器的数据库中。

5. 网际层协议 ICMP

Internet 控制信息协议（Internet Control Message Protocol，ICMP）是网际层的另一个比较重要的协议。由于 IP 是一种尽力传送的通信协议，即传送的数据报可能丢失、重复、延迟或乱序，因此 IP 需要一种避免差错并在发生差错时报告的机制。ICMP 就是一个专门用于发送差错报文的协议。ICMP 定义了 5 种差错报文（源抑制、超时、目的不可达、重定向和要求分段）和 4 种信息报文（回应请求、回应应答、地址屏蔽码请求和地址屏蔽码应答）。IP 在需要发送一个差错报文时要使用 ICMP，而 ICMP 也是利用 IP 来传送报文的。ICMP 是让 IP 更加稳固、有效的一种协议，它使得 IP 传送机制变得更加可靠。而且利用 ICMP 还可以用于测试因特网，以得到一些有用的网络维护和排错的信息。例如，著名的 ping 工具就是利用 ICMP 报文进行目标是否可达测试。

6. 传输层协议 TCP

TCP（Transmission Control Protocol，传输控制协议），是整个 TCP/IP 协议族中最重要的协议之一。它在 IP 提供的不可靠数据服务的基础上，为应用程序提供了一个可靠的、面向连接的、全双工的数据传输服务。

TCP 是如何实现可靠性的呢？最主要和最重要的是 TCP 采用了一个叫重发（retransmission）的技术。具体来说，在 TCP 传输过程中，发送方启动一个定时器，然后将数据包发出，当接收方收到了这个信息就给发送方一个确认（acknowledgement）信息。而如果发送方在定时器到点之前没收到这个确认信息，就重新发送这个数据包。

利用 TCP 在源主机和目的主机之间建立和关闭连接操作时，均需要通过三次握手来确认建立和关闭是否成功。三次握手方式如图 5-7 所示，它通过"序号/确认号"使得系统正常工作，从而使它们的序号达成同步。

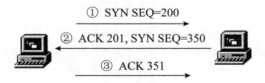

图 5-7　TCP 建立连接的"三次握手"过程

TCP 建立连接的三次握手过程如下：

（1）源主机发送一个 SYN（同步）标志位为 1 的 TCP 数据包，表示想与目标主机进行通信，并发送一个同步序列号（如 SEQ=200）进行同步。

（2）目标主机愿意进行通信，则响应一个确认（ACK 位置 1），并以下一个序列号为参考进行确认（如 201）。

（3）源主机以确认来响应目标主机的 TCP 包。这个确认中包括它想要接收的下一个序列号（该帧可以含有发送的数据）。至此连接建立完成。

同样，关闭连接也进行三次握手。

7. 传输层协议 UDP

用户数据报协议（User Datagram Protocol，UDP）是一种不可靠的、无连接的协议，可以保证应用程序进程间的通信。与同样处在传输层的面向连接的 TCP 相比较，UDP 是一种无连接的协议，它的错误检测功能要弱得多。可以这样说，TCP 有助于提供可靠性；而 UDP 则有助于提高传输的高速率性。例如，必须支持交互式会话的应用程序（如 FTP 等）往往使用 TCP；而自己进行错误检测或不需要错误检测的应用程序（如 DNS、SNMP 等）则往往使用 UDP。

UDP 协议软件的主要作用就是将 UDP 消息展示给应用层，它并不负责重新发送丢失的或出错的数据消息，不对接收到的无序 IP 数据报重新排序，不消除重复的 IP 数据报，不对已收到数据报进行确认，也不负责建立或终止连接。而这些问题是由使用 UDP 进行通信的应用程序负责处理的。

TCP 虽然提供了一个可靠的数据传输服务，但它是以牺牲通信量来实现的。也就是说，为完成同样一个任务，TCP 会需要更多的时间和通信量。这在网络不可靠的时候，通过牺牲一些时间换来达到网络的可靠，但在网络十分可靠的情况下，它又通过浪费带宽来保证可靠性，这时 UDP 则以十分小的通信量浪费占据优势。

8. 应用层协议

随着计算机网络的广泛应用，人们也已经有了许多基本的、相同的应用需求。为了让不同平台的计算机能够通过计算机网络获得一些基本的、相同的服务，也就应运而生了一系列应用级的标准，实现这些应用标准的专用协议被称为应用级协议，相对于 OSI 参考模型来说，它们处于较高的层次结构，所以也称为高层协议。应用层的协议有 NFS、Telnet、SMTP、DNS、SNMP 和 FTP 等，详细情况在 Internet 服务中介绍。

5.4　Internet 基础知识

Internet 是世界上规模最大，覆盖面最广且最具影响力的计算机互联网络，它是将分布在世界各地的计算机采用开放系统协议连接在一起，用来进行数据传输、信息交换和资源共享。在现阶段，Internet 作为未来信息高速公路的雏形，无论在科学研究、教育、金融，还是在商业、军事等部门，其影响都越来越大。

5.4.1　Internet 概述

从用户的角度来看，整个 Internet 在逻辑上是统一的、独立的，在物理上则由不同的网络互联而成。从技术角度看，Internet 本身不是某一种具体的物理网络技术，它是能够互相传递信息的众多网络的一个统称，或者说它是一个网间网，只要人们进入了这个互联网，就是在使用 Internet。正是由于 Internet 的这种特性，使得广大 Internet 用户不必关心网络的连接，而只关心网络提供的丰富资源。

连入 Internet 的计算机网络种类繁多，形式各异，且分布在世界各地，因此，需要通过路由器（IP 网关）并借助各种通信线路或公共通信网络把它们连接起来。由于实现了与公用电话网的互联，个人用户入网十分方便，只要有电话和 Modem 即可，这也是 Internet 迅速普及的原因之一。Internet 由美国的 ARPANET 网络发展而来，因此，它沿用了 ARPANET 使用的 TCP/IP 协议，由于该协议非常有效且使用方便，许多操作系统都支持它，无论是服务器还是个人计算机都可安装使用。

对于全球性最大的互联网络，总的来说无确定的负责人，它是由各自独立管理的网络互联构成的，而这些网络都各自拥有自己的管理体系和政策法规。因此，没有集中的负责掌管整个 Internet 的机构。尽管如此，某些政府部门在制定 Internet 有关政策时实际上起着主导作用。Internet 目前的最高国际组织是 Internet 学会（Internet Society），该学会是一个志愿者组织，也是一个非营利性的专业化组织，其主要目标是促进 Internet 的改革与发展。该学会下分 Internet 体系结构研究会（IAB）和其他几个研究会，IAB 下又有工程组（IETF）、许可证管理局（ICRS）、技术研究组（IRTF）和编号管理局（IANA）等。IAB 的主要任务是为支持 Internet 的科研与开发提供服务。

在 Internet 中，分布着一些覆盖范围很广的大网络，这种网络称为"Internet 主干网"，它们一般属于国家级的广域网。例如，我国的 CHINANET 和 CERNET 等就是中国的 Internet 主干网。主干网一般只延伸到一些大城市或重要地方，在那里设立主干网节点。每一个主干网节点可以通过路由器将广域网与局域网联接起来，一个节点还可以通过另外的路由器与其他局域网再互联，由此形成一种网状结构。

5.4.2　Internet 地址

无论是在网上检索信息还是发送电子邮件，都必须知道对方的 Internet 地址，它能唯一确定 Internet 上每一台计算机、每个用户的位置。也就是说，Internet 上每一台计算机、每个用户都有唯一的地址来标识它是谁和在何处，以方便于几千万个用户、几百万台计算机和成千上万的组织。Internet 地址格式主要有两种书写形式：域名格式和 IP 地址格式。

1. 域名

域名（Domain Name）通常是用户所在的主机名字或地址。域名格式是由若干部分组成的，每个部分又称子域名，它们之间用"."分开，每个部分最少由两个字母或数字组成。域名通常按分层结构来构造，每个子域名都有其特定的含义。通常情况，一个完整、通用的层次型主机域名由如下 4 部分组成：

计算机主机名.本地名.组名.最高层域名

从右到左，子域名分别表示不同的国家或地区的名称（只有美国可以省略表示国家的顶级域名）、组织类型、组织名称、分组织名称和计算机名称等。域名地址的最后一部分子域名称为高层域名（或顶级域名），它大致可以分成两类：一类是组织性顶级域名；另一类是地理性顶级域名。

例如：www.dzkjdx.edu.cn　cn 是地理性顶级域名，表示"中国"。

www.263.net　net 是组织性顶级域名，表示"网络技术组织机构"。

如果一个主机所在的网络级别较高，它可能拥有的域名仅三部分：本地名.组名.最高层域名。现在，Internet 地址管理机构（Internet PCA Registration Authority，IPRA）和 Internet 号码分配机构（Internet Assigned Number Authority，IANA）负责 Internet 最高层域名的登记和管理。

2. IP 地址

Internet 地址是按名字来描述的，这种地址表示方式易于理解和记忆。实际上，Internet 中的主机地址是用 IP 地址来唯一标识的。这是因为 Internet 中所使用的网络协议是 TCP/IP 协议，故每个主机必须用 IP 地址来标识。

每个 IP 地址都由 4 个小于 256 的数字组成，数字之间用"."分开。Internet 的 IP 地址共有 32 位，4 个字节。它表示时有两种格式：二进制格式和十进制格式。二进制格式是计算机所认识的格式，十进制格式是由二进制格式"翻译"过去的，主要是为了便于使用和掌握。例如，十进制 IP 地址 129.102.4.11 的表示方法与二进制的表示方法 10000001 01100110 00000100 00001011相同，显然表示成带点的十进制格式则方便得多。

域名和 IP 地址是一一对应的，域名易于记忆，便于使用，因此得到比较普遍的使用。当用户和 Internet 上的某台计算机交换信息时，只需要使用域名，网络则会自动地将其转换成 IP 地址，找到该台计算机。

Internet 中的地址可分为 5 类：A 类、B 类、C 类、D 类和 E 类。各类的地址分配方案如图 5-8 所示。在 IP 地址中，全 0 代表的是网络，全 1 代表的是广播。

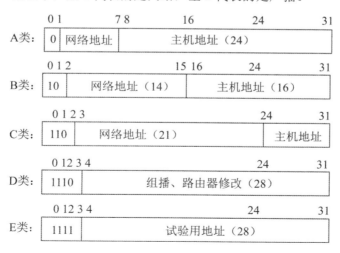

图 5-8　各类地址分配方案

A 类网络地址占有 1 个字节（8 位），定义最高位为 0 来标识此类地址，余下 7 位为真正的网络地址，支持 1～126 个网络。后面的 3 个字节（24 位）为主机地址，共提供 2^{24}–2 个端点的寻址。A 类网络地址第一个字节的十进制值为 000～127。

B 类网络地址占有 2 个字节，使用最高两位为 10 来标识此类地址，其余 14 位为真正的网络地址，主机地址占后面的 2 个字节（16 位），所以 B 类全部的地址有（2^{14}–2）×（2^{16}–2）= 16 382×65 534 个。B 类网络地址第一个字节的十进制值为 128～191。

C 类网络地址占有 3 个字节，它是最通用的 Internet 地址。使用最高三位为 110 来标识此类地址，其余 21 位为真正的网络地址，因此 C 类地址支持 2^{21}–2 个网络。主机地址占最后 1 个字节，每个网络可多达 2^8–2 个主机。C 类网络地址第一个字节的十进制值为 192～223。

D 类地址是相当新的。它的识别头是 1110，用于组播，例如用于路由器修改。D 类网络地址第一个字节的十进制值为 224～239。

E 类地址为实验保留，其识别头是 1111。E 类网络地址第一个字节的十进制值为 240～255。

网络软件和路由器使用子网掩码（Subnet Mask）来识别报文是仅存放在网络内部还是被路由转发到其他地方。在一个字段内，1 的出现表明一个字段包含所有或部分网络地址，0 表明主机地址位置。例如，最常用的 C 类地址使用前三个 8 位来识别网络，最后一个 8 位识别主机。因此，子网掩码是 255.255.255.0。

子网地址掩码是相对特别的 IP 地址而言的，如果脱离了 IP 地址就毫无意义。它的出现一般是跟着一个特定的 IP 地址，用来为计算这个 IP 地址中的网络号部分和主机号部分提供依据。换句话说，就是在写一个 IP 地址后，再指明哪些是网络号部分，哪些是主机号部分。子网掩码的格式与 IP 地址相同，所有对应网络号的部分用 1 填上，所有对应主机号的部分用 0 填上。

A 类、B 类、C 类 IP 地址类默认的子网掩码如表 5-2 所示。

表 5-2　带点十进制符号表示的默认子网掩码

地　址　类	子网掩码位	子网掩码
A 类	11111111 00000000 00000000 00000000	255.0.0.0
B 类	11111111 11111111 00000000 00000000	255.255.0.0
C 类	11111111 11111111 11111111 00000000	255.255.255.0

如果需要将网络进行子网划分，此时子网掩码可能不同于以上默认的子网掩码。例如，138.96.58.0 是一个 8 位子网化的 B 类网络 ID。基于 B 类的主机 ID 的 8 位被用来表示子网化的网络，对于网络 138.96.39.0，其子网掩码应为 255.255.255.0。

例如，一个 B 类地址 172.16.3.4，为了直观地告诉大家前 16 位是网络号，后 16 位是主机号，就可以附上子网掩码 255.255.0.0(11111111 11111111 00000000 00000000)。

假定某单位申请的 B 类地址为 179.143.XXX.XXX。如果希望把它划分为 14（至少占二进制的 4 位）个虚拟的网络，则需要占 4 位主机位，子网使用掩码为 255.255.240.0～255.255.255.0 来建立子网。每个 LAN 可有 2^{12}–2 个主机，且各子网可具有相同的主机地址。

假设一个组织有几个相对大的子网，每个子网包括了 25 台左右的计算机；而又有一些相对较小的子网，每个子网大概只有几台计算机。这种情况下，可以将一个 C 类地址分成 6 个子网（每个子网可以包含 30 台计算机），这样解决了很大的问题。但是出现了一个新的情况，那就是大的子网基本上完全利用了 IP 地址范围，但是小的子网却造成了许多 IP 地址的浪费。为了解决这个新的难题，避免任何的 IP 浪费，就出现了允许应用不同大小的子网掩码来对 IP 地址空间进行子网划分的解决方案。这种新的方案就叫作可变长子网掩码（VLSM）。

VLSM 用一个十分直观的方法来表示，那就是在 IP 地址后面加上"/网络号及子网络号编址位数"。例如，193.168.125.0/27 就表示前 27 位表示网络号。

例如，给定 135.41.0.0/16 的基于类的网络 ID，所需的配置是为将来使用保留一半的地址，其余的生成 15 个子网，达到 2000 台主机。

由于要为将来使用保留一半的地址，完成了 135.41.0.0 的基于类的网络 ID 的 1-位子网化，生成两个子网 135.41.0.0/17 和 135.41.128.0/17，子网 135.41.128.0/17 被选作为将来使用所保留的地址部分；135.41.0.0/17 被继续生成子网。

为达到划分 2000 台主机的 15 个子网的要求，需要将 135.41.128.0/17 的子网化的网络 ID 的 4-位子网化。这就产生了 16 个子网（135.41.128.0/21，135.41.136.0/21，…，135.41.240.0/21，135.41.248.0/21），允许每个子网有 2046 台主机。最初的 15 个子网化的网络 ID（135.41.128.0/21～135.41.240.0/21）被选定为网络 ID，从而实现了要求。

现在的 IP 协议的版本号为 4，所以也称之为 IPv4，为了方便网络管理员阅读和理解，使用了 4 个十进制数中间加小数点"."来表示。但随着因特网的膨胀，IPv4 不论从地址空间上，还是协议的可用性上都无法满足因特网的新要求。因此出现了一个新的 IP 协议 IPv6，它使用了 8 个十六进制数中间加小数点"."来表示。IPv6 将原来的 32 位地址扩展成为 128 位地址，彻底解决了地址缺乏的问题。

3. NAT 技术

因特网面临 IP 地址短缺的问题。这个问题有所谓长期的或短期的两种解决方案。长期的解决方案就是使用具有更大地址空间的 IPv6 协议，网络地址翻译（Network Address Translators，NAT）是许多短期的解决方案中的一种。

NAT 技术最初提出的建议是在子网内部使用局部地址，而在子网外部使用少量的全局地址，通过路由器进行内部和外部地址的转换。NAT 的实现主要有两种形式。

第一种应用是动态地址翻译（Dynamic Address Translation）。为此，首先引入存根域的概念。所谓存根域（Stub Domain），就是内部网络的抽象，这样的网络只处理源和目标都在子网内部的通信。任何时候存根域内只有一部分主机要与外界通信，甚至还有许多主机可能从不与外界通信，所以整个存根域只需共享少量的全局 IP 地址。存根域有一个边界路由器，由它来处理域内与外部的通信。假定：

- m：需要翻译的内部地址数。
- n：可用的全局地址数（NAT 地址）。

当 $m:n$ 翻译满足条件（$m \geqslant 1$ and $m \geqslant n$）时，可以把一个大的地址空间映像到一个小的地址空间。所有 NAT 地址放在一个缓冲区中，并在存根域的边界路由器中建立一个局部地址和全局地址的动态映像表，如图 5-9 所示。

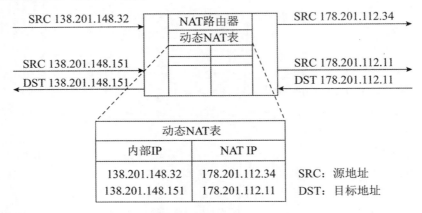

图 5-9　动态网络地址翻译

　　这个图显示的是把所有 B 类网络 138.201 中的 IP 地址翻译成 C 类网络 178.201.112 中的 IP 地址。这种 NAT 地址重用有如下特点：

　　（1）只要缓冲区中存在尚未使用的 C 类地址，任何从内向外的连接请求都可以得到响应，并且在边界路由器的动态 NAT 表中为之建立一个映像表项。

　　（2）如果内部主机的映像存在，就可以利用它建立连接。

　　（3）从外部访问内部主机是有条件的，即动态 NAT 表中必须存在该主机的映像。

　　动态地址翻译的好处是节约了全局使用的 IP 地址，而且不需要改变子网内部的任何配置，只需在边界路由器中设置一个动态地址变换表就可以工作了。

　　另外一种特殊的 NAT 应用是 $m:1$ 翻译，这种技术也叫作伪装（masquerading），因为用一个路由器的 IP 地址可以把子网中所有主机的 IP 地址都隐藏起来。如果子网中有多个主机要同时通信，那么还要对端口号进行翻译，所以这种技术更经常被称为网络地址和端口翻译（Network Address Port Translation，NAPT）。在很多 NAPT 实现中，专门保留一部分端口号给伪装使用，叫作伪装端口号。图 5-10 中的 NAT 路由器中有一个伪装表，通过这个表对端口号进行翻译，从而隐藏了内部网络 138.201 中的所有主机。

　　可以看出，这种方法有如下特点：

　　（1）出口分组的源地址被路由器的外部 IP 地址所代替，出口分组的源端口号被一个未使用的伪装端口号所代替。

　　（2）如果进来的分组的目标地址是本地路由器的 IP 地址，而目标端口号是路由器的伪装端口号，则 NAT 路由器就检查该分组是否为当前的一个伪装会话，并试图通过它的伪装表对 IP 地址和端口号进行翻译。

　　伪装技术可以作为一种安全手段使用，借以限制外部对内部主机的访问。另外，还可以用这种技术实现虚拟主机和虚拟路由，以便达到负载均衡和提高可靠性的目的。

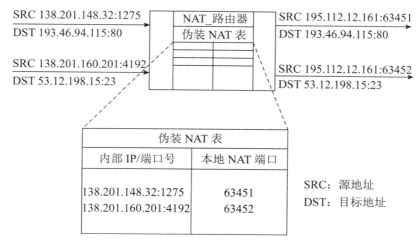

图 5-10 地址伪装

4. IPv6 简介

IPv4（IP version 4）标准是 20 世纪 70 年代末期制定完成的。20 世纪 90 年代初期，WWW 的应用导致因特网爆炸性发展，随着因特网应用类型日趋复杂，终端形式特别是移动终端的多样化，全球独立 IP 地址的提供已经开始面临沉重的压力。IPv4 将不能满足因特网长期发展的需要，必须立即开始下一代 IP 网络协议的研究。由此，IETF 于 1992 年成立了 IPNG（IP Next Generation）工作组；1994 年夏，IPNG 工作组提出了下一代 IP 网络协议（IP version 6，IPv6）的推荐版本；1995 年夏，IPNG 工作组完成了 IPv6 的协议文本；1995—1999 年完成了 IETF 要求的协议审定和测试；1999 年成立了 IPv6 论坛，开始正式分配 IPv6 地址，IPv6 的协议文本成为标准草案。

IPv6 具有长达 128 位的地址空间，可以彻底解决 IPv4 地址不足的问题。由于 IPv4 地址是 32 位二进制，所能表示的 IP 地址个数为 2^{32}=4 294 967 296≈40 亿，因而在因特网上约有 40 亿个 IP 地址。由 32 位的 IPv4 升级至 128 位的 IPv6，因特网中的 IP 地址从理论上讲会有 2^{128}≈3.4×10^{38} 个，如果整个地球表面（包括陆地和水面）都覆盖着计算机，那么 IPv6 允许每平方米有 7×10^{23} 个 IP 地址，如果地址分配的速率是每秒分配 100 万个，则需要 10^{19} 年的时间才能将所有地址分配完毕，可见，在想象得到的将来，IPv6 的地址空间是不可能用完的。除此之外，IPv6 还采用分级地址模式、高效 IP 包首部、服务质量、主机地址自动配置、认证和加密等许多技术。

1）IPv6 数据包的格式

IPv6 数据包有一个 40 字节的基本首部（base header），其后可允许有 0 个或多个扩展首部（extension header），再后面是数据。图 5-11 所示的是 IPv6 基本首部的格式。每个 IPv6 数据包都是从基本首部开始。IPv6 基本首部的很多字段可以和 IPv4 首部中的字段直接对应。

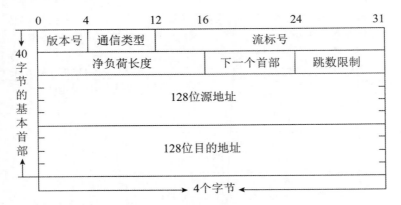

图 5-11　IPv6 基本首部的格式

图中各个字段说明如下：

（1）版本号：该字段占 4 位，说明了 IP 协议的版本。对 IPv6 而言，该字段值是 0110，也就是十进制数的 6。

（2）通信类型：该字段占 8 位，其中优先级字段占 4 位，使源站能够指明数据包的流类型。首先，IPv6 把流分成两大类，即可进行拥塞控制的和不可进行拥塞控制的。每一类又分为 8 个优先级。优先级的值越大，表明该分组越重要。对于可进行拥塞控制的业务，其优先级为 0～7。当发生拥塞时，这类数据包的传输速率可以放慢。对于不可进行拥塞控制的业务，其优先级为 8～15。这些都是实时性业务，如音频或视频业务的传输。这种业务的数据包发送速率是恒定的，即使丢掉了一些，也不进行重发。

（3）流标号：该字段占 20 位。所谓流，就是因特网上从一个特定源站到一个特定目的站（单播或多播）的一系列数据包。所有属于同一个流的数据包都具有同样的流标号。源站在建立流时是在 $2^{24}-1$ 个流标号中随机选择一个流标号。流标号 0 保留作为指出没有采用流标号。源站随机地选择流标号并不会在计算机之间产生冲突，因为路由器在将一个特定的流与一个数据包相关联时，使用的是数据包的源地址和流标号的组合。

从一个源站发出的具有相同非 0 流标号的所有数据包，都必须具有相同的源地址和目的地址，以及相同的逐跳选项首部（若此首部存在）和路由选择首部（若此首部存在）。这样做的好处是当路由器处理数据包时，只要查一下流标号即可，而不必查看数据包首部中的其他内容。任何一个流标号都不具有特定的意义，源站应将它希望各路由器对其数据包进行的特殊处理写明在数据包的扩展首部中。

（4）净负荷长度（payload length）：该字段占 16 位，指明除首部自身的长度外，IPv6 数据包所载的字节数。可见，一个 IPv6 数据包可容纳 64KB 长的数据。由于 IPv6 的首部长度是固定的，因此没有必要像 IPv4 那样指明数据包的总长度（首部与数据部分之和）。

（5）下一个首部（next header）：该字段占 8 位，标识紧接着 IPv6 首部的扩展首部的类型。这个字段指明在基本首部后面紧接着的一个首部的类型。

（6）跳数限制（hop limit）：该字段占 8 位，用来防止数据包在网络中无限期地存在。源站在每个数据包发出时即设定某个跳数限制。每一个路由器在转发数据包时，要先将跳数限制字段中的值减 1。当跳数限制的值为 0 时，就要将此数据包丢弃。这相当于 IPv4 首部中的生存期字段，但比 IPv4 中的计算时间间隔要简单些。

（7）源站 IP 地址：该字段占 128 位，是数据包的发送站的 IP 地址。

（8）目的站 IP 地址：该字段占 128 位，是数据包的接收站的 IP 地址。

2）IPv6 的地址表示

一般来讲，一个 IPv6 数据包的目的地址可以是以下三种基本类型地址之一。

（1）单播（unicast）：传统的点对点通信。

（2）多播（multicast）：一点对多点的通信，数据包交付到一组计算机中的每一个。IPv6 没有采用广播的术语，而是将广播看作多播的一个特例。

（3）任播（anycast）：这是 IPv6 增加的一种类型。任播的目的站是一组计算机，但数据包在交付时只交付给其中的一个，通常是距离最近的一个。

为了使地址的表示简洁些，IPv6 使用冒号十六进制记法（colon hexadecimal notation，colon hex），它把每个 16 位用相应的十六进制表示，各组之间用冒号分隔。

例如，686E:8C64:FFFF:FFFF:0:1180:96A:FFFF。

冒号十六进制记法允许 0 压缩（zero compression），也就是说，一连串连续的 0 可以用一对冒号所取代。

例如，FF05:0:0:0:0:0:0:B3 可以改成 FF05::B3。

为了保证 0 压缩有一个清晰的解释，建议中规定，在任一地址中，只能使用一次 0 压缩。该技术对已建议的分配策略特别有用，因为会有许多地址包含连续的 0 串。

另外，冒号十六进制记法可结合点分十进制记法的后缀。这种结合在 IPv4 向 IPv6 的转换阶段特别有用。例如，下面的串是一个合法的冒号十六进制记法。

```
0:0:0:0:0:0:128.10.1.1
```

请注意，在这种记法中，虽然为冒号所分隔的每个值是一个 16 位的量，但每个点分十进制部分的值则指明一个字节的值。再使用 0 压缩即可得出：

```
::128.10.1.1
```

5.4.3　Internet 服务

作为全世界最大的国际性计算机网络的 Internet，为全球的科研界、教育界和娱乐界等方方面面提供了极其丰富的信息资源和最先进的信息交流手段。在 Internet 上，时刻传送着大量的各种各样的信息，从电影、实况转播到最尖端的科学研究等无所不包，当然信息最多的还是科技信息，如计算机软件、科技论文、图书馆/出版社目录、最新科技动态、电子杂志、产品推销和网络新闻等。而这些内容均可由 Internet 服务来为用户提供。

使用传输控制协议或用户数据报协议时，Internet IP 可支持 65 535 种服务，这些服务是通过各个端口到名字实现的逻辑连接。端口分两类：一类是已知端口或称公共端口，端口号为 0～1023，这些端口由 Internet 赋值地址和端口号的组织赋值；另一类是需在 IANA 注册登记的端口，端口号为 1024～65 535。

前面介绍 Internet 网络接口层协议、网际层协议和传输层协议，本节主要介绍 Internet 的高层协议，如域名服务、远程登录服务、电子邮件服务、WWW 服务和文件传输服务等。

1. 域名服务

Internet 中的域名地址与 IP 地址是等价的，它们之间是通过域名服务来完成映射变换的。实际上，DNS 是一种分布式地址信息数据库系统，服务器中包含整个数据库的某部分信息，并供客户查询。DNS 允许局部控制整个数据库的某些部分，但数据库的每一部分都可通过全网查询得到。

域名系统采用的是客户端/服务器模式，整个系统由解析器和域名服务器组成。解析器是客户方，它负责查询域名服务器、解释从服务器返回来的应答、将信息返回给请求方等工作。域名服务器是服务器方，它通常保存着一部分域名空间的全部信息，这部分域名空间称为区（zone）。一个域名服务器可以管理一个或多个区。域名服务器可以分为主服务器、Caching Only 服务器和转发服务器（Forwarding Server）。

域名系统是一个分布式系统，其管理和控制也是分布式的。一个用户 A 在查找另一用户 B 时，域名系统的工作过程如下：

（1）解析器向本地域名服务器发出请求查阅用户 B 的域名。

（2）本地域名服务器向最高层域名服务器发出查询地址的请求。

（3）最高层域名服务器返回给本地域名服务器一个 IP 地址。

（4）本地域名服务器向组域名服务器发出查询地址的请求。

（5）组域名服务器返回给本地域名服务器一个 IP 地址。

（6）本地服务器向刚返回的域名服务器发出查询域名地址请求。

（7）IP 地址返回给本地域名服务器。

（8）本地域名服务器将该地址返回给解析器。

因此，本地域名服务器为了得到一个 IP 地址常常需要查询多个域名服务器。于是，在查询地址的同时，本地域名服务器也就得到了许多其他域名服务器的信息，像它们的 IP 地址、所负责的区域等。本地域名服务器将这些信息连同最终查询到的主机 IP 地址全部存放在它的 Cache 中，以便将来参考。当下次解析器再查询与这些域名相关的信息时，就可以直接引用。这样就大大减少了查询时间。

因此，访问主机的时候只需要知道域名，通过 DNS 服务器将域名变换为 IP 地址。DNS 所用的是 UDP 端口，端口号为 53。

2. 远程登录服务

远程登录服务是在 Telnet 协议的支持下，将用户计算机与远程主机连接起来，在远程计算机上运行程序，将相应的屏幕显示传送到本地机器，并将本地的输入送给远程计算机。由于这种服务基于 Telnet 协议且使用 Telnet 命令进行远程登录，故称为 Telnet 远程登录。

Telnet 是基于客户端/服务器模式的服务系统，它由客户端软件、服务器软件以及 Telnet 通信协议三部分组成。远程计算机又称为 Telnet 主机或服务器，本地计算机作为 Telnet 客户端来使用，它起到远程主机的一台虚拟终端（仿真终端）的作用，通过它用户可以与主机上的其他用户一样共同使用该主机提供的服务和资源。

当用户使用 Telnet 登录远程主机时，该用户必须在这个远程主机上拥有合法的账号和相应的密码，否则远程主机将会拒绝登录。在运行 Telnet 客户程序后，首先应该建立与远程主机的TCP 连接，从技术上讲，就是在一个特定的 TCP 端口（端口号一般为 23）上打开一个套接字，如果远程主机上的服务器软件一直在这个周知的端口上侦听连接请求，则这个连接便会建立起来，此时用户的计算机就成为该远程主机的一个终端，便可以进行联机操作了，即以终端方式为用户提供人机界面。然后将用户输入的信息通过 Telnet 协议便可以传送给远程主机，主机在周知的 TCP 端口上侦听到用户的请求并处理后，将处理的结果通过 Telnet 协议返回给客户程序。最后客户端接收到远程主机发送来的信息，并经过适当的转换显示在用户计算机的屏幕上。

3. 电子邮件服务

电子邮件（E-mail）就是利用计算机进行信息交换的电子媒体信件。它是随着计算机网络而出现的，并依靠网络的通信手段实现普通邮件信息的传输。它是最广泛的一种服务。

电子邮件是一种通过计算机网络与其他用户进行联系的快速、简便、高效、价廉的现代化通信手段。要想使用 E-mail，首先必须拥有一个电子邮箱，它是由 E-mail 服务提供者为其用户建立在 E-mail 服务器磁盘上的专用于存放电子邮件的存储区域，并由 E-mail 服务器进行管理。用户将使用 E-mail 客户软件在自己的电子邮箱里收发电子邮件。电子邮件地址的一般格式：用户名@主机名，例如 fqzhang@china.com。

E-mail 系统基于客户端/服务器模式，整个系统由 E-mail 客户端软件、E-mail 服务器和通信协议三部分组成。E-mail 客户端软件也称用户代理（User Agent），是用户用来收发和管理电子邮件的工具；E-mail 服务器主要充当"邮局"的角色，它除了为用户提供电子邮箱外，还承担着信件的投递业务，当用户发送一个电子邮件后，E-mail 服务器通过网络若干中间节点的"存储－转发"式的传递，最终把信件投递到目的地（收信人的电子邮箱）；E-mail 服务器主要采用 SMTP（简单邮件传输协议），本协议描述了电子邮件的信息格式及其传递处理方法，保证被传送的电子邮件能够正确地寻址和可靠地传输，它是面向文本的网络协议，其缺点是不能用来传送非 ASCII 码文本和非文字性附件，在日益发展的多媒体环境中以及人们关注的邮件私密性方面，更显出它的局限性。后来的一些协议，包括多用途 Internet 邮件扩充协议（MIME）及增强私密邮件保护协议（PEM），弥补了 SMTP 的缺点。而 SMTP 是用在大型多用户、多任务的操作系统环境中，将它用在 PC 上收信是十分困难的，所以在 TCP/IP 网络上的大多数邮件管理程序使用 SMTP 来发信，且采用 POP（Post Office Protocol）（常用的是 POP3）来保管用户未能及时取走的邮件。

POP 协议有两个版本：POP2 和 POP3。目前使用的 POP3 既能与 STMP 共同使用，也可以单独使用，以传送和接收电子邮件。POP 协议是一种简单的纯文本协议，每次传输以整个 E-mail 为单位，不能提供部分传输。

用户要传送 E-mail，首先需在联网的计算机上使用邮件软件编好邮件正文，填好邮件收信人的 E-mail 地址、发信人电子邮件地址（或自动填上）、邮件的主题等内容，然后使用 E-mail 的发送命令发出。此时，E-mail 发送端与接收端的计算机在工作时并不直接进行通信，而是在发信端计算机送出邮件后，先到达自己所注册的邮件服务器主机，再在网络传输过程中经过多个计算机和路由器的中转，到达目的地的邮件服务器主机，送进收信人的电子邮箱，最后当邮件的接收者上网并启动电子邮件管理程序，它就会自动检查邮件服务器中的电子邮箱，若发现新邮件，便会下载到自己的计算机上，完成接收邮件的任务。

简单邮件传送协议和用于接收邮件的 POP3 均是利用 TCP 端口。SMTP 所用的端口号是 25，POP3 所用的端口号是 110。

4. WWW（World Wide Web，万维网）服务

万维网是一种交互式图形界面的 Internet 服务，具有强大的信息连接功能，是目前 Internet 中最受欢迎的、增长速度最快的一种多媒体信息服务系统。

万维网是基于客户端/服务器模式的信息发送技术和超文本技术的综合，WWW 服务器把信息组织为分布式的超文本，这些信息节点可以是文本、子目录或信息指针。WWW 浏览程序为用户提供基于超文本传输协议（Hyper Text Transfer Protocol，HTTP）的用户界面，WWW 服务器的数据文件由超文本标记语言（Hyper Text Markup Language，HTML）描述，HTML 利用统一资源定位器（URL）的指标是超媒体链接，并在文本内指向其他网络资源。

超文本传输协议是一个 Internet 上的应用层协议，是 Web 服务器和 Web 浏览器之间进行通信的语言。所有的 Web 服务器和 Web 浏览器必须遵循这一协议，才能发送或接收超文本文件。HTTP 是客户端/服务器体系结构，提供信息资源的 Web 节点（即 Web 服务器），可称作 HTTP 服务器，Web 浏览器则是 HTTP 服务器的客户。WWW 上的信息检索服务系统就是遵循 HTTP 运行的。在 HTTP 的帮助下，用户可以只关心要检索的信息，而无须考虑这些信息存储在什么地方。

在 Internet 上，万维网整个系统由 Web 服务器、Web 浏览器（Browser）和 HTTP 通信协议三部分组成。Web 服务器提供信息资源；Web 浏览器将信息显示出来；HTTP 是为分布式超媒体信息系统而设计的一种网络协议，主要用于域名服务器和分布式对象管理，它能够传送任意类型数据对象，以满足 Web 服务器与客户端之间多媒体通信的需要，从而成为 Internet 中发布多媒体信息的主要协议。

统一资源定位器是在 WWW 中标识某一特定信息资源所在位置的字符串，是一个具有指针作用的地址标准。在 WWW 上查询信息，必不可少的一项操作是在浏览器中输入查询目标的地址，这个地址就是 URL，也称 Web 地址，俗称"网址"，一个 URL 指定一个远程服务器域名和一个 Web 页。换言之，每个 Web 页都有唯一的 URL。URL 也可指向 FTP、WAIS 和 gopher

服务器代表的信息。通常，用户只需要了解和使用主页的 URL，通过主页再访问其他页。当用户通过 URL 向 WWW 提出访问某种信息资源时，WWW 的客户服务器程序自动查找资源所在的服务器地址，一旦找到，立即将资源调出供用户浏览。

使用 WWW 的浏览程序（例如 Internet Explore、Netscape 和 Mosaic 等），网页的超文本链接将引导用户找到所需要的信息资源。

如果已经是 Internet 的用户，只要在自己的计算机上运行一个客户程序（WWW 浏览器），并给出需访问的 URL 地址，就可以尽情浏览这些来自远方或近邻的各种信息。WWW 工作过程为：首先通过局域网或通过电话拨号连入 Internet，并在本地计算机上运行 WWW 浏览器程序，然后根据想要获得的信息来源，在浏览器的指定位置输入 WWW 地址，并通过浏览器向 Internet 发出请求信息，此时网络中的 IP 路由器和服务器将按照地址把信息传递到所要求的 WWW 服务器中，而 WWW 服务器不断在一个周知的 TCP 端口（端口号为 80）上侦听用户的连接请求，当服务器接收到请求后，找到所要求的 WWW 页面，最后服务器将找到的页面通过 Internet 传送回用户的计算机，浏览器接收传来的超文本文件，转换并显示在计算机屏幕上。

一个 URL（Web 地址）包括以下几部分：协议、主机域名、端口号（任选）、目录路径（任选）和一个文件名（任选）。其格式为：

```
scheme://host.Domain[: port]Upath/filename]
```

其中，scheme 指定服务连接的方式（协议），通常有下列几种：

- file：本地计算机上的文件。
- ftp：FTP 服务器上的文件。
- gopher：Gopher 服务器上的文件。
- http：WWW 服务器上的超文本文件。
- New：一个 USenet 的新闻组。
- telnet：一个 Telnet 站点。
- wais：一个 WAIS 服务器。
- mailto：发送邮件给某人。

在地址的冒号之后通常是两个反斜线，表示后面是指定信息资源的位置，其后是一个可选的端口号，地址的最后部分是路径或文件名。如果端口号默认，表示使用与某种服务方式对应的标准端口号。根据查询要求不同，给出的 URL 中目录路径这一项可有可无。如果在查询中要求包括文件路径，那么在 URL 中就要具体指出要访问的文件名称。

下面是一些 URL 的例子：

http://www.cctv.com/	中国中央电视台网址
http://www.xjtu.edu.cn/	西安交通大学网址
ftp://ftp.xjtu.edu.cn/	西安交通大学文件服务器
gopher://gopher.xjtu.edu.cn	西安交通大学 Gopher 服务器

5. 文件传输服务

文件传输协议用来在计算机之间传输文件。由于 Internet 是一座装满了各种计算机文件的宝库，其中有免费和共享的软件、各种图片、声音、图像和动画文件，还有书籍和参考资料等，如果希望将它们下载到你的计算机上，其中最主要的方法之一是通过文件传输协议来实现，因此它是 Internet 中被广为使用的一种服务。

通常，一个用户需要在 FTP 服务器中进行注册，即建立用户账号，在拥有合法的登录用户名和密码后，才有可能进行有效的 FTP 连接和登录。对于 Internet 中成千上万个 FTP 服务器来说，这就给提供 FTP 服务的管理员带来很大的麻烦，即需要为每一个使用 FTP 的用户提供一个账号，这样做显然是不现实的。实际上，Internet 的 FTP 服务是一种匿名（anonymous）FTP 服务，它设置了一个特殊的用户名——anonymous，供公众使用，任何用户都可以使用这个用户名与提供这种匿名 FTP 服务的主机建立连接，并共享这个主机对公众开放的资源。

匿名 FTP 的用户名是 anonymous，而密码通常是 guest 或者是使用者的 E-mail 地址。当用户登录到匿名 FTP 服务器后，其工作方式与常规 FTP 相同。通常，出于安全的目的，大多数匿名 FTP 服务器只允许下载（download）文件，而不允许上传（upload）文件。也就是说，用户只能从匿名 FTP 服务器复制所需的文件，而不能将文件复制到匿名 FTP 服务器上。此外，匿名 FTP 服务器中的文件还加入了一些保护性措施，确保这些文件不能被修改和删除，同时也可以防止计算机病毒的侵入。

FTP 是基于客户端/服务器模式的服务系统，它由客户端软件、服务器软件和 FTP 通信协议 3 部分组成。FTP 客户端软件运行在用户计算机上，在用户装入 FTP 客户端软件后，便可以通过使用 FTP 内部命令与远程 FTP 服务器采用 FTP 通信协议建立连接或文件传送；FTP 服务器软件运行在远程主机上，并设置一个名叫 anonymous 的公共用户账号，向公众开放。

FTP 在客户端与服务器的内部建立两条 TCP 连接：一条是控制连接，主要用于传输命令和参数（端口号为 21）；另一条是数据连接，主要用于传送文件（端口号为 20）。FTP 服务器不断在 21 号端口上侦听用户的连接请求，当用户使用用户名 anonymous 和密码 guest 或者用户 E-mail 地址进行登录时，用户即发出连接请求，这样控制连接便建立起来，此时，用户名和密码将通过控制连接发送给服务器；服务器接收到这个请求后，便进行用户识别，然后向用户回送确认或拒绝的应答信息；用户看到登录成功的信息后，便可以发出文件传输的命令；服务器从控制连接上接收到文件名和传输命令（如 get）后，便在 20 号端口发起数据连接，并在这个连接上将文件名所指明的文件传输给用户。只要用户不使用 close 或者其他命令关闭连接，便可以继续传输其他文件。

5.5　信息安全基础知识

信息成为一种重要的战略资源，信息的获取、处理和安全保障能力成为一个国家综合国力的重要组成部分，信息安全事关国家安全、社会稳定。信息安全理论与技术的内容十分广泛，包括密码学与信息加密、可信计算、网络安全和信息隐藏等多个方面。

1. 信息安全要素

信息安全包括 5 个基本要素：机密性、完整性、可用性、可控性与可审查性。

- 机密性：确保信息不暴露给未授权的实体或进程。
- 完整性：只有得到允许的人才能修改数据，并且能够判别出数据是否已被篡改。
- 可用性：得到授权的实体在需要时可访问数据，即攻击者不能占用所有的资源而阻碍授权者的工作。
- 可控性：可以控制授权范围内的信息流向及行为方式。
- 可审查性：对出现的信息安全问题提供调查的依据和手段。

2. 信息存储安全

信息的存储安全包括信息使用的安全（如用户的标识与验证、用户存取权限限制、安全问题跟踪等）、系统安全监控、计算机病毒防治、数据的加密和防止非法的攻击等。

1）用户的标识与验证

用户的标识与验证主要是限制访问系统的人员。它是访问控制的基础，是对用户身份的合法性验证。方法有两种：一是基于人的物理特征的识别，包括签名识别法、指纹识别法和语音识别法；二是基于用户所拥有特殊安全物品的识别，包括智能 IC 卡识别法、磁条卡识别法。

2）用户存取权限限制

用户存取权限限制主要是限制进入系统的用户所能做的操作。存取控制是对所有的直接存取活动通过授权进行控制以保证计算机系统安全保密机制，是对处理状态下的信息进行保护。一般有两种方法：隔离控制法和限制权限法。

（1）隔离控制法。隔离控制法是在电子数据处理成分的周围建立屏障，以便在该环境中实施存取规则。隔离控制技术的主要实现方式包括物理隔离方式、时间隔离方式、逻辑隔离方式和密码技术隔离方式等。

（2）限制权限法。限制权限法是有效地限制进入系统的用户所进行的操作。即对用户进行分类管理，安全密级授权不同的用户分在不同类别；对目录、文件的访问控制进行严格的权限控制，防止越权操作；放置在临时目录或通信缓冲区的文件要加密，用完尽快移走或删除。

3）系统安全监控

必须建立一套安全监控系统，全面监控系统的活动，并随时检查系统的使用情况，一旦有非法入侵者进入系统，能及时发现并采取相应措施，确定和堵塞安全及保密的漏洞。应当建立完善的审计系统和日志管理系统，利用日志和审计功能对系统进行安全监控。管理员还应该经常做以下四方面的工作：

（1）监控当前正在进行的进程，正在登录的用户情况。

（2）检查文件的所有者、授权、修改日期情况和文件的特定访问控制属性。

（3）检查系统命令安全配置文件、口令文件、核心启动运行文件、任何可执行文件的修改情况。

（4）检查用户登录的历史记录和超级用户登录的记录。如发现异常，及时处理。

4）计算机病毒防治

计算机网络服务器必须加装网络病毒自动检测系统，以保护网络系统的安全，防范计算机病毒的侵袭，并且必须定期更新网络病毒检测系统。

由于计算机病毒具有隐蔽性、传染性、潜伏性、触发性和破坏性等特点，所以需要建立计算机病毒防治管理制度。

（1）经常从软件供应商网站下载、安装安全补丁程序和升级杀毒软件。

（2）定期检查敏感文件。对系统的一些敏感文件定期进行检查，以保证及时发现已感染的病毒和黑客程序。

（3）使用高强度的口令。尽量选择难以猜测的口令，对不同的账号选用不同的口令。

（4）经常备份重要数据，要做到每天坚持备份。

（5）选择、安装经过公安部认证的防病毒软件，定期对整个硬盘进行病毒检测、清除工作。

（6）可以在计算机和因特网之间安装使用防火墙，提高系统的安全性。

（7）当计算机不使用时，不要接入因特网，一定要断掉连接。

（8）重要的计算机系统和网络一定要严格与因特网物理隔离。

（9）不要打开陌生人发来的电子邮件，无论它们有多么诱人的标题或者附件，同时要小心处理来自于熟人的邮件附件。

（10）正确配置系统和使用病毒防治产品。正确配置系统，充分利用系统提供的安全机制，提高系统防范病毒的能力，减少病毒侵害事件。了解所选用防病毒产品的技术特点，正确配置以保护自身系统的安全。

3. 计算机信息系统安全保护等级

《计算机信息系统 安全保护等级划分准则》（GB 17859—1999）规定了计算机系统安全保护能力的 5 个等级。

（1）第一级：用户自主保护级（对应 TCSEC 的 C1 级）。本级的计算机信息系统可信计算基（trusted computing base）通过隔离用户与数据，使用户具备自主安全保护的能力。它具有多种形式的控制能力，对用户实施访问控制，即为用户提供可行的手段，保护用户和用户组信息，避免其他用户对数据的非法读写与破坏。

（2）第二级：系统审计保护级（对应 TCSEC 的 C2 级）。与用户自主保护级相比，本级的计算机信息系统可信计算基实施了粒度更细的自主访问控制，它通过登录规程、审计安全性相关事件和隔离资源，使用户对自己的行为负责。

（3）第三级：安全标记保护级（对应 TCSEC 的 B1 级）。本级的计算机信息系统可信计算基具有系统审计保护级所有功能。此外，还提供有关安全策略模型、数据标记以及主体对客体强制访问控制的非形式化描述；具有准确地标记输出信息的能力；消除通过测试发现的任何错误。

（4）第四级：结构化保护级（对应 TCSEC 的 B2 级）。本级的计算机信息系统可信计算基建立于一个明确定义的形式化安全策略模型之上，它要求将第三级系统中的自主和强制访问控制扩展到所有主体与客体。此外，还要考虑隐蔽通道。本级的计算机信息系统可信计算基必须结构化为关键保护元素和非关键保护元素。计算机信息系统可信计算基的接口也必须明确定义，使其设计与实现能经受更充分的测试和更完整的复审。它加强了鉴别机制；支持系统管理员和操作员的职能；提供可信设施管理；增强了配置管理控制。系统具有相当的抗渗透能力。

（5）第五级：访问验证保护级（对应 TCSEC 的 B3 级）。本级的计算机信息系统可信计算基满足访问监控器需求。访问监控器仲裁主体对客体的全部访问。访问监控器本身是抗篡改的；必须足够小，能够分析和测试。为了满足访问监控器需求，计算机信息系统可信计算基在其构造时，排除那些对实施安全策略来说并非必要的代码；在设计和实现时，从系统工程角度将其复杂性降低到最小程度。支持安全管理员职能；扩充审计机制，当发生与安全相关的事件时发出信号；提供系统恢复机制。系统具有很高的抗渗透能力。

4. 数据加密

数据加密是防止未经授权的用户访问敏感信息的手段，这就是人们通常理解的安全措施，也是其他安全方法的基础。研究数据加密的科学叫作密码学（Cryptography），它又分为设计密码体制的密码编码学和破译密码的密码分析学。密码学有着悠久而光辉的历史，古代的军事家已经用密码传递军事情报了，而现代计算机的应用和计算机科学的发展又为这一古老的科学注入了新的活力。现代密码学是经典密码学的进一步发展和完善。由于加密和解密此消彼长的斗争永远不会停止，这门科学还在迅速发展之中。

一般的保密通信模型如图 5-12 所示。

图 5-12　保密通信模型

从图中可以看出，发送端把明文 P 用加密算法 E 和密钥 K 加密，变换成密文 C，即 C=E(K, P)；接收端利用解密算法 D 和密钥 K 对 C 解密得到明文 P，即 P =D(K, C)。

这里加/解密函数 E 和 D 是公开的，而密钥 K（加/解密函数的参数）是秘密的。在传送过程中偷听者得到的是无法理解的密文，而他又得不到密钥，这就达到了对第三者保密的目的。

需要说明的是，不论偷听者获取了多少密文，但是密文中没有足够的信息，使得可以确定出对应的明文，则这种密码体制叫作是无条件安全的，或称为是理论上不可破解的。在无任何限制的条件下，几乎目前所有的密码体制都不是理论上不可破解的。能否破解给定的密码，取决于使用的计算资源。所以密码专家们研究的核心问题就是要设计出在给定计算费用的条件下，计算上（而不是理论上）安全的密码体制。

5.6　网络安全概述

由于网络传播信息快捷，隐蔽性强，在网络上难以识别用户的真实身份，网络犯罪、黑客攻击、有害信息传播等方面的问题日趋严重，网络安全已成为网络发展中的一个重要课题。网络安全的产生和发展，标志着传统的通信保密时代过渡到了信息安全时代。

1. 网络安全威胁

一般认为，目前网络存在的威胁主要表现在以下 5 个方面：

（1）非授权访问：没有预先经过同意，就使用网络或计算机资源则被看作非授权访问，如有意避开系统访问控制机制，对网络设备及资源进行非正常使用，或擅自扩大权限，越权访问信息。它主要有以下几种形式：假冒、身份攻击、非法用户进入网络系统进行违法操作、合法用户以未授权方式进行操作等。

（2）信息泄露或丢失：指敏感数据在有意或无意中被泄露出去或丢失，它通常包括信息在传输中丢失或泄露、信息在存储介质中丢失或泄露以及通过建立隐蔽隧道等窃取敏感信息等。如黑客利用电磁泄露或搭线窃听等方式可截获机密信息，或通过对信息流向、流量、通信频度和长度等参数的分析，推测出有用信息，如用户口令、账号等重要信息。

（3）破坏数据完整性：以非法手段窃得对数据的使用权，删除、修改、插入或重发某些重要信息，以取得有益于攻击者的响应；恶意添加，修改数据，以干扰用户的正常使用。

（4）拒绝服务攻击：它不断对网络服务系统进行干扰，改变其正常的作业流程，执行无关程序使系统响应减慢甚至瘫痪，影响正常用户的使用，甚至使合法用户被排斥而不能进入计算机网络系统或不能得到相应的服务。

（5）利用网络传播病毒：通过网络传播计算机病毒，其破坏性大大高于单机系统，而且用户很难防范。

2. 防火墙技术

防火墙（Firewall）是建立在内外网络边界上的过滤封锁机制，它认为内部网络是安全和可信赖的，而外部网络是不安全和不可信赖的。防火墙的作用是防止不希望的、未经授权地进出被保护的内部网络，通过边界控制强化内部网络的安全策略。防火墙作为网络安全体系的基础和核心控制设施，贯穿于受控网络通信主干线，对通过受控干线的任何通信行为进行安全处理，如控制、审计、报警和反应等，同时也承担着繁重的通信任务。由于其自身处于网络系统中的敏感位置，自身还要面对各种安全威胁，因此，选用一个安全、稳定和可靠的防火墙产品，其重要性不言而喻。

防火墙技术经历了包过滤、应用代理网关和状态检测技术三个发展阶段。

1）包过滤防火墙

包过滤防火墙一般有一个包检查块（通常称为包过滤器），数据包过滤可以根据数据包头中的各项信息来控制站点与站点、站点与网络、网络与网络之间的相互访问，但无法控制传输数据的内容，因为内容是应用层数据，而包过滤器处在网络层和数据链路层（即 TCP 和 IP 层）之间。通过检查模块，防火墙能够拦截和检查所有出站和进站的数据，它首先打开包，取出包头，根据包头的信息确定该包是否符合包过滤规则，并进行记录。对于不符合规则的包，应进行报警并丢弃该包。

过滤型的防火墙通常直接转发报文，它对用户完全透明，速度较快。其优点是防火墙对每条传入和传出网络的包实行低水平控制；每个 IP 包的字段都被检查，例如源地址、目的地址、协议和端口等；防火墙可以识别和丢弃带欺骗性源 IP 地址的包；包过滤防火墙是两个网络之间访问的唯一来源；包过滤通常被包含在路由器数据包中，所以不需要额外的系统来处理这个特征。缺点是不能防范黑客攻击，因为网管不可能区分出可信网络与不可信网络的界限；不支持应用层协议，因为它不识别数据包中的应用层协议，访问控制粒度太粗糙；不能处理新的安全威胁。

2）应用代理网关防火墙

应用代理网关防火墙彻底隔断内网与外网的直接通信，内网用户对外网的访问变成防火墙对外网的访问，然后再由防火墙转发给内网用户。所有通信都必须经应用层代理软件转发，访问者任何时候都不能与服务器建立直接的 TCP 连接，应用层的协议会话过程必须符合代理的安全策略要求。

应用代理网关的优点是可以检查应用层、传输层和网络层的协议特征，对数据包的检测能力比较强。缺点是难以配置，处理速度非常慢。

3）状态检测技术防火墙

状态检测技术防火墙结合了代理防火墙的安全性和包过滤防火墙的高速度等优点，在不损失安全性的基础上，提高了代理防火墙的性能。

状态检测防火墙摒弃了包过滤防火墙仅考查数据包的 IP 地址等几个参数而不关心数据包连接状态变化的缺点，在防火墙的核心部分建立状态连接表，并将进出网络的数据当成一个个的会话，利用状态表跟踪每一个会话状态。状态监测对每一个包的检查不仅根据规则表，更考虑了数据包是否符合会话所处的状态，因此提供了完整的对传输层的控制能力，同时也改进了流量处理速度。因为它采用了一系列优化技术，使防火墙性能大幅度提升，能应用在各类网络环境中，尤其是在一些规则复杂的大型网络上。

一个防火墙系统通常是由过滤路由器和代理服务器组成。过滤路由器是一个多端口的 IP 路由器，它能够拦截和检查所有出站和进站的数据。代理服务器防火墙使用一个客户程序与特定的中间结点（防火墙）连接，然后中间结点与期望的服务器进行实际连接。这样，内部与外部网络之间不存在直接连接，因此，即使防火墙发生了问题，外部网络也无法获得与被保护的网络的连接。典型防火墙的体系结构分为包过滤路由器、双宿主主机、屏蔽主机网关和被屏蔽子网等类型。

3. 认证

认证又分为实体认证和消息认证两种。实体认证是识别通信对方的身份，防止假冒，可以使用数字签名的方法。消息认证是验证消息在传送或存储过程中有没有被篡改，通常使用报文摘要的方法。

1）基于共享密钥的认证

如果通信双方有一个共享的密钥，则可以确认对方的真实身份。这种算法依赖于一个双方都信赖的密钥分发中心（Key Distribution Center，KDC），如图 5-13 所示，其中的 A 和 B 分别代表发送者和接收者，K_A、K_B 分别表示 A、B 与 KDC 之间的共享密钥。

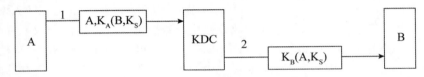

图 5-13　基于共享密钥的认证协议

认证过程如下：A 向 KDC 发出消息 $\{A, K_A(B, K_S)\}$，说明自己要和 B 通信，并指定了与 B 会话的密钥 K_S。注意，这个消息中的一部分 (B, K_S) 是用 K_A 加密了的，所以第三者不能了解消息的内容。KDC 知道了 A 的意图后就构造了一个消息 $\{K_B(A, K_S)\}$ 发给 B。B 用 K_B 解密后就得到了 A 和 K_S，然后就可以与 A 用 K_S 会话了。

然而，主动攻击者对这种认证方式可能进行重放攻击。例如 A 代表雇主，B 代表银行。第三者 C 为 A 工作，通过银行转账取得报酬。如果 C 为 A 工作了一次，得到了一次报酬，并偷听和复制了 A 和 B 之间就转账问题交换的报文，那么贪婪的 C 就可以按照原来的次序向银行重发报文 2，冒充 A 与 B 之间的会话，以便得到第二次、第三次……报酬。在重放攻击中攻击者不需要知道会话密钥 K_S，只要能猜测密文的内容对自己有利或是无利就可以达到攻击的目的。

2）基于公钥的认证

这种认证协议如图 5-14 所示。A 给 B 发出 $E_B(A, R_A)$，该报文用 B 的公钥加密。B 返回 $E_A(R_A, R_B, K_S)$，用 A 的公钥加密。这两个报文中分别有 A 和 B 指定的随机数 R_A 和 R_B，因此能排除重放的可能性。通信双方都用对方的公钥加密，用各自的私钥解密，所以应答比较简单。其中的 K_S 是 B 指定的会话键。这个协议的缺陷是假定了双方都知道对方的公钥。

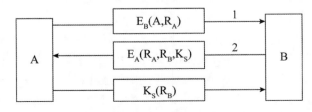

图 5-14　基于公钥的认证协议

4. 数字签名

与人们手写签名的作用一样，数字签名系统向通信双方提供服务，使得 A 向 B 发送签名的消息 P，以便达到以下几点：

（1）B 可以验证消息 P 确实来源于 A。

（2）A 以后不能否认发送过 P。

（3）B 不能编造或改变消息 P。

下面介绍两种数字签名系统。

1）基于密钥的数字签名

这种系统如图 5-15 所示。设 BB 是 A 和 B 共同信赖的仲裁人。K_A 和 K_B 分别是 A 和 B 与 BB 之间的密钥，而 K_{BB} 是只有 BB 掌握的密钥，P 是 A 发给 B 的消息，t 是时间戳。BB 解读了 A 的报文 $\{A, K_A(B, R_A, t, P)\}$ 以后产生了一个签名的消息 $K_{BB}(A, t, P)$，并装配成发给 B 的报文 $\{K_B(A, R_A, t, P, K_{BB}(A, t, P))\}$。B 可以解密该报文，阅读消息 P，并保留证据 $K_{BB}(A, t, P)$。由于 A 和 B 之间的通信是通过中间人 BB 的，所以不必怀疑对方的身份。又由于证据 $K_{BB}(A, t, P)$ 的存在，A 不能否认发送过消息 P，B 也不能改变得到的消息 P，因为 BB 仲裁时可能会当场解密 $K_{BB}(A, t, P)$，得到发送人、发送时间和原来的消息 P。

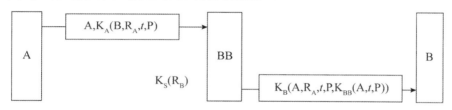

图 5-15　基于密钥的数字签名

2）基于公钥的数字签名

利用公钥加密算法的数字签名系统如图 5-16 所示。如果 A 方否认了，B 可以拿出 $D_A(P)$，并用 A 的公钥 E_A 解密得到 P，从而证明 P 是 A 发送的。如果 B 把消息 P 篡改了，当 A 要求 B 出示原来的 $D_A(P)$ 时，B 拿不出来。

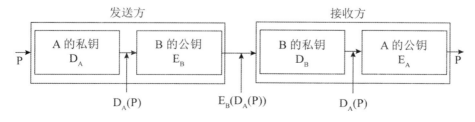

图 5-16　基于公钥的数字签名

5. 报文摘要

用于差错控制的报文检验是根据冗余位检查报文是否受到信道干扰的影响，与之类似的报文摘要方案是计算密码校验和，即固定长度的认证码，附加在消息后面发送，根据认证码检查报文是否被篡改。设 M 是可变长的报文，K 是发送者和接收者共享的密钥，令 $MD=C_K(M)$，这就是算出的报文摘要（Message Digest），如图 5-17 所示。由于报文摘要是原报文唯一的压缩表

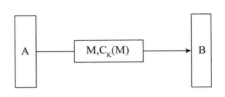

图 5-17   报文摘要方案

示，代表了原来报文的特征，所以也叫作数字指纹（Digital Fingerprint）。

散列（Hash）算法将任意长度的二进制串映射为固定长度的二进制串，这个长度较小的二进制串称为散列值。散列值是一段数据唯一的、紧凑的表示形式。如果对一段明文只更改其中的一个字母，随后的散列变换都将产生不同的散列值。因为要找到散列值相同的两个不同的输入在计算上是不可能的，所以数据的散列值可以检验数据的完整性。

通常的实现方案是对任意长的明文 M 进行单向散列变换，计算固定长度的位串作为报文摘要。对 Hash 函数 $h=H(M)$ 的要求如下：

（1）可用于任意大小的数据块。

（2）能产生固定大小的输出。

（3）软/硬件容易实现。

（4）对于任意 m，找出 x，满足 $H(x)=m$，是不可计算的。

（5）对于任意 x，找出 $y \neq x$，使得 $H(x)=H(y)$，是不可计算的。

（6）找出 (x, y)，使得 $H(x)=H(y)$，是不可计算的。

前 3 项要求显而易见是实际应用和实现的需要。第 4 项要求就是所谓的单向性，这个条件使得攻击者不能由偷听到的 m 得到原来的 x。第 5 项要求是为了防止伪造攻击，使得攻击者不能用自己制造的假消息 y 冒充原来的消息 x。第 6 项要求是为了对付生日攻击的。

报文摘要可以用于加速数字签名算法，在图 5-15 中，BB 发给 B 的报文中报文 P 实际上出现了两次，一次是明文，一次是密文，这显然增加了传送的数据量。如果改成图 5-18 所示的报文，$K_{BB}(A, t, P)$ 减少为 MD(P)，则传送过程可以大大加快。

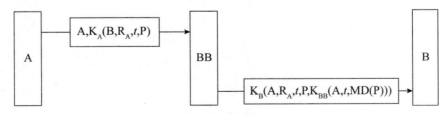

图 5-18   报文摘要的例子

6. 数字证书

1）数字证书的概念

数字证书是各类终端实体和最终用户在网上进行信息交流及商务活动的身份证明，在电子交易的各个环节，交易的各方都需验证对方数字证书的有效性，从而解决相互间的信任问题。

数字证书采用公钥体制，即利用一对互相匹配的密钥进行加密和解密。每个用户自己设定一个特定的仅为本人所知的私有密钥（私钥），用它进行解密和签名，同时设定一个公共密钥（公钥），并由本人公开，为一组用户所共享，用于加密和验证。公开密钥技术解决了密钥发布的管理问题。一般情况下，证书中还包括密钥的有效时间、发证机构（证书授权中心）的名称及该证书的序列号等信息。数字证书的格式遵循 ITUT X.509 国际标准。

用户的数字证书由某个可信的证书发放机构（Certification Authority，CA）建立，并由 CA 或用户将其放入公共目录中，以供其他用户访问。目录服务器本身并不负责为用户创建数字证书，其作用仅仅是为用户访问数字证书提供方便。

在 X.509 标准中，数字证书的一般格式包含的数据域如下：

（1）版本号：用于区分 X.509 的不同版本。

（2）序列号：由同一发行者（CA）发放的每个证书的序列号是唯一的。

（3）签名算法：签署证书所用的算法及参数。

（4）发行者：指建立和签署证书的 CA 的 X.509 名字。

（5）有效期：包括证书有效期的起始时间和终止时间。

（6）主体名：指证书持有者的名称及有关信息。

（7）公钥：有效的公钥以及其使用方法。

（8）发行者 ID：任选的名字唯一地标识证书的发行者。

（9）主体 ID：任选的名字唯一地标识证书的持有者。

（10）扩展域：添加的扩充信息。

（11）认证机构的签名：用 CA 私钥对证书的签名。

2）证书的获取

CA 为用户产生的证书应具有以下特性：

（1）只要得到 CA 的公钥，就能由此得到 CA 为用户签署的公钥。

（2）除 CA 外，其他任何人员都不能以不被察觉的方式修改证书的内容。

因为证书是不可伪造的，因此无须对存放证书的目录施加特别的保护。

如果所有用户都由同一 CA 签署证书，则这一 CA 必须取得所有用户的信任。用户证书除了能放在公共目录中供他人访问外，还可以由用户直接把证书转发给其他用户。用户 B 得到 A 的证书后，可相信用 A 的公钥加密的消息不会被他人获悉，还可信任用 A 的私钥签署的消息不是伪造的。

如果用户数量很多，仅一个 CA 负责为所有用户签署证书可能不现实。通常应有多个 CA，每个 CA 为一部分用户发行和签署证书。

设用户 A 已从证书发放机构 X1 处获取了证书，用户 B 已从 X2 处获取了证书。如果 A 不知 X2 的公钥，他虽然能读取 B 的证书，但却无法验证用户 B 证书中 X2 的签名，因此 B 的证书对 A 来说是没有用处的。然而，如果两个证书发放机构 X1 和 X2 彼此间已经安全地交换了公开密钥，则 A 可通过以下过程获取 B 的公开密钥：

（1）A 从目录中获取由 X1 签署的 X2 的证书 X1《X2》，因为 A 知道 X1 的公开密钥，所以能验证 X2 的证书，并从中得到 X2 的公开密钥。

（2）A 再从目录中获取由 X2 签署的 B 的证书 X2《B》，并由 X2 的公开密钥对此加以验证，然后从中得到 B 的公开密钥。

在以上过程中，A 是通过一个证书链来获取 B 的公开密钥的，证书链可表示为：

X1《X2》X2《B》

类似地，B 能通过相反的证书链获取 A 的公开密钥，表示为：

X2《X1》X1《A》

以上证书链中只涉及两个证书。同样，有 N 个证书的证书链可表示为：

X1《X2》X2《X3》…XN《B》

此时，任意两个相邻的 CAXi 和 CAXi+1 已彼此间为对方建立了证书，对每一个 CA 来说，由其他 CA 为这一 CA 建立的所有证书都应存放于目录中，并使得用户知道所有证书相互之间的连接关系，从而可获取另一用户的公钥证书。X.509 建议将所有的 CA 以层次结构组织起来，用户 A 可从目录中得到相应的证书以建立到 B 的以下证书链：

X《W》W《V》V《U》U《Y》Y《Z》Z《B》

并通过该证书链获取 B 的公开密钥。

类似地，B 可建立以下证书链以获取 A 的公开密钥：

X《W》W《V》V《U》U《Y》Y《Z》Z《A》

3）证书的吊销

从证书的格式上可以看到，每个证书都有一个有效期，然而有些证书还未到截止日期就会被发放该证书的 CA 吊销，这可能是由于用户的私钥已被泄露，或者该用户不再由该 CA 来认证，或者 CA 为该用户签署证书的私钥已经泄露。为此，每个 CA 还必须维护一个证书吊销列表（Certificate Revocation List，CRL），其中存放所有未到期而被提前吊销的证书，包括该 CA 发放给用户和发放给其他 CA 的证书。CRL 还必须由该 CA 签字，然后存放于目录中以供他人查询。

CRL 中的数据域包括发行者 CA 的名称、建立 CRL 的日期、计划公布下一 CRL 的日期以及每个被吊销的证书数据域。被吊销的证书数据域包括该证书的序列号和被吊销的日期。对一个 CA 来说，它发放的每个证书的序列号是唯一的，所以可用序列号来识别每个证书。

因此，每个用户收到他人消息中的证书时都必须通过目录检查这一证书是否已经被吊销，为避免搜索目录引起的延迟以及因此而增加的费用，用户自己也可维护一个有效证书和被吊销证书的局部缓存区。

7. 入侵检测与防御

入侵检测系统（Intrusion Detection System，IDS）作为防火墙之后的第二道安全屏障，通过从计算机系统或网络中的若干关键点收集网络的安全日志、用户的行为、网络数据包和审计记录等信息并对其进行分析，从中检查是否有违反安全策略的行为和遭到入侵攻击的迹象，入侵检测系统根据检测结果，自动做出响应。IDS 的主要功能包括对用户和系统行为的监测与分析、系统安全漏洞的检查和扫描、重要文件的完整性评估、已知攻击行为的识别、异常行为模式的统计分析、操作系统的审计跟踪，以及违反安全策略的用户行为的检测等。入侵检测通过实时地监控入侵事件，在造成系统损坏或数据丢失之前阻止入侵者进一步的行动，使系统能尽可能地保持正常工作。与此同时，IDS 还需要收集有关入侵的技术资料，用于改进和增强系统抵抗入侵的能力。

入侵检测系统有效地弥补了防火墙系统对网络上的入侵行为无法识别和检测的不足，入侵检测系统的部署，使得在网络上的入侵行为得到了较好的检测和识别，并能够进行及时的报警。然而，随着网络技术的不断发展，网络攻击类型和方式也在发生着巨大的变化，入侵检测系统也逐渐地暴露出如漏报、误报率高、灵活性差和入侵响应能力较弱等不足之处。

入侵防御系统（IPS）是在入侵检测系统的基础上发展起来的，入侵防御系统不仅能够检测到网络中的攻击行为，同时能够主动地对攻击行为发出响应，对攻击进行防御。两者相较，主要存在以下两种区别：

（1）在网络中的部署位置的不同。IPS 一般是作为一种网络设备串接在网络中的，而 IDS 一般是采用旁路挂接的方式，连接在网络中。

（2）入侵响应能力的不同。IDS 设备对于网络中的入侵行为，往往是采用将入侵行为记入日志，并向网络管理员发出警报的方式来处理的，对于入侵行为并无主动地采取对应措施，响应方式单一；而入侵防御系统检测到入侵行为后，能够对攻击行为进行主动防御，例如丢弃攻击连接的数据包以阻断攻击会话，主动发送 ICMP 不可到达数据包、记录日志和动态生成防御规则等多种方式对攻击行为进行防御。

第 6 章　数据库技术基础

　　数据库技术是研究数据库的结构、存储、设计、管理和应用的一门软件学科。数据库系统本质上是一个用计算机存储信息的系统。数据库管理系统是位于用户与操作系统之间的一层数据管理软件，其基本目标是为用户提供一个可以方便、有效地存取数据库信息的环境。数据库就是信息的集合，它是收集计算机数据的仓库或容器，用户可以对这些数据执行一系列操作，以获取所需的数据。设计数据库系统是为了管理大量信息，给用户提供数据的抽象视图，即系统隐藏有关数据存储和维护的某些细节。对数据的管理涉及信息存储结构的定义，信息操作机制的提供，安全性保证，以及多用户对数据的共享问题。

　　本章主要介绍一些背景知识和基本概念，使读者了解数据库的基本内容，形成数据库系统的总体框架，了解数据库系统在计算机系统中的地位以及数据库系统的功能。

6.1　基本概念

6.1.1　数据库与数据库管理系统

1. 数据库系统基本概念

　　数据（data）是描述事物的符号记录，它具有多种表现形式，可以是文字、图形、图像、声音和语言等。信息（information）是现实世界事物的存在方式或状态的反映。信息具有可感知、可存储、可加工、可传递和可再生等自然属性，信息已是社会各行各业不可缺少的资源，这也是信息的社会属性。数据是信息的符号表示，而信息是具有特定释义和意义的数据。

　　数据库系统（DataBase System，DBS）是一个采用了数据库技术，有组织地、动态地存储大量相关联数据，方便多用户访问的计算机系统。广义上讲，DBS 是由数据库、硬件、软件和人员组成的。

　　（1）数据库（DataBase，DB）。数据库是统一管理的、长期储存在计算机内的、有组织的相关数据的集合。其特点是数据间联系密切、冗余度小、独立性较高、易扩展，并且可为各类用户共享。

　　（2）硬件（hardware）。硬件是构成计算机系统的各种物理设备，包括存储数据所需的外部设备。硬件的配置应满足整个数据库系统的需要。

　　（3）软件（software）。软件包括操作系统、数据库管理系统及应用程序。数据库管理系统（DataBase Management System，DBMS）是数据库系统的核心软件，是由一组相互关联的数据的集合和一组用以访问这些数据的软件组成。DBMS 要在操作系统的支持下工作，是解决如何科学地组织和储存数据，如何高效地获取和维护数据的系统软件。其主要功能包括数据定义功能、数据操纵功能、数据库的运行管理和数据库的建立与维护。

（4）人员。人员主要有 4 类。第一类为系统分析员和数据库设计人员，系统分析员负责应用系统的需求分析和规范说明，他们和用户及数据库管理员一起确定系统的硬件配置，并参与数据库系统的概要设计；数据库设计人员负责数据库中数据的确定、数据库各级模式的设计。第二类为应用程序员，负责编写使用数据库的应用程序，这些应用程序可对数据进行检索、建立、删除或修改。第三类为最终用户，他们应用系统的接口或利用查询语言访问数据库。第四类用户是数据库管理员（DataBase Administrator，DBA），负责数据库的总体信息控制。DBA 的具体职责包括决定数据库中的信息内容和结构；决定数据库的存储结构和存取策略；定义数据库的安全性要求和完整性约束条件；监控数据库的使用和运行；数据库的性能改进、数据库的重组和重构，以提高系统的性能。

2. 数据库系统应用

数据库系统的应用很广泛，典型的应用有：金融业、销售业、银行业、航空业、制造业、人力资源、高校等。数据库存放各种数据，例如针对不同应用存放的数据如下所述：

（1）金融业：用于存储股票、债券等金融票据的买入、卖出和持有信息；存储实时的市场信息，以便于客户、机构进行联机交易。例如，客户可以通过互联网直接与数据库进行交互，非常方便地进行股票和债券查询、历史股票和债券交易记录查询、股票和债券实时交易等。

（2）销售业：存储客户资料、商品信息、买卖订单等数据。用于销售业的日常运营管理，还可以通过分析商品的销售趋势，为企业决策层提供决策依据。例如，根据不同型号的商品在不同的销售点的销售情况，为企业决策层提供是否需要进货，进货量等决策依据。

（3）银行业：存储客户资料、账户信息、贷款信息以及交易记录。用于银行业的日常运营管理，通过各种数据分析还可以为银行决策层提供决策依据。例如，用户可以通过自动取款机、互联网直接与数据库进行交互（查询余额、查询交易记录、取款和存款）；而银行也可以根据不同的客户信息分析客户的可信度，提供是否可以为客户贷款的依据。

（4）航空业：存储航班和订票信息。用于航空企业的日常运营管理，通过各种数据分析还可以为企业决策层提供决策依据。例如，根据不同的时间段不同航线客流量的大小，为企业决策层提供是否需要增设航班的依据。

（5）制造业：存储产品、生产信息、订单信息、销售商信息。用于管理供应链，在保证企业正常的运行的基础上，通过分析产品的销售趋势，为企业决策层提供决策依据。例如，根据不同型号的产品在不同的地区的代理商、经销商的订货及销售情况，为企业决策层提供某产品是否需要停产，或增加生产量，或减少生产量等决策依据。

（6）高校：存储教职工、薪资、部门、学生、课程、成绩和科研项目等信息。用于管理教职工教学、科研以及工资的发放情况，学生选课及成绩等情况。

6.1.2　数据库技术的发展

　　计算机的主要应用之一就是数据处理，将大量的信息以数据的形式存放在磁盘上。数据处理是对各种数据进行收集、存储、加工和传播的一系列活动。数据管理是数据处理的中心问题，是对数据进行分类、组织、编码、存储检索和维护。数据管理技术发展经历了三个阶段：人工管理、文件系统和数据库系统阶段。

1. 人工管理阶段

　　早期的数据处理都是通过手工进行的，因为当时的计算机主要用于科学计算。计算机上没有专门管理数据的软件，也没有诸如磁盘之类的设备来存储数据。在人工管理阶段，数据处理具有以下几个特点：

　　（1）数据量较少。数据和程序一一对应，即一组数据对应一个程序，数据面向应用，独立性很差。由于应用程序所处理的数据之间可能会有一定的关系，故程序和程序之间就会有大量的重复数据。

　　（2）数据不保存。因为在该阶段计算机主要用于科学计算，一般不需要将数据长期保存，只在计算一个题目时，将数据输入计算机，算完题，得到计算结果即可。

　　（3）没有软件系统对数据进行管理。程序员不仅要规定数据的逻辑结构，而且在程序中还要设计物理结构，包括存储结构的存取方法、输入输出方式等。也就是说，数据对程序不具有独立性，一旦数据在存储器上改变物理地址，就需要相应地改变用户程序。

　　手工处理数据有两个特点：第一，应用程序之间的依赖性太强，不独立；第二，数据组和数据组之间可能有许多重复数据，造成数据冗余。

2. 文件系统阶段

　　20 世纪 50 年代中期以后，计算机的硬件和软件得飞速发展，计算机不再只用于科学计算的单一任务，而可以做一些非数值数据的处理。另外，大容量的磁盘等辅助存储设备的出现，使得专门管理辅助存储设备上的数据的文件系统应运而生，它是操作系统中的一个子系统。在文件系统中，按一定的规则将数据组织成为一个文件，应用程序通过文件系统对文件中的数据进行存取和加工。文件系统的最大特点是解决了应用程序和数据之间的一个公共接口问题，使得应用程序采用统一的存取方法来操作数据。在文件系统阶段，数据管理的特点如下：

　　（1）数据可以长期保留，数据的逻辑结构和物理结构有了区别，程序可以按名访问，不必关心数据的物理位置，由文件系统提供存取方法。

　　（2）数据不属于某个特定的应用，即应用程序和数据之间不再是直接的对应关系，可以重复使用。但是文件系统只是简单地存取数据，相互之间并没有有机的联系，即数据存取依赖于应用程序的使用方法，不同的应用程序仍然很难共享同一数据文件。

　　（3）文件组织形式多样化，有索引文件、链接文件和 Hash 文件等。但文件之间没有联系，相互独立，数据间的联系要通过程序去构造。

文件系统具有如下缺点：

（1）数据冗余（data redundancy）。文件与应用程序密切相关，相同的数据集合在不同的应用程序中使用时，经常需要重复定义、重复存储，数据冗余度大。例如，工厂中人事处管理的职工人事档案，生产科考勤系统的职工出勤情况，所用到的数据很多都是重复的。这样相同的数据不能被共享，必然导致数据的冗余。

（2）数据不一致性（data inconsistency）。由于相同数据的重复存储，单独管理，给数据的修改和维护带来难度，容易造成数据的不一致。例如，人事处修改了某个职工的信息，但生产科该职工相应的信息没有修改，造成同一个职工的信息在不同的部门结果不一样。

（3）数据孤立（data isolation），即数据联系弱。由于数据分散在不同的文件中，而这些文件可能具有不同的文件格式，文件之间是孤立的，从整体上看没有反映现实世界事物之间的内在联系，因此很难对数据进行合理的组织以适应不同应用的需要。若通过编写不同的应用程序来读取所需的数据，则会给编写应用程序增加许多困难。

3. 数据库系统阶段

数据库系统是由计算机软件、硬件资源组成的系统，它实现了有组织地、动态地存储大量关联数据，方便多用户访问，它与文件系统的重要区别是数据的充分共享、交叉访问、与应用程序的高度独立性。

在数据库系统阶段，数据管理的特点如下：

（1）采用复杂的数据模型表示数据结构。数据模型不仅描述数据本身的特点，还描述数据之间的联系。数据不再面向某个应用，而是面向整个应用系统。数据冗余明显减少，实现数据共享。

（2）有较高的数据独立性。数据库也是以文件方式存储数据的，但是它是数据的一种更高级的组织形式，在应用程序和数据库之间由 DBMS 负责数据的存取。DBMS 对数据的处理方式和文件系统不同，它把所有应用程序中使用的数据以及数据间的联系汇集在一起，以便于应用程序查询和使用。

数据库系统与文件系统的区别是：数据库对数据的存储是按照同一结构进行的，不同的应用程序都可以直接操作这些数据（即对应用程序的高度独立性）。数据库系统对数据的完整性、唯一性和安全性都提供一套有效的管理手段（即数据的充分共享性）。数据库系统还提供管理和控制数据的各种简单操作命令，使用户编写程序时容易掌握（即操作方便性）。

4. 数据库的研究领域

数据库技术的研究领域是十分广泛的，概括地讲可包括以下 3 个领域。

1）数据库管理系统软件的研制

DBMS 是数据库系统的基础。DBMS 的研制包括研制 DBMS 本身以及以 DBMS 为核心的一组相互联系的软件系统，包括工具软件和中间件。研制的目标是提高系统的可用性、可靠性、可伸缩性，提高性能和提高用户的生产率。

DBMS 核心技术的研究和实现是数据库领域所取得的主要成就。DBMS 是一个基础软件系统，它提供了对数据库中的数据进行存储、检索和管理的功能。

2）数据库设计

数据库设计的主要任务是在 DBMS 的支持下，按照应用的要求，为某一部门或组织设计一个结构合理、使用方便、效率较高的数据库及其应用系统。其中主要的研究方向是数据库设计方法学和设计工具，包括数据库设计方法、设计工具和设计理论的研究，数据模型和数据建模的研究，计算机辅助数据库设计方法及其软件系统的研究，数据库设计规范和标准的研究等。

3）数据库理论

数据库理论的研究主要集中于关系的规范化理论、关系数据理论等。近年来，计算机网络技术、人工智能技术、并行计算技术、分布式计算技术、多媒体技术等计算机领域中其他新兴技术的发展对数据库技术产生了重大影响。数据库技术和其他计算机技术的互相结合、互相渗透，使数据库中新的技术内容层出不穷。数据库的许多概念、技术内容、应用领域，甚至某些原理都有了重大的发展和变化，建立和实现了一系列新型数据库系统，如分布式数据库系统、并行数据库系统、知识库系统、多媒体数据库系统，等等。它们共同构成了数据库系统大家族，使数据库技术不断地涌现新的研究方向。

6.1.3　DBMS 的功能和特点

DBMS 主要是实现对共享数据有效地组织、管理和存取，因此 DBMS 应具有如下几个方面的功能及特征。

1. DBMS 功能

DBMS 的功能主要包括数据定义，数据库操作，数据库运行管理，数据组织、存储和管理，数据库的建立和维护。

1）数据定义

DBMS 提供数据定义语言（Data Definition Language，DDL），用户可以对数据库的结构描述，包括外模式、模式和内模式定义；数据库的完整性定义；安全保密定义，如口令、级别和存取权限等。这些定义存储在数据字典中，是 DBMS 运行的基本依据。

2）数据库操作

DBMS 向用户提供数据操纵语言（Data Manipulation Language，DML），实现对数据库中数据的基本操作，如检索、插入、修改和删除。DML 分为两类：宿主型和自含型。所谓宿主型，是指将 DML 语句嵌入某种主语言（如 C、Java、COBOL 等）中使用；自含型是指可以单独使用 DML 语句，供用户交互使用。

3）数据库运行管理

数据库在运行期间多用户环境下的并发控制、安全性检查和存取控制、完整性检查和执行、运行日志的组织管理、事务管理和自动恢复等是 DBMS 的重要组成部分。这些功能可以保证数据库系统的正常运行。

4）数据组织、存储和管理

DBMS 分类组织、存储和管理各种数据，包括数据字典、用户数据和存取路径等。要确定以何种文件结构和存取方式在存储级上组织这些数据，以提高存取效率。实现数据间的联系、数据组织和存储的基本目标是提高存储空间的利用率。

5）数据库的建立和维护

数据库的建立和维护包括数据库的初始建立、数据的转换、数据库的转储和恢复、数据库的重组和重构、性能监测和分析等。

6）其他功能

如 DBMS 与网络中其他软件系统的通信功能，一个 DBMS 与另一个 DBMS 或文件系统的数据转换功能等。

2. DBMS 特点

通过 DBMS 来管理数据具有如下特点：

（1）数据结构化且统一管理。数据库中的数据由 DBMS 统一管理。由于数据库系统采用复杂的数据模型表示数据结构，数据模型不仅描述数据本身的特点，还描述数据之间的联系。数据不再面向某个应用，而是面向整个应用系统。数据易维护、易扩展，数据冗余明显减少，真正实现了数据的共享。

（2）有较高的数据独立性。数据的独立性是指数据与程序独立，将数据的定义从程序中分离出去，由 DBMS 负责数据的存储，应用程序关心的只是数据的逻辑结构，无须了解数据在磁盘上的数据库中的存储形式，从而简化应用程序，大大减少应用程序编制的工作量。数据的独立性包括数据的物理独立性和数据的逻辑独立性。

（3）数据控制功能。DBMS 提供了数据控制功能，以适应共享数据的环境。数据控制功能包括对数据库中数据的安全性、完整性、并发和恢复的控制。

* 数据的安全性（security）是指保护数据库以防止不合法的使用所造成的数据泄露、更改或破坏。这样，用户只能按规定对数据进行处理，例如，划分了不同的权限，有的用户只能有读数据的权限，有的用户有修改数据的权限，用户只能在规定的权限范围内操纵数据库。
* 数据的完整性（integrality）是指数据库正确性和相容性，是防止合法用户使用数据库时向数据库加入不符合语义的数据。保证数据库中数据是正确的，避免非法的更新。
* 并发控制（concurrency control）是指在多用户共享的系统中，许多用户可能同时对同一数据进行操作。DBMS 的并发控制子系统负责协调并发事务的执行，保证数据库的完整性不受破坏，避免用户得到不正确的数据。
* 故障恢复（recovery from failure）。数据库中的 4 类故障是事务内部故障、系统故障、介质故障及计算机病毒。故障恢复主要是指恢复数据库本身，即在故障引起数据库当前状态不一致后，将数据库恢复到某个正确状态或一致状态。恢复的原理非常简单，就是要建立冗余（redundancy）数据。换句话说，确定数据库是否可恢复的方法就是

其包含的每一条信息是否都可以利用冗余地存储在别处的信息重构。冗余是物理级的，通常认为逻辑级是没有冗余的。

3. DBMS 分类

DBMS 通常可分为如下三类：

（1）关系数据库系统（Relation DataBase Systems，RDBS）。关系数据库系统是建立在关系数据库模型基础上的数据库，借助于集合代数等概念和方法来处理数据库中的数据。目前主流的关系数据库有 Oracle、Db2、Sybase、Microsoft SQL Server、Microsoft Access、MySQL 等。在关系模型中，实体以及实体间的联系都是用关系来表示的。在一个给定的现实世界领域中，相应的所有实体及实体之间联系的关系的集合构成一个关系数据库，有型和值之分。关系数据库的型也称为关系数据库模式，它是对关系数据库的描述，是关系模式的集合。关系数据库的值也称为关系数据库，是关系的集合。关系数据库模式与关系数据库通常统称为关系数据库。

（2）面向对象的数据库系统（Object-Oriented DataBase System，OODBS）。面向对象的数据库系统是支持以对象形式对数据建模的数据库管理系统，包括对对象的类、类属性的继承和子类的支持。面向对象数据库系统主要有两个特点：一是面向对象数据模型能完整地描述现实世界的数据结构，能表达数据间的嵌套、递归联系；二是具有面向对象技术的封装性和继承性，提高了软件的可重用性。

（3）对象关系数据库系统（Object-Oriented Relation DataBase System，ORDBS）。在传统的关系数据模型基础上提供元组、数组、集合等更为丰富的数据类型以及处理新的数据类型操作的能力，这样形成的数据模型被称为"对象关系数据模型"，基于对象关系数据模型的 DBS 称为对象关系数据库系统。

6.1.4　数据库系统的体系结构

数据库系统是数据密集型应用的核心，其体系结构受数据库运行所在的计算机系统的影响很大，尤其是受计算机体系结构中的联网、并行和分布的影响。站在不同的角度或不同层次上看，数据库系统体系结构也不同。站在最终用户的角度看，数据库系统体系结构分为集中式、分布式、C/S（客户端/服务器）和并行结构。

1. 集中式数据库系统

分时系统环境下的集中式数据库系统结构诞生于 20 世纪 60 年代中期。当时的硬件和操作系统决定了分时系统环境下的集中式数据库系统结构成为早期数据库技术的首选结构。在这种系统中，不但数据是集中的，数据的管理也是集中的，数据库系统的所有功能，从形式的用户接口到 DBMS 核心都集中在 DBMS 所在的计算机上。

2. 客户端/服务器体系结构

随着网络技术的迅猛发展，很多现代软件都采用客户端/服务器（C/S）体系结构。在这种结构中，一个处理机（客户端）的请求被送到另一个处理机（服务器）上执行。其主要特点是客户端与服务器 CPU 之间的职责明确，客户端主要负责数据表示服务，而服务器主要负责数据库服务。

采用 C/S 结构后，数据库系统功能分为前端和后端。前端主要包括图形用户界面、表格生成和报表处理等工具；后端负责存取结构、查询计算和优化、并发控制以及故障恢复等。前端与后端通过 SQL 或应用程序来接口。ODBC（开放式数据库互连）和 JDBC（Java 程序数据库连接）标准定义了应用程序和数据库服务器通信的方法，也即定义了应用程序接口，应用程序用它来打开与数据库的连接、发送查询和更新以及获取返回结果等。

数据库服务器一般可分为事务服务器和数据服务器。

（1）事务服务器。事务服务器也称查询服务器。它提供一个接口，使得客户端可以发出执行一个动作的请求，服务器响应客户端请求，并将执行结果返回给客户端。用户端可以用 SQL，也可以通过应用程序或使用远程过程调用机制来表达请求。一个典型的事务服务器系统包括多个在共享内存中访问数据的进程，包括服务器进程、锁管理进程、写进程、监视进程和检查点进程。

（2）数据服务器。数据服务器系统使得客户端可以与服务器交互，以文件或页面为单位对数据进行读取或更新。数据服务器与文件服务器相比提供更强的功能，所支持的数据单位可比文件还要小，如页、元组或对象；提供数据的索引机制和事务机制，使得客户端或进程发生故障时数据也不会处于不一致状态。

3. 并行数据库系统

并行体系结构的数据库系统是多个物理上连在一起的 CPU，而分布式系统是多个地理上分开的 CPU。并行体系结构的数据库类型分为共享内存式多处理器和无共享式并行体系结构。

1）共享内存式多处理器

共享内存式多处理器是指一台计算机上同时有多个活动的 CPU，它们共享单个内存和一个公共磁盘接口，如图 6-1 所示。这种并行体系结构最接近于传统的单 CPU 处理器结构，其设计的主要挑战是用 N 个 CPU 来得到 N 倍单 CPU 的性能。但是，因为不同的 CPU 对公共内存的访问是平等的，这样可能会导致一个 CPU 被访问的数据被另一个 CPU 修改，所以必须要有特殊的处理。然而，由于内存访问采用的是一种高速机制，这种机制很难保证进行内存划分时不损失效率，所以这些共享内存访问问题会随着 CPU 个数的增加而变得难以解决。

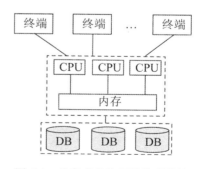

图 6-1　共享式多处理器体系结构

2）无共享式并行体系结构

无共享式并行体系结构是指一台计算机上同时有多个活动的 CPU，并且它们都有自己的内存和磁盘，如图 6-2 所示，图中粗线表示高速网络。在不产生混淆的情况下，也称为并行数据库系统。各个承担数据库服务责任的 CPU 划分它们自身的数据，通过划分的任务以及通过每秒兆位级的高速网络通信完成事务查询。

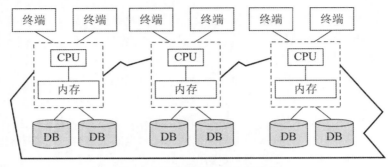

图 6-2　无共享式并行体系结构

4. 分布式数据库系统

分布式 DBMS 包括物理上分布、逻辑上集中的分布式结构和物理上分布、逻辑上分布的分布式数据库结构两种。前者的指导思想是把单位的数据模式（称为全局数据模式）按数据来源和用途，合理地分布在系统的多个节点上，使大部分数据可以就地或就近存取。数据在物理上分布后，由系统统一管理，使用户不感到数据的分布。后者一般由两部分组成：一是本节点的数据模式；二是本节点共享的其他节点上有关的数据模式。节点间的数据共享由双方协商确定。这种数据库结构有利于数据库的集成、扩展和重新配置。

6.1.5　数据库系统的三级模式结构

站在数据库管理系统的角度看，数据库系统一般采用三级模式结构。

1. 数据抽象

事实上，一个可用的数据库系统必须能够高效地检索数据。这种高效性的需求促使数据库设计者使用复杂的数据结构来表示数据。由于大多数数据库系统用户并未受过计算机的专业训练，因此系统开发人员需要通过视图层、逻辑层和物理层三个层次上的抽象来对用户屏蔽系统的复杂性，简化用户与系统的交互。

视图层（view level）是最高层次的抽象，描述整个数据库的某个部分。因为数据库系统的很多用户并不关心数据库中的所有信息，而只关心所需要的那部分数据。例如，某高校信息管理系统有人事管理、教务管理、工资管理等多个子系统。但是，人事处只关心与人事管理有关的那部分信息，教务处只关心与教务管理有关的那部分信息，财务处只关心与工资管理有关的那部分信息。这些问题可以通过构建视图层实现，这样做除了使用户与系统交互简化，而且还可以保证数据的保密性和安全性。

逻辑层（logical level）是比物理层更高一层的抽象，描述数据库中存储什么数据以及这些数据间存在什么关系。逻辑层通过相对简单的结构描述了整个数据库。尽管逻辑层的简单结构的实现涉及了复杂的物理层结构，但逻辑层的用户不必知道这些复杂性。因为，逻辑层抽象是数据库管理员的职责，由管理员确定数据库应保存哪些信息。

物理层（physical level）是最低层次的抽象，描述数据在存储器是如何存储的。物理层详细地描述复杂的底层结构。

数据库系统设计员可在视图层、逻辑层和物理层对数据抽象，通过外模式、概念模式和内模式来描述不同层次上的数据特性，其对应关系如图 6-3 所示。

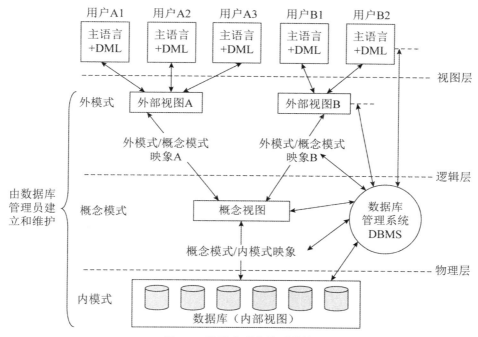

图 6-3　数据库系统体系结构

2. 数据库的三级模式结构

实际上，数据库的产品很多，它们支持不同的数据模型，使用不同的数据库语言，建立在不同的操作系统上，而且数据的存储结构也各不相同，但体系结构基本上都具有相同的特征，采用"三级模式和两级映像"。如图 6-3 所示。

数据库系统采用三级模式结构，这是数据库管理系统内部的系统结构。数据库有"型"和"值"的概念，"型"是指对某一数据的结构和属性的说明，"值"是型的一个具体赋值。

3. 模式

1）概念模式

概念模式也称模式，是数据库中全部数据的逻辑结构和特征的描述，它由若干个概念记录类型组成，只涉及型的描述，不涉及具体的值。概念模式的一个具体值称为模式的一个实例，同一个模式可以有很多实例。概念模式反映的是数据库的结构及其联系，所以是相对稳定的；而实例反映的是数据库某一时刻的状态，所以是相对变动的。

需要说明的是，概念模式不仅要描述概念记录类型，还要描述记录间的联系、操作、数据的完整性和安全性等要求。但是，概念模式不涉及存储结构、访问技术等细节。只有这样，概念模式才算做到了"物理数据独立性"。

描述概念模式的数据定义语言称为"模式 DDL（Schema Data Definition Language）"。

2）外模式

外模式也称用户模式或子模式，是用户与数据库系统的接口，是用户用到的那部分数据的描述。它由若干个外部记录类型组成。用户使用数据操纵语言对数据库进行操作，实际上是对外模式的外部记录进行操作。

描述外模式的数据定义语言称为"外模式 DDL"。有了外模式后，程序员不必关心概念模式，只与外模式发生联系，按外模式的结构存储和操纵数据。

3）内模式

内模式也称存储模式，是数据物理结构和存储方式的描述，是数据在数据库内部的表示方式。定义所有的内部记录类型、索引和文件的组织方式，以及数据控制方面的细节。

例如，记录的存储方式是顺序存储，按照 B 树结构存储，还是 Hash 方法存储；索引按照什么方式组织；数据是否压缩存储，是否加密；数据的存储记录结构有何规定。

需要说明的是，内部记录并不涉及物理记录，也不涉及设备的约束。比内模式更接近于物理存储和访问的那些软件机制是操作系统的一部分（即文件系统）。例如，从磁盘上读、写数据。

描述内模式的数据定义语言称为"内模式 DDL"。

总之，数据按外模式的描述提供给用户，按内模式的描述存储在磁盘上，而概念模式提供了连接这两极模式的相对稳定的中间观点，并使得两级的任意一级的改变都不受另一级的牵制。

4. 两级映像

数据库系统在三级模式之间提供了两级映像：模式/内模式映像、外模式/模式映像。正因为这两级映像保证了数据库中的数据具有较高的逻辑独立性和物理独立性。

（1）模式/内模式的映像：存在于概念级和内部级之间，实现了概念模式到内模式之间的相互转换。

（2）外模式/模式的映像：存在于外部级和概念级之间，实现了外模式到概念模式之间的相互转换。

5. 数据的独立性

数据的独立性是指数据与程序独立，将数据的定义从程序中分离出去，由 DBMS 负责数据的存储，从而简化应用程序，大大减少应用程序编制的工作量。数据的独立性是由 DBMS 的二级映像功能来保证的。数据的独立性包括数据的物理独立性和数据的逻辑独立性。

（1）数据的物理独立性：是指当数据库的内模式发生改变时，数据的逻辑结构不变。由于应用程序处理的只是数据的逻辑结构，这样物理独立性可以保证，当数据的物理结构改变了，应用程序不用改变。但是，为了保证应用程序能够正确执行，需要修改概念模式/内模式之间的映像。

（2）数据的逻辑独立性：是指用户的应用程序与数据库的逻辑结构是相互独立的。数据的逻辑结构发生变化后，用户程序也可以不修改。但是，为了保证应用程序能够正确执行，需要修改外模式/概念模式之间的映像。

【例 6.1】　数据库系统设计员可通过外模式、概念模式和内模式来描述＿＿（1）＿＿次上的数据特性；数据库的视图、基本表和存储文件的结构分别对应＿＿＿（2）＿＿＿；数据的物理独立性和数据的逻辑独立性是分别通过修改＿＿＿（3）＿＿＿的映像来保证的。

（1）A．视图层、逻辑层和物理层　　　　B．逻辑层、视图层和物理层

　　　C．物理层、视图层和逻辑层　　　　D．物理层、逻辑层和视图层

（2）A．模式、内模式、外模式　　　　　B．外模式、模式、内模式

　　　C．模式、外模式、内模式　　　　　D．外模式、内模式、模式

（3）A．外模式/模式和模式/内模式　　　B．外模式/内模式和外模式/模式

　　　C．模式/内模式和外模式/模式　　　D．外模式/内模式和模式/内模式

分析：（1）的正确选项为 A。因为，作为数据库系统设计员可在视图层、逻辑层和物理层对数据抽象，通过外模式、概念模式和内模式来描述不同层次上的数据特性。

（2）的正确选项为 B。因为，数据库通常采用三级模式结构，其中：视图对应外模式、基本表对应模式、存储文件对应内模式。

（3）的正确选项为 C。因为，数据的独立性是由 DBMS 的二级映像功能来保证的。数据的独立性包括数据的物理独立性和数据的逻辑独立性。数据的物理独立性是指当数据库的内模式发生改变时，数据的逻辑结构不变。为了保证应用程序能够正确执行，需要通过修改概念模式/内模式之间的映像。数据的逻辑独立性是指用户的应用程序与数据库的逻辑结构是相互独立的。数据的逻辑结构发生变化后，用户程序也可以不修改。但是，为了保证应用程序能够正确执行，需要修改外模式/概念模式之间的映像。

6.2　数据模型

6.2.1　数据模型的基本概念

模型就是对现实世界特征的模拟和抽象，数据模型是对现实世界数据特征的抽象。对于具体的模型人们并不陌生，如航模飞机、地图和建筑设计沙盘等都是具体的模型。最常用的数据模型分为概念数据模型和基本数据模型。

1）概念数据模型

概念数据模型也称为信息模型，是按用户的观点对数据和信息建模，是现实世界到信息世界的第一层抽象，强调其语义表达功能，易于用户理解，是用户和数据库设计人员交流的语言，主要用于数据库设计。这类模型中最著名的是实体联系模型，简称 E-R 模型。

2）基本数据模型

基本数据模型是按计算机系统的观点对数据建模，是现实世界数据特征的抽象，用于

DBMS 的实现。不同的数据模型具有不同的数据结构形式，目前最常用的数据结构模型有层次模型（hierarchical model）、网状模型（network model）、关系模型（relational Model）和面向对象数据模型（object oriented model）。其中，层次模型和网状模型统称为非关系模型。非关系模型的数据库系统在 20 世纪 70 年代非常流行，在数据库系统产品中占据了主导地位。

关系数据库系统是采用关系模型作为数据的组织方式，在关系模型中用二维表格结构表达实体集，以及实体集之间的联系，其最大特色是描述的一致性。关系模型是由若干个关系模式组成的集合。一个关系模式相当于一个记录型，对应于程序设计语言中类型定义的概念。关系是一个实例，也是一张表，对应于程序设计语言中的变量的概念。给定变量的值随时间可能发生变化；类似地，当关系被更新时，关系实例的内容也随时间发生了变化。

6.2.2　数据模型的三要素

数据库结构的基础是数据模型，是用来描述数据的一组概念和定义。数据模型的三要素是数据结构、数据操作和数据的约束条件。

（1）数据结构：是所研究的对象类型的集合，是对系统静态特性的描述。

（2）数据操作：对数据库中各种对象（型）的实例（值）允许执行的操作的集合，包括操作及操作规则。如操作有检索、插入、删除和修改，操作规则有优先级别等。数据操作是对系统动态特性的描述。

（3）数据的约束条件：是一组完整性规则的集合。也就是说，对于具体的应用数据必须遵循特定的语义约束条件，以保证数据的正确、有效和相容。例如，某单位人事管理中，要求在职的“男”职工的年龄必须大于 18 岁小于 60 岁，工程师的基本工资不能低于 1500 元，每个职工可担任一个工种，这些要求可以通过建立数据的约束条件来实现。

6.2.3　E-R 模型

概念模型是对信息世界建模，所以概念模型能够方便、准确地表示信息世界中的常用概念。概念模型有很多种表示方法，其中最为常用的是 P.P.S.Chen 于 1976 年提出的实体-联系方法（Entity Relationship Approach）。该方法用 E-R 图来描述现实世界的概念模型，称为实体-联系模型（Entity-Relationship Model，E-R 模型）。

E-R 模型是软件工程设计中的一个重要方法，在数据库设计中，常用 E-R 模型来描述现实世界到信息世界的问题。因为它接近于人的思维方式，容易理解并且与计算机无关，所以用户容易接受，是用户和数据库设计人员交流的语言。但是，E-R 模型只能说明实体间的语义联系，还不能进一步地详细说明数据结构。在解决实际应用问题时，通常应该先设计一个 E-R 模型，然后再把其转换成计算机能接受的数据模型。

1. E-R 方法

概念模型中最常用的方法为实体-联系方法，简称 E-R 方法。该方法直接从现实世界中抽象出实体和实体间的联系，然后用非常直观的 E-R 图来表示数据模型。在 E-R 图中有表 6-1 所示的几个主要构件。

表 6-1 E-R 图中的主要构件

构　　件	说　　明
矩形 ▭	表示实体集
双边矩形 ▱	表示弱实体集
菱形 ◇	表示联系集
双边菱形 ◈	表示弱实体集对应的标识性联系
椭圆 ◯	表示属性
线段 —	将属性与相关的实体集连接，或将实体集与联系集相连
双椭圆 ◎	表示多值属性
虚椭圆 ⟨⟩	表示派生属性
双线 —	表示一个实体全部参与到联系集中

在 E-R 图中，实体集中作为主码（或主键）的一部分属性名下面加下画线标明。另外，在实体集与联系的线段上标注联系的类型。

需要说明的是在本书中，若不引起误解，实体集有时简称实体，联系集有时简称联系。

2. 实体

从表 6-1 中可见，在 E-R 模型中实体用矩形表示，通常矩形框内写明实体名。实体是现实世界中可以区别于其他对象的"事件"或"物体"。例如，企业中的每个人都是一个实体。每个实体由一组特性（属性）来表示，其中的某一部分属性可以唯一标识实体，如职工号。实体集是具有相同属性的实体集合，例如，学校所有教师具有相同的属性，因此教师的集合可以定义为一个实体集；学生具有相同的属性，因此学生的集合可以定义为另一个实体集。

3. 联系

在 E-R 模型中，联系用菱形表示，如表 6-1 所示。通常可在菱形框内写明联系名，并用无向边分别与有关实体连接起来，同时在无向边旁标注上联系的类型（1∶1、1∶*或*∶*）。实体的联系分为实体内部的联系和实体与实体之间的联系。实体内部的联系反映数据在同一记录内部各字段间的联系。

1）两个不同实体之间的联系

两个实体之间的联系可分为 3 类：一对一联系记为 1∶1，一对多联系记为 1∶*（或 1∶n），多对多联系记为*∶*（或 $m∶n$）。

（1）1∶1。如果对于实体集 A 中的每一个实体，实体集 B 中至多有一个实体与之对应，反之亦然，则称 A 与 B 具有一对一联系。

（2）1∶*。如果对于实体集 A 中的每一个实体，实体集 B 中有 n 个实体（$n \geq 0$）与之对应；反之，对于实体集 B 中的每一个实体，实体集 A 中至多只有一个实体与之对应，则称 A

与 B 具有一对多联系。

（3）*：*。如果对于实体集 A 中的每一个实体，实体集 B 中有 n 个实体（$n \geq 0$）与之对应；反之，对于实体集 B 中的每一个实体，实体集 A 中也有 m 个实体（$m \geq 0$）与之对应，则称 A 与 B 具有多对多联系。

例如，图 6-4 表示两个不同实体集之间的联系，其含义如下：

图 6-4（a）所示的 E-R 图表示：电影院里一个座位只能坐一个观众，因此观众与座位之间是一个 1：1 的联系，联系名为 "V_S"。

图 6-4（b）所示的 E-R 图表示：部门 DEPT 和职工 EMP 实体集，若一个职工只能属于一个部门，那么，这两个实体集之间应是一个 1：*的联系，联系名为 "D_E"。

图 6-4（c）所示的 E-R 图表示：工程项目 PROJ

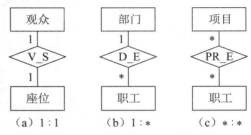

图 6-4　两个不同实体集之间的联系

和职工 EMP 实体集，若一个职工可以参加多个项目，一个项目可以由多个职工参加，那么，这两个实体集之间应是一个*：*的联系，联系名为 "PR_E"。

2）两个以上不同实体集之间的联系

两个以上不同实体集之间存在 1：1：1、1：1：*、1：*：*和*：*：*的联系。例如，图 6-5 表示了三个不同实体集之间的联系。

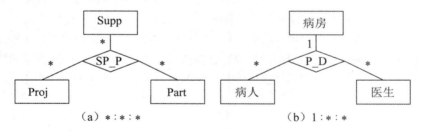

图 6-5　三个不同实体集之间的联系

图 6-5（a）表示供应商 Supp、项目 Proj 和零件 Part 之间的多对多（*：*：*）的联系，联系名为 "SP_P"。表示供应商为多个项目供应多种零件，每个项目可用多个供应商供应的零件，每种零件可由不同的供应商供应的语义。

图 6-5（b）表示病房、病人和医生之间的一对多对多（1：*：*）的联系，联系名为 "P_D"。表示一个特护病房有多个病人和多个医生，一个医生只负责一个病房，一个病人只属于一个病房的语义。

注意： 三个实体集之间的多对多的联系和三个实体集两两之间的多对多的联系的语义是不同的。例如，供应商和项目实体集之间的"合同"联系，表示供应商为哪几个工程签了合同。供应商与零件两个实体集之间的"库存"联系，表示供应商库存零件的数量。项目与零件两个实体集之间的"组成"联系，表示一个项目有哪几种零件组成。

3）同一实体集内的二元联系

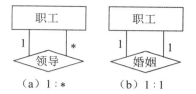

图 6-6　同一实体集之间的联系

同一实体集内的各实体之间也存在 1∶1、1∶*和*∶*的联系，如图 6-6 所示。从图中可见，职工实体集中的领导与被领导联系是 1∶*的，如图 6-6（a）所示。但是，职工实体集中的婚姻联系是 1∶1 的，如图 6-6（b）所示。

4. 属性

属性是实体某方面的特性。例如，职工实体集具有职工号、姓名、年龄、参加工作时间和通信地址等属性。每个属性都有其取值范围，如职工号为 0001～9999 的 4 位整型数，姓名为 10 位的字符串，年龄的取值范围为 18～60 等。在同一实体集中，每个实体的属性及其域是相同的，但可能取不同的值。E-R 模型中的属性有如下分类：

（1）简单属性和复合属性。简单属性是原子的、不可再分的，复合属性可以细分为更小的部分（即划分为别的属性）。有时用户希望访问整个属性，有时希望访问属性的某个成分，那么在模式设计时可采用复合属性。例如，职工实体集的通信地址可以进一步分为邮编、省、市、街道。若不特别声明，通常指的是简单属性。

（2）单值属性和多值属性。前面所举的例子中，定义的属性对于一个特定的实体都只有单独的一个值。例如，对于一个特定的职工，只对应一个职工号、职工姓名，这样的属性叫作单值属性。但是，在某些特定情况下，一个属性可能对应一组值。例如，职工可能有 0 个、1 个或多个亲属，那么职工的亲属的姓名可能有多个数目，这样的属性称为多值属性。

（3）NULL 属性。当实体在某个属性上没有值或属性值未知时，使用 NULL 值。表示无意义或不知道。

（4）派生属性。派生属性可以从其他属性得来。例如，职工实体集中有"参加工作时间"和"工作年限"属性，那么"工作年限"的值可以由当前时间和参加工作时间得到。这里，"工作年限"就是一个派生属性。

【例 6.2】 设计关系模式时，派生属性不会作为关系中的属性来存储。员工（工号，姓名，性别，出生日期，年龄，家庭地址）关系中，派生属性是__(1)__；复合属性是__(2)__。

（1）A．姓名　　　　　B．性别　　　　　C．出生日期　　　　　D．年龄

（2）A．工号　　　　　B．姓名　　　　　C．家庭地址　　　　　D．出生日期

分析：（1）的正确选项为 D。因为，在概念设计中，需要概括企业应用中的实体及其联系，确定实体和联系的属性。派生属性是指可以由其他属性进行计算来获得的属性，如年龄是派生属性，因为该属性可以由出生日期、系统当前时间计算获得。若在系统中存储派生属性，会引起数据冗余，增加额外存储和维护负担，还可能导致数据的不一致性。

（2）的正确选项为 C。家庭地址可以进一步分为邮编、省、市、街道，故为复合属性。

5. 扩充的 E-R 模型

尽管基本的 E-R 模型是对大多数数据库特征建模，但数据库某些情况下的特殊语义，仅用

基本 E-R 模型无法表达清楚。在这一节中，将讨论扩充的 E-R 模型，包括弱实体、特殊化、概括和聚集等概念。

1）弱实体

在现实世界中有一种特殊的依赖联系，该联系是指某实体是否存在对于另一些实体具有很强的依赖关系，即一个实体的存在必须以另一个实体为前提，而将这类实体称为弱实体。例如某企业职工与家属的联系，家属总是属于某职工的，若某职工离职将其从职工关系中删除，家属也随即删除，那么家属属于"弱实体"，职工与家属之间的"所属"联系属于依赖联系。

在扩展的 E-R 图中，弱实体用双线矩形框表示。图 6-7 为职工与家属的 E-R 图。

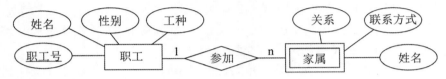

图 6-7　弱实体与依赖联系

2）特殊化

前面已经介绍了，实体集是具有相同属性的实体集合。但在现实世界中，某些实体一方面具有一些共性，另一方面还具有各自的特殊性。这样，一个实体集可以按照某些特征区分为几个子实体。

设有实体集 E，如果 S 是 E 的某些真子集的集合，记为 $S = \{S_i \mid S_i \subset E, i = 1, 2, \cdots, n\}$，则称 S 是 E 的一个特殊化，E 是 S_1、S_2、$\cdots$、S_n 的超类，S_1、S_2、$\cdots$、S_n 称为 E 的子类。

如果 $\bigcup\limits_{i=1}^{n} S_i = E$，则称 S 是 E 的全特殊化，否则是 E 的部分特殊化。

如果 $S_i \bigcap S_j = \Phi, i \neq j$，则 S 是不相交特殊化，否则是重叠特殊化。

在扩充的 E-R 模型中，子类继承超类的所有属性和联系，但是，子类还有自己特殊的属性和联系。超类-子类关系模型使用特殊化圆圈和连线的一般方式来表示。超类到圆圈有一条连线，连线为双线表示全特殊化，连线为单线表示部分特殊化；双竖边矩形框表示子类；有符号"∪"的线表示特殊化；圆圈中的 d 表示不相交特殊化；圆圈中的 o 表示重叠特殊化。

表 6-2　扩充 E-R 图中的主要构件

构　件	说　明
═Ⓓ─◯─	不相交全特殊化，即表示一个实体全部参与到联系集中
─Ⓓ─◯─	不相交部分特殊化
═Ⓞ─◯─	重叠全特殊化
─Ⓞ─◯─	重叠部分特殊化
▯▯	子类

6. E-R 模型应用举例

【例 6.3】　某学校教学管理系统有 5 个实体：系（系号，系名，主任名），教师（教师号，教师名，职称），学生（学号，姓名，年龄，性别），课程（课程号，课程名，学分），项目（项目号，名称，负责人）。该校有若干个系，每个系有若干名教师和学生；每个教师可以担任若干门课程，一门课程只有一名教师承担；每个教师可以参加多项项目，每个项目可由多名教师承担，每个项目的参加人有排名；每个学生可以同时选修多门课程，一门课程可由多名学生选择。请设计某学校的教学管理的 E-R 模型。

分析：

（1）由于每个教师可以担任若干门课程，一门课程只有一名教师承担，故在教师和课程之间需要建立一个 1：*"任课"联系。

（2）由于教师参加多项项目，每个项目可由多名教师承担，故在教师和项目之间需要建立一个 *：* "参加"联系；该联系需要增设一个排名属性。

（3）由于每个学生可以同时选修多门课程，一门课程可由多名学生选择，故学生和课程之间需要建立一个 *：* "选修"联系；其中，"选修"联系有一个成绩属性。

（4）教师、学生与系之间的所属关系的 1：*：* "领导"联系。

实现该学校教学管理的 E-R 模型如图 6-8 所示。

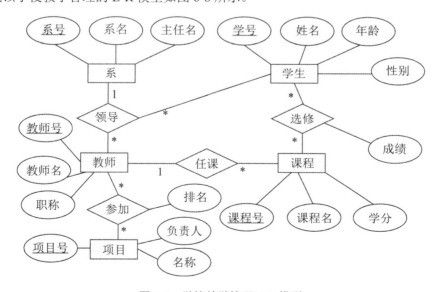

图 6-8　学校教学管理 E-R 模型

特别需要指出的是，E-R 模型强调的是语义，与现实世界的问题密切相关。这句话的意思是，尽管都是学校教学管理，但由于不同的学校教学管理的方法可能会有不同的语义，因此会得到不同的 E-R 模型。

7. 扩充 E-R 模型应用举例

【例 6.4】 假设某高校学生实体集可以分为研究生、本科生、大专生和在职生子集；研究生、本科生、大专生和在职生概括为学生；将学生、教职工概括为人。各实体情况叙述如下，请设计该高校的扩充 E-R 图。

（1）学生实体集用学号标识，并且有不同的专业属性，学生的子实体包括研究生、本科生、大专生和在职生。其中：研究生除了学习外，有专门负责指导该研究生的导师，还要参加科研项目，项目有项目号和项目名属性；本科生有奖学金；专科生分 2 年学制和 3 年学制；在职生有一定的工作量要求。

（2）教职工实体集用职工号标识，教职工的子实体包括在职生、教师和工人；其中教师有职称，工人有不同的工种。

分析：

（1）学生、教职工可以概括为人，学生和教职工是实体集"人"的全特殊化。提取学生、教职工的公共属性"身份证号、姓名、性别、生日及联系方式"作为实体"人"的属性。学生子类有学号和专业的特殊属性；教职工子类有职工号的特殊属性。按照超类-子类扩充 E-R 模型的表示方法，超类"人"到圆圈为双线表示全特殊化。由于有的学生可能为教职工，所以超类到子类的圆圈内填写"o"，表示连接的子类有重叠。子类"学生"和"教职工"用双竖线矩形，得到的扩充 E-R 图如图 6-9 所示。

（2）学生实体集可以分为研究生、本科生、大专生和在职生子类，那么，研究生、本科生、大专生和在职生是实体集"学生"的特殊化。研究生不仅要继承学生的所有属性，还要增加学位类型、导师的属性。作为学生实体中的研究生、本科生和大专生子集不相交即无重叠，所以超类到子类的圆圈内填写"d"，表示连接的子类不相交。子类"研究生""本科生""大专生"和"在职生"用双竖线矩形，得到学生与其子类的扩充 E-R 图如图 6-10 所示。

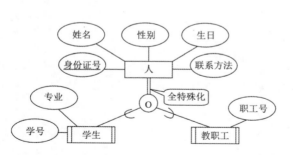

图 6-9　实体集"人"与子类的扩充 E-R 图

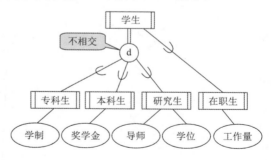

图 6-10　实体集"学生"与子类的扩充 E-R 图

（3）教职工实体集可以分为教师、工人和在职生子类，那么，教师、工人和在职生是实体集"教职工"的特殊化。由于在职生、教师和工人的集合等于教职工，所以该子类是"教职工"全部特殊化。教师、工人和在职生不仅要继承教职工的所有属性，教师、工人和在职生分别还要增加职称、工种和工作量属性。又由于有的教职工可能为学生，所以超类到子类的圆圈内填写"o"，表示连接的子类有重叠。根据上述分析，得到教职工与其子类的扩充 E-R 图如图 6-11 所示。

（4）根据题意研究生还需要参加项目，项目有项目号和项目名属性，所以研究生与项目之间需要增加"参加"联系，得到研究生与项目的 E-R 图如图 6-12 所示。

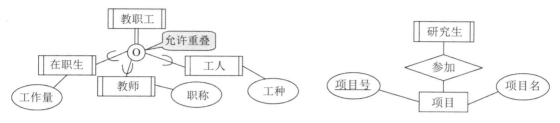

图 6-11　实体集"教职工"与子类的扩充 E-R 图　　　图 6-12　研究生与项目的 E-R 图

通上述分析，并将得出的各个扩充的分 E-R 图进行合并，最终得出该高校扩充的 E-R 图，如图 6-13 所示。

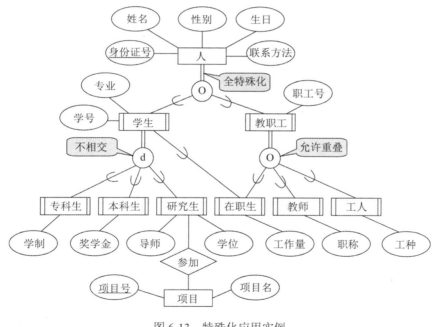

图 6-13　特殊化应用实例

6.2.4　基本的数据模型

1. 层次模型（Hierarchical Model）

层次模型采用树型结构表示数据与数据间的联系。在层次模型中，每个结点表示一个记录类型（实体），记录之间的联系用结点之间的连线表示，并且根结点以外的其他结点有且仅有一个双亲结点。上层和下一层类型的联系是 $1:n$ 联系（包括 $1:1$ 联系）。

【例 6.5】　某商场的部门、员工和商品三个实体的 PEP 模型如图 6-14 所示。在该模型中，每个部门有若干个员工，每个部门负责销售的商品有若干种，即该模型还表示部门到员工之间的一对多（$1:n$）联系，部门到商品之间的一对多（$1:n$）联系。

图 6-14　层次模型

图 6-14 给出的只是 PEP 模型的"型"，而不是"值"。在数据库中，所谓"型"就是数据库模式，而"值"就是数据库实例。模式是数据库的逻辑设计，而数据库实例是给定时刻数据库中数据的一个快照。图 6-15 表示销售部的一个实例。该实例表示在某一时刻销售部是由李军负责，销售部下属有 4 个员工，负责销售的商品有 5 种。

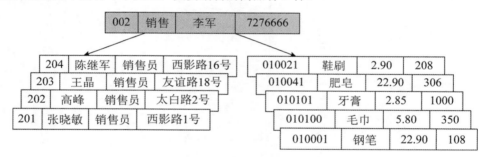

图 6-15　层次模型实例

层次模型不能直接表示多对多的联系。若要表示多对多的联系，可采用冗余节点法或虚拟节点分解法。层次模型的优点是记录之间的联系通过指针实现，比较简单，查询效率高。层次模型的缺点是只能表示 $1:n$ 的联系，尽管有许多辅助手段实现 $m:n$ 的联系，但较复杂不易掌握；由于层次顺序严格和复杂，插入删除操作的限制比较多，导致应用程序编制比较复杂。1968年，美国 IBM 公司推出的 IMS 系统（信息管理系统）是典型的层次模型系统，20 世纪 70 年代在商业上得到了广泛的应用。

2. 网状模型（Network Model）

采用网络结构表示数据与数据间联系的数据模型称为网状模型（Network Model）。在网状模型中，允许一个以上的节点无双亲，一个节点可以有多于一个的双亲。

网状模型（也称 DBTG 模型）是一个比层次模型更具有普遍性的数据结构，是层次模型的一个特例。网状模型可以直接地描述现实世界，因为去掉了层次模型的两个限制，允许两个节点之间有多种联系（称之为复合联系）。需要说明的是，网状模型不能表示记录之间的多对多联系，需要引入联结记录来表示多对多联系。

网状模型中的每个节点表示一个记录类型（实体），每个记录类型可以包含若干个字段（实体的属性），节点间的连线表示记录类型之间一对多的联系。层次模型和网状模型的主要区别如下：

（1）网状模型中子女节点与双亲节点的联系不唯一，因此需要为每个联系命名。

（2）网状模型允许复合链，即两个节点之间有两种以上的联系。

【例 6.6】 假设某高校学生选课情况如图 6-16（a）所示，其中，Sno、Cno 和 Grade 分别表示学号、课程号和成绩。请画出采用网状模型的学生选课的存储示意图。

分析：

因为一个学生可以选若干门课，而一门课可以被多个学生选，所以学生、课程以及他们之间的多对多联系不能直接用网状模型表示。为此，引入选课联结记录，如图 6-16（b）所示。这样，学生与选课之间的 S-SC 是一对多联系，课程与选课之间的 C-SC 也是一对多联系。图 6-16（b）中，Sno、Sname、SD、Sage、Cno、Cname、Pcno 和 Grade 分别表示学号、姓名、系、年龄、课程号、课程名、先修课程号和成绩。学生选课的存储示意图如图 6-16（c）所示。

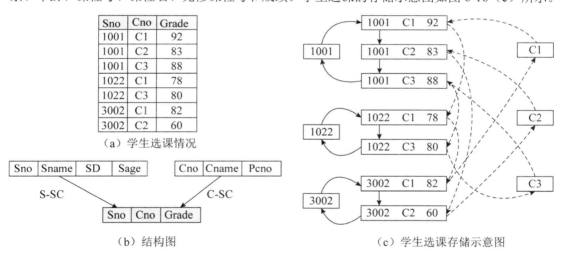

（a）学生选课情况

（b）结构图

（c）学生选课存储示意图

图 6-16 学生选课网状数据库的存储示意图

通常，网状数据模型没有层次模型那样严格的完整性约束条件，但 DBTG 在模式 DDL 中提供了定义 DBTG 数据库完整性的若干概念和语句，主要有：

（1）支持记录码的概念。码能唯一标识记录的数据项的集合。

（2）保证一个联系中双亲记录和子女记录之间是一对多联系。

（3）以支持双亲记录和子女记录之间的某些约束条件。例如，当插入一条选课记录"1014，C2，98"时，只有学生实体中存在学号为"1014"的学生记录，课程实体存在课程号为"C2"的课程，系统才认为是合法的操作。

网状模型的主要优点是能更为直接地描述现实世界，具有良好的性能，存取效率高。其主要缺点是结构复杂。例如，当应用环境不断扩大时，数据库结构就变得很复杂，不利于最终用户掌握。编制应用程序难度比较大。DBTG 模型的 DDL、DML 语言复杂，记录之间的联系是通过存取路径来实现的，因此程序员必须了解系统结构的细节，增加了编写应用程序的负担。

3. 关系模型（Relational Model）

关系模型（Relation Model）是目前最常用的数据模型之一。关系数据库系统采用关系模型作为数据的组织方式，在关系模型中用表格结构表达实体集以及实体集之间的联系，其最大特色是描述的一致性。关系模型是由若干个关系模式组成的集合。一个关系模式相当于一个记录型，对应于程序设计语言中类型定义的概念。关系是一个实例，也是一张表，对应于程序设计语言中变量的概念。给定变量的值随时间可能发生变化，类似地，当关系被更新时，关系实例的内容也随时间发生了变化。

【例 6.7】 教学数据库的 4 个关系模式如下：

S （Sno,Sname,SD,Sage,Sex）；学生 S 关系模式，属性为学号、姓名、系、年龄和性别

T （Tno,Tname,Tage,Sex） ；教师 T 关系模式，属性为教师号、姓名、年龄和性别

C （Cno,Cname,Pcno） ；课程 C 关系模式，属性为课程号、课程名和先修课程号

SC （Sno,Cno,Grade） ；学生选课 SC 关系模式，属性为学号、课程号和成绩

关系模式中有下画线的属性是主码属性。图 6-17 是教学模型的一个具体实例。

S 学生关系

Sno	Sname	SD	Sage	Sex
01001	贾皓昕	IS	20	男
01002	姚勇	IS	20	男
03001	李晓红	CS	19	女

T 教师关系

Tno	Tname	Tage	Sex
001	方铭	34	女
002	章雨敬	58	男
003	王平	48	女

SC 选课

Sno	Cno	Grade
01001	C001	90
01001	C002	91
01002	C001	95
01002	C003	89
03001	C001	91

C 课程关系

Cno	Cname	Pcno
C001	MS	
C002	IC	
C003	C++	C002
C004	OS	C002
C005	DBMS	C004

图 6-17　关系模型的实例

由于关系模型比网状、层次模型更为简单灵活，因此，数据处理领域中，关系数据库的使用已相当普遍。但是，现实世界存在着许多含有更复杂数据结构的实际应用领域，例如 CAD 数据、图形数据和人工智能研究等，需要有一种数据模型来表达这类信息，这种数据模型就是面向对象的数据模型。

4. 面向对象数据模型（Object Oriented Model）

面向对象数据模型（Object Oriented Model）的核心概念如下：

（1）对象和对象标识（OID）。对象是现实世界中实体的模型化，与记录、元组的概念相似，但远比它们复杂。每一个对象都有一个唯一的标识，称为对象标识。对象标识不等于关系模式中的记录标识，OID 是独立于值的，全系统唯一的。

（2）封装（encapsulate）。每一个对象是状态（state）和行为（behavior）的封装。对象的状态是该对象属性的集合，对象的行为是在该对象状态上操作的方法（程序代码）的集合。被封装的状态和行为在对象外部是看不见的，只能通过显式定义的消息传递来访问。

（3）对象的属性（object attribute）。对象的属性描述对象的状态、组成和特性，对象的某个属性可以是单值或值的集合。对象的一个属性值本身在该属性看来也是一个对象。

（4）类和类层次（class and class hierarchy）。

①类。所有具有相同属性和方法集的对象构成了一个对象类。任何一个对象都是某个对象类的一个实例（instance）。对象类中属性的定义域可以是任何类，包括基本类，如整型、实型和字串等；一般类，包含自身属性和方法类本身。

②类层次。所有的类组成了一个有根有向无环图，称为类层次（结构）。一个类可以从直接/间接祖先（超类）中继承（inherit）所有的属性和方法，该类称为子类。

（5）继承（inherit）。子类可以从其超类中继承所有属性和方法。类继承可分为单继承（即一个类只能有一个超类）和多重继承（即一个类可以有多个超类）。

面向对象数据模型比网络、层次、关系数据模型具有更加丰富的表达能力。由于面向对象模型的丰富表达能力，模型相对复杂。有关面向对象分析及设计方面的内容可参考第 10 章。

6.3　数据存储和查询

数据库系统的功能部件通常可划分为存储管理器和查询处理器部件。

6.3.1　存储管理器

存储管理器负责数据库中数据的存储、检索和更新。在数据库系统中，存储管理器是存储底层数据和应用程序，以及向数据库提交的查询之间提供接口的程序模块。存储管理器负责与文件系统交互，将不同的 DML 语句翻译成底层文件系统命令，这样原始数据通过文件系统就存储在磁盘上。

存储管理器组件包括：

（1）权限及完整性管理器。检查试图访问数据库用户的权限，检测数据是否满足完整性约束。

（2）事务管理器。保证一旦发生了故障，数据库的一致性状态，以及并发事务执行时不发生冲突。

（3）文件管理器。管理磁盘空间的分配，管理用于表示磁盘所有信息的数据结构。

（4）缓冲管理器。负责将数据从磁盘放入内存，并决定哪些数据应被缓冲放入内存。

6.3.2　查询处理器

查询处理器的组件包括：

（1）DDL 解释器。解释 DDL 语句并将其放入数据字典中。

（2）DML 编译器。将查询语言中的 DML 语句翻译为一个计算方案，包括一系列查询计算引擎能理解的命令。

注意：一个查询可被解释为多种等价的具有相同结果的计算方案，DML 编译器还进行查询优化，即从中选择一种代价最小的方案。

6.4　数据仓库和数据挖掘基础知识

信息技术的不断推广应用将企业带入了信息爆炸的时代，管理者面对着大量的等待处理的信息。这些信息分为事务型处理和信息型处理两大类。事务型处理就是通常所说的业务操作处理，是对管理信息进行的日常的操作，对信息进行查询和修改，目的是满足组织特定的日常管理需要。信息型处理则是对信息进一步的分析，为管理人员决策提供支持，这类信息的处理在现代企业中应用越来越广泛，越来越引起管理人员的重视。管理信息的信息型处理必须访问大量的历史数据才能完成，不像事务型处理那样，只对当前的信息感兴趣。

6.4.1　数据仓库

传统数据库在联机事务处理（OLTP）中获得了较大的成功，但是对管理人员的决策分析要求却无法满足。因为管理人员希望对组织中的大量数据进行分析，了解组织业务的发展趋势，而传统的数据库中只能保留当前的管理信息，缺乏决策分析所需的大量的历史信息。为了满足管理人员的决策分析需要，在数据库基础上产生了能满足决策分析需要的数据环境——数据仓库（Data Warehouse，DW）。

虽然数据仓库是从数据库发展而来的，但是二者在许多方面有相当大的差异，二者的比较情况如表 6-3 所示。

表 6-3　数据仓库与数据库比较

内　　容	数　据　库	数　据　仓　库
数据内容	当前值	历史的、存档的、归纳的、计算的
数据目标	面向业务操作人员，重复处理	面向主题域、分析应用
数据特性	动态变化，按字段更新	静态、不能直接更新，只能定时添加、刷新
数据结构	高度结构化、复杂、适合操作计算	简单、适合分析
使用频率	高	中、低
数据访问量	每个事务只访问少量的记录	有的事务可能需要访问大量的记录
对响应时间的要求	以秒为单位计算	以秒、分钟甚至小时为计算单位

1. 数据仓库的基本特性

数据仓库有这样一些重要的特性：面向主题的、数据是集成的、数据是相对稳定的、数据是反映历史变化的。

1）面向主题的

数据仓库中数据是面向主题进行组织的。从信息管理的角度来看，主题就是一个较高的管理层次上对信息系统中数据按照某一具体的管理对象进行综合、归类所形成的分析对象。从数据组织的角度来看，主题就是一些数据集合，这些数据集合对分析对象进行了比较完整的、一致的数据描述，这种数据描述不仅涉及数据自身，还涉及数据间的联系。例如，企业中的客户、产品和供应商等都可以作为主题来看待。

数据仓库的创建使用都是围绕主题实现的，因此，必须了解如何按照决策分析来抽取主题，所抽取的主题应该包含哪些数据内容，这些数据应该如何组织。在进行主题抽取时，必须按照决策分析对象进行。例如，在企业销售管理中的管理人员所关心的是本企业哪些产品销售量大、利润高？哪些客户采购的产品数量多？竞争对手的哪些产品对本企业产品构成威胁？根据这些管理决策分析对象，就可以抽取"产品""客户"等主题。

2）数据是集成的

数据仓库的集成性是指根据决策分析的要求，将分散于各处的原数据进行抽取、筛选、清理、综合等集成工作，使数据仓库中的数据具有集成性。

数据仓库所需要的数据不像业务处理系统那样直接从业务发生地获取数据。如在线事务处理系统（OLPT）、企业业务流程重组（BRP）以及基于因特网的电子商务（EC）中的数据是与业务处理联系在一起的，只为业务的日常处理服务，而不是为决策分析服务。这样，数据仓库在从业务处理系统那里获取数据时，并不能将原数据库中的数据直接加载到数据仓库中，而要进行一系列的数据预处理。即从原数据库中挑选出数据仓库所需要的数据，然后将来自不同数据库中的数据按某一标准进行统一，如将数据源中数据的单位、字长与内容统一起来，将源数据中字段的同名异义、异名同义现象消除，然后将源数据加载到数据仓库，并将数据仓库中的数据进行某种程度的综合，进行概括和聚集的处理。

3）数据是相对稳定的

数据仓库的数据主要是供决策分析之用，所涉及的数据操作主要是数据查询，一般情况下并不进行修改操作。数据仓库的数据反映的是一段相当长的时间内历史数据的内容，是不同时间的数据库快照的集合，以及基于这些快照进行统计、综合和重组的导出数据，而不是联机处理的数据。数据库中进行联机处理的数据经过集成输入到数据仓库中。因为数据仓库只进行数据查询操作，所以在 DBMS 中的完整性保护、并发控制在数据仓库管理中都可以省去。但是，由于数据仓库的查询数据量往往很大，所以对数据查询提出了更高的要求，需要采用复杂的索引技术。

4）数据是反映历史变化的

数据仓库中数据的相对稳定是针对应用来说的，数据仓库的用户进行分析处理时是不进行数据更新操作的。但并不表明在从数据集成输入数据仓库开始到最终被删除的整个数据生存周期中，所有的数据仓库数据是永远不变的。数据仓库的数据是反映历史变化的，这主要表现在如下三个方面：

（1）数据仓库随时间变化不断增加新的数据内容。数据仓库系统必须不断捕捉 OLTP 数据库中变化的数据，追加到数据仓库中去。

（2）数据仓库随时间变化不断删除旧的数据内容。

（3）数据仓库中包含大量的综合数据，这些数据有很多信息与时间有关，如数据经常按时间段进行综合，或隔一定的时间进行抽样等等，这些数据要随时间不断地进行重新综合。

2. 数据仓库的数据模式

典型的数据仓库具有为数据分析而设计的模式，使用 OLAP 工具进行联机分析处理。因此数据通常是多维数据，包括维属性、度量属性。包含多维数据的表称为事实表，事实表通常很大。例如，一个表 sales 记录了零售商店的销售信息，其中每个元组对应一个商品售出记录，这是一个非常典型的事实表的例子。表 sales 的维包括售出的是何种商品（用商品标识表示）、商品售出的日期、商品售出的地点、哪个顾客购买该商品等等。度量属性包括售出商品的数量和金额。

为了减少存储要求，维属性通常是一些短的标识，作为参照其他表的外码。例如，事实表 sales 含有属性 item_key、time_key、branch_key 和 location_key，以及度量属性 units_sold 和 dollars_sold。其中，属性 item_key 是一个参照维表 item 的外码，表 item 含有商品名称、商品的品牌、商品所属类别等属性；属性 time_key 是一个参照维表 time 的外码，表 time 含有日、月、季和年的属性；属性 branch_key 是一个参照维表 branch 的外码，表 branch 含有出售商品的分销商的名称、分销商的类型属性；属性 location_key 是一个参照维表 location 的外码，表 location 含有销售地点的街道、城市、省份、国家等属性。由此得到一个事实表、多维表以及从事实表到多维表的参照外码的模式称为星型模式，如图 6-18 所示。

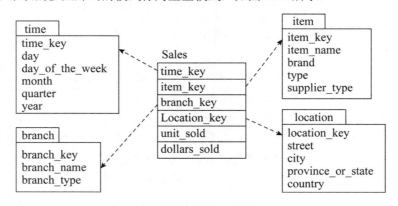

图 6-18　数据仓库的星型模式示例

更复杂的数据仓库设计可能含有多级维表，例如维表 item 含有属性 supplier_key，作为参照给出供应商的细节信息的另一个维表 supplier 的外码；维表 location 含有属性 city_key，作为参照给出城市的细节信息的另一个维表 city 的外码。这种模式称为雪花模式，如图 6-19 所示。

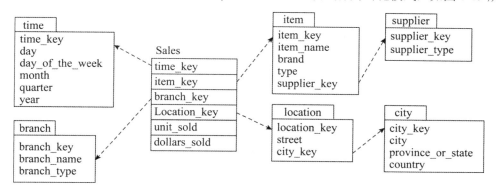

图 6-19　数据仓库的雪花模式示例

复杂的数据仓库设计可能含有不止一个事实表，图 6-20 模式中含有 Sales 和 Shipping 两个事实表，共享 location、item、time 和 branch 维表。这种模式称为事实星型模式。

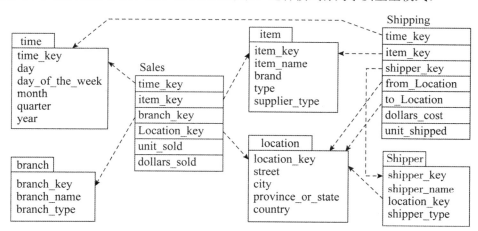

图 6-20　数据仓库的事实星型模式示例

3. 数据仓库的体系结构

数据仓库通常采用三层体系结构，底层为数据仓库服务器、中间层为 OLAP 服务器，顶层为前端工具。底层的数据仓库服务器一般是一个关系数据库系统，数据仓库服务器从操作型数据库或外部数据源提取数据，对数据进行清理、转换、集成等，然后装入数据仓库中。中间层的 OLAP 服务器的实现可以是关系型 OLAP，即扩充的关系型 DBMS，提供对多维数据的支持；也可以是多维的 OLAP 服务器，它是一种特殊的服务器，直接支持多维数据的存储和操作。顶层的前端工具包括查询和报表工具、分析工具、数据挖掘工具等。

从结构的角度看有三种数据仓库模型：企业仓库、数据集市和虚拟仓库。

企业仓库收集跨越整个企业的各个主题的所有信息。它提供全企业范围的数据集成，数据通常都来自多个操作型数据库和外部信息提供者，并且是跨越多个功能范围的。它通常包含详细数据和汇总数据。企业数据仓库可以在传统的大型机上实现，例如 UNIX 超级服务器或并行结构平台。它需要广泛的业务建模，可能需要多年的时间来设计和建造。

数据集市包含对特定用户有用的、企业范围数据的一个子集。它的范围限于选定的主题，例如一个商场的数据集市可能限定于它的主题为顾客、商品和销售。包括在数据集市中的数据通常是汇总的。通常，数据集市可以在低价格的部门服务器上实现，基于 UNIX 或 Windows NT/2000/XP。实现数据集市的周期一般是数周，而不是数月或数年。但是，如果它的规划不是企业范围的，从长远讲，可能会涉及很复杂的集成。根据数据的来源不同，数据集市分为独立的和依赖的两类。在独立的数据集市中，数据来自一个或多个操作型数据库或外部信息提供者，或者是一个特定部门或地区本地产生的数据。在依赖数据集市中，数据直接来自企业数据仓库。

虚拟仓库是操作型数据库上视图的集合。为了有效地处理查询，只有一些可能的汇总视图被物化。虚拟仓库易于建立，但需要操作型数据库服务器具有剩余能力。

6.4.2　数据挖掘

随着数据库技术的不断发展及数据库管理系统的广泛应用，数据库中存储的数据量急剧增大，在大量的数据背后隐藏着许多重要的信息，如果能把这些信息从数据库中抽取出来，将为公司创造很多潜在的利润，而这种从海量数据库中挖掘信息的技术，就称之为数据挖掘（Data Mining，DM）。事实上，从技术角度看，数据挖掘可以定义为从大量的、不完全的、有噪声的、模糊的、随机的实际数据中提取隐含在其中的、人们不知道的、但又潜在有用的信息和知识的过程。

1. 数据挖掘的分类

数据挖掘工具能够对将来的趋势和行为进行预测，从而很好地支持人们的决策，比如，经过对公司整个数据库系统的分析，数据挖掘工具可以回答诸如"哪个客户对我们公司的邮件推销活动最有可能做出反应，为什么"等类似的问题。有些数据挖掘工具还能够解决一些很消耗人工时间的传统问题，因为它们能够快速地浏览整个数据库，找出一些专家们不易察觉的极有用的信息。

数据挖掘技术的分类可以有多种角度。按照所挖掘数据库的种类可分为：关系型数据库的数据挖掘、数据仓库的数据挖掘、面向对象数据库的挖掘、空间数据库的挖掘、正文数据库和多媒体数据库的数据挖掘等。按所发现的知识类别可分为：关联规则、特征描述、分类分析、聚类分析、趋势和偏差分析等。按所发现的知识抽象层次可分为：一般化知识、初级知识和多层次知识等。

数据挖掘技术是人们长期对数据库技术进行研究和开发的结果。起初各种商业数据是存储在计算机的数据库中的，然后发展到可对数据库进行查询和访问，进而发展到对数据库的即时遍历。数据挖掘使数据库技术进入了一个更高级的阶段，它不仅能对过去的数据进行查询和遍历，并且能够找出过去数据之间的潜在联系，从而促进信息的传递。现在数据挖掘技术在商业应用中已经可以马上投入使用，因为对这种技术进行支持的三种基础技术已经发展成熟。这些技术是：海量数据搜集、强大的多处理器计算机、数据挖掘算法。在数据挖掘中最常用的技术有：

- 人工神经网络：仿照生理神经网络结构的非线形预测模型，通过学习进行模式识别。
- 决策树：代表着决策集的树形结构。
- 遗传算法：基于进化理论，并采用遗传结合、遗传变异，以及自然选择等设计方法的优化技术。
- 近邻算法：将数据集合中每一个记录进行分类的方法。
- 规则推导：从统计意义上对数据中的"如果-那么"规则进行寻找和推导。

采用上述技术的某些专门的分析工具已经发展了大约十年的历史，不过这些工具所面对的数据量通常较小。而现在这些技术已经被直接集成到许多大型的工业标准的数据仓库和联机分析系统中去了。将数据挖掘工具与传统数据分析工具进行比较（如表 6-4 所示），可以发现传统数据分析工具的分析重点在于向管理人员提供过去已经发生什么，描述过去的事实，例如，上个月的销售成本是多少；而挖掘工具则在于预测未来的情况，解释过去所发生的事实的原因，例如，下个月的市场需求情况怎样，或者某个客户为什么会转向竞争对手。分析的目的也不同，前者是为了从过去的事实中列出管理人员感兴趣的事实，例如，哪些是公司最大的客户；后者则是要找出哪些未来可能成为公司最大的客户。从两者分析时所需的数据量来看，也有明显的差异，前者需要的数据量并不很大，而后者需要海量数据才能运行。

表 6-4　数据挖掘工具与传统数据分析工具的比较

比较内容	传统数据分析工具（DSS/EIS）	数据挖掘工具
工具特点	回顾型的、验证型的	预测型的、发现型的
分析重点	已发生了什么	预测未来的情况、解释发生的原因
分析目的	从最近的销售中列出最大客户	锁定未来的可能客户、减少未来的销售成本
数据集大小	数据维、维中属性数、维中数据均是少量的	数据维、维中属性数、维中数据均是庞大的
启动方式	企业管理人员、系统分析员、管理顾问启动与控制	数据与系统启动、少量的人员指导
技术情况	成熟	统计分析工具已经成熟，其他工具正在发展中

2. 数据挖掘与数据仓库的关系

根据数据挖掘的定义可以看出，数据挖掘包含一系列旨在数据库中发现有用而未发现的模式的技术，如果将其与数据仓库紧密联系在一起，将会获取意外的成功。传统的观点认为，数据挖掘技术扎根于计算科学和数学，不需要也不得益于数据仓库。这种观点并不正确，成功的数据挖掘的关键之一在于通过访问正确、完整和集成的数据，才能进行深层次的分析，寻求有益的信息。而这些正是数据仓库所能提供的，数据仓库不仅是集成数据的一种方式，数据仓库的联机分析功能 OLAP 还为数据挖掘提供了一个极佳的操作平台。如果数据仓库与数据挖掘能够实现有效的联结，将给数据挖掘带来各种便利和功能。

3. 数据挖掘技术的应用过程

数据挖掘过程一般需要经历确定挖掘对象、准备数据、建立模型、数据挖掘、结果分析与知识应用这样几个阶段。

1）确定挖掘对象

数据挖掘的第一步是要定义清晰的挖掘对象、认清数据挖掘的目标。数据挖掘的最后结果往往是不可预测的，但是探索的问题应是有预见性的、有目标的。为了数据挖掘而挖掘数据带有盲目性，往往是不会成功的。在定义挖掘对象时，需要确定这样的问题：从何处入手？需要挖掘什么数据？要用多少数据？数据挖掘要进行到什么程度？虽然在数据挖掘中常常事先不能确定最后挖掘的结果到底是什么？例如，选择的数据是描述信用卡客户的实际支付情况，那么数据挖掘者的工作就可能是围绕着获取信用卡使用者实际支付情况而展开的。

有时还要用户提供一些先验的知识，例如概念树等。这些先验知识可能是用户业务领域知识或以前数据挖掘所获得的初步成果。这就意味着数据挖掘是一个过程，在挖掘过程中可能提出新的问题，可能尝试用其他方法来检验数据，在数据的子集上进行同样的研究。有时业务对象是一些已经理解的数据，但是在某些情况下还需要对这些数据进行挖掘。此时，不是通过数据挖掘发现新的有价值的信息，而是通过数据挖掘验证假设的正确性，或者是通过同样方式的数据挖掘查看模式是否发生变化。如果在经常性的同样的数据挖掘中的一次挖掘没有出现以前同样的结果，这意味着模式已经发生了变化，可能需要进行更深层次的挖掘。例如，将数据挖掘应用于客户关系管理（CRM）中，就需要对客户关系管理的商业主题进行仔细的定义。每个CRM 应用都有一个或多个商业目标，要为每个目标建立恰当的模型。例如，"提高客户对企业促销的响应率"和"提高每个客户的响应价值"这两个目标是不同的，并且在定义问题的同时，也生成了评价 CRM 应用结果的标准和方法，即确定了数据挖掘的评价指标。

2）准备数据

在确定数据挖掘的业务对象后，需要搜索所有与业务对象有关的内部和外部数据，从中选出适合于数据挖掘应用的数据。对数据的选择必须在建立数据挖掘模型之前完成。选择数据后，还需要对数据进行预处理，对数据进行清洗、解决数据中的缺值、冗余、数据值的不一致性、数据定义的不一致性、过时数据等问题。在数据挖掘时，有时还需要对数据分组，以提高数据挖掘的效率，降低模型的复杂度。

3）建立模型

将数据转换成一个分析模型，这个分析模型是针对挖掘算法建立的。建立一个真正适合挖掘算法的分析模型，是数据挖掘的关键。

4）数据挖掘

对所得到的经过转化的数据进行挖掘，除了完善与选择合适的算法需要人工干预外，数据挖掘工作都由数据挖掘工具自动完成。

5）结果分析

当数据挖掘出现结果后，要对挖掘结果进行解释和评估。具体的解释和评估方法一般根据数据挖掘操作结果所制定的决策成败来定，但是管理决策分析人员在使用数据挖掘结果之前，又希望能够对挖掘的结果进行评估，以保证数据挖掘结果在实际应用中的成功率。因此，在对数据挖掘结果进行评价时，可以考虑这样几个方面的问题：第一，建立模型相同的数据集在模型上进行操作所获得的结果要优于用不同数据集在模型上的操作结果；第二，模型的某些结果可能比其他预测结果更加准确；第三，由于模型是以样板数据为基础建立的，因此，实际结果往往会比建模时的结果差。另外，利用可视化技术可将数据挖掘结果表现得更清楚，更有利于对数据挖掘的结果分析。

6）知识应用

数据挖掘的结果经过业务决策人员的认可，才能实际利用。要将通过数据挖掘得出的预测模式和各个领域的专家知识结合在一起，构成一个可供不同类型的人使用的应用程序。也只有通过对挖掘知识的应用，才能对数据挖掘的成果做出正确的评价。但是，在应用数据挖掘的成果时，决策人员关心的是数据挖掘的最终结果与用其他候选结果在实际应用中的差距。

数据挖掘技术可以让现有的软件和硬件更加自动化，并且可以在升级的或者新开发的平台上执行。当数据挖掘工具运行于高性能的并行处理系统上的时候，它能在数分钟内分析一个超大型的数据库。这种更快的处理速度意味着用户有更多的机会来分析数据，让分析的结果更加准确可靠，并且易于理解。数据库可以由此拓展深度和广度。在深度上，允许有更多的列存在。以往，在进行较复杂的数据分析时，专家们限于时间因素，不得不对参加运算的变量、数量加以限制，但是那些被丢弃而没有参加运算的变量有可能包含着另一些不为人知的有用信息。现在，高性能的数据挖掘工具让用户对数据库能进行通盘的深度遍历，并且任何可能参选的变量都被考虑进去，再不需要选择变量的子集来进行运算了。广度上，允许有更多的行存在。更大的样本使产生错误和变化的概率降低，这样用户就能更加精确地推导出一些虽小但颇为重要的结论。

第 7 章　关系数据库

关系数据库具有坚实的理论基础，这一理论有助于关系数据库的设计和用户对数据库信息需求的有效处理。它涉及的内容有：关系模型的基本知识、关系数据库的标准语言 SQL、查询优化以及关系数据理论。本章研究的是关系数据库，内容包括：关系模型的数据结构、关系的操作和关系的完整性。

7.1　关系数据库概述

建立数据库系统主要是为了数据库中信息的共享，关系数据库是目前应用非常广泛的数据库之一，是有一套完整的理论做支持的。关系模型是关系数据库的基础，由关系数据结构、关系操作集合和关系完整性规则三部分组成。本章介绍关系模型的基本概念、关系代数和关系演算、标准语言 SQL、查询处理策略和查询优化以及关系数据库设计理论方面的内容。

7.1.1　基础知识

1. 关系数据库系统

关系数据库系统是支持关系数据模型的数据库系统。

关系数据库应用数学方法来处理数据库中的数据。最早提出将这类方法用于数据处理的是 1962 年 CODASYL 发表的"信息代数"一文，之后有 1968 年 David Child 在 7090 机上实现的集合论数据结构，但系统而严格地提出关系模型的是美国 IBM 公司的 E.F.Codd。

1970 年 E.F.Codd 在美国计算机学会会刊 *Communication of the ACM* 上发表的题为"A Relational Model of Data for Shared Data Banks"的论文，开创了数据库系统的新纪元。以后，他连续发表了多篇论文，奠定了关系数据库的理论基础。

20 世纪 70 年代末，关系方法的理论研究和软件系统的研制均取得了很大成果，IBM 公司的 San Jose 实验室在 IBM370 系列机上研制的关系数据库实验系统 System R 获得成功。1981 年 IBM 公司又宣布了具有 System R 全部特征的新的数据库软件产品 SQL/DS 问世。与 System R 同期，美国加州大学柏克利分校也研制了 Ingres 关系数据库实验系统，并由 Inges 公司发展成为 Ingres 数据库产品。

几十年来，关系数据库系统的研究取得了辉煌的成就。关系方法从实验室走向了社会，涌现出许多性能良好的商品化关系数据库管理系统（RDBMS）。如著名的 IBM DB2、Oracle、Ingres、SYBASE、Informix 等。数据库的应用领域迅速扩大。

2. 关系的相关名词

（1）属性（Attribute）：在现实世界中，要描述一个事务常常取若干特征来表示。这些特征称为属性。例如学生用学号、姓名、性别、系别、年龄、籍贯等属性来描述。

（2）域（Domain）：每个属性的取值范围所对应一个值的集合，称为该属性的域。例如，学号的域是 6 位整型数；姓名的域是 10 位字符；性别的域为{男,女}；……一般在关系数据模型中，对域还加了一个限制，所有的域都应是原子数据（atomic data）。例如，整数、字符串是原子数据，而集合、记录、数组是非原子数据。关系数据模型的这种限制称为第一范式（first normal form，简称 1NF）条件。但也有些关系数据模型突破了 1NF 的限制，称为非 1NF 的。

（3）目或度（Degree）：$D_1 \times D_2 \times \cdots \times D_n$ 的子集的称作在域 $D_1, D_2 \cdots, D_n$ 上的关系，表示为 $R(D_1, D_2, \cdots, D_n)$。这里的 R 表示关系的名字，n 是关系的目或度。

（4）候选码（Candidate Key）：若关系中的某一属性或属性组的值能唯一标识一个元组，则称该属性或属性组为候选码。

（5）主码（Primary Key）：或称主键，若一个关系有多个候选码，则选定其中一个为主码。

（6）主属性（Prime attribute）：包含在任何候选码中的属性称为主属性。不包含在任何候选码中的属性称为非主属性（NonPrime attribute）。

（7）外码（Foreign key）：如果关系模式 R 中的属性或属性组非该关系的码，但它是其他关系的码，那么该属性集对关系模式 R 而言是外码。

例如，客户与贷款之间的借贷联系 c-l（c-id,loan-no），属性 c-id 是客户关系中的码，所以 c-id 是外码；属性 loan-no 是贷款关系中的码，所以 loan-no 也是外码。

（8）全码（All-key）：关系模型的所有属性组是这个关系模式的候选码，称为全码。

例如，关系模式 R(T, C, S)，属性 T 表示教师，属性 C 表示课程，属性 S 表示学生。假设一个教师可以讲授多门课程，某门课程可以由多个教师讲授，学生可以听不同教师讲授的不同课程，那么，要想区分关系中的每一个元组，这个关系模式 R 的码应为全属性 T、C 和 S，即 All-key。

3. 笛卡儿积与关系

【**定义 7.1**】 设 $D_1, D_2, D_3, \cdots, D_n$ 为任意集合，定义 $D_1, D_2, D_3, \cdots, D_n$ 的笛卡儿积为：

$$D_1 \times D_2 \times D_3 \times \cdots \times D_n = \{(d_1, d_2, d_3, \cdots, d_n) | d_i \in D_i, i = 1, 2, 3, \cdots, n\}$$

其中集合中的每一个元素 $(d_1, d_2, d_3, \cdots, d_n)$ 叫作一个 n 元组（n- tuple，即 n 个属性的元组），元素中的每一个值 d_i 叫作元组一个分量。若 $D_i (i = 1, 2, 3, \cdots, n)$ 为有限集，其基数（Cardinal number，元组的个数）为 $m_i (i = 1, 2, 3, \cdots, n)$，则 $D_1 \times D_2 \times D_3 \times \cdots \times D_n$ 的基数 M 为：$M = \prod_{i=1}^{n} m_i$。

注意：笛卡儿积可以用二维表来表示。

【例 7.1】 若 $D_1 = \{0,1\}$，$D_2 = \{a,b\}$，$D_3 = \{c,d\}$，求解 $D_1 \times D_2 \times D_3$ 以及 $D_1 \times D_2 \times D_3$ 的基数。

分析：根据定义 7.1 可知 $D_1 \times D_2 \times D_3$ 中的每一个元素是一个三元组，其结果为：

$$D_1 \times D_2 \times D_3 = \{(0,a,c),(0,a,d),(0,b,c),(0,b,d),(1,a,c),(1,a,d),(1,b,c),(1,b,d)\}$$

由于 D_1 的基数 $m_1 = 2$、D_2 的基数 $m_2 = 2$、D_3 的基数 $m_3 = 2$，所以 $D_1 \times D_2 \times D_3$ 的基数 M $= m_1 \times m_2 \times m_3 = 2 \times 2 \times 2 = 8$。可以用二维表来表示 $D_1 \times D_2 \times D_3$，如图 7-1 所示。

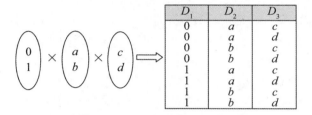

D_1	D_2	D_3
0	a	c
0	a	d
0	b	c
0	b	d
1	a	c
1	a	d
1	b	c
1	b	d

图 7-1　$D_1 \times D_2 \times D_3$ 笛卡儿积的二维表表示

【定义 7.2】 $D_1 \times D_2 \times D_3 \times \cdots \times D_n$ 的子集叫作在域 $D_1, D_2, D_3, \cdots, D_n$ 上的关系，记为 R（$D_1, D_2, D_3, \cdots, D_n$），称关系 R 为 n 元关系。

定义 7.2 可以得出一个关系，也可以用二维表来表示。关系中属性的个数称为"元数"，元组的个数称为"基数"。关系模型中的术语与一般术语的对应情况可以通过图 7-2 中的学生关系说明。

属性1	属性2	属性3	属性4	关系模型术语	一般术语
				属性	字段、数据项
S_no	Sname	SD	Sex	关系模式	记录类型
100101	张军生	通信	男	元组1	记录1
100102	黎晓华	通信	男	元组2	记录2
100103	赵 敏	通信	女	元组3	记录3
200101	李斌斌	电子工程	男	元组4	记录4
300102	王莉娜	计算机	女	元组5	记录5
300103	吴晓明	计算机	男	元组6	记录6

图 7-2　学生关系与术语的对应情况

图 7-2 中属性 S_no、Sname、SD 和 Sex 分别表示学号、姓名、所在院系、性别。该学生关系模式可表示为：学生 (S_no,Sname,SD,Sex)；属性 S_no 加下画线表示该属性为主码；属性 Sex 的域为男、女，等等。从图中不难看出，该学生关系的元数为 4，基数为 6。

4. 关系的三种类型

关系的三种类型如下：

（1）基本关系（通常又称为基本表或基表）：实际存在的表，它是实际存储数据的逻辑表示。

（2）查询表：查询结果对应的表。

（3）视图表：是由基本表或其他视图表导出的表。由于它本身不独立存储在数据库中，数据库中只存放它的定义，所以常称为虚表。

7.1.2　关系数据库模式

在数据库中要区分型和值。关系数据库中的型也称为关系数据库模式，是关系数据库结构的描述。它包括若干域的定义以及在这些域上定义的若干关系模式。实际上，关系的概念对应于程序设计语言中变量的概念，而关系模式对应于程序设计语言中类型定义的概念。关系数据库的值是这些关系模式在某一时刻对应的关系的集合，通常称之为关系数据库。

【定义 7.3】　关系的描述称为关系模式（Relation Schema）。可以形式化地表示为：

$$R(U,D,\text{dom},F)$$

其中，R 表示关系名；U 是组成该关系的属性名集合；D 是属性的域；dom 是属性向域的映像集合；F 为属性间数据的依赖关系集合。

通常将关系模式简记为：

$$R(U) \ \text{或} \ R(A_1, A_2, A_3, \cdots, A_n)$$

其中，R 为关系名，$A_1, A_2, A_3, \cdots, A_n$ 为属性名或域名，属性向域的映像常常直接说明属性的类型、长度。通常在关系模式主属性上加下画线表示该属性为主码属性。

例如：学生关系 S 有学号 Sno、学生姓名 Same、系名 SD、年龄 SA 属性；课程关系 C 有课程号 Cno、课程名 Cname、先修课程号 PCno 属性；学生选课关系 SC 有学号 Sno、课程号 Cno、成绩 Grade 属性。定义关系模式及主码如下（本题未考虑 F 属性间数据的依赖，该问题在后续内容讨论）：

（1）学生关系模式 S(Sno,Sname,SD,SA)。

（2）课程关系模式 C(Cno,Cname,PCno)，Dom(PCno)=Cno。这里，PCno 是先行课程号，来自 Cno 域，但由于 PCno 属性名不等于 Cno 值域名，所以要用 Dom 来定义。但是，不能将 PCno 直接改为 Cno，因为在关系模型中，各列属性必须取相异的名字。

（3）学生选课关系模式 SC(Sno,Cno,Grade)。SC 关系中的 Sno、Cno 又分别为外码。因为它们分别是 S、C 关系中的主码。

7.1.3　关系的完整性约束

完整性规则提供了一种手段来保证当授权用户对数据库做修改时不会破坏数据的一致性。因此，完整性规则防止的是对数据的意外破坏。关系模型的完整性规则是对关系的某种约束条件。例如，若某企业实验室管理员的基本薪资小于 2000 元，则可用完整性规则来进行约束。

关系的完整性约束共分为三类：实体完整性、参照完整性（也称引用完整性）和用户定义完整性。

（1）实体完整性（Entity Integrity）：规定基本关系 R 的主属性 A 不能取空值。

（2）参照完整性（Referential Integrity）：现实世界中的实体之间往往存在某种联系，在关系模型中实体及实体间的联系是用关系来描述的，这样自然就存在着关系与关系间的引用。

参照完整性规定：若 F 是基本关系 R 的外码，它与基本关系 S 的主码 K_s 相对应（基本关系 R 和 S 不一定是不同的关系），则对于 R 中每个元组在 F 上的值或者取空值（F 的每个属性值均为空值），或者等于 S 中某个元组的主码值。

例如，某企业员工 Emp 关系模式和部门 Dept 关系模式表示如下：

Emp（<u>员工号</u>，姓名，性别，参加工作时间，部门号）

Dept（<u>部门号</u>，名称，电话，负责人）

Emp 和 Dept 关系存在着属性的引用，即员工关系中的"部门号"值必须是确实存在的部门的部门号。按照关系的完整性规则，员工关系中的"部门号"属性取值要参照部门关系的"部门号"属性取值。如果新入职的员工还未分配具体的部门，那么部门号取空值。

注意：本教材若在关系模式主属性上加实下画线，通常表示该属性为**主码属性**；如果在关系模式属性上加虚下画线，通常表示该属性为**外码属性**。

（3）用户定义完整性（User defined Integrity）：就是针对某一具体的关系数据库的约束条件，反映某一具体应用所涉及的数据必须满足的语义要求，由应用的环境决定。例如，银行的用户账户规定必须大于等于 100 000，小于 999 999。

7.2   关系运算

关系操作的特点是操作对象和操作结果都是集合。而非关系数据模型的数据操作方式则为一次一个记录的方式。关系数据语言分为三类：关系代数语言、关系演算语言和具有关系代数和关系演算双重特点的语言（如 SQL）。关系演算语言包含元组关系演算语言（如 Aplha, Quel）和域关系演算语言（如 QBE）。

关系代数语言、元组关系演算和域关系演算是抽象查询语言，它与具体的 DBMS 中实现的实际语言并不一样，但是可以用它评估实际系统中的查询语言能力的标准。

7.2.1   关系代数运算

关系代数运算符有 4 类：集合运算符、专门的关系运算符、算术比较符和逻辑运算符。根据运算符的不同，关系代数运算可分为传统的集合运算和专门的关系运算。传统的集合运算是从关系的水平方向进行的，包括并、交、差及广义笛卡儿积。专门的关系运算既可以从关系的水平方向进行运算，又可以向关系的垂直方向运算，包括选择、投影、连接以及除法，如表 7-1 所示。

表 7-1 关系代数运算符

运 算 符		含 义	运 算 符	含 义
集合运算符	$\cup$ $-$ $\cap$ $\times$	并 差 交 笛卡儿积	算术比较符	$>$ 大于 $\geqslant$ 大于或等于 $<$ 小于 $\leqslant$ 小于或等于 $=$ 等于 $\neq$ 不等于
专门的关系 运算符	σ π $\bowtie$ $\div$	选择 投影 连接 除	逻辑运算符	$\neg$ 非 $\wedge$ 与 $\vee$ 或

7.2.2 五种基本的关系代数运算

五种基本的关系代数运算包括并、差、笛卡儿积、投影和选择，其他运算可以通过基本的关系运算导出。

1. 并（Union）

关系 R 与 S 具有相同的关系模式，即 R 与 S 的元数相同（结构相同）。关系 R 与 S 的并由属于 R 或属于 S 的元组构成的集合组成，记作 $R\cup S$，其形式定义如下，式中 t 为元组变量。
$$R\cup S = \{t\,|\,t\in R\vee t\in S\}$$

2. 差（Difference）

关系 R 与 S 具有相同的关系模式，关系 R 与 S 的差是由属于 R 但不属于 S 的元组构成的集合，记作 $R-S$，其形式定义如下：
$$R-S = \{t\,|\,t\in R\wedge t\notin S\}$$

3. 广义笛卡儿积（Extended Cartesian Product）

两个元数分别为 n 目和 m 目的关系 R 和 S 的广义笛卡儿积是一个 $(n+m)$ 列的元组的集合。元组的前 n 列是关系 R 的一个元组，后 m 列是关系 S 的一个元组，记作 $R\times S$，其形式定义如下：
$$R\times S = \{t\,|\,t=<t^n,t^m>\wedge t^n\in R\wedge t^m\in S\}$$

如果 R 和 S 中有相同的属性名，可在属性名前加关系名作为限定，以示区别。若 R 有 K_1 个元组，S 有 K_2 个元组，则 R 和 S 的广义笛卡儿积有 $K_1\times K_2$ 个元组。

注意：本教材中的 $<t^n,t^m>$ 意为元组 t^n 和 t^m 拼接成的一个元组。

4. 投影（Projection）

投影运算是从关系的垂直方向进行运算，在关系 R 中选择出若干属性列 A 组成新的关系，记作 $\pi_A(R)$，其形式定义如下：

$$\pi_A(R)=\{t[A]\mid t\in R\}$$

5. 选择（Selection）

选择运算是从关系的水平方向进行运算，是从关系 R 中选择满足给定条件的诸元组，记作 $\sigma_F(R)$，其形式定义如下：

$$\sigma_F(R)=\{t\mid t\in R\wedge F(t)=\text{True}\}$$

其中，F 中的运算对象是属性名（或列的序号）或常数，运算符是算术比较符（<、≤、>、≥、≠）和逻辑运算符（∧、∨、¬）。例如，$\sigma_{1\geq 6}(R)$ 表示选取 R 关系中第 1 个属性值大于等于第 6 个属性值的元组；$\sigma_{1>'6'}(R)$ 表示选取 R 关系中第 1 个属性值大于 6 的元组。

【例 7.2】 设有关系 R、S 如图 7-3 所示，请求出 $R\cup S$，$R-S$，$R\times S$，$\pi_{A,C}(R)$，$\sigma_{A>B}(R)$ 和 $\sigma_{3<4}(R\times S)$。

A	B	C
a	b	c
b	a	d
c	d	e
d	f	g

（a）关系R

A	B	C
b	a	d
d	f	g
f	h	k

（b）关系S

图 7-3　关系 R、S

分析： $R\cup S$，$R-S$，$R\times S$，$\pi_{A,C}(R)$，$\sigma_{A>B}(R)$ 和 $\sigma_{3<4}(R\times S)$ 的结果如图 7-4 所示。其中，$R\times S$ 生成的关系属性名有重复，按照关系“属性不能重名”的性质，通常采用“关系名.属性名”的格式。$\sigma_{3<4}(R\times S)$ 的含义是 $R\times S$ 后“选取第 3 个属性值小于第 4 个属性值”的元组。由于 $R\times S$ 的第 3 个属性为 $R.C$，第 4 个属性是 $S.A$，因此 $\sigma_{3<4}(R\times S)$ 的含义也是 $R\times S$ 后“选取 $R.C$ 值小于 $S.A$ 值”的元组。

7.2.3 扩展的关系运算

扩展的关系运算可以从基本的关系运算中导出，主要包括：交、连接、除、广义投影、外连接、聚集函数。

1. 交（Intersection）

关系 R 与 S 具有相同的关系模式，关系 R 与 S 的交是由属于 R 同时又属于 S 的元组构成的集合，关系 R 与 S 的交可记为 $R\cap S$，其形式定义如下：

$$R\cap S=\{t\mid t\in R\wedge t\in S\}$$

显然，$R \cap S = R - (R - S)$，或者 $R \cap S = S - (S - R)$。

$R \cup S$

A	B	C
a	b	c
b	a	d
c	d	e
d	f	g
f	h	k

$R - S$

A	B	C
a	b	c
c	d	e

$\pi_{A,C}(R)$

A	C
a	c
b	d
c	e
d	g

$\sigma_{A>B}(R)$

A	B	C
b	a	d

$R \times S$

R.A	R.B	R.C	S.A	S.B	S.C
a	b	c	b	a	d
a	b	c	d	f	g
a	b	c	f	h	k
b	a	d	b	a	d
b	a	d	d	f	g
b	a	d	f	h	k
c	d	e	b	a	d
c	d	e	d	f	g
c	d	e	f	h	k
d	f	g	b	a	d
d	f	g	d	f	g
d	f	g	f	h	k

$\sigma_{3<4}(R \times S)$

R.A	R.B	R.C	S.A	S.B	S.C
a	b	c	d	f	g
a	b	c	f	h	k
b	a	d	f	h	k
c	d	e	f	h	k

图 7-4　运算结果

2. 连接（Join）

连接分为 θ 连接、等值连接及自然连接三种。连接运算是从两个关系 R 和 S 的笛卡儿积中选取满足条件的元组。因此，可以认为笛卡儿积是无条件连接，其他的连接操作是有条件连接。

1）θ 连接

θ 连接是从 R 与 S 的笛卡儿积中选取属性间满足一定条件的元组。其形式定义如下：

$$R \underset{X\theta Y}{\bowtie} S = \left\{ t \mid t = <t^n, t^m> \wedge t^n \in R \wedge t^m \in S \wedge t^n[X] \theta t^m[Y] \right\}$$

其中：'$X\theta Y$' 为连接的条件，θ 是比较运算符，X 和 Y 分别为 R 和 S 上度数相等，且可比的属性组。$t^n[X]$ 表示 R 中 t^n 元组的相应于属性 X 的一个分量。$t^m[Y]$ 表示 S 中 t^m 元组的相应于属性 Y 的一个分量。需要说明的是：

- θ 连接也可以表示为：

$$R \underset{i\theta j}{\bowtie} S = \left\{ t \mid t = <t^n, t^m> \wedge t^n \in R \wedge t^m \in S \wedge t^n[i] \theta t^m[j] \right\}$$

其中：$i = 1, 2, 3, \cdots, n$，$j = 1, 2, 3, \cdots, m$，'$i\theta j$' 的含义为从两个关系 R 和 S 中选取 R 的第 i 列和 S 的第 j 列之间满足 θ 运算的元组进行连接。

- θ 连接可以由基本的关系运算笛卡儿积和选取运算导出。因此 θ 连接可表示为：

$$R\underset{X\theta Y}{\bowtie}S=\sigma_{X\theta Y}\left(R\times S\right)\text{ 或 }R\underset{i\theta j}{\bowtie}S=\sigma_{i\theta(i+j)}\left(R\times S\right)$$

【例 7.3】 设有关系 R、S 如图 7-5 所示，求 $R\underset{R.A<S.B}{\bowtie}S$。

A	B	C
1	2	3
2	1	4
3	4	5
4	6	7

（a）关系 R

A	B	C
2	1	4
4	6	7
6	8	9

（b）关系 S

图 7-5　关系 R、S

分析：本题连接的条件为 $R.A<S.B$，意为将 R 关系中属性 A 的值小于 S 关系中属性 B 的值的元组取出来作为结果集的元组。结果集为 $R\times S$ 后选出满足条件的元组，并且结果集的属性为：$R.A$，$R.B$，$R.C$，$S.A$，$S.B$，$S.C$。结果如图 7-6 所示。

$R.A$	$R.B$	$R.C$	$S.A$	$S.B$	$S.C$
1	2	3	4	6	7
1	2	3	6	8	9
2	1	4	4	6	7
2	1	4	6	8	9
3	4	5	4	6	7
3	4	5	6	8	9
4	6	7	4	6	7
4	6	7	6	8	9

图 7-6　$R\underset{R.A<S.B}{\bowtie}S$

2）等值连接（equijoin）

当 θ 为 "=" 时，称之为等值连接，记为 $R\underset{X=Y}{\bowtie}S$。其形式定义如下：

$$R\underset{X=Y}{\bowtie}S=\left\{t\mid t=<t^n,t^m>\wedge t^n\in R\wedge t^m\in S\wedge t^n[X]=t^m[Y]\right\}$$

3）自然连接（Natural join）

自然连接是一种特殊的等值连接，它要求两个关系中进行比较的分量必须是相同的属性组，并且在结果集中将重复属性列去掉。

若 t^n 表示 R 关系的元组变量，t^m 表示 S 关系的元组变量；R 和 S 具有相同的属性组 B，且 $B=\left(B_1,B_2,\cdots,B_K\right)$；并假定 R 关系的属性为 $A_1,A_2,\cdots,A_{n-k},B_1,B_2,\cdots,B_k$，$S$ 关系的属性为 $B_1,B_2,\cdots,B_K,B_{K+1},B_{K+2},\cdots,B_m$；为 S 的元组变量 t^m 去掉重复属性 B 所组成的新的元组变量为 t^{m^*}。自然连接可以记为 $R\bowtie S$，其形式定义如下：

$$R \bowtie S = \left\{ t \mid t = <t^n, t^{m^*}> \wedge t^n \in R \wedge t^m \in S \wedge R.B_1 = S.B_1 \wedge R.B_2 = S.B_2 \wedge \cdots \wedge R.B_n = S.B_n \right\}$$

自然连接可以由基本的关系运算笛卡儿积和选取运算导出，因此自然连接可表示为：

$$R \bowtie S = \prod_{A_1, A_2, \cdots, A_{n-k}, R.B_1, R.B_2, \cdots, R.B_K, B_{K+1}, B_{K+2}, \cdots, B_m} \left(\sigma_{R.B_1 = S.B_1 \wedge R.B_2 = S.B_2 \wedge \cdots \wedge R.B_k = S.B_k} (R \times S) \right)$$

特别需要说明的是：一般连接是从关系的水平方向运算，而自然连接不仅要从关系的水平方向，而且要从关系的垂直方向运算。因为自然连接要去掉重复属性，如果没有重复属性，那么自然连接就转化为笛卡儿积。

【例 7.4】 设有关系 R 与 S 如图 7-7（a）、（b）所示，求：$R \bowtie S$。

分析：本题要求 R 与 S 关系的自然连接，自然连接是一种特殊的等值连接，它要求两个关系中进行比较的分量必须是相同的属性组，并且在结果中将重复属性列去掉。本题 R 与 S 关系中相同的属性组为 AC，因此，结果集中的属性列应为：ABCD。其结果如图 7-7（c）所示。

A	B	C
a	b	c
b	a	d
c	d	e
d	f	g

（a）关系 R

A	C	D
a	c	d
d	f	g
b	d	g

（b）关系 S

A	B	C	D
a	b	c	d
b	a	d	g

（c）$R \bowtie S$

图 7-7 关系 R、S、$R \bowtie S$

3. 除（Division）

除运算是同时从关系的水平方向和垂直方向进行运算。给定关系 $R(X, Y)$ 和 $S(Y, Z)$，X、Y、Z 为属性组。$R \div S$ 应当满足元组在 X 上的分量值 x 的象集 Y_x 包含关系 S 在属性组 Y 上投影的集合。其形式定义如下：

$$R \div S = \left\{ t^n [X] \mid t^n \in R \wedge \pi_y (S) \subseteq Y_x \right\}$$

其中：Y_x 为 x 在 R 中的象集，$x = t^n[X]$。且 $R \div S$ 的结果集的属性组为 X。

【例 7.5】 设有关系 R、S 如图 7-8 所示，求：$R \div S$。

A	B	C	D
a	b	c	d
a	b	e	f
a	b	h	k
b	d	e	f
b	d	d	l
c	k	c	d
c	k	e	f

（a）关系 R

C	D
c	d
e	f

（b）关系 S

A	B
a	b
c	k

（c）$R \div S$

图 7-8 关系 R、S、$R \div S$

分析：根据除法定义，此题的 X 为属性 AB，Y 为属性 CD。$R \div S$ 应当满足元组在属性 AB 上的分量值 x 的象集 Y_x 包含关系 S 在 CD 上投影的集合。

关系 S 在 Y 上的投影为 $\pi_{CD}(S) = \{(c,d),(e,f)\}$。对于关系 R，属性组 X（即 AB）可以取 3 个值 $\{(a,b),(b,d),(c,k)\}$，它们的象集分别为：

象集 $CD_{(a,b)} = \{(c,d),(e,f),(h,k)\}$

象集 $CD_{(b,d)} = \{(e,f),(d,l)\}$

象集 $CD_{(c,k)} = \{(c,d),(e,f)\}$

由于上述象集包含 $\pi_{CD}(S)$ 有 (a,b) 和 (c,k)，所以，$R \div S = \{(a,b),(c,k)\}$，结果如图 7-8（c）所示。

【例 7.6】 设学生课程数据库中有：学生 S、课程 C、学生选课 SC 三个关系，如图 7-9 所示。请用关系代数表达式表达如下检索问题。

（1）检索选修课程名为"数学"的学生号和学生姓名。

（2）检索至少选修了课程号为"1"和"3"的学生号。

（3）检索选修了"操作系统"或"数据库"课程的学号和姓名。

（4）检索年龄在 18 到 20 之间（含 18 和 20）的女生的学号、姓名及年龄。

（5）检索选修了"数据库"课程的学生的学号、姓名及成绩。

（6）检索选修全部课程的学生姓名及所在系。

（7）检索选修课程包括"1042"学生所学的课程的学生学号。

（8）检索不选修"2"课程的学生姓名和所在系。

Sno	Sname	Sex	SD	Age
3001	王平	女	计算机	18
3002	张勇	男	计算机	19
4003	黎明	女	机械	18
4004	刘明远	男	机械	19
1041	赵国庆	男	通信	20
1042	樊建玺	男	通信	20

S

Cno	Cname	Pcno	Credit
1	数据库	3	3
2	数学		4
3	操作系统	4	4
4	数据结构	7	3
5	数字通信	6	3
6	信息系统	1	4
7	程序设计	2	2

C

Sno	Cno	Grade
3001	1	93
3001	2	84
3001	3	84
3002	2	83
3002	3	93
1042	1	84
1042	2	82

SC

图 7-9　S、C、SC 关系

分析：（1）检索选修课程名为"数学"的学生号和学生姓名的关系代数表达式有如下两种表示方法：

$$\pi_{Sno,Sname}\left(\sigma_{Cname='数学'}\left(S \bowtie SC \bowtie C\right)\right) \quad 或 \quad \pi_{1,2}\left(\sigma_{8='数学'}\left(S \bowtie SC \bowtie C\right)\right)$$

对于上述表达式 $S \bowtie SC \bowtie C$ 自然连接后重复的属性列为学号 Sno 和课程号 Cno，去掉重复属性列的结果如图 7-10 所示。从图中可见，满足课程名为"数学"的只有三个元组，在此基础上进行 $\pi_{Sno,Sname}$ 投影的结果如图 7-11 所示。由于 Sno、Sname 和 Cname 分别对应第 1、2 和 8 列属性，所以其表达式还可以写为：$\pi_{1,2}\left(\sigma_{8='数学'}\left(S \bowtie SC \bowtie C\right)\right)$。

Sno	Sname	Sex	SD	Age	Cno	Grade	Cname	Pcno	Credit
3001	王平	女	计算机	18	1	93	数据库	3	3
3001	王平	女	计算机	18	2	84	数学		4
3001	王平	女	计算机	18	3	84	操作系统	4	4
3002	张勇	男	计算机	19	2	83	数学		4
3002	张勇	男	计算机	19	3	93	操作系统	4	4
1042	樊建玺	男	通信	20	1	84	数据库	3	3
1042	樊建玺	男	通信	20	2	82	数学		4

图 7-10　$S \bowtie SC \bowtie C$

（2）检索至少选修了课程号为"1"和"3"的学生号的关系代数表达式有如下两种表示方式：

$$\pi_1\left(\sigma_{1=4 \wedge 2='1' \wedge 5='3'}\left(SC \times SC\right)\right) 或 \pi_{Sno,Cno}\left(SC\right) \div \pi_{Cno}\left(\sigma_{Cno='1' \vee Cno='3'}\left(C\right)\right)$$

Sno	Sname
3001	王平
3002	张勇
1042	樊建玺

图 7-11　$\pi_{Sno,Sname}$

① $\pi_1\left(\sigma_{1=4 \wedge 2='1' \wedge 5='3'}\left(SC \times SC\right)\right)$ 分析如下：

若设 $SC \times SC$ 中的第一个 SC 关系为 $S1$，第二个 SC 关系为 $S2$，那么 $SC \times SC$ 的结果属性列名为：S1.Sno、S1.Cno、S1.Grade、S2.Sno、S2.Cno、S2.Grade。

关系表达式 $\pi_1\left(\sigma_{1=4 \wedge 2='1' \wedge 5='3'}\left(SC \times SC\right)\right)$ 的含义为先从 $SC \times SC$ 中选取第 1 列属性值等于第 4 列属性值（等价于 S1.Sno＝S2.Sno），同时又满足第 2 列属性值等于 1（等价于 S1.Cno＝'1'）的元组，同时还满足第 5 列属性值等于 3（等价于 S2.Sno＝'3'）的元组；最后投影第一个属性列 Sno 即为所求结果集。

② $\pi_{Sno,Cno}\left(SC\right) \div \pi_{Cno}\left(\sigma_{Cno='1' \vee Cno='3'}\left(C\right)\right)$ 分析如下：

表达式 $\pi_{Cno}\left(\sigma_{Cno='1' \vee Cno='3'}\left(C\right)\right)$ 就是构造一个临时关系 K，其属性为 Cno，结果如下：

$$K = \pi_{Cno}\left(\sigma_{Cno='1' \vee Cno='3'}\left(C\right)\right) = \{1,3\}$$

查询表达式 $\pi_{Sno,Cno}\left(SC\right) \div K$ 的结果集的学生号 Sno 所选的课程号应包括 K，所以，求解的过程就是对 $\pi_{Sno,Cno}\left(SC\right)$ 的每一个元组逐一求某一学生的象集。因为所求的结果集为 Sno、X 为 Sno、Y 为 Cno、象集为 Cno_{Sno}，所以，将 Sno 的值逐一代入求得的象集为：

$Cno_{3001} = \{1,2,3\}$ 表示学号为 3001 的学生选修了课程号为 1、2、3 的课程；

$Cno_{3002} = \{2,3\}$ 表示学号为 3002 的学生选修了课程号为 2、3 的课程；

$Cno_{1042} = \{1,2\}$ 表示学号为 1042 的学生选修了课程号为 1、2 的课程。

从上分析可以看出，只有 3001 包含 K 在 Cno 的投影，所以 $\pi_{Sno,Cno}(SC) \div K = \{3001\}$。

（3）检索选修了"操作系统"或"数据库"课程的学号和姓名的关系代数表达式如下，分析略。

$$\pi_{Sno,Sname}\left(S \bowtie \left(\sigma_{Cname='操作系统' \vee Cname='数据库'}(SC \bowtie C)\right)\right)$$

（4）检索年龄在 18 到 20 之间（含 18 和 20）的女生的学号、姓名及年龄的关系代数表达式如下，分析略。

$$\pi_{Sno,Sname,Age}\left(\sigma_{Sex='女' \wedge Age \geqslant '18' \wedge Age \leqslant '20'}(S)\right)$$

（5）检索选修了"数据库"课程的学生的学号、姓名及成绩的关系代数表达式如下，分析略。

$$\pi_{Sno,Sname,Grade}\left(\sigma_{Cname='数据库'}(S \bowtie SC \bowtie C)\right)$$

（6）检索选修全部课程的学生姓名及所在系的关系代数表达式如下：

$$\pi_{Sname,SD}\left(S \bowtie \left(\pi_{Sno,Cno}(SC) \div \pi_{Cno}(C)\right)\right)$$

本题求解过程分析如下：

①表示全部课程的临时关系 $K = \pi_{Cno}(C) = \{1,2,3,4,5,6,7\}$。

②查询选修了所有课程的学生号为 $\pi_{Sno,Cno}(SC) \div K = \{\phi\}$，因为 3001 的学生选修了课程号为 1、2、3 的课程，3002 的学生选修了课程号为 2、3 的课程，1042 的学生选修了课程号为 1、2 的课程，所以 3001、3002 和 1042 都没有包含 K，故结果集为空。

③与 S 关系进行自然连接后，再对学生 Sname 和 SD 投影的结果也为空。

（7）检索选修课程包含"1042"学生所学的课程的学生学号的关系代数表达式如下（分析略）。

$$\pi_{Sno,Cno}(SC) \div \pi_{Cno}\left(\sigma_{Sno='1042'}(SC)\right)$$

（8）检索不选修"2"课程的学生姓名和所在系的关系代数表达式如下，分析略。

$$\pi_{Sname,SD}(SC) - \pi_{Sname,SD}\left(\sigma_{Cno='2'}(S \times SC)\right) \quad 或 \quad \pi_{2,4}(SC) - \pi_{2,4}\left(\sigma_{6='2'}(S \bowtie SC)\right)$$

4. 广义投影（generalized projection）

广义投影运算允许在投影列表中使用算术运算，实现了对投影运算的扩充。

若有关系 R，条件 $F_1, F_2, \cdots, F_n$ 中的每一个都是涉及 R 中常量和属性的算术表达式，那么广义投影运算的形式定义为：$\pi_{F_1, F_2, \cdots, F_n}(R)$。

【例 7.7】 信贷额度关系模式 credit-in(C_name, limit, Credit_balance)，属性分别表示用户姓名、信贷额度和到目前为止的花费。图 7-12（a）表示了一个具体的关系 credit-in。查询每个用户还能花费多少的关系代数表达式和查询结果。

分析： 关系代数表达式为 $\pi_{C\_name,limit-credit\_balance}(credit-in)$，查询结果如图 7-12（b）所示。

C_name	limit	Credit_balance
王伟峰	2500	1800
吴桢	3100	2000
黎建明	2380	2100
刘柯	5600	3600
徐国平	8100	5800
景莉红	6000	4500

C_name	limit-Credit_balance
王伟峰	700
吴桢	1100
黎建明	280
刘柯	2000
徐国平	2300
景莉红	1500

（a）credit-in　　　　　　（b）$\pi_{C\_name,limit-credit\_balance}(credit-in)$

图 7-12　信贷额度关系

5. 外连接（outer jion）

外连接运算是连接运算的扩展，可以处理缺失的信息。对于图 7-9 的 S 和 SC 关系，当进行 $S \bowtie SC$ 的自然连接时，其结果如图 7-13 所示。

Sno	Sname	Sex	SD	Age	Cno	Grade
3001	王平	女	计算机	18	1	93
3001	王平	女	计算机	18	2	84
3001	王平	女	计算机	18	3	84
3002	张勇	男	计算机	19	2	83
3002	张勇	男	计算机	19	3	93
1042	樊建玺	男	通信	20	1	84
1042	樊建玺	男	通信	20	2	82

图 7-13　$S \bowtie SC$

从图 7-13 可以看出 S 与 SC 的自然连接 $S \bowtie SC$ 的结果丢失了黎明、刘明远、赵国庆的信息。可是，使用外连接就可以避免这样的信息丢失。外连接运算有三种：左外连接、右外连接和全外连接。

1）左外连接（left outer jion）$⟕$

左外连接：取出左侧关系中所有与右侧关系中任一元组都不匹配的元组，用空值 null 填充所有来自右侧关系的属性，构成新的元组，将其加入自然连接的结果中。对于图 7-9 的 S 和 SC 关系，当我们对其进行左外连接 $S ⟕ SC$ 时，其结果如图 7-14 所示。

2）右外连接（right outer jion）$⟖$

右外连接：取出右侧关系中所有与左侧关系中任一元组都不匹配的元组，用空值 null 填充所有来自左侧关系的属性，构成新的元组，将其加入自然连接的结果中。对于图 7-9 的 SC 和 C 关系，当我们对其进行右外连接 $SC ⟖ C$ 时，其结果如图 7-15 所示。

Sno	Sname	Sex	SD	Age	Cno	Grade
3001	王平	女	计算机	18	1	93
3001	王平	女	计算机	18	2	84
3001	王平	女	计算机	18	3	84
3002	张勇	男	计算机	19	2	83
3002	张勇	男	计算机	19	3	93
4003	黎明	女	机械	18	Null	Null
4004	刘明远	男	机械	19	Null	Null
1041	赵国庆	男	通信	20	Null	Null
1042	樊建玺	男	通信	20	1	84
1042	樊建玺	男	通信	20	2	82

图 7-14 $S \rightthreetimes SC$

Sno	Cno	Grade	Cname	Pcno	Credit
3001	1	93	数据库	3	3
3001	2	84	数学		4
3001	3	84	操作系统	4	4
3002	2	83	数学		4
3002	3	93	操作系统	4	4
1042	1	84	数据库	3	3
1042	2	82	数学		4
Null	4	Null	数据结构	7	3
Null	5	Null	数字通信	6	3
Null	6	Null	信息系统	1	4
Null	7	Null	程序设计	2	2

图 7-15 $SC \leftthreetimes C$

3）全外连接（full outer jion）$\bowtie$

全外联接：完成左外连接和右外连接的操作。既填充左侧关系中所有与右侧关系中任一元组都不匹配的元组，又填充右侧关系中所有与左侧关系中任一元组都不匹配的元组，将产生的新元组加入自然连接的结果中。

【例 7.8】 设有关系 R、S 如图 7-16 所示，求：$R \rightthreetimes S$、$R \leftthreetimes S$、$R \bowtie S$。

A	B	C
a	b	c
b	a	d
c	d	e
d	f	g

B	C	D
b	c	d
d	e	g
f	e	g
d	e	c

（a）关系 R （b）关系 S

图 7-16   关系 R、S

分析：对于图 7-16 的 R、S 关系，当对其进行左外连接 $R ⟕ S$、右外连接 $R ⟖ S$ 以及全外联接 $R ⟗ S$ 时，其结果分别如图 7-17（a）、（b）和（c）所示。

A	B	C	D
a	b	c	d
c	d	e	g
c	d	e	c
b	a	d	null
d	f	g	null

（a）左外连接 $R⟕S$

A	B	C	D
a	b	c	d
c	d	e	g
c	d	e	c
null		f	d

（b）右外连接 $R⟖S$

A	B	C	D
a	b	c	d
c	d	e	g
c	d	e	c
b	a	d	null
d	f	g	null
null	f	d	g

（c）全外连接 $R⟗S$

图 7-17 外连接举例

6. 聚集函数

聚集运算是关系代数运算中的一个非常重要的扩展。聚集函数输入一个值的集合，返回单一值作为结果。例如，集合 $\{2,4,6,8,10,15\}$。将聚集函数 sum 用于该集合时返回和 45；将聚集函数 avg 用于该集合时返回平均值 7.5；将聚集函数 count 用于该集合时返回集合中元数的个数 6；将聚集函数 min 用于该集合时返回最小值 2；将聚集函数 max 用于该集合时返回最大值 15。

需要说明的是，使用聚集函数的集合中，一个值可以出现多次，值出现的顺序是无关紧要的，这样的集合称之为多重集。集合是多重集的一个特例，其中每个值都只出现一次。

但是，有时在计算聚集函数前必须去掉重复值，此时可以将"distinct"用连接符附加在函数名后，如 count-distinct。

【例 7.9】 学生选课关系 SC 如图 7-18 所示，请求出：选课关系中出现的课程数；每门课程所选的学生数；每门课程的平均成绩以及最高成绩。

分析：对于"选课关系中出现的课程数"应该每门课程只计算一次，而不管该门课程有多少学生选。其查询表达式为：

$$count - distinct_{Cno}(SC)$$

对于"每门课程所选的学生数"应该按课程号分组，组内统计学生数。其查询表达式为：

$$_{Cno}\mathbf{G}\, count_{Sno}(SC)$$

Sno	Cno	Grade
3001	1	93
3001	2	84
3001	3	84
3002	2	83
3002	3	93
2010	1	86
1042	1	84
1042	2	82

图 7-18 SC

聚集运算符 $\mathbf{G}$ 左侧的属性 Cno 表示输入关系 SC 必须按照 Cno 的值进行分组，结果如图 7-19（a）所示；然后统计各个组中的学生数，统计的结果如图 7-19（b）所示。

对于"每门课程的平均成绩以及最高成绩"应该按课程号分组，组内求平均值，并寻找最高成绩。其查询表达式为：

$$_{Cno}\mathbf{G}\, avg_{Grade}, \max_{Grade}(SC)$$

求"每门课程的平均成绩以及最高成绩"结果如图 7-19（c）所示。

Sno	Cno	Grade
3001	1	93
2010	1	86
1042	1	84
3001	2	84
3002	2	83
1042	2	82
3001	3	84
3002	3	93

（a）

Cno	Student-num
1	3
2	3
3	2

（b）

Cno	avg of Grade	max of Grade
1	87.7	93
2	83	84
3	88.5	93

（c）

图 7-19　聚集函数实例

7.3　元组演算

元组关系演算是非过程化查询语言。它只描述所需信息，而不给出获得该信息的具体过程。在元组关系演算中，其元组关系演算表达式中的变量是以元组为单位的，其一般形式为：$\{t|P(t)\}$。其中：t 是元组变量，$P(t)$ 是元组关系演算公式，公式是由原子公式组成的。

7.3.1　原子公式

原子命题函数是公式，简称为原子公式。它有下面三种形式：

（1）$R(t)$。R 是关系名，t 是元组变量，$R(t)$ 表示这样一个命题"t 是关系 R 的一个元组"。

（2）$t[i]\theta C$ 或 $C\theta t[i]$。$t[i]$ 表示元组变量 t 的第 i 个分量，C 是常量，θ 为算术比较运算符。$t[i]\theta C$ 或 $C\theta t[i]$ 表示这样一个命题"元组变量 t 的第 i 个分量与 C 之间满足 θ 运算"。

例如，$t[3]<'8'$ 表示 t 的第三个分量小于 8。$t[2]=$'数据库'表示 t 的第二个分量等于"数据库"。

（3）$t[i]\theta u[j]$。t、u 是两个元组变量，$t[i]\theta u[j]$ 表示这样一个命题"元组变量 t 的第 i 个分量与元组变量 u 的第 j 个分量之间满足 θ 运算"。

例如，$t[2]\geqslant u[4]$ 表示 t 的第二个分量大于等于 u 的第四个分量。

7.3.2　公式的定义

若一个公式中的一个元组变量前有全称量词 $\forall$ 或存在量词 $\exists$ 符号，则称该变量为约束变量，否则称之为自由变量。公式可递归定义如下：

（1）原子公式是公式。

（2）如果 φ_1 和 φ_2 是公式，那么，$\neg\varphi_1$，$\varphi_1\vee\varphi_2$，$\varphi_1\wedge\varphi_2$，$\varphi_1\Rightarrow\varphi_2$ 也都是公式。分别表示

如下命题：$\neg\varphi_1$ 表示"φ_1 不是真"；$\varphi_1\vee\varphi_2$ 表示"φ_1 或 φ_2 或 φ_1 和 φ_2 为真"；$\varphi_1\wedge\varphi_2$ 表示"φ_1 和 φ_2 都为真"；$\varphi_1\Rightarrow\varphi_2$ 表示"若 φ_1 为真则 φ_2 为真"。

（3）如果 φ_1 是公式，那么，$\exists t(\varphi_1)$ 是公式。$\exists t(\varphi_1)$ 表示这样一个命题"若有一个 t 使 φ_1 为真，则 $\exists t(\varphi_1)$ 为真，否则 $\exists t(\varphi_1)$ 为假"。

（4）如果 φ_1 是公式，那么，$\forall t(\varphi_1)$ 是公式。$\forall t(\varphi_1)$ 表示这样一个命题"若对所有的 t 使 φ_1 为真，则 $\forall t(\varphi_1)$ 为真，否则 $\forall t(\varphi_1)$ 为假"。

公式中运算符的优先顺序如下：

算术比较运算符 θ、$\exists$ 和 $\forall$、$\neg$、$\wedge$ 和 $\vee$、$\Rightarrow$。加括号时，括号中的运算符优先。

7.3.3　关系代数运算转换为元组演算表达式

关系代数表达式可以用元组演算表达式表示。由于任何一个关系代数表达式都可以用五种基本的关系运算组合表示，因此，我们只需给出五种基本的关系运算用元组演算表达式表示形式即可。

1. 并

并运算用元组演算表达式可表示为：$R\cup S=\{t\,|\,R(t)\vee S(t)\}$。

2. 差

差运算用元组演算表达式可表示为：$R-S=\{t\,|\,R(t)\wedge\neg S(t)\}$。

3. 笛卡儿积的元组演算表达式

假定关系 R 有 n 个属性，关系 S 有 m 个属性，则 $R\times S$ 后生成的新关系是 $n+m$ 目关系，即有 $n+m$ 个属性。其元组演算表达式为：

$$R\times S=\{t\,|\,(\exists u)(\exists v)(R(u)\wedge S(v)\wedge t[1]=u[1]\wedge\cdots\wedge t[n]=u[n]\wedge t[n+1]=v[1]\wedge\cdots\wedge t[n+m]=v[m])\}$$

4. 投影

投影运算用元组演算表达式表示如下：
$$\pi_{i_1,i_2,\cdots,i_k}(R)=\{t\,|\,(\exists u)(R(u)\wedge t[1]=u[i_1]\wedge t[2]=u[i_2]\wedge\cdots\wedge t[k]=u[i_k])\}$$

5. 选择

选择运算用元组演算表达式可表示为：$\sigma_F(R)=\{t\,|\,R(t)\wedge F\}$。

【例 7.10】　设有关系 R、S 如图 7-20 所示，对如下所示的元组演算表达式，求出它们的值。

A	B	C
1	2	3
4	5	6
7	8	9
10	11	12

A	B	C
3	7	11
4	5	6
5	9	13
6	10	14

R 　　　　　　　　 S

图 7-20　关系 R、S

（1）　$R1 = \{t \mid R(t) \wedge \neg S(t)\}$

（2）　$R2 = \{t \mid (\exists u)(R(t) \wedge S(u) \wedge t[3] < u[2])\}$

（3）　$R3 = \{t \mid (\forall u)(R(t) \wedge S(u) \wedge t[3] > u[1])\}$

（4）　$R4 = \{t \mid (\exists u)(\exists v)(R(u) \wedge S(v) \wedge u[2] > v[1] \wedge t[1] = u[1] \wedge t[2] = v[1] \wedge t[3] = v[3])\}$

分析：（1）$R1 = \{t \mid R(t) \wedge \neg S(t)\}$ 的含义为：新生成的关系 $R1$ 中的元组来自关系 R，但该元组又不在关系 S 中。查询结果如图 7-21（a）所示。

（2）$R2 = \{t \mid (\exists u)(R(t) \wedge S(u) \wedge t[3] < u[2])\}$ 的含义为：新生成的关系 $R2$ 中的元组来自关系 R，但该元组的第三个分量值必须小于关系 S 中某个元组的第二个分量值。查询结果如图 7-21（b）所示。

A	B	C
1	2	3
7	8	9
10	11	12

（a）$R1$

A	B	C
1	2	3
4	5	6
7	8	9

（b）$R2$

A	B	C
7	8	9
10	11	12

（c）$R3$

R.A	S.A	S.C
4	3	11
4	4	6
7	3	11
7	4	6
7	5	13
7	6	14
10	3	11
10	4	6
10	5	13
10	6	14

（d）$R4$

图 7-21　$R1$、$R2$、$R3$ 和 $R4$

（3）$R3 = \{t \mid (\forall u)(R(t) \wedge S(u) \wedge t[3] > u[1])\}$ 的含义为：新生成的关系 $R3$ 中的元组来自关系 R，但该元组的第三个分量值必须小于关系 S 中任意一个元组的第一个分量值。查询结果如图 7-21（c）所示。

（4）$R4 = \{t \mid (\exists u)(\exists v)(R(u) \wedge S(v) \wedge u[2] > v[1] \wedge t[1] = u[1] \wedge t[2] = v[1] \wedge t[3] = v[3])\}$ 的含义为新生成的关系 $R4$ 来自关系 R 和 S，其中：$u[2] > v[1]$ 含义为新生成的关系 $R4$ 中的元组需要满足 R

第二个分量>S 第一个分量；$t[1]=u[1]\wedge t[2]=v[1]\wedge t[3]=v[3]$ 的含义为结果集元组变量的三个分量 $t[1]$、$t[2]$、$t[3]$ 应满足 $t[1]=u[1]$、$t[2]=v[1]$ 和 $t[3]=v[3]$，分别表示第一个分量为关系 R 的第一个分量，第二个分量为关系 S 的第一个分量，第三个分量为关系 S 的第三个分量。查询结果如图 7-21（d）所示。

【例 7.11】 对于例 7.6 学生课程数据库中的三个关系：学生关系 S、课程关系 C、学生选课关系 SC 如图 7-9 所示。请用元组演算表达式完成例 7.6 中的查询问题。

分析：（1）检索选修课程名为"数学"的学生号和学生姓名的元组演算表达式为：

$$\{t\,|\,(\exists u)(\exists v)(\exists w)\big(S(u)\wedge SC(v)\wedge C(w)\wedge u[1]=v[1]\wedge v[2]=w[1]\wedge w[2]='数学'\wedge t[1]=u[1]\wedge t[2]=u[2]\big)\}$$

（2）检索至少选修了课程号为"1"和"3"的学生号的元组演算表达式为：

$$\{t\,|\,(\exists u)(\exists v)\big(SC(u)\wedge SC(v)\wedge u[1]=v[1]\wedge u[2]='1'\wedge v[2]='3'\wedge t[1]=u[1]\big)\}$$

（3）检索选修了"操作系统"或"数据库"课程的学号和姓名的元组演算表达式为：

$$\{t\,|\,(\exists u)(\exists v)(\exists w)\big(S(u)\wedge SC(v)\wedge C(w)\wedge u[1]=v[1]\wedge v[2]=w[1]\wedge (w[2]='操作系统'\vee w[2]='数据库')$$
$$\wedge t[1]=u[1]\wedge t[2]=u[2]\big)\}$$

（4）检索年龄在 18 到 20 之间（含 18 和 20）的女生的学号、姓名及年龄的元组演算表达式为：

$$\{t\,|\,(\exists u)\big(S(u)\wedge u[5]\geqslant '18'\wedge u[5]\leqslant '20'\wedge u[3]='女'\wedge t[1]=u[1]\wedge t[2]=u[2]\wedge t[3]=u[5]\big)\}$$

（5）检索选修了"数据库"课程的学生的学号、姓名及成绩的元组演算表达式为：

$$\{t\,|\,(\exists u)(\exists v)(\exists w)\big(S(u)\wedge SC(v)\wedge C(w)\wedge u[1]=v[1]\wedge v[2]=w[1]\wedge w[2]='数据库'$$
$$\wedge t[1]=u[1]\wedge t[2]=u[2]\wedge t[3]=v[3]\big)\}$$

（6）检索选修全部课程的学生姓名及所在系的元组演算表达式为：

$$\{t\,|\,(\exists u)(\forall v)(\exists w)\big(S(u)\wedge C(v)\wedge SC(w)\wedge u[1]=w[1]\wedge w[2]=v[1]\wedge t[1]=u[2]\wedge t[2]=u[4]\big)\}$$

（7）检索选修课程包括"1042"学生所学的课程的学生学号的元组演算表达式为：

$$\{t\,|\,(\exists u)\big(SC(u)\wedge(\forall v)\big(SC(v)\wedge(v[1]='1042'\Rightarrow(\exists w)\big(SC(w)\wedge w[1]=u[1]\wedge w[2]=v[2]\big))\big)\wedge t[1]=u[1]\big)\}$$

本问题解题思路是，在 SC 关系中依次检查"1042"所选修的课程，再看某一个学生是否也选修了该门课。如果对于"1042"所选修的每门课程该学生都选修了，则该学生为满足条件的学生，将所有的学生都找出来即完成了本题的要求。

（8）检索不选修"2"课程的学生姓名和所在系的元组演算表达式为：

$$\{t\,|\,(\exists u)(\forall v)\big(S(u)\wedge SC(v)\wedge(u[1]=v[1]\Rightarrow\wedge v[2]\neq '2')\wedge t[1]=u[1]\wedge t[2]=u[4]\big)\}$$

注意： 当查询涉及否定或全部值时，就要用到差操作或除法操作。

7.4 域演算

域关系演算简称域演算。在域演算中，表达式中的变量是表示域的变量，可将关系的属性名视为域变量。

域演算表达式的一般形式为：

$$\{t_1,\cdots,t_k \mid P(t_1,\cdots,t_k)\}$$

其中，$t_1,\cdots,t_k$ 是域变量，$P(t_1,\cdots,t_k)$ 是域演算公式。

7.4.1　原子公式

原子命题函数是公式，简称为原子公式。它有下面三种形式：

（1）$R(t_1,\cdots,t_i,\cdots,t_k)$。$R$ 是 k 元关系，t_i 是元组变量 t 的第 i 个分量，$R(t_1,\cdots,t_i,\cdots,t_k)$ 表示这样一个命题"以 $t_1,\cdots,t_i,\cdots,t_k$ 为分量的元组在关系 R 中"。

（2）$t_i\theta C$ 或 $C\theta t_i$。t_i 表示元组变量 t 的第 i 个分量，C 是常量，θ 为算术比较运算符。

（3）$t_i\theta u_j$。t_i 与 u_j 是两个域变量，t_i 是元组变量 t 的第 i 个分量，u_j 是元组变量 u 的第 j 个分量，它们之间应满足 θ 运算。

例如，$t_1\geqslant u_4$ 表示 t 的第一个分量值大于等于 u 的第四个分量值。

7.4.2　公式的定义

若一个公式中的一个元组变量前有全称量词 $\forall$ 或存在量词 $\exists$ 符号，则称该变量为约束变量，否则称之为自由变量。公式可递归定义如下：

（1）原子公式是公式。

（2）如果 φ_1 和 φ_2 是公式，那么，$\neg\varphi_1$，$\varphi_1\vee\varphi_2$，$\varphi_1\wedge\varphi_2$，$\varphi_1\Rightarrow\varphi_2$ 也都是公式。

（3）如果 φ_1 是公式，那么，$\exists t_i(\varphi_1)$ 是公式。$\exists t_i(\varphi_1)$ 表示这样一个命题"若有一个 t_i 使 φ_1 为真，则 $\exists t_i(\varphi_1)$ 为真，否则 $\exists t_i(\varphi_1)$ 为假"。

（4）如果 $\varphi_1(t_1,\cdots,t_i,\cdots,t_k)$ 是公式，那么，$\forall t_i(\varphi_1)$ 是公式。$\forall t_i(\varphi_1)$ 表示这样一个命题"若对所有的 t_i 使 $\varphi_1(t_1,\cdots,t_i,\cdots,t_k)$ 为真，则 $\forall t_i(\varphi_1)$ 为真，否则 $\forall t_i(\varphi_1)$ 为假"。

公式中运算符的优先顺序如下：

算术比较运算符 θ、$\exists$ 和 $\forall$、$\neg$、$\wedge$ 和 $\vee$、$\Rightarrow$。加括号时，括号中的运算符优先。

7.4.3　举例

【例 7.12】　例 7.6 图 7-9 学生数据库中有 S、SC、C 三个关系，请用域演算表达式完成如下查询：

（1）检索男生且年龄小于 20 岁的学号和姓名。

（2）检索选修了"数据库"课程的学号和姓名。

分析：（1）检索男生且年龄小于 20 岁的学号和姓名的域演算表达式为：

$$\{t_1t_2 \mid (\exists u_1)(\exists u_2)(\exists u_3)(\exists u_4)(\exists u_5)(S(u_1u_2u_3u_4u_5)\wedge u_3='男'\wedge u_5<'20'\wedge t_1=u_1\wedge t_2=u_2)\}$$

注意：为了书写方便 $(\exists u_1)(\exists u_2)(\exists u_3)(\exists u_4)(\exists u_5)$ 可用 $(\exists u_1u_2u_3u_4u_5)$ 的简化表示形式。另外，

上述表达式中由于 S 关系中的性别是一个常量"男"，因此也可以将表达式简化成：

$$\left\{t_1t_2 \mid (\exists u_4)(\exists u_5)\left(S\left(t_1t_2\,'男'u_4u_5\right)\wedge u_5 <' 20'\right)\right\}$$

（2）检索选修了"数据库"课程的学号和姓名的域演算表达式为：

$$\{t_1t_2 \mid (\exists u_1u_2u_3u_4u_5)(\exists v_1v_2v_3)(\exists w_1w_2w_3w_4)\left(S\left(u_1u_2u_3u_4u_5\right)\wedge SC\left(v_1v_2v_3\right)\wedge C\left(w_1w_2w_3w_4\right)\wedge$$
$$u_1 = v_1 \wedge v_2 = w_1 \wedge w_2 ='数据库'\wedge t_1 = u_1 \wedge t_2 = u_2\right)\}$$

上式可以简化为：

$$\left\{t_1t_2 \mid (\exists u_3u_4u_5)(\exists v_2v_3)(\exists w_1w_3w_4)\left(S\left(t_1t_2u_3u_4u_5\right)\wedge SC\left(t_1v_2v_3\right)\wedge C\left(w_1\,'数据库'w_3w_4\right)\wedge v_2 = w_1\right)\right\}$$

7.5　查询优化

7.5.1　基本概念

1. 查询处理

查询处理是指从数据库中提取数据的一系列活动。这一系列活动包括：将高级数据库语言表示的查询语句翻译成为能在文件系统这一物理层次上实现的表达式，为优化查询进行各种转换，以及查询的实际执行。

2. 查询处理的代价

查询处理的代价通常取决于磁盘的访问，磁盘的访问比内存访问速度要慢。对于一个给定的查询，可以有许多可能的处理策略，复杂查询更是如此。就所需的磁盘访问次数而言，策略好坏差别很大，有时甚至相差几个数量级。所以，系统多花一点时间选择一个较好的查询策略是很值得的。

3. 查询优化

查询优化是为了查询选择最有效的查询计划的过程。查询优化一方面是在关系代数级进行优化，要做的是力图找出与给定表达式等价，但执行效率更高的一个表达式。查询优化的另一方面涉及查询语句处理的详细策略的选择，例如选择执行运算所采用的具体算法以及将使用的特定索引等等。

一个查询往往会有许多实现办法，关键是如何找出一个与之等价的且操作时间又少的表达式。下面将专门讨论这个问题。

7.5.2　关系代数表达式中的查询优化

关系系统的查询优化是关系数据库管理系统实现的关键技术，又是关系系统的优点。因为，用户只要提出"干什么"，不必指出"怎么干"。在关系代数表达式中需要指出若干关系的操作步骤，问题是怎样做才能保证省时、省空间、效率高，这就是查询优化的问题。

需要注意的是，在关系代数运算中，笛卡儿积、连接运算最费时间和空间，究竟应采用什么样的策略，节省时间空间。这就是优化的准则。

1. 优化的准则

优化的准则有如下 6 条：

（1）提早执行选取运算。对于有选择运算的表达式，应优化成尽可能先执行选择运算的等价表达式，以得到较小的中间结果，减少运算量和从外存读块的次数。

（2）合并乘积与其后的选择运算为连接运算。在表达式中，当乘积运算后面是选择运算时，应该合并为连接运算，使选择与乘积一道完成，以避免做完乘积后，需再扫描一个大的乘积关系进行选择运算。

（3）将投影运算与其后的其他运算同时进行，以避免重复扫描关系。

（4）将投影运算和其前后的二目运算结合起来，使得没有必要为去掉某些字段再扫描一遍关系。

（5）在执行连接前对关系适当地预处理，就能快速地找到要连接的元组。方法有两种：索引连接法、排序合并连接法。

（6）存储公共子表达式。对于有公共子表达式的结果应存于外存（中间结果），这样，当从外存读出它的时间比计算的时间少时，就可节约操作时间。

2. 关系代数表达式的等价变换规则

优化的策略均涉及关系代数表达，所以讨论关系代数表达式的等价变换规则显得十分重要。常用的等价变换规则有如下 10 种。

1）连接、笛卡儿积交换率

设 E_1 和 E_2 是关系代数表达式，F 是连接运算的条件，则有：

$$E_1 \times E_2 \equiv E_2 \times E_1$$
$$E_1 \underset{F}{\bowtie} E_2 \equiv E_2 \underset{F}{\bowtie} E_1$$

2）连接、笛卡儿积结合率

设 E_1、E_2、E_3 是关系代数表达式，F_1、F_2 是连接运算的条件，则有：

$$(E_1 \times E_2) \times E_3 \equiv E_1 \times (E_2 \times E_3)$$
$$(E_1 \underset{F1}{\bowtie} E_2) \underset{F2}{\bowtie} E_3 \equiv E_1 \underset{F1}{\bowtie} (E_2 \underset{F2}{\bowtie} E_3)$$

3）投影的串接定律

设 E 是关系代数表达式，$A_1,\cdots,A_n$ 和 $B_1,\cdots,B_m$ 是属性名，且 $B_1,\cdots,B_m$ 是 $A_1,\cdots,A_n$ 的子集。则有：

$$\pi_{A_1,\cdots,A_n}(\pi_{B_1,\cdots,B_m}(E)) \equiv \pi_{A_1,\cdots,A_n}(E)$$

该规则的目的是使一些投影消失。

4）选择的串接定律

设 E 是关系代数表达式，F_1、F_2 是选取条件表达式，选择的串接定律说明选择条件可以合并，则有：

$$\sigma_{F_1}(\sigma_{F_2}(E)) \equiv \sigma_{F_1 \wedge F_2}(E)$$

5）选择与投影的交换律

设 E 是关系代数表达式，F 是选取条件表达式，并且只涉及 $A_1, \cdots, A_n$ 属性，则有：

$$\sigma_F(\pi_{A_1, \cdots, A_n}(E)) \equiv \pi_{A_1, \cdots, A_n}(\sigma_F(E))$$

若 F 中有不属于 $A_1, \cdots, A_n$ 属性，$B_1, \cdots, B_m$，那么有更一般的规则：

$$\sigma_F(\pi_{A_1, \cdots, A_n}(E)) \equiv \pi_{A_1, \cdots, A_n}\left(\sigma_F(\pi_{A_1, \cdots, A_n, B_1, \cdots, B_m}(E))\right)$$

该规则可将投影分裂为两个，使得其中的一个可能被移到树的叶端。

6）选择与笛卡儿积的交换律

若 F 涉及的都是 E_1 中的属性，则：

$$\sigma_F(E_1 \times E_2) \equiv \sigma_F(E_1) \times E_2$$

如果 $F = F_1 \wedge F_2$，并且，F_1 只涉及 E_1 中的属性，F_2 只涉及 E_2 中的属性，则有：

$$\sigma_F(E_1 \times E_2) \equiv \sigma_{F_1}(E_1) \times \sigma_{F_2}(E_2)$$

7）选择与并的交换律

设 $E = E_1 \cup E_2$，E_1、E_2 有相同的属性，则：

$$\sigma_F(E_1 \cup E_2) \equiv \sigma_F(E_1) \cup \sigma_F(E_2)$$

8）选择与差的交换律

设 E_1、E_2 有相同的属性，则：

$$\sigma_F(E_1 - E_2) \equiv \sigma_F(E_1) - \sigma_F(E_2)$$

9）投影与笛卡儿积的交换律

设 E_1、E_2 是两个关系表达式，$A_1, \cdots, A_n$ 是 E_1 中的属性，$B_1, \cdots, B_m$ 是 E_2 中的属性，则：

$$\pi_{A_1, \cdots, A_n, B_1, \cdots B_m}(E_1 \times E_2) \equiv \pi_{A_1, \cdots, A_n}(E_1) \times \pi_{B_1, \cdots B_m}(E_2)$$

10）投影与并的交换律

设 E_1、E_2 有相同的属性，则：

$$\pi_{A_1, \cdots, A_n}(E_1 \cup E_2) \equiv \pi_{A_1, \cdots, A_n}(E_1) \cup \pi_{A_1, \cdots, A_n}(E_2)$$

3. 查询优化的算法

利用上述的等价变换规则可以对关系代数表达式进行优化，使得优化后的关系代数表达式符合上述的 6 条基本优化的准则。

算法：关系代数表达式的优化。

输入：一个关系代数表达式的语法树。

输出：计算该表达式的程序。

方法：

（1）利用规则 4 将形如 $\sigma_{F_1 \wedge F_2 \wedge \cdots \wedge F_n}(E)$ 变换为：

$$\sigma_{F_1}(\sigma_{F_2}(...(\sigma_{F_n}(E))...))$$

（2）对每一个选择，利用规则 4～8 尽可能将它移到树的叶端。

（3）对每一个投影，利用规则 3、9、10，5 中的一般形式尽可能将它移到树的叶端。

（4）利用规则 3～5 将选择和投影的串接合并成单个选择、单个投影或一个选择后跟一个投影。使多个选择或投影能同时进行，或在一次扫描中全部完成。

（5）将上述得到的语法树的内节点分组。每一双目运算（×，∪，⋈，－）和它所有的直接祖先为一组（这些直接祖先是 σ，π 运算）。如果其后代直到叶子全部是单目运算，则将它并入该组。

（6）生成一个程序，每组节点的计算是程序中的一步。各步的顺序是任意的，只要保证任何一组的计算不会在它的后代组之前计算。

【例 7.13】　供应商数据库中有：供应商 S、零件 P、项目 J、供应 SPJ 四个基本表（关系），其关系模式如下所示。

```
S(Sno,Sname,Status,City)
P(Pno,Pname,Color,Weight)
J(Jno,Jname,City)
SPJ(Sno,Pno,Jno,Qty)
```

若用户要求查询使用"上海"供应商生产的"红色"零件的工程号，请解答如下问题：

（1）试写出该查询的关系代数表达式。

（2）试写出查询优化的关系代数表达式。

（3）画出该查询初始的关系代数表达式的语法树。

（4）使用优化算法，对语法树进行优化，并画出优化后的语法树。

分析：（1）使用"上海"供应商生产的"红色"零件的工程号的关系代数表达式如下：

$$\pi_{Jno}\left(\sigma_{Ctiy='上海' \wedge Color='红'}(S \bowtie SPJ \bowtie P)\right)$$

（2）对（1）优化后的关系代数表达式如下：

$$\pi_{Jno}\left(\pi_{Sno}\left(\sigma_{Ctiy='上海'}(S)\right) \bowtie \pi_{Sno,\ Pno,\ Jno}(SPJ) \bowtie \pi_{Pno}\left(\sigma_{Color='红'}(P)\right)\right)$$

（3）初始的关系代数表达式（1）的语法树如图 7-22 所示。

（4）对图 7-22 语法树进行优化，优化后的语法树如图 7-23 所示。

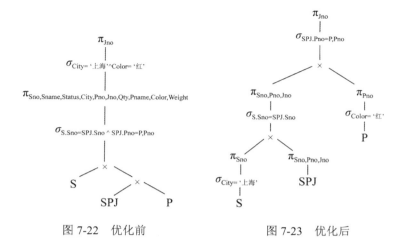

图 7-22　优化前　　　　　　　　图 7-23　优化后

7.6　关系数据库设计基础理论

在关系模型中，一个数据库模式是关系模式的集合。关系数据理论是指导数据库设计的基础，关系数据库设计是数据库语义学的问题。要保证构造的关系既能准确地反应现实世界，又有利于应用和具体的操作。关系数据库设计理论的核心是数据间的函数依赖，衡量的标准是关系规范化的程度及分解的无损连接和保持函数依赖性。关系数据库设计的目标是生成一组合适的、性能良好的关系模式，以减少系统中信息存储的冗余度，但又可方便地获取信息。

7.6.1　基础知识

数据依赖是通过一个关系中属性间值的相等与否体现出来的数据间的相互关系，是现实世界属性间联系和约束的抽象，是数据内在的性质，是语义的体现。函数依赖则是一种最重要、最基本的数据依赖。

1. 函数依赖

【定义 7.4】　设 R(U)是属性集 U 上的关系模式，X、Y 是 U 的子集。若对 R(U)的任何一个可能的关系 r，r 中不可能存在两个元组在 X 上的属性值相等，而在 Y 上的属性值不等，则称 X 函数决定 Y 或 Y 函数依赖于 X，记作：X→Y。

- 如果 X→Y，但 Y⊄X，则称 X→Y 是非平凡的函数依赖。一般情况下总是讨论非平凡的函数依赖。
- 如果 X→Y，但 Y⊆X，则称 X→Y 是平凡的函数依赖。

注意：函数依赖 X→Y 的定义要求关系模式 R 的任何可能的 r 都满足上述条件。因此不能仅考察关系模式 R 在某一时刻的关系 r，就断定某函数依赖成立。

例如，关系模式 Student(Sno,Sname,SD,Sage,Sex)可能在某一时刻，Student 的关系 r 中每个学生的年龄都不同，也就是说没有两个元组在 Sage 属性上取值相同，而在 Sno 属性上取值不同，但我们决不可据此就断定 Sage →Sno。很有可能在某一时刻，Student 的关系 r 中有两个元组在 Sage 属性上取值相同，而在 Sno 属性上取值不同。

函数依赖是语义范畴的概念，我们只能根据语义来确定函数依赖。例如，在没有同名的情况下，Sname→Sage，而在允许同名的情况下，这个函数依赖就不成立了。

【定义 7.5】 在 R(U)中，如果 X→Y，并且对于 X 的任何一个真子集 X′，都有 X′ 不能决定 Y，则称 Y 对 X 完全函数依赖，记作：$X \xrightarrow{f} Y$。如果 X→Y，但 Y 不完全函数依赖于 X，则称 Y 对 X 部分函数依赖，记作：$X \xrightarrow{P} Y$。部分函数依赖也称局部函数依赖。

例如，给定一个学生选课关系 SC(Sno,Cno,G)，我们可以得到 F={(Sno,Cno)→G}，对 (Sno,Cno)中的任何一个真子集 Sno 或 Cno 都不能决定 G，所以，G 完全依赖于 Sno，Cno。

【定义 7.6】 在 R(U,F)中，如果 X→Y，Y⊈X，Y↛X，Y→Z，则称 Z 对 X 传递依赖。

【例 7.14】 关系供应商 (Sno,Sname,Status,City,Pno,Qty)，及函数依赖集如下，判断该关系是否存在传递依赖和部分函数依赖。

$$F=\{ Sno \rightarrow Sname, Sno \rightarrow Status, Status \rightarrow City, (Sno,Pno) \rightarrow Qty\}$$

分析：存在函数依赖。因为根据题意 Sno→Status，Status→City，且 Status ⊈ Sno，Status↛Sno，故 Sno→City，即 City 对 Sno 传递依赖。

存在部分函数依赖。因为根据题意(Sno,Pno)→(Sname,Status,City)，但 Sno→(Sname,Status,City)，故关系供应商存在 Sname、Status 和 City 对(Sno,Pno)的部分函数依赖。

2. 码

【定义 7.7】 设 K 为 R(U,F)中的属性的组合，若 K→U，且对于 K 的任何一个真子集 K′，都有 K′ 不能决定 U，则 K 为 R 的**候选码**（Candidata key），若有多个候选码，则选一个作为**主码**（Primary key）。

注意：候选码通常也可以称为候选关键字，主码通常也可以称为主关键字或主键。包含在任何一个候选码中的属性叫作**主属性**（Prime attribute），否则叫作**非主属性**（Nonprime attribute）或**非码属性**（Non-key attribute）。最简单的情况，关系的单个属性是码；最极端的情况，若关系的所有属性为码，则称该码为**全码**（All-key）。

例如，关系模式 CSZ(CITY,ST,ZIP)，其属性组上的函数依赖集为：

$$F = \{(CITY,ST) \rightarrow ZIP, ZIP \rightarrow CITY\}$$

即城市、街道决定邮政编码，邮政编码决定城市。不难看出，(CITY,ST)和(ST,ZIP)都为候选码，因为它们可以决定关系模式 CSZ 的全属性，且属性 CITY、ST、ZIP 都是主属性。

【定义 7.8】 若 R(U)中的属性或属性组 X 非 R 的码，但 X 是另一个关系的码，则称 X 是 R 的**外码**（Foreign key）或称外键。

注意：主码与外码提供了关系间联系的方法。例如，在员工（员工号，姓名，部门号，职位，联系方式）中，部门号不是码，但部门号是关系部门（部门号，部门名，负责人）的码，则部门号是关系员工的外码。若查询某员工属于哪个部门的部门名，则可通过关系员工的外码"部门号"建立与关系部门的联系，找到该员工所属的部门名。

3. 多值依赖

【定义 7.9】　若关系模式 R(U)中，X、Y、Z 是 U 的子集，并且 Z=U–X–Y。当且仅当对 R(U)的任何一个关系 r，给定一对(x,z)值，有一组 Y 的值，这组值仅仅决定于 x 值而与 z 值无关，则称"**Y 多值依赖于 X**"或"**X 多值决定 Y**"成立。记为：$X \rightarrow \rightarrow Y$。

多值依赖具有如下 6 条性质：

- 多值依赖具有对称性。即若 $X \rightarrow \rightarrow Y$，则 $X \rightarrow \rightarrow Z$，其中 Z=U–X–Y。
- 多值依赖的传递性。即若 $X \rightarrow \rightarrow Y$，$Y \rightarrow \rightarrow Z$，则 $X \rightarrow \rightarrow Z$–Y。
- 函数依赖可以看成是多值依赖的特殊情况。
- 若 $X \rightarrow \rightarrow Y$，$X \rightarrow \rightarrow Z$，则 $X \rightarrow \rightarrow YZ$。
- 若 $X \rightarrow \rightarrow Y$，$X \rightarrow \rightarrow Z$，则 $X \rightarrow \rightarrow Y \cap Z$。
- 若 $X \rightarrow \rightarrow Y$，$X \rightarrow \rightarrow Z$，则 $X \rightarrow \rightarrow Z$–Y。

7.6.2　规范化

关系数据库设计的方法之一就是设计满足适当范式的模式，通常可以通过判断分解后的模式达到几范式来评价模式规范化的程度。范式有：1NF、2NF、3NF、BCNF、4NF 和 5NF，其中 1NF 级别最低。这几种范式之间 1NF $\supset$ 2NF $\supset$ 3NF $\supset$ BCNF $\supset$ 4NF $\supset$ 5NF 成立。

通过分解，可以将一个低一级范式的关系模式转换成若干个高一级范式的关系模式，这种过程叫作规范化。下面将给出各个范式的定义。

1. 1NF（第一范式）

【定义 7.10】　若关系模式 R 的每一个分量是不可再分的数据项，则关系模式 R 属于第一范式。记为 R∈1NF。

例如，供应者和它所提供的零件信息，关系模式 FIRST 和函数依赖集 F 如下：

FIRST(Sno,Sname,Status,City,Pno,Qty)

F={Sno→Sname,Sno→Status,Status→City,(Sno, Pno)→Qty}

对具体的关系 FIRST 如表 7-2 所示。从表 7-2 中可以看出，每一个分量都是不可再分的数据项，所以是 1NF 的。但是，1NF 存在 4 个问题：

（1）冗余度大。例如每个供应者的 Sno、Sname、Status、City 要与其供应的零件的种类一样多。

表 7-2　FIRST

Sno	Sname	Status	City	Pno	Qty
S1	精　益	20	天津	P1	200
S1	精　益	20	天津	P2	300
S1	精　益	20	天津	P3	480
S2	盛　锡	10	北京	P2	168
S2	盛　锡	10	北京	P3	500
S3	东方红	30	北京	P1	300
S3	东方红	30	北京	P2	280
S4	泰　达	40	上海	P2	460

（2）引起修改操作的不一致性。例如供应者 S1 从"天津"搬到"上海"，若不注意，会使一些数据被修改，另一些数据未被修改，导致数据修改的不一致性。

（3）插入异常。关系模式 FRIST 的主码为 Sno、Pno，按照关系模式实体完整性规定主码不能取空值或部分取空值。这样，当某个供应者的某些信息未提供时（如 Pno），则不能进行插入操作，这就是所谓的插入异常。

（4）删除异常。若供应商 S4 的 P2 零件销售完了，并且以后不再销售 P2 零件，那么应删除该元组。这样，在基本关系 FIRST 找不到 S4，可 S4 又是客观存在的。

正因为上述 4 个原因，所以要对模式进行分解，并引入了 2NF。

2. 2NF（第二范式）

【定义 7.11】 若关系模式 R∈1NF，且每一个非主属性完全依赖于码，则关系模式 R∈2NF。换句话说，当 1NF 消除了非主属性对码的部分函数依赖，则称为 2NF。

例如，FIRST 关系中的码是 Sno、Pno，而 Sno→Status，因此非主属性 Status 部分函数依赖于码，故非 2NF 的。

若此时，将 FIRST 关系分解为：

$FIRST_1(Sno,Sname,Status,City) \in 2NF$

$FIRST_2(Sno,Pno,Qty) \in 2NF$

因为分解后的关系模式 $FIRST_1$ 的码为 Sno，非主属性 Sname、Status、City 完全依赖于码 Sno，所以属于 2NF；关系模式 $FIRST_2$ 的码为 Sno、Pno，非主属性 Qty 完全依赖于码，所以也属于 2NF。

3. 3NF（第三范式）

【定义 7.12】 若关系模式 R(U,F)中不存在这样的码 X，属性组 Y 及非主属性 Z($Z \nsubseteq Y$)使得 X→Y，(Y↛X)Y→Z 成立，则关系模式 R∈3NF。

即当 2NF 消除了非主属性对码的传递函数依赖，则称为 3NF。

例如，$FIRST_1 \notin 3NF$，因为在分解后的关系模式 $FIRST_1$ 中有 Sno→Status,Status→City，存在着非主属性 City 传递依赖于码 Sno。若此时将 $FIRST_1$ 继续分解为：

$FIRST_{11}(Sno,Sname,Status) \in 3NF$

$FIRST_{12}(Status,City) \in 3NF$

通过上述分解，数据库模式 FIRST 转换为 $FIRST_{11}(Sno,Sname,Status)$、$FIRST_{12}(Status,City)$、$FIRST_2(Sno,Pno,Qty)$三个子模式。由于这三个子模式都达到了 3NF，因此称分解后的数据库模式达到了 3NF。

可以证明，3NF 的模式必是 2NF 的模式。产生冗余和异常的两个重要原因是部分依赖和传递依赖。因为 3NF 模式中不存在非主属性对码的部分函数依赖和传递函数依赖，所以具有较好的性能。对于非 3NF 的 1NF、2NF 其性能弱，一般不宜作为数据库模式，通常要将它们变换成为 3NF 或更高级别的范式，这种变换过程称为"关系模式的规范化处理"。

4. BCNF（Boyce Codd Normal Form，巴克斯范式）

【定义 7.13】 关系模式 R∈1NF，若 X→Y 且 Y⊈X 时，X 必含有码，则关系模式 R∈BCNF。

也就是说，当 3NF 消除了主属性对码的部分函数依赖和传递函数依赖，则称为 BCNF。

结论：一个满足 BCNF 的关系模式，应有如下性质。

（1）所有非主属性对每一个码都是完全函数依赖。

（2）所有非主属性对每一个不包含它的码，也是完全函数依赖。

（3）没有任何属性完全函数依赖于非码的任何一组属性。

例如，设 R(Pno,Pname,Mname)的属性分别表示零件号、零件名和厂商名，如果约定，每种零件号只有一个零件名，但不同的零件号可以有相同的零件名；每种零件可以有多个厂商生产，但每家厂商生产的零件应有不同的零件名。这样我们可以得到如下一组函数依赖：

Pno→Pname,(Pname,Mname)→Pno

由于该关系模式 R 中的候选码为（Pname,Mname）或（Pno,Mname），因而关系模式 R 的属性都是主属性，不存在非主属性对码的传递依赖，所以 R 是 3NF 的。但是，主属性 Pname 传递依赖于码（Pname,Mname），因此 R 不是 BCNF 的。当一种零件由多个生产厂家生产时，零件名与零件号间的联系将多次重复，带来冗余和操作异常现象。若将 R 分解成：

R1(Pno,Pname)和 R2(Pno,Mname)

就可以解决上述问题，并且分解后的关系模式 R1、R2 都属于 BCNF。

5. 4NF（第四范式）

【定义 7.14】　关系模式 R∈1NF，若对于 R 的每个非平凡多值依赖 X→→Y 且 Y⊄X 时，X 必含有码，则关系模式 R(U,F)∈4NF。

4NF 是限制关系模式的属性间不允许有非平凡且非函数依赖的多值依赖。

注意：如果只考虑函数依赖，关系模式最高的规范化程度是 BCNF；如果考虑多值依赖，关系模式最高的规范化程度是 4NF。

6. 连接依赖 5NF

连接依赖: 当关系模式无损分解为 n 个投影（n>2）会产生一些特殊的情况。下面考虑供应商数据库中 SPJ 关系的一个具体的值，如图 7-24 所示。

第一次 SP、PJ 投影连接" $SP \bowtie PJ$ "起来的结果比原始 SPJ 关系多了一个元组"S2, P1, J2"，即图 7-24 中带下画线的元组。第二次连接的结果去掉了多余的元组，从而恢复了原始的关系 SPJ。在这种情况下，原始的 SPJ 关系是可 3 分解的。注意，无论我们选择哪两个投影作为第一次连接，结果都是一样的，尽管在每种情况下中间结果不同。

SPJ 的可 3 分解性是基本与时间无关的特性，是关系模式的所有合法值满足的特性，也就是说，这是关系模式满足一个特定的与时间无关的完整性约束。将这种约束简称为 3D（3 分解）约束。上述情况就是连接依赖要研究的问题。

SPJ		
Sno	Pno	Jno
S1	P1	J2
S1	P2	J1
S2	P1	J1
S1	P1	J1

SP	
Sno	Pno
S1	P1
S1	P2
S2	P1

PJ	
Pno	Jno
P1	J2
P2	J1
P1	J1

SJ	
Sno	Jno
S1	J2
S1	J1
S2	J1

$SR \bowtie PJ$

Sno	Pno	Jno
S1	P1	J2
S1	P2	J1
S2	P1	J2
S2	P1	J1
S1	P1	J1

$SR \bowtie PJ \bowtie SJ$

原始的 SPJ

图 7-24　关系 SPJ 是三个二元投影的连接

连接依赖：如果给定一个关系模式 $R,R_1,R_2,R_3,\cdots,R_n$ 是 R 的分解，那么称 R 满足连接依赖 $JD^*\{R_1,R_2,R_3,\cdots,R_n\}$，当且仅当 R 的任何可能出现的合法值都与它在 R_1, R_2, R_3, $\cdots$, R_n 上的投影等价。

形式化地说，若 $R = R_1 \bigcup R_2 \bigcup \cdots \bigcup R_n$，且 $r = \prod_{R_1}(r) \bowtie \prod_{R_2}(r) \bowtie \cdots \bowtie \prod_{R_n}(r)$，则称 R 满足连接依赖 $JD^*\{R_1,R_2,R_3,\cdots,R_n\}$。如果某个 R_i 就是 R 本身，则连接依赖是平凡的。

为了进一步理解连接依赖的概念，我们考虑银行数据库中的子模式：贷款（L-no,Bname,C-name,amount）。其中：

- 贷款号为 L-no 的贷款是由机构名为 Bname 贷出的。
- 贷款号为 L-no 的贷款是贷给客户名为 C-name 的客户。
- 贷款号为 L-no 的贷款的金额是 amount。

我们可以看到这是一个非常直观的逻辑蕴涵连接依赖：

$$JD^*((L\text{-}no,Bname),(L\text{-}no,C\text{-}name),(L\text{-}no,amount))$$

这个例子说明了连接依赖很直观，符合数据库设计的原则。

【定义 7.15】　一个关系模式 R 是第五范式（也称投影-连接范式 PJNF），当且仅当 R 的每一个非平凡的连接依赖都被 R 的候选码所蕴涵，记作 5NF。

"被 R 的候选码所蕴涵"的含义可通过 SPJ 关系来理解。关系模式 SPJ 并不是 5NF 的，因为它满足一个特定连接依赖，即 3D 约束。这显然没有被其唯一的候选码（该候选码是所有属性的组合）所蕴涵。其区别是，关系模式 SPJ 并不是 5NF，因为它是可被 3 分解的，可 3 分解并没有为其（Sno,Pno,Jno）候选码所蕴涵。但是将 SPJ 3 分解后，由于 3 个投影 SP、PJ、JS 不包括任何（非平凡的）连接依赖，因此它们都是 5NF 的。

【例 7.15】　设有关系模式 R（课程，教师，学生，成绩，时间，教室），其中函数依赖集 F 如下：

$$F=\{课程\to\to教师，（学生，课程）\to成绩，（时间，教室）\to课程，$$
$$（时间，教师）\to教室，（时间，学生）\to教室\}$$

关系模式 R 的一个主键是＿＿(1)＿＿，R 规范化程度最高达到＿＿(2)＿＿。若将关系模式 R 分解为 3 个关系模式 R1（课程，教师）、R2（学生，课程，成绩）、R3（学生，时间，教室，课程），其中 R2 的规范化程度最高达到＿＿(3)＿＿。

（1）A．（学生，课程）　　　　　　B．（时间，教室）

　　　C．（时间，教师）　　　　　　D．（时间，学生）

（2）A．1NF　　　　　B．2NF　　　　　C．3NF　　　　　D．BCNF

（3）A．2NF　　　　　B．3NF　　　　　C．BCNF　　　　　D．4NF

分析：（1）的正确答案为 D。因为根据函数依赖集 F 可知，（时间，学生）可以决定关系 R 中的全部属性，故关系模式 R 的一个主键是（时间，学生）。

（2）的正确答案为 B。因为根据函数依赖集 F 可知，R 中的每个非主属性完全函数依赖于（时间，学生），所以 R 是 2NF。

（3）的正确答案为 C。因为 R2（学生，课程，成绩）的主键为（学生，课程），而 R2 的每个属性都不传递依赖于 R2 的任何键，所以 R2 是 BCNF。

7.6.3　Armstrong 公理系统

1. Armstrong 公理系统

Armstrong 公理系统（或称函数依赖的公理系统）：设关系模式 R(U,F)，其中 U 为属性集，F 是 U 上的一组函数依赖，那么有如下推理规则：

（1）A1 自反律：若 $Y\subseteq X\subseteq U$，则 $X\to Y$ 为 F 所蕴涵。

（2）A2 增广律：若 $X\to Y$ 为 F 所蕴涵，且 $Z\subseteq U$，则 $XZ\to YZ$ 为 F 所蕴涵。

（3）A3 传递律：若 $X\to Y$，$Y\to Z$ 为 F 所蕴涵，则 $X\to Z$ 为 F 所蕴涵。

根据上述三条推理规则又可推出下述三条推理规则：

（1）合并规则：若 $X\to Y$，$X\to Z$，则 $X\to YZ$ 为 F 所蕴涵。

（2）伪传递率：若 $X\to Y$，$WY\to Z$，则 $XW\to Z$ 为 F 所蕴涵。

（3）分解规则：若 $X\to Y$，$Z\subseteq Y$，则 $X\to Z$ 为 F 所蕴涵。

引理：$X\to A_1 A_2\cdots A_k$ 成立的充分必要的条件是 $X\to A_i$ 成立$(i=1,2,3,\cdots,k)$。证明略。

2. 函数依赖的闭包 F^+ 及属性的闭包 X_F^+

1）函数依赖的闭包 F^+

【定义 7.16】 关系模式 R(U,F)中为 F 所逻辑蕴含的函数依赖的全体称为 F 的**闭包**，记为：F^+。

2）属性的闭包 X_F^+

【定义 7.17】 设 F 为属性集 U 上的一组函数依赖，$X \subseteq U$，$X_F^+ = \{A|\ X \to A$ 能由 F 根据 Armstrong 公理导出\}，则称 X_F^+ 为属性集 X 关于函数依赖集 F 的闭包。

算法：求属性的闭包 X_F^+。

输入：X,F。

输出：X_F^+。

步骤：

① 令 $X^{(0)} = X$，I=0

② 求 B，$B = \{A | (\exists v)(\exists w)(V \to W \in F \wedge V \subseteq X^{(i)} \wedge A \in W)\}$

③ $X^{(i+1)} = B \cup X^{(i)}$

④ $X^{(i+1)} = X^{(i)}$？

⑤ 若相等，或 $X^{(i)} = U$，则 $X^{(i)}$ 为属性集 X 关于函数依赖集 F 的闭包。且算法终止。

⑥ 若不相等，则 $i=i+1$，返回②。

【例 7.16】 已知关系模式 R(U,F)，U={A, B, C, D, E}，F={A→B, D→C, BC→E, AC→B}，求 $(AE)_F^+$、$(AD)_F^+$。

分析：①求 $(AE)_F^+$，根据上述算法，设 $X^{(0)} = AE$。

- 计算 $X^{(1)}$。逐一扫描 F 中的各个函数依赖，找到左部为 A、E 或 AE 的函数依赖，找到一个 A→B。故有 $X^{(1)} = AE \cup B$。
- 计算 $X^{(2)}$。逐一扫描 F 中的各个函数依赖，找到左部为 ABE 或 ABE 子集的函数依赖，因为找不到这样的函数依赖，所以，$X^{(1)} = X^{(2)}$。算法终止，$(AE)_F^+ = ABE$。

②求 $(AD)_F^+$，由上述算法，设 $X^{(0)} = AD$。

- 计算 $X^{(1)}$：逐一扫描 F 中的各个函数依赖，找到左部为 A、D 或 AD 的函数依赖，找到两个：A→B，D→C 函数依赖。故有 $X^{(1)} = AD \cup BC$。
- 计算 $X^{(2)}$：逐一扫描 F 中的各个函数依赖，找到左部为 ADBC 或 ADBC 子集的函数依赖，得到两个：BC→E, AC→B 函数依赖，故有 $X^{(2)} = ABCD \cup E$。由于 $X^{(2)} = ABCDE = U$，算法终止。所以 $(AD)_F^+ = ABCDE$。

3. 候选码的求解方法

给定一个关系模式 R(U, F)，$U = \{A_1, A_2, \cdots, A_n\}$，F 是 R 的函数依赖集，那么，可以将属性分为如下四类：

- L：仅出现在函数依赖集 F 左部的属性。
- R：仅出现在函数依赖集 F 右部的属性。
- LR：在函数依赖集 F 左右部都出现的属性。
- NLR：在函数依赖集 F 左右部都未出现的属性。

根据候选码的特性，对于给定一个关系模式 R(U,F)，可以得出如下结论：

结论 1：若 X(X⊆U)是 L 类属性，则 X 必为 R 的任一候选码的成员。若 $X_F^+=U$，则 X 必为 R 的唯一候选码。

结论 2：若 X(X⊆U)是 R 类属性，则 X 不是 R 的任一候选码的成员。

结论 3：若 X(X⊆U)是 NLR 类属性，则 X 必为 R 的任一候选码的成员。

结论 4：若 X(X⊆U)是 L 类和 NLR 类属性组成的属性集，若 $X_F^+=U$，则 X 必为 R 的唯一候选码。

【例 7.17】 设关系模式 R(U,F)，其中，U=(A,B,C,D)，F={ A→C,C→B,AD→B }。求 R 的候选码。

分析：根据结论 1 可以求得 R 的候选码为 AD，而且 AD 是 R 唯一的候选码。分析如下：

（1）检查函数依赖集 F 发现，A、D 只出现在函数依赖的左部，所以为 L 类属性，而 F 包含了全属性，即不存在 NLR 类的属性。

（2）根据求属性闭包的算法，F 中 A→C、AD→B 可以求得 $(AD)_F^+=ABCD=U$，而在 AD 中不存在一个真子集能决定全属性，故 AD 为 R 的候选码。

【例 7.18】 设关系模式 R(U,F)，其中，U=(H,I,J,K,L,M)，F={ H→I,K→I,LM→K,I→K,KH→M }。求 R 的候选码。

分析：根据结论 1～结论 4 可以求得 R 的候选码为 HLJ，而且 HLJ 是 R 唯一的候选码。现分析如下：

（1）检查函数依赖集 F 发现，H、L 只出现在函数依赖的左部，所以为 L 类属性。由于 J 在 F 中的左右部均未出现，所以 J 为 NLR 类的属性。

（2）根据求属性闭包的算法，F 中 H→I、I→K、KH→M 可以求得 $(HLJ)_F^+=HIJKLM=U$，而在 HLJ 中不存在一个真子集能决定全属性，故 HLJ 为 R 的候选码。

4. 最小函数依赖集

【定义 7.18】 如果函数依赖集 F 满足下列条件，则称 F 为一个最小函数依赖集，或称极小函数依赖集或最小覆盖。

（1）F 中的任一函数依赖的右部仅有一个属性，即无多余的属性。

（2）F 中不存在这样的函数依赖 X→A，使得 F 与 F-{X→A}等价，即无多余的函数依赖。

（3）F 中不存在这样的函数依赖 X→A，X 有真子集 Z 使得 F 与 F-{X→A}∪{Z→A}等价，即去掉各函数依赖左边的多余属性。

7.6.4 模式分解及分解后的特性

1. 分解

【定义 7.19】 关系模式 R(U,F) 的一个分解 ρ 是指 $\rho=\{R_1(U_1,F_1),R_2(U_2,F_2),\cdots,R_n(U_n,F_n)\}$，其中：$U=\bigcup_{i=1}^{n}U_i$，并且没有 $U_i\subseteq U_j$，$1\leq i,j\leq n$，F_i 是 F 在 U_i 上的投影，$F_i=\{X\to Y|X\to Y\in F^+\wedge XY\subseteq U_i\}$。

对一个给定的模式进行分解，使得分解后的模式是否与原来的模式等价有三种情况：

（1）分解具有无损连接性。

（2）分解要保持函数依赖。

（3）分解既要无损连接性，又要保持函数依赖。

2. 无损连接

【定义 7.20】 $\rho = \{R_1(U_1, F_1), R_2(U_2, F_2), \cdots, R_k(U_k, F_k)\}$ 是关系模式 $R(U, F)$ 的一个分解，若对 $R(U, F)$ 的任何一个关系 r 均有 $r = m_\rho(r)$ 成立，则称分解 ρ 具有无损连接性，简称无损分解。其中，$m_p(r) = \bowtie_{i=1}^{k} \pi_{R_i}(r)$ 。

【定理 7.1】 关系模式 $R(U, F)$ 的一个分解 $\rho = \{R_1(U_1, F_1), R_2(U_2, F_2)\}$，具有无损连接的充分必要的条件是：$U_1 \cap U_2 \rightarrow U_1 - U_2 \in F^+$ 或 $U_1 \cap U_2 \rightarrow U_2 - U_1 \in F^+$。证明略。

【例 7.19】 对给定的关系模式 $R(U, F)$，$U = \{A, B, C\}$，$F = \{A \rightarrow B\}$，有两个分解：$\rho_1 = \{AB, BC\}$ 和 $\rho_2 = \{AB, AC\}$。请判断这两个分解是否无损。

分析： 可根据无损连接定理 7.1 判断本题。

ρ_1 是否无损连接分析：

$\because AB \cap BC = B$，$AB - BC = A$，$BC - AB = C$

$\therefore B \rightarrow A \notin F^+$，$B \rightarrow C \notin F^+$，故 ρ_1 为有损连接。

ρ_2 是否无损连接分析：

$\because AB \cap AC = A$，$AB - AC = B$，$AC - AB = C$

$\therefore A \rightarrow B \in F^+$，故 ρ_2 为无损连接。

注意： $A \rightarrow C \notin F^+$，但定理 7.1 充分必要条件只要满足一个即可，故 ρ_2 为无损连接。

3. 保持函数依赖

【定义 7.21】 设关系模式 $R(U, F)$ 的一个分解 $\rho = \{R_1(U_1, F_1), R_2(U_2, F_2), \cdots, R_k(U_k, F_k)\}$，如果 $F^+ = \left(\bigcup_{i=1}^{k} F_i \right)^+$，则称分解 ρ 保持函数依赖。

4. 判别一个分解的无损连接性算法

【算法 7.1】 判别一个分解是否无损连接算法。

关系模式 $R(U, F)$ 的一个分解 $\rho = \{R_1(U_1, F_1), R_2(U_2, F_2), \cdots, R_k(U_k, F_k)\}$，$U = \{A_1, A_2, \cdots, A_n\}$，$F = \{FD_1, FD_2, \cdots, FD_p\}$，并设 F 是一个最小依赖集，记 FD_i 为 $X_i \rightarrow A_{ij}$。判断 ρ 是否无损连接的步骤如下：

步骤 1：建立一张 n 列 k 行的表，每一列对应一个属性，每一行对应分解中的一个关系模式。若属性 $A_j \in U_i$，则在 j 列 i 行上填上 a_j，否则填上 b_{ij}；

步骤 2：对于每一个 FD_i 做如下操作：找到 X_i 所对应的列中具有相同符号的那些行。考察这些行中 l_i 列的元素，若其中有 a_{ij}，则全部改为 a_{ij}，否则全部改为 b_{mli}，m 是这些行的行号最小值。该步骤执行时注意如下几点：

- 如果在某次更改后，有一行成为“$a_1,a_2,\cdots,a_n$”则算法终止，且分解 ρ 具有无损连接性，否则不具有无损连接性。
- 对 F 中 p 个 FD 逐一进行一次这样的处理，称为对 F 的一次扫描。

步骤 3：比较扫描前后的表有无变化，若有变化，则返回步骤 2；否则算法终止。

如果发生循环，那么前次扫描至少应使该表减少一个符号，表中符号有限，因此，循环必然终止。

【例 7.20】　关系模式 R(U,F)，其中 U={A,B,C,D,E}，F={AC→E,E→D,A→B, B→D}，请判断如下两个分解是否无损连接的。

（1）ρ_1={ R_1 (AC),R_2 (ED),R_3 (AB)}

（2）ρ_2={ R_1 (ABC),R_2 (ED),R_3 (ACE)}

分析：（1）判断 ρ_1 是否无损的。根据算法 7.1 构造一个二维矩阵如下表所示。

属性　　子模式	A	B	C	D	E
R_1(AC)	a_1	b_{12}	a_3	b_{14}	b_{15}
R_2(ED)	b_{21}	b_{22}	b_{23}	a_4	a_5
R_3(AB)	a_1	a_2	b_{33}	b_{34}	b_{35}

根据 F 中的 AC→E，上表中 AC 属性列上没有两行相同的，故不能修改上表。又由于 E→D 在 E 属性列上没有两行相同的，故不能修改上表。根据 A→B 对上表进行处理，由于属性列 A 上第一行、第三行相同为 a_1，所以将属性列 B 上 b_{12} 改为同一符号 a_2。修改后的表如下：

属性　　子模式	A	B	C	D	E
R_1(AC)	a_1	a_2	a_3	b_{14}	b_{15}
R_2(ED)	b_{21}	b_{22}	b_{23}	a_4	a_5
R_3(AB)	a_1	a_2	b_{33}	b_{34}	b_{35}

根据 F 中的 B→D 对上表进行处理，由于属性列 B 上第一行、第三行相同为 a_2，所以将属性列 D 上 b_{14}、b_{34} 改为同一符号 b_{14}，取行号最小值（因为在属性列 D 上的第一行、第三行没有 a_4）。修改后的表如下：

属性　　子模式	A	B	C	D	E
R_1(AC)	a_1	a_2	a_3	b_{14}	b_{15}
R_2(ED)	b_{21}	b_{22}	b_{23}	a_4	a_5
R_3(AB)	a_1	a_2	b_{33}	b_{14}	b_{35}

反复检查函数依赖集 F，无法修改上表。由于找不到一行全为 a，故分解 ρ_1 是有损的。

（2）判断 ρ_2 是否无损的。根据算法 7.1 构造一个二维矩阵如下表所示。

属性 子模式	A	B	C	D	E
$R_1(ABC)$	a_1	a_2	a_3	b_{14}	b_{15}
$R_2(ED)$	b_{21}	b_{22}	b_{23}	a_4	a_5
$R_3(ACE)$	a_1	b_{32}	a_3	b_{34}	a_5

因为 F={AC→E, E→D, A→B, B→D }，根据 F 中的 AC→E 在 AC 属性列上第一行、第三行相同为 a_1a_3，所以将属性列 E 上 b_{15} 改为同一符号 a_5。修改后的表如下：

属性 子模式	A	B	C	D	E
$R_1(ABC)$	a_1	a_2	a_3	b_{14}	a_5
$R_2(ED)$	b_{21}	b_{22}	b_{23}	a_4	a_5
$R_3(ACE)$	a_1	b_{32}	a_3	b_{34}	a_5

E→D 在 E 属性列上第一行、第二行、第三行相同为 a_5，所以将属性列 D 上 b_{14}、b_{34} 改为同一符号 a_4。修改后的表如下：

属性 子模式	A	B	C	D	E
$R_1(ABC)$	a_1	a_2	a_3	a_4	a_5
$R_2(ED)$	b_{21}	b_{22}	b_{23}	a_4	a_5
$R_3(ACE)$	a_1	b_{32}	a_3	a_4	a_5

从修改后的表可以看出第一行全为 a，故分解 ρ_2 是无损连接的。

5. 将关系模式转换成 3NF 且保持函数依赖的算法

【算法 7.2】 转换成 3NF 且保持函数依赖的分解算法。

步骤 1：对 R(U,F) 的函数依赖集 F 进行极小化处理（处理后的结果仍记为 F）。

步骤 2：找出不在 F 中出现的属性，将这样的属性构成一个关系模式。把这些属性从 U 中去掉，剩余的属性仍记为 U。

步骤 3：若有 X→A∈F，且 XA=U，则 ρ={ R }，算法终止。

步骤 4：否则，对 F 按具有相同左部的原则分组（假定分为 k 组），每一组函数依赖 F_i 所涉及的全部属性形成一个属性集 U_i。若 $U_i \subseteq U_j$（$i \neq j$）就去掉 U_i。由于经过了步骤 2，故合并属性集 U_i： $U = \bigcup_{i=1}^{k} U_i$。于是 $\rho = \{R_1(U_1, F_1), R_2(U_2, F_2), \cdots, R_k(U_k, F_k)\}$ 构成 R(U,F) 的一个保持函数依赖的分解。并且，每个 $R_i(U_i, F_i)$ 均属于 3NF 且保持函数依赖。

【例7.21】 关系模式R(U,F)，其中U={C,T,H,I,S,G}，F={CS→G,C→T,TH→I,HI→C,HS→I}，将其

分解成 3NF 并保持函数依赖。

分析：根据算法 7.2 求解如下：

（1）由于 F 中不存在冗余的函数依赖，故已为 F 最小函数依赖集，所以转（2）。

（2）由于 R 中的所有属性均在 F 中出现，所以转（3）。

（3）对 F 按具有相同左部的原则分组为 R_1=CSG，R_2=CT，R_3=THI，R_4=HIC，R_5=HSI。所以关系模式 R 分解成 3NF 并保持函数依赖的分解为：

$$\rho = \{R_1(CSG), R_2(CT), R_3(THI), R_4(HIC), R_5(HSI)\}$$

6. 将关系模式转换成 3NF 且无损连接又保持函数依赖的算法

【算法 7.3】 将一个关系模式转换成 3NF，使它既具有无损连接又保持函数依赖的分解。

输入：关系模式 R 和 R 的最小函数依赖集 F。

输出：$R(U,F)$ 的一个分解 $\rho = \{R_1(U_1,F_1), R_2(U_2,F_2), \cdots, R_k(U_k,F_k)\}$，$R_i$ 为 3NF，且 ρ 具有无损连接又保持函数依赖的分解。

操作步骤如下：

（1）根据算法 7.2 求出保持依赖的分解 $\rho = \{R_1(U_1,F_1), R_2(U_2,F_2), \cdots, R_k(U_k,F_k)\}$；

（2）判断分解 ρ 是否具有无损连接性，若有，转（4）；

（3）令 $\rho=\rho\cup\{X\}$，其中 X 是 R 的码；

（4）输出 ρ。

【例 7.22】 对例 7.21 的关系模式 $R(U,F)$ 将其分解成 3NF，使 ρ 具有无损连接又保持函数依赖的分解。

分析：根据算法 7.3 求解如下：

（1）根据例 7.21 得 3NF 保持函数依赖的分解如下：

$$\rho = \{R_1(CSG), R_2(CT), R_3(THI), R_4(HIC), R_5(HSI)\}$$

（2）根据算法 1 构造一个二维矩阵如下表所示。

属性＼子模式	C	T	H	I	S	G
R_1(CSG)	a_1	b_{12}	b_{13}	b_{14}	a_5	a_6
R_2(CT)	a_1	a_2	b_{23}	b_{24}	b_{25}	b_{26}
R_3(THI)	b_{31}	a_2	a_3	a_4	b_{35}	b_{36}
R_4(HIC)	a_1	b_{42}	a_3	a_4	b_{45}	b_{46}
R_5(HSI)	b_{51}	b_{52}	a_3	a_4	a_5	b_{56}

根据 F 中的 C→T，对上表进行处理，由于属性列 C 上第一行、第二行及第四行相同为 a_1，所以将属性列 T 上 b_{12}、b_{42} 改为同一符号 a_2。又根据 HI→C 将属性列 C 上 b_{31}、b_{51} 改为同一符号 a_1，修改后的表如下：

属性 子模式	C	T	H	I	S	G
R$_1$(CSG)	a_1	a_2	b_{13}	b_{14}	a_5	a_6
R$_2$(CT)	a_1	a_2	b_{23}	b_{24}	b_{25}	b_{26}
R$_3$(THI)	a_1	a_2	a_3	a_4	b_{35}	b_{36}
R$_4$(HIC)	a_1	a_2	a_3	a_4	b_{45}	b_{46}
R$_5$(HSI)	a_1	b_{52}	a_3	a_4	a_5	b_{56}

根据 F 中的 CS→G，对上表进行处理，由于属性列 CS 上第一行、第五行相同为 a_1、a_5，所以将属性列 G 上 b_{56} 改为同一符号 a_6。又根据 C→T 将属性列 T 上 b_{52} 改为同一符号 a_2，修改后的表如下：

属性 子模式	C	T	H	I	S	G
R$_1$(CSG)	a_1	a_2	b_{13}	b_{14}	a_5	a_6
R$_2$(CT)	a_1	a_2	b_{23}	b_{24}	b_{25}	b_{26}
R$_3$(THI)	a_1	a_2	a_3	a_4	b_{35}	b_{36}
R$_4$(HIC)	a_1	a_2	a_3	a_4	b_{45}	b_{46}
R$_5$(HSI)	a_1	a_2	a_3	a_4	a_5	a_6

从上可见，找到一行（第 5 行）为全 a，所以分解 ρ 是无损连接并保持函数依赖的。

7. 将关系模式转换成 BCNF 且无损连接的算法

【算法 7.4】 将关系模式转换成 BCNF，使它具有无损连接的分解。

输入：关系模式 R 和函数依赖集 F。

输出：R(U, F) 的一个分解 $\rho = \{R_1(U_1, F_1), R_2(U_2, F_2), \cdots, R_k(U_k, F_k)\}$，$R_i$ 为 BCNF，且 ρ 具有无损连接的分解。

操作步骤如下：

（1）令 $\rho = \{R\}$；

（2）若 ρ 中的所有模式都是 BCNF，则转（4）；

（3）若 ρ 中 R_i 不属于 BCNF，则 R_i 中必能找到一个函数依赖 $X \to A \in F_i^+ (A \notin X)$，且 X 不是 R_i 的候选码，将 R_i 分解为 $\tau = \{R_{i1}(XA), R_{i2}(R_i - A)\}$，并用分解 τ 代替 R_i，转（2）。

（4）输出 ρ。

【例 7.23】 关系模式 R(U, F)，其中 U = {C, T, H, I, S, G}，F={ CS→G,C→T,TH→I,HI→C,HS→I }，将其无损连接地分解成 BCNF。

分析：检查 F 发现，H、S 只出现在函数依赖的左部，所以为 L 类属性。又因为在 F 中无 NLR 属性，所以 R 上只有一个候选码 HS。

（1）令 $\rho = \{ R(U, F) \}$。

（2）ρ 中不是所有的模式都是 BCNF，转（3）。

（3）考虑 CS→G，这个函数依赖不满足 BCNF 条件（CS 不包含候选码 HS），所以将其分解成 $R_1(CSG)$、$R_2(CTHIS)$。计算 R_1 和 R_2 的最小函数依赖集分别为：

$F_1=\{CS→G\},F_2=\{C→T,TH→I,HI→C,HS→I\}$

R_2 的候选码为 HS。

∵ $R_1\in BCNF$

∴无须分解 R_1

∵ R_2 的 F_2 中存在不为码的决定因素 HI→C

∴ $R_2\notin BCNF$，应当进一步分解 R_2

分解 R_2：考虑 C→T，将其分解成 $R_{21}(CT)$、$R_{22}(CHIS)$。计算 R_{21} 和 R_{22} 的最小函数依赖集分别为：$F_{21}=\{C→T\}$，$F_{22}=\{CH→I,\ HI→C,\ HS→I\}$。

∵ C→T，TH→I，在 F_{22} 中，有 CH→I。R_{22} 的候选关键字为 HS。

∵ $R_{21}\in BCNF$

∴无须分解 R_{21}

∵ $R_{22}\notin BCNF$

∴需要进一步分解 R_{22}

分解 R_{22}：考虑 CH→I，将其分解成 $R_{221}(CHI)$、$R_{222}(CHS)$。计算 R_{221} 和 R_{222} 的最小函数依赖集分别为：$F_{221}=\{CH→I,\ HI→C\}$，$F_{222}=\{HS→C\}$。

∵ $R_{221}\in BCNF$，$R_{222}\in BCNF$

∴将 R 分解后为：$\rho=\{R_1(CSG),R_{21}(CT),R_{221}(CHI),R_{222}(CHS)\}$

第 8 章 SQL 语言

SQL（Structured Query Language）是 1974 年由 Boyce 和 Chamberlin 提出的，是在关系数据库中最普遍使用的语言，是一种通用的、功能强大的关系数据库的标准语言。SQL 包括数据查询（query）、数据操纵（manipulation）、数据定义（definition）和数据控制（control）功能。一个 SQL 数据库是表的汇集，它用一个或多个 SQL 模式定义。基本表是实际存储在数据库中的表，而视图是由若干个基本表或其他视图导出的表。视图与基本表不同，是一个虚表。作为 SQL 的用户可以是应用程序，也可以是终端用户。

8.1 数据库语言

8.1.1 数据库语言概述

任何一个数据库系统都应向用户提供一种数据库语言，包括数据定义语言和数据操纵语言。SQL 语言是集数据定义和数据操纵为一体的典型数据库语言。数据库语言与数据模型密切相关，基于不同的数据模型，数据库语言也不同。目前的关系数据库系统产品都提供 SQL 语言作为标准数据库语言。

数据定义语言（Data Definition Language，DDL）用来定义数据库模式。DDL 包括数据库模式定义、数据库存储结构和存取方法定义，数据库模式的修改和删除功能。数据定义子语言的处理程序分为数据库模式定义处理程序，数据库存储结构和存取方法定义处理程序。数据库模式定义处理程序接收用 DDL 表示的数据模式定义，把其转变为内部表示形式，存储到数据字典中。数据库存储结构和存取方法定义处理程序接收数据库系统存储结构和存取方法定义，在存储设备上创建相关的数据库文件，建立物理数据库。

数据操纵语言（Data Manipulation Language，DML）用来表示用户对数据库的操作请求。一般地，数据操纵语言 DML 能表示如下的数据库操作：

- 查询数据库中的信息。
- 向数据库插入新的信息。
- 从数据库删除信息。
- 修改数据库中的信息。

DML 分为过程性和非过程性两种。过程性语言要求用户既要说明需要数据库中的什么数据，也要说明怎样搜索这些数据。非过程性语言只要求用户说明需要数据库中的什么数据，不需要说明怎样搜索这些数据。与过程性语言相比，非过程性语言易学、易懂，但其缺点是非过程性语言产生的处理程序代码要比过程性语言产生的代码运行效率低。这个问题可以通过查询优化来解决。数据操纵语言的核心是数据的查询，所以，有时人们也常把数据操纵语言称为数据查询语言，严格地说这种说法是不确切的。

8.1.2　数据库语言的分类

SQL 可以作为独立语言在终端以交互的方式使用，也可作为程序设计的子语言使用，即嵌入到高级语言中使用，这种方式下使用的 SQL 称为嵌入式 SQL，嵌入 SQL 的高级语言称为宿主语言。

在 DBMS 中，对宿主型数据库语言 SQL 采用两种方法处理：第一种方法是采用预编译；第二种方法是修改和扩充主语言，使之能处理 SQL 语句。

目前采用最多的是预编译的方法。该方法由 DBMS 的预处理程序对源程序进行扫描，识别出 SQL 语句，把它们转换为主语言调用语句，以使主语言编译程序能识别它，最后由主语言的编译程序将整个源程序编译成目标码。综上所述，若要采用第一种方法必须区分主语言中嵌入的 SQL 语句，及主语言和 SQL 间的通信问题，后续章节将分别加以介绍。

8.2　SQL 概述

SQL 早已确立起自己作为关系数据库标准语言的地位，已被众多商用 DBMS 产品如 DB2、ORACLE、INGRES、SYSBASE、SQL Server 和 VFP 等所采用，使得它已成为关系数据库领域中一个主流语言。SQL 主要有三个标准：ANSI（美国国家标准机构）SQL；对 ANSI SQL 进行修改后在 1992 年采用的标准 SQL-92 或 SQL2；SQL-99 标准，也称为 SQL3 标准，SQL-99 从 SQL-92 扩充而来，并增加了对象关系特征和许多其他新的功能；最近的版本是 SQL：2003。

8.2.1　SQL 语句的特征

1. SQL 的特点

SQL 的特点如下：

（1）综合统一。非关系模型的数据语言分为模式定义语言和数据操纵语言，其缺点是当要修改模式时，必须停止现有数据库的运行，转储数据，修改模式编译后再重装数据库。SQL 集数据定义、数据操纵和数据控制功能于一体，语言风格统一，可独立完成数据库生命周期的所有活动。

（2）高度非过程化。非关系数据模型的数据操纵语言是面向过程的，若要完成某项请求时，必须指定存储路径；而 SQL 语言是高度非过程化语言，当进行数据操作时，只要指出"做什么"，无须指出"怎么做"，存储路径对用户来说是透明的，提高了数据的独立性。

（3）面向集合的操作方式。非关系数据模型采用的是面向记录的操作方式，操作对象是一条记录。而 SQL 语言采用面向集合的操作方式，其操作对象、查找结果可以是元组的集合。

（4）两种使用方式。第一种方式，用户可以在终端键盘上输入 SQL 命令，对数据库进行操作，故称为自含式语言；第二种方式，将 SQL 语言嵌入到高级语言程序中，所以又称为嵌入式语言。

（5）语言简洁、易学易用。SQL 语言功能极强，完成核心功能只用了 9 个动词，包括如下 4 类：

- 数据查询：SELECT，该动词是 SQL 中用得最多的动词。
- 数据定义：CREATE、DROP、ALTER，用于创建新表、修改表和删除表。
- 数据操纵：INSERT、UPDATE、DELETE，用于数据的插入、修改和删除。
- 数据控制：GRANT、REVORK，用于数据库对象访问的权限授予和收回。

2. SQL 支持三级模式结构

SQL 语言支持关系数据库的三级模式结构，其中，视图对应外模式、基本表对应模式、存储文件对应内模式。具体结构如图 8-1 所示。

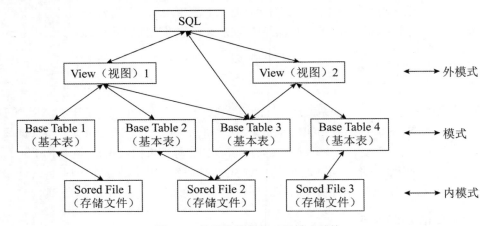

图 8-1 关系数据库的三级模式结构

8.2.2 SQL 的基本组成

SQL 由以下几个部分组成：

（1）数据定义语言。SQL DDL 提供定义关系模式和视图、删除关系和视图、修改关系模式的命令。

（2）交互式数据操纵语言。SQL DML 提供查询、插入、删除和修改的命令。

（3）事务控制（transaction control）。SQL 提供定义事务开始和结束的命令。

（4）嵌入式 SQL 和动态 SQL（Embeded SQL and Dynamic SQL）。用于嵌入到某种通用的高级语言（C、C++、Java、PL/I、COBOL 和 VB 等）中混合编程。其中，SQL 负责操纵数据库，高级语言负责控制程序流程。

（5）完整性（integrity）。SQL DDL 包括定义数据库中的数据必须满足的完整性约束条件的命令，对于破坏完整性约束条件的更新将被禁止。

（6）权限管理（authorization）。SQL DDL 中包括说明对关系和视图的访问权限。

8.3　数据库定义

8.3.1　基本域类型

SQL 支持的内部域类型如表 8-1 所示。

表 8-1　SQL 数据类型

类　　型	说　　明
char(n)	固定长度字符串，表示 n 个字符的固定长度字符串
varchar(n)	可变长度字符串，表示最多可以有 n 个字符的字符串
int	整型，也可以用 integer
smallint	短整型
numeric(p,d)	定点数 p 为整数位，d 为小数位
real	浮点型
double precision	双精度浮点型
float(n)	n 为浮点型
boolean	布尔型
date	日期型
time	时间型

8.3.2　创建表 (CREATE TABLE)

语句格式：CREATE TABLE <表名>(<列名><数据类型>[列级完整性约束条件]

　　　　　　　　[, <列名><数据类型>[列级完整性约束条件]]…

　　　　　　　　[, <表级完整性约束条件>]);

列级完整性约束条件有 NULL（空）和 UNIQUE（取值唯一），如 NOT NULL UNIQUE 表示取值唯一，不能取空值。

【例 8.1】　建立一个供应商、零件数据库。其中关系供应商 S(Sno, Sname, Status, City)属性名分别表示供应商代码、供应商名、供应商状态和供应商所在城市；关系零件 P(Pno, Pname, Color, Weight, City)属性名分别表示零件号、零件名、颜色、重量及产地。该数据库要满足如下要求：

（1）供应商代码不能为空，且值是唯一的，供应商的名也是唯一的。

（2）零件号不能为空，且值是唯一的；零件名不能为空。

（3）一个供应商可以供应多个零件，而一个零件可以由多个供应商供应。

分析：根据题意，供应商和零件分别要建立一个关系模式。供应商和零件之间是一个多对多的联系，在关系数据库中，多对多联系必须生成一个关系模式，而该模式的码是该联系两端实体的码加上联系的属性构成的，若该联系名为 SP，那么关系模式为 SP(Sno, Pno, Qty)，其中，

Qty 表示零件的数量。可见用 SQL 建立一个供应商、零件数据库如下：

```
CREATE TABLE S(Sno CHAR(5) NOT NULL UNIQUE,
              Sname CHAR(30) UNIQUE,
              Status CHAR(8),
              City CHAR(20)
              PRIMARY KEY(Sno));
CREATE TABLE P(Pno CHAR(6),
              Pname CHAR(30) NOT NULL,
              Color CHAR(8) ,
              Weight NUMERIC(6,2),
              City CHAR(20)
              PRIMARY KEY(Pno));
CREATE TABLE SP(Sno CHAR(5),
              Pno CHAR(6),
              Status CHAR(8) ,
              Qty NUMERIC(9),
              PRIMARY KEY(Sno,Pno),
              FOREIGN KEY(Sno) REFERENCES S(Sno),
              FOREIGN KEY(Pno) REFERENCES P(Pno));
```

从上述定义可以看出，Sno CHAR(5) NOT NULL UNIQUE 语句定义了 Sno 的列级完整性约束条件，取值唯一，不能取空值。但需要说明如下：

（1）PRIMARY KEY(Sno) 已经定义了 Sno 为主码，所以 Sno CHAR(5) NOT NULL UNIQUE 语句中的 NOT NULL UNIQUE 可以省略。

（2）FOREIGN KEY(Sno) REFERENCES S(Sno)定义了在 SP 关系中 Sno 为外码，其取值必须来自 S 关系的 Sno 域。同理，在 SP 关系中 Pno 也定义为外码。

8.3.3　修改表和删除表

1. 修改表（ALTER TABLE）

语句格式：ALTER TABLE <表名>[ADD<新列名><数据类型>[完整性约束条件]]
　　　　　　　　　　[DROP<完整性约束名>]
　　　　　　　　　　[MODIFY <列名><数据类型>];

例如，向"供应商"表 S 增加 Zap "邮政编码"可用如下语句：

```
ALTER TABLE S ADD Zap CHAR(6);
```

注意，不论基本表中原来是否已有数据，新增加的列一律为空。

又如，将 Status 字段改为整型可用如下信息：

```
ALTER TABLE S MODIFY Status INT;
```

2. 删除表（DROP TABLE）

语句格式：DROP TABLE <表名>

例如，执行 DROP TABLE Student，此后关系 Student 不再是数据库模式的一部分，关系中的元组也无法访问。

8.3.4　创建和删除索引

1. 索引的作用

数据库中的索引与书籍中的索引类似，在一本书中，利用索引可以快速查找所需信息，无须阅读整本书。在数据库中，索引使数据库程序无须对整个表进行扫描，就可以在其中找到所需数据。书中的索引是一个词语列表，其中注明了包含各个词的页码。而数据库中的索引是某个表中一列或者若干列值的集合和相应的指向表中物理标识这些值的数据页的逻辑指针清单。索引的作用如下：

（1）通过创建唯一索引，可以保证数据记录的唯一性。

（2）可以大大加快数据检索速度。

（3）可以加速表与表之间的连接，这一点在实现数据的参照完整性方面有特别的意义。

（4）在使用 ORDER BY 和 GROUP BY 子句中进行检索数据时，可以显著减少查询中分组和排序的时间。

（5）使用索引可以在检索数据的过程中使用优化隐藏器，提高系统性能。

索引分为聚集索引和非聚集索引。聚集索引是指索引表中索引项的顺序与表中记录的物理顺序一致的索引。

2. 建立索引

语句格式：CREATE [UNIQUE][CLUSTER]INDEX <索引名>

　　　　　　　　ON <表名>(<列名>[<次序>][,<列名>[<次序>]]…);

参数说明如下：

● 次序：可选 ASC（升序）或 DESC（降序），默认值为 ASC。

● UNIQUE：表明此索引的每一个索引值只对应唯一的数据记录。

● CLUSTER：表明要建立的索引是聚簇索引，意为索引项的顺序是与表中记录的物理顺序一致的索引组织。

【例 8.2】　假设供应销售数据库中有供应商 S、零件 P、工程项目 J、供销情况 SPJ 关系，希望建立 4 个索引。其中，供应商 S 中 Sno 按升序建立索引；零件 P 中 Pno 按升序建立索引；工程项目 J 中 Jno 按升序建立索引；供销情况 SPJ 中 Sno 按升序，Pno 按降序，Jno 按升序建立索引。

分析：根据题意建立的索引如下。

```
CREATE UNIQUE INDEX S-SNO ON S(Sno);
CREATE UNIQUE INDEX P-PNO ON P(Pno);
CREATE UNIQUE INDEX J-JNO ON J(Jno);
CREATE UNIQUE INDEX SPJ-NO ON SPJ(Sno ASC,Pno DESC,JNO ASC);
```

3. 删除索引

语句格式：DROP INDEX <索引名>

例如，执行 DROP INDEX StudentIndex，此后索引 StudentIndex 不再是数据库模式的一部分。

8.3.5　视图创建和删除

1. 视图的作用

视图是从一个或者多个基本表或视图中导出的表，其结构和数据是建立在对表的查询基础上的。和真实的表一样，视图也包括几个被定义的数据列和多个数据行，但从本质上讲，这些数据列和数据行来源于其所引用的表。因此，视图不是真实存在的基本表，而是一个虚拟表，视图所对应的数据并不实际地以视图结构存储在数据库中，而是存储在视图所引用的表中。使用视图的优点和作用如下：

（1）可以使视图集中数据、简化和定制不同用户对数据库的不同数据要求。

（2）使用视图可以屏蔽数据的复杂性，用户不必了解数据库的结构，就可以方便地使用和管理数据，简化数据权限管理和重新组织数据以便输出到其他应用程序中。

（3）视图可以使用户只关心他感兴趣的某些特定数据和所负责的特定任务，而那些不需要的或者无用的数据则不在视图中显示。

（4）视图大大地简化了用户对数据的操作。

（5）视图可以让不同的用户以不同的方式看到不同或者相同的数据集。

（6）在某些情况下，由于表中数据量太大，因此在表的设计时常将表进行水平或者垂直分割，但表的结构的变化对应用程序产生不良的影响。

（7）视图提供了一个简单而有效的安全机制。

2. 视图的创建

语句格式：CREATE VIEW 视图名 (列表名)
　　　　　　　　AS SELECT 查询子句
　　　　　　　　[WITH CHECK OPTION];

注意：视图的创建中，必须遵循如下规定。

（1）子查询可以是任意复杂的 SELECT 语句,但通常不允许含有 order by 子句和 DISTINCT 短语。

（2）WITH CHECK OPTION 表示对 UPDATE,INSTER,DELETE 操作时保证更新、插入或删除的行满足视图定义中的谓词条件（即子查询中的条件表达式）。

（3）组成视图的属性列名或者全部省略或者全部指定。如果省略属性列名，则隐含该视图由 SELECT 子查询目标列的主属性组成。

【**例 8.3**】若学生关系模式为 Student(Sno,Sname,Sage,Sex,SD,Email,Tel)，建立"计算机系"（CS 表示计算机系）学生的视图，并要求进行修改、插入操作时保证该视图只有计算机系的学生。

```
CREATE VIEW CS-STUDENT
    AS SELECT Sno,Sname,Sage,Sex
    FROM Student
    WHERE SD='CS'
    WITH CHECK OPTION;
```

由于 CS-STUDENT 视图使用了 WITH CHECK OPTION 子句，因此，对该视图进行修改、插入操作时 DBMS 会自动加上 SD='CS'的条件，保证该视图只有计算机系的学生。

3．**视图的删除**

语句格式：DROP VIEW 视图名
例如，DROP VIEW CS-STUDENT 将删除视图 CS-STUDENT。

8.4　数据操作

SQL 的数据操纵功能包括 SELECT（查询）、INSERT（插入）、DELETE（删除）和 UPDATE（修改）四条语句。SQL 语言对数据库的操作十分灵活方便，原因在于 SELECT 语句中成分丰富多样的元组，有许多可选形式，尤其是目标列和条件表达式。

后续内容主要以"教学管理数据库"为例进行介绍，为了便于理解，在未加说明的情况下，后续章节例题所使用的关系模式如下：

```
S (Sno,Sname,SD,Sage,Sex,Addr);关系模式学生S,属性为学号、姓名、系、年龄、性别和家庭地址
T (Tno,Tname,Tage,Sex)       ;关系模式教师T,属性为教师号、姓名、年龄和性别
C (Cno,Cname,Pcno)           ;关系模式课程C,属性为课程号、课程名和先修课程号
SC (Sno,Cno,Grade)           ;关系模式学生选课SC,属性为学号、课程号和成绩
```

8.4.1　Select 基本结构

数据库查询是数据库的核心操作，SQL 语言提供了 SELECT 语句进行数据库的查询。

语句格式：SELECT [ALL|DISTINCT]<目标列表达式>[,<目标列表达式>]…

　　　　　　　　FROM <表名或视图名>[,<表名或视图名>]

　　　　　　　　[WHERE <条件表达式>]

　　　　　　　　[GROUP BY <列名 1>[HAVING<条件表达式>]]

　　　　　　　　[ORDER BY <列名 2>[ASC|DESC]…]

SQL 查询中的子句顺序为 SELECT、FROM、WHERE、GROUP BY、HAVING 和 ORDER BY。其中，SELECT、FROM 是必须的，HAVING 条件子句只能与 GROUP BY 搭配起来使用。

（1）SELECT 子句对应的是关系代数中的投影运算，用来列出查询结果中的属性。其输出可以是列名、表达式、集函数（AVG、COUNT、MAX、MIN、SUM），DISTINCT 选项可以保证查询的结果集中不存在重复元组。

（2）FROM 子句对应的是关系代数中的笛卡儿积，它列出的是表达式求值过程中需扫描的关系，即在 FROM 子句中出现多个基本表或视图时，系统首先执行笛卡儿积操作。

（3）WHERE 子句对应的是关系代数中的选择谓词。WHERE 子句的条件表达式中可以使用的运算符如表 8-2 所示。

表 8-2　WHERE 子句的条件表达式中可以使用的运算符

运　算　符		含　义	运　算　符		含　义
集合成员运算符	IN NOT IN	在集合中 不在集合中	算术运算符	$>$ $\geqslant$ $<$ $\leqslant$ $=$ $\neq$	大于 大于等于 小于 小于等于 等于 不等于
字符串匹配运算符	LIKE	与 _%进行单个、多个字符匹配			
空值比较运算符	IS NULL IS NOT NULL	为空 不能为空	逻辑运算符	AND OR NOT	与 或 非

一个典型的 SQL 查询具有如下形式：

```
select A₁, A₂,…, Aₙ
    from r₁, r₂,…, rₘ
    where p
```

对应关系代数表达式为 $\pi_{A_1,A_2,\cdots,A_n}\left(\sigma_p\left(r_1 \times r_2 \times \cdots \times r_m\right)\right)$。

8.4.2　简单查询

SQL 最简单的查询是找出关系中满足特定条件的元组，这些查询与关系代数中的选择操作类似。简单查询只需要使用三个保留字 SELECT、FROM 和 WHERE。

【例 8.4】 查询 2018 年计算机系 "CS" 学生的学号、姓名及出生年份。

```
SELECT  Sno,Sname, 2018-Sage
   FROM  S
   WHERE  SD='CS';
```

注意，通常为了便于理解查询语句的结构，在写 SQL 语句时要将保留字如 FROM 或 WHERE 作为每一行的开头。但是，如果一个查询或子查询非常短，可以直接将它们写在一行上，这种风格使得查询语句很紧凑，也具有很好的可读性。如上例也可写成如下形式：

```
SELECT  Sno, Sname, 2018-Sage  FROM S WHERE  SD='CS';
```

8.4.3　连接查询

若查询涉及两个以上的表，则称为连接查询。

【例 8.5】 检索选修了课程号为 "C1" 的学生号和学生姓名，用连接查询的实现方法如下：

```
SELECT  Sno, Sname
   FROM  S, SC
   WHERE  S.Sno=SC.Sno AND SC.Cno='C1'
```

【例 8.6】 检索选修课程名为 "MS" 的学生号和学生姓名，可用连接查询和嵌套查询实现，实现方法如下：

```
SELECT  Sno,Sname
   FROM  S,SC,C
   WHERE  S.Sno=SC.Sno AND SC.Cno=C.Cno ANDC.Cname='MS'
```

【例 8.7】 检索至少选修了课程号为 "C1" 和 "C3" 的学生号，实现方法如下：

```
SELECT  Sno
   FROM  SC SCX,  SC SCY
   WHERE  SCX.Sno=SCY.Sno AND SCX.Cno='C1'  AND SCY.Cno='C3'
```

8.4.4　子查询与聚集函数

1. 子查询

子查询也称嵌套查询。嵌套查询是指一个 SELECT-FROM-WHERE 查询块可以嵌入另一个查询块之中。在 SQL 中允许多重嵌套。

【例 8.8】 例 8.6 可以采用嵌套查询来实现。

```
SELECT  Sno,Sname
  FROM  S
  WHERE  Sno IN (SELECT  Sno
                   FROM SC
                   WHERE  Cno IN (SELECT  Cno
                                    FROM C
                                    WHERE  Cname='MS'))
```

2. 聚集函数

聚集函数是一个值的集合为输入，返回单个值的函数。SQL 提供了 5 个预定义集函数：平均值 avg、最小值 min、最大值 max、求和 sum 以及计数 count。如表 8-3 所示。

表 8-3　集函数的功能

集 函 数 名	功　　能
COUNT([DISTINCT|ALL]*)	统计元组个数
COUNT([DISTINCT|ALL]<列名>)	统计一列中值的个数
SUM([DISTINCT|ALL]<列名>)	计算一列（该列应为数值型）中值的总和
AVG([DISTINCT|ALL]<列名>)	计算一列（该列应为数值型）值的平均值
MAX([DISTINCT|ALL]<列名>)	求一列值的最大值
MIN([DISTINCT|ALL]<列名>)	求一列值的最小值

使用 ANY 和 ALL 谓词必须同时使用比较运算符，其含义及等价的转换关系如表 8-4 所示。用集函数实现子查询通常比直接用 ALL 或 ANY 查询效率要高。

表 8-4　ANY、ALL 谓词含义及等价的转换关系

谓　词	语　义	等价转换关系
>ANY	大于子查询结果中的某个值	>MIN
>ALL	大于子查询结果中的所有值	>MAX
<ANY	小于子查询结果中的某个值	<MAX
<ALL	小于子查询结果中的所有值	<MIN
>=ANY	大于等于子查询结果中的某个值	>=MIN
>=ALL	大于等于子查询结果中的所有值	>=MAX
<=ANY	小于等于子查询结果中的某个值	<=MAX
<=ALL	小于等于子查询结果中的所有值	<=MIN
<>ANY	不等于子查询结果中的某个值	--
<>ALL	不等于子查询结果中的任何一个值	NOT IN
=ANY	等于子查询结果中的某个值	IN
=ALL	等于子查询结果中的所有值	--

【**例 8.9**】　查询课程 C1 的最高分和最低分以及高低分之间的差距。

```
SELECT MAX(Grade),MIN(Grade),MAX(Grade)-MIN(Grade)
   FROM SC
   WHERE Cno='C1'
```

【**例 8.10**】　查询其他系比计算机系 CS 所有学生年龄都要小的学生姓名及年龄。
方法 1：（用 ALL 谓词）

```
SELECT  Sname, Sage
  FROM  S
  WHERE  Sage< ALL (SELECT  Sage
                         FROM S
                         WHERE  SD='CS')
             AND SD<>'CS'
```

方法 2：（用 MIN 集函数）从等价的转换关系表 8-4 中可见，<ALL 可用<MIN 代换。

```
SELECT  Sname, Sage
  FROM  S
  WHERE  Sage< (SELECT  MIN (Sage)
                 FROM S
                 WHERE  SD='CS'  )
             AND SD<>'CS'
```

说明： 方法 2 实际上是找出计算机系年龄最小的学生的年龄，只要其他系的学生年龄比这个年龄小，那么就应在结果集中。

8.4.5　分组查询

1. GROUP BY 子句

在 WHERE 子句后面加上 GROUP BY 子句可以对元组进行分组，保留字 GROUP BY 后面跟着一个分组属性列表。最简单的情况是 FROM 子句后面只有一个关系，根据分组属性对它的元组进行分组。SELECT 子句中使用的聚集操作符仅用在每个分组上。

【**例 8.11**】　学生数据库中的 SC 关系，查询每个学生的平均成绩。

```
SELECT  Sno,AVG(Grade)  FROM  SC   GROUP BY Sno
```

该语句是将 SC 关系的元组重新组织，并进行分组使得不同学号的元组分别被组织在一起，最后求出各个学生的平均值输出。

2. HAVING 子句

假如元组在分组前按照某种方式加上限制，使得不需要的分组为空，可以在 GROUP BY 子句后面跟一个 HAVING 子句即可。

注意：当元组含有空值时，应该记住以下两点。

（1）空值在任何聚集操作中被忽视。它对求和、求平均值和计数都没有影响。它也不能是某列的最大值或最小值。例如，COUNT（*）是某个关系中所有元组数目之和，但 COUNT（A）却是 A 属性非空的元组个数之和。

（2）NULL 值又可以在分组属性中看作是一个一般的值。例如，SELECT A ,AVG(B) FORM R 中，当 A 的属性值为空时，就会统计 A=NULL 的所有元组中 B 的均值。

【例 8.12】 供应商数据库中的 S、P、J、SPJ 关系，查询某工程至少用了三家供应商（包含三家）供应的零件的平均数量，并按工程号的降序排列。

```
SELECT  Jno, AVG(Qty)
  FROM  SPJ
  GROUP BY Jno
  HAVING COUNT(DISTINCT(Sno))> 2
  ORDER BY Jno DESC;
```

根据题意"某工程至少用了三家供应商（包含三家）供应的零件"，应该按照工程号分组，而且应该加上条件供应商的数目。但是需要注意的是，一个工程项目可能用了同一个供应商的不同零件，因此，在统计供应商数的时候需要加上 DISTINCT，以避免重复统计导致错误的结果。例如，按工程号 Jno='J1'分组，其结果如表 8-5 所示。如果不加 DISTINCT，统计的结果数为 7；而加了 DISTINCT，统计的结果数为 5。

表 8-5　按工程号 Jno='J1'分组

Sno	Pno	Jno	Qty
S1	P1	J1	200
S2	P1	J1	400
S2	P3	J1	200
S2	P5	J1	100
S3	P1	J1	200
S4	P6	J1	300
S5	P3	J1	200

8.4.6　更名操作

SQL 提供可为关系和属性重新命名的机制，这是通过使用具有如下形式的 as 子句来实现的。格式为：Old-name as new-name。

【例 8.13】 查询平均成绩至少比学号为"1004"平均成绩高的 Sno 和 avg(Grade)。要求学号 Sno 用"学号"表示，avg(Grade)用"平均成绩"表示。其语句如下：

```
SELECT  Sno as 学号, avg(Grade) as 平均成绩
   FROM  SC as x
   Group by sno
   Having avg(Grade) > (SELECT avg(Grade)
                              FROM  SC as y
                              WHERE  y.sno= '1004')
```

注意：as 子句可以出现在 SELECT 子句中，也可出现在 FROM 子句中。

8.4.7　字符串操作

谓词 Like 可以用来进行字符串匹配，其语法格式如下：

[NOT] LIKE　'<匹配串>' [ESCAPE'<换码字符>']

可以使用通配符%和_，其中："%"匹配任意字符串；"_"匹配任意一个字符。例如："__"匹配只含两个字符的字符串；"__%"匹配至少包含两个字符的字符串。

【例 8.14】 学生关系模式为（Sno,Sname,Sex,SD,Sage, Addr），其中，Sno 为学号，Sname 为姓名，Sex 为性别，SD 为所在系，Sage 为年龄，Addr 为家庭地址。请查询：

（1）家庭地址包含"科技路"的学生姓名。

（2）名字为"晓军"的学生姓名、年龄和所在系。

分析：（1）家庭住址包含"科技路"的学生姓名的 SQL 语句如下：

```
SELECT Sname FROM S WHERE Addr like '%科技路%'
```

（2）名字为"晓军"的学生姓名、年龄和所在系的 SQL 语句如下：

```
SELECT Sname,Sage,SD FROM S WHERE Sname LIKE '_ _晓军'
```

为了使模式中包含特殊模式字符（即%和_），在 SQL 中允许使用 escape 关键词来定义转义符。转义字符紧靠着特殊字符，并放在它的前面，表示该特殊字符被当成普通字符。例如，在 like 比较中使用 escape 关键词来定义转义符，例如使用反斜杠"\"作为转义符。

```
Like 'ab\%cd%'escape '\',匹配所有以 ab%cd 开头的字符串。
Like 'ab\\cd%'escape '\',匹配所有以 ab\cd 开头的字符串。
```

8.4.8　集合操作

在关系代数中可以用集合的并、交和差来组合关系。SQL 也提供了对应的操作，但是查询的结果必须具有相同的属性和类型列表。保留字 UNION、INTERSECT 和 EXCEPT 分别对应

∪、∩和−。保留字用于两个查询时，应该将每个查询分别用括号括起来。为了便于理解，下面通过举例说明。

1. UNION 运算

假设某银行关系模式 Branch（分行）、Customer（客户）、Loan（贷款）、Borrower（贷款联系）、Account（账户）和 Depositor（存款联系）如下：

```
Branch(branch-name,branch-city,assets)
Customer(customer-no,customer-name,customer-city)
Loan(loan-no,branch-name,amount)
Borrower(customer-no,loan-no)
Account(account-no, branch-name,balance)
Depositor(customer-no,account-no)
```

上述关系模式中，Customer-no 表示客户的身份证号，带下画线的是主键属性。

【例 8.15】 假设查询所有客户的集合的语句①为：SELECT Customer-no FROM depositor；查询有贷款客户的集合的语句②为：SELECT Customer-no FROM borrower。查询在银行有账户、有贷款或两者都有的所有客户身份证号。

分析：本题可以通过对语句①和②取并集，结果如下。

```
(SELECT Customer-no FROM depositor)
     UNION
(SELECT Customer-no FROM borrower)
```

与 SELECT 子句不同的是 UNION 运算自动去除重复，即某客户在银行中有几个账户或贷款（或两者均有），那么在结果集中也只出现一次。如果需要保留重复，必须用 UNION ALL，示例如下：

```
(SELECT Customer-no FROM depositor)
     UNION ALL
(SELECT Customer-no FROM borrower)
```

查询结果出现重复元组数等于在查询语句①和②中出现的重复元组的和，如某客户 Customer-no 为"100982000011112124"在银行有 2 个账户 3 笔贷款，那么在结果集中有五个元组含有"100982000011112124"。

2. INTERSECT 运算

【例 8.16】 假定学生和教师关系模式如下所示，查询既是女研究生，又是教师且工资大于等于 2600 元的名字和地址。

```
Students(Name,Sno,SEX,SD,Type,Address)
Teachers(Name,Eno,SEX,Salary,Address)
```

分析：本题第一条 SELECT 语句查询和第二条 SELECT 语句查询的结果集模式都为(Name，Address)，故可以对它们取交集。

```
(SELECT  Name,Address
    FROM  Students
    WHERE  SEX='女' AND Type='研究生')
    INTERSECT
(SELECT  Name,Address
    FROM  Teachers
    WHERE  Salary >=2600)
```

3. EXCEPT 运算

同理，我们也可以对两个相同结果集的关系取差集。

【**例 8.17**】 查询不是教师的学生姓名。

```
(SELECT  Name,Address  FROM  Students)
    EXCEPT
(SELECT  Name,Address  FROM  Teachers)
```

8.4.9 视图查询与更新

1. 视图查询

【**例 8.18**】 建立"计算机系"（CS 表示计算机系）学生的视图如下，并要求进行修改、插入操作时保证该视图只有计算机系的学生。

```
CREATE VIEW CS- Student
    AS SELECT Sno,Sname,Sage,Sex
    FROM Student
    WHERE SD='CS'
    WITH CHECK OPTION;
```

此时要查询计算机年龄小于 20 岁的学号及年龄的 SQL 语句如下：

```
SELECT  Sno,Sage FORM CS- Student WHERE SD='CS' AND Sage<20;
```

系统执行该语句时，通常先将其转换成等价的对基本表的查询，然后执行查询语句。即当查询视图表时，系统先从数据字典中取出该视图的定义，然后将定义中的查询语句和对该视图的查询语句结合起来，形成一个修正的查询语句。对上例修正之后的查询语句为：

```
SELECT Sno,Sage FORM Student WHERE SD='CS' AND Sage<20;
```

2. 视图更新

SQL 对视图更新必须遵循以下规则：

（1）从多个基本表通过连结操作导出的视图不允许更新。

（2）对使用了分组、集函数操作的视图则不允许进行更新操作。

（3）如果视图是从单个基本表通过投影、选取操作导出的则允许进行更新操作，且语法同基本表。

3. With 子句

With 子句是在 SQL 99 中引入的，目前只有部分数据库支持这一子句。如果我们将一个复杂查询分解成一些小视图，然后将它们组合起来，就像将一个程序按其任务分解成一些过程一样，使得复杂查询的编写和理解都会简单得多。然而和过程定义不同的是 Create view 子句会在数据库中建立视图定义，该视图定义会一直保存，直到执行 drop view 命令。但是，With 子句提供了定义一个临时视图的方法，该定义只对 With 子句出现的那条查询有效。

【例 8.19】　假定教师关系模式为 Teachers(TName,Eno,Tdept,SEX,Salary,Address)，利用 With 子句查询工资最高的教师姓名。此时，如果具有同样工资最高的教师有多个，他们都会被选择。

```
with max-Salary(value) AS
   SELECT max(Salary)
     FROM Teachers
SELECT Tname
  FROM Teachers,max-Salary
  WHERE Teachers.Salary = max-Salary.value
```

【例 8.20】　假定银行账户关系模式为 Account(Account-no,branch-name,balance)，其中属性 Account-no 表示账号，branch-name 表示支行名称，balance 表示余额。利用 With 子句查询所有存款总额少于所有支行平均存款总额的支行。

```
with branch-total(branch-name,value) AS
   SELECT branch-name,sum(balance)
     FROM Account
     GROUP BY branch-name
with branch-total-avg(value) AS
```

```
SELECT avg(value)
    FROM branch-total
SELECT branch-name
  FROM branch-total,branch-total-avg
  WHERE branch-total.value >= branch-total-avg.value
```

8.5　完整性约束

数据库的完整性是指数据库正确性和相容性，是防止合法用户使用数据库时向数据库加入不符合语义的数据。保证数据库中数据是正确的，避免非法的更新。数据库完整性重点需要掌握的内容有：完整性约束条件的分类、完整性控制应具备的功能。

8.5.1　主键（Primary Key）约束

1. 完整性约束条件

完整性约束条件作用的对象有关系、元组、列三种，共分为六类，见表 8-6 所示。

表 8-6　完整性约束条件

状　态	约束对象	说　　明
静态	列级约束	是对一个列的取值域的说明。包括：数据类型的约束、数据格式的约束（如：YY.MM.DD）、取值范围的约束、空值的约束
	元组约束	规定元组各列之间的约束关系。如：教师关系中的职称和工资，规定教授的工资不得低于 1000 元
	关系约束	实体完整性约束、参照完整性约束、函数依赖约束、统计约束
动态	列级约束	修改列定义时的约束、修改列值时的约束
	元组约束	指修改元组值时元组中各个字段间需要满足的某种约束条件。如：工资=基本工资+工龄×2
	关系约束	是加在关系变化前后状态上的限制条件

2. 完整性控制

完整性控制应具有三方面的功能：定义功能、检测功能、处理功能（一旦发现违背了完整性约束条件，采取相关的动作来保证数据的完整性）。

检查是否违背完整性约束的时机有两种：若在一条语句执行完后立即检查称为立即执行约束；若检查需要延迟到整个事务执行完后再执行称为延迟执行约束。

数据库中最重要的约束是声明一个或一组属性形成关系的键。键的约束在 SQL 的 CREATE TABLE 命令中声明。在关系系统中，最重要的完整性约束条件是：实体完整性和参照完整性。

3. 实体完整性（使用"PRIMARY KEY"子句）

在关系中只能有一个主键。声明主键有如下两种方法，当主键有多个属性时必须用方法②。

①将 PRIMARY KEY 保留字加在属性类型之后。

②在属性列表中引入一个新元素，该元素包含保留字 PRIMARY KEY 和用圆括号括起的形成该键的属性或属性组列表。

【例 8.21】 学生关系 Students(Sno,Sname,Sex,Sdept,Sage)的主键是 Sno，在创建学生关系时可使用 PRIMARY KEY 进行实体完整性约束。创建学生表的 SQL 语句如下：

```
CREATE TABLE Students
  (Sno CHAR(8),
  Sname CHAR(10),
  Sex CHAR(1),
  Sdept CHAR(20),
  Sage NUMBER(3),
  PRIMARY KEY(Sno));
```

8.5.2 外键（Foreign Key）约束

参照完整性定义格式如下：

```
FOREIGN KEY(属性名)REFERENCES 表名(属性名)
[ON DELETE[CASCADE|SET NULL]
```

参照完整性使用如下保留字：FOREIGN KEY 定义哪些列为外码；REFERENCES 指明外码对应于哪个表的主码；ON DELETE CASCADE 指明删除被参照关系的元组时，同时删除参照关系中的元组；SET NULL 表示置为空值方式。

【例 8.22】 对于例 8.21 学生选课关系 SC(Sno,Cno,Grade)中，学号 Sno 参照关系 Students，课程号 Cno 参照关系 C。因此对于例 8.21 的完整的语句为：

```
CREATE TABLE SC
  ( Sno CHAR(8),
   Cno CHAR(4),
   Grade NUMBER(3),
   PRIMARY KEY(Sno),
   PRIMARY KEY(Cno),
   FOREIGN KEY Sno REFERENCES Students(Sno),
   FOREIGN KEY Cno REFERENCES C(Cno));
```

8.5.3　属性值上的约束

属性值上的约束可以通过 not null、unique 和 check 进行，其中：

- not null：在 SQL 中，null 值是所有域的成员，也是每个属性默认的合法值。但是，根据用户要求有些属性不允许取空值，此时可用"not null"进行约束。例如，银行的账户关系 Account(Account-no，branch-name，balance)不允许余额 balance 取空值，此时可用"balance numeric(12,2) not null"进行约束，即禁止在该属性上插入一个空值。
- unique：唯一标识数据库表中的每条记录。
- check：check 子句可用于保证属性值满足指定的条件。例如，银行关系 Branch（branch-name，branch-city，assets）要求资产 assets 不能为负值，此时可用"check (assets >=0)"进行约束。

【例 8.23】　学生关系 Students(Sno,Sname,Sex,Sdept,Sage)，假设用户要求学生姓名不能为空，男生的年龄为 15～25 岁，女生的年龄为 15～23 岁。那么可使用如下语句创建表：

```
CREATE TABLE Students
   ( Sno CHAR(8),
   Sname CHAR(10) NOT Null,
   Sex CHAR(1),
   Sdept CHAR(20),
   Sage NUMBER(3),
   PRIMARY KEY(Sno))
   CHECK (Sage >=15) AND ((SEX='M' AND Sage <=25)OR
                          (SEX='F' AND Sage <=23));
```

8.5.4　全局约束

全局约束是指一些比较复杂的完整性约束，这些约束涉及多个属性间的联系或多个不同关系间的联系。有两种：基于元组的检查子句和断言。

1）基于元组的检查子句

这种约束是对单个关系的元组值加以约束。方法是在关系定义中的任何地方加上关键字 CHECK 和约束条件。

例如，年龄在 16 至 20 岁之间，可用 CHECK (Sage>=16 AND Sage<=20)检测。

2）基于断言的语法格式

格式：CREATE ASSERTION <断言名> CHECK(<条件>)

【例 8.24】　教学数据库的模式 Students、SC、C 中创建一个约束 ASSE-SC1：不允许男同学选修"张勇"老师的课。

分析：可写成如下的断言形式（基于断言的举例）：

```
CREATE ASSERTION ASSE-SC1 CHECK
  (NOT EXISTS
    (SELECT *  FROM SC WHERE Cno IN
      (SELECT Cno FROM C WHERE TEACHER='张勇')
       AND Sno IN
    (SELECT Sno FROM Students WHERE SEX='M')));
```

【例 8.25】 教学数据库的模式 Students、SC、C 中创建一个约束 ASSE-SC2：每门课最多允许 50 名男同学选修。

分析：可写成如下的断言形式：

```
CREATE ASSERTION ASSE-SC2 CHECK
      (50>=ALL(SELECT COUNT(SC.Sno)
                    FROM Students,SC
                    WHERE Students.Sno=SC.Sno AND SEX='M'
                    GROUP BY Cno));
```

8.6 授权（GRANT）与销权（REVOKE）

数据控制是控制用户对数据的存储权力，是由 DBA 来决定的。但是，某个用户对某类数据具有何种权利，是个政策问题而不是技术问题。DBMS 的功能就是保证这些决定的执行。因此，DBMS 数据控制应具有如下功能：

（1）通过 GRANT 和 REVOKE 将授权通知系统，并存入数据字典。

（2）当用户提出请求时，根据授权情况检查是否执行操作请求。

SQL 标准包括 delete、insert、select 和 update 权限。select 权限对应于 read 权限，SQL 还包括了 references 权限，用来限制用户在创建关系时定义外码的能力。

1. 授权

授权语句格式如下：

```
GRANT <权限>[,<权限>]…[ON<对象类型><对象名>]TO <用户>[,<用户>]…
   [WITH GRANT OPTION];
```

注意：若指定了 WITH GRANT OPTION 子句，那么获得了权限的用户还可以将权限赋给其他用户；接受权限的用户可以是单个或多个具体的用户，PUBLIC 参数可将权限赋给全体用户。不同类型的操作对象有不同的操作权限，常见的操作权限如表 8-7 所示。

表 8-7 常见的操作权限

对 象	对象类型	操 作 权 限
属性列	TABLE	SELECT，INSERT，UPDATE，DELETE， ALL PRIVILEGES（4 种权限的总和）
视图	TABLE	SELECT，INSERT，UPDATE，DELETE， ALL PRIVILEGES（4 种权限的总和）
基本表	TABLE	SELECT，INSERT，UPDATE，DELETE，ALTER，INDEX ALL PRIVILEGES（6 种权限的总和）
数据库	DATABASE	CREATETAB 建立表的权限，可由 DBA 授予普通用户

【例 8.26】 如果用户要求把数据库 SPJ 中供应商 S、零件 P、项目 J 表赋予各种权限。各种授权要求如下：

（1）将对供应商 S、零件 P、项目 J 的所有操作权限赋给用户 User1 及 User2。

（2）将对供应商 S 的插入权限赋给用户 User1，并允许将此权限赋给其他用户。

（3）DBA 把数据库 SPJ 中建立表的权限赋给用户 User1。

参考答案：

（1）GRANT ALL PRIVILEGES ON TABLE S,P,J　TO　User1, User2;

（2）GRANT INSERT ON TABLE S TO User1 WITH GRANT OPTION;

（3）GRANT CREATETAB ON DATABASE SPJ TO User1;

2. 销权

销权语句格式如下：

```
REVOKE <权限>[,<权限>]…[ON<对象类型><对象名>]
    FROM <用户>[,<用户>]…;
```

【例 8.27】 要求回收用户对数据库 SPJ 中供应商 S、零件 P、项目 J 表的操作权限。各种收回权限的要求如下：

（1）将用户 User1 及 User2 对供应商 S、零件 P、项目 J 的所有操作权限收回。

（2）将所有用户对供应商 S 的所有查询权限收回。

（3）将 User1 用户对供应商 S 的供应商编号 Sno 的修改权限收回。

参考答案：

（1）REVOKE ALL PRIVILEGES ON TABLE S,P,J FROM　User1, User2;

（2）REVOKE SELECT ON TABLE S FROM PUBLIC;

（3）REVOKE UPDATE(Sno) ON TABLE S FROM User1;

【例 8.28】 收回用户 li 对表 employee 的查询权限，同时级联收回 li 授予其他用户的该权限，SQL 语句为：　(1)　select ON TABLE employee FROM li　(2)　;

（1）A．GRANT　　　　B．GIVE　　　　C．CALL BACK　　　D．REVOKE

（2）A.　RESTRICT　　　　　　　　B.　CASCADE

　　　C.　WITH GRANT OPTION　　　D.　WITH CHECK OPTION

分析：（1）的正确选项为 D，（2）的正确选项为 B。因为，收回权限的 SQL 语法：

REVOKE <权限列表> **ON** <表名 | 视图名>

FROM <用户列表> [RESTRICT | CASCADE]

其中：RESTRICT 表示只收回指定用户的权限；CASCADE 表示收回指定用户及其授予的其他用户的该权限。

8.7　创建与删除触发器

触发器（Trigger）不仅能实现完整性规则，而且能保证一些较复杂业务规则的实施。对于示警或满足特定条件下自动执行某项任务来讲，触发器是非常有用的机制。所谓触发器就是一类由事件驱动的特殊过程，一旦由某个用户定义，任何用户对该触发器指定的数据进行增加、删除或修改操作时，系统将自动激活相应的触发器，在核心层进行集中的完整性控制。

尽管在 SQL-99 前，触发器不是 SQL 标准的一部分，但是以 SQL 为基础的数据库广泛应用了触发器。但是，由于不同的数据库系统使用各自的触发器语法，以至于产生相互之间不兼容的问题。

8.7.1　概述

触发器是一种特殊类型的存储过程，它不同于前面介绍过的存储过程，是通过事件进行触发而被执行的，而存储过程可以通过存储过程名称而被直接调用。触发器使每个站点在有数据修改时自动强制执行其业务规则，并且可以用于 SQL Server 约束、默认值和规则的完整性检查。

触发器主要有如下三方面的特点：

（1）当数据库程序员声明的事件发生时，触发器被激活。事件可以是对某个特定关系的插入 insert、删除 delete 或更新 update。

（2）当触发器被事件激活时，不是立即执行，而是首先由触发器测试触发条件，若条件不成立，响应该事件的触发器什么事情都不做。

（3）如果触发器声明的条件满足，则与该触发器相连的动作由 DBMS 执行。动作可以阻止事件发生，可以撤销事件。

注意： 触发器为数据库对象，当创建一个触发器时必须指定：①名称；②在其上定义触发器的表；③触发器将何时激活；④指明触发器执行时应做的动作。其名称必须遵循标识符的命名规则，数据库像存储普通数据那样存储触发器。触发器可以引用当前数据库以外的对象，但只能在当前数据库中创建触发器。尽管不能在临时表或系统表上创建触发器，但是触发器可以引用临时表。

触发动作实际上是一系列 SQL 语句，可以有两种方式：

（1）对被事件影响的每一行（FOR EACH ROW）——每一元组执行触发过程，称为行级触发器。

（2）对整个事件只执行一次触发过程（FOR EACH STATEMENT），称为语句级触发器。该方式是触发器的默认方式。

8.7.2　创建触发器

对于示警或满足特定条件下自动执行某项任务来讲，触发器是非常有用的机制。其定义包括两个方面：指明触发器的触发事件，指明触发器执行的动作。

触发事件包括表中行的插入、删除和修改，即执行 INSERT、DELETE、UPDATE 语句。在修改操作（UPDATE）中，还可以指定特定的属性或属性组的修改为触发条件。事件的触发还有两个相关的时间：Before 和 After。Before 触发器是在事件发生之前触发，After 触发器是在事件发生之后触发。创建触发器语句格式如下：

```
CREATE TRIGGER<触发器名> [{BEFORE|AFTER}]
    {[DELETE|INSERT|UPDATEOF [列名清单]]}
    ON 表名
    [REFERENCING<临时视图名>]
    [WHEN<触发条件>]
    BEGIN
    <触发动作>
    END [触发器名]
```

说明：

（1）BEFORE：指示 DBMS 在执行触发语句之前激发触发器。

（2）AFTER：指示 DBMS 在执行触发语句之后激发触发器。

（3）DELETE：指明是 DELETE 触发器，每当一个 DELETE 语句从表中删除一行时激发触发器。

（4）INSERT：指明是 INSERT 触发器，每当一个 INSERT 语句向表中插入一行时激发触发器。

（5）UPDATE：指明是 UPDATE 触发器，每当 UPDATE 语句修改由 OF 子句指定的列值时，激发触发器。如果忽略 OF 子句，每当 UDPATE 语句修改表的任何列值时，DBMS 都将激发触发器。

（6）REFERENCING<临时视图名>：指定临时视图的别名。在触发器运行过程中，系统会生成两个临时视图，分别存放被更新值（旧值）和更新后的值（新值）。对于行级触发器，默认临时视图名分别是 OLD 和 NEW；对于语句级触发器，默认临时视图名分别是 OLD-TABLE 和 NEW-TABLE。一旦触发器运行结束，临时视图就不在。

（7）WHEN<触发条件>：指定触发器的触发条件。当满足触发条件时，DBMS 才激发触发器。触发条件中必须包含临时视图名，不包含查询。

【例 8.29】 假定银行数据库关系模式如下：

> Account（Account-no，branch-name，balance）
>
> Loan（Loan-no，branch-name，amount）
>
> depositor（customer-name，Account-no）

账户关系模式 Account 中的属性 Account-no 表示账号，branch-name 表示支行名称，balance 表示余额。贷款关系模式 Loan 中的属性 Loan-no 表示贷款号，branch-name 表示支行名称，amount 表示金额。存款关系模式 depositor 中的属性 customer-name 表示存款人姓名。SQL-99 创建触发器如下所示：

```
CREATE TRIGGER overdraft_trigger after update on Account
    Referencing new row as nrow
    For each row
    When nrow.balance<0
    Begin atomic
      Insert into borrower
            (SELECT customer-name, Account-no
             FROM depositor
             Where nrow.account-no=depositor.account-no);
      Insert into loan values
             (nrow.account-no,nrow.branch-name,-nrow.balance);
      update account set balance=0
                Where account.account-no=nrow.account-no
    End
```

例 8.29 说明：When 语句指定一个条件 nrow.balance<0。仅对满足条件的元组才会执行余下的触发器；Begin atomic...end 子句用来将多行 SQL 语句集成为一个复合语句，该子句中的两条 Insert into 语句执行了在 borrower 和 loan 关系中建立新的贷款业务；update 语句用来将账户余额清零；Referencing old row as 子句可以建立一个变量用来存储已经被更新或删除行的旧值。Referencing new row as 子句可以被 update、Insert 语句使用。

Referencing old table as 或 Referencing new table as 子句可以用来指向临时表（也称过渡表）来容纳所有被影响的行。无论临时表是语句触发器还是行触发器，它们都不能用 before 触发器，但是可以用 after 触发器。

触发器事件和动作可以有很多形式，除了 update 以外还可以是 Insert、delete。例如，如果有一个新的用户存款插入时，触发器动作可以给用户发一封欢迎信。显然一个触发器不能直接对数据库之外的事情进行操作，但是它可以在存储待发欢迎信地址的关系中添加一个元组。一个专用进程会检查这个表，打印出要发出的欢迎信。

触发器在事件（update、Insert 和 delete）之前被激发，而不是在事件之后。这种触发器可作为避免非法更新的额外约束。例如，有时用户不允许透支，此时，可以建立一个 before 触发器在新的余额是负数时回滚事务。

【例 8.30】　仓库管理数据库中有如下关系，请创建一个重新订购商品的触发器。

inventory(item,level)	；表示某种商品在仓库中的现有量
minlevel(item,level)	；表示某种商品在仓库中存有的最小量
reorder(item,amount)	；表示某种商品小于最小量的时候要订购的数量
orders(item,amount)	；表示某种商品被定购的量

分析：重新订购商品的触发器如下：

```
CREATE TRIGGER reorder_trigger after update of amount on inventory
    Referencing old row as orow,new row as nrow
    For each row
    When nrow.level<=(SELECT level
                        FROM minlevel
                        Where minlevel.item=orow.item)
    And orow.level>(SELECT level
                        FROM minlevel
                        Where minlevel.item=orow.item)
    Begin
        Insert into orders
                (SELECT item,amount
                    FROM reorder
                    Where reorder.item=orow.item)
    End
```

8.7.3　更改和删除触发器

1. 更改触发器

使用系统命令 ALTER TRIGGER 更改指定的触发器的定义，即更改原来由 CREATE TRIGGER 语句创建的触发器定义。更改触发器定义的语句格式如下：

```
ALTER TRIGGER<触发器名>[{BEFORE|AFTER}]
    {[DELETE|INSERT|UPDATEOF[列名清单]]}
ON 表名|视图名
AS
BEGIN
```

```
          要执行的 SQL 语句
END
```

2. 删除触发器

语句格式：DROP TRIGGER <触发器名> [,...n]
说明：n 表示可以指定多个触发器的占位符。

8.8　嵌入式 SQL

8.8.1　SQL 与宿主语言接口

SQL 提供了将 SQL 语句嵌入某种高级语言中的使用方式，但是如何识别嵌入在高级语言中的 SQL 语句，通常采用预编译的方法。该方法的关键问题是必须区分主语言中嵌入的 SQL 语句，以及主语言和 SQL 间的通信问题。采用的方法由 DBMS 的预处理程序对源程序进行扫描，识别出 SQL 语句，把它们转换为主语言调用语句，以使主语言编译程序能识别它，最后由主语言的编译程序将整个源程序编译成目标码。

可见将 SQL 嵌入主语言使用时应当注意如下问题。

1. 区分主语言语句与 SQL 语句

为了区分主语言语句与 SQL 语句，需要在所有的 SQL 语句前加前缀 EXEC SQL ，而 SQL 的结束标志随主语言的不同而不同。

例如，PL/1 和 C 语言的引用格式为：EXEC SQL <SQL 语句>；
又如，COBOL 语言的引用格式为：EXEC SQL <SQL 语句> END-EXEC。

2. 主语言工作单元与数据库工作单元通信

1）SQL 通信区

SQL 通信区（SQL Communication Area，SQLCA）向主语言传递 SQL 语句执行的状态信息，使主语言能够根据此信息控制程序流程。

2）主变量

主变量也称共享变量。主语言向 SQL 语句提供参数主要通过主变量，主变量由主语言的程序定义，并用 SQL 的 DECLARE 语句说明。例如在 C 语言中可用如下形式说明主变量：

```
EXEC SQL BEGIN DECLARE SECTION;              /*说明主变量/*
    char Msno[4],Mcno[3],givensno[5];
    int Mgrade;
    char SQLSTATE[6];
```

```
EXEC SQL END DECLARE SECTION;
```

上面五行组成一个说明节，说明了五个共享变量，其中，SQLSTATE 是一个特殊的共享变量，起着解释 SQL 语句执行状况的作用。当 SQL 语句执行成功时，系统自动给 SQLSTATE 赋上全零值，否则为非全零（"02000"）。因此，当执行一条 SQL 语句后，可以根据 SQLSTATE 的值转向不同的分支，以控制程序的流向。引用时，为了与 SQL 属性名相区别，需在主变量前加"："。

【例 8.31】 根据共享变量 givensno 值查询学生关系 students 中学生的姓名、年龄和性别。

```
EXEC SQL SELECT sname,age,sex
    INTO :Msno,:Mcno,:givensno
    FROM students
    WHERE sno=:Msno;
```

【例 8.32】 某学生选修了一门课程信息，将其插入学生选课表 SC 中，假设学号、课程号、成绩已分别赋给主变量 HSno、Hcno 和 Hgrade。

```
EXEC SQL INSERT
    INTO  SC(Sno,Cno,Grade)
    VALUES(:Hsno,:Hcno,:Hgrade);
```

从上例中可以看出，VALUES 子句中通常可使用主变量传递输入数据。

3）游标

SQL 语言是面向集合的，一条 SQL 语句可产生或处理多条记录。而主语言是面向记录的，一组主变量一次只能放一条记录，所以，引入游标，通过移动游标指针来决定获取哪一条记录。与游标相关的 SQL 语句有四条：

（1）定义游标，格式如下：

```
EXEC SQL DECLARE <游标名> CURSOR FOR
    <SELECT 语句>
END_EXEC
```

这是一条说明性语句，定义中的 SELECT 语句并不立即执行。

（2）打开游标，格式如下：

```
EXEC SQL OPEN <游标名>  END_EXEC
```

该语句执行游标定义中的 SELECT 语句，同时游标处于活动状况。游标是一个指针，此时指向查询结果的第一行之前。

（3）推进游标，格式如下：

```
EXEC SQL FETCH FROM <游标名> INTO <变量表> END_EXEC
```

该语句使用时，游标推进一行，并把游标指向的行（称为当前行）中的值取出，送到共享变量中。变量表由用逗号分开的共享变量组成。该语句常置于宿主语言程序的循环结构中，并借助宿主语言的处理语句逐一处理查询结果中的一个元组。

（4）关闭游标，格式如下：

```
EXEC SQL CLOSE <游标名>  END_EXEC
```

该语句关闭游标，使它不再和查询结果相联系。关闭了的游标，可以再次打开，与新的查询结果相联系。在游标处于活动状态时，可以修改和删除游标指向的元组。

【例 8.33】　在 C 语言中嵌入 SQL 的查询，检索某学生的学习成绩，其学号由共享主变量 givensno 给出，结果放在主变量 Sno,Cno,Grade 中。如果成绩不及格，则删除该记录，如果成绩为 60～69 分，则将成绩修改为 70 分，并显示学生的成绩信息（除 60 分以下的）。

```
#DEFINE NO_MORE_TUPLES !(strcmp(SQLSTATE,"02000"))
void sel()
{EXEC SQL BEGIN DECLARE SECTION;        /*说明主变量*/
    char Msno[4],Mcno[3],givensno[5];
    int Mgrade;
    char SQLSTATE[6];
EXEC SQL END DECLARE SECTION;
EXEC SQL DECLARE Scx CURSOR FOR          /* 说明游标 Scx,将查询结果与 Scx 建立联系*/
    SELECT Sno,Cno,Grade
    FROM SC
    WHERE Sno=:givensno;
EXEC SQL OPEN Scx;
While(1)                                  /*用循环结构逐条处理结果集中的记录*/
{EXEC SQL FETCH FROM Scx                  /*游标推进一行*/
        INTO :Msno,:Mcno,:Mgrade;         /*送入主变量*/
If (NO_MORE_TUPLES) Break;                /*处理完退出循环*/
If (Mgrade<60)                            /*成绩<60*/
  EXEC SQL DELETE FROM Sc
        WHERE CURRENT OF Scx;
Else
  { If (Mgrade<70)                        /*成绩<70*/
    EXEC SQL UPDATE Sc
      SET grade=70
      WHERE CURRENT OF Scx;
```

```
        MGrade=70
    }
    Printf("%s,%s,%d",Msno,Mcno,Mgrade);        /*显示学生记录*/
    }
};
```

8.8.2　动态 SQL

SQL 的动态 SQL 组件允许程序在运行时构造、提交 SQL 查询。与此相反，嵌入式 SQL
语句必须在编译时完全确定，由预处理程序预编译和宿主语言编译程序编译。也就是说，在实
际使用时，源程序往往不能包括用户的所有操作，用户对数据库的操作有时往往在实际运行时
才提出请求，为此需要采用 SQL 的动态技术。动态 SQL 有如下两条语句。

1）动态 SQL 预备语句格式

EXEC SQL PREPARE <动态 SQL 语句名> FROM <共享变量或字符串>;

此处共享变量或字符串应该是一个完整的 SQL 语句。这个 SQL 语句可以在程序运行时由
用户输入才组合起来，但并不执行。

2）动态 SQL 执行语句格式

EXEC SQL EXECUTE <动态 SQL 语句名>;

使用动态 SQL 语句时，还可以改进技术：当预备语句组合而成的 SQL 语句只需执行一次，
那么预备语句可以在程序运行时由用户输入才组合起来，但并不执行。

8.9　SQL-99 所支持的对象关系模型

对象-关系数据模型扩展关系数据模型的方式是通过提供一个包括复杂数据类型和面向对
象的更丰富的类型系统。关系查询语言（特别在 SQL 中）需要做相应扩展以处理这些更丰富的
类型系统。这种扩展试图在扩展建模能力的同时保留关系的基础——特别是对数据的说明性存
取。对象-关系数据库系统是以对象-关系模型为基础的数据库系统。

8.9.1　嵌套关系

前面定义的第一范式（1NF）是指关系模式中的属性是不可再分的，即原子的。然而，并
不是所有的应用都是用 1NF 建模最好。例如，某些应用的用户将数据库视为对象（或实体）的
一个集合，而不是记录的一个集合，这些对象可能需要若干条记录来表示。重要的是，如何在
一个简单、易用的界面上体现用户直观概念上的一个对象与数据库系统概念上的一个数据项之
间的一一对应关系。

嵌套关系模型（Nested Relational Model）是关系模型的一个扩展，域可以是原子的也可以赋值为关系。这样元组在一个属性上的取值可以是一个关系，于是关系可以存储在关系中。从而一个复杂对象就可以用嵌套关系的单个元组来表示。如果我们将嵌套关系的一个元组视为一个数据项，在数据项和用户数据库观念上的对象之间就有了一个一一对应的关系。

下面通过一个图书馆的例子来说明嵌套关系。假定对每本书存储如下信息：

书名	作者集合	出版商	关键字集合

如果为上面这些信息定义一个关系，下列一些域将是非原子的：

（1）作者。一本书可能有一组作者，然而，我们可能想要寻找作者之一是 Jones 的所有书，这样我们就对域元素"作者集合"的一个子部分感兴趣。

（2）关键字。如果我们为一本书存储了一组关键字，我们希望能够检索出关键字包含该集合中的一个或多个关键字的所有书，这样，我们就将关键字集合域视为非原子的。

（3）出版社。与关键字和作者不同，出版社没有一个以集合为值的域。但是，我们可能将出版商视为由名字和分支机构这两个子字段组成的，这种观念使得出版商域成为非原子的。

图 8-2 表示了一个示例关系 books，books 关系可以用 1NF 表示，如图 8-3 所示。由于在 1NF 中我们只能有原子的域，然而我们又想要访问单个的作者和单个的关键字，我们对每个（关键字，作者）对都需要一个元组，出版商属性在 1NF 版本中被两个属性所取代：它们分别对应于出版商的每个子字段。

Title	Author-set	publisher(name, branch)	keyword-set
Compilers	{Smith, Jones}	(McGraw-Hill, New York)	{parsing, analysis}
Networks	{Jones, Frick}	(Oxford, London)	{Internet, Web}

图 8-2　非 INF 的书籍关系，books

title	author	pub-name	pub-branch	keywork
Compilers	Smith	McGraw-Hill	New York	Parsing
Compilers	Jones	McGraw-Hill	New York	Parsing
Compilers	Smith	McGraw-Hill	New York	Analysis
Compilers	Jones	McGraw-Hill	New York	Analysis
Networks	Jones	Oxford	London	Internet
Networks	Frick	Oxford	London	Internet
Networks	Jones	Oxford	London	Web
Networks	Frick	Oxford	London	Web

图 8-3　flat-books 的一个 1NF 实例

如果假定下列多值依赖成立：

● title→→author

● title→→keyword

● title→pub-name, pub-branch

我们可以使用下面的模式将这个关系分解成 4NF，使得图 8-3 中 flat-books 关系的冗余就可以去除。图 8-4 显示了图 8-3 中的 flat-books 关系到上述分解的映射。

- authors(title, author)
- keywords(title, keyword)
- books4(title, pub-name, pub-branch)

title	author
Compilers	Smith
Compilers	Jones
Networks	Jones
Networks	Frick

authors

title	Keyword
Compilers	parsing
Compilers	analysis
Networks	Internet
Networks	Web

keywords

Title	pub-name	pub-branch
Compilers	McGraw-Hill	New York
Networks	Oxford	London

books4

图 8-4　分解关系 flat-books 为 4NF 的实例

管不用嵌套关系也足以表达上述示例书籍数据库，但是嵌套关系可以产生一个更易理解的模型：一个信息检索系统的典型用户根据具有作者集的书将该数据库看成一个非 1NF 的设计模型。4NF 设计会要求用户在他们的查询中包含连接操作，因此使得与系统的交互复杂化。

我们可以设计一个无嵌套的关系视图（它的内容与 flat-books 一样）来免除用户在他们的查询中编写连接操作的需要，然而在这样的视图中，我们却失去了元组与书之间的一对一的对应。

面向对象数据库系统支持面向对象数据模型，是一个持久的、可共享的对象库的存储和管理者，而一个对象库是由一个 OO 模型所定义的对象的集合体。

对象：是由一组数据结构和在这组数据结构上的操作的程序代码封装起来的基本单位。对象之间的界面由一组消息定义。一个对象包括：属性集合、方法集合和消息集合。

对象标识：是指面向对象数据库中的每个对象都有一个唯一不变的标识。常用的几种标识有值标识、名标识和内标识。

- 值标识，使用一个值来标识，在关系数据库中通常使用这种形式的标识。例如，一个元组的主码标识了这个元组。
- 名标识，用用户提供的名称作为标识。这种形式的标识通常用于文件系统中的文件，不管文件的内容是什么，每个文件都被赋予一个名称来唯一标识。
- 内标识，是建立在数据模型或程序设计语言中内置的一种标识，不需要用户给出标识。面向对象系统中使用这种形式的标识，每个对象在创建时被系统自动赋予一个标识符。

封装：OO 模型的一个关键概念就是封装。每一个对象是其状态和行为的封装。封装是对象的外部界面与内部实现之间实行清晰隔离的一种抽象，外部与对象的通信只能通过消息。

类：共享同样属性和方法集的所有对象构成了一个对象类（简称类）。例如，学生是一个类，黎明、张军、樊建喜是学生类中的一个对象。类是"型"，对象是"值"。

8.9.2　复杂类型

嵌套关系只是对基本关系模型扩展的一个实例，其他非原子数据类型，如嵌套记录，同样已被证明是有用的。面向对象数据模型已经导致了对于诸如对象的继承和引用之类特征的需求。有了复杂对象系统和面向对象，我们能够直接表达 E-R 模型的一些概念，如实体标识、多值属性及一般化和特殊化，而不再需要经过到关系模型的复杂转化。

在本节中，主要描述为允许复杂类型对 SQL 所做的扩展，包括嵌套关系以及面向对象特征。我们的介绍是基于 SQL-99 标准的一些特征。

1. 集合类型

考虑下面这个代码段：

```
create table books(
    ...
    keyword-set setof(varchar(20))
    ...
    )
```

这个表的定义不同于普通关系数据库中表的定义，因为它允许属性是集合（set），所以 E-R 图中的多值属性能够直接表示。

集合是集合体类型（collection type）的一个实例，其他的集合体类型包括数组（array）和多重集合（multiset）（即无序的集合体，其中一个元素可以出现多次），下面的属性定义了数组的声明：

```
author-array varchar(20) array [10]
```

这里 author-array 是最多 10 位作者名的数组，我们可以通过指定数组下标来访问数组中的元素，例如 author-array[1]，author-array[2]，…，author-array[10]。数组是 SQL-99 中唯一支持的集合体类型，使用语法如前所述。SQL-99 不支持无序集合或多重集合，尽管它们可能会在 SQL 将来的版本中出现。

许多现在的数据库应用需要存储的属性很大（大约几千字节），比如一个人的相片，或者更大的（大约几兆甚至上吉字节），比如高分辨率的医学图像或者录像剪辑。因此 SQL-99 提供了新字符型数据大对象数据类型（clob）和二进制数据大对象数据类型（blob）。数据类型中的"lob"意为"Large Object"。例如，声明属性：

```
book-review clob(10KB)
image blob(10MB)
```

```
movie blob(2GB)
```

执行一个 SQL 查询通常把结果中的一条或多条记录放入内存。大对象一般用于外部的应用，把整个大对象（几 M 甚至上 G 字节）放入内存中是非常低效和不现实的。即通过 SQL 对它们进行全体检索是毫无意义的，取而代之，应用程序一般用一个 SQL 查询来检索大对象的"定位器"，然后用定位器从宿主语言中一点一点地操作该对象。例如，JDBC 允许程序员分成小片来存取一个大对象，而不是一次全取出来，很像从操作系统文件中存取数据。

2．结构类型

在 SQL-99 中结构类型声明以及使用方法如下例所示。

【**例 8.34**】　定义一个 Publisher 类型，包括：名字（name）和分支机构（branch）两个部分。定义一个结构类型 Book，包含：标题（title）、作者数组（author-array）、出版时间（pub-date）、出版商（publisher，是 Publisher 类型的）和一个关键字集合（keyword-set 作为集合的声明使用了扩展语法，在 SQL-99 标准中并不支持）。

```
create type Publisher as
      (name varchar(20),
       branch varchar(20))
       create type Book as
      (title varchar(20),
       author-array varchar(20) array [10],
       pub-date date,
       publisher Publisher,
       keyword-set setof(varchar(20)))
create tabel books of Book
```

最后，创建了一个包含 Book 类型元组的表 books，这个表类似于图 8-2 中的嵌套关系 books，创建一个作者名的数组以代替作者名的集合，数组允许记录作者名的顺序。E-R 图中的复合属性可以用结构类型直接表达。在 SQL-99 中，无名称的行类型（row type）用来定义复合属性。

【**例 8.35**】　可以定义属性 publisher1 为无名称的行类型。

```
publisher1 row(name varchar(20),
               branch varchar(20))
```

需要说明的是，例 8.34 中，books 表创建一个中间类型 book，事实上，也可以不创建中间类型，直接将 books 表定义如下：

```
create type Publisher as
    (name varchar(20),
```

```
                    branch varchar(20))
create table books
              (title varchar(20),
                author-array varchar(20) array[10],
                pub-date date,
                publisher Publisher,
                keyword-set setof(varchar(20)))
```

使用上述声明，没有该表的行的明确类型。结构类型还可以有定义在其上的方法（method）。我们将方法的声明作为一个结构类型的类型定义的一部分：

```
create type Employee as(
      name varchar(20),
      salary integer)
method giveraise (percent integer)
```

我们单独创建方法的主体：

```
create method giveraise (percent integer) for Employee
    begin
        set self.salary=self.salary+(self.salary*percent)/100;
    end
```

变量 self 是指调用这个方法的结构类型的实例。方法的主体可以包含过程语句。

3. 复杂类型值的创建

在 SQL-99 中构造器函数（constructor function）用来创建结构类型的值。与结构类型同名的函数就是这个结构类型的构造器函数。

【例 8.36】　给 Publisher 类型声明一个构造器。

```
create function Publisher (n varchar(20), b varchar(20))
  returns Publisher
  begin
    set name=n;
    set branch=b;
  end
```

然后我们可以用 Publisher('McGraw-Hill', 'New York')来创建 Publisher 类型的值。

SQL-99 也支持除构造器之外的其他函数。这些函数的名字必须不同于任何结构类型的名字。注意在 SQL-99 中，不像在面向对象数据库中，构造器创建的是类型的一个值，而不是类型的一个对象。也就是说，构造器创建的值没有对象标识。在 SQL-99 中对象相当于关系中的元组，通过在关系中插入一个元组来创建。

默认的情况下，每一个结构类型都有一个不带参数的构造器，它将属性设为默认值。任何其他的构造器必须被显式地创建。对同一个结构类型可以有不止一个构造器，虽然它们有一个相同的名字，但是它们必须以参数的个数和类型来相互区别。

在 SQL-99 中可以这样创建数组的值：

```
array['Silberschatz', 'Korth', 'Sudarshan']
```

我们可以在圆括号中列出它的属性来构造一行的值。例如，我们声明 Publisher1 属性为一个行类型，我们可以这样构造它的值：

```
('McGraw-Hill', 'New York')
```

它没有用到构造器。

通过在关键字 set 之后的圆括号内列举它的元素的方法创建以集合为值的属性，例如 keyword-set。可以像集合值一样创建多重集合值，此时只需要用 multiset 替换 set。

可以创建用一个 books 关系定义的类型的一个元组如下：

```
('Compilers', array['Smith', 'Jones'], Publisher('McGraw-Hill', 'New York'),
                                            set('parsing', 'analysis'))
```

这里通过合适参数调用 Publisher 的构造器函数创建了 Publisher 属性的值。如果想在 books 关系中插入上述元组，可以执行语句：

```
insert into books
values
('Compilers', array['Smith', 'Jones'], Publisher('McGraw-Hill', 'New York'),
                                            set('parsing', 'analysis'))
```

8.9.3 继承

继承可以在类型的级别上进行，也可以在表级别上进行，下面分别介绍。

1. 类型继承

如希望在数据库中对那些是学生和教师的人分别存储一些额外的信息。

【例 8.37】 假定人的类型定义如下所示，定义学生和教师类型。

```
create type Person
    (name varchar(20),
```

```
address varchar(20))
```

由于学生和教师是人，所以可以使用继承。在 SQL-99 中定义学生和教师类型如下：

```
create type Student
      under Person
        (degree varchar(20),
         department varchar(20))
create type Teacher
      under Person
        (salary integer,
         department varchar(20))
```

Student 和 Teacher 都继承了 Person 的属性，即 name 和 address。Student 和 Teacher 被称为 Person 的子类型，Person 是 Student 的超类型，同时也是 Teacher 的超类型。像属性一样，结构类型的方法也被它的子类型继承。不过，子类型可以通过在一个方法声明中使用 overriding method（重载方法）取代原 method（方法）的方式重新声明方法，以重定义该方法的作用。

现在假定要存储关于助教的信息，这些助教既是学生又是教师，甚至可能是在不同的系里。可以利用多重继承（multiple inheritance）的方法来做。SQL-99 标准不支持多重继承，然而 SQL-99 标准是提供多重继承的，尽管 SQL-99 最终版中忽略了它，但 SQL 标准的未来版本可能会引入它。基于 SQL-99 标准的草案来讨论问题。

【例 8.38】 假定类型系统支持多重继承，那么可以为助教定义一个类型如下：

```
create type TeachingAssistant
      under Student, Teacher
```

TeacherAssistant 将继承 Student 和 Teacher 的所有属性。由于 name 和 address 属性实际上是从同一个来源即 Person 继承来的，因此同时从 Student 和 Teacher 中都继承这两个属性不会引起冲突。但是，一个助教既可能是某个系的学生同时又是另一个系的教师，所以 department 属性在 Student 和 Teacher 中分别都有定义。为了避免两次出现的 department 之间的冲突，我们可以使用 as 子句将它们重新命名，如下面的 TeachingAssistant 类型定义所示：

```
Create type TeachingAssistant
      Under Student with(department as student-dept),
          Teacher with(department as teacher-dept)
```

注意 SQL-99 只支持单继承，即一个类型只能继承一种类型，使用的语法如例 8.35。TeachingAssistant 例子中的多重继承在 SQL-99 中是不支持的。SQL-99 标准还需要在类型定义的尾部有一个特别的字段，取值为 final 或 not final。其中，关键字 final 表示不能从给定类型创建子类型，not final 表示可以创建子类型。

　　SQL 中的一个结构类型的值必须恰好只有一个"最明确类型（most-specific type）"，即每一个值被创建时必须关联到一个确定的类型，称为它的最明确类型。依靠继承，它也与它的最明确类型的每个超类型相关联。举例来说，假定一个实体具有类型 Person，同时又具有类型 Student，那么这个实体的最明确类型为 Student，因为 Student 是 Person 的子类型。然而一个实体不能同时既具有类型 Student 又具有类型 Teacher，除非这个实体具有一个如 TeacherAssistant 那样既是 Student 子类型又是 Teacher 的子类型的类型。

2. 表继承

　　SQL-99 中的子表（subtable）对应的是 E-R 概念中的特殊化/一般化。子表的类型必须是父表类型的子类型，因此，父表中的每一个属性均出现在子表中。

　　【例 8.39】　假设 People 表的定义如下，定义 people 的两个子表：students 和 teachers。

```
create table people of Person
```

定义子表 students 和 teachers 如下：

```
create table students of Student
        under people
create table teachers of Teacher
        under people
```

　　当我们声明 students 和 teachers 作为 people 的子表时，每一个 students 或 teachers 中出现的元组也隐式存在于 people 中。如果一个查询用到 people 表，它将查找的不仅仅是直接插入到这个表中的元组，而且还包含插入到它的子表（也就是 students 和 teachers）中的元组。但是，只有出现在 people 中的属性才可以被访问。

　　多重继承也可在表进行。例如，创建一个类型为 TeachingAssistant 的表：

```
create table teaching-assistants of TeachingAssistant
  under students, teachers
```

　　作为声明的结果，每一个在 teaching-assistants 中出现的元组也隐式地在表 teachers 和 students 中出现，从而也出现在 people 表中。SQL-99 允许在查询中使用"only people"代替 people 来查询只在 people 中而不在它的子表中的元组。

　　对子表的一致性要求。如果一个子表和一个父表中的元组对于所有的继承属性具有同样的值，则称子表中的元组符合（correspond to）父表中的元组。因此，相符合的元组表示同一个实体。子表的一致性需求为：

- 父表的每个元组至多可以与它的每个直接子表的一个元组符合。
- SQL-99 有一个附加的约束，所有相符合的元组必须由一个元组派生（插入到一个表中）。

　　例如，若没有第一个条件，我们就可能在 students（或 teachers）中有两个元组与同一个人符合。第二个条件排除了 people 中的一个元组分别符合 students 和 teachers 中的一个元组的情况，除非所有这些元组都隐式出现。这是由于一个元组会被插入到一个既是 teacher 的子表又是 students 的子表的 teaching-assistants 表中。

　　由于 SQL-99 不支持多重继承，所以第二个条件实际上阻止一个人既是老师又是学生。即使支持多重继承，这个问题在没有子表 teaching-assistants 时也会出现。显然，建立一个即使没有 teaching-assistants 子表也可以让一个人既是老师又是学生的环境是很有用的。因此，去掉第二个一致性约束是有用的。

　　子表可以采用无须复制所有的继承字段的有效方式进行存储，通常有如下两种方式：

- 每一个表只存储主码（可能是从父表中继承来的）和局部定义的属性。继承属性（主码之外的）不需要存储，因为它可以基于主码与父表连接得到。
- 每一个表存储所有继承的和局部定义的属性。当插入一个元组时，它仅仅存储在它被插入的那个表中，在它的每个父表中推断它的出现。因为不需要连接，所以可快速访问元组的所有属性。不过，一旦没有第二个一致性约束（即一个实体可能出现在两个子表中而不在它们的公共子表中出现），这种表达将导致信息重复的问题。

8.9.4　引用类型

　　面向对象的程序设计语言提供了引用对象的能力，类型的一个属性可以是对一个指定类型的对象的引用。

　　【例 8.40】　定义一个包括 name 字段和 head 字段的 Department 类型，一个 Department 类型的表 departments。其中，head 字段引用到 Person 类型。方法如下所示：

```
create type Department(
    name varchar(20),
    head ref(Person) scope people)
create table departments of Department
```

　　这里，引用限制在 people 表中的元组。在 SQL-99 中，对一个指向表的元组的引用范围（scope）的限制是强制的，它使引用的行为与外码类似。

8.9.5　与复杂类型有关的查询

　　复杂类型的 SQL 查询语言扩展用一个简单的例子来说明。例如，找出每本书的标题和出版社。下面的查询实现了这项任务：

```
select title, publisher.name
    from books
```

请注意我们使用点号 "." 引用了复合属性 publisher 的 name 字段。

1. 路径表达式

在 SQL-99 中对引用取内容使用→符号。

【例 8.41】　查找出各个部门负责人的名字和地址，查询语句如下：

```
select head→name, head→address
    from departments
```

在上面的查询中，"head→name"带有→符号的表达式被称为路径表达式（path expression）。由于 head 是一个对 people 表中元组的引用，上述查询中的 name 属性就是 people 表中元组的 name 属性。引用可以用来隐藏连接操作。在上面的例子中，如果没有使用引用，则 departments 的 head 字段就会被声明为 people 表的一个外码。要找出一个部门负责人的姓名和地址，我们就需要将 departments 与 people 关系显式地做一个连接。显然，使用引用可以明显地简化查询。

2. 以集合体为值的属性

怎样处理以集合为值的属性。一个计算集合体值的表达式可以出现在关系名出现的任何地方，具体方法如例 8.42 所示。

【例 8.42】　根据前面定义的 books 表，查询所有的码中包含 "database" 字样的书，查询语句如下：

```
select title
    from books
    where 'database' in (unnest(keyword-set))
```

unnest(keyword-set)在无嵌套关系的 SQL 中相当于一个 select-from-where 的子表达式。如果我们知道一本特定的书具有三个作者，我们会这样写：

```
select author-array[1], author-array[2], author-array[3]
    from books
    where title='Database System Concepts'
```

现在，假定我们想得到一个关系，它包含形式为 "书名，作者名"，对应每本书和书的每个作者。我们可以使用下面的查询：

```
select B.title, A.name
    from books as B, unnest(B.author-array) as A
```

由于 books 的 author-array 属性是一个以集合体为值的字段，因此可以用在需要有一个关系存在的 from 子句中。

3. 嵌套与解除嵌套

将一个嵌套关系转换成具有更少（或没有）的关系为值的属性的形式的过程称为解除嵌套（unnesting）。books 关系有 author-array 和 keyword-set 两个是集合体的属性；同时 books 关系另外还有 title 和 publisher 两个不是集合体的属性。

【例 8.43】 将 books 关系转化为一个单一的平面关系，使其不包含嵌套关系或者结构类型作为属性。我们可以使用以下查询来完成这个任务：

```
select title, A as author, publisher.name as pub-name, publisher.branch as pub-branch,
      K as keyword
   from books as B, unnest(B.author-array) as A, unnest (B.keyword-set) as K
```

from 子句中的变量 B 被声明为以 books 为取值范围，变量 A 被声明为以书 B 的 author-array 中的作者为取值范围，同时 K 被声明为以书 B 的 keyword-set 中的关键字为取值范围。图 8-3 显示了 books 关系的一个 1NF 实例，图 8-4 显示了上述查询的结果形成的 4NF 关系。

将一个 1NF 关系转化为嵌套关系的反向过程称为嵌套（nesting）。嵌套可以用在 SQL 中的分组操作的一个扩展来完成。在 SQL 中分组的常规使用中，要对每个组（逻辑上）创建一个临时的多重集合关系，然后在这个临时关系上应用一个聚集函数。我们可以通过返回这个多重集合而不应用聚集函数的方式创建一个嵌套关系。

假定我们有一个如图 8-3 所示的 1NF 关系 flat-books，下面的查询在属性 keyword 上对关系进行了嵌套：

```
select title, author, Publisher(pub-name, pub-branch) as publisher,
    set(keyword) as keyword-set
  from flat-books
  groupby title, author, publisher
```

在图 8-3 中 flat-books 关系上执行这个查询的结果如图 8-5 所示。

title	author	publisher(pub-name, pub-branch)	keyword-set
Compilers	Smith	(McGraw-Hill, New York)	{parsing, analysis}
Compilers	Jones	(McGraw-Hill, New York)	{parsing, analysis}
Networks	Jones	(Oxford, London)	{Internet, Web}
Networks	Frick	(Oxford, London)	{Internet, Web}

图 8-5　flat-books 关系的一个部分嵌套版本

如果我们要同时对作者属性进行嵌套，而将图 8-3 中 1NF 表 flat-books 转化为图 8-2 所示的嵌套表 books，我们可以使用如下查询：

```
select title, set(author) as author-set, Publisher(pub-name, pub-branch) as
publisher,
                set(keyword) as keyword-set
        from flat-books
        groupby title, publisher
```

另一种创建嵌套关系的方法是在 select 语句中使用子查询。下面的查询阐明了该方法，它与上面的查询执行了同样的任务。

```
Select title,
    (select author
        from flat-books as M
        where M.title=O.title) as author-set,
        Publisher(pub-name, pub-branch) as publisher,
    (select keyword
            from flat-books as N
    where N.title=O.title) as keyword-set,
from flat-books as O
```

系统对 select 子句中对外部查询中的 from 和 where 子句生成的每一个元组执行嵌套子查询。观察到外部查询中的 O.title 属性被用到嵌套查询中，以确保对每一本书的题目产生正确的作者和关键字集合。这种方法的优点在于可以在嵌套查询上使用 orderby 子句生成一个有序的结果。数组或是列表可以从嵌套查询的结果中构造出来。如果没有排序，数组和列表将不能唯一确定。

8.9.6 函数和过程

SQL-99 允许定义函数、过程和方法。定义可以通过 SQL-99 的有关过程的组件，也可以通过外部的程序设计语言，例如 Java、C 或 C++。我们首先看一个 SQL-99 中的定义，然后了解如何使用外部语言中的定义。有些数据库系统支持它们自己的过程语言，例如 Oracle 中的 PL/SQL 和 Microsoft SQLServer 中的 TransactSQL。它们类似于 SQL-99 的有关过程的部分，但在语法和语义上有所区别，详细信息可参见各自的系统手册。

1. SQL 函数和过程

假定我们想要这样一个函数：给定一个书名，返回其作者数，使用 4NF 模式（参见图 8-4）。我们可以用下面这种方式定义这个函数：

```
create function author-count(title varchar(20))
```

```
          returns integer
          begin
            declare a-count integer;
              select count(author) into a-count
              from authors
              where authors.title=title
          return a-count;
          end
```

这个过程可以用在一个返回具有多于一个作者的所有书的名称的查询：

```
select title
    from books4
    where author-count(title)>1
```

函数对于特定的数据类型（比如图像和几何对象）来说特别有用。例如，用在地图数据库中的一个多边形数据类型可能有一个相关函数用于判断两个多边形是否重叠，一个图像数据类型可能有一个相关函数用于比较两幅图的相似性。函数可以用外部语言（比如 C）来编写。一些数据库系统也支持返回关系（即元组的多重集合）的函数，尽管 SQL-99 并不支持这些函数。

前面介绍的方法，可以看作与结构类型相关联的函数。它们的第一个参数 self 是隐含的，它被设置为调用这个方法的结构类型的值。因此，方法主体可以通过 self.a 来引用这个值的属性 a。这些属性也可以被该方法更新。

SQL-99 也支持过程。author-count 函数也可以写成一个过程：

```
Create procedure author-count-proc(in title varchar(20), out a-count integer)
    begin
        select count(author) into a-count
        from authors
        where authors.title=title
    end
```

可以从一个 SQL 过程中或者从嵌入式 SQL 中使用 call 语句调用过程：

```
declare a-count integer;
call author-count-proc('Database Systems Concepts', a-count);
```

SQL-99 允许多个过程同名，只要同名的不同过程的参数个数不同。名称和参数个数用于标识一个过程。SQL-99 也允许多个函数同名，只要这些同名的不同函数的参数个数不同，或者，对于那些有相同个数参数的函数，至少有一个参数的类型不同。

2. 外部语言程序

SQL-99 允许使用一种程序设计语言（如 C 或 C++）定义函数。这种方式定义的函数会比 SQL 中定义的函数效率更高，无法在 SQL 中执行的计算可以由这些函数执行。

【例 8.44】　在一个元组的数据上执行复杂数学计算。外部过程和函数可以这样指定：

```
create procedure author-count-proc(in title varchar(20), out count integer)
language C
external name '/usr/avi/bin/author-count-proc'
create function author-count (title varchar(20))
returns integer
language C
external name '/usr/avi/bin/author-count'
```

外部语言过程需要处理空值和异常。因此它们必须具有几个额外的参数：一个指明失败/成功状态的 sqlstate 值，一个存储函数返回值的参数，和一些指明每个参数/函数结果的值是否为空的指示器变量。在声明语句的上方添加额外的一行 parameter style general 指明外部过程/函数只使用说明的变量并且不处理空值和异常。

3. 过程的构造

SQL-99 支持多种过程的构造，这赋予它与通用程序设计语言相当的几乎所有的功能。SQL-99 标准中处理这些构造的部分称为持久存储模块（persistent stroage module，PSM）。

1）while 语句和 repeat 语句

一个复合语句有 begin … end 的形式，在 begin 和 end 之间会包含多条 SQL 语句。SQL-99 支持 while 语句和 repeat 语句，语法如下：

```
declare n integer default 0;
while n<10 do
    set n=n+1;
end while
repeat
    set n=n-1;
until n=0
end repeat
```

这段代码没什么用，只是说明 while 和 repeat 循环的语法。

2）for 语句

for 循环，允许对查询的所有结果迭代：

```
declare n integer default 0;
for r as
      select balance from account
          where branch-name='Perryridge'
do
    set n=n+r.balance
end for
```

程序在 for 循环开始执行的时候隐式地打开一个游标，并且用它每次获得一个行的值存入 for 循环变量（在上面例子中指 r）中。赋予该游标一个名称是有可能的，可通过在关键字 as 后插入文本 cn cursor for 完成，其中的 cn 是游标的名称。游标名可用于对该游标指向的元组进行更新/删除操作。语句 leave 可用来退出循环，而 iterate 表示跳过剩余语句从循环的开始进入下一个元组。

3）if-then-else 语句与 case 语句

条件语句包括 if-then-else 语句，使用语法如下：

```
if r.balance<1000
      then.set l=l+r.balance
elseif r.balance<5000
      then set m=m+r.balance
else set h=h+r.balance
end if
```

这段代码假定 l、m 和 h 是整型变量，r 是行变量。如果我们用这段 if-then-else 代码替换掉前面一段的 for 循环中的"set n=n+r.balance"行，则循环将按照低、中和高余额分别计算这三类账户余额的总数。

SQL-99 的 case 语句类似于 C/C++语言中的 case 语句。

SQL-99 还包括发信号通知异常条件（exception condition）的概念，以及声明句柄（handler）来处理异常，代码如下：

```
declare out-of-stock condition
declare exit handler for out-of-stock
begin
  ...
end
```

在 begin 和 end 之间的语句可以执行 signal out-of-stock 来引发一个异常。这个句柄说明，如果条件发生，将会采取动作终止 begin end 中的语句。替换的动作将是 continue，它继续从引发异常的语句的下一条语句开始执行。除了明确定义的条件，还有一些预定义的条件，比如 sqlexception、sqlwarning 和 not found。

　　图 8-6 是有关 SQL-99 的过程构造的实例。过程 findEmpl 计算给定经理（由参数 mgr 指定）的所有直接和非直接管理的员工的集合，并且将结果集中员工名字存储在一个被称为 empl 的关系中（假定这个关系已经存在）。关系 manager（empname，mgrname）（假定可用）指明了谁直接为哪个经理工作。所有的直接/非直接管理的员工的集合构成了 manager 关系的传递闭包的主体。

```
create procedure findEmpl(in mgr char(10))
--找出所有直接或间接为mgr工作的员工，并将他们加到关系empl(name)中。
--关系manager(empname, mgrname)指出谁直接为谁工作。
begin
    create temporary table newemp (name char(10));
    create temporary table temp (name char(10));
    insert into newemp
      select empname
      from manager
      where mgrname=mgr
    repeat
      insert into empl
        select name
        from newemp;

      insert into temp
        (select manager.empname
          from newemp, manager
          where newemp.empname=manager.mgrname;
        )
        except (
          select empname
          from empl
        );
      delete from newemp;
      insert into newemp
        select *
        from temp;
      delete from temp;

    until not exists (select*from newemp)
    end repeat;
End
```

图 8-6　找出一个经理管理的所有员工

　　该过程使用了两个临时表：newemp 和 temp。该过程在 repeat 循环之前把所有直接为 mgr 工作的员工插入到 newemp 中。Repeat 循环首先把 newemp 中的所有员工添加到 empl 中。然后，它计算 newemp 中为经理工作的员工（除了那些已经找到的 mgr 的员工）并把它们存储到临时表 temp 中。最后用 temp 中的内容替换 newemp 中的内容。Repeat 循环在找不到新员工（非直接的）时终止。我们注意到 except 子句的用处，它确保即使在有管理的循环（反常的）情况下，该过程仍可工作。例如，如果 a 为 b 工作，b 为 c 工作，而 c 又为 a 工作，就出现了循环。

虽然在管理控制中循环不可能出现，但是其他的应用中可能会出现循环。例如，假设我们有关系 flights(to, from)，表示从一个城市直飞可达的其他城市。我们可以修改 findEmpl 过程来查找从给定城市利用一次或多次航班的一个序列能到达的所有城市。所有我们要做的就是用 flight 替换 manager 并且替换相应的属性名。这种情况下有可能出现一个可到达性的循环，但是由于该过程排除了已经找到的城市，所以它能正确执行。

第9章 非关系型数据库 NoSQL

本章主要介绍非关系型的数据库 NoSQL，有时 NoSQL 也被认为是 Not Only SQL 的简写，是对不同于传统的关系型数据库的数据库管理系统的统称。两者存在许多显著的不同点，其中最重要的是 NoSQL 不使用 SQL 作为查询语言。其数据存储可以不需要固定的表格模式，也经常会避免使用 SQL 的 JOIN 操作，一般有水平可扩展性的特征。

9.1 NoSQL 概述

随着互联网 Web 2.0 网站的兴起，非关系型的数据库现在成了一个极其热门的新领域，非关系数据库产品的发展非常迅速。而传统的关系数据库在应付 Web 2.0 网站，特别是超大规模和高并发的 SNS（Social Network Site，社交网站）类型的 Web 2.0 纯动态网站方面已经显得力不从心，暴露了很多难以克服的问题，主要包括以下几个方面。

1）对数据库高并发读写的需求

Web 2.0 网站要根据用户个性化信息来实时生成动态页面和提供动态信息，所以基本上无法使用动态页面静态化技术，因此数据库并发负载非常高，往往要达到每秒上万次读写请求。关系数据库应付上万次 SQL 查询还勉强顶得住，但是应付上万次 SQL 写数据请求，硬盘 I/O 就已经无法承受了。对于普通的 SNS 网站，往往存在对高并发写请求的需求。

2）对海量数据的高效率存储和访问的需求

对于大型的 SNS 网站，每天用户产生海量的用户动态，以 Facebook 为例，每天要处理 27 亿次 Like 按钮点击，3 亿张图片上传，500TB 数据接收。对于关系数据库来说，在上亿条记录的表里面进行 SQL 查询，效率是极其低下乃至不可忍受的。特别是大型 Web 网站的用户登录系统，例如腾讯，动辄数以亿计的账号，关系数据库也很难应付。

3）对数据库的高可扩展性和高可用性的需求

在基于 Web 的架构当中，数据库是最难进行横向扩展的，当一个应用系统的用户量和访问量与日俱增的时候，你的数据库却没有办法像 Web Server 和 App Server 那样简单地通过添加更多的硬件和服务节点来扩展性能和负载能力。对于很多需要提供 24 小时不间断服务的网站来说，对数据库系统进行升级和扩展是非常痛苦的事情，往往需要停机维护和数据迁移，为什么数据库不能通过不断地添加服务器节点来实现扩展呢？

在上面提到的"三高"需求面前，关系数据库遇到了难以克服的障碍，而对于 Web 2.0 网站来说，关系数据库的很多主要特性却往往无用武之地，例如：

（1）数据库事务一致性需求。很多 Web 实时系统并不要求严格的数据库事务，对读一致性的要求很低，有些场合对写一致性要求也不高。因此数据库事务管理成了数据库高负载下一个沉重的负担。

（2）数据库的写实时性和读实时性需求。对关系数据库来说，插入一条数据之后立刻查询，是肯定可以读出来这条数据的，但是对于很多 Web 应用来说，并不要求这么高的实时性。

（3）对复杂的 SQL 查询，特别是多表关联查询的需求。任何大数据量的 Web 系统，都非常忌讳多个大表的关联查询，以及复杂的数据分析类型的复杂 SQL 报表查询，特别是 SNS 类型的网站，从需求以及产品设计角度，就避免了这种情况的产生。往往更多的只是单表的主键查询，以及单表的简单条件分页查询，SQL 的功能被极大地弱化了。

因此，关系数据库在这些越来越多的应用场景下显得不那么合适了，为了解决这类问题，非关系数据库应运而生。

NoSQL 是非关系型数据存储的广义定义。它打破了长久以来关系型数据库与 ACID 理论大一统的局面。NoSQL 数据存储不需要固定的表结构，通常也不存在连接操作。在大数据存取上具备关系型数据库无法比拟的性能优势。该术语在 2009 年初得到了广泛认同。

当今的应用体系结构需要数据存储在横向伸缩性上能够满足需求。而 NoSQL 存储就是为了实现这个需求。Google 的 BigTable 与 Amazon 的 Dynamo 是非常成功的商业 NoSQL 实现。一些开源的 NoSQL 体系，如 Facebook 的 Cassandra，Apache 的 HBase，也得到了广泛认同。

9.2　相关理论基础

9.2.1　一致性

在讨论一致性之前，先看一下 CAP 理论。它作为一种理论依据，使得在不同应用中，对一致性也有了不同的要求。CAP 理论：简单地说，就是对于一个分布式系统，一致性（Consistency）、可用性（Availablity）和分区容忍性（Partition tolerance）三个特点最多只能三选二。

一致性意味着系统在执行了某些操作后仍处在一个一致的状态，这点在分布式的系统中尤其明显。比如某用户在一处对共享的数据进行了修改，那么所有有权使用这些数据的用户都可以看到这一改变。简言之，就是所有的结点在同一时刻有相同的数据。

可用性指对数据的所有操作都应有成功的返回。高可用性则是在系统升级（软件或硬件）或在网络系统中的某些结点发生故障的时候，仍可以正常返回。简言之，就是任何请求不管成功或失败都有响应。

分区容忍性这一概念的前提是在网络发生故障的时候。在网络连接上，一些结点出现故障，使得原本连通的网络变成了一块一块的分区，若允许系统继续工作，那么就是分区可容忍的。

在数据库系统中，事务的 ACID 属性保证了数据库的一致性。比如银行系统中，转账就是一个事务，从原账户扣除金额，以及向目标账户添加金额，这两个数据库操作的总和构成一个完整的逻辑过程，具有原子的不可拆分特性，从而保证了整个系统中的总金额没有变化。

然而，这些 ACID 特性对于大型的分布式系统来说，是和高性能不兼容的。比如，你在网上书店买书，任何一个人买书这个过程都会锁住数据库直到买书行为彻底完成（否则书本库存数可能不一致），买书完成的那一瞬间，世界上所有的人都可以看到书的库存减少了一本（这也意味着两个人不能同时买书）。这在小的网上书城也许可以运行得很好，可是对 Amazon 这种网上书城却并不是很好。

而对于 Amazon 这种系统，它也许会用 Cache 系统，剩余的库存数也许是几秒甚至几个小时前的快照，而不是实时的库存数，这就舍弃了一致性。并且，Amazon 可能也舍弃了独立性，当只剩下最后一本书时，也许它会允许两个人同时下单，宁愿最后给那个下单成功却没货的人道歉，而不是整个系统性能的下降。

由于 CAP 理论的存在，为了提高性能，出现了 ACID 的一种变种 BASE（这四个字母分别是 Basically Available, Soft—state, Eventual consistency 的开头字母，是一个弱一致性的理论，只要求最终一致性）：

- Basically Available：基本可用。
- Soft state：软状态，可以理解为"无连接"的，而与之相对应的 Hard state 就是"面向连接"的。
- Eventual consistency：最终一致性，最终整个系统（时间和系统的要求有关）看到的数据是一致的。

在 BASE 中，强调可用性的同时，引入了最终一致性这个概念，不像 ACID，其并不需要每个事务都是一致的，只需要整个系统经过一定时间后最终达到一致。比如 Amazon 的卖书系统，也许在卖的过程中，每个用户看到的库存数是不一样的，但最终卖完后，库存数都为 0。再比如 SNS 网络中，C 更新状态，A 也许可以 1 分钟就看到，而 B 甚至 5 分钟后才看到，但最终大家都可以看到这个更新。

具体地说，如果选择了 CP（一致性和分区容忍性），那么就要考虑 ACID 理论（传统关系型数据库的基石，事务的四个特点）。如果选择了 AP（可用性和分区容忍性），那么就要考虑 BASE 系统。如果选择了 CA（一致性和可用性），如 Google 的 bigtable，那么在网络发生分区的时候，将不能进行完整的操作。

ACID 理论和 BASE 的具体对比如表 9-1 所示。

表 9-1   ACID 和 BASE 的对比表

ACID	BASE
强一致性	弱一致性
隔离性	优先考虑可用性
关注"操作提交"	尽力服务
允许事务嵌套	结果对精确度要求不高
可用性	更简单、更快速
比较"保守"	比较"激进"
难于演变	易于演变

9.2.2　分区

现在，数据量的增加已经使得数据不可以仅在单一的计算机系统中存储（分布式的应用），尤其是为了保证数据的可靠性，有时需要复制备份。同时，为了一些规模性的操作（比如负载平衡）或者考虑到一些动态因素的影响（存储结点的改变），在设计中就要考虑"分区"的概念。

分区的一些主要方法如下：

（1）内存缓存：缓存技术可以看成一种分区。内存中的数据库系统将使用频率最高的数据复制到缓存中，加快了数据给用户传递的速度，同时也大大减轻了数据库服务器的负担。在分布式缓存中，缓存由很多带有分配好一定内存的进程组成，它们能够放置到不同的机器上并且可以通过配置进行应用。它的协议可以在不同的编程语言中实现，同时在用户的应用中提供了简单的键值存储 API。它通过将键值哈希散列到缓存中来存储对象。

（2）集群：数据库服务器集群在为用户提供服务时的透明性（用户感觉数据像是在同一个地方），是另外一个对数据进行分区的方法。然而，这种方法虽然能在某种程度上扩展系统数据持久层，可是集群本身的特性却仅仅应用在了数据库管理系统的顶层，而并未在分布式最初的设计中得到应用。

（3）读写分离：指定一台或多台主服务器，所有或部分的写操作被送至此，同时再设一定数量的副本服务器用以满足读请求。如果主服务器向至少一个用户异步复制数据，这是没有写延迟的，可如果主服务器在向最后一个用户写数据还没完成的时候就崩溃了，那么写操作将是无效的；如果主服务器向用户同步复制数据，这是有延迟的，这种更新不会丢失，但读请求却不能送达副本服务器。如果对一致性要求很高的话，无法避免进一步的写延迟。在这种情况下，如果主服务器崩溃了，那么有最新的数据的副本服务器将会成为新的主服务器。这种模型（主/从模型）在读写率很高的时候工作得很好。

（4）范围分割技术/分片（sharding）：指对数据按照如下方式进行分区操作，即对数据的请求和更新在同一个结点上，并且对于分布在不同服务器上的数据存储和下载的量大致相同。从可靠性和负载平衡的观点看，数据的碎片也是需要被复制的，并且允许它们被写入主服务器的副本中和所有需要维护数据分区的副本服务器中。而为了做到这一点，需要在分区和存储结点之间做一个映射。这个映射是动态还是静态取决于用户的应用、主服务器的"映射服务/组件"以及网络中用户应用于网络结点之间的基础结构。在分区场景中，关键在于如何将数据库中的对象映射到服务器上。通常的方法是哈希散列法。

9.2.3　存储分布

存储布局是确定了如何访问磁盘，以及如何直接影响性能，主要分为基于行的存储布局、列存储布局、带有局部性群组的列存储布局、LSM-Tree 四种。

1. 行存储和列存储

这里首先介绍行存储和列存储。两者之间的主要区别在于，行存储将每条记录的所有字段的数据聚合存储，而列存储将所有记录中相同字段的数据聚合存储。举个简单的例子，见表 9-2。

表 9-2　员工信息表

员工号	姓	名	工资
7001	高	大海	4200
7002	王	胜利	3800
7003	李	小鹏	3900

对于传统的行存储，表格中的每一行（每一条记录）在磁盘上是紧密排列的，如下所示：

7001, 高, 大海, 4200;

7002, 王, 胜利, 3800;

7003, 李, 小鹏, 3900;

而列存储，将表格中每一列的数据项放在了一起，如下所示：

7001, 7002, 7003;

高, 王, 李;

大海, 胜利, 小鹏;

4200, 3800, 3900;

总结来说，行存储主要适用于 OLTP，或者更新操作，尤其是插入、删除操作频繁的场合；而列存储主要适用于 OLAP，数据仓库，数据挖掘等查询密集型应用。

列存储相对行存储的优点主要有两个：

- 每个字段的数据聚集存储，在查询只需要少数几个字段的时候能大大减少读取的数据量。而查询密集型应用的特点之一就是查询一般只关心少数几个字段，而行存储每次必须读取整条记录。
- 既然一个字段的数据聚集存储，那就更容易为这种聚集存储设计更好的压缩/解压算法。

2. 带有局部性群组的列存储

带有局部性群组的列存储，它和列存储很相似，但是增加了局部性群组的特色。

首先这里需要介绍一下局部性群组，它是在 Google 的关于 Bigtable 的论文中第一次提到的。它是指根据需要将原来不存储在一起的数据，以列族为单位存储至单独的字表中。如用户对网站排名、语言等分析信息感兴趣，那么可以将这些列族放在单独的子表，减少无用信息读取，改善存取效率。

而对于上面的例子，带有局部性群组的列存储就可以如下所示：

7001, 7002, 7003;

高，大海，4200；

王，胜利，3800；

李，小鹏，3900；

3. LSM-Tree

LSM-Tree（Log Structured Merge Trees，日志结构合并树）与前面介绍的存储结构有所不同，前面的存储结构在描述如何序列化逻辑数据结构，而 LSM-Tree 描述的则是为了满足高效、高性能、安全地读写的要求，如何有效地利用内存和磁盘存储。LSM-Tree 的观点是由 Patrick O'Neil 在 1996 年率先提出的。LSM-Tree 算法思想主要用于解决日志记录索引的问题，这种应用的特点是数据量大、写速率高（2000 条/秒），又要建立有效的索引来查找日志中的特定条目。Patrick O'Neil 的做法是，在内存里维护一个相同的 B 树，当内存中的 B 树达到阈值时，批量进行滚动合并。

而 LSM-Tree 的典型例子就是 Google 的 Bigtable。下面将结合 Bigtable 具体解释 LSM-Tree 的工作原理。

当初 Google 设计 Bigtable 的原因有两个，一是 Google 需要存储的数据种类繁多，二是海量的服务请求。Google 的需求是：数据存储可靠性、高速数据检索与读取、存储海量的记录、可以保持记录的多个版本。Bigtable 中的合并/转储引擎结构图如图 9-1 所示。

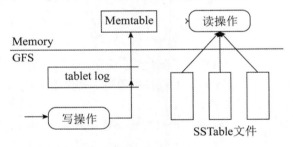

图 9-1　合并/转储引擎结构

用户的操作首先写入到 MemTable 中，当内存中的 MemTable 达到一定的大小，需要将 MemTable 转储到持久化存储中生成 SSTable 文件。这里需要注意，除了最早写入的 SSTable 存放了最终结果以外，其他的 SSTable 和 MemTable 存放的都是用户的更新操作，比如对指定行的某个列加一操作，删除某一行等。每次读取或者扫描操作都需要对所有的 SSTable 及 MemTable 按照时间从老到新进行一次多路归并，从而获取最终结果。

如果要确保数据不能丢失，为了应对服务器遇到不可抵抗外力因素造成宕机的情况，LSM 有两次持久化过程：一次是 log，以 append 形式对所有的 update 操作先进行日志记录，一旦出现意外情况，即可以恢复 log 中的内容到 MemTable；第二次是 swap，在 MemTable 达到阈值的时候直接转储到磁盘上形成新的 SSTable。

9.2.4　查询模型

不同的 NoSQL 数据存储提供的查询功能有重大分歧。然而设计的键值存储仅仅提供通过主键或一些 id 字段查找的功能，并且缺乏查询更进一步域的能力，而其他数据存储（像文档的数据库 CouchDB 和 MongoDB）则允许某些复杂查询。在许多 NoSQL 数据库的设计中，相对于性能和可扩展性来说，丰富的动态查询功能已被省略的现状是并不奇怪的。另一方面，在使用 NoSQL 数据库时，有些情况下需要至少有一些非主键属性查询功能。

现在许多 NoSQL 数据库是基于 DHT（Distributed Hash Table，分散哈希表）模型的。为了访问和修改对象数据，客户端要求提供对象的主键，然后数据库再根据提供的主键进行相等匹配。

例如，我们使用 DHT 实现一个顾客数据库，选择顾客编号 cust_id 作为主键。那么如果我们知道一个顾客对象的 cust_id，我们就能进行 get/set/operate 操作了。

现实世界中，我们可能想要基于非主属性查找数据，我们也可能基于"大于/不小于"关系进行查找，或者我们可能用一个布尔表达式来组合查询条件。

下面将介绍几个 NoSQL 中常见的查询模型。

1. 结合 SQL 数据库

一个最直接的方式是通过将 NoSQL 数据库拷贝到关系数据库或者文本数据库，来提供查询能力。当然，这就要求关系数据库要足够大以便能够存储每个对象的查询属性。由于我们仅仅将要查找的属性存到数据库中，而不是整个对象，故该方法是一个非常实用且常见的方法。结合 SQL 数据库的查询模型如图 9-2 所示。

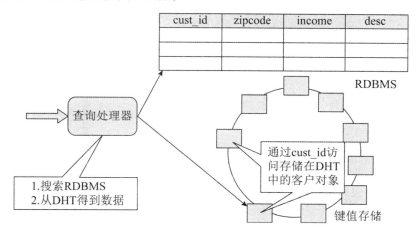

图 9-2　结合 SQL 数据库的查询模型

2. 分散/集合本地搜索

一些 NoSQL 数据库提供本地数据库内的索引和查询处理机制。在这种情况下，我们可以让查询处理器将查询广播到DHT中的所有节点，在每个节点上将会执行查询，并将结果送回到查询处理器，然后查询处理器将结果聚集成一个单一响应。需要注意的是搜索并行地发生在 DHT 中所有节点上。分散/集合本地搜索的查询模型如图 9-3 所示。

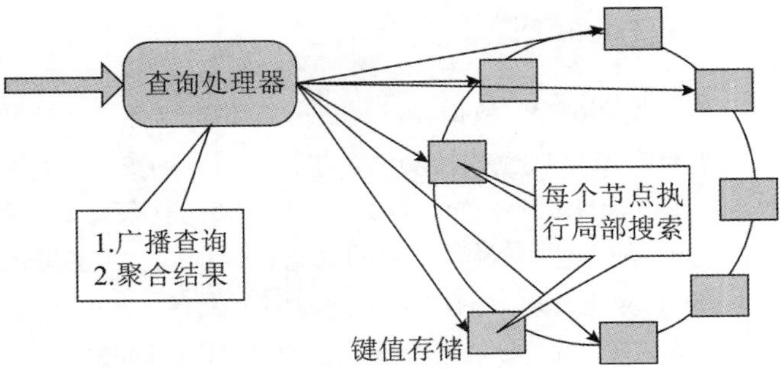

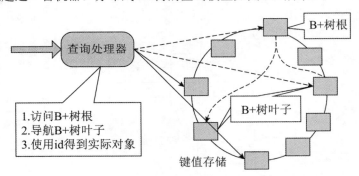

图 9-3　分散/集合本地搜索的查询模型

3. 分布式 B+树

B+树是一种用在关系型数据库管理系统中常见的索引结构。B+树的分布式版本可以用在 DHT 环境中。其基本思路是为了定位 B+树的根节点哈希要搜索的属性。根节点的"值"包含其孩子节点的 ID。因此，客户端为了找到孩子节点可以发起另一个 DHT 查找调用。继续这个过程，客户端最终向下导航到叶节点，从而与搜索条件匹配。紧接着，为了提取实际的对象，客户端将发起另一个 DHT 查找。

值得注意的是，对象的创建和删除将会引起 B+树节点的拆分/合并更新。这应该以原子的方式进行。分布式事务是一项昂贵的操作，但它的使用在这里是合理的，因为大多数的 B+树的更新很少涉及超过一台机器。分布式 B+树的查询模型如图 9-4 所示。

图 9-4　分布式 B+树的查询模型

4. 前缀哈希表/分布式 Trie

前缀哈希表（Prefix Hash Table，PHT，又名分布式 Trie）是一个树形数据结构。在这个树形结构中，从根节点到叶子的每一条路径上均包含了键值的前缀，并且每个 Trie 中的节点都包含了它是谁的前缀的所有数据。PHT 主要包含三个操作：lookup、range query 和 insert/delete。前缀哈希表的查询模型如图 9-5 所示。

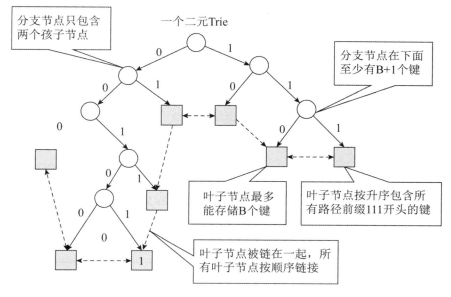

图 9-5　前缀哈希表的查询模型

9.3　NoSQL 数据库的种类

　　NoSQL 数据库并没有统一的模型，而且是非关系型的。常见的 NoSQL 数据库通过存储方式划分，可分为文档存储、键值存储、列存储和图存储，其具体分类和特点如表 9-3 所示。两种不同的 NoSQL 的数据库之间的差异程度，远远超过两种关系型数据库之间的不同。一个优秀的 NoSQL 的数据库必然适合某些场合或者某种应用。

表 9-3　NoSQL 数据库的分类与特点

分　类	典型产品	应 用 场 景	优　点	缺　点
文档存储	MongoDB、CouchDB	Web 应用，存储面向文档和半结构化数据	结构灵活，可以根据 value 构建索引	缺乏统一的查询语法；无事务处理能力
键值存储	Memcached、Redis	内容缓存，如会话、配置文件、参数等	扩展性好，灵活性强，大量操作时性能高	数据无结构化，通常被当成字符串或者二进制数据，通过键查询值
列存储	Bigtable、HBase、Cassandra	分布式数据存储和管理	可扩展性强，查找速度快，复杂性低	功能局限；不支持事务的强一致性
图存储	Neo4j、OrientDB	社交网络、推荐系统、专注于构建系统图谱	支持复杂的图形算法	复杂性高，只能支持一定的数据规模

9.3.1 文档存储

在传统的数据库中，数据被分割成离散的数据段，而文档存储则是以文档为存储信息的基本单位。文档存储一般用类似 json 的格式存储，存储的内容是文档型的。面向文档的数据库具有以下特征：即使不定义表结构，也可以像定义了表结构一样来使用。另外，面向文档的数据库可以通过复杂的查询条件来获取数据。虽然不具备事务处理和 join 等关系型数据库所具有的处理能力，但其他的处理基本都可以实现。

在文档存储中，文档可以很长，很复杂，无结构，可以是任意结构的字段，并且数据具有物理和逻辑上的独立性，这就和具有高度结构化的表存储（关系型数据库的主要存储结构）有很大的不同，而最大的不同则在于它不提供对参数完整性和分布事物的支持；不过，它们之间也并不排斥，可以进行数据的交换。鉴于以上特点一些术语也发生了变化，如表 9-4 所示。

表 9-4　文档型数据库用语

关系型数据库用语	数据库	表	记录
文档型数据库用语	数据库	集合	文档

现在一些主流的文档型数据库如表 9-5 所示。

表 9-5　文档存储型数据库

名　　称	查 询 语 言	注　　释
BaseX	Xquery, Java	XML 型数据库
CouchDB	Erlang	
MongoDB	C++	JSON 型数据库
Lotus Notes	LotusScript, Java, others	多键值
MarkLogic Server	Xquery	XML 型数据库

1. 文档数据库 MongoDB

MongoDB 是 10gen 公司开发的以高性能和可扩展性为特征的文档型数据库，也是 NoSQL 文档存储模式数据库中的重要一员。MongoDB 的最大特点就是无表结构。在保存数据和数据结构的时候，会把数据和数据结构都完整地以 BSON 的形式保存起来（BSON 是 JSON 的二进制编码格式，但比 JSON 支持更加复杂的格式，在空间利用上更加高效，支持的数据类型如表 9-6 所示），并把它作为值和特定的键进行关联。正是由于这种设计，使得它不需要表结构，而被称为文档型数据库。

表 9-6　BSON 支持的数据类型

类　　型	描　　述
NULL	用于表示空值或者不存在的字段，{"x":null}
Boolean	布尔类型：有两个值，True 和 False，{"x":true }

类　型	描　　述
String	字符串：BSON 字符串是 UTF-8 格式，{"x":"中文" }
Array	数组：值的集合或者列表，用 "[]" 表示，{"x":["a", "b", "c"]}
Binary data	二进制数据：由任意字节的字符串组成，在 Shell 中无法直接使用
Object	内嵌文档：文档的值是嵌套文档，{"a":{"b":3}}
ObjectId	对象 id：共 12 个字节的字符串，每个字节两位十六进制数字，{"x":objectId()}
Date	日期：存储的是从标准纪元开始的毫秒数，不存储时区，{"x":new Date()}
Timestamp	时间戳：内部使用的特殊的类型，和正常日期类型无关，var a=new Timestamp{}
Max key	最大值：BSON 包括一个特殊类型，表示可能的最大值，Shell 中没有这个类型
Min key	最小值：BSON 包括一个特殊类型，表示可能的最小值，Shell 中没有这个类型

　　这里说的文档，是一种可以嵌套的数据集合。从关系数据库的范式的概念来说，嵌套是明显的反范式设计。范式设计的好处是消除了依赖，但是增加了关联，查询需要通过关联两张或者多张表来获得所需要的全部数据，但是更改操作是原子的，只需要修改一个地方即可。反范式则是增加了数据冗余来提升查询性能，但更新操作可能需要更新冗余的多处数据，需要注意一致性的问题。

　　由于 MongoDB 最大的特点就是无表结构，无论是定义还是使用，所以，对于任何关键字，它都可以像关系型数据库那样进行复杂的查询。此外，MongoDB 拥有比关系型数据库更快的速度，而且，可以像关系型数据库那样通过添加索引来进行高速处理。

　　根据它的特点，可以通过 "添加字段" "查询数据" 这两个操作看出 MongoDB 与传统的关系型数据库相比的优势与不足，如表 9-7 所示。

表 9-7　MongoDB 与传统的关系型数据库的比较

数据库名称	添 加 字 段	查 询 数 据	事物处理
传统的关系型数据库	先进行表结构的变更，然后在程序中进行修改	严格根据谓词逻辑	可以
MongoDB	只对程序进行修改	灵活指定查询条件，但不支持 join 查询	不支持

　　因此，在实际应用中，我们要根据 MongoDB 的特点灵活使用：在最初的设计时就避免 join 查询的使用，当然，可以在最开始的时候就将必要的数据嵌入到文档中去，这可以实现同样的功能。

　　除此之外，MongoDB 有它自己的通信协议，有几种语言的 socket 驱动。MongoDB 还有强大的查询语言可以和 SQL 相媲美，它的查询语言同样支持 Map/reduce 函数。此外，MongoDB 的分区方法采用的是 "读写分离"，以主从模式对数据进行复制和修改。

　　MongoDB 具有四点主要特征：

　　（1）高性能：提供 JSON、XML 等可嵌入数据快速处理功能；提供文档的索引功能，相对传统数据库而言，大大提高查询速度。

（2）丰富的查询语言：为数据聚合、结构文档、地理空间提供丰富的查询功能。

（3）高可用性：提供数据冗余处理和故障自动转移的功能。

（4）水平扩展能力：通过集群将数据分布到多台机器，而不是只提升单个节点的性能，具体处理分为主从和权衡两种处理模式。

MangoDB 为 C、C#、.NET、Java、PHP 等各种开发语言提供了程序库，如表 9-8 所示。

表 9-8　MangoDB 为各种开发语言提供的程序库（部分）

开 发 语 言	程 序 库
Java	Morphia
PHP	Mongo
Ruby	Rmongo, mongo-ruby-dirver
Objective C	NuMongoDB
Perl	MongoDB
R	RMongo
Lua	LuaMongo

Java 驱动程序是 MongoDB 最早的驱动，它已经使用多年，而且非常稳定，是企业级开发的首选。下面使用 Java 驱动程序来举一个各种汽车信息统计的搜索引擎的例子，每种汽车收集的信息都不同，本例子的目的是使得这些信息都能被搜索到。

【例 9.1】　汽车信息统计的搜索引擎。这个问题的重点在于每种汽车收集的信息都不同，要能对全部这些属性做快速的搜索。比如奥迪只有一个价格信息，而宝马有价格、车身重量和排量等等。奥迪的文档比较简单：

```
{
    "name" : "Audi",
    "Price" : 920000
}
```

宝马的属性就比较多，所以它的文档也复杂一些：

```
{
    "name" : "BMW",
    "Price" : 890000,
    "Weight" : {
        "value" : 1930,
        "units" : "kg"
    },
    "Engine" : {
```

```
            "value" : 3.0,
            "units" : "L"
        }
    }
```

MangoDB 能存放任意数量、任意属性的被统计信息，这样应用就能轻易扩展，但目前还不能对当前的格式进行有效的索引。MangoDB 索引可以将数组的每一个元素进行涵盖，所以可以将想要索引的属性放到一个保护常用键名的数组中。例如，对于宝马汽车，可以为索引添加一个数组，将全部属性放到数组中：

```
{
    "name" : "BMW",
    "price" : 890000,
    "weight" : {
        "value" : 1930,
        "units" : "kg"
    },
    "engine" : {
        "value" : 3.0,
        "units" : "L"
    },
    "index" : [
        {"name" : "price", "value" : 890000},
        {"name" : "weight", "value" : 1930},
        {"name" : "engine", "value" : 3.0},
    ]
}
```

对于奥迪汽车，只有一个属性，就是价格：

```
{
    "name" : "Audi",
    "price" : 920000,
    "index" : [
        {"name" : "Price", "value" : 920000},
    ]
}
```

现在只要创建一个"index.name"和"index.value"的复合索引就行了。使用 Java 代码举例，使用 ensureIndex 函数建复合索引：

```
BasicDBOject index = new BasicDBObject ();
index.put("index.name", 1);
index.put("index.value", 1);

autoinfo.ensureIndex(index);
```

实现宝马汽车信息的文档如下：

```
public static DBObject creatBMW() {
        BasicDBObject  bp = new BasicDBObject ();
        bp.put ("name", "BMW");
        bp.put ("Price", 890000);

        BasicDBObject  bweight = new BasicDBObject ();
        bweight.put ("value", 1930);
        bweight.put ("units", "kg");
        bp.put ("weight", bweight);

        BasicDBObject  bengine = new BasicDBObject ();
        bengine.put ("value", 3.0);
        bengine.put ("units", "L");
        bp.put ("engine", bengine);

        ArrayList<BasicDBObject> index = new ArrayList < BasicDBObject > ();
        index.add (BasicDBObjectBuilder.start ()
                  .add("name", "price") .add("value", 890000) .get()) ;
        index.add (BasicDBObjectBuilder.start ()
                  .add("name", "weight") .add("value", 1930) .get()) ;
        index.add (BasicDBObjectBuilder.start ()
                  .add("name", "engine") .add("value", 3.0) .get()) ;
bp.put ("index", index);

.return bp;
        }
```

只要实现了 java.util.List，就可以用来表示数组，所以用 java.tuil.ArrayList 来存放表示汽车不同属性信息的内嵌文档。

2. 其他文档存储产品

除了应用比较多的 MangoDB 文档数据库之外，另外还有如下一些在应用中使用比较多的文档型数据库：

BaseX 是一个非常轻巧和高性能的 XML 数据库系统和 Xpath/Xquery 处理。包含了对 W3C Update 和 FullText 扩展的全面支持。一个可交互和友好的 GUI 前台操作界面，可以用 Xquery 查询相关数据库的 XML 文件，也可动态展示 XML 文件层次和结点关系的图。它具有高度的交互可视性，可实时执行和可进行 Xquery 编辑的特点。

CouchDB 也是一种面向文档的非关系型数据库，用 Erlang 编写，它主要致力于健壮性、高并发性和容错性。它与其他 NoSQL 数据库最大的不同在于它的双流向增加副本。CouchDB 的文件也是基于 JSON，但同样也有二进制的设置，它的 API 基于 REST，用标准的动词 GET、PUTPOST 和 DELETE。可以用 JavaScript 来操作 CouchDB，用户可以通过 Map/reduce 函数来生成自己的视图。

Lotus Notes 也是目前较为流行的文档数据库系统之一。作为群件系统，它利用自身强大的功能使其在企业、政府办公自动化方面的应用越来越广。它实现了业务流程化，并且在全文检索、复制、集成开发环境和 7 层安全机制等方面都有自己独特的定义。但是其结构也决定了它不适于传统的关系型数据库所擅长的事务处理方面的工作。

9.3.2　键值存储

键值存储模型是最简单，也是最方便使用的数据模型，它支持简单的键对值的键值存储和提取。根据一个简单的字符串（键）能够返回一个任意类型的数据（值）。键值存储最大的好处是不用为值指定一个特定的数据类型，这样就能在值里存储任意类型的数据。系统将这些信息按照 BLOB 大对象进行存储，当收到检索请求时，返回同样的 BLOB。由应用来决定被使用的数据是什么类型，如字符串、图片和 XML 文件等。键值存储数据库的主要特点是具有极高的并发读写性能。

1. 键值存储的示例

键值存储中的键是很灵活的，可以是图片名称、网页 URL 或者文件路径名，它们指向那些图片、网页和对应的文档。键可以用很多种格式来表示：

- 图片或者文件的路径名。
- 根据值的哈希值生成的字符串。
- REST Web 服务调用。
- SQL 查询。

值也很灵活，并且可以是任何 BLOB 数据，如字符串、图片、网页或视频。表 9-9 是一个键值存储的示例。

表 9-9　键值存储的示例

类　　型	键	值
图片名称	123.BMP	Binary image file
网页 URL	http:///www.google.com	HTML of a web page
文件路径名	C:/usr/Zhang/file1.doc	WORD document
MD5 哈希	8089e36d6iojfej2ofeif93089r0930r	This is a test.
REST Web 服务调用	View-person?person-id=123&format=xml	\<Person\>\<id\>123\</id\>\</Person\>
SQL 查询	SELECT * FROM STUDENT	*

2. 数据操作方式

键值存储中存在三种操作：put、get 和 delete。这三种操作规定了程序员与键值存储交互的基本方式。应用开发者使用 put、get 和 delete 函数访问和操作键值存储：

（1）put($key as xs:string, $value as item())对表添加一个新的键值对，并且当键存在时，更新键对应的值。

（2）get($key as xs:string) as item()根据给出的任意键返回键对应的值，如果键值存储中没有该键，将返回一个错误信息。

（3）delete($key as xs:string) 将键和对应的值从表中删除，如果键值存储中没有该键，将返回一个错误信息。

3. 数据保存方式

键值存储的数据库根据数据的保存方式可以分为临时性、永久性和两者兼具三种。

1）临时性保存类型

临时性的保存有可能丢失数据。这类数据库一般把数据都保存在内存中，这样读和写的速度都非常快，但是当数据库停止或者机器重启后，数据就不存在了。由于数据保存在内存中，所以也无法操作超过内存容量的数据，旧的数据会丢失。特点可以总结如下：

- 在内存中保存数据。
- 可以快速进行读和写。
- 数据有可能丢失。

2）永久性保存类型

永久性的保存不会丢失数据。这类数据库一般不把数据保存在内存中，而是把数据保存在硬盘上。与临时性在内存中读和写数据比较起来，由于牵扯到对硬盘的 I/O 操作，所以性能上的差距是显而易见的。但是它的最大优势是不会丢失数据。特点可以总结如下：

- 在硬盘上保存数据。
- 可以进行较快速的读和写操作。
- 数据不会丢失。

3）两者兼具型

这类数据库兼具临时性保存和永久性保存的优点。比如典型的 Redis 系统，它首先把数据保存在内存中，平时都在内存中进行读和写操作。在满足特定条件（缺省是 15 分钟一次以上，5 分钟 10 个以上或 1 分钟 1000 个以上的键发生变化）时，将数据写入到硬盘上保存。这样既确保了内存中数据处理的高速性，又通过写入硬盘来保证数据的永久性。这种类型的数据库特别适合处理数组类型的数据，特点可以总结如下：

- 同时在内存和硬盘上保存数据。
- 可以进行非常快速的读和写操作。
- 保存在硬盘上的数据不会丢失。

4. 键值存储产品

键值存储产品主要有亚马逊的 Memcached、Redis、Dynamo、Project Voldemort、Tokyo Tyrant、Riak、Scalaries 这几个数据库，这里主要介绍一下 Memcached 和 Redis。

1）Memcached

Memcached 属于前面分类中的临时性保存类型，是高性能的分布式内存对象缓存系统。一般的使用目的是，通过缓存数据库查询结果，减少数据库访问次数，以提高动态 Web 应用的速度、提高可扩展性。它和共享内存、APC 等本地缓存的区别在于 Memcached 是分布式的，也就是说它不是本地的。它基于网络连接方式完成服务，本身它是一个独立于应用的程序或守护进程。

Memcached 使用 libevent 库实现网络连接服务，理论上可以处理无限多的连接，但是它和 Apache 不同，它更多的时候是面向稳定的持续连接的，所以它实际的并发能力是有限制的。Memcached 内存使用方式也和 APC 不同。后者是基于共享内存和 MMAP 的，Memcached 有自己的内存分配算法和管理方式，它和共享内存没有关系，也没有共享内存的限制。

正如所有的 NoSQL 数据库一样，Memcached 也有其特定的应用场合。Memcached 常作为数据库前端 Cache 使用。因为它比数据库少了很多 SQL 解析、磁盘操作等开销，而且它是使用内存来管理数据的，所以它可以提供比直接读取数据库更好的性能。另外，Memcached 也常作为服务器直接数据共享的存储媒介，例如 SSO 系统中保持系统单点登录状态的数据就可以保持在 Memcached 中，被多个应用共享。

【例 9.2】　下面是一段简单的测试代码，代码中对标识符为 'mykey' 的对象数据进行存取操作。PHP 客户端在与 Memcached 服务建立连接之后，接下来的事情就是存取对象了，每个被存取的对象都有一个唯一的标识符 key，存取操作均通过这个 key 进行，保存到 Memcached 中的对象实际上是放置在内存中的，并不是保存在 cache 文件中的，这也是为什么 Memcached 能够如此高效快速的原因。

```php
<?php
//包含 Memcached 类文件
```

```php
require_once('memcached-client.php');
//选项设置
$options=array(
    'servers'=>array('192.168.1.1:11211'),    // Memcached 服务的地址、端口，可用多个数组
                                                  元素表示多个 Memcached 服务

    'debug'=>true,                             //是否打开 debug
    'compress_threshold'=>10240,               //超过多少字节的数据时进行压缩
    'persistant'=>false                        //是否使用持久连接
    );
//创建 Memcached 对象实例
$mc=newmemcached($options);
//设置此脚本使用的唯一标识符
$key='mykey';
//往 Memcached 中写入对象
$mc->add($key,'somerandomstrings');
$val=$mc->get($key);
echo"n".str_pad('$mc->add()',60,'_')."n";
var_dump($val);
//替换已写入的对象数据值
$mc->replace($key,array('some'=>'haha','array'=>'xxx'));
$val=$mc->get($key);
echo"n".str_pad('$mc->replace()',60,'_')."n";
var_dump($val);
//删除 Memcached 中的对象
$mc->delete($key);
$val=$mc->get($key);
echo"n".str_pad('$mc->delete()',60,'_')."n";
var_dump($val);
?>
```

在实际应用中，通常会把数据库查询的结果集保存到 Memcached 中，下次访问时直接从 Memcached 中获取，而不再做数据库查询操作，这样可以在很大程度上减轻数据库的负担。通常会将 SQL 语句 md5() 之后的值作为唯一标识符 key。下边是一个利用 Memcached 来缓存数据库查询结果集的示例（此代码片段紧接上边的示例代码）：

```php
<?php
$sql='SELECT*FROMusers';
```

```
$key=md5($sql);   //Memcached 对象标识符
if(!($datas=$mc->get($key))){
    //在 Memcached 中未获取到缓存数据，则使用数据库查询获取记录集
    echo"n".str_pad('ReaddatasfromMySQL.',60,'_')."n";
    $conn=mysql_connect('localhost','test','test');
    mysql_select_db('test');
    $result=mysql_query($sql);
    while($row=mysql_fetch_object($result))
        $datas[]=$row;
    //将数据库中获取到的结果集数据保存到 Memcached 中，以供下次访问时使用
    $mc->add($key,$datas);
}else{
     echo"n".str_pad('Readdatasfrommemcached.',60,'_')."n";
}
var_dump($datas);
?>
```

可以看出，使用 Memcached 之后，可以减少数据库连接、查询操作，数据库负载下来了，脚本的运行速度也提高了。

2）Redis

Redis 是一种主要基于内存存储和运行，能够快速响应的键值数据库，属于临时和永久兼具类型，有点像 Memcached，整个数据库统统加载在内存当中进行操作，但是通过定期异步操作把数据库数据 flush 到硬盘上进行保存。因为是纯内存操作，Redis 的性能非常出色，每秒可以处理超过 10 万次读写操作。

Redis 的出色之处不仅仅是性能，Redis 最大的魅力是支持保存 List 链表和 Set 集合的数据结构，而且还支持对 List 进行各种操作。此外单个 value 的最大限制是 1GB，不像 Memcached 只能保存 1MB 的数据。其主要缺点是数据库容易受到物理内存的限制，不能用作海量数据的高性能读写，并且它没有原生的可扩展机制，不具有扩展能力，要依赖客户端来实现分布式读写，因此 Redis 适合的场景主要局限在较小数据量的高性能操作和运算上。

将传统关系型数据库、MongoDB 和 Redis 的特点做一个简单对比。如表 9-10 所示，读写响应性能上，传统关系型数据库一般，MongoDB 类似于磁盘读写的 NoSQL 数据库速度较快，基于内存存储的 Redis 数据库最快。但是传统关系型数据库应用范围广泛，后两者以互联网应用为主。在当前互联网环境下，许多大型网站需要这种处理高并发和高响应的内存数据应用。

表 9-10　传统关系型数据库和 MongoDB、Redis 的比较

比 较 内 容	传统关系型数据库	MongoDB	Redis
读写速度	一般。基于硬盘读写，约束很强	较快。基于内存读写，约束很弱	最快。主要基于内存读写，约束弱
应用范围	最广，不能很好处理大数据和高并发访问	互联网应用为主，可以处理大数据和高并发访问	互联网特定应用为主，擅长处理高响应和高并发的访问的数据

　　Redis 的数据库存储模式，是基于键值（Key-Value）基本存储原理，进行细化分类，构建了具有自身特点的数据结构类型。像 MySQL 这样的关系型数据库，表的结构比较复杂，会包含很多字段，可以通过 SQL 语句，来实现非常复杂的查询需求。而 Redis 客户只包含"键"和"值"两部分，只能通过"键"来查询"值"。正是因为这样简单的存储结构，也让 Redis 的读写效率非常高。键的数据类型是字符串，但是为了丰富数据存储的方式，方便开发者使用，值的数据类型很多，它们分别是字符串、列表、字典、集合、有序集合。在对数据进行各种命令操作之前，首先要掌握 Redis 的数据结构类型特点。

　　字符串是 Redis 数据库最简单的数据结构，形式如表 9-11 所示，字符串值的内容是二进制的，意味着可以把数字、文本、图片、视频等都赋给这个值，最大长度不能超过 512MB。键名的命名要容易阅读，方便系统维护；键名不要太长，否则会影响数据库执行效率。

表 9-11　Redis 的字符串结构

键（Key）	值（Value）
Bookid	700010

　　列表由若干插入顺序的字符串组成，支持存储一组数据。这种数据类型对应两种实现方法，一种是压缩列表，另一种是双向循环链表。列表中存储的数据量比较小的时候，列表就可以采用压缩列表的方式实现。压缩列表由 Redis 自己设计实现，类似于数组，通过一片连续的内存空间存储数据，在读写操作时只能从其两头开始（由链表的寻址方式所决定）。不过，它跟数组不同的一点是 Redis 允许存储的数据大小不同。如表 9-12 所示，将 700010 看作表头的第一个结点字符串数据，结尾是 700012 字符串。值的内容允许重复出现。列表可用于聊天记录、博客评论等无需调整字符串顺序但又需要快速响应的场景。

表 9-12　Redis 的列表结构

列表键名（List-Key）	值（Value）
List_Bookid	700010
	700011
	700011
	700012

　　【例 9.3】　使用 Java 连接 Redis 数据库，使用列表存储表 xx，并输出。

```java
public class RedisListJava {
    public static void main(String[] args) {
        Jedis jedis = new Jedis("localhost");      //连接本地 Redis 数据库
        jedis.lpush("Bookid", "700010");           //存储数据到列表
        jedis.lpush("Bookid", "700011");
        jedis.lpush("Bookid", "700011");
        jedis.lpush("Bookid", "700012");
        List<String> list = jedis.lrange("Bookid", 0, 4);
                                                   //获取存储的数据并输出
        list.forEach(string -> System.out.println(string));
    }
}
```

集合是由不重复且无序的字符串元素组成的整体，结构如表 9-13 所示，集合与列表最主要的区别是，集合里面所有字符串是唯一的；所有字符串的读写顺序是任意的，不存在从两头操作的问题。

表 9-13　Redis 的集合结构

集合键名（Set-Key）	值（Value）
Set_Bookid	700011
	700010
	700012

散列表可以存储多个键值对的映射，是无序的一种数据集合。只有在数据存储数据量比较小的情况下，Redis 才使用散列表进行操作，如表 9-14 所示。键的内容必须是唯一的，不能重复，且字符串不宜过长，以免占用过多内存，影响执行效率。使用"："等隔离符号增加可读性，并给使用者提供更大的存储空间。值可以是字符串类型也可以是数字型。散列表特别适用于存储一个对象，会占更少的内存，并且方便存取整个对象。

表 9-14　Redis 的散列结构

散列键名（Hash-Key）	值（Value）
Book：id	700010
Book：name	《数据库系统工程师教程》
Book：ISBN	978-7-302-32657-1

有序集合的键被称为成员（member），每个成员都是各不相同的。有序集合的值则被称为分值（score），分值必须为浮点数。有序集合是 Redis 里面唯一一个既可以根据成员访问元素，又可以根据分值以及分值的排列顺序访问元素的结构，如表 9-15 所示。有序集合的值自动进行

排序，键字符串必须唯一，值可以重复。由于采用自动值排序，在数据量较多的情况下，检索速度比散列表快。

表 9-15　Redis 的有序集合结构

有序集合键名（Sorted set-Key）	值（Value）
Book：id1	700010
Book：id2	700011
Book：id3	700012
Book：id4	700012

9.3.3　列存储

传统的关系型数据库都是以行为单位来进行数据的存储的，擅长进行以行为单位的数据处理，比如特定条件数据的获取。因此，关系型数据库也被称为面向行的数据库。相反，面向列的数据库是以列作为单位来进行数据的存储的，擅长进行以列为单位的数据处理。表 9-16 所示为面向行和面向列的数据库的比较。

表 9-16　面向行和面向列的数据库比较

类　　　型	数据存储方式	特　　　点
面向行的数据库	以行为单位进行存储	对少量行进行数据读取和更新
面向列的数据库	以列为单位进行存储	对大量行少数列进行读取，对所有行的指定列进行同时更新

面向列的数据库具有高扩展性，即使数据增加也不会降低相应的处理速度，所有它主要应用于需要处理大量数据的情况。另外，利用面向列的数据库的优势，把它作为批处理程序的存储器来对大量数据进行更新也是非常有用的。

列存储数据库，主要产品有 Google 的 Bigtable、由 Bigtable 衍生的 Hypertable 和 HBase、Cassandra 这几个数据库。

1）Bigtable

在过去数年中，Google 为在 PC 集群上运行的可伸缩计算基础设施设计建造了三个关键部分。第一个关键的基础设施是 Google File System（GFS），这是一个高可用的文件系统，提供了一个全局的命名空间。它通过跨机器的文件数据复制来达到高可用性，并因此免受传统文件系统无法避免的许多失败的影响，比如电源、内存和网络端口等失败。第二个基础设施是名为 Map-Reduce 的计算框架，它与 GFS 紧密协作，帮助处理收集到的海量数据。第三个基础设施就是 Bigtable，它是传统数据库的替代。Bigtable 让你可以通过一些主键来组织海量数据，并实现高效的查询。Bigtable 的具体细节在 9.2.3 节中已有所叙述，在此不再赘述。

2）Hypertable

Hypertable 是一个开源、高性能、可伸缩的数据库，是 Bigtable 的一个开源实现，它采用与 Google 的 Bigtable 相似的模型。

3）HBase

HBase，即 Hadoop Database，是一个高可靠性、高性能、面向列、可伸缩的分布式存储系统，利用 HBase 技术可在廉价 PC Server 上搭建起大规模结构化存储集群。

HBase 同 Hypertable 一样，是 Google Bigtable 的开源实现，类似 Google Bigtable 利用 GFS 作为其文件存储系统，HBase 利用 Hadoop HDFS 作为其文件存储系统；Google 运行 MapReduce 来处理 Bigtable 中的海量数据，HBase 同样利用 Hadoop MapReduce 来处理 HBase 中的海量数据；Google Bigtable 利用 Chubby 作为协同服务，HBase 利用 Zookeeper 作为对应。

图 9-6 描述了 Hadoop EcoSystem 中的各层系统，其中 HBase 位于结构化存储层。

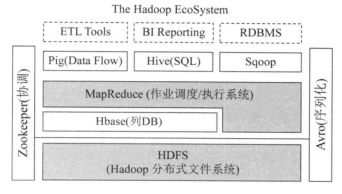

图 9-6　Hadoop EcoSystem 各层系统

HDFS 为 HBase 提供了高可靠性的底层存储支持，Hadoop MapReduce 为 HBase 提供了高性能的计算能力，Zookeeper 为 HBase 提供了稳定服务和 failover 机制。另外，Pig 和 Hive 为 HBase 提供了高层语言支持，使得在 HBase 上进行数据统计处理变得非常简单。Sqoop 则为 HBase 提供了方便的 RDBMS 数据导入功能，使得传统数据库数据向 HBase 中迁移变得非常方便。

表是 Hbase 中数据的逻辑组织方式，从用户视角，HBase 表的逻辑模型如表 9-17 所示。HBase 中一个表有若干行，每一行有多个列族，每个列族中包含多个列，列中的值有多个版本。表 9-17 展示的是 HBase 中员工信息表，有三行记录和两个列族，行键分别是 7001、7002 和 7003，两个列族分别是 Info 和 Salary，每一族中含有若干列，如列族 Info 中包含姓名、性别和年龄三列，列族 Salary 中包括一月、二月和三月三列。在 Hbase 中，列不是固定的表结构，在创建表时，不用预先定义列名，可以在插入数据时临时创建。

表 9-17　HBase 逻辑数据模型

行键	列族 Info			列族 Salary			时间戳
	姓名	性别	年龄	一月	二月	三月	
7001	石大强	男	26	6000	6000	7500	T2
7002	王胜利	男	Null	5800	Null	7300	T1
7003	李小鹏	男	23	5400	Null	6900	T2

从表 9-17 的逻辑模型来看，HBase 表与关系型数据库中的表结构之间似乎没有太大差异，只不过多了列族概念。但实际上是有很大差别的，关系型数据库中表的结构需要预先定义，如列名及其数据类型和值域等内容。如果需要添加新列，则需要修改表结构，这会对已有的数据产生很大影响。同时，关系型数据库中的表为每个列预留了存储空间，即表 9-17 中的空白单元格数据在关系型数据库中以"Null"值占用存储空间。因此，对稀疏数据来说，关系型数据库表中就会产生很多"Null"值，消耗大量的存储空间。

在 HBase 中，如表 9-17 的空白单元格在物理上是不占用存储空间的，即不会存储空白的键值对。因此，若一个请求为获取行键为 7002 在 T1 时间的 Info:年龄的值时，其结果为 Null。类似地，若一个请求为获取行键为 7003 在 T2 时间的 Salary：二月的值时，其结果也为空。与面向行存储的关系型数据库不同，HBase 是面向列存储的，且在实际的物理存储中，列族是分开存储的，即表 9-17 中的员工信息表将被存储为 Info 和 Salary 两个部分。且空白单元格是没有被存储下来的。表 9-18 展示了 Info 这个列族的实际物理存储方式，列族 Salary 的存储与之类似。从表 9-18 可以看出"Null"是没有被存储下来的。

表 9-18　Info 列族的物理存储方式

行　　键	列　标　识	值	时　间　戳
7001	姓名	石大强	T2
7001	性别	男	T2
7001	年龄	26	T2
7002	姓名	王胜利	T1
7002	性别	男	T1

4）Cassandra

Cassandra 最初由 Facebook 开发，用于存储特别大的数据，是一套开源的分布式数据库，结合了 Dynamo 的键值与 Bigtable 的面向列的特点。它是一个混合型的 NoSQL 数据库，其主要功能比键值存储 Dynamo 更丰富，但支持力度却并不如文档存储 MongoDB。它的主要特性是：分布式、基于 column 的结构化、高扩展性。

Cassandra 是一个网络社交云计算方面理想的数据库。以 Amazon 专有的完全分布式的 Dynamo 为基础，结合了 Google Bigtable 基于列族的数据模型，P2P 去中心化的存储。故很多方面都可以称之为 Dynamo 2.0。

Cassandra 的主要特点就是它不是一个数据库，而是由一堆数据库节点共同构成的一个分布式网络服务，对 Cassandra 的一个写操作，会被复制到其他节点上去，对 Cassandra 的读操作，也会被路由到某个节点上面去读取。对于一个 Cassandra 群集来说，扩展性能是比较简单的事情，只管在群集里面添加节点就可以了。和其他数据库比较，其突出特点是：模式灵活、真正的扩展性、多数据中心识别、范围查询、列表数据结构、分布式写操作。

Cassandra 的目的是满足大数据量、大量随机的读写操作应用场景下的数据存储需求，更是用于实时事务处理和提供交互型数据的应用。

9.3.4　图存储

图存储在那些需要分析对象之间的关系或者通过一个特定的方式访问图中所有节点的应用中尤为重要。图存储针对有效存储图节点和联系进行了优化，让你可以对这些图结构进行查询。图数据库对于那些对象之间具有复杂关系的业务问题很有用，如社交网路、规则引擎、生成组合和那些需要快速分析复杂网络结果并从中找出模式的图系统。

图存储是一个包含一连串的节点和关系的系统，当它们结合在一起时，就构成了一个图。图存储有三个字段：节点、关系和属性。图节点通常是现实世界中对象的表现，如人名、组织、电话号码、网页或计算机节点。而关系可以被认为是这些对象之间的联系，通常被表示为图中两个节点之间连接线。如图 9-7 是"王大志"这个人的社交网络示意图，从图中可以看出与他建立直接或者间接联系的朋友的数量，以及不同朋友之间的紧密程度。

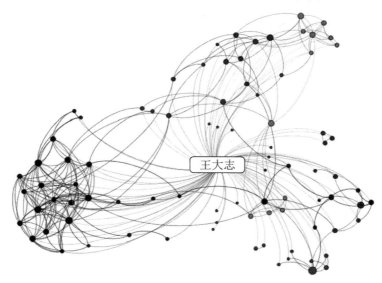

图 9-7　"王大志"的社交网络示意图

可以通过图存储完成下面典型的查询：

- 图中两个节点之间的最短路径是什么？
- 有特定属性的节点的邻居节点是什么？
- 给定图中任意两个节点，它们的邻居节点有多相似？
- 图中不同点与其他点的平均连接数是多少？

如果图存储的节点众多、关系复杂、属性很多，那么传统的关系型数据库将要建很多大型的表，并且表的很多列可能是空的，在查询时还极有可能进行多重 SQL 语句的嵌套。可是图存储就可以很优异，基于图的很多高效的算法可以大大提高执行效率。

现总结一下图数据库和传统的关系型数据库在一些问题处理上的不同，如表 9-19 所示。

表 9-19　图数据库和传统的关系型数据库操作的不同

操　作	关系型数据库	图　数　据　库
查询	根据索引或逐条查询	采用图的算法
事件处理	不能将事件通知到外部程序	有监听接口可供外部程序监听
创建索引	只能对表或视图创建索引，数据量一大，则效率迅速下降	可以创建只适用于图数据的"位置"索引、"特性"索引、"对象数据"索引等，且性能高效

　　在很长一段时间里，图数据库只局限在学术圈子中，直到电子商务的业务模型逐渐成熟，挖掘用户的潜在喜好商品，并大量使用相关的挖掘算法，才使得图数据库逐渐"走出来"。目前常见的一些图数据库如表 9-20 所示。

表 9-20　常见的图数据库

名　称	查　询　语　言	注　　释
AllegroGraph	SPARQL	RDF GraphStore
DEX	Java，C#	High-performance Graph Database
Neo4j	Java	—
FlockDB	Scala	—

　　其中，比较成熟的是 Twitter 的 FlockDB。FlockDB 是一个分布式的图数据库，但是它并没有优化遍历图的操作。它优化的操作包括：超大规模邻接矩阵查询，快速读写和可分页查询；它主要是要解决可伸缩性的问题，通俗点说就是通过增加服务器就能解决用户量上升造成的访问压力，而不需要在软件上做大的变动。FlockDB 将图存储为一个边的集合，每条边用两个代表顶点的 64 位整数表示。对于一个社会化网络图，这些顶点 ID 即用户 ID，但是对于"收藏"推文这样的边，其目标顶点（destination id）则是一条推文的 ID。每一条边都被一个 64 位的位置信息标识，用于排序。（Twitter 在"关注"类的边上用了时间戳标识，所以如果你的关注者列表是按时间排序的，那么总是最新的在最前面。）

　　对于一条复杂的查询，通常会被分解成一些单用户查询，并很快响应。数据根据节点分块，所以这些查询能分别在各自的数据块，通过一个索引过的范围查询得到结果。类似地，遍历一个长结果集是用位置作为游标，而不是用 LIMIT/OFFSET，所有页的数据均被索引，访问一样快。

　　Neo4j 也是一个典型的图数据库。它提供了大规模可扩展性，在一台机器上可以处理数十亿节点/关系/属性的图像，可以扩展到多台机器并行运行。相对于关系数据库来说，图数据库善于处理大量复杂、互连接、低结构化的数据，这些数据变化迅速，需要频繁的查询。在关系数据库中，这些查询会导致大量的表连接，因此会产生性能上的问题。Neo4j 重点解决了拥有大量连接的传统 RDBMS 在查询时出现的性能衰退问题。通过围绕图进行数据建模，Neo4j 会以相同的速度遍历节点与边，其遍历速度与构成图的数据量没有任何关系。此外，Neo4j 还提供了非常快的图算法、推荐系统和 OLAP 风格的分析，而这一切在目前的 RDBMS 系统中都是无法实现的。

9.3.5 其他存储模式

NoSQL 数据库除了文档存储、键值存储、列存储和图存储四种主流的存储方式外，还有其他类型的数据库，在此做简要的介绍。

1. 多值数据库

多值数据库系统是分布式数据库系统的重要分支。它速度快，体积小，比关系数据库便宜，很快得到了认可。它提供了一个通用的数据集成与访问平台，屏蔽了现有各数据库系统不同的访问方法和用户界面，给用户呈现出一个访问多种数据库的公共接口。多值数据库系统使用的多个异构的数据源之间可以共享它们相互依赖的数据，并具有相互操作的能力。这种技术将在电子政务、电子商务、企业信息集成、军事指挥、金融证券、办公自动化、远程教育、远程医疗等领域发挥巨大的支撑作用。

常见的多值数据库有 Rocket U2、Extensible Storage Engin（ESE/NT）、OpenInsight 和 OpenQM 等。

其中，Rocket U2 包含了 UniData 和 UniVerse 两个扩充型关系型数据库，采用多键值存储，支持嵌入式实体，虚拟元数据，具有.NET、socket 和 Java 的 API，具有针对快速、经济、垂直应用开发的集成式开发环境。

ESE 是一种非关系型嵌入式数据库引擎，适用于那些需要高性能、较小存储空间支出的应用。ESENT 已经应用于 Windows Desktop Search、Windows Live Mail 等多个微软产品中。它有高并发的数据库访问，灵活的元数据定义（表、列、索引），支持整形、浮点型、字符型、二进制列的索引等特点。

OpenInsight 采用 TCP/IP 协议、命名管道的体系结构，支持远程登录，采用关系的或多键值存储，支持嵌套实体，在关系型的存储结构中，表的行和大小可动态改变。

OpenQM 的商业版本支持 Windows、Linux（RedHat、Fedora、Debian、Ubuntu）、FreeBSD、Mac OS X 和 Windows Mobile 等，商业版本包括一个 GUI 管理界面和终端模拟器，但开源版本仅包括核心多值数据库引擎，主要是为开发人员准备的。OpenQM 支持嵌套数据，能够高度自动化地分配表空间，通过多种锁机制来控制并行计算，采用 QMBasic（集成了面向对象的编程机制）来进行快速开发。

2. 时间序列与流数据库

时间序列数据库是指具有处理时间序列数据，能对时间数据数组建立索引的优化数据库系统。时序数据与每个人存在紧密联系。如电商系统获取每笔订单交易金额和支付金额的价格曲线，随时间变化的温度轨迹，能量消耗的负荷消耗断面轮廓等。这些曲线、轨迹、轮廓被统称为时间序列。

流数据库又被称为实时数据库，这是一种使用实时处理数据的方式来处理状态不断变化的数据库系统。对时间序列的数据库提出实时的处理要求，那么时间数据库就是流数据库。例如股票的价格、自动驾驶汽车的数据曲线等都需要实时计算处理，此时流数据库发挥巨大作用。

归结起来，业务场景选择时间序列与流数据库这类 NoSQL 数据库而非通用的数据库有两个核心原因：

（1）规模：时间序列的数据积累速度很快。在当前的物联网时代，一辆联网的汽车每小时产生的数据达到几百 GB。关系型数据库处理这种大型数据集的效果糟糕，而针对时间序列数据微调过后的数据库能够很好地处理规模数据。时间数据库将时间作为最高优先级处理，通过提高区间数据实时查询效率来处理这种大规模数据，并带来性能的提升，包括：每秒的写入速度，能够支撑的设备指标量，读取数据的速率和高存储压缩比。

（2）可用性：时间序列数据库有一些特有的功能和操作，如数据保留策略、连续查询、灵活的时间聚合等。并且其具有很好的扩展性，如时序数据插值计算，降精度计算，聚合计算等，在非时序数据库中都不具备这种能力。

企业开发人员越来越多地采用时间序列数据库，并将它们用于各种使用场景。这里介绍两种常见的时间序列数据库 InfluxDB、OpenTSDB。

InfluxDB 是一款专业的时序数据库，只存储时序数据，因此在数据模型的存储上可以针对时序数据做非常多的优化工作。为了保证写入的高效，InfluxDB 也采用 LSM（Log-Structured Merge Tree）结构，这种结构的核心思想是放弃部分的读能力，换取写入的最大化能力。数据先写入内存，当内存容量达到一定阈值之后更新到文件。这种设计是将时间序列数据按照时间线挑出来，同一数据源的标签不再冗余存储，另一方面给定数据源和时间范围的数据查找，实现了倒排索引增强了多维条件查询的功能，拥有强大的聚合功能，可以非常高效地进行查找。

OpenTSDB 基于 HBase 存储时序数据，以 metric 为单位，metric 就是 1 个监控项，譬如服务器的话，会有 CPU 使用率、内存使用率这些 metric，并且数据存储支持到秒级别。OpenTSDB 支持数据永久存储，即保存的数据不会主动删除，并且原始数据会一直保存（有些监控系统会将较久之前的数据聚合之后保存）。

3. 网格和云数据库

网格和云数据库（Grid & Cloud Database）是基于网格计算或者云计算的数据库。云计算是一种随需计算或者效用计算，允许用户无需了解底层 IT 基础设施架构，就能通过互联网访问各种基于 IT 资源的服务。网格计算可以理解为"虚拟超级计算机"，以松耦合的方式将大量的计算资源连接在一起提供单个计算资源无法完成的计算能力。二者的意义在于，即使本地资源有限，个人和企业开发者也可通过网络进行复杂运算，这个计算过程后端实现是透明的。

四类主流的数据库提供基于云服务的能力，满足个人和企业基于云平台部署的业务发展需要，如最新的文档存储 MongoDB、Amazon DynamoDB。但是这里的网格和云数据库与这四类数据库有两个显著区分特点：第一个特点，网格和云数据库有明显的网格计算或者云计算特征，如基于大数据的计算、实时数据流的计算和分布式计算等；第二个特点，网格数据库和云数据库天生是为了网格计算或云计算而产生的，它们是绝对的专业户，而基于云平台提供服务的数据库只能算是可以在云平台上正常使用的某类数据库，即普通用户。目前，主流的数据库产品有 GridGain 和 CrateDB。

CrateDB 是开源的大规模可伸缩的数据存储系统，提供强大的搜索功能。它使用 SQL 处理各种表格数据、非结构化数据和二进制对象，并且支持高可用性和实时大规模并行访问和处理。

　　GridGain 内存数据库可支撑 OLTP、OLAP 或者混合事务/分析处理使用场景，服务器集群中分发数据集，为此能比基于磁盘的数据库快千倍；而分布式 SQL 功能可以使用标准数据库命令通过 ODBC/JDBC 接口读取和写入数据库，提供巨大的数据库可扩展性。

9.4　NoSQL 应用案例与新技术

9.4.1　HBase 数据库

　　HBase 同 Hypertable 一样，是 Google Bigtable 的开源实现。作为列存储模式与键值对存储模式相结合的 NoSQL 数据库，HBase 具有灵活的数据模型，不仅可以基于键进行快速查询，还可以实现基于值、列名等全文遍历和检索。HBase 可以实现自动的数据分片，用户在不知道数据存储在哪个节点上时，只要说明检索要求，系统会自动进行数据的查询和反馈。

　　1. HBase 数据逻辑结构

　　HBase 数据逻辑结构主要包括行键（Raw key）、列（Column）、时间戳（Timestamp）和单元格（Celll）。与传统的关系型数据库类似，HBase 也是以表的形式组织数据，表由行和列组成。不同的是，Hbase 的列有列族的概念，列由 family 和 qualifier 两部分组成。单元格由行、列和时间戳唯一决定。下面对这些名词进行具体介绍。

　　（1）行（Raw）：在 HBase 表中，Raw key 是用来检索记录的主键，可以是任意字符串，它的最大长度是 64KB，实际应用中长度一般为 10～100 bytes。在 HBase 内部，Raw key 保存为字节数组，按照字典顺序由低到高存储在表中，利用此特性，将经常一起读取的行存储放在一起。

　　（2）列（Column）：列由列族（Column Family）和列标识（Column Qualifier）两部分组成。列族是列的集合，所有成员有着相同的前缀；列标识没有特定的数据类型，通常列族里面的数据通过列标识进行定位。以 Column Family：Column Qualifier 确定列族里面的某列，例如Course：Math，Course：History。

　　（3）单元格（Cell）：单元格由行、列和时间戳共同确定，可以使用 {Row key, Column(=\<family\>+\<qualifier\>),Timestamp}三元组进行访问。单元格的数据没有特定类型，以二进制字节进行存储。

　　（4）时间戳（Timestamp）：每个单元格会保存同一数据的多个版本，通常通过时间戳进行索引。读取单元格时，如果时间戳没有被指定，则默认返回最新的数据；写入单元格时，如果时间戳没被指定，则返回当前时间。

　　2. HBase Shell 的操作

　　HBase Shell 是 HBase 的命令行工具，可以使用 shell 命令来查询 HBase 中数据的详细情况。安装和配置好 HBase 的环境变量后，使用 HBase shell 进入命令行界面。与关系型数据库不同，

HBase 的基本组成为表，不存在多个数据库。因此在 HBase 中存储数据首先要创建表，同时设置列族的数量和属性。HBase 表的操作命令如表 9-21 所示。

表 9-21　HBase 表的操作命令

命　　令	描　　述
create	创建一个表
list	列出 HBase 的所有表
disable:	禁用表
is_disabled	验证表是否被禁用
enable	启用一个表
is_enabled	验证表是否已启用
describe	提供了一个表的描述
alter	改变一个表
exists	验证表是否存在
drop	从 HBase 中删除表
drop_all	禁用所有的表，可以使用正则表达式匹配表

下面对 HBase 表的常用操作命令进行详细介绍。

1）创建表

创建表的命令是：create <table>, {NAME=><family>, VERSION=><version>}。

大括号内是对列族的定义，NAME、VERSION 是参数名，不需要单引号。需要注意的是，在 HBase Shell 语法中，所有字符串参数必须包含在单引号内，且区分大小写。Version=><version>指的是单元格内保存最近 version 个版本。

【例 9.4】　创建一个名为 student 的表：列族名为 info 的时间戳版本为 2。

```
create 'student', {NAME=>'info',VERSION=>2}
```

2）插入数据

插入数据的命令是：put <table>, <rowkey>, <family:column>, <value>, <timestamp>。

在上述命令中，第一个 table 是表名；第二个参数是行键名称，它的类型为字符串类型；第三个参数是列族和列的名称，列族必须是已经创建的，列名临时定义，因此列是可以随意拓展的；第四个参数是单元格的值，所有的数据都是字符串的形式；最后一个是时间戳。

【例 9.5】　在已经创建好的 student 表，行键 7001，列族名为 info 的表中添加一行新数据，学生的年龄为 16 岁。

```
put 'student', '7001', 'info:age', '16',1
```

put 命令只能插入单元格的数据，每次只能插入一条数据。如果 put 语句中的单元格是已经存在的，即各表名、行键、列族、列名都已经存在，那么在不考虑时间戳的情况下，执行例 9.5 的语句是对数据的更新操作。

3）扫描查询数据

扫描查询数据的命令是：scan <table>，{COLUMNS=[<family:column>,….]},LIMIT=>num。

使用 scan 命令指定表名，即可查询全表的数据，还可以指定列族和列的名称，或者输出行数等。在指定条件进行输出的时候，需要使用大括号将参数括起来。指定列族和列名称时使用 COLUMNS 限定符，LIMIT 指的是扫描前几条数据。还可以添加 STARTROW 和 TIMERANGE 等高级功能,指定输出范围使用 STARTROW 和 ENDROW 限定符,此时输出行不包括 ENDROW；TIMERANGE 指定最大时间戳和最小时间戳，只有在此范围内的单元格才能被获取。

4）删除数据

删除行中某个列值的命令是：delete <table>, <rowkey>, <family:column> , <timestamp>。

删除行的命令是：deleteall <table>, <rowkey>, <family:column> , <timestamp>。

删除表中的所有数据的命令是：truncate <table>。

delete 命令行可以从表中删除某一行、某一列以及所有数据，必须指明表名和列族名称，而列名和时间戳是可以选择的。HBase 的删除不像传统关系型数据库的删除，delete 操作是在对应的数据上打上删除标志，等到下一次合并、分裂等操作时才将所有数据进行移除。

在 delete 对象 setWriteToWAL()，这是进行删除是否写入 WAL 日志中的操作。如果写入日志，则在整个删除动作的时候，数据操作被记录，出现系统崩溃时可以进行数据恢复。如果不写入的话，可以降低删除动作时间，但是如果在没有写入到 HDFS 中前发生系统崩溃，数据将无法进行恢复。

9.4.2 云数据库 GeminiDB

多模 NoSQL 服务（Multi-ModelNoSQLService）GeminiDB 是一款基于华为自主研发的计算存储分离架构的分布式非关系型数据库服务。图 9-8 给出了华为云数据库 GeminiDB 系统架构，基于计算存储分离架构的分布式数据库，由多个同构节点组成计算集群，数据存储在分布式共享存储池中。

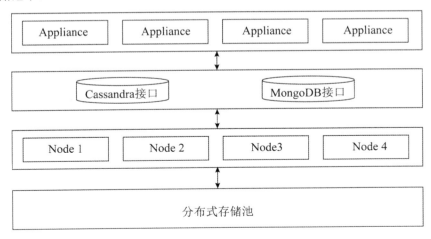

图 9-8 云数据库 GeminiDB 系统架构

在华为云高性能、高可用、高安全、可弹性伸缩的基础上，提供了一键部署、备份、监控等服务能力。目前兼容 Cassandra、MongoDB 这两款主流 NoSQL 接口，并提供高读写性能，适用于物联网、互联网和游戏等领域。

提到计算存储分离，必须要提到云技术，因为计算存储分离是"云"技术存在的模式和形态之一，也是最具有成本优势的方式之一。

"云"技术的分层架构大致可分为三层：

第一层是基础设施层，如互联网数据中心（Internet Data Center，IDC）机房，服务器以及网络。其中，"软件定义网络"发生在这一层中，虚拟网络涉及非常多的技术，如虚拟网卡或者 switch、overlay、vxlan 等。基础设施服务（Infrastructure As a Service，IaaS）一般就是指将这一层的能力进行虚拟化，提供"云"服务。

第二层是存储层，所有独立的存储服务器进行集中式统一管理。统一存储指分布式存储，如开源社区的 Ceph，Google 的 GFS，Hadoop 生态的 HDFS 等。业界所谓的"软件定义存储"，就是指这一层。

第三层是计算层，这一层涉及的面最广。如中间件、应用、大数据计算（MaxCompute），以及计算存储分离后的数据库等。

这样分层后，带来的好处就是每一层可以按各自的能力进行极限扩展，虚拟化后，按租户隔离，提供高效率的弹性以及成本缩减等，如 Amazon、Google、Azure 以及阿里云、华为云等。另外，也可提高 IDC 资源、网络、存储的使用率，从而节省成本。当业务处于平峰阶段时，以最小 IT 投入成本运行；当有计划的业务活动时，如"电商大促"等，则可以对资源进行弹性（离线资源等），从而节省成本。

华为云数据库 GeminiDB 基于多模 NoSQL 以及客户的具体需求设计，一方面在公有云环境里考虑计算与存储分离架构，并不断地优化数据库架构，实现了软硬件深度全栈的垂直整合，从根本上解决存储和计算设备的生命周期不匹配问题、数据迁移的成本问题和可用性问题；另一方面对于软硬件的设计和整合，站在全局的角度，才能实现极致的性价比。

第 10 章　系统开发和运行知识

本章的主要内容包括软件工程基础知识、系统分析与设计基础知识、系统测试基础知识以及系统运行与维护基础知识等。

10.1　软件工程基础知识

1968 年，在德国召开的 NATO（North Atlantic Treaty Organization，北大西洋公约组织）会议上，首次提出了"软件工程"这个名词，希望用工程化的原则和方法来克服软件危机。

软件工程是把系统的、有序的、可量化的方法应用到软件的开发、运营和维护上的过程。软件工程包括软件需求分析、软件设计、软件构建、软件测试和软件维护等领域，与计算机科学、计算机工程、管理学、数学、项目管理学、质量管理、软件人体工学、系统工程、工业设计和用户体验设计等学科相关。软件工程的知识领域和理论基础如图 10-1 所示。

生存周期	软件需求、软件设计、软件构建、软件测试、软件维护
专门领域	软件配置管理、软件工程管理、软件工程过程、软件工程模型和方法、软件质量
理论基础	计算基础、数学基础、工程基础

图 10-1　软件工程的知识领域和理论基础

根据数据库系统工程师级考试大纲的要求，本章着重介绍软件开发过程中的原理，其他内容只做简单的介绍。

10.1.1　软件生存周期

同任何事物一样，一个软件产品或软件系统也要经历孕育、诞生、成长、成熟、衰亡的许多阶段，一般称为**软件生存周期**。把整个软件生存周期划分为若干阶段，每个阶段的任务相对独立，而且比较简单，便于不同人员分工协作，从而降低了整个软件开发工程的困难程度。通常，软件生存周期包括可行性分析与项目开发计划、需求分析、概要设计、详细设计、编码和单元测试、综合测试及维护阶段。

1. 可行性分析与项目开发计划

可行性分析与项目开发计划阶段的主要任务是确定软件的开发目标及可行性。必须考虑的关键问题是："要解决的问题是什么？""对这些问题有可行的解决办法吗？"等。可行性分析的任务不是具体解决问题，而是研究问题的范围，探索这个问题是否值得去解，是否有可行的解决办法。该阶段应该给出关于问题定义、可行性分析和项目开发计划。

2. 需求分析

需求分析阶段的任务不是具体地解决问题，而是准确地确定软件系统必须做什么，确定软件系统的功能、性能、数据和界面等要求，从而确定系统的逻辑模型。

3. 概要设计

在概要设计阶段，开发人员需要将确定的功能需求转换成相应的体系结构。在该体系结构中，每个成分都是意义明确的模块，即每个模块都和某些功能需求相对应。可见，概要设计就是设计软件的结构，明确软件有哪些模块组成，模块的层次以及功能。与此同时，还要应用系统的总体数据结构和数据库结构。

4. 详细设计

详细设计阶段的主要任务就是对每个模块完成的功能进行具体描述，不是编写程序，而是设计出程序的详细规格说明，该说明应该包含必要的细节，使程序员可以根据它们写出实际的程序代码。通常采用 HIPO（层次加输入/处理/输出图）或 PDL 语言（过程设计语言）描述详细设计的结果。

5. 编码和单元测试

编码和单元测试阶段就是把每个模块的控制结构转换成计算机可接受的程序代码，即写成某种特定程序设计语言表示的源程序清单，并仔细测试编写出的每一个模块。

6. 综合测试

综合测试阶段的关键任务是通过各种类型的测试（及相应的调试）使软件达到预定的要求。最基本的测试是集成测试和验收测试。所谓集成测试是根据设计的软件结构，把经过单元测试检验的模块按某种选定的策略装配起来，在装配过程中对程序进行必要的测试。所谓验收测试是按照规格说明书的规定（通常在需求分析阶段确定），由用户（或在用户积极参与下）对目标系统进行验收。通过对软件测试结果的分析可以预测软件的可靠性；反之，根据对软件可靠性的要求，也可以决定测试和调试过程什么时候可以结束。应该用正式的文档资料把测试计划、详细测试方案以及实际测试结果保存下来，作为软件配置的一个组成部分。

7. 维护

维护阶段是软件生存期中时间最长的阶段。软件一旦交付正式投入运行后便进入软件维护阶段。该阶段的关键任务是通过各种必要的维护活动使系统持久地满足用户的需要。每一项维护活动都应该准确地记录下来，作为正式的文档资料加以保存。

10.1.2 软件生存周期模型

软件生存周期模型是一个包括软件产品开发、运行和维护中有关过程、活动和任务的框架，覆盖了从该系统的需求定义到系统的使用终止（IEEE 标准 12207.0—1996）。把这个概念应用到开发过程，可以发现所有生存周期模型的内在基本特征：描述了开发的主要阶段；定义了每一个阶段要完成的主要过程和活动；规范了每一个阶段的输入和输出（提交物）；提供了一个框架，可以把必要的活动映射到该框架中。

常见的软件生存周期模型有瀑布模型、演化模型、螺旋模型和喷泉模型等。

1. 瀑布模型（Waterfall Model）

瀑布模型是将软件生存周期各个活动规定为依线性顺序连接的若干阶段的模型。它包括需求分析、设计、编码、测试、运行和维护。它规定了由前至后、相互衔接的固定次序，如同瀑布流水，逐级下落，如图 10-2 所示。

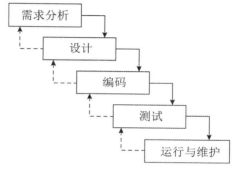

图 10-2 瀑布模型

瀑布模型为软件的开发和维护提供了一种有效的管理模式，根据这一模式制订开发计划，进行成本预算，组织开发力量，以项目的阶段评审和文档控制为手段有效地对整个开发过程进行指导，所以它是以文档作为驱动、适合于软件需求很明确的软件项目的模型。

瀑布模型假设，一个待开发的系统需求是完整的、简明的、一致的，而且可以先于设计和实现完成之前产生。瀑布模型的优点是，容易理解，管理成本低；强调开发的阶段性早期计划及需求调查和产品测试。不足之处是，客户必须能够完整、正确和清晰地表达他们的需要；在开始的两个或三个阶段中，很难评估真正的进度状态；当接近项目结束时，出现了大量的集成和测试工作；直到项目结束之前，都不能演示系统的能力。在瀑布模型中，需求或设计中的错误往往只有到了项目后期才能够被发现，对于项目风险的控制能力较弱，从而导致项目常常延期完成，开发费用超出预算。

2. 增量模型（Incremental Model）

增量模型融合了瀑布模型的基本成分和原型实现的迭代特征，它假设可以将需求分段为一系列增量产品，每一增量可以分别地开发。该模型采用随着日程时间的进展而交错的线性序列，每一个线性序列产生软件的一个可发布的"增量"，如图 10-3 所示。当使用增量模型时，第 1 个增量往往是核心的产品。客户对每个增量的使用和评估都作为下一个增量发布的新特征和功能，这个过程在每一个增量发布后不断重复，直到产生了最终的完善产品。增量模型强调每一个增量均发布一个可操作的产品。

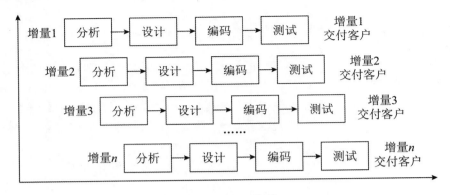

图 10-3　增量模型

增量模型作为瀑布模型的一个变体，具有瀑布模型的所有优点，此外，它还有以下优点：第一个可交付版本所需要的成本和时间很少；开发由增量表示的小系统所承担的风险不大；由于很快发布了第一个版本，因此可以减少用户需求的变更；运行增量投资，即在项目开始时，可以仅对一个或两个增量投资。

增量模型的不足之处：如果没有对用户的变更要求进行规划，那么产生的初始增量可能会造成后来增量的不稳定；如果需求不像早期思考的那样稳定和完整，那么一些增量就可能需要重新开发，重新发布；管理发生的成本、进度和配置的复杂性，可能会超出组织的能力。

3. 演化模型（Evolutionary Model）

演化模型主要针对事先不能完整定义需求的软件开发，是在快速开发一个原型的基础上，根据用户在使用原型的过程中提出的意见和建议对原型进行改进，获得原型的新版本。重复这一过程，最终可得到令用户满意的软件产品。

演化模型的主要优点是，任何功能一经开发就能进入测试，以便验证是否符合产品需求，可以帮助引导出高质量的产品要求。其主要缺点是，如果不加控制地让用户接触开发中尚未稳定的功能，可能对开发人员及用户都会产生负面影响。

4. 螺旋模型（Spiral Model）

对于复杂的大型软件，开发一个原型往往达不到要求。螺旋模型将瀑布模型和演化模型结合起来，加入了两种模型均忽略的风险分析，弥补了这两种模型的不足。

螺旋模型将开发过程分为几个螺旋周期，每个螺旋周期大致和瀑布模型相符合，如图 10-4 所示。在每个螺旋周期分为如下 4 个工作步骤：

（1）制订计划。确定软件的目标，选定实施方案，明确项目开发的限制条件。

（2）风险分析。分析所选的方案，识别风险，消除风险。

（3）实施工程。实施软件开发，验证阶段性产品。

（4）用户评估。评价开发工作，提出修正建议，建立下一个周期的开发计划。

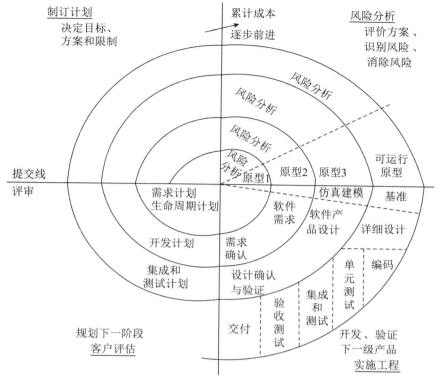

图 10-4　螺旋模型

　　螺旋模型强调风险分析，使得开发人员和用户对每个演化层出现的风险有所了解，继而做出应有的反应。因此特别适用于庞大、复杂并且具有高风险的系统。

　　与瀑布模型相比，螺旋模型支持用户需求的动态变化，为用户参与软件开发的所有关键决策提供了方便，有助于提高软件的适应能力，并且为项目管理人员及时调整管理决策提供了便利，从而降低了软件开发的风险。在使用螺旋模型进行软件开发时，需要开发人员具有相当丰富的风险评估经验和专门知识。另外，过多的迭代次数会增加开发成本，延迟提交时间。

5. 喷泉模型（Fountain Model）

　　喷泉模型是一种以用户需求为动力，以对象作为驱动的模型，适合于面向对象的开发方法。它克服了瀑布模型不支持软件重用和多项开发活动集成的局限性。喷泉模型使开发过程具有迭代性和无间隙性。迭代意味着模型中的开发活动常常需要重复多次，在迭代过程中不断地完善软件系统。无间隙是指在开发活动（如分析、设计、编码）之间不存在明显的边界，也就是说，它不像瀑布模型那样，需求分析活动结束后才开始设计活动，设计活动结束后才开始编码活动，而是允许各开发活动交叉、迭代地进行。

喷泉模型如图 10-5 所示，该模型的各个阶段没有明显的界限，开发人员可以同步进行。其优点是可以提高软件项目开发效率，节省开发时间。由于喷泉模型在各个开发阶段是重叠的，在开发过程中需要大量的开发人员，不利于项目的管理。此外这种模型要求严格管理文档，使得审核的难度加大。

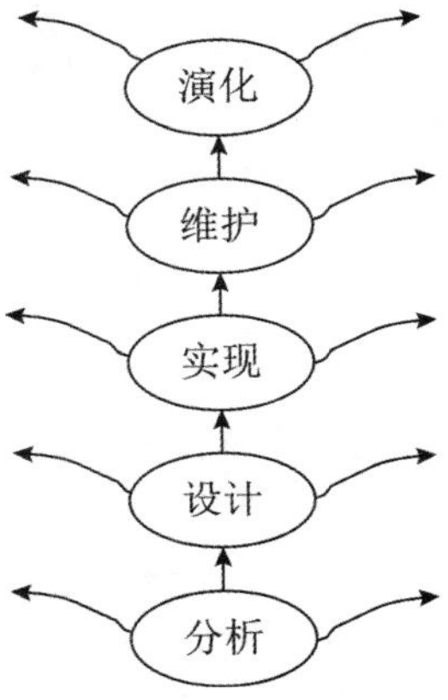

图 10-5　喷泉模型

10.1.3　典型的软件开发方法

软件开发方法是一种使用早已定义好的技术集及符号表示习惯来组织软件生产的过程。

1. 结构化开发方法

结构化方法由结构化分析、结构化设计、结构化程序设计构成，它是一种面向数据流的开发方法。结构化分析是根据分解与抽象的原则，按照系统中数据处理的流程，用数据流图来建立系统的功能模型，从而完成需求分析工作。结构化设计是根据模块独立性准则、软件结构优化准则将数据流图转换为软件的体系结构，用软件结构图来建立系统的物理模型，实现系统的概要设计。结构化程序设计是根据结构程序设计原理，将每个模块的功能用相应的标准控制结构表示出来，从而实现详细设计。

结构化方法总的指导思想是自顶向下、逐层分解，它的基本原则是功能的分解与抽象。它是软件工程中最早出现的开发方法，特别适合于数据处理领域的问题，但是不适合解决大规模的、特别复杂的项目，且难以适应需求的变化。

2. 原型化开发方法

并非所有的需求都能够预先定义，而且反复修改是不可避免的。之所以能够采用原型化方法是因为开发工具的快速发展，使得可以迅速地开发出一个可以让用户看得见、摸得着的系统框架，这样，对于计算机不是很熟悉的用户就可以根据这个样板提出自己的需求。开发原型化系统首先确定用户需求，开发原始模型，然后征求用户对初始原型的改进意见，并根据意见修改原型。

原型化方法比较适合于用户需求不清、业务理论不确定、需求经常变化的情况。当系统规模不是很大也不太复杂时，采用该方法是比较好的。

3. 面向对象开发方法

面向对象开发方法的基本出发点是尽可能按照人类认识世界的方法和思维方法来分析和解决问题。客观世界是由许多具体的事物、事件、概念和规则组成的，这些均可被看成对象，面向对象方法正是以对象作为最基本的元素，它也是分析问题、解决问题的核心。

面向对象开发方法包括面向对象分析、面向对象设计和面向对象实现。面向对象开发方法有 Booch 方法、Coad 方法和 OMT 方法等。为了统一各种面向对象方法的术语、概念和模型，1997 年推出了统一建模语言（Unified Modeling Language，UML）。它是面向对象的标准建模语言，通过统一的语义和符号表示，使各种方法的建模过程和表示统一起来，已成为面向对象建模的工业标准。

4. 敏捷方法

敏捷开发的总体目标是通过"尽可能早地、持续地对有价值的软件的交付"使客户满意。通过在软件开发过程中加入灵活性，敏捷方法可以使用户能够在开发周期的后期增加或改变需求。

敏捷过程的典型方法有很多，每一种方法基于一套原则，这些原则实现了敏捷方法所宣称的理念（敏捷宣言）。这些方法如下。

1）极限编程

极限编程（Extreme Programming，XP）是一种轻量级（敏捷）、高效、低风险、柔性、可预测的、科学的软件开发方式。极限编程中有四个核心价值观：沟通（Communication）、简单（Simplicity）、反馈（Feedback）、勇气（Courage）。此外还扩展了第五个价值观：谦逊（Modesty）。它由价值观、原则、实践和行为 4 个部分组成，彼此相互依赖、关联，并通过行为贯穿于整个生存周期。

XP 的 5 个原则：快速反馈、简单性假设、逐步修改、提倡更改和优质工作。

XP 的 12 个最佳实践：计划游戏（快速制订计划、随着细节的不断变化而完善）、小型发布（系统的设计要能够尽可能早地交付）、隐喻（找到合适的比喻传达信息）、简单设计（只处理当前的需求，使设计保持简单）、测试先行（先写测试代码，然后再编写程序）、重构（重新审视需求和设计，重新明确地描述它们以符合新的和现有的需求）、结队编程、集体代码所有制、持续集成（可以按日甚至按小时为客户提供可运行的版本）、每周工作 40 个小时、现场客户和编码标准。

2）水晶法（Crystal）

该方法认为每一个不同的项目都需要一套不同的策略、约定和方法论。

3）并列争求法（Scrum）

该方法使用迭代的方法，其中把每 30 天一次的迭代称为一个"冲刺"，并按需求的优先级别来实现产品。多个自组织和自治的小组并行地递增实现产品。协调是通过简短的日常情况会议来进行的，就像橄榄球中的"并列争球"。

4）自适应软件开发（ASD）

该方法有 6 个基本的原则：有一个使命作为指导；特征被视为客户价值的关键点；过程中的等待是很重要的，因此"重做"与"做"同样关键；变化不被视为改正，而是被视为对软件开发实际情况的调整；确定的交付时间迫使开发人员认真考虑每一个生产的版本的关键需求；风险也包含其中。

10.1.4　软件项目管理

软件项目管理的对象是软件项目。为了使软件项目开发获得成功，必须对软件开发项目的工作范围、可能遇到的风险、需要的资源（人、硬/软件）、要实现的任务、经历的里程碑、花费的工作量（成本）以及进度的安排等做到心中有数。而软件项目管理可以提供这些信息。这种管理的范围覆盖了整个软件工程过程，即开始于技术工作开始之前，在软件从概念到实现的过程中持续进行，最后终止于软件工程过程结束。

1. 成本估算

由于软件具有可见性差、定量化难等特殊性，因此很难在项目完成前准确地估算出开发软件所需的工作量和费用。通常可以根据以往开发类似软件的经验（也可以是别人的经验）来进行成本估算。也可以将软件项目划分成若干个子系统或按照软件生存周期的各个阶段分别估算其成本，然后汇总出整个软件的成本。此外，还可以使用经验公式和成本估算模型来进行估算。

1）成本估算方法

（1）自顶向下估算方法。该方法是估算人员参照以前完成的项目所耗费的总成本（或总工作量），来推算将要开发的软件的总成本（或总工作量），然后把它们按阶段、步骤和工作单元进行分配。这种方法的优点是对系统级工作的重视，所以估算中不会遗漏诸如集成、配置管理之类的系统级事务的成本估算，且估算工作量小、速度快。它的缺点是往往不清楚低级别上的技术性困难问题，而这些困难将会使成本上升。

（2）自底向上估算方法。该方法是将待开发的软件细分，分别估算每一个子任务所需要的开发工作量，然后将它们加起来，得到软件的总开发量。这种方法的优点是对每一部分的估算工作交给负责该部分工作的人来做，所以估算较为准确。其缺点是其估算往往缺少各项子任务之间相互联系所需要的工作量和与软件开发有关的系统级工作量，所以估算往往偏低。

（3）差别估算方法。该方法是将待开发项目与一个或多个已完成的类似项目进行比较，找出与某个相类似项目的若干不同之处，并估算每个不同之处对成本的影响，导出待开发项目的总成本。该方法的优点是可以提高估算的准确度，缺点是不容易明确"差别"的界限。

（4）其他估算方法。主要有专家估算法、类推估算法和算式估算法等。

- **专家估算法**：依靠一个或多个专家对要求的项目做出估算，其精确性取决于专家对估算项目的定性参数的了解和他们的经验。
- **类推估算法**：在自顶向下的方法中，类推估算法将估算项目的总体参数与类似项目进行直接比较得到结果；在自底向上方法中，类推估算法是在两个具有相似条件的工作单元之间进行。
- **算式估算法**：专家估算法和类推估算法的缺点在于它们依靠带有一定盲目性和主观性的猜测对项目进行估算。算式估算法则是企图避免主观因素的影响。用于估算的方法有两种基本类型：由理论导出和由经验导出。

2）成本估算模型

常用的软件成本估算模型有 Putnam 模型和 COCOMO 模型。Putnam 模型是一种动态多变量模型，它是假设在软件开发的整个生存期中工作量有特定的分布。COCOMO 模型是最精确、最易于使用的成本估算模型之一。COCOMO 模型可以分为如下 3 种：

（1）基本 COCOMO 模型：是一个静态单变量模型，它是对整个软件系统进行估算。

（2）中级 COCOMO 模型：是一个静态多变量模型，它将软件系统模型分为系统和部件两个层次，系统由部件构成，它把软件开发所需人力（成本）看作是程序大小和一系列"成本驱动属性"的函数。

（3）详细 COCOMO 模型：它将软件系统模型分为系统、子系统和模块三个层次，它除包括中级模型所考虑的因素外，还考虑了在需求分析、软件设计等每一步的成本驱动属性的影响。

2. 风险分析

当在软件工程环境中考虑风险时，主要是基于关心未来、关心变化、关心选择这三个概念提出的。在进行软件工程分析时，项目管理人员要进行 4 种风险评估活动，包括建立表示风险概念的尺度，描述风险引起的后果，估计风险影响的大小，确定风险估计的正确性。

风险分析实际上是 4 个不同的活动：风险识别，风险预测，风险评估和风险控制。

1）风险识别

风险识别是试图系统化地确定对项目计划（估算、进度、资源分配）的威胁。风险识别的一种方法是建立风险条目检查表。该检查表可以用于识别风险，并使得人们集中来识别下列常见的已知的及可预测的风险：

（1）产品规模。与要建造或要修改的软件的总体规模相关的风险。

（2）商业影响。与管理或市场所加诸的约束相关的风险。

（3）客户特性。与客户的素质以及开发者和客户定期通信的能力相关的风险。

（4）过程定义。与软件过程被定义的程度以及它们被开发组织所遵守的程度相关的风险。

（5）开发环境。与用以构建产品的工具的可用性及质量相关的风险。

（6）构建的技术。与待开发软件的复杂性及系统所包含技术的"新奇性"相关的风险。

（7）人员数目及经验。与参与工作的软件工程师的总体技术水平及项目经验相关的风险。

2）风险预测

风险预测，又称风险估算，它从两个方面评估一个风险：风险发生的可能性或概率，以及如果风险发生了，所产生的后果。通常，项目计划人员与管理人员、技术人员一起进行如下所述的 4 种风险预测活动：

（1）建立一个尺度或标准，以反映风险发生的可能性。

（2）描述风险的后果。

（3）估计风险对项目和产品的影响。

（4）标注风险预测的整体精确度，以免产生误解。

3）风险评估

一种对风险评估很有用的技术就是定义风险参照水准。对于大多数软件项目来说，成本、进度和性能就是三种典型的风险参照水准。也就是说，对于成本超支、进度延期、性能降低（或它们的某种组合），有一个表明导致项目终止的水准。

在进行风险评估时，需要建立(r_i, l_i, x_i)形式的三元组。其中，r_i表示风险，l_i表示风险发生的概率，x_i则表示风险产生的影响。在风险评估过程中，需要执行以下4个步骤：

（1）定义项目的风险参考水平值。

（2）建立每一组(r_i, l_i, x_i)与每一个参考水平值之间的关系。

（3）预测一组临界点以定义项目终止区域，该区域由一条曲线或不确定区域所界定。

（4）预测什么样的风险组合会影响参考水平值。

4）风险控制

这一步的所有风险分析活动只有一个目的——辅助项目组建立处理风险的策略。一个有效的策略必须考虑风险避免、风险监控、风险管理及意外事件计划方面的问题。

如果软件项目组对于风险采用主动的方法，则避免永远是最好的策略。这可以通过建立一个风险缓解计划来达到。

风险管理策略可以包含在软件项目计划中，或者风险管理步骤也可以组织成一个独立的风险缓解、监控和管理计划（RMMM 计划）。RMMM 计划将所有风险分析工作文档化，并由项目管理者作为整个项目计划中的一部分来使用。

3. 进度管理

进度的合理安排是如期完成软件项目的重要保证，也是合理分配资源的重要依据，因此进度安排是管理工作的一个重要组成部分。软件开发项目的进度安排有如下两种方式：

（1）系统最终交付日期已经确定，软件开发部门必须在规定期限内完成。

（2）系统最终交付日期只确定了大致的年限，最后交付日期由软件开发部门确定。

进度安排的常用图形描述方法有 Gantt 图（甘特图）和项目计划评审技术（Program Evaluation & Review Technique，PERT）图。

1）Gantt 图

Gantt 图是一种简单的水平条形图，它以日历为基准描述项目任务。水平轴表示日历时间线（如时、天、周、月和年等），每个条形表示一个任务，任务名称垂直地列在左边的列中，图中水平条的起点和终点对应水平轴上的时间，分别表示该任务的开始时间和结束时间，水平条的长度表示完成该任务所持续的时间。当日历中同一时段存在多个水平条时，表示任务之间的并发。图 10-6 所示的 Gantt 图描述了三个任务的进度安排。任务 1 首先开始，完成它需要 6 个月时间；任务 2 在 1 个月后开始，完成它需要 9 个月时间；任务 3 在 6 个月后开始，完成它需要 5 个月时间。

Gantt 图能清晰地描述每个任务从何时开始，到何时结束，任务的进展情况以及各个任务之间的并行性。但是其缺点是不能清晰地反映出各任务之间的依赖关系，难以确定整个项目的关键所在，也不能反映计划中有潜力的部分。

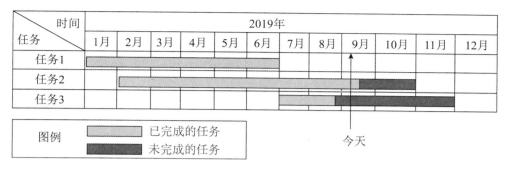

图 10-6　Gantt 图实例

2）PERT 图

PERT 图是一个有向图，图中的箭头表示任务，它可以标上完成该任务所需的时间；图中的节点表示流入节点的任务的结束，并开始流出节点的任务，这里把节点称为事件。只有当流入该节点的所有任务都结束时，节点所表示的事件才出现，流出节点的任务才可以开始。事件本身不消耗时间和资源，它仅表示某个时间点。一个事件有一个事件号和出现该事件的最早时刻和最迟时刻。最早时刻表示在此时刻之前从该事件出发的任务不可能开始；最迟时刻表示从该事件出发的任务必须在此时刻之前开始，否则整个工程就不能如期完成。每个任务还可以有一个松弛时间（slack time），表示在不影响整个工期的前提下，完成该任务有多少机动余地。为了表示任务间的关系，图中还可以加入一些空任务（用虚线箭头表示），完成空任务的时间为 0。图 10-7 是 PERT 图的一个实例。不难看出，图 10-7 中的松弛时间为 0 的这些任务是完成整个工程的关键路径，其事件流为 1→2→3→4→6→8→10→11。

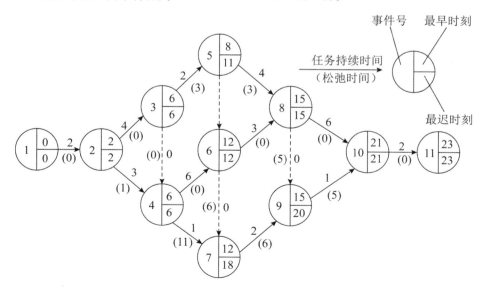

图 10-7　PERT 图实例

PERT 图不仅给出了每个任务的开始时间、结束时间和完成该任务所需的时间，还给出了任务之间的关系，即哪些任务完成后才能开始另外一些任务，以及如期完成整个工程的关键路径。图中的松弛时间则反映了完成某些任务时可以推迟其开始时间或延长其完成所需的时间。但是，PERT 图不能反映任务之间的并行关系。

4. 人员管理

合理地组织好参加软件项目的人员，有利于发挥每个人的作用，有利于软件项目的成功开发。在人员组织时，应考虑软件项目的特点、软件人员的素质等多方面的因素。

可以按软件项目对软件人员进行分组，如需求分析组、设计组、编码组、测试组和维护组等，为了控制软件的质量，还可以有质量保证组。

程序设计小组的组织形式也可以有多种，如主程序员组、无主程序员组和层次式程序员组等。

（1）主程序员组。主程序员组由一名主程序员、一名后备程序员（back up programmer）、一名资料员和若干名程序员组成。主程序员由经验丰富、能力强的高级程序员担任，他是该组织的技术领导和项目负责人，全面负责软件项目的开发。后备程序员是主程序员的助手，协助主程序员工作，必要时能代替主程序员工作。资料员负责保存和管理所有的软件配置元素，如文档资料、程序清单和存储介质等，还编译和链接代码、对提交的所有模块进行初步的测试。程序员则集中精力负责完成主程序员分配给他的最擅长的任务——编程。这种组织形式便于集中领导，步调统一，容易按规范办事，但不利于发挥个人的积极性。

（2）无主程序员组。无主程序员组中的成员之间相互平等，工作目标和决策都由全体成员民主讨论，根据需要也可以轮流坐庄。这种组民主气氛比较足，依赖个人的成分少，有利于发挥每个人的积极性。但这种组中交流量大，往往职责不明确，出了问题谁也不负责，而且不利于与外界的联系。

（3）层次式程序员组。层次式组中有一位组长，组长负责全面的工作，他领导若干名高级程序员，每个高级程序员又领导若干名程序员。这种组适合于具有层次结构特点的更大型的软件项目，该项目可分成若干个子项目，每个高级程序员负责一个子项目，然后再对子项目分解，并分配给程序员。

10.2 系统分析基础知识

系统分析的目的是为项目团队提供对触发项目的问题和需求更全面的理解。因此需要研究和分析业务领域，以获得对有什么、没有什么以及需要什么等内容的深入理解。系统分析阶段要求与系统用户一起工作以便清楚地定义购买或开发的新系统的业务需求和预期。

10.2.1　系统分析概述

1. 系统分析的任务

系统分析的主要任务是对现行系统进一步详细调查，将调查中所得到的文档资料集中，对组织内部整体管理状况和信息处理过程进行分析，为系统开发提供所需资料，并提交系统方案说明书。系统分析侧重于从业务全过程的角度进行分析，主要内容有业务和数据的流程是否通畅，是否合理；数据、业务过程和组织管理之间的关系；原系统管理模式改革和新系统管理方法的实现是否具有可行性等。

确定的分析结果包括开发者对于现有组织管理状况的了解，用户对信息系统功能的需求，数据和业务流程，管理功能和管理数据指标体系以及新系统拟改动和新增的管理模型等。

最后，提出信息系统的各种设想和方案，并对所有的设想和方案进行分析、研究、比较、判断和选择，获得一个最优的新系统的逻辑模型，并在用户理解计算机系统的工作流程和处理方式的情况下，将它明确地表达成书面资料——系统分析报告，即系统方案说明书。

2. 系统分析的主要阶段

系统分析主要包括范围定义、问题分析、需求分析、逻辑设计以及决策分析等阶段。

（1）范围定义阶段（计划阶段）是典型系统开发过程的第一个阶段。该阶段回答这样一个问题："这个项目看起来是否值得？"范围定义阶段的持续时间一般很短。对大多数项目来说，整个阶段不应该超过 2～3 天。

（2）问题分析阶段的目标是充分研究和理解问题域并全面分析其中存在的问题、机会和约束条件。该阶段要回答的问题是："真的值得解决这些问题吗？"和"真的值得构建一个新系统吗？"这个阶段也被称为可行性分析阶段、详细研究阶段等。

（3）需求分析阶段为一个新系统定义业务需求。该阶段需要回答的问题是："用户需要什么？想从一个新系统中得到什么？"这个阶段是任何一个信息系统成功的关键！

（4）逻辑设计阶段为一个新的或者改进的系统绘制各种系统模型来记录需求。从某种意义来说，逻辑设计验证了前面阶段建立的需求。逻辑设计阶段的任务包括：结构化功能需求、建立功能需求的原型、验证功能需求以及定义验收测试用例。

（5）决策分析阶段实现新系统的候选方案，分析那些候选方案并推荐一个将被设计、构造和实现的目标系统。在决策分析阶段，有必要确定各种可选的方案，分析它们，然后根据分析结果推荐最佳方案。

10.2.2　需求分析

需求分析是软件生存周期中相当重要的一个阶段。由于开发人员熟悉计算机但不熟悉应用领域的业务，用户熟悉应用领域的业务但不熟悉计算机，因此对于同一个问题，开发人员和用户之间可能存在认识上的差异。在需求分析阶段，通过开发人员与用户之间的广泛交流，不断澄清一些模糊的概念，最终形成一个完整的、清晰的、一致的需求说明。可以说，需求分析的好坏将直接影响到所开发的软件的成败。

1. 需求分析的任务

需求分析主要是确定待开发软件的功能、性能、数据和界面等要求。具体来说，可有以下五个方面：

（1）确定软件系统的综合要求。主要包括系统界面要求、系统的功能要求、系统的性能要求、系统的安全和保密性要求、系统的可靠性要求、系统的运行要求、异常处理要求和将来可能提出的要求。其中，系统界面要求是指描述软件系统的外部特性，即系统从外部输入哪些数据，系统向外部输出哪些数据；系统的功能要求是要列出软件系统必须完成的所有功能；系统的性能要求是指系统对响应时间、吞吐量、处理时间、对主存和外存的限制等方面的要求；系统的运行要求是指对硬件、支撑软件和数据通信接口等方面的要求；异常处理要求通常是指在运行过程中出现异常情况时应采取的行动以及希望显示的信息，例如临时性或永久性的资源故障，不合法或超出范围的输入数据、非法操作和数组越界等异常情况的处理要求；将来可能提出的要求主要是为将来可能的扩充和修改做准备。

（2）分析软件系统的数据要求。包括基本数据元素、数据元素之间的逻辑关系、数据量和峰值等。常用的数据描述方法是实体-关系模型（E-R 模型）。

（3）导出系统的逻辑模型。在结构化分析方法中可用数据流图来描述；在面向对象分析方法中可用类模型来描述。

（4）修正项目开发计划。在明确了用户的真正需求后，可以更准确地估算软件的成本和进度，从而修正项目开发计划。

（5）如有必要，可开发一个原型系统。对一些需求不够明确的软件，可以先开发一个原型系统，以验证用户的需求。

在此需要强调的是，需求分析阶段主要解决"做什么"的问题，而"怎么做"则是由设计阶段来完成。

2. 需求的分类

软件需求就是系统必须完成的事以及必须具备的品质。软件需求包括功能需求、非功能需求和设计约束三方面的内容。

（1）功能需求：所开发的软件必须具备什么样的功能。

（2）非功能需求：是指产品必须具备的属性或品质，如可靠性、性能、响应时间、容错性和扩展性等。

（3）设计约束：也称为限制条件、补充规约，这通常是对解决方案的一些约束说明。

10.2.3　结构化分析方法

结构化分析（Structured Analysis，SA）方法是一种面向数据流的需求分析方法，适用于分析大型数据处理系统，是一种简单、实用的方法，现在已经得到广泛的使用。

结构化分析方法的基本思想是自顶向下逐层分解。分解和抽象是人们控制问题复杂性的两种基本手段。对于一个复杂的问题，人们很难一下子考虑问题的所有方面和全部细节，通常可以把一个大问题分解成若干个小问题，每个小问题再分解成若干个更小的问题，经过多次逐层分解，每个最底层的问题都是足够简单，容易解决的，于是复杂的问题也就迎刃而解了。这个过程就是分解的过程。

SA 方法的分析结果由以下几部分组成：一套分层的数据流图、一本数据字典、一组小说明（也称加工逻辑说明）、补充材料。

1. 数据流图

数据流图或称数据流程图（Data Flow Diagram，DFD），是一种便于用户理解、分析系统数据流程的图形工具。它摆脱了系统的物理内容，精确地在逻辑上描述系统的功能、输入、输出和数据存储等，是系统逻辑模型的重要组成部分。

1）DFD 的基本成分

DFD 的基本成分包括数据流、加工、数据存储和外部实体，可分别用图 10-8（a）～（d）表示。

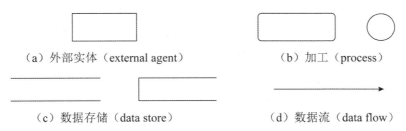

（a）外部实体（external agent）　　　　（b）加工（process）

（c）数据存储（data store）　　　　（d）数据流（data flow）

图 10-8　DFD 的基本成分

（1）数据流。数据流由一组固定成分的数据组成，表示数据的流向。值得注意的是，DFD中描述的是数据流，而不是控制流。除了流向数据存储或从数据存储流出的数据流不必命名外，每个数据流都必须有一个合适的名字，以反映该数据流的含义。

（2）加工。加工描述了输入数据流到输出数据流之间的变换，也就是输入数据流经过什么处理后变成了输出数据流。每个加工有一个名字和编号。编号能反映出该加工位于分层 DFD中的哪个层次和哪张图中，也能够看出它是哪个加工分解出来的子加工。

（3）数据存储。数据存储用来表示存储的数据，每个数据存储都有一个名字。

（4）外部实体。外部实体是指存在于软件系统之外的人员或组织，它指出系统所需数据的发源地和系统所产生的数据的归宿地。

2）分层数据流图的画法

（1）画系统的输入和输出。把整个软件系统看作一个大的加工，然后根据系统从哪些外部实体接收数据流，以及系统发送数据流到哪些外部实体，就可以画出系统的输入和输出图，这张图称为顶层图。

（2）画系统的内部。将顶层图的加工分解成若干个加工，并用数据流将这些加工连接起来，使得顶层图中的输入数据经过若干个加工处理后变换成顶层图的输出数据流。这张图称为0层图。从一个加工画出一张数据流图的过程实际上就是对这个加工的分解。

可以用下述的方法来确定加工：在数据流的组成或值发生变化的地方应画一个加工，这个加工的功能就是实现这一变化；也可根据系统的功能确定加工。

确定数据流的方法：当用户把若干个数据看作一个单位来处理（这些数据一起到达，一起加工）时，可把这些数据看成一个数据流。

对于一些以后某个时间要使用的数据可以组织成一个数据存储来表示。

（3）画加工的内部。把每个加工看作一个小系统，该加工的输入输出数据流看成小系统的输入输出数据流。于是可以用与画0层图同样的方法画出每个加工的 DFD 子图。

（4）对第（3）步分解出来的 DFD 子图中的每个加工，重复第（3）步的分解，直至图中尚未分解的加工都足够简单（也就是说这种加工不必再分解）为止。至此，得到了一套分层数据流图。

3）对图和加工进行编号

对于一个软件系统，其数据流图可能有许多层，每一层又有许多张图。为了区分不同的加工和不同的 DFD 子图，应该对每张图和每个加工进行编号，以利于管理。

（1）父图与子图。

假设分层数据流图里的某张图（记为图 A）中的某个加工可用另一张图（记为图 B）来分解，称图 A 是图 B 的父图，图 B 是图 A 的子图。在一张图中，有些加工需要进一步分解，有些加工则不必分解。因此，如果父图中有 n 个加工，那么它可以有 $0 \sim n$ 张子图（这些子图位于同一层），但每张子图都只对应于一张父图。

（2）编号。

①顶层图只有一张，图中的加工也只有一个，所以不必编号。

②0 层图只有一张，图中的加工号可以分别是 0.1，0.2，……或者是 1，2，……。

③子图号就是父图中被分解的加工号。

④图的加工号由图号、圆点和序号组成。

4）实例

某考务处理系统有如下功能：

（1）对考生送来的报名单进行检查。

（2）对合格的报名单进行检查。

（3）对阅卷站送来的成绩清单进行检查，并根据考试中心指定的合格标准审定合格者。

（4）制作考生通知单（内含成绩合格/不合格标志）送给考生。

（5）按地区、年龄、文化程度、职业和考试级别等进行成绩分类统计和试题难度分析，产生统计分析表。

该考务处理系统的分层数据流图如图 10-9 所示。

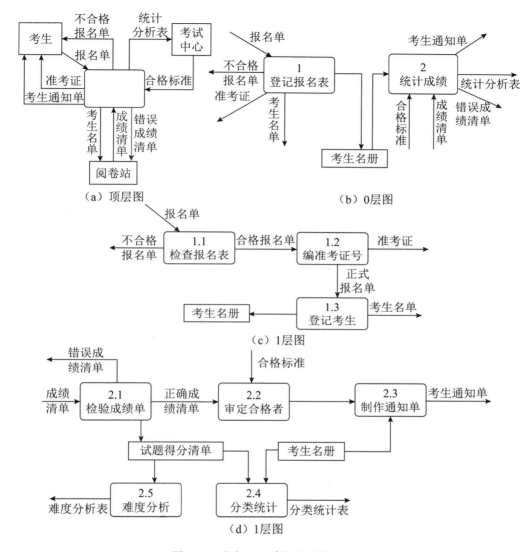

图 10-9 考务处理系统分层数据流图

5）应注意的问题

（1）适当地为数据流、加工、数据存储、外部实体命名，名字应反映该成分的实际含义，避免空洞的名字。

（2）画数据流而不要画控制流。

（3）每条数据流的输入或者输出是加工。

（4）一个加工的输出数据流不应与输入数据流同名，即使它们的组成成分相同。

（5）允许一个加工有多条数据流流向另一个加工，也允许一个加工有两个相同的输出数据流流向两个不同的加工。

（6）保持父图与子图平衡。也就是说，父图中某加工的输入输出数据流必须与它的子图的输入输出数据流在数量和名字上相同。值得注意的是，如果父图的一个输入（或输出）数据流对应于子图中几个输入（或输出）数据流，而子图中组成这些数据流的数据项全体正好是父图中的这一个数据流，那么它们仍然算是平衡的。

（7）在自顶向下的分解过程中，若一个数据存储首次出现时只与一个加工有关，那么这个数据存储应作为这个加工的内部文件而不必画出。

（8）保持数据守恒。也就是说，一个加工所有输出数据流中的数据必须能从该加工的输入数据流中直接获得，或者是通过该加工能产生的数据。

（9）每个加工必须既有输入数据流，又有输出数据流。

（10）在整套数据流图中，每个数据存储必须既有读的数据流，又有写的数据流。但在某一张子图中可能只有读没有写，或者只有写没有读。

2. 数据字典（DD）

数据流图描述了系统的分解，但没有对图中各成分进行说明。数据字典就是为数据流图中的每个数据流、文件、加工，以及组成数据流或文件的数据项做出说明。其中对加工的描述称为"小说明"，也可以称为"加工逻辑说明"。

1）数据字典的内容

数据字典有以下 4 类条目：数据流、数据项、数据存储和基本加工。数据项是组成数据流和数据存储的最小元素。源点、终点不在系统之内，故一般不在字典中说明。

（1）数据流条目。数据流条目给出了 DFD 中数据流的定义，通常列出该数据流的各组成数据项。在定义数据流或数据存储组成时，使用表 10-1 给出的符号。

表 10-1　在数据字典的定义式中出现的符号

符　号	含　义	举例及说明
=	被定义为	—
+	与	x = a+b，表示 x 由 a 和 b 组成
[…|…]	或	x = [a|b]，表示 x 由 a 或 b 组成
{…}	重复	x = {a}，表示 x 由 0 个或多个 a 组成
$m\{\cdots\}n$ 或 $\{...\}_m^n$	重复	x = 2{a}5 或 x = $\{a\}_2^5$，表示 x 中最少出现 2 次 a，最多出现 5 次 a。5、2 为重复次数的上、下限
(…)	可选	x = (a)表示 a 可在 x 中出现，也可不出现
"…"	基本数据元素	x = "a"，表示 x 是取值为字符 a 的数据元素
..	连接符	x = 1..9，表示 x 可取 1~9 中任意一个值

（2）数据存储条目。数据存储条目是对数据存储的定义。

（3）数据项条目。数据项条目是不可再分解的数据单位。

（4）加工条目。加工条目是用来说明 DFD 中基本加工的处理逻辑的，由于上层的加工是由下层的基本加工分解而来，只要有了基本加工的说明，就可理解其他加工。

2）数据词典管理

词典管理主要是把词典条目按照某种格式组织后存储在词典中，并提供排序、查找和统计等功能。如果数据流条目包含了来源和去向，文件条目包含了读文件和写文件，还可以检查数据词典与数据流图的一致性。

3. 加工逻辑的描述

加工逻辑也称为"小说明"。常用的加工逻辑描述方法有结构化语言、判定表和判定树三种。

1）结构化语言

结构化语言（如结构化英语）是一种介于自然语言和形式化语言之间的半形式化语言，是自然语言的一个受限子集。

结构化语言没有严格的语法，它的结构通常可分为内层和外层。外层有严格的语法，而内层的语法比较灵活，可以接近于自然语言的描述。

（1）外层。用来描述控制结构，采用顺序、选择和重复三种基本结构。

①顺序结构。一组祈使语句、选择语句、重复语句的顺序排列。祈使语句至少包含一个动词及一个名词，指出要执行的动作及接受动作的对象。

②选择结构。一般用 IF-THEN-ELSE-ENDIF、CASE-OF-ENDCASE 等关键词。

③重复结构。一般用 DO-WHILE-ENDDO、REPEAT-UNTIL 等关键词。

（2）内层。一般是采用祈使语句的自然语言短语，使用数据字典中的名词和有限的自定义词，其动词含义要具体，尽量不用形容词和副词来修饰。还可使用一些简单的算法运算和逻辑运算符号。

2）判定表

在有些情况下，数据流图中某个加工的一组动作依赖于多个逻辑条件的取值。这时，用自然语言或结构化语言都不易于清楚地描述出来，而用判定表就能够清楚地表示复杂的条件组合与应做的动作之间的对应关系。

判定表由 4 部分组成，用双线分割成 4 个区域，如图 10-10 所示。

条件定义	条件取值的组合
动作定义	在各种取值的组合下应执行的动作

图 10-10　判定表结构

3）判定树

判定树是判定表的变形。一般情况下，判定树比判定表更直观，而且易于理解和使用。判定树结构如图 10-11 所示。

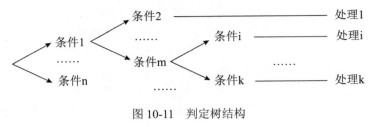

图 10-11 判定树结构

10.2.4 面向对象分析方法

面向对象分析方法（Object-Oriented Analysis，OOA）的基本任务是运用 OO 方法，对问题域进行分析和理解，正确认识其中的事物及它们之间的关系，找出描述问题域和系统功能所需的类和对象，定义它们的属性和责任，以及它们之间的关联，最终产生一个符合用户需求，并能直接反映问题域和系统功能的 OOA 模型及其详细说明。

1. 面向对象的基本概念

1）对象

在面向对象的系统中，对象是基本的运行时的实体，它既包括数据（属性），也包括作用于数据的操作（行为）。所以一个对象把属性和行为封装为一个整体。封装是一种信息隐蔽技术，它的目的是使对象的使用者和生产者分离，使对象的定义和实现分开。从程序设计者来看，对象是一个程序模块；从用户来看，对象为他们提供了所希望的行为。在对象内的操作通常叫作方法。一个对象通常可由对象名、属性和操作三部分组成。

2）消息

对象之间进行通信的一种构造叫作消息。当一个消息发送给某个对象时，包含要求接收对象去执行某些活动的信息。接收到信息的对象经过解释，然后予以响应。这种通信机制叫作消息传递。发送消息的对象不需要知道接收消息的对象如何对请求予以响应。

3）类

一个类定义了一组大体上相似的对象。一个类所包含的方法和数据描述一组对象的共同行为和属性。把一组对象的共同特征加以抽象并存贮在一个类中的能力，是面向对象技术最重要的一点；是否建立了一个丰富的类库，是衡量一个面向对象程序设计语言成熟与否的重要标志。

类是在对象之上的抽象，对象是类的具体化，是类的实例（instance）。在分析和设计时，我们通常把注意力集中在类上，而不是具体的对象。我们也不必为每个对象逐个定义，只需对类做出定义，而对类的属性的不同赋值即可得到该类的对象实例。

通常把一个类和这个类的所有对象称为"类及对象"或对象类。

4）继承

继承是父类和子类之间共享数据和方法的机制。这是类之间的一种关系，在定义和实现一个类的时候，可以在一个已经存在的类的基础上来进行，把这个已经存在的类所定义的内容作为自己的内容，并加入若干新的内容。

一个父类可以有多个子类，这些子类都是父类的特例，父类描述了这些子类的公共属性和操作。一个子类可以继承它的父类（或祖先类）中的属性和操作，这些属性和操作在子类中不必定义，子类中还可以定义自己的属性和操作。

如果只从一个父类 A 得到继承，叫作单重继承。如果一个子类有两个或更多个父类，则称为多重继承。

5）多态

在收到消息时，对象要予以响应。不同的对象收到同一消息可以产生完全不同的结果，这一现象叫作多态（polymorphism）。在使用多态的时候，用户可以发送一个通用的消息，而实现的细节则由接收对象自行决定。这样，同一消息就可以调用不同的方法。

多态的实现受到继承的支持，利用类的继承的层次关系，把具有通用功能的消息存放在高层次，而不同的实现这一功能的行为放在较低层次，在这些低层次上生成的对象能够给通用消息以不同的响应。

多态有几种不同的形式，Cardelli 和 Wegner 把它分为 4 类，如图 10-12 所示。其中，参数多态和包含多态称为通用多态，过载多态和强制多态称为特定多态。

参数多态是应用比较广泛的多态，被称为最纯的多态。包含多态在许多语言中都存在，最常见的例子就是子类型化，即一个类型是另一个类型的子类型。过载（overloading）多态是同一个变量被用来表示不同的功能而通过上下文以决定一个名所代表的功能。

6）动态绑定（Dynamic Binding）

绑定是一个把过程调用和响应调用所需要执行的代码加以结合的过程。在一般的程序设计语言中，绑定是在编译时进行的，叫作静态绑定。动态绑定则是在运行时进行的，因此，一个给定的过程调用和代码的结合直到调用发生时才进行。

动态绑定是和类的继承以及多态相联系的。在继承关系中，子类是父类的一个特例，所以父类对象可以出现的地方，子类对象也可以出现。因此在运行过程中，当一个对象发送消息请求服务时，要根据接收对象的具体情况将请求的操作与实现的方法进行连接，即动态绑定。

2. 统一建模语言（UML）概述

统一建模语言（Unified Modeling Language，UML）是面向对象软件的标准化建模语言。由于其简单、统一，又能够表达软件设计中的动态和静态信息，目前已经成为可视化建模语言事实上的工业标准。

从企业信息系统到基于 Web 的分布式应用，甚至严格的实时嵌入式系统都适合用 UML 来建模。因为 UML 是一种富有表达力的语言，可以描述开发所需要的各种视图，然后以此为基础装配系统。

1）UML 的结构

UML 由三个要素构成：构造块、规则和公共机制。

（1）构造块。UML 有 3 种构造块：事物、关系和图。事物是对模型中最具有代表性的成分的抽象；关系把事物结合在一起；图聚集了相关的事物。

（2）规则。规则是支配构造块如何放置在一起的规定，包括给构造块命名；给一个名字以特定含义的语境，即范围；怎样使用或看见名字，即可见性；事物如何正确、一致地相互联系，即完整性；运行或模拟动态模型的含义是什么，即执行。

（3）公共机制。公共机制是指达到特定目标的公共 UML 方法，主要包括规格说明（详细说明）、修饰、公共分类（通用划分）和扩展机制 4 种。规格说明是事物语义的细节描述，它是模型真正的核心；UML 为每个事物设置了一个简单的记号，可以通过修饰来表达更多的信息；UML 包括两组公共分类：类与对象、接口与实现；扩展机制包括约束、构造型和标记值。

UML 对系统架构的定义是系统的组织结构，包括系统分解的组成部分，以及它们的关联性、交互机制和指导原则等提供系统设计的信息。具体来说，有以下 5 种系统视图：

（1）逻辑视图。逻辑视图也称为设计视图，它表示了设计模型中在架构方面具有重要意义的部分，即类、子系统、包和用例实现的子集。

（2）进程视图。进程视图是可执行线程和进程作为活动类的建模，它是逻辑视图的一次执行实例，描述了并发与同步结构。

（3）实现视图。实现视图对组成基于系统的物理代码的文件和构件进行建模。

（4）部署视图。部署视图把构件部署到一组物理节点上，用来表示软件到硬件的映射和分布结构。

（5）用例视图。用例视图是最基本的需求分析模型。

2）事物

UML 中有 4 种事物：结构事物、行为事物、分组事物和注释事物。

（1）结构事物（structural thing）。

结构事物是 UML 模型中的名词。它们通常是模型的静态部分，描述概念或物理元素。UML 有 7 种结构事物：类（class）、接口（interface）、协作（collaboration）、用例（use case）、主动类（active class）、构件（component）和节点（node）。结构事物的图形表示如图 10-13 所示。

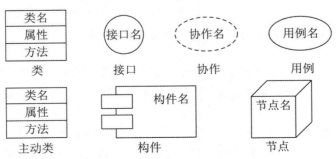

图 10-13　结构事物的图形表示

类是描述具有相同属性、方法、关系和语义对象的集合，一个类实现一个或多个接口。接口是指类或构件提供特定服务的一组操作的集合，接口描述了类或构件的对外可见的动作。协作定义了交互的操作，使一些角色和其他事物一起工作，提供一些合作的动作。用例是描述一系列的动作，产生有价值的结果。在模型中用例通常用来组织行为事物。用例是通过协作来实现的。主动类的对象有一个或多个进程或线程。构件是物理上或可替换的部分，它实现了一个接口的集合。节点是一个元素，它在运行时存在，代表一个可计算的资源，通常占用一些内存和具有处理能力。一个构件集合一般来说位于一个节点，但有可能从一个节点转到另一个节点。

（2）行为事物（behavior thing）。

行为事物是 UML 模型的动态部分。它们是模型中的动词，描述了跨越时间和空间的行为。共有两类主要的行为事物：交互（interaction）和状态机（state machine）。

交互由在特定语境中共同完成一定任务的一组对象之间交换的消息组成。一个对象群体的行为或单个操作的行为可以用一个交互来描述。交互涉及一些其他元素，包括消息、动作序列（由一个消息所引起的行为）和链（对象间的连接）。在图形上，把一个消息表示为一条有向直线，通常在表示消息的线段上标注操作名，如图 10-14（a）所示。

（a）消息　　　　　（b）状态

图 10-14　消息与状态表示

状态机描述了一个对象或一个交互在生命期内响应事件所经历的状态序列。单个类或一组类之间协作的行为可以用状态机来描述。一个状态机涉及一些其他元素，包括状态、转换（从一个状态到另一个状态的流）、事件（触发转换的事物）和活动（对一个转换的响应）。在图形上，把状态表示为一个圆角矩形，通常在圆角矩形中含有状态的名称及其子状态，如图 10-14（b）所示。

（3）分组事物（grouping thing）。

分组事物是 UML 模型的组织部分。它们是一些由模型分解成的"盒子"。在所有的分组事物中，最主要的分组事物是包（package）。包是把元素组织成组的机制，这种机制具有多种用图。结构事物、行为事物甚至其他分组事物都可以放进包内。包与构件（仅在运行时存在）不同，它纯粹是概念上的（即它仅在开发时存在）。包的图形化表示如图 10-15 所示。

Business rules

图 10-15　包

（4）注释事物（annotational thing）。

注释事物是 UML 模型的解释部分。这些注释事物用来描述、说明和标注模型的任何元素。注解（note）是一种主要的注释事物。注解是一个依附于一个元素或者一组元素之上，对它进行约束或解释的简单符号。注解的图形化表示如图 10-16 所示。

图 10-16　注解

3）关系

UML 中有四种关系：依赖、关联、泛化和实现。关系的图形表示如图 10-17 所示。

（1）依赖（dependency）。

依赖是两个事物间的语义关系，其中一个事物（独立事物）发生变化会影响另一个事物（依赖事物）的语义。在图形上，把一个依赖画成一条可能有方向的虚线，如图 10-17（a）所示。

（2）关联（association）。

关联是一种结构关系，它描述了一组链，链是对象之间的连接，如图 10-17（b）所示。聚集（aggregation）是一种特殊类型的关联，它描述了整体和部分间的结构关系，如图 10-17（c）所示。需要说明的是，在关联上可以标注重复度（multiplicity）和角色（role）。

（3）泛化（generalization）。

泛化（generalization）是一种特殊/一般关系，特殊元素（子元素）的对象可替代一般元素（父元素）的对象。用这种方法，子元素共享了父元素的结构和行为。在图形上，把一个泛化关系画成一条带有空心箭头的实线，它指向父元素，如图 10-17（d）所示。

（4）实现（realization）。

实现是类元之间的语义关系，其中一个类元指定了由另一个类元保证执行的契约。在两种地方要用到实现关系：一种是在接口和实现它们的类或构件之间；另一种是在用例和实现它们的协作之间。在图形上，把一个实现关系画成一条带有空心箭头的虚线，如图 10-17（e）所示。

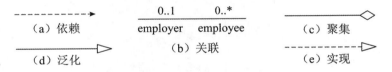

图 10-17　关系的图形表示

这四种关系是 UML 模型中可以包含的基本关系事物。它们也有变体，例如，依赖的变体有精化、跟踪、包含和延伸。

3. UML 中的图

图（diagram）是一组元素的图形表示，大多数情况下把图画成顶点（代表事物）和弧（代表关系）的连通图。为了对系统进行可视化，可以从不同的角度画图，这样图是对系统的投影。

UML 2.0 提供了 13 种图，它们分别是：类图、对象图、用例图、序列图、通信图、状态图、活动图、构件图、部署图、组合结构图、包图、交互概览图和计时图。下面简单介绍在面向对象方法中较为常用的图。

1）类图

类图（class diagram）展现了一组对象、接口、协作和它们之间的关系。在面向对象系统的建模中所建立的最常见的图就是类图。类图给出系统的静态设计视图。包含主动类的类图给出了系统的静态进程视图。

类图中通常包括下述内容：类；接口；协作；依赖、泛化和关联关系，如图 10-18 所示。

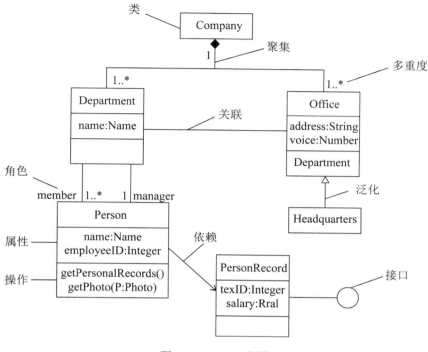

图 10-18 UML 类图

类图中也可以包含注解和约束。类图还可以含有包或子系统，二者都用于把模型元素聚集成更大的组块。

类图用于对系统的静态设计视图建模。这种视图主要支持系统的功能需求，即系统要提供给最终用户的服务。当对系统的静态设计视图建模时，通常以下述三种方式之一使用类图。

（1）对系统的词汇建模。

对系统的词汇建模涉及做出这样的决定：哪些抽象是考虑中的系统的一部分，哪些抽象处于系统边界之外。用类图详细描述这些抽象和它们的职责。

（2）对简单的协作建模。

协作是一些共同工作的类、接口和其他元素的群体，该群体提供的一些合作行为强于所有这些元素的行为之和。例如当对分布式系统的事务语义建模时，不能仅仅盯着一个单独的类来推断要发生什么，而要有相互协作的一组类来实现这些语义。用类图对这组类以及它们之间的关系进行可视化和详述。

（3）对逻辑数据库模式建模。

将模式看作为数据库的概念设计的蓝图。在很多领域中，要在关系数据库或面向对象数据库中存储永久信息。可以用类图对这些数据库的模式建模。

2）对象图

对象图（object diagram）展现了一组对象以及它们之间的关系。对象图描述了在类图中所建立的事物的实例的静态快照。

对象图一般包括对象和链。

和类图一样，对象图给出系统的静态设计视图或静态进程视图，但它们是从真实的或原型案例的角度建立的。这种视图主要支持系统的功能需求，即系统应该提供给最终用户的服务。利用对象图可以对静态数据结构建模。

当对系统的静态设计视图或静态进程视图建模时，主要是使用对象图对对象结构进行建模。对对象结构建模涉及在给定时刻抓取系统中的对象的快照。对象图表示了交互图表示的动态场景的一个静态画面。可以使用对象图可视化、详述、构造和文档化系统中存在的实例以及它们之间的相互关系。

3）用例图

用例是一种描述系统需求的方法。用例图（use case diagram）展现了一组用例、参与者（Actor）以及它们之间的关系。

用例图中通常包含三种元素：用例、参与者、用例之间的关系，如图10-19所示。

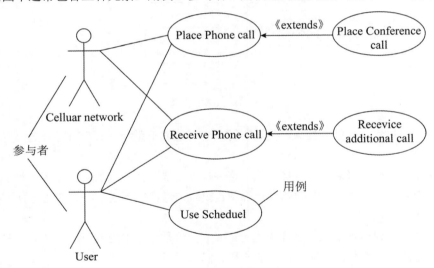

图10-19   UML用例图

参与者是指存在于系统外部并与系统进行交互的任何事物，既可以是使用系统的用户，也可以是其他外部系统和设备等外部实体。

用例是描述系统的一项功能的一组动作序列，这样的动作序列表示参与者与系统间的交互。

用例之间通常存在三种关系：包含（include）、扩展（extend）和泛化（generalization）。

（1）包含关系。当可以从两个或两个以上的用例中提取公共行为时，应该使用包含关系来表示它们。其中被提取出来的公共用例称为抽象用例，而把原始用例称为基本用例或基础用例。当多个用例需要使用同一段事件流时，抽象成为公共用例，可以避免在多个用例中重复地描述这段事件流，也可以防止这段事件流在不同用例中的描述出现不一致。当需要修改这段公共的需求时，也只要修改一个用例，避免同时修改多个用例而产生的不一致和重复性工作。另外，当某个用例的事件流过于复杂时，为了简化用例的描述，也可以将某一段事件流抽象成为一个被包含的用例。

（2）扩展关系。如果一个用例明显地混合了两种或两种以上的场景，即根据情况可能发生多种分支，则可以将这个用例分为一个基本用例和一个或多个扩展用例。

（3）泛化关系。当多个用例共同拥有一种类似的结构和行为时，可以将它们的共性抽象成为父用例，其他的用例作为泛化关系中的子用例。在用例的泛化关系中，子用例是父用例的一种特殊形式，子用例继承了父用例所有的结构、行为和关系。

用例图用于对系统的静态用例视图进行建模。这个视图主要支持系统的行为，即该系统在它的周边环境的语境中所提供的外部可见服务。

当对系统的静态用例视图建模时，可以用下列两种方式来使用用例图：

（1）对系统的语境建模。

对一个系统的语境进行建模，包括围绕整个系统画一条线，并声明有哪些参与者位于系统之外并与系统进行交互。在这里，用例图说明了参与者以及它们所扮演的角色的含义。

（2）对系统的需求建模。

对一个系统的需求进行建模，包括说明这个系统应该做什么（从系统外部的一个视点出发），而不考虑系统应该怎样做。在这里，用例图说明了系统想要的行为。通过这种方式，用例图使我们能够把整个系统看作一个黑盒子。你可以观察到系统外部有什么，系统怎样与哪些外部事物相互作用，但却看不到系统内部是如何工作的。

4）交互图

序列图、通信图、交互概览图和计时图均被称为交互图，它们用于对系统的动态方面进行建模。一张交互图显示的是一个交互，由一组对象和它们之间的关系组成。包含它们之间可能传递的消息。序列图是强调消息时间顺序的交互图；通信图则是强调接收和发送消息的对象的结构组织的交互图。

交互图用于对一个系统的动态方面建模。在多数情况下，它包括对类、接口、构件和节点的具体的或原型化的实例以及它们之间传递的消息进行建模，所有这些都位于一个表达行为的脚本的语境中。交互图可以单独使用，来可视化、详述、构造和文档化一个特定的对象群体的动态方面，也可以用来对一个用例的特定的控制流进行建模。

交互图一般包含对象、链和消息。

（1）序列图。

序列图（sequence diagram）是场景（scenario）的图形化表示，描述了以时间顺序组织的对象之间的交互活动。如图 10-20 所示，形成序列图时，首先把参加交互的对象放在图的上方，沿 X 轴方向排列。通常把发起交互的对象放在左边，较下级对象依次放在右边。然后，把这些对象发送和接收的消息沿 Y 轴方向按时间顺序从上到下放置。这样，就提供了控制流随时间推移的清晰的可视化轨迹。

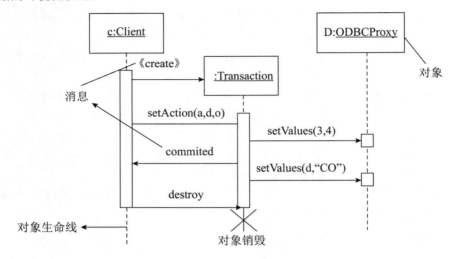

图 10-20　UML 序列图

序列图有两个不同于通信图的特征：

序列图有对象生命线。对象生命线是一条垂直的虚线，表示一个对象在一段时间内存在。在交互图中出现的大多数对象存在于整个交互过程中，所以，这些对象全都排列在图的顶部，其生命线从图的顶部画到图的底部。但对象也可以在交互过程中创建，它们的生命线从接收到构造型为 create 的消息时开始。对象也可以在交互过程中撤销，它们的生命线在接收到构造型为 destroy 的消息时结束（并且给出一个大 X 的标记表明生命的结束）。

序列图有控制焦点。控制焦点是一个瘦高的矩形，表示一个对象执行一个动作所经历的时间段，既可以是直接执行，也可以是通过下级过程执行。矩形的顶部表示动作的开始，底部表示动作的结束（可以由一个返回消息来标记）。还可以通过将另一个控制焦点放在它的父控制焦点的右边来显示（由循环、自身操作调用或从另一个对象的回调所引起的）控制焦点的嵌套（其嵌套深度可以任意）。如果想特别精确地表示控制焦点在哪里，也可以在对象的方法被实际执行（并且控制还没传给另一个对象）期间，将那段矩形区域阴影化。

（2）通信图。

通信图（communication diagram）强调收发消息的对象的结构组织，在早期的版本中也被称作协作图。通信图强调参加交互的对象的组织。产生一张通信图，首先要将参加交互的对象作为图的顶点。然后，把连接这些对象的链表示为图的弧。最后，用对象发送和接收的消息来修饰这些链。这就提供了在协作对象的结构组织的语境中观察控制流的一个清晰的可视化轨迹。

通信图有两个不同于序列图的特性：

通信图有路径。为了指出一个对象如何与另一个对象链接，你可以在链的末端附上一个路径构造型（如构造型 local，表示指定对象对发送者而言是局部的）。通常只需要显式地表示以

第 10 章 系统开发和运行知识

下几种链的路径：local（局部）、parameter（参数）、global（全局），以及 self（自身），但不必表示 association（关联）。

通信图有顺序号。为表示消息的时间顺序，可以给消息加一个数字前缀（从 1 号消息开始），在控制流中，每个新消息的顺序号单调增加（如 2、3 等）。为了显示嵌套，可使用带小数点的号码（1 表示第一个消息；1.1 表示嵌套在消息 1 中的第一个消息；1.2 表示嵌套在消息 1 中的第二个消息；等等）。嵌套可为任意深度。还要注意的是，沿同一个链，可以显示许多消息（可能发自不同的方向），并且每个消息都有唯一的一个顺序号。

序列图和通信图是同构的，它们之间可以相互转换。

交互概览图是 UML 2.0 新增的交互图之一，它描述交互（特别是关注控制流），但是抽象掉了消息和生命线。它使用活动图的表示法。纯粹的交互概览图中所有的活动都是交互发生。另一种新增的、特别适合实时和嵌入式系统建模的交互图称为计时图，计时图关注沿着线性时间轴、生命线内部和生命线之间的条件改变。它描述对象状态随着时间改变的情况，很像示波器，适合分析周期和非周期性任务。

5）状态图

状态图（statechart diagram）展现了一个状态机，它由状态、转换、事件和活动组成。状态图关注系统的动态视图，它对于接口、类和协作的行为建模尤为重要，它强调对象行为的事件顺序。状态图通常包括：简单状态和组合状态、转换（事件和动作）。如图 10-21 所示。

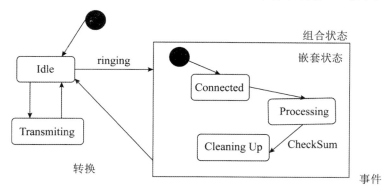

图 10-21　UML 状态图

可以用状态图对系统的动态方面建模。这些动态方面可以包括出现在系统体系结构的任何视图中的任何一种对象的按事件排序的行为，这些对象包括类（各主动类）、接口、构件和节点。

当对系统、类或用例的动态方面建模时，通常是对反应型对象建模。

一个反应型或事件驱动的对象是这样一个对象，其行为通常是由对来自语境外部的事件做出反应来刻画的。反应型对象在接收到一个事件之前通常处于空闲状态。当它接收到一个事件时，它的反应常常依赖于以前的事件。在这个对象对事件做出反应后，它就又变成闲状态，等待下一个事件。对于这种对象，将着眼于对象的稳定状态、能够触发从状态到状态的转换的事件，以及当每个状态改变时所发生的动作。

6）活动图

活动图（activity diagram）是一种特殊的状态图，它展现了在系统内从一个活动到另一个活动的流程。活动图专注于系统的动态视图。它对于系统的功能建模特别重要，并强调对象间的控制流程。

活动图一般包括：活动状态和动作状态、转换和对象。

用活动图建模的控制流中，会发生一些事情。你可能要对一个设置属性值或返回一些值的表达式求值。你也可能要调用对象上的操作，发送一个消息给对象，甚至创建或销毁对象，这些可执行的原子计算被称作动作状态，因为它们是该系统的状态，每个原子计算都代表一个动作的执行。动作状态不能被分解。动作状态是原子的，也就是说事件可以发生，但动作状态的工作不能被中断。最后，动作状态的工作所占用的执行时间一般被看作是可忽略的。

活动状态能够进一步被分解，它们的活动由其他的活动图表示。活动状态不是原子的，它们可以被中断。并且，一般来说，还要考虑到它需要花费一段时间来完成。可以把一个动作状态看作一个活动状态的特例。类似地，可以把一个活动状态看作一个组合，它的控制流由其他的活动状态和动作状态组成。

活动图可以表示分支和汇合。

当对一个系统的动态方面建模时，通常有两种使用活动图的方式：

（1）对工作流建模。此时所关注的是与系统进行协作的参与者所观察到的活动。工作流常常位于软件系统的边缘，用于可视化、详述、构造和文档化开发系统所涉及的业务过程。在活动图的这种用法中，对对象流的建模是特别重要的。

（2）对操作建模。此时是把活动图作为流程图使用，对一个计算的细节部分建模。在活动图的这种用法中，对分文、分叉和汇合状态的建模是特别重要的。用于这种方式的活动图语境包括该操作的参数和它的局部对象。

7）构件图

构件图（component diagram）展现了一组构件之间的组织和依赖。构件图专注于系统的静态实现视图。它与类图相关，通常把构件映射为一个或多个类、接口或协作。

8）部署图

部署图（deployment diagram）展现了运行处理节点以及其中的构件的配置。部署图给出了体系结构的静态实施视图。它与构件图相关，通常一个节点包含一个或多个构件。

4. 面向对象分析

同其他分析方法一样，面向对象分析（Object-Oriented Analysis，OOA）的目的是获得对应用问题的理解。理解的目的是确定系统的功能、性能要求。面向对象分析法与功能/数据分析法之间的差别是前期的表述含义不同。功能/数据分析法分开考虑系统的功能要求和数据及其结构，面向对象分析方法是将数据和功能结合在一起作为一个综合对象来考虑。面向对象分析技术可以将系统的行为和信息间的关系表示为迭代构造特征。

面向对象分析包含 5 个活动：认定对象、组织对象、描述对象间的相互作用、定义对象的操作、定义对象的内部信息。

1）认定对象

在应用领域中，按自然存在的实体确立对象。在定义域中，首先将自然存在的"名词"作为一个对象，这通常是研究问题、定义域实体的良好开始。通过实体间的关系寻找对象常常没有问题，而困难在于寻找（选择）系统关心的实质性对象，实质性对象是系统稳定性的基础。例如在银行应用系统中，实质性对象应包含客户账务、清算等，而门卫值班表不是实质性对象，甚至可不包含在该系统中。

2）组织对象

分析对象间的关系，将相关对象抽象成类，其目的是简化关联对象，利用类的继承性建立具有继承性层次的类结构。抽象类时可从对象间的操作或一个对象是另一个对象的一部分来考虑，如房子由门和窗构成，门和窗是房子类的子类。由对象抽象类，通过相关类的继承构造类层次，所以说系统的行为和信息间的分析过程是一种迭代表征过程。

3）对象间的相互作用

描述出各对象在应用系统中的关系。如一个对象是另一个对象的一部分，一个对象与其他对象间的通信关系等。这样可以完整地描述每个对象的环境，由一个对象解释另一个对象，以及一个对象如何生成另一个对象，最后得到对象的界面描述。

4）基于对象的操作

当考虑对象的界面时，自然要考虑对象的操作。其操作有从对象直接标识的简单操作，如创建、增加、删除等；也有更复杂的操作，如将几个对象的信息连接起来。一般而言，避免对象太复杂比较好，当连接的对象太复杂时，可将其标识为新对象。当确定了对象的操作后，再定义对象的内部，对象内部定义包括其内部数据信息、信息存储方法，继承关系以及可能生成的实例数等属性。

分析阶段最重要的是理解问题域的概念，其结果将影响整个工作。经验表明，从应用定义域概念标识对象是非常合理的，完成上述工作后写出规范文档，文档确定每个对象的范围。

早期面向对象的目标之一是简化模型与问题域之间的语义差距。事实上，面向对象分析的基础是软件系统结构，这依赖于人类看待现实世界的方法。当人们理解求解问题的环境时，常采用对象、分类法和层次性这类术语。面向对象分析与功能/数据分析方法相比，面向对象的结果比较容易理解和管理。面向对象分析方法的另一个优点是便于修改，早期阶段的修改容易提高软件的可靠性。

10.3　系统设计基础知识

10.3.1　系统设计内容和步骤

在系统分析阶段，已经搞清楚了软件"做什么"的问题，并把这些需求通过规格说明书描述了出来，这也是目标系统的逻辑模型。进入设计阶段，要把软件"做什么"的逻辑模型转换成"怎么做"的物理模型，即着手实现软件系统的需求。

系统设计的主要目的就是为系统制定蓝图，在各种技术和实施方法中权衡利弊，精心设计，合理使用各种资源，最终勾画出新系统的详细设计方案。

系统设计的主要内容包括新系统总体结构设计、代码设计、输出设计、输入设计、处理过程设计、数据存储设计、用户界面设计和安全控制设计等。

系统设计的基本任务大体上可以分为概要设计和详细设计两个步骤。

1. 概要设计的基本任务

1）设计软件系统总体结构

其基本任务是采用某种设计方法，将一个复杂的系统按功能划分成模块；确定每个模块的功能；确定模块之间的调用关系；确定模块之间的接口，即模块之间传递的信息；评价模块结构的质量。

软件系统总体结构的设计是概要设计关键的一步，直接影响到下一个阶段详细设计与编码的工作。软件系统的质量及一些整体特性都在软件系统总体结构的设计中决定。

2）数据结构及数据库设计

（1）数据结构的设计。逐步细化的方法也适用于数据结构的设计。在需求分析阶段，已经通过数据字典对数据的组成、操作约束和数据之间的关系等方面进行了描述，确定了数据的结构特性，在概要设计阶段要加以细化，详细设计阶段则规定具体的实现细节。在概要设计阶段，宜使用抽象的数据类型。

（2）数据库的设计。数据库的设计是指数据存储文件的设计，主要进行以下几方面设计：

①概念设计。在数据分析的基础上，采用自底向上的方法从用户角度进行视图设计，一般用 ER 模型来表述数据模型。ER 模型既是设计数据库的基础，也是设计数据结构的基础。

②逻辑设计。ER 模型是独立于数据库管理系统（DBMS）的，要结合具体的 DBMS 特征来建立数据库的逻辑结构。

③ 物理设计。对于不同的 DBMS，物理环境不同，提供的存储结构与存取方法各不相同。物理设计就是设计数据模式的一些物理细节，如数据项存储要求、存取方法和索引的建立等。

3）编写概要设计文档

文档主要有概要设计说明书、数据库设计说明书、用户手册以及修订测试计划。

4）评审

对设计部分是否完整地实现了需求中规定的功能、性能等要求，设计方法的可行性，关键的处理及内外部接口定义的正确性、有效性、各部分之间的一致性等都一一进行评审。

2. 详细设计的基本任务

详细设计阶段的根本目标是确定应该怎样具体地实现所要求的系统，也就是说，经过这个阶段的设计工作，应该得出对目标系统的精确描述。

详细设计阶段的任务不是具体地编写程序，而是要设计出程序的"蓝图"，以后根据这个蓝图写出实际的程序代码。详细设计阶段的主要任务有：

（1）对每个模块进行详细的算法设计。用某种图形、表格和语言等工具将每个模块处理过程的详细算法描述出来。

（2）对模块内的数据结构进行设计。

（3）对数据库进行物理设计，即确定数据库的物理结构。

（4）其他设计。根据软件系统的类型，还可能要进行以下设计：

①代码设计。

代码是用来表征客观事物的一组有序的符号，以便于计算机和人工识别与处理。为了提高数据的输入、分类、存储和检索等操作，节约内存空间，对数据库中某些数据项的值要进行代码设计。代码设计的原则是：唯一性、合理性、可扩充性、简单性、适用性、规范性和系统性。

②输入输出设计。

③用户界面设计。

（5）编写详细设计说明书。

（6）评审。对处理过程的算法和数据库的物理结构都要评审。

系统设计的结果是一系列的系统设计文件，这些文件是物理实现一个信息系统（包括硬件设备和编制软件程序）的重要基础。

10.3.2　系统设计的基本原理

1. 抽象

抽象是一种设计技术，重点说明一个实体的本质方面，而忽略或者掩盖不很重要或非本质的方面。抽象是一种重要的工具，用来将复杂的现象简化到可以分析、实验或者可以理解的程度。软件工程中从软件定义到软件开发要经历多个阶段，在这个过程中每前进一步都可看作是对软件解法的抽象层次的一次细化。抽象的最低层就是实现该软件的源程序代码。在进行模块化设计时也可以有多个抽象层次，最高抽象层次的模块用概括的方式叙述问题的解法，较低抽象层次的模块是对较高抽象层次模块对问题解法描述的细化。

2. 模块化

模块在程序中是数据说明、可执行语句等程序对象的集合，或者是单独命名和编址的元素，如高级语言中的过程、函数和子程序等。在软件的体系结构中，模块是可组合、分解和更换的单元。

模块化是指将一个待开发的软件分解成若干个小的简单部分——模块，每个模块可独立地开发、测试，最后组装成完整的程序。这是一种复杂问题"分而治之"的原则。模块化的目的是使程序的结构清晰，容易阅读、理解、测试和修改。

3. 信息隐蔽

信息隐蔽是开发整体程序结构时使用的法则，即将每个程序的成分隐蔽或封装在一个单一的设计模块中，定义每一个模块时尽可能少地显露其内部的处理。在设计时首先列出一些可能发生变化的因素，在划分模块时将一个可能发生变化的因素隐蔽在某个模块的内部，使其他模块与这个因素无关。在这个因素发生变化时，只需修改含有这个因素的模块，而与其他模块无关。

信息隐蔽原则对提高软件的可修改性、可测试性和可移植性都有重要的作用。

4. 模块独立

模块独立是指每个模块完成一个相对独立的特定子功能，并且与其他模块之间的联系简单。衡量模块独立程度的标准有两个：耦合性和内聚性。

1）耦合

耦合性是指模块之间联系的紧密程度。耦合性越高，则模块的独立性越差。模块间耦合的高低取决于模块间接口的复杂性、调用的方式及传递的信息。模块的耦合有以下几种类型：

（1）无直接耦合：指两个模块间没有直接的关系，它们分别从属于不同模块的控制与调用，它们之间不传递任何信息。因此，模块间耦合性最弱，模块独立性最高。

（2）数据耦合：指两个模块之间有调用关系，传递的是简单的数据值，相当于高级语言中的值传递。这种耦合程度较低，模块的独立性较高。

（3）标记耦合：指两个模块之间传递的是数据结构，如高级语言中的数据组名、记录名、文件名等这些名字即为标记，其实传递的是这个数据结构的地址。

（4）控制耦合：指一个模块调用另一个模块时，传递的是控制变量，被调模块通过该控制变量的值有选择地执行块内的某一功能。

（5）公共耦合：指通过一个公共数据环境相互作用的那些模块之间的耦合。

（6）内容耦合：这是程度最高的耦合。当一个模块直接使用另一个模块的内部数据，或通过非正常入口而转入另一个模块内部，这种模块之间的耦合为内容耦合，这种情况往往出现在汇编程序设计中。

2）内聚

内聚是指模块内部各元素之间联系的紧密程度，例如一个完成多个功能的模块的内聚度就比完成单一功能的模块的内聚度低。内聚度越低，模块的独立性越差。内聚性有以下几种类型：

（1）偶然内聚：指一个模块内的各个处理元素之间没有任何联系。

（2）逻辑内聚：指模块内执行几个逻辑上相似的功能，通过参数确定该模块完成哪一个功能。

（3）时间内聚：把需要同时执行的动作组合在一起形成的模块为时间内聚模块。

（4）通信内聚：指模块内所有处理元素都在同一个数据结构上操作，或者指各处理使用相同的输入数据或者产生相同的输出数据。

（5）顺序内聚：指一个模块中各个处理元素都密切相关于同一功能且必须顺序执行，前一功能元素的输出就是下一功能元素的输入。

（6）功能内聚：这是最强的内聚，指模块内所有元素共同完成一个功能，缺一不可。

耦合性和内聚性是模块独立性的两个定性标准，将软件系统划分模块时，尽量做到高内聚、低耦合，提高模块的独立性。

10.3.3　结构化设计方法

结构化设计（Structured Design，SD）方法是一种面向数据流的设计方法，它可以与 SA 方法衔接。结构化设计方法的基本思想是将系统设计成由相对独立、功能单一的模块组成的结构。

1. 信息流的类型

在需求分析阶段，用 SA 方法产生了数据流图。面向数据流的设计能方便地将 DFD 转换成程序结构图。DFD 中从系统的输入数据流到系统的输出数据流的一连串连续变换形成了一条信息流。DFD 的信息流大体上可以分为两种类型：变换流和事务流。

（1）变换流。信息沿着输入通路进入系统，同时将信息的外部形式转换成内部表示，然后通过变换中心（也称主加工）处理，再沿着输出通路转换成外部形式离开系统。具有这种特性的信息流称为变换流。变换流型的 DFD 可以明显地分成输入、变换（主加工）和输出三大部分。

（2）事务流。信息沿着输入通路到达一个事务中心，事务中心根据输入信息（即事务）的类型在若干个动作序列（称为活动流）中选择一个来执行，这种信息流称为事务流。事务流有明显的事务中心，各活动流以事务中心为起点呈辐射状流出。

2. 变换分析

变换分析是从变换流型的 DFD 导出程序结构图。

1）确定输入流和输出流，分离出变换中心

把 DFD 中系统输入端的数据流称为物理输入，系统输出端的数据流称为物理输出。物理输入通常要经过编辑、格式转换、合法性检查、预处理等辅助性的加工才能成为主加工的真正输入（称为逻辑输入）。从物理输入端开始，一步步向系统的中间移动，可找到离物理输入端最远，但仍可被看作系统输入的那个数据流，这个数据流就是逻辑输入。同样，由主加工产生的输出（称为逻辑输出）通常也要经过编辑、格式转换、组成物理块、缓冲处理等辅助加工才能变成物理输出。从物理输出端开始，一步步向系统的中间移动，可找到离物理输出端最远，但仍可被看作系统输出的那个数据流，这个数据流就是逻辑输出。

DFD 中从物理输入到逻辑输入的部分构成系统的输入流，从逻辑输出到物理输出的部分构成系统的输出流，位于输入流和输出流之间的部分就是变换中心。

2）第一级分解

第一级分解主要是设计模块结构的顶层和第一层。一个变换流型的 DFD 可映射成图 10-22 所示的程序结构图。图中顶层模块的功能就是整个系统的功

图 10-22　变换分析的第一级分解

能。输入控制模块用来接收所有的输入数据，变换控制模块用来实现输入到输出的变换，输出控制模块用来产生所有的输出数据。

3）第二级分解

第二级分解主要是设计中、下层模块。

（1）输入控制模块的分解。从变换中心的边界开始，沿着每条输入通路，把输入通路上的每个加工映射成输入控制模块的一个低层模块。

（2）输出控制模块的分解。从变换中心的边界开始，沿着每条输出通路，把输出通路上的每个加工映射成输出控制模块的一个低层模块。

（3）变换控制模块的分解。变换控制模块通常没有通用的分解方法，应根据 DFD 中变换部分的实际情况进行设计。

3. 事务分析

事务分析是从事务流型 DFD 导出程序结构图。

（1）确定事务中心和每条活动流的流特性。图 10-23 给出了事务流型 DFD 的一般形式。其中事务中心（图中的 T）位于数条活动流的起点，这些活动流从该点呈辐射状地流出。每条活动流也是一条信息流，它可以是变换流，也可以是另一条事务流。一个事务流型的 DFD 由输入流、事务中心和若干条活动流组成。

（2）将事务流型 DFD 映射成高层的程序结构。事务流型 DFD 的高层结构如图 10-24 所示。顶层模块的功能就是整个系统的功能。接收模块用来接收输入数据，它对应于输入流。发送模块是一个调度模块，控制下层的所有活动模块。每个活动流模块对应于一条活动流，它也是该活动流映射成的程序结构图中的顶层模块。

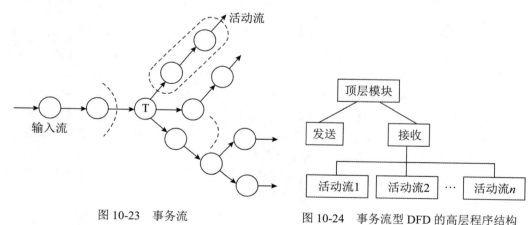

图 10-23　事务流　　　　　　　　图 10-24　事务流型 DFD 的高层程序结构

（3）进一步分解。接收模块的分解类同于变换分析中输入控制模块的分解。每个活动流模块根据其流特性（变换流或事务流）进一步采用变换分析或事务分析进行分解。

4. SD 方法的设计步骤

SD 方法的设计步骤如下：

（1）复查并精化数据流图。

（2）确定 DFD 的信息流类型（变换流或事务流）。

（3）根据流类型分别实施变换分析或事务分析。

（4）根据系统设计的原则对程序结构图进行优化。

10.3.4　面向对象设计方法

面向对象设计（Object-Oriented Design，OOD）是 OOA 方法的延续，是在 OOA 模型基础上运用面向对象方法，主要解决与实现有关的问题，目标是产生一个符合具体实现条件的 OOD 模型。由于 OOD 以 OOA 模型为基础，且 OOA 与 OOD 采用一致的表示法，这使得从 OOA 到 OOD 不存在转换，只需做必要的修改和调整。

1. 设计软件类

类封装了信息和行为，是面向对象的重要组成部分，它是具有相同属性、方法和关系的对象集合的总称。在系统中，每个类都具有一定的职责，职责是指类所承担的任务。设计类是 OOD 中最重要的组成部分。在系统设计中，类可以分为三种类型：实体类、边界类和控制类。

1）实体类

实体类通常对应现实生活中的实体，它包含了用于描述实体的不同实例的信息（称为属性），还封装了维护其信息或属性的行为（称为方法），它们是系统的核心。

实体类是对用户来说最有意义的类，通常采用业务领域术语命名，一般来说是一个名词。

2）边界类

用户通过边界类实现用户界面与系统通信。描述用户直接同系统交互的用例功能应放在边界类中。每个参与者或用户都要通过各自的边界类同系统通信。边界类将系统与其外部环境的变更分隔开，使这些变更不会对系统的其他部分造成影响。

3）控制类

控制类实现系统的业务逻辑或业务规则。一般来说，每个用例由一个或多个控制类来实现。控制类通过向实体类发送消息和从实体类接收消息，处理来自边界类的消息并响应这些消息。控制类用于对一个或几个用例所特有的控制行为进行建模。

2. 面向对象设计过程

面向对象设计期间，需要对面向对象分析期间得到的模型加以精炼，以反映所建议的方案的实际情况。

面向对象设计主要包括以下活动。

1）对用例模型加以精炼以反映实现环境

在对用例模型的精炼过程中，参与者如何实际地与系统进行交互、系统如何响应激励处理业务事件的细节以及用户访问系统的方法等都应该被详细地描述，将 OOA 得到的分析用例转换成设计用例。

所有的系统分析用例被转换成设计用例后，可能会发现新的用例、用例关系甚至参与者，所以在这个活动中应对用例模型进行适当的修改。

2）建模支持用例情景的对象交互、行为和状态

在这个活动中，将确定并分类设计类（即实体类、边界类和控制类），这些设计类说明了用例中的功能需求，并且还要确定类之间的交互、类责任和行为。

3）修改对象模型以反映实现环境

一旦设计了对象及其所需的交互，就可以对类图加以精炼，以表示应用程序中的软件类，将分析类图转换为设计类图。设计类图通常包括以下内容：类；关联关系、泛化/特化关系、聚集关系；属性和属性类型信息；带参数的方法；导航能力和依赖关系。

10.4   系统测试基础知识

10.4.1   系统测试的概念

1. 系统测试的意义、目的及原则

系统测试是为了发现错误而执行程序的过程，成功的测试是发现了至今尚未发现的错误的测试。

测试的目的就是希望能以最少的人力和时间发现潜在的各种错误和缺陷。应根据开发各阶段的需求、设计等文档或程序的内部结构精心设计测试实例，并利用这些实例来运行程序，以便发现错误。信息系统测试应包括软件测试、硬件测试和网络测试。硬件测试、网络测试可以根据具体的性能指标来进行，此处所说的测试更多是指软件测试。

系统测试是保证系统质量和可靠性的关键步骤，是对系统开发过程中的系统分析、系统设计和实施的最后复查。根据测试的概念和目的，在进行信息系统测试时应遵循以下基本原则：

（1）应尽早并不断地进行测试。测试不是在应用系统开发完之后才进行的。由于原始问题的复杂性、开发各阶段的多样性以及参加人员之间的协调等因素，使得在开发各个阶段都有可能出现错误。因此，测试应贯穿在开发的各个阶段，尽早纠正错误，消除隐患。

（2）测试工作应该避免由原开发软件的人或小组承担。一方面，开发人员往往不愿否认自己的工作，总认为自己开发的软件没有错误；另一方面，开发人员的错误很难由本人测试出来，很容易根据自己编程的思路来制定测试思路，具有局限性。测试工作应由专门人员来进行，会更客观，更有效。

（3）设计测试方案时，不仅要确定输入数据，而且要根据系统功能确定预期输出结果。将

实际输出结果与预期结果相比较就能发现测试对象是否正确。

（4）在设计测试用例时，不仅要设计有效合理的输入条件，也要包含不合理、失效的输入条件。测试的时候，人们往往习惯按照合理的、正常的情况进行测试，而忽略了对异常、不合理、意想不到的情况进行测试，而这些可能就是隐患。

（5）在测试程序时，不仅要检验程序是否做了该做的事，还要检验程序是否做了不该做的事。多余的工作会带来副作用，影响程序的效率，有时会带来潜在的危害或错误。

（6）严格按照测试计划来进行，避免测试的随意性。测试计划应包括测试内容、进度安排、人员安排、测试环境、测试工具和测试资料等。严格地按照测试计划可以保证进度，使各方面都得以协调进行。

（7）妥善保存测试计划、测试用例，作为软件文档的组成部分，为维护提供方便。

（8）测试例子都是精心设计出来的，可以为重新测试或追加测试提供方便。当纠正错误、系统功能扩充后，都需要重新开始测试，而这些工作重复性很高，可以利用以前的测试用例，或在其基础上修改，然后进行测试。

2. 测试过程

测试是开发过程中一个独立且非常重要的阶段。测试过程基本上与开发过程平行进行。

一个规范化的测试过程通常包括以下基本的测试活动：

（1）制订测试计划。在制订测试计划时，要充分考虑整个项目的开发时间和开发进度以及一些人为因素和客观条件等，使得测试计划是可行的。测试计划的内容主要有测试的内容、进度安排、测试所需的环境和条件、测试培训安排等。

（2）编制测试大纲。测试大纲是测试的依据，它明确详尽地规定了在测试中针对系统的每一项功能或特性所必须完成的基本测试项目和测试完成的标准。

（3）根据测试大纲设计和生成测试用例，产生测试设计说明文档，其内容主要有被测项目、输入数据、测试过程和预期输出结果等。

（4）实施测试。测试的实施阶段是由一系列的测试周期组成的。在每个测试周期中，测试人员和开发人员将依据预先编制好的测试大纲和准备好的测试用例，对被测软件或设备进行完整的测试。

（5）生成测试报告。测试完成后，要形成相应的测试报告，主要对测试进行概要说明，列出测试的结论，指出缺陷和错误。另外，给出一些建议，如可采用的修改方法，各项修改预计的工作量及修改的负责人员。

10.4.2　软件测试策略

软件测试策略将软件测试用例的设计方法集成到一系列经过周密计划的步骤中去，从而使软件构造成功地完成。测试策略提供以下方面的路径图：描述将要进行的测试步骤，这些步骤计划和执行的时机，需要多少工作量、时间和资源。因此，任何测试策略都必须包含测试计划、测试用例设计、测试执行以及结果数据的收集和评估。

软件测试策略应该具有足够的灵活性，以便促进测试方法的定制。同时，它必须足够严格，以便在项目进行过程中对项目进行合理地策划和追踪管理。

有效的软件测试实际上分成单元测试、集成测试、确认测试和系统测试4步进行。

1. 单元测试

单元测试也称为模块测试，在模块编写完成且无编译错误后就可以进行。单元测试侧重于模块中的内部处理逻辑和数据结构。如果选用机器测试，一般用白盒测试法。这类测试可以对多个模块同时进行。单元测试主要检查模块的以下5个特征：

（1）模块接口。模块的接口保证了测试模块的数据流可以正确地流入、流出。在测试中应检查以下要点：

①测试模块的输入参数和形式参数在个数、属性、单位上是否一致。

②调用其他模块时，所给出的实际参数和被调用模块的形式参数在个数、属性、单位上是否一致。

③调用标准函数时，所用的参数在属性、数目和顺序上是否正确。

④全局变量在各模块中的定义和用法是否一致。

⑤输入是否仅改变了形式参数。

⑥开/关的语句是否正确。

⑦规定的I/O格式是否与输入输出语句一致。

⑧在使用文件之前是否已经打开文件或使用文件之后是否已经关闭文件。

（2）局部数据结构。在单元测试中，局部数据结构出错是比较常见的错误，在测试时应重点考虑以下因素：

①变量的说明是否合适。

②是否使用了尚未赋值或尚未初始化的变量。

③变量的初始值或默认值是否正确。

④变量名是否有错（例如拼写错）。

（3）重要的执行路径。在单元测试中，对路径的测试是最基本的任务。由于不能进行穷举测试，需要精心设计测试例子来发现是否有计算、比较或控制流等方面的错误。

①计算方面的错误。算术运算的优先次序不正确或理解错误；精度不够；运算对象的类型彼此不相容；算法错；表达式的符号表示不正确等。

②比较和控制流的错误。本应相等的量由于精度造成不相等；不同类型进行比较；逻辑运算符不正确或优先次序错误；循环终止不正确（如多循环一次或少循环一次）、死循环；不恰当地修改循环变量；当遇到分支循环时，出口错误等。

（4）出错处理。好的设计应该能预测到出错的条件并且有对出错处理的路径。虽然计算机可以显示出错信息的内容，但仍需程序员对出错进行处理，保证其逻辑的正确性，以便于用户维护。

（5）边界条件。边界条件的测试是单元测试的最后工作，也是非常重要的工作。软件容易在边界出现错误。

由于模块不是独立运行的程序，各模块之间存在调用与被调用的关系。在对每个模块进行测试时，需要开发驱动和桩两种模块。其中，驱动模块相当于一个主程序，接收测试例子的数据，将这些数据送到测试模块，输出测试结果；桩模块也称为存根模块，桩模块用来代替测试模块中所调用的子模块，其内部可进行少量的数据处理，目的是检验入口、输出调用和返回的信息。

提高模块的内聚度可以简化单元测试。如果每个模块只完成一种功能，对于具体模块来讲，所需的测试方案数据就会显著减少，而且更容易发现和预测模块中的错误。

对于面向对象软件，单元的概念发生了变化。封装导出了类的定义。每个类和类的实例（对象）包装有属性（数据）和处理这些数据的操作（函数或方法）。封装的类常是单元测试的重点，然而，类中包含的操作是最小的可测试单元。由于类中可以包含一些不同的操作，且特殊的操作可以作为不同的类的一部分存在，因此，面向对象软件的类测试是由封装在该类中的操作和类的状态行为驱动的。

2. 集成测试

集成测试就是把模块按系统设计说明书的要求组合起来进行测试。即使所有模块都通过了测试，但在集成之后，仍可能会出现问题：穿过模块的数据丢失；一个模块的功能对其他模块造成有害的影响；各个模块集成起来没有达到预期的功能；全局数据结构出现问题。另外，单个模块的误差可以接受，但模块组合后，可能会出现误差累积，最后到不能接受的程度，所以需要集成测试。

通常集成测试有两种方法：一种是分别测试各个模块，再把这些模块组合起来进行整体测试，即非增量式集成；另一种是把下一个要测试的模块组合到已测试好的模块中，测试完后再将下一个需要测试的模块组合起来进行测试，逐步把所有模块组合在一起，并完成测试，如自顶向下集成、自底向上集成，即增量式集成。非增量式集成可以对模块进行并行测试，能充分利用人力，并加快工程进度。但这种方法容易混乱，出现错误不容易查找和定位。增量式测试的范围逐步扩大，错误容易定位，而且已测试的模块可在新的条件下再测试，测试更彻底。

面向对象软件没有明显的层次控制结构，类的成分间的直接或间接相互作用，使得每次将一个操作集成到类中往往不可能。因此，面向对象系统的集成有两种不同的策略：一是基于线程的测试，集成响应系统的一个输入或事件所需的一组类，每个线程单独地集成和测试；另一种方法是基于使用的测试，通过测试很少使用服务类的那些类（称为独立类）开始构建系统，独立类测试完后，利用独立类测试下一层的类（称为依赖类）。继续依赖类的测试直到完成整个系统。

3. 确认测试

经过集成测试之后，软件就被集成起来，接口方面的问题已经解决，将进入软件测试的最后一个环节，即确认测试。确认测试的任务就是进一步检查软件的功能和性能是否与用户要求的一样。系统方案说明书描述了用户对软件的要求，所以是软件有效性验证的标准，也是确认测试的基础。

确认测试，首先要进行有效性测试以及软件配置审查，然后进行验收测试和安装测试，经过管理部门的认可和专家的鉴定后，软件即可交给用户使用。

（1）有效性测试：就是在模拟环境下，通过黑盒测试检验所开发的软件是否与需求规格说明书一致。在设计测试例子时，除了检测软件的功能和性能之外，还需要对软件的容错性、维护性等其他方面进行检测。测试人员可由开发商的内部人员组成，但最好是没有参加该项目的有经验的软件设计人员。在所有测试例子完成之后，若发现测试结果与预期的不符，这时要列出缺陷清单。在这个阶段才发现的严重错误，一般很难在预定的时间内纠正，需要与用户协商，寻找妥善解决问题的办法。

（2）软件配置审查：主要是检查软件（源程序、目标程序）和文档（包括面向开发和用户的文档）以及数据（程序内部的数据或程序外部的数据）是否齐全，分类是否有序。确保文档、资料的正确和完善，以便维护阶段使用。

（3）验收测试：是以用户为主的测试。软件开发人员和质量保证人员也应该参加。在验收测试之前，需要对用户进行培训，以便熟悉该系统。验收测试的测试例子由用户参与设计，主要验证软件的功能、性能、可移植性、兼容性和容错性等，测试时一般采用实际数据。多数软件开发者使用 α 测试与 β 测试的过程，其中 α 测试是最终用户在开发者的场所进行，而 β 测试是在最终用户场所执行。

4. 系统测试

系统测试是将已经确认的软件、计算机硬件、外设和网络等其他因素结合在一起，进行信息系统的各种集成测试和确认测试，其目的是通过与系统的需求相比较，发现所开发的系统与用户需求不符或矛盾的地方。系统测试是根据系统方案说明书来设计测试用例的，常见的系统测试主要有以下内容：

（1）恢复测试。监测系统的容错能力。检测方法是采用各种方法让系统出现故障，检验系统能否按照要求从故障中恢复过来，并在约定的时间内开始事务处理，而且不对系统造成任何伤害。如果系统的恢复是自动的（由系统自动完成），需要验证重新初始化、检查点和数据恢复等是否正确。如果恢复需要人工干预，就要对恢复的平均时间进行评估并判断它是否在允许的范围内。

（2）安全性测试。检测系统的安全机制、保密措施是否完善，主要是为了检验系统的防范能力。测试的方法是测试人员模拟非法入侵者，采用各种方法冲破防线。系统安全性设计准则是使非法入侵者所花费的代价比进入系统后所得到的好处要大，此时非法入侵已无利可图。

（3）压力测试。也称为强度测试，是对系统在异常情况下的承受能力的测试，是检查系统在极限状态下运行时，性能下降的幅度是否在允许的范围内。因此，压力测试要求系统在非正常数量、频率或容量的情况下运行。压力测试主要是为了发现在有效的输入数据中可能引起不稳定或不正确的数据组合。例如，运行使系统处理超过设计能力的最大允许值的测试例子；使系统传输超过设计最大能力的数据，包括内存的写入和读出等。

（4）性能测试。检查系统是否满足系统设计方案说明书对性能的要求。性能测试覆盖了软件测试的各阶段，而不是等到系统的各部分都集成之后，才确定系统的真正性能。通常与强度测试结合起来进行，并同时对软件、硬件进行测试。软件方面主要从响应时间、处理速度、吞吐量和处理精度等方面来检测。

（5）可靠性、可用性和可维护性测试。通常使用以下两个指标来进行衡量：平均失效间隔时间（Mean Time Between Failures，MTBF）是否超过了规定的时限，因故障而停机时间（Mean Time To Repairs，MTTR）在一年中不应超过多少时间。

（6）安装测试。在安装软件系统时，会有多种选择。安装测试就是为了检测在安装过程中是否有误、是否容易操作等。主要监测系统的每一个部分是否齐全，硬件的配置是否合理，安装中需要产生的文件和数据库是否已产生，其内容是否正确等。

10.4.3　软件测试方法

测试是可以事先计划并可以系统地进行的一系列活动。因此，应该为软件过程定义软件测试模板，即将特定的测试方法和测试用例设计放在一系列的测试步骤中去。软件测试方法分为静态测试和动态测试。

静态测试是指被测试程序不在机器上运行，而是采用人工检测和计算机辅助静态分析的手段对程序进行检测。人工检测是不依靠计算机而是靠人工审查程序或评审软件，包括代码检查、静态结构分析和代码质量度量等。计算机辅助静态分析利用静态分析工具对被测试程序进行特性分析，从程序中提取一些信息，以便检查程序逻辑的各种缺陷和可疑的程序构造。

动态测试是指通过运行程序发现错误。对软件产品进行动态测试时可以采用黑盒测试法和白盒测试法。测试用例由测试输入数据和与之对应的预期输出结构组成。在设计测试用例时，应当包括合理的输入条件和不合理的输入条件。

1. 黑盒测试法

黑盒测试也称为功能测试，在完全不考虑软件的内部结构和特性的情况下，测试软件的外部特性。进行黑盒测试主要是为了发现以下几类错误：

（1）是否有错误的功能或遗漏的功能？

（2）界面是否有误？输入是否正确接收？输出是否正确？

（3）是否有数据结构或外部数据库访问错误？

（4）性能是否能够接受？

（5）是否有初始化或终止性错误？

常用的黑盒测试技术有等价类划分、边界值分析、错误推测和因果图等。

1）等价类划分

等价类划分法将程序的输入域划分为若干等价类，然后从每个等价类中选取一个代表性数据作为测试用例。每一类的代表性数据在测试中的作用等价于这一类中的其他值。这样就可以用少量代表性的测试用例取得较好的测试效果。等价类划分有两种不同的情况：有效等价类和无效等价类。在设计测试用例时，要同时考虑这两种等价类。

定义等价类的原则如下：

（1）在输入条件规定了取值范围或值的个数的情况下，可以定义一个有效等价类和两个无效等价类。

（2）在输入条件规定了输入值的集合或规定了"必须如何"的条件的情况下，可以定义一个有效等价类和一个无效等价类。

（3）在输入条件是一个布尔量的情况下，可以定义一个有效等价类和一个无效等价类。

（4）在规定了输入数据的一组值（假定 n 个），并且程序要对每一个输入值分别处理的情况下，可以定义 n 个有效等价类和一个无效等价类。

（5）在规定了输入数据必须遵守的规则的情况下，可定义一个有效等价类（符合规则）和若干个无效等价类（从不同角度违反规则）。

（6）在确知已划分的等价类中，各元素在程序处理中的方式不同的情况下，则应再将该等价类进一步地划分为更小的等价类。

定义好等价类之后，建立等价类表，并为每个等价类编号。在设计一个新的测试用例时，使其尽可能多地覆盖尚未覆盖的有效等价类，不断重复，最后使得所有有效等价类均被测试用例所覆盖。然后设计一个新的测试用例，使其只覆盖一个无效等价类。

2）边界值分析

输入的边界比中间更加容易发生错误，因此用边界值分析来补充等价类划分的测试用例设计技术。边界值分析选择等价类边界的测试用例，既注重于输入条件边界，又适用于输出域测试用例。

对边界值设计测试用例应遵循的原则如下：

（1）如果输入条件规定了值的范围，则应取刚达到这个范围的边界的值，以及刚刚超越这个范围边界的值作为测试输入数据。

（2）如果输入条件规定了值的个数，则用最大个数、最小个数、比最小个数少 1、比最大个数多 1 的数据作为测试数据。

（3）根据规格说明的每个输出条件，使用上述两条原则。

（4）如果程序的规格说明给出的输入域或输出域是有序集合，则应选取集合的第一个元素和最后一个元素作为测试用例。

（5）如果程序中使用了一个内部数据结构，则应当选择这个内部数据结构边界上的值作为测试用例。

（6）分析规格说明，找出其他可能的边界条件。

3）错误推测

错误推测是基于经验和直觉推测程序中所有可能存在的各种错误，从而有针对性地设计测试用例的方法。其基本思想是列举出程序中所有可能有的错误和容易发生错误的特殊情况，根据它们选择测试用例。

4）因果图

因果图法是从自然语言描述的程序规格说明中找出因（输入条件）和果（输出或程序状态的改变），通过因果图转换为判定表。

利用因果图导出测试用例需要经过以下几个步骤：

（1）分析程序规格说明的描述中，哪些是原因，哪些是结果。原因常常是输入条件或是输入条件的等价类，而结果是输出条件。

（2）分析程序规格说明的描述中语义的内容，并将其表示成连接各个原因与各个结果的"因果图"。

（3）标明约束条件。由于语法或环境的限制，有些原因和结果的组合情况是不可能出现的。为表明这些特定的情况，在因果图上使用若干个标准的符号标明约束条件。

（4）把因果图转换成判定表。

（5）为判定表中每一列表示的情况设计测试用例。

这样生成的测试用例（局部，组合关系下的）包括了所有输入数据的取"真"和取"假"的情况，构成的测试用例数据达到最少，且测试用例数据随输入数据数目的增加而增加。

2. 白盒测试法

白盒测试也称为结构测试，根据程序的内部结构和逻辑来设计测试用例，对程序的路径和过程进行测试，检查是否满足设计的需要。

白盒测试的原则如下：

（1）程序模块中的所有独立路径至少执行一次。

（2）在所有的逻辑判断中，取"真"和取"假"的两种情况至少都能执行一次。

（3）每个循环都应在边界条件和一般条件下各执行一次。

（4）测试程序内部数据结构的有效性等。

白盒测试常用的技术是逻辑覆盖、循环覆盖和基本路径测试。

1）逻辑覆盖

逻辑覆盖考察用测试数据运行被测程序时对程序逻辑的覆盖程度。主要的逻辑覆盖标准有语句覆盖、判定覆盖、条件覆盖、判定/条件覆盖、条件组合覆盖和路径覆盖 6 种。

（1）语句覆盖。语句覆盖是指选择足够的测试数据，使被测试程序中每条语句至少执行一次。语句覆盖对程序执行逻辑的覆盖很低，因此一般认为它是很弱的逻辑覆盖。

（2）判定覆盖。判定覆盖是指设计足够的测试用例，使得被测程序中每个判定表达式至少获得一次"真"值和"假"值，即程序中的每一个取"真"分支和取"假"分支至少都通过一次，因此判定覆盖也称为分支覆盖。判定覆盖要比语句覆盖更强一些。

（3）条件覆盖。条件覆盖是指构造一组测试用例，使得每一判定语句中每个逻辑条件的各种可能的值至少满足一次。

（4）判定/条件覆盖。判定/条件覆盖是指设计足够的测试用例，使得判定中每个条件的所有可能取值（真/假）至少出现一次，并使每个判定本身的判定结果（真/假）也至少出现一次。

（5）条件组合覆盖。条件组合覆盖是指设计足够的测试用例，使得每个判定中条件的各种可能值的组合都至少出现一次。满足条件组合覆盖的测试用例是一定满足判定覆盖、条件覆盖和判定/条件覆盖的。

（6）路径覆盖。路径覆盖是指覆盖被测试程序中所有可能的路径。

2）循环覆盖

执行足够的测试用例，使得循环中的每个条件都得到验证。

3）基本路径测试

基本路径测试法是在程序控制流图的基础上，通过分析控制流图的环路复杂性，导出基本可执行路径集合，从而设计测试用例。设计出的测试用例要保证在测试中程序的每一条独立路径都执行过，即程序中的每条可执行语句至少执行一次。此外，所有条件语句的真值状态和假值状态都测试过。路径测试的起点是程序控制流图。程序控制流图中的节点代表包含一个或多个无分支的语句序列，边代表控制流。

10.5　系统运行与维护基础知识

10.5.1　系统维护概述

软件维护是软件生命周期中的最后一个阶段，处于系统投入生产性运行以后的时期中，因此不属于系统开发过程。软件维护是在软件已经交付使用之后，为了改正错误或满足新的需求而修改软件的过程，即软件在交付使用后对软件所做的一切改动。

1. 系统可维护性概念

系统的可维护性可以定性地定义为：维护人员理解、改正、改动和改进这个软件的难易程度。提高可维护性是开发软件系统所有步骤的关键目的，系统是否能被很好地维护，可用系统的可维护性这一指标来衡量。

1）系统的可维护性的评价指标

（1）可理解性。可理解性指别人能理解系统的结构、界面、功能和内部过程的难易程度。模块化、详细设计文档、结构化设计和良好的高级程序设计语言等，都有助于提高可理解性。

（2）可测试性。诊断和测试的容易程度取决于易理解的程度。好的文档资料有利于诊断和测试，同时，程序的结构、高性能的测试工具以及周密计划的测试工序也是至关重要的。为此，开发人员在系统设计和编程阶段就应尽力把程序设计成易诊断和测试的。此外，在系统维护时，应该充分利用在系统测试阶段保存下来的测试用例。

（3）可修改性。诊断和测试的容易程度与系统设计所制定的设计原则有直接关系。模块的耦合、内聚、作用范围与控制范围的关系等，都对可修改性有影响。

2）维护与软件文档

文档是软件可维护性的决定因素。由于长期使用的大型软件系统在使用过程中必然会经受多次修改，所以文档显得非常重要。

软件系统的文档可以分为用户文档和系统文档两类。用户文档主要描述系统功能和使用方法，并不关心这些功能是怎样实现的；系统文档描述系统设计、实现和测试等各方面的内容。

可维护性是所有软件都应具有的基本特点，必须在开发阶段保证软件具有可维护的特点。在软件工程的每一个阶段都应考虑并提高软件的可维护性，在每个阶段结束前的技术审查和管理复查中，应该着重对可维护性进行复审。

在系统分析阶段的复审过程中，应该对将来要改进的部分和可能会修改的部分加以注解并指明，并且指出软件的可移植性问题以及可能影响软件维护的系统界面；在系统设计阶段的复审期间，应该从容易修改、模块化和功能独立的目的出发，评价软件的结构和过程；在系统实施阶段的复审期间，代码复审应该强调编码风格和内部说明文档这两个影响可维护性的因素。在完成了每项维护工作之后，都应该对软件维护本身进行认真的复审。

3）软件文档的修改

维护应该针对整个软件配置，不应该只修改源程序代码。如果对源程序代码的修改没有反映在设计文档或用户手册中，可能会产生严重的后果。每当对数据、软件结构、模块过程或任何其他有关的软件特点做了改动时，必须立即修改相应的技术文档。不能准确反映软件当前状态的设计文档可能比完全没有文档更坏。在以后的维护工作中很可能因文档不完全符合实际而不能正确理解软件，从而在维护中引入过多的错误。

2. 系统维护的内容及类型

系统维护主要包括硬件设备的维护、应用软件的维护和数据的维护。

1）硬件维护

硬件的维护应由专职的硬件维护人员来负责，主要有两种类型的维护活动：一种是定期的设备保养性维护，保养周期可以是一周或一个月不等，维护的主要内容是进行例行的设备检查与保养，易耗品的更换与安装等；另一种是突发性的故障维护，即当设备出现突发性故障时，由专职的维修人员或请厂方的技术人员来排除故障，这种维修活动所花时间不能过长，以免影响系统的正常运行。

2）软件维护

软件维护主要是指根据需求变化或硬件环境的变化对应用程序进行部分或全部的修改。修改时应充分利用源程序，修改后要填写程序修改登记表，并在程序变更通知书上写明新旧程序的不同之处。

软件维护的内容一般有以下几个方面：

（1）正确性维护：是指改正在系统开发阶段已发生而系统测试阶段尚未发现的错误。这方面的维护工作量要占整个维护工作量的 17%～21%。所发现的错误有的不太重要，不影响系统的正常运行，其维护工作可随时进行；而有的错误非常重要，甚至影响整个系统的正常运行，其维护工作必须制订计划，进行修改，并且要进行复查和控制。

（2）适应性维护：是指使应用软件适应信息技术变化和管理需求变化而进行的修改。这方面的维护工作量占整个维护工作量的 18%～25%。由于目前计算机硬件价格的不断下降，各类系统软件层出不穷，人们常常为改善系统硬件环境和运行环境而产生系统更新换代的需求；企业的外部市场环境和管理需求的不断变化也使得各级管理人员不断提出新的信息需求。这些因素都将导致适应性维护工作的产生。进行这方面的维护工作也要像系统开发一样，有计划、有步骤地进行。

（3）完善性维护：这是为扩充功能和改善性能而进行的修改，主要是指对已有的软件系统增加一些在系统分析和设计阶段中没有规定的功能与性能特征。这些功能对完善系统功能是非常必要的。另外，还包括对处理效率和编写程序的改进，这方面的维护占整个维护工作的 50%～60%，比重较大，也是关系到系统开发质量的重要方面。这方面的维护除了要有计划、有步骤地完成外，还要注意将相关的文档资料加入到前面相应的文档中去。

（4）预防性维护：为了改进应用软件的可靠性和可维护性，为了适应未来的软硬件环境的变化，应主动增加预防性的新的功能，以使应用系统适应各类变化而不被淘汰。例如将专用报表功能改成通用报表生成功能，以适应将来报表格式的变化。这方面的维护工作量占整个维护工作量的 4%左右。

3）数据维护

数据维护工作主要是由数据库管理员来负责，主要负责数据库的安全性和完整性以及进行并发性控制。数据库管理员还要负责维护数据库中的数据，当数据库中的数据类型、长度等发生变化时，或者需要添加某个数据项、数据库时，要负责修改相关的数据库、数据字典，并通知有关人员。另外，数据库管理员还要负责定期出版数据字典文件及一些其他数据管理文件，以保留系统运行和修改的轨迹。当系统出现硬件故障并得到排除后，要负责数据库的恢复工作。

数据维护中还有一项很重要的内容，那就是代码维护。不过代码维护发生的频率相对较小。代码的维护应由代码管理小组进行。变更代码应经过详细讨论，确定之后要用书面形式贯彻。代码维护的困难往往不在于代码本身的变更，而在于新代码的贯彻。为此，除了成立专门的代码管理小组外，各业务部门要指定专人进行代码管理，通过他们贯彻使用新代码。这样做的目的是要明确管理职责，有助于防止和更正错误。

10.5.2　系统评价

信息系统的评价分为广义和狭义两种。广义的信息系统评价是指从系统开发的一开始到结束的每一阶段都需要进行评价。狭义的信息系统评价则是指在系统建成并投入运行之后所进行的全面、综合的评价。

按评价的时间与信息系统所处的阶段的关系，又可从总体上把广义的信息系统评价分成立项评价、中期评价和结项评价。

（1）立项评价。立项评价指信息系统方案在系统开发前的预评价，即系统规划阶段中的可行性研究。评价的目的是决定是否立项进行开发，评价的内容是分析当前开发新系统的条件是否具备，明确新系统目标实现的重要性和可能性，主要包括技术上的可行性、经济上的可行性、管理上的可行性和开发环境的可行性等方面。由于事前评价所用的参数大都是不确定的，所以评价的结论具有一定的风险性。

（2）中期评价。项目中期评价包含两种含义：一是指项目方案在实施过程中，因外部环境出现重大变化，例如市场需求变化、竞争性技术或更完美的替代系统的出现，或者发现原先设计有重大失误等，需要对项目的方案进行重新评估，以决定是继续执行还是终止该方案；另一种含义也可称为阶段评估，是指在信息系统开发正常情况下，对系统设计、系统分析、系统实施阶段的阶段性成果进行评估。由于一般都将阶段性成果的提交视为信息系统建设的里程碑，所以，阶段评估又可叫里程碑式评价。

（3）结项评价。信息系统的建设是一个项目，是项目就需要有终结时间。结项评价是指项目准备结束时对系统的评价，一般是指在信息系统投入正式运行以后，为了了解系统是否达到预期的目的和要求而对系统运行的实际效果进行的综合评价。所以，结项评价又是狭义的信息系统评价。信息系统项目的鉴定是结项评价的一种正规的形式。结项评价的主要内容包括系统性能评价、系统的经济效益评价以及企业管理效率提高、管理水平改善、管理人员劳动强度减轻等间接效果。通过结项评价，用户可以了解系统的质量和效果，检查系统是否符合预期的目的和要求；开发人员可以总结开发工作的经验、教训，这对今后的工作十分有益。

10.6　软件开发方法新进展

10.6.1　面向方面的方法

随着软件系统规模的快速扩大，以日志、安全等为典型代表的非功能性属性在常规的面向对象开发当中分布于业务逻辑的各个角落，难以有效统一处理，给软件的理解与维护带来较大的障碍。面向方面方法作为面向对象方法的一个有效补充，将相关属性统一为横切关注点进行理解与整理，并将其抽象为"方面（Aspect）"这一概念，从而可以一体化地设计与实现，大幅度增加了代码的可理解性与可维护能力。

面向方面的程序设计（Aspect Oriented Programming，AOP）由 Kiczale 等人在 1997 年的欧洲面向对象编程大会上提出。相比于 OOP，AOP 把系统关注点分为核心关注点与横切关注点两类。核心关注点指业务处理中的主要业务逻辑和流程；而横切关注点则是分布在各核心关注点内的共享关注点，如日志、安全等。

长期以来，AOP 受到了学术界和工业界的共同关注，其思想已被引入了需求分析、代码实现、测试维护等各个阶段，并衍生出面向方面软件开发（Aspect Oriented Software Development，AOSD）、面向方面需求工程（Aspect Oriented Requirement Engineering，AORE）等多个方向及子研究领域。同时也出现了以 AspectJ、AspectC 及 AspectC++等为代表的面向方面程序设计语言。其中，AspectJ 是目前使用得最为广泛的 AOP 语言。

10.6.2　软件复用与构件化方法

复用是提高效率的基本途径，软件复用是指重复使用已有软件的构件。软件复用被视为解决软件危机、提高软件生产效率和软件质量的现实可行的途径。一般而言，重复使用最为核心的构件是软件代码。面向对象技术的成熟，使得软件复用可以在更全面的范围内得以实施。

1. 基于构件的软件开发和复用

基于构件的软件开发（Component Based Software Development）是一种典型的软件复用形式，它将软件的生产模式从传统的软件编码工作转换为以软件构件为基础的系统集成和组装。软件构件充当基本复用对象的角色，软件构件技术是软件复用技术的核心和基础。构件是指软件系统中具有相对独立功能、可以明确辨识、接口由契约指定、与语境有明显依赖关系、可独立部署且多由第三方提供的可组装软件实体。构件模型是构件本质特征及构件间关系的抽象描述，包括软件体系结构和构件两部分的定义。

基于构件的软件复用方法的典型代表是卡内基梅隆大学提出的软件产品线方法和欧洲提出的产品家族工程。

2. 基于开源软件的软件开发和复用

开源软件的发展，为软件复用提供了更加广阔的空间。开源软件的开放源代码是复用的基本资源。不同于传统的基于构件的复用中争取代码封装以备组装使用的专门技术方案，开源软件的代码复用更多地是通过代码直接调用程序接口（API）来实现的，这对提供高质量、广泛代表性的使用样例（或使用示例）提出了更高的要求，从而也带来了开源软件中软件包关联过于复杂、庞大的系列问题。开源软件的另一主要复用机制则是代码框架的广泛使用，取代传统软件体系结构的专门定义，代码框架成为复用中的体系结构。在框架中增补相对应的软件代码，成为整体协同定制和发展的基础技术。以往的软件复用主要是针对企业局域、小规模的领域和组织，其数据内容、可复用资源数量有限，主要依托工程化方法实施，从开源软件的海量复用资源以及复用机制的转变来看，开源软件复用的核心问题已转变为在互联网广域环境下，面对软件大数据基础，如何高效实现大规模群体敏捷化开发的问题。

3. 知识驱动的软件开发和复用

知识驱动的软件开发方法（Knowledge-driven Software Development，KDSD）已成为当前软件复用的主要研究方向。可复用的软件实体仍然包括了代码片段、API、软件包、Web 服务、框架等软件基础资源。复用的核心关注点则转变为以软件知识为核心关注点，研究如何基于特定的知识结构以及认知方法和机制来描述、理解和利用可复用的软件实体。这其中涉及的问题主要包括：

（1）知识的表示：采用语义网络或知识图谱等技术来表达丰富的软件开发知识和领域知识。

（2）知识的来源：可从软件代码获取高度结构化、精简、准确的领域知识体系，也可从丰富的软件相关信息中获取自然语言表达的知识。

（3）知识的语义关联：建立软件代码知识和自然语言知识的关联，形成领域的语义模型。在此基础上，软件开发工具能够以智能推荐的方式为开发人员提供帮助；更进一步地，可能部分实现基于自然语言需求描述自动生成对应的程序。当代的知识表示、信息检索和机器学习技术为这方面的发展提供了全新的技术途径。

10.6.3　服务化方法

1. 软件服务

随着以互联网为主干、电信网、移动网、传感网等多种网络正在不断渗透融合，软件系统的运行环境正在逐步从静态、封闭、固定的单机环境转变为动态、开放、多变的网络环境。

软件服务是指将软件的功能以服务的形式通过互联网来交付，可以被使用者（最终用户或者第三方客户端程序）直接使用的独立的基本单元。就其形态而言，软件服务一般基于可共享和集成的应用系统和资源来构建，对外则表现为一组相对独立的业务功能单元（通常是可供外部直接调用的应用编程接口，即 API），更加方便使用者使用。软件服务的一个重要目标是屏蔽开放网络环境带来的异构性问题，因而一般具有较高的抽象级别和独立性。这种独立性也带来了软件服务之间更加松散的耦合关系，从而使得使用者可以灵活选择服务并进行组装来生成增值服务。

2. 服务化方法的主要角色和开发过程

一般而言，基于服务的软件开发包含 3 类主要角色，即服务提供者、服务使用者和服务代理。其中：

服务提供者按照服务契约实现了提供业务功能的软件模块。从业务角度看，它是服务的拥有者；从体系结构看，它是访问服务的平台。对于提供同一业务功能的服务，可以有多种不同的服务提供者。

服务使用者（即服务的用户）调用服务提供者所实现的服务，以完成特定的业务需求。从业务角度看，它是请求特定功能的业务；从系统体系看，它是寻找并调用服务或启动与服务交互的应用。服务请求者可以是用户通过客户端应用程序（如浏览器或智能手机）实现，也可以是没有用户界面的程序实现（如另一个服务）。

服务代理是一个可搜索的第三方注册机构，如 UDDI 等。服务提供者将服务描述发布给服务代理，服务请求者在服务代理处查找服务并进行绑定（可分为静态绑定和动态绑定）和调用。

3. 微服务

微服务是一种基于一组独立部署运行的小型服务来构建应用的方法。与传统的面向服务体系结构 SOA 应用相比，这些小型服务主要围绕应用系统业务能力来构建，采用尽量去中心化的机制管理，使用不同技术栈开发，通过轻量级通信机制交互。

第 11 章　数据库设计

数据库设计是数据库应用领域中的主要研究课题。数据库设计的任务是针对一个给定的应用环境，在给定的（或选择的）硬件环境和操作系统及数据库管理系统等软件环境下，创建一个性能良好的数据库模式，建立数据库及其应用系统，使之能有效地存储和管理数据，满足各类用户的需求。数据库设计与开发是一项庞大而复杂的工程，合理的数据库结构是数据库应用系统性能良好的基础和保证。为了有效地保证数据库设计的成功率，从事数据库设计的人员需要注意三点：第一，要具备数据库知识和数据库设计技术，具有程序开发的实际经验，掌握软件工程的原理和方法；第二，在数据库应用系统开发前，必须深入应用环境，了解用户具体的专业业务；第三，在数据库设计的前期和后期，需要与应用单位人员密切联系，共同开发。

11.1　数据库设计概述

数据库设计（Database Design）属于系统设计的范畴。通常把使用数据库的系统统称为数据库应用系统，把对数据库应用系统的设计简称为数据库设计。

11.1.1　数据库应用系统的生命期

按照软件工程对系统生命周期的定义，软件生命周期分为 6 个阶段：制订计划、需求分析、系统设计、程序编制、测试以及运行维护。在数据库设计中也参照这种划分，把数据库应用系统的生命周期分为数据库规划、需求描述与分析、数据库与应用程序设计、数据库设计实现、测试、运行维护 6 个阶段。

1）数据库规划

数据库规划是创建数据库应用系统的起点，是数据库应用系统的任务陈述和任务目标。任务陈述定义了数据库应用系统的主要目标，而每个任务目标定义了系统必须支持的特定任务。数据库规划过程还必然包括对工作量的估计、使用的资源和需要的经费等，同时还应当定义系统的范围和边界以及它与公司信息系统的其他部分的接口。

2）需求描述与分析

需求描述与分析是以用户的角度，从系统中的数据和业务规则入手，收集和整理用户的信息，以特定的方式加以描述，是下一步工作的基础。

3）数据库与应用程序设计

数据库的设计是对用户数据的组织和存储设计；应用程序设计是在数据库设计基础上对数据操作及业务实现的设计，包括事务设计和用户界面设计。

4）数据库设计实现

数据库设计实现是依照设计，使用 DBMS 支持的数据定义语言（DDL）实现数据库的建立，用高级语言（Basic、Delphi、C、C++、Power builder 等）编写应用程序。

5）测试

测试是在数据系统投入使用之前，通过精心制订的测试计划和测试数据来测试系统的性能是否满足设计要求，以便发现问题。

6）运行维护

数据库应用系统经过测试、试运行后即可正式投入运行。运行维护是系统投入使用后，必须不断地对其进行评价、调整与修改，直至系统消亡。

在任一设计阶段，一旦发现不能满足用户数据需求时，均需返回到前面的适当阶段进行必要的修正。　经过如此的迭代求精过程，直到能满足用户需求为止。在进行数据库结构设计时，应考虑满足数据库中数据处理的要求，将数据和功能两方面的需求分析、设计和实现在各个阶段同时进行，相互参照和补充。

事实上，在数据库设计中，对每一个阶段设计成果都应该通过评审。评审的目的是确认某一阶段的任务是否全部完成，从而避免出现重大的错误或疏漏，保证设计质量。评审后还需要根据评审意见修改所提交的设计成果，有时甚至要回溯到前面的某一阶段，进行部分重新设计乃至全部重新设计，然后再进行评审，直至达到系统的预期目标为止。

11.1.2　数据库设计的一般策略

数据库设计的一般策略有两种：自顶向下（Top Down）和自底向上（Bottom Up）。　自顶向下是从一般到特殊的开发策略。它是从一个企业的高层管理着手，分析企业的目标、对象和策略，构造抽象的高层数据模型，然后逐步构造越来越详细的描述和模型（子系统的模型）。模型不断地扩展细化，直到能识别特定的数据库及其应用为止。

自底向上的开发采用与抽象相反的顺序进行。它从各种基本业务和数据处理着手，即从一个企业的各个基层业务子系统的业务处理开始，进行分析和设计；然后将各子系统进行综合和集中，进行上一层系统的分析和设计，将不同的数据进行综合；最后得到整个信息系统的分析和设计。这两种方法各有优缺点，在实际的数据库设计开发过程中，常常把这两种方法综合起来使用。

11.1.3　数据库设计的基本步骤

在确定了数据库设计的策略以后，就需要相应的设计方法和步骤。多年来，人们提出了多种数据库设计方法，多种设计准则和规范。但考虑数据库和应用系统开发全过程，将数据库设计分为如下 6 个阶段：

（1）用户需求分析。数据库设计人员采用一定的辅助工具对应用对象的功能、性能、限制等要求所进行的科学分析。

（2）概念结构设计。概念结构设计是对信息分析和定义，如视图模型化、视图分析和汇总，对应用对象精确地抽象、概括而形成的独立于计算机系统的企业信息模型。描述概念模型的较理想的工具是 E-R 图。

（3）逻辑结构设计。将抽象的概念模型转化为与选用的 DBMS 产品所支持的数据模型相符合的逻辑模型，它是物理结构设计的基础。包括模式初始设计、子模式设计、应用程序设计、模式评价以及模式求精。

（4）物理结构设计。逻辑模型在计算机中的具体实现方案。

（5）数据库实施阶段。数据库设计人员根据逻辑设计和物理设计阶段的结果建立数据库，编制与调试应用程序，组织数据入库，并进行试运行。

（6）数据库运行和维护阶段。数据库应用系统经过试运行即可投入运行，但该阶段需要不断地对系统进行评价、调整与修改。

数据库设计一般应包括数据库的结构设计和行为设计两部分内容。数据库的结构设计是指系统整体逻辑模式与子模式的设计，是对数据的分析设计；数据库的行为设计是指施加在数据库上的动态操作（应用程序集）的设计，是对应用系统功能的分析设计。

数据库行为设计与一般软件工程的系统设计，产生模块化程序的过程是一致的，并且从学科划分的范畴来看，它更偏重于软件设计。在系统分析中，过早地将"数据分析"和"功能分析"进行分离是不明智的，因为数据需求分析是建立在功能分析上的，只有通过功能分析，才能产生系统数据流图与数据字典，然后再通过数据分析去划分实体与属性等，最后才能进入结构设计。

11.2　系统需求分析

系统需求分析是在项目确定之后，用户和设计人员对数据库应用系统所要涉及的内容（数据）和功能（行为）的整理和描述，是以用户的角度来认识系统。这一过程是后续开发的基础，因为逻辑设计和物理设计以及应用程序的设计都会以此为依据。如果这一阶段的工作没有做好，会给以后的工作带来困难，若再重新做需求分析，将影响整个项目的工期，而且在人力、物力等方面造成浪费。因此，这一阶段的工作要求做到耐心细致，这在整个设计开发过程中是最困难、最耗时的一步。

11.2.1　需求分析的任务、方法和目标

需求分析阶段的任务：综合各个用户的应用需求，对现实世界要处理的对象（组织、部门和企业等）进行详细调查，在了解现行系统的概况，确定新系统功能的过程中，收集支持系统目标的基础数据及处理方法。

参与需求分析的主要人员是分析人员和用户，由于数据库应用系统是面向企业和部门的具体业务，分析人员一般并不了解，而同样用户也不会具有系统分析的能力，这就需要双方进行有效的沟通，使得设计人员对用户的各项业务了解和熟悉，进行分析和加工，将用户眼中的业务转换成为设计人员所需要的信息组织。

　　分析和表达用户需求的方法主要包括自顶向下和自底向上两类方法。自顶向下的结构化分析（Structured Analysis，SA）方法从最上层的系统组织机构入手，采用逐层分解的方式分析系统，并把每一层用数据流图和数据字典描述。需求分析的重点是调查组织机构情况、调查各部门的业务活动情况、协助用户明确对新系统的各种要求、确定新系统的边界，以此获得用户对系统的如下要求：

　　（1）信息要求。用户需要在系统中保存哪些信息，由这些保存的信息要得到什么样的信息，这些信息以及信息间应当满足的完整性要求。

　　（2）处理要求。用户在系统中要实现什么样的操作功能，对保存信息的处理过程和方式，各种操作处理的频度、响应时间要求、处理方式等以及处理过程中的安全性要求和完整性要求。

　　（3）系统要求。包括安全性要求、使用方式要求和可扩充性要求。安全性要求：系统有几种用户使用，每一种用户的使用权限如何。使用方式要求：用户的使用环境是什么，平均有多少用户同时使用，最高峰时有多少用户同时使用，有无查询相应的时间要求等。可扩充性要求：对未来功能、性能和应用访问的可扩充性的要求。

　　需求分析阶段的工作以及形成的相关文档（作为概念结构设计阶段的依据）如图 11-1 所示。

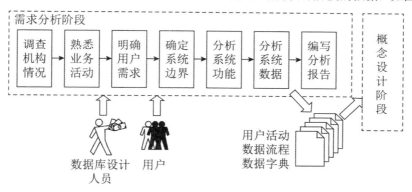

图 11-1　需求分析阶段的工作

11.2.2　需求分析阶段的文档

　　需求调查所得到的数据可能是零碎的、局部的，分析师和设计人员必须进一步分析和表达用户的需求，建立需求说明文档、数据字典和数据流图。将需求调查文档化，文档既要被用户所理解，又要方便数据库的概念结构设计。

　　数据流分析是对事务处理所需的原始数据的收集及经处理后所得数据及其流向，一般用数据流图（DFD）来表示。DFD 不仅指出了数据的流向，而且还指出了需要进行的事务处理（但并不涉及如何处理，这是应用程序的设计范畴）。除了使用数据流图、数据字典以外，需求分析还可使用判定表、判定树等工具。下面介绍数据流图和数据字典，其他工具的使用可参见软件工程等方面的参考书。

数据字典（Data Dictionary，DD）是各类数据描述的集合，它是关于数据库中数据的描述，即元数据，而不是数据本身。如用户将向数据库中输入什么信息，从数据库中要得到什么信息，各类信息的内容和结构，信息之间的联系等。数据字典包括数据项、数据结构、数据流、数据存储和处理过程 5 个部分（至少应该包含每个字段的数据类型和在每个表内的主键、外键）。

数据项描述＝｛数据项名，数据项含义说明，别名，数据类型，长度，
　　　　　　　　取值范围，取值含义，与其他数据项的逻辑关系｝

数据结构描述＝｛数据结构名，含义说明，组成：｛数据项或数据结构｝｝

数据流描述＝｛数据流名，说明，数据流来源，数据流去向，
　　　　　　　组成：｛数据结构｝，平均流量，高峰期流量｝

数据存储描述＝｛数据存储名，说明，编号，流入的数据流，流出的数据流，
　　　　　　　　组成：｛数据结构｝，数据量，存取方式｝

处理过程描述＝｛处理过程名，说明，输入：｛数据流｝，输出：｛数据流｝，
　　　　　　　　处理：｛简要说明｝｝

需求分析阶段的成果是系统需求说明书，主要包括数据流图、数据字典、各种说明性表格、统计输出表和系统功能结构图等。系统需求说明书是以后设计、开发、测试和验收等过程的重要依据。关于需求分析的详细过程请参见第 10 章。

11.2.3　案例分析

我们以一个机械制造厂的采购业务为例来理解需求分析的方法步骤。

1）数据字典

（1）数据项：数据项是数据的最小单位，对数据项的描述一般包括项名、含义说明、别名、类型、长度、取值范围及该项与其他项的逻辑关系。常以表格的形式给出。例如，采购业务中订货单的订货单号，其数据项的描述如下：

```
----------------------------------------------------
数据项名：订货单号
说　　明：用来唯一标识每张订货单
类　　型：字符型
长　　度：8
别　　名：采购单号
取值范围：00000001～99999999
----------------------------------------------------
```

（2）数据结构：数据结构是若干数据项的有意义的集合，通常代表某一具体的事物。包括数据结构名、含义、组成成份等。如对采购单的描述：

```
----------------------------------------------------
数据结构：采购单
含　　义：记录采购信息，包括采购什么材料及其数据
组成成份：采购单号
　　　　　材料名称
　　　　　数量
----------------------------------------------------
```

（3）数据流：数据流可以是数据项，也可以是数据结构，表示某一次处理的输入/输出数据。包括数据流名，说明，数据来源，数据去向，及需要的数据项或数据结构。如采购计划数据流。

```
数据流名：采购计划
说    明：根据生产需要的原材料，选定供应商，编制采购计划
来    源：原材料需求表
去    向：采购单
数据结构：原材料需求表
         供应商
```

（4）数据存储：加工中需要存储的数据。包括数据存储名、说明、输入数据流、输出数据流、组成成份、数据量、存取方式、存取频度等。如原材料价目表，在计算成本和支付采购费用这一处理过程中要用到这些数据。

```
数据存储名：原材料价目表
说      明：记录每一原材料的名称、供应商、价目，在计算产品成
           和采购费用支付处理中使用
输入数据流：订购单
输出数据流：支付费用表
数 据 描 述：原材料名称
           供应商
           单价
数    据    量：约 50 条记录
存 取 方 式：随机
存 取 频 度：30 次／月
```

（5）处理过程：加工处理过程定义和说明。包括处理名称、输入数据、输出数据、数据存储、响应时间等。如采购支付处理。

```
处理过程名：采购支付
说      明：根据采购单、原材料价目表，计算出应付原材料采购费用
输 入 数 据：采购单
数 据 存 储：原材料价目表
输 出 数 据：支付费用表
```

2）数据流图

采购数据流图如图 11-2 所示。

需求分析阶段的成果是系统需求说明书，主要包括数据流图、数据字典、各种说明性表格、统计输出表、系统功能结构图等。系统需求说明书是以后设计、开发、测试和验收等过程的重要依据。

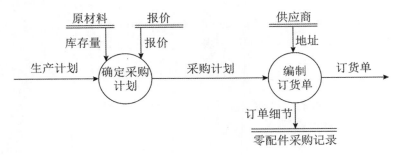

图 11-2　采购数据流图

11.3　概念结构设计

　　数据库概念结构设计阶段是在需求分析的基础上，依照需求分析中的信息要求，对用户信息加以分类、聚集和概括，建立信息模型，并依照选定的数据库管理系统软件，转换成为数据的逻辑结构，再依照软硬件环境，最终实现数据的合理存储。这一过程也称为数据建模。这一过程可分解为三个阶段：概念结构设计、逻辑结构设计和物理结构设计。

11.3.1　概念结构设计策略与方法

　　概念结构设计的目标是产生反映系统信息需求的数据库概念结构，即概念模式。概念结构是独立于支持数据库的 DBMS 和使用的硬件环境的。此时，设计人员从用户的角度看待数据以及数据处理的要求和约束，产生一个反映用户观点的概念模式，然后再把概念模式转换为逻辑模式。各级模式之间的关系如图 11-3 所示。

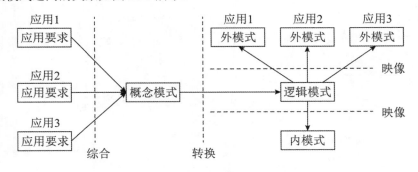

图 11-3　各级模式之间的关系

　　概念结构设计是设计人员以用户的观点，对用户信息的抽象和描述，从认识论的角度来讲，是从现实世界到信息世界的第一次抽象，并不考虑具体的数据库管理系统。

　　现实世界的事物纷繁复杂，即使是对某一具体的应用，由于存在大量不同的信息和对信息的各种处理，也必须加以分类整理，理清各类信息之间的关系，描述信息处理的流程，这一过程就是概念结构设计。

概念结构设计的策略通常有以下 4 种：自顶向下、自底向上、逐步扩张和混合策略。实际应用中这些策略并没有严格的限定，可以根据具体业务的特点选择，如对于组织机构管理，因其固有的层次结构，可采用自顶向下的策略；对于已实现计算机管理的业务，通常可以以此为核心，采取逐步扩张的策略。

概念结构设计最著名最常用的方法是 P.P.S Chen 于 1976 年提出的实体－联系方法（Entity-Relationship Approach），简称 E-R 方法。它采用 E-R 模型将现实世界的信息结构统一用实体、属性，以及实体之间的联系来描述。

使用 E-R 方法，无论是哪种策略，都要对现实事物加以抽象认识，以 E-R 图的形式描述出来。对现实事物抽象认识的三种方法分别是分类、聚集和概括。

（1）分类（Classification）：对现实世界的事物，按照其具有的共同特征和行为，定义一种类型。这在现实生活中很常见，如学校中的学生和教师就属于不同的类型。在某一类型中，个体是类型的一个成员或实例，即"is member of"，如李娜是学生类型中的一个成员。

（2）聚集（Aggregation）：定义某一类型所具有的属性。如学生类型具有学号、姓名、性别、班级等共同属性，每一个学生都是这一类型中的个体，通过在这些属性上的不同取值来区分。各个属性是所属类型的一个成份，即"is part of"，如姓名是学生类型的一个成份。

（3）概括（Generalization）：由一种已知类型定义新的类型。如由学生类型定义研究生类型，在学生类型的属性上增加导师等其他属性就构成研究生类型。通常把已知类型称为超类（Superclass），新定义的类型称为子类（Subclass）。子类是超类的一个子集，即"is subset of"，如研究生是学生的一个子集。

11.3.2　用 E-R 方法建立概念模型

E-R 图的设计要依照上述的抽象机制，对需求分析阶段所得到的数据进行分类、聚集和概括，确定实体、属性和联系。概念结构设计工作步骤包括：选择局部应用、逐一设计分 E-R 图和 E-R 图合并，如图 11-4 所示。

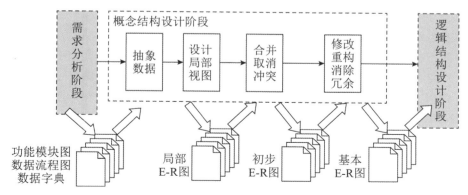

图 11-4　概念结构设计工作步骤

1. 选择局部应用

需求分析阶段会得到大量的数据，这些数据分散杂乱，许多数据会应用于不同的处理，数据与数据之间关联关系也较为复杂，要最终确定实体、属性和联系，就必须根据数据流图这一线索，理清数据。

数据流图是对业务处理过程从高层到底层的一级级抽象，高层抽象流图一般反映系统的概貌，对数据的引用较为笼统，而底层又可能过于细致，不能体现数据的关联关系，因此要选择适当层次的数据流图，让这一层的每一部分对应一个局部应用，实现某一项功能。从这一层入手，就能很好地设计分 E-R 图。

2. 逐一设计分 E-R 图

划分好各个局部应用之后，就要对每一个局部应用逐一设计分 E-R 图，又称为局部 E-R 图。

对于每一局部应用，其所用到的数据都应该收集在数据字典中了，依照该局部应用的数据流图，从数据字典中提取出数据，使用抽象机制，确定局部应用中的实体、实体的属性、实体标识符及实体间的联系及其类型。

事实上，在形成数据字典的过程中，数据结构、数据流和数据存储都是根据现实事物来确定的，因此都已经基本上对应了实体及其属性，以此为基础，加以适当调整，增加联系及其类型，就可以设计分 E-R 图。

现实生活中许多事物，作为实体还是属性没有明确的界定，这需要根据具体情况而定，一般遵循以下两条准则：

（1）属性不可再分，即属性不再具有需要描述的性质，不能有属性的属性。

（2）属性不能与其他实体发生联系，联系是实体与实体间的联系。

3. E-R 图合并

根据局部应用设计好各局部 E-R 图之后，就可以对各分 E-R 图进行合并。合并的目的在于在合并过程中解决分 E-R 图中相互间存在的冲突，消除在分 E-R 图之间存在的信息冗余，使之成为能够被全系统所有用户共同理解和接受的统一的、精炼的全局概念模型。

合并的方法是将具有相同实体的两个或多个 E-R 图合而为一，在合成后的 E-R 图中把相同实体用一个实体表示，合成后的实体的属性是所有分 E-R 图中该实体的属性的并集，并以此实体为中心，并入其他所有分 E-R 图。再把合成后的 E-R 图以分 E-R 图看待，合并剩余的分 E-R 图，直至所有的 E-R 图全部合并，就构成一张全局 E-R 图。

注意分 E-R 图进行合并时，它们之间存在的冲突主要有以下三类：

（1）属性冲突：同一属性可能会存在于不同的分 E-R 图中，由于设计人员不同或是出发点不同，对属性的类型、取值范围、数据单位等可能会不一致，这些属性数据将来只能以一种形式在计算机中存储，这就需要在设计阶段进行统一。

（2）命名冲突：相同意义的属性，在不同的分 E-R 图上有着不同的命名，或是名称相同的属性在不同的分 E-R 图中代表着不同的意义，这些也需要进行统一。

（3）结构冲突：同一实体在不同的分 E-R 图中有不同的属性，同一对象在某一分 E-R 图中被抽象为实体而在另一分 E-R 图中又被抽象为属性。对于这种结构冲突问题需要统一。

分 E-R 图的合并过程中要对其进行优化，具体可以从以下几个方面实现：

（1）实体类型的合并：两个具有 1:1 联系或 1:*联系的实体，可以予以合并，使实体个数减少，有利于减少将来数据库操作过程中的连接开销。

（2）冗余属性的消除：一般在各分 E-R 图中的属性是不存在冗余的，但合并后就可能出现冗余。因为合并后的 E-R 图中的实体继承了合并前该实体在分 E-R 图中的全部属性，属性间就可能存在冗余，即某一属性可以由其他属性确定。

（3）冗余联系的消除：在分 E-R 图合并过程中，可能会出现实体联系的环状结构，即某一实体 A 与另一实体 B 间有直接联系，同时 A 又通过其他实体与实体 B 发生间接联系，通常直接联系可以通过间接联系所表达，可消除直接联系。

11.4　逻辑结构设计

逻辑结构设计即在概念结构设计的基础上进行数据模型设计，可以是层次模型、网状模型和关系模型，本节介绍如何在全局 E-R 图基础上进行关系模型的逻辑结构设计。逻辑结构设计阶段的主要工作步骤包括确定数据模型、将 E-R 图转换成为指定的数据模型、确定完整性约束和确定用户视图，如图 11-5 所示。

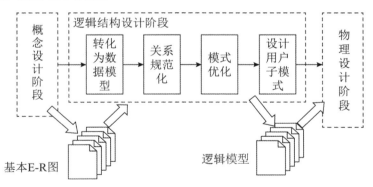

图 11-5　逻辑结构设计阶段工作步骤

11.4.1　E-R 图向关系模式的转换

E-R 方法所得到的全局概念模型是对信息世界的描述，并不适用于计算机处理，为适合关系数据库系统的处理，必须将 E-R 图转换为关系模式。E-R 图是由实体、属性和联系三要素构成的，而关系模型中只有唯一的结构——关系模式，通常采用下述方法加以转换。

1. 实体向关系模式的转换

将 E-R 图中的实体逐一转换成为一个关系模式，实体名对应关系模式的名称，实体的属性转换为关系模式的属性，实体标识符就是关系的码。

2. 联系向关系模式的转换

E-R 图中的联系有三种：一对一联系（1:1）、一对多联系（1:*）和多对多联系（*:*）。针对这三种不同的联系，转换方法如下：

（1）一对一联系的转换。通常一对一联系不需要将其转换为一个独立的关系模式，只需要将联系归并到关联的两个实体的任一方，给待归并的一方实体属性集中增加另一方实体的码和该联系的属性即可，归并后的实体码保持不变。

（2）一对多联系的转换。通常一对多联系也不需要将其转换为一个独立的关系模式，只需要将联系归并到关联的两个实体的多方，给待归并的多方实体属性集中增加一方实体的码和该联系的属性即可，归并后的多方实体码保持不变。

（3）多对多联系的转换。多对多联系只能转换成一个独立的关系模式，关系模式的名称取联系的名称，关系模式的属性取该联系所关联的两个多方实体的码及联系的属性，关系的码是多方实体的码构成的属性组。

11.4.2　关系模式的规范化

由 E-R 图转换得来的初始关系模式并不能完全符合要求，还会有数据冗余、更新异常存在，这就需要经过进一步的规范化处理，具体步骤如下：

（1）根据语义确定各关系模式的数据依赖。在设计的前一阶段，只是从关系及其属性来描述关系模式，并没有考虑到关系模式中的数据依赖。关系模式包含着语义，要根据关系模式所描述的自然语义写出关系数据依赖。

（2）根据数据依赖确定关系模式的范式。由关系的码及数据依赖，根据规范化理论，就可以确定关系模式所属的范式，判定关系模式是否符合要求，即是否达到了 3NF 或 4NF。

（3）如果关系模式不符合要求，要根据关系模式的分解算法对其进行分解，达到 3NF、BCNF或 4NF。

（4）关系模式的评价及修正。根据规范化理论，对关系模式分解之后，就可以在理论上消除冗余和更新异常。但根据处理要求，可能还需要增加部分冗余以满足处理要求，这就需要做部分关系模式的处理，分解、合并或增加冗余属性，提高存储效率和处理效率。

11.4.3　确定完整性约束

根据规范化理论确定了关系模式之后，还要对关系模式加以约束，包括数据项的约束、表级约束及表间约束，可以参照 SQL 标准来确定不同的约束，如检查约束、主码约束、参照完整性约束，以保证数据的正确性。

11.4.4　用户视图的确定

确定了整个系统的关系模式之后，还要根据数据流图及用户信息建立视图模式，提高数据的安全性和独立性。

（1）根据数据流图确定处理过程使用的视图。数据流图是某项业务的处理，使用了部分数据，这些数据可能要跨越不同的关系模式，建立该业务的视图，可以降低应用程序的复杂性，并提高数据的独立性。

（2）根据用户类别确定不同用户使用的视图。不同的用户可以处理的数据可能只是整个系统的部分数据，而确定关系模式时并没有考虑这一因素，如学校的学生管理，不同的院系只能访问和处理自己的学生信息，这就需要建立针对不同院系的视图达到这一要求，这样可以在一定程度上提高数据的安全性。

11.4.5　应用程序设计

应用程序设计与开发是数据库应用系统开发的重要组成内容，它应遵循应用软件开发的一般规律，即遵循常规的软件工程的方法。数据库应用系统开发是基于 DBMS 的二次开发，一方面是对用户信息的存储，另一方面就是对用户处理要求的实现，通常在设计过程中把数据存储的设计称为结构设计，处理的实现称为行为设计。在现阶段，还没有一种将两者合一的设计方法，因而称之为行为和结构分离的设计。

应用程序设计有两种方法：结构化设计方法和面向对象设计方法。在设计阶段就是从分析入手，得到结构化模型或面向对象模型。

1. 结构化设计方法

结构化分析将数据和处理作为分析对象，数据的分析结果表示了现实世界中实体的属性及其之间的相互关系，而处理的分析结果则展现了系统对数据的加工和转换。面向数据流建模是目前仍然被广泛使用的方法之一，而 DFD 则是面向数据流建模中的重要工具，DFD 将系统建模成输入—处理—输出的模型，即流入软件的数据对象，经由处理的转换，最后以结果数据对象的形式流出软件。DFD 使用分层的方式表示，第一个数据流模型有时被称为第 0 层 DFD 或者环境数据流图。从整体上表现系统，随后的数据流图将改进第 0 层图，并增加细节信息。

除 DFD 外，在进行建模时，还可结合数据字典和加工处理说明对 DFD 进行补充。数据字典以一种准确的和无二义的方式定义所有被加工引用的数据流和数据存储，通常包括数据流条目、数据存储条目和数据项条目。数据流条目描述 DFD 中数据流的组成，数据存储条目描述 DFD 中数据存储文件的组成，而数据项条目则描述数据流或数据存储中所使用的数据项。加工处理的说明则可采用结构化自然语言、判定表和判定树等多种形式进行详细描述，其目的在于说明加工做什么。

掌握上述的工具后，即可对问题进行结构化的分析，其实施步骤如下：

（1）确定系统边界，画出系统环境图。

（2）自顶向下，画出各层数据流图。

（3）定义数据字典。

（4）定义加工说明。

（5）将图、字典以及加工组成分析模型。

DFD、数据字典和处理加工说明可以充分地描述系统的分析模型，其后需要对分析模型进行变换从而得到系统的总体设计模型。系统总体设计模型可以采用层次图、HIPO 图和结构图来表达，但不论是哪一种图形工具，都反映了模块间的调用关系。

在分析模型的基础上进行设计时，主要是针对 DFD 进行变换从而得到模块的调用关系图，因此，需要掌握数据流的变换设计与事务设计。面向数据流的设计方法把数据流图映射成软件结构，数据流图的类型决定了映射的方法，数据流图可分为变换型数据流图和事务型数据流图。变换型数据流图具有明显的输入、变换（或称主加工）和输出；而事务型数据流图则是数据沿输入通路到达一个处理时，这个处理根据输入数据的类型在若干动作序列中选择一个来执行。变换设计的核心在于确定输入流和输出流的边界，从而孤立出变换中心；事务设计的核心在于将事务类型判断处理变换成调度模块以选择后续的输出分支模块。

经过总体设计阶段的工作，已经确定了软件的模块结构和接口描述，但每个模块仍被看作黑盒子。后续的详细设计目标是确定怎样具体地实现所要求的系统，经过详细设计，可以得出对目标系统的精确描述，从而在编码阶段可以将这个描述直接翻译成用某种程序设计语言书写的程序。因此，详细设计的结果基本上决定了最终的程序代码的质量。详细设计可以采用程序流程图、N-S 图、PAD 图和 PDL 语言等工具来表达。

数据库应用程序的设计可以借鉴传统的结构化程序设计方法，使用"输入—处理—输出"模型编写系统结构，这些模型大部分依靠数据库和文件，并且不需要复杂的实时处理。同时也有着广泛的结构化程序设计语言作支持，如 C、Basic、Pascal、Fortran 等。

2. 面向对象开发方法

目前，面向对象分析和设计通常采用 UML。UML 是面向对象的标准建模语言，通过统一的语义和符号表示，使各种方法的建模过程和表示统一起来，已成为面向对象建模的工业标准。UML 通过事务、关系和图对现实世界进行建模。

面向对象开发方法将问题和问题的解决方案组织为离散对象的集合，数据结构和行为都包含在对象的表示中。面向对象的特性包括表示、抽象、分类、封装、继承、多态和持久性。面向对象开发方法包括面向对象分析、面向对象设计和面向对象实现。面向对象分析强调在问题领域内发现和描述对象或概念。例如，在图书馆信息系统里包含了书、图书馆和顾客这样一些概念。面向对象设计采用协作的对象、对象的属性和方法说明软件解决方案的一种方式，强调的是定义软件对象和这些软件对象如何协作来满足需求，是面向对象分析的延续。例如，图书馆系统中的软件对象"书"可以有"标题"属性和"获取书"方法，在面向对象编程过程中会实现设计的对象，如 Java 中的 Book 类。

面向对象开发方法中分析和设计有时会存在一部分重叠，不是完全独立的活动。在迭代开发中，不严格区分分析、设计和实现，而是每次迭代不同程度地进行精化。有关应用程序设计的详细内容可参考本书第 10 章。

11.5 数据库的物理设计

数据库系统实现是离不开具体的计算机的，在实现数据库逻辑结构设计之后，就要确定数据库在计算机中的具体存储。数据库在物理设备上的存储结构与存取方法称为数据库的物理结构，它依赖于给定的计算机系统。为一个给定的逻辑数据模型设计一个最适合应用要求的物理结构的过程，就是数据库的物理设计。

11.5.1 数据库物理设计工作过程

数据库的物理设计工作过程如图 11-6 所示。

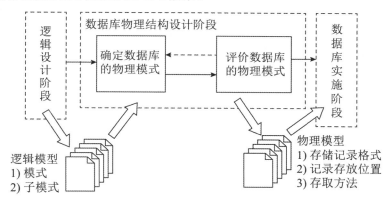

图 11-6 数据库的物理设计工作过程

在数据库的物理结构中，数据的基本单位是记录，记录是以文件的形式存储的，一条存储记录就对应着关系模式中的一条逻辑记录。在文件中还要存储记录的结构，如各字段长度、记录长度等，增加必要的指针及存储特征的描述。

需要注意的是，数据库的物理设计是离不开具体的 DBMS 的，不同的 DBMS 对物理文件存取方式的支持是不同的，设计人员必须充分了解所用 DBMS 的内部特征，根据系统的处理要求和数据的特点来确定物理结构。

11.5.2 数据库物理设计工作步骤

一般来说，物理设计的主要工作步骤包括确定数据分布、存储结构和访问方式。

1. 确定数据分布

从企业计算机应用环境出发，需要确定数据是集中管理还是分布式管理，但目前企业内部网及因特网的应用越来越广泛，大都采用分布式管理。对于数据如何分布需要从以下几个方面考虑：

（1）根据不同应用分布数据。企业的不同部门一般会使用不同数据，将与部门应用相关的数据存储在相应的场地，使得不同的场地上处理不同的业务，对于应用多个场地的业务，可以通过网络进行数据处理。

（2）根据处理要求确定数据的分布。对于不同的处理要求，也会有不同的使用频度和响应时间，对于使用频度高、响应时间短的数据，应存储在高速设备上。

（3）对数据的分布存储必然会导致数据的逻辑结构的变化，要对关系模式做新的调整，回到数据库逻辑设计阶段做必要的修改。

2. 确定数据的存储结构

存储结构具体指数据文件中记录之间的物理结构。在文件中，数据是以记录为单位存储的，可以采用顺序存储、哈希存储、堆存储和 B^+ 树存储等方式。在实际应用中，要根据数据的处理要求和变更频度选定合理的物理结构。

为提高数据的访问速度，通常会采用索引技术。在物理设计阶段，要根据数据处理和修改要求，确定数据库文件的索引字段和索引类型。

3. 确定数据的访问方式

数据的访问方式是由其存储结构所决定的，采用什么样的存储结构，就使用什么样的访问方式。数据库物理结构主要由存储记录格式、记录在物理设备上的安排及访问路径（存取方法）等构成。

1）存储记录结构设计

存储记录结构包括记录的组成、数据项的类型、长度和数据项间的联系，以及逻辑记录到存储记录的映射。在设计记录的存储结构时，并不改变数据库的逻辑结构，但可以在物理上对记录进行分割。数据库中数据项的被访问频率是很不均匀的，基本上符合公认的"80/20 规则"，即"从数据库中检索的 80% 的数据由其中的 20% 的数据项组成"。

当多用户同时访问常用数据项时，往往会因为访盘冲突而等待。若将这些数据分布在不同的磁盘组上，当多用户同时访问常用数据项时，系统可并行地执行 I/O，从而减少访盘冲突，提高数据库的性能。可见对于常用关系，最好将其水平分割成多个片，分布到多个磁盘组上，以均衡各个磁盘组的负荷，发挥多磁盘组并行操作的优势，提高系统性能。

2）存储记录布局

存储记录的布局，就是确定数据的存放位置。存储记录作为一个整体，如何分布在物理区域上，是数据库物理结构设计的重要环节。采用聚簇功能可以大大提高按聚簇码进行查询的效率。聚簇不但可用于单个关系，也适用于多个关系。设有职工表和部门表，其中部门号是这两个表的公共属性。如果查询涉及这两个表的连接操作，可以把部门号相同的职工元组和部门元组在物理上聚簇在一起，既可显著提高连接操作的速度，又可节省存储空间。

建立聚簇索引的原则如下：

（1）聚簇码的值相对稳定，没有或很少需要进行修改。

（2）表主要用于查询，并且通过聚簇码进行访问或连接是该表的主要应用。

（3）对应每个聚簇码值的平均元组数既不太多，也不太少。

任何事物都有两面性，聚簇对于某些特定的应用可以明显地提高性能，但对于与聚簇码无关的查询却毫无益处。相反地，当表中数据有插入、删除、修改时，关系中有些元组就要被搬动后重新存储，所以建立聚簇的维护代价是很大的。

3）存取方法的设计

存取方法是为存储在物理设备（通常是外存储器）上的数据提供存储和检索的能力，是快速存取数据库中数据的技术。存取方法包括存储结构和检索机制两部分。其中：存储结构限定了可能访问的路径和存储记录；检索机制定义每个应用的访问路径。数据库系统是多用户共享系统，对同一个关系建立多条存取路径才能满足多用户的多种应用要求。为关系建立多种存取路径是数据库物理设计的任务之一。

在数据库中建立存取路径最普遍的方法是建立索引。确定索引的一般顺序如下：

（1）首先可确定关系的存储结构，即记录的存放是无序的，还是按某属性（或属性组）聚簇存放。这在前面已讨论过，这里不再重复。

（2）确定不宜建立索引的属性或表。对于太小的表、经常更新的属性或表、属性值很少的表、过长的属性、一些特殊数据类型的属性（大文本、多媒体数据）和不出现或很少出现在查询条件中的属性不宜建立索引。

（3）确定宜建立索引的属性。例如，关系的主码或外部码、以查询为主或只读的表、范围查询、聚集函数（Min、Max、Avg、Sum、Count）或需要排序输出的属性可以考虑建立索引。

索引一般还需在数据库运行测试后，再加以调整。在 RDBMS 中，索引是改善存取路径的重要手段。使用索引的最大优点是可以减少检索的 CPU 服务时间和 I/O 服务时间，改善检索效率。但是，不能对进行频繁存储操作的关系建立过多的索引，因为过多的索引也会影响存储操作的性能。

11.6　数据库系统的实施阶段

数据库系统的实施阶段是根据设计，由开发人员编写代码程序来完成的，包括数据库的操作程序和应用程序。

1. 数据库实施阶段的工作过程

在数据库正式投入运行之前，还需要完成很多工作。例如，在模式和子模式中加入数据库安全性、完整性的描述，编写应用程序和数据导入（装入），数据库系统的试运行，并在试运行中对系统进行评价。如果评价结果不能满足要求，还需要对数据库进行修正设计，直到满意为止。数据库正式投入使用，也并不意味着数据库设计生命周期的结束，而是数据库维护阶段的开始。数据库实施阶段的工作过程如图 11-7 所示。

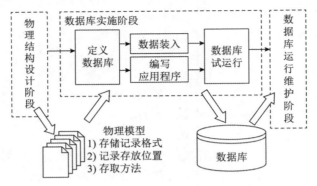

图 11-7　数据库实施阶段的工作过程

在完成数据库的设计和应用程序的设计之后，开发人员应该根据设计的内容，用选定的 RDBMS 提供的 SQL 语言及其他高级语言对设计进行代码编写，经过调试产生目标模式，然后组织数据入库。

应用程序的编写一般采用高级语言如 C、Basic、Pascal、Fortran 等来实现，当然也有专门针对数据库开发的具有高级语言部分功能的开发环境，如 Power Builder 和 Delphi 等。

另外，SQL 作为关系数据库标准语言，已经被大量的 DBMS 系统所使用，提供了数据定义、数据操纵、数据控制等功能，能够实现对数据库的操作。不同的 RDBMS 都不同程度地实现了对标准 SQL 的支持，在语法格式上也可能有些差异，需要参考具体 RDBMS 的参考手册。

使用 SQL 语言编写的数据库操作程序有如下几类：

- 数据库建立程序，使用 SQL 中的 DDL 语言。
- 数据库操纵程序，使用 SQL 中的 DML 语言。
- 事务处理程序，对复杂的数据操作以事务的形式执行。
- 存储过程和触发器程序。

通常，高级语言用来编写前端应用程序，如输入/输出界面，和一些复杂的数据处理。通过采用嵌入式 SQL 或数据库访问接口（API）实现对数据库的操作。嵌入式 SQL 由于编程的复杂性，近年来已逐渐被使用 ODBC、ADO 等接口技术所取代。

2. 数据库实施

根据逻辑和物理设计的结果，在计算机上建立起实际的数据库结构，数据加载（或称装入），进行试运行和评价的过程，叫作数据库的实施（或称实现）。

1）建立实际的数据库结构

用 DBMS 提供的数据定义语言（DDL）编写描述逻辑设计和物理设计结果的程序（一般称为数据库脚本程序），经计算机编译处理和执行后，就生成了实际的数据库结构。所用 DBMS 的产品不同，描述数据库结构的方式也不同。有的 DBMS 提供数据定义语言，有的提供数据库结构的图形化定义方式，有的两种方法都提供。在定义数据库结构时，应包含以下内容：

（1）数据库模式与子模式，以及数据库空间等的描述。例如，在 Oracle 系统中，数据库逻辑结果的描述包括表空间（Tablespace）、段（Segment）、范围（Extent）和数据块（Data block）。DBA 或设计人员通过对数据库空间的管理和分配，可控制数据库中数据的磁盘分配，将确定的空间份额分配给数据库用户，控制数据的可用性，将数据存储在多个设备上，以提高数据库性能等。

（2）数据库完整性描述。所谓数据的完整性，是指数据的有效性、正确性和一致性。在数据库设计时，如果没有一定的措施确保数据库中数据的完整性，就无法从数据库中获得可信的数据。数据的完整性设计，应该贯穿在数据库设计的全过程中。例如，在数据需求分析阶段，收集数据信息时，应该向有关用户调查该数据的有效值范围。在模式与子模式中，可以用 DBMS 提供的 DDL 语句描述数据的完整性。

（3）数据库安全性描述。数据安全性设计同数据完整性设计一样，也应在数据库设计的各个阶段加以考虑。在进行需求分析时，分析人员除了收集信息及数据间联系的信息之外，还必须收集关于数据的安全性说明。在设计数据库逻辑结构时，对于保密级别高的数据，可以单独进行设计。子模式是实现安全性要求的一个重要手段，可以为不同的应用设计不同的子模式。在数据操纵上，系统可以对用户的数据操纵进行两方面的控制：一是给合法用户授权，目前主要有身份验证和口令识别；二是给合法用户不同的存取权限。

（4）数据库物理存储参数描述。物理存储参数因 DBMS 的不同而不同。一般可设置的参数包括块大小、页面大小（字节数或块数）、数据库的页面数、缓冲区个数、缓冲区大小和用户数等。详细内容请参考 DBMS 的用户手册。

2）数据加载

数据库应用程序的设计应该与数据库设计同时进行。一般地，应用程序的设计应该包括数据库加载程序的设计。在数据加载前，必须对数据进行整理。由于用户缺乏计算机应用背景的知识，常常不了解数据的准确性对数据库系统正常运行的重要性，因而未对提供的数据做严格的检查。所以，数据加载前要建立严格的数据登录、录入和校验规范，设计完善的数据校验与校正程序，排除不合格数据。

数据加载分为手工录入和使用数据转换工具两种。现有的 DBMS 都提供了 DBMS 之间数据转换的工具。如果用户原来就使用数据库系统，可以利用新系统的数据转换工具，先将原系统中的表转换成新系统中相同结构的临时表，然后对临时表中的数据进行处理后插入到相应表中。数据加载是一项费时费力的工作。另外，由于还需要对数据库系统进行联合调试，所以大部分的数据加载工作应在数据库的试运行和评价工作中分批进行。

3）数据库试运行和评价

当加载了部分必须的数据和应用程序后，就可以开始对数据库系统进行联合调试，称为数据库的试运行。一般将数据库的试运行和评价结合起来的目的是测试应用程序的功能；测试数据库的运行效率是否达到设计目标，是否为用户所容忍。测试是为了发现问题，而不是为了说明能达到哪些功能。所以，测试中一定要有非设计人员的参与。

用户数据可能是以前旧系统的数据，并不完全满足新系统的数据要求，需要进行处理，同时还要做好新系统的数据库的转储和恢复工作，以免发生故障时丢失数据。

11.7　数据库运行维护与管理

数据库系统一旦投入使用，会面临着数据的不断更新和频繁的访问，随着时间的推移，会出现各种情况影响数据库的效能和稳定，如何保证数据库安全稳定地运行，针对运行中出现的各种问题如何解决，如何调整使得数据库系统发挥更大的效能，是本节要讨论的问题。

11.7.1　制订数据库系统的运行计划

为保证数据库系统安全稳定地运行，需要综合考虑可能遇到的各种问题，制订详尽的运行计划和应对措施。任何的因素造成系统出现问题，都可能给企业带来损失。数据库系统的运行计划主要包括三个方面：数据库系统运行策略、数据库系统监控对象和监控方式以及数据库系统管理计划。

1. 制定运行策略

要使数据库系统能够正常运行，必须制定运行策略，运行策略的制定要从两个方面考虑：正常运行策略和非正常运行策略。

1）正常运行策略

正常运行策略是指在正常运行状态下的数据库执行策略。任何一个系统在一般情况下都有相对固定的用户群和访问量，系统的负载相对稳定。正常运行策略需要从以下几个方面考虑：

（1）系统运行对物理环境的要求。为保障系统的稳定运行，离不开系统的物理环境保障。物理环境包括运行场地的温度、湿度、通风条件、灰尘指标、电力供应等外部条件。

（2）系统运行对人员的要求。作为企业运行中的数据库，是需要专人服务的，包括成立数据库运行管理机构，专门负责数据库系统的运行。

（3）数据库的安全性策略。数据库的运行离不开用户的访问和操作，安全性策略包括网络安全、用户的权限管理、设备的安全、数据的安全等方面。

（4）数据库备份和恢复策略。数据库系统运行中数据是不断变更和增长的。有些系统会产生大量的数据，这些数据如果不能及时从系统中导出，系统的存储设备会很快占满而不能正常运行，需要根据业务量，制订数据备份策略，定期从系统中导出数据。同时备份也是系统故障恢复所必需的。

2）非正常运行策略

非正常运行策略是指在特殊时期的数据库运行策略。系统运行不可能是一成不变的，在各种因素的影响下，系统会处于特殊的运行时期。非正常运行策略需要从以下几个方面考虑：

（1）突发事件的应对策略。突发事件可能是突然断电、设备故障等因素，甚至可能是火灾、水灾等人力不可抗拒的自然灾害，必须要有及时的应对策略，如启动备用电源和备用设备，使系统能够正常运行。

（2）高负载状态的应对策略。数据库系统的高负载状态与企业的业务相关，有些是可以预计的，如节日中的话务系统，有些则是事先难以估计的，如大幅涨跌时的股票交易系统。针对高负载时的系统运行，也要求有正确的应对策略，进行系统负载平衡。

2. 确定数据库系统监控对象和监控方式

数据库系统运行过程中，需要管理员及时了解数据库的运行状态，掌握运行状态中的各种指标，为改进系统提供依据。对系统运行状态的了解采用监控的手段。

1）数据库系统监控对象

数据库系统监控的对象分别是系统性能、系统故障和系统安全，依照监控对象的不同，系统监控分为性能监控、故障监控、安全监控。

性能监控是掌握系统运行性能的手段。性能监控应当从资源占用率、事务响应时间、事务量、死锁、用户量等方面实现。

故障监控是保障数据库系统正常运行的手段。从数据库系统故障的类型入手，监控事务故障、系统故障和介质故障，出现需要管理员干预的故障时及时恢复。

安全监控是对破坏数据库安全事件的监控，包括入侵监控、用户访问监控、病毒监控等。

在进行系统监控的同时可以设定出现严重问题时的系统报警，及时通知管理员进行干预，保障系统稳定地运行。

2）数据库系统监控方式

数据库系统的监控方式分为系统监控和应用程序监控。

（1）系统监控是通过 DBMS 提供的监控功能，进行参数设定后，由系统自动监控。不同的 DBMS 软件都不同程度上提供了监控功能，管理员可以有效地利用。

（2）应用程序监控需要管理人员根据具体情况编制应用程序进行系统监控，是对 DBMS 监控功能的补充。

需要注意的是，系统日志是监控中的主要依据。日志文件详细记录了系统运行中的各种信息，管理员可以从日志文件中了解系统运行状态和事件，以此为据发现系统运行中的问题。

3. 数据库系统管理计划

数据库系统运行过程中离不开对系统的有效管理，包括性能管理、故障/恢复管理、安全性管理、完整性管理和用户教育与培训以及系统的维护。针对这些管理，要有详尽的管理内容和计划，有关内容可以参阅后续数据库系统管理小节。

11.7.2 数据库系统的运行和维护

1. 监控数据的收集与分析

系统监控能够动态地掌握数据库的运行状态，监控就是对系统运行信息的记录，称为监控数据，监控数据是发现系统问题和改进系统性能的依据。依照监控的类型，监控数据分为性能监控数据、故障监控数据和安全监控数据。

监控数据通常可以从 DBMS 系统监控功能指定的记录文件中获取，有些运行信息可能记录在系统日志中，管理员编制的监控脚本也可以指定监控数据的存储文件，从这些文件中可以得到监控数据。

监控数据是系统运行状态的反映，对于监控数据的分析，目的在于判定系统运行是否正常，是否满足设计要求和应用要求，出现问题的根源在哪里，给出解决问题的方案，为进一步改进系统提供依据。

性能监控数据包括磁盘使用信息（碎片量、剩余空间、日志文件增涨情况），I/O 操作数量、频度及响应时间，缓冲区命中率，事务量及锁状况。通过分析这些数据，找出影响性能的问题所在，为下一步性能调整提供依据。

故障监控数据的分析，可以找出故障的原因，例如是事务处理程序的内部错误，还是系统调度的问题，以及是否因为系统硬件故障，并做出相应的处理。

安全监控数据主要是记录用户对数据库的访问和修改操作，可以通过日志文件得到，判定是否有未授权用户的存取，分析安全漏洞的原因，对用户管理和应用程序加以改进。

2. 稳定运行中的业务持续性

业务持续性是指一个组织的主要业务流程、营运服务，以及 IT 服务能够得到连续性处理。

在一个突发事件中，公司的主要业务、服务流程、设备、人员等因素都有着各自的持续性要求。公司的 IT 部门和其他职能部门必须相互配合工作，不仅仅体现在业务持续的计划中，更需要在具体的实施过程中得到实现。

业务持续性需要从以下方面考虑：

（1）界定哪些是不允许停工的持续性业务，哪些是允许有一定时间的停工期的弹性业务。

（2）要有业务持续性的技术体系，如高效率服务器、存储系统、网络、DBMS。

（3）检测和响应管理，包括紧急决策制定、准备工作、最初的紧急响应和系统恢复等所有详细程序。

（4）要有保障业务持续性的设备。

（5）界定相关人员的职务和权责，包括各类技术人员（程序员、管理员和操作员），执行经理（紧急事件决策者），设备管理人员（电力、供冷、电缆），人力资源（人事问题和需求），业务实体（业务流程），以及外部组织（外包机构、电信、供应商等）。

3. 数据库维护

只有数据库顺利地进行了实施，才可将系统交付使用。数据库一旦投入运行，就标志着数据库维护工作的开始。数据库维护工作的内容主要包括对数据库的监测和性能改善、故障恢复、数据库的重组和重构。在数据库运行阶段，对数据库的维护主要由 DBA 完成。

1）对数据库性能的监测和改善

性能可以用处理一个事务的 I/O 量、CPU 时间和系统响应时间来度量。由于数据库应用环境、物理存储的变化，特别是用户数和数据量的不断增加，数据库系统的运行性能会发生变化。某些数据库结构（如数据页和索引）经过一段时间的使用以后，可能会被破坏。所以，DBA 必须利用系统提供的性能监控和分析工具，经常对数据库的运行、存储空间及响应时间进行分析，结合用户的反映确定改进措施。目前的 DBMS 都提供一些系统监控或分析工具。例如，在 SQL Server 中使用 SQL Server Profiler 组件、Transaction-SQL 工具和 Query Analyzer 组件等都可进行系统监测和分析。

2）数据库的备份及故障恢复

数据库是企业的一种资源，所以在数据库设计阶段，DBA 应根据应用要求制定不同的备份方案，保证一旦发生故障能很快将数据库恢复到某种一致性状态，尽量减少损失。数据库的备份及故障恢复方案，一般基于 DBMS 提供的恢复手段。

3）数据库重组和重构

数据库运行一段时间后，由于记录的增、删、改，数据库物理存储碎片记录链过多，影响数据库的存取效率。这时，需要对数据库进行重组或部分重组。数据库的重组是指在不改变数据库逻辑和物理结构的情况下，去除数据库存储文件中的废弃空间以及碎片空间中的指针链，使数据库记录在物理上紧连。

数据库系统运行过程中，会因为一些原因而对数据库的结构做修改，称为数据库重构。重构包括表结构的修改和视图的修改。表结构的修改有数据列的增删和修改、约束的修改、表的分解与合并。需要注意的是 DBMS 有一定的逻辑独立性，某些修改可能不需要修改应用程序，以减少系统运维的代价。因此，对于如下情况，数据库重组和重构的处理方法为：

（1）修改属性列名或数据类型：由于修改表中的属性列名或数据类型，必须修改使用该表的应用程序，所以应尽量减少这样的修改。

（2）增加和删除属性：只修改使用该列的应用程序。

（3）约束的修改：如果是 DBMS 支持的约束，如主码约束、参照完整性约束和检查约束，一般不需要修改应用程序，复杂的约束可以通过修改触发器程序实现。

（4）表的分解：可以通过建立与分解前表同名的视图来避免修改应用程序。但这样会相应引起性能的下降，如果分解是为了提高性能，则需要修改应用程序，只访问分解后的一个表。

（5）表的合并：通常也是为了提高系统性能，可以通过建立两个与原表同名的视图来避免应用程序的修改。

视图机制的优点是可以实现数据的逻辑独立性，并且可以实现数据的安全性。采用视图机制可将不允许应用程序访问的数据屏蔽在视图之外。但是在数据库重构过程中引入或修改视图，可能会影响数据的安全性，所以必须对视图进行评价和验证，保证不能因为数据库的重构而引起数据的泄密。

文档是对系统结构和实现的描述，在系统设计开发和维护过程中起着重要的指导作用。文档必须与系统保持高度的一致性，否则会造成人为的困难和错误，甚至危及系统的生命。对于数据库重构中的所有修改，必须在文档中体现出来。

注意：由于数据库重构的困难和复杂性，一般都在迫不得已的情况下才进行。例如，应用需求发生了变化，需要增加新的应用或实体，取消某些应用或实体。又如，表的增删、表中数据项的增删、数据项类型的变化等。重构数据库后，还需要修改相应的应用程序，并且重构也只能对部分数据库结构进行。一旦应用需求变化太大，需要对全部数据库结构进行重组，说明该数据库系统的生命周期已经结束，需要设计新的数据库应用系统。

4. 数据库系统的运行统计

系统监控和系统运行统计是 DBA 掌握数据库系统运行状态的最有效手段，系统监控通常用来保障系统的稳定运行，运行统计则是用来了解系统性能，作为性能调整的依据。

系统的运行统计是通过 DBMS 提供的工具实现的，也有第三方软件可供使用。可以将统计数据以图、表等多种形式提供，并给出相应的分析结果。DBA 可以通过统计数据，了解系统性能和资源占用情况，实施系统改进和资源配置，以提高系统性能。

运行统计可以是长期的，也可以是阶段性的。如对访问量的统计是长期的，峰值时期的统计则是为了掌握系统的负荷能力，因此是阶段性的。

5. 数据库系统的审计

审计是一种 DBMS 工具，它记录数据库资源和权限的使用情况。启用审计功能，可以产生审计跟踪信息，包括哪些数据库对象受到了影响，谁在什么时候执行了这些操作。

审计是被动的，它只能跟踪对数据库的修改而不能防止，但作为一个安全性手段，起到对非法入侵的威慑作用，可以据此追究非法入侵者的法律责任。

审计功能的开启会影响系统的性能，尤其是在一个忙碌的系统中，会导致性能的降低。而且审计跟踪信息会被保存下来，引起存储空间的问题。解决这一问题的方法是对 DBMS 范围内的不同级别上进行审计操作，例如，在数据库级别、数据库对象级别和用户级别进行审计。根据不同级别有选择地进行审计，可以使对存储和性能的负面影响降到最小。

11.7.3　数据库系统的管理

1. 数据字典的管理

数据字典（Data Dictionary）是存储在数据库中的所有对象信息的知识库，存有用户信息、用户的权限信息、所有数据对象、表的约束条件、统计分析数据库的视图等信息。通常把数据字典中存储的数据称为元数据（MetaData），是用来描述数据的，如字段的类型、长度等信息。系统对数据库的访问，是由数据字典中的元数据所提供的信息来访问具体数据的，同时也可以通过元数据了解数据库对象的信息。

当用户使用 DDL 语言定义数据库对象或某些 DML 语言进行表扩展等操作时，系统会自动修改数据字典中的元数据。数据字典是只读的，可以利用 DBMS 提供相应的数据字典访问命令，访问数据字典的内容。

在系统运行阶段，如果对数据库对象结构信息进行修改，则系统会自动地反映到数据字典中。需要注意的是，这些修改可能会关系到应用程序对数据库的正确访问，所以，可以通过数据字典的信息对应用程序做相应的修改。

2. 数据完整性维护和管理

数据库的完整性是指数据语言上的一致性，从语义角度限定数据，有关完整性的详细说明参见本书第 12 章的相关内容。

数据的完整性是通过 DBMS 系统提供的完整性约束机制和应用程序来实现，以保证运行过程中数据的正确性。

在系统运行过程中对数据完整性的维护和管理采用两种方式：

（1）对于 DBMS 管理的约束，通过修改数据库的定义，如增加或删除实体完整性约束、参照完整性约束、检查约束来实现。

（2）对于应用程序实现的复杂的完整性约束，通过分析和修改应用程序，通常是采用触发器程序来实现。

3. 数据库的存储管理

数据库中的数据是以文件的形式存储在物理存储设备上的，通常是磁盘系统。应用程序通过 DBMS 完成 I/O 操作来访问数据。I/O 操作的效率直接影响到系统的运行效率，提高系统访问效率的有效手段就是提高 I/O 操作的效率。

在数据库系统运行过程中，随着数据的不断变更，会影响到系统的响应效率。通过以下手段进行存储管理，可有效地提高系统性能：

（1）索引文件和数据文件分开存储，事务日志文件存储在高速设备上。

（2）适时修改数据文件和索引文件的页面大小。

（3）定期对数据进行排序。

（4）增加必要的索引项。

除进行数据库的存储管理之外，也可以通过增加计算机内存、引入高速存储设备等方式来提高系统的访问效率。

4. 备份和恢复

在数据库系统运行过程中，可能会发生故障而破坏数据，采用的措施是进行数据库备份，有关备份与恢复的概念参阅本书第 12 章的相关内容。

随着存储设备稳定性的不断提高，硬件故障发生的概率越来越小，故障主要集中在由应用程序引起的事务故障和系统故障上，目前绝大多数的 DBMS 系统都提供了备份和恢复机制，在系统运行过程中，管理员需要做的工作主要是做好备份和日志管理工作。

备份计划的制订和实施，有以下建议：

（1）根据数据变更情况，设定合理的备份周期和备份时间，最好是在业务量最小的时段进行备份。

（2）事务日志文件保存在最稳定的存储设备上。

（3）定期在事务日志文件中加入检查点（Checkpoint）。

检查点记录了数据库的正确状态点，在数据库恢复过程中，就可以反向扫描日志文件，找到第一个检查点，执行 Undo 和 Redo 操作，减少恢复的时间开销。

5. 并发控制与死锁管理

一般多用户数据库管理系统都提供了并发控制机制，来实现事务的并发调度并进行死锁管理，实际运行中的数据库系统，死锁的产生往往是因为事务程序的错误。管理员通过系统监控工具或系统日志，找出频繁产生死锁的事务，分析死锁的原因，修改事务程序来减少死锁，提高系统的并发性。

6. 数据安全性管理

有关数据库安全性方面的知识可以参阅本书第 12 章的相关内容。实际运行中的数据库系统可以从以下几个方面实现安全性管理：

（1）建立网络级安全，主要是防火墙的设置。

（2）操作系统级安全，进行登录用户的管理。

（3）DBMS 级安全，对访问数据库的用户进行密码验证。

（4）角色和用户的授权管理。

（5）建立视图和存储过程加强安全性。

（6）使用审计功能，为追纠非法入侵者法律责任提供证据，发现安全漏洞。

11.7.4　性能调整

在数据库系统运行过程中，如何尽可能地提高系统的性能，是系统管理员的主要工作之一。系统的性能一方面取决于 DBMS 的性能及其参数设定，而在指定的 DBMS 环境下，与具体的应用系统也有很大的关系，可通过调整来提高性能。

1. SQL 语句的编码检验

通过 DBMS 提供的监控和统计功能，找出频繁执行的 SQL 语句，通常是查询语句，对其进行优化，常用的策略如下：

（1）尽可能地减少多表查询或建立物化视图。

（2）以不相关子查询替代相关子查询。

（3）只检索需要的列。

（4）用带 IN 的条件子句等价替换 OR 子句。

（5）经常提交 COMMIT，以尽早释放锁。

2. 表设计的评价

在设计阶段，我们提出了关系模式的设计应当符合 3NF 或 BCNF，目的是减少数据冗余和消除操作异常。但在数据库系统运行过程中，需要根据实际情况对表进行调整。调整的原则主要有如下三个方面：

（1）如果频繁的访问是对两个相关的表进行连接操作，则考虑将其合并。

（2）如果频繁的访问只是在表中的某一部分字段上进行，则考虑分解表，将该部分单独作为一个表。

（3）对于更新很少的表，引入物化视图。物化视图（Materialized View）是一种特殊的物理表，物化视图是相对普通视图而言的。普通视图是虚拟表（不存放数据的表），任何对视图的查询，都需要转换为对应的 SQL 语句进行查询。

3. 索引维护和改进

在数据库运行期间，数据库系统管理员（DBA）必须对数据库的索引进行维护和改进。这是因为用户频繁地对数据进行增加、删除、修改等操作使得索引页发生碎块，所以 DBA 必须对索引进行维护。另外，DBA 可针对具体的情况，对系统中的索引进行改进以提高性能，即可以适当地调整索引。调整索引的原则主要有如下四个方面：

（1）如果查询是瓶颈，则在关系上建立适应的索引，通常在作为查询条件的属性上建立索引，可以提高查询效率。

（2）如果更新是瓶颈，每次更新都会重建表上的索引，引起效率的降低，则考虑删除某些索引。

（3）选择适当的索引类型，如果是经常使用范围查询，则 B 树索引比散列索引更高效。

（4）将有利于大多数据查询和更新的索引设为聚簇索引。

4. 设备增强

在数据库系统运行过程中，如果经过各种调整之后，仍不能满足性能要求，则应当考虑增强系统设备。例如，引入高速的计算机、增加系统内存、使用高速的网络设备和高速的存储设备等方面。当然，设备的增强需要企业的资金投入，应当考虑合适的性价比和投入产出比，还需要说服决策者同意。

11.7.5　用户支持

1. 用户培训

数据库应用系统离不开用户的使用，良好的界面设计和用户手册可以方便用户的使用，但定期的培训是必不可少的。

根据使用系统的内容和权限，可以将用户分为以下三类：

（1）各级管理者：通常是业务经理上至总经理等管理层，主要关心系统的统计数据。

（2）业务雇员：这类人员是与系统打交道最多的人。

（3）外部用户：对于开放的数据库系统，会有企业之外的人员进行访问，甚至是修改数据库的内容，如电子商务、网上银行中的客户。

用户培训主要是对内部人员，即管理者和雇员的培训，尤其是业务雇员，由于这类人员往往变动性大，对业务不熟悉，计算机操作水平有限，必须经过培训考核才可以胜任。

培训的内容和目的：

（1）了解业务流程及规范，方便数据库系统的使用。

（2）掌握应用程序操作，正确地使用和维护数据。

（3）培养安全意识，防止泄露或破坏数据。

2. 售后服务

由于数据库应用系统的复杂性，无论是 DBMS 的供应商还是应用系统的开发商，都不可能保证自己的产品不会有任何问题，最终用户也不可能完全有能力解决系统中出现的问题，良好的售后服务直接关系到企业的信誉。售后服务通常包含的内容如下：

（1）成立专门的客户服务机构解决用户的技术问题，包括热线服务和上门服务。

（2）用户技术培训。

（3）优惠的系统升级。

第 12 章　事务管理

事务管理是对于一系列数据库操作进行管理。在多个事务并发执行的数据库系统中，如果对共享数据的更新不进行控制，就会产生数据的不一致性，导致数据库存储数据错误。运行中的数据库系统很容易受到来自多方面的干扰和破坏。如软、硬件系统故障，合法用户的误操作，非法入侵等等。数据库的保护就是要排除和防止各种对数据库的干扰破坏，确保数据安全、可靠，以及在数据库已经遭到破坏后如何尽快地恢复正常。数据库的保护是通过对数据库的恢复、安全性控制、完整性控制和并发控制四个方面来实现的。

本章重点介绍了事务的基本概念、数据库并发控制、数据库的备份与恢复和数据库安全等方面的内容。

12.1　事务的基本概念

12.1.1　事务

1. 概述

事务（Transaction）是一系列的数据库操作，是数据库应用程序的基本逻辑单位，即应用程序对数据库的操作都应该以事务的方式进行。

事务是一个操作序列，这些操作"要么都做，要么都不做"，是数据库环境中不可分割的逻辑工作单位。事务和程序是两个不同的概念，一般一个程序可包含多个事务。

事务通常由数据库操纵语言或其他高级语言（如 SQL、CoBOL、C、C++、Java 等）书写的用户程序来实现。一个事务由应用程序的一组操作序列组成，它以 BEGIN TRANSACTION 语句开始，以 END TRANSACTION 结束语句。

事务定义的语句如下：

（1）BEGIN TRANSACTION：事务开始。

（2）END TRANSACTION：事务结束。

（3）COMMIT：事务提交。该操作表示事务成功地结束，它将通知事务管理器该事务的所有更新操作现在可以被提交或永久地保留。

（4）ROLLBACK：事务回滚。该操作表示事务非成功地结束，它将通知事务管理器出故障了，数据库可能处于不一致状态，该事务的所有更新操作必须回滚或撤销。

典型的例子是银行转账业务。对"从账户 A 转入账户 B 金额 x 元"业务，站在顾客角度来看，转账是一次单独操作；而站在数据库系统的角度它至少是由两个操作组成的，第一步从账户 A 减去 x 元，第二步给账户 B 加上 x 元。下面是银行转账事务的伪代码：

```
BEGIN TRANSACTION
    read(A);                /*读账户A的余额*/
    A=A-x;
    IF(A<0) THEN
        print("金额不足,不能转账");
        ROLLBACK;           /*撤销该事务,回到事务执行前的状态*/
    ELSE
        write(A);           /*写入账户A的余额*/
        read(B);
        B=B+1;
        write(B);
        COMMIT;             /*提交事务*/
    ENDIF;
END TRANSACTION
```

2. SQL 中事务的开始与结束

SQL 标准规定当一条 SQL 语句被执行，就隐式地开始了一个事务，SQL 中的 Commit work 和 Rollback work 语句之一会结束一个事务。

（1）Commit work：提交当前事务。这意味着将该事务所做的更新在数据库中永久保存。一旦事务被提交后，一个新的事务自动开始。

（2）Rollback work：回滚当前事务。这意味着将撤销该事务对数据库的更新。这样，数据库恢复到该事务执行第一条语句之前的状态。

需要注意的是，若事务已执行了 Commit work，就不能用 Rollback work 来撤销。数据库系统能保证在发生诸如某条 SQL 语句错误、断电、系统崩溃的情况下，若事务还没有执行 Commit work，则所造成的影响将被回滚。对断电、系统崩溃的情况，回滚是在系统重新启动时进行。

12.1.2 事务的特性

事务具有四个特性：原子性（Atomicity）、一致性（Consistency）、隔离性（Isolation）和持久性（Durability）。这四个特性通常被称为事务的 ACID 特性，这一缩写取自四个特性的英文首字母。事务四个特性的含义如下所述：

（1）原子性：事务的所有操作在数据库中要么全做要么全都不做。如银行转账中的两个操作必须做为一个单位来处理，不能只执行部分操作。

（2）一致性：一个事务独立执行的结果，将保持数据的一致性，即数据不会因为事务的执行而遭受破坏。数据的一致性是对现实世界的真实状态的描述，如银行转账业务，一旦执行该业务后应该是账目平衡的。数据库在运行过程中会出现瞬间的不一致状态，如从 A 账户减去 x 元到给 B 账户加上 x 元之前这段时间数据是不一致的，但这种不一致只能出现在事务执行过程中，并且不一致的数据不能被其他事务所访问。一致性可以由 DBMS 的完整性约束机制来自动完成，而复杂的事务则由应用程序来完成。

（3）隔离性：一个事务的执行不能被其他事务干扰。并发事务在执行过程中可能会对同一数据进行操作，这些事务的操作应该不会相互干扰，是相互隔离的。如事务执行中数据不一致性状态出现时不能让其他事务读取到不一致的数据。

（4）持久性：一个事务一旦提交，它对数据库的改变必须是永久的，即便系统出现故障时也是如此。如转账事务执行成功后，A、B 两个账户上的余额就是一个新的值，在没有出现下一个事务对其修改之前一直保持不变，即使系统出现故障，也应该恢复到这个值。

【例 12.1】　事务是一个操作序列，这些操作　(1)　。"当多个事务并发执行时，任何一个事务的更新操作直到其成功提交前的整个过程，对其他事务都是不可见的。"这一性质通常被称为事务的　(2)　性质。

（1）A. "可以做，也可以不做"，是数据库环境中可分割的逻辑工作单位

　　　B. "可以只做其中的一部分"，是数据库环境中可分割的逻辑工作单位

　　　C. "要么都做，要么都不做"，是数据库环境中可分割的逻辑工作单位

　　　D. "要么都做，要么都不做"，是数据库环境中不可分割的逻辑工作单位

（2）A. 原子性　　　　　B. 一致性　　　　　C. 隔离性　　　　　D. 持久性

分析：空（1）的正确选项为 D。因为，事务是一个操作序列，这些操作"要么都做，要么都不做"，是数据库环境中不可分割的逻辑工作单位。空（2）的正确选项为 C。因为，选项 C "隔离性"符合题干说明。

12.1.3　事务的状态

1. 概述

如果不出现故障，那么所有事务都能执行完成。一旦在执行过程中发生故障，不能执行完成的事务称为**中止事务**；将中止事务对数据库的更新撤销称为**事务回滚**；成功执行完成的事务称为**已提交事务**。

中止的事务是可以回滚的，通过回滚恢复数据库，保持数据库的一致性，这是 DBMS 的责任。已提交的事务是不能回滚的，必须由程序员或 DBA 手工执行一个"补偿事务"才能撤销提交的事务对数据库的影响。

注意：事务一旦提交，就不能中止它，而要撤销已提交事务所造成影响的唯一方法是执行一个补偿事务（Compensating Transaction）。比如一个事务给账户 A 加了 600 元，其补偿事务是对账户 A 减去 600 元。实际上不是总能够创建这样的补偿事务。

2. 事务状态

　　事务是数据库的基本执行单元。事务的执行情况有两种可能：一种情况是事务成功执行，数据库进入一个新的一致状态；另一种情况是事务因为故障或其他原因未能够成功执行，但已经对数据库做了修改。未能成功执行的事务极有可能导致数据库处于不一致状态，这时候就需要对未能成功执行的事务（也称中止事务）造成的变更进行撤销操作（也称回滚ROLLBACK）。如果中止事务造成的变更已经撤销，就称事务已回滚。

　　成功完成的事务称为已提交事务。对数据库进行更新的已提交的任务使数据库进入一个新的状态，即使出现系统故障，这个状态必须保持。另一方面，成功提交的事务不能通过中止来撤销而造成的影响，必须采用执行一个称为"补偿事务"的方法来撤销。

　　1）事务的五种状态

　　为了更明确地描述事务的执行过程，一般将事务的执行状态分为五种，事务必须处于这五种状态之一。事务各种状态含义说明如下：

　　（1）活动状态：事务的初始状态，事务执行时处于这个状态。

　　（2）部分提交状态：当操作序列的最后一条语句自动执行后，事务处于部分提交状态。这时，事务虽然已经完全执行，但由于实际输出可能还临时驻留在内存中，在事务成功完成前仍有可能出现硬件故障，事务仍有可能不得不中止。因此，部分提交状态并不等于事务成功执行。

　　（3）失败状态：由于硬件或逻辑等错误，使得事务不能继续正常执行，事务就进入了失败状态。处于失败状态的事务必须进行回滚（ROLLBACK）。这样，事务就进入了中止状态。

　　（4）中止状态：事务回滚并且数据库恢复到事务开始执行前的状态。

　　（5）提交状态：当事务成功完成后，称事务处于提交状态。只有事务处于提交状态后，才能说事务已经提交。

　　2）事务的状态转换

　　事务的状态转换如图12-1所示。

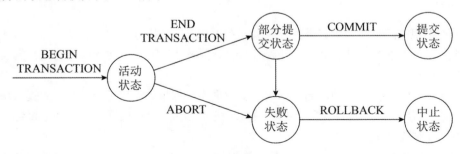

图12-1　事务的状态转换图

　　事务状态转换操作命令如表12-1所示，可以通过在事务中执行相关操作，实现事务状态的转换。

表 12-1　事务状态转换操作

操　　作	功　能　说　明
BEGIN -TRANSACTION	开始运行事务，使事务进入活动状态
END -TRANSACTION	说明事务中的所有读写操作都已完成，使事务进入部分提交状态，把事务的所有操作对数据库的影响存入数据库
COMMIT -TRANSACTION	标志事务已经成功地完成，事务中的所有操作对数据库的影响已经安全地存入数据库，事务进入提交状态，结束事务的运行
ABORT -TRANSACTION	标志事务进入失败状态，系统撤销事务中所有操作对数据库和其他事务的影响，结束事务的运行

需要说明的是，事务进入中止状态后，系统一般有如下两种选择：

（1）重启事务。当事务中止的原因是软、硬件错误而不是事务内部逻辑错误时，一般采用重启事务的方法。重启事务可以被看成一个新事务。

（2）杀死事务。这样做通常是因为事务中止的原因是事务内部的逻辑错误，或者是输入错误，也可能是所需数据在数据库中没找到等原因。

12.2　数据库的并发控制

所谓并发操作，是指在多用户共享的系统中，许多用户可能同时对同一数据进行操作。并发操作带来的问题是数据的不一致性，主要有三类：丢失修改、不可重复读和读脏数据。其主要原因是事务的并发操作破坏了事务的隔离性。DBMS 的并发控制子系统负责协调并发事务的执行，保证数据库的完整性不受破坏，避免用户得到不正确的数据。

12.2.1　事务调度

1. 串行调度

串行调度（serial schedule）是指多个事务依次串行执行，且只有当一个事务的所有操作都执行完后才执行另一个事务的所有操作。

我们考虑一个简单的银行数据库系统。设每个账号在数据库中具有一条数据库记录，用以记录这个账号的存款数量和其他信息。设有两个事务 T_0 和 T_1，事务 T_0 从账号 A 转 2000 元到账号 B；事务 T_1 从账号 A 转 20% 的款到账号 B。T_0 和 T_1 的定义如图 12-2 所示。

假设用 A 和 B 表示账号 A 和账号 B 的存款数量；A、B 的初值为 10 000 和 20 000。如果这两个事务串行执行，可以有两种调度方案。调度 S1 是先执行 T_0 后执

T_0	T_1
read(A);	read(A);
A:=A-2000;	temp:=A*0.2;
write(A);	A:=A-temp;
read(B);	write(A);
B:=B+2000;	read(B);
write(B).	B:=B+temp;
	write(B).

图 12-2　银行转账举例

行 T_1，如图 12-3（a）所示。运行结束时，A 和 B 的最终值分别是 6400 和 23 600。调度 S2 是先执行 T_1 后执行 T_0，如图 12-3（b）所示。运行结束时，A 和 B 的最终值分别是 6000 和 24 000。无论采用两种方案的任一种，A+B 在两个事务执行结束时仍然是 10 000+20 000。

时间	T_0	T_1	T_0	T_1
t1	read(A)			read(A);
t2	A:=A-2000;			temp:=A*0.2;
t3	write(A);			A:=A-temp;
t4	read(B);			write(A);
t5	B:=B+2000;			read(B);
t6	write(B).			B:=B+temp;
t7		read(A);		write(B)
t8		temp:=A*0.2;	read(A)	
t9		A:=A-temp;	A:=A-2000;	
t10		write(A);	write(A);	
t11		read(B);	read(B);	
t12		B:=B+temp;	B:=B+2000;	
t13		write(B)	write(B).	

（a）调度S1：先T_0后T_1 （b）调度S2：先T_1后T_0

图 12-3   事务的串行调度

从上面的例子可以看出，不论是先执行 T_0 后执行 T_1，还是先执行 T_1 后执行 T_0，只要是串行调度，执行的结果都是稳定的和正确的。对于 N 个事务，最多有 $N!$ 种正确的串行调度。

2. 并发调度

并发调度（concurrent schedule）：利用分时的方法同时处理多个事务。

对于 N 个事务进行并发调度，情况会变得复杂得多，它的调度方案远大于 $N!$ 个，而且并发调度的结果有可能是错误的。图 12-4（a）调度 S3 是一个并发调度，其执行的结果与串行调度执行的结果相同，则称这个并发调度是正确的。图 12-4（b）调度 S4 也是一个并发调度，但其导致 A、B 的最终结果为 8000 和 24 000，A+B=8000+24 000≠30 000，这个结果是错误的。我们称此并行调度将产生不一致状态。

3. 可恢复调度

若事务 T_i 提交失败，则应当撤销 T_i 的影响以保证其原子性。在允许并发执行的系统中，还必须确保依赖于 T_i 的任何事务 T_j 也中止。例如，T_j 要读 T_i 写的数据，则称 T_j 依赖于 T_i。

例如，图 12-5 所示的调度示例。假设系统允许 T_1 执行完 read(A)后立即提交，则 T_1 就先于 T_0 提交。假设 T_0 在提交前发生故障，由于 T_1 依赖 T_0（T_1 要读 T_0 写的数据），为了保证事务的原子性必须中止 T_1 的提交。但本例允许 T_1 执行完 read(A)后立即提交，导致 T_0 发生故障后不能正确恢复的情景。

时间	T_0	T_1	T_0	T_1
t1	read(A)		read(A)	
t2	A:=A-2000;		A:=A-2000;	
t3	write(A);			
t4		read(A);		read(A);
t5		temp:=A*0.2;		temp:=A*0.2;
t6		A:=A-temp;		A:=A-temp;
t7		write(A);		write(A);
t8	read(B);		write(A);	read(B);
t9	B:=B+2000;		read(B);	
t10	write(B).		B:=B+2000;	
t11		read(B);	write(B).	
t12		B:=B+temp;		B:=B+temp;
t13		write(B)		write(B)

（a）调度S3：正确的调度　　　　（b）调度S4：错误的调度

图 12-4　事务的并发调度

时间	T_0	T_1
t1	read(A)	
t2	write(A)	
t3		read(A)
t4		/*COMMIT*/
t5	read(B)	
t6	/*ROLLBACK*/	

图 12-5　不可恢复的调度举例

可恢复调度（recoverable schedule）应满足：当事务 T_j 要读事务 T_i 写的数据时，事务 T_i 必须要先于事务 T_j 提交。

【例 12.2】　某银行信息系统有两项业务对应的事务 T1、T2 与存款关系有关。其中，转账业务：T1（A，B，50），从账户 A 向账户 B 转 50 元；计息业务：T2，对当前所有账户的余额计算利息，余额为 X*1.01。针对上述业务流程，回答下列问题：

（1）若当前账户 A 余额为 100 元，账户 B 余额为 200 元。有两个事务分别为 T1（A，B，50），T2。可能的串行执行为：T1→T2 或 T2→T1，请计算串行执行结果。

（2）若上述两个事务的一个并发调度顺序如图 12-6 所示，请问调度是否正确，为什么？

分析：　（1）T1→T2 结果为：A = 50.5　　　B = 252.5　　　A+B = 303

　　　　　　　　T2→T1 结果为：A = 51　　　B = 252　　　A+B = 303

（2）调度不正确，因为根据 A、B 的初值，按照给定的调度，获得执行结果为：A = 50.5、B = 252，与任何一个串行执行的结果都不同，故为错误的调度，事实上会造成储户的无端损失。

T1（A，B，50）	T2
Read(A)	
	Read(A)
	Write(A)
	Read(B)
	Write(B)
Read(B)	
Write(B)	

图 12-6　事务 T1、T2 的调度顺序

12.2.2　并发操作带来的问题

并发操作带来的的数据不一致性有三类：丢失修改、不可重复读和读脏数据。对并发操作带来的三类数据不一致性举例说明如图 12-7 所示。

时间	T_1	T_2	T_1	T_2	T_1	T_2
t1	read(A)[16]		read(A)[50]		read(C)[100]	
t2		read(A)[16]	read(B)[100]		C=C*2[200]	
t3	A=A-1		C=A+B[150]		write(C)[200]	
t4		A=A-1		read(B)[100]		read(C)[200]
t5	write(A)[15]			B=B*2[200]		…
t6				write(B)[200]		…
t7		write(A)[15]			ROLLBACK	
t8			read(A)[50]		(C=100)	
t9			read(B)[200]			
t10			C=A+B[250]			
t11			(验算不对)			
	（a）丢失修改		（b）不可重复读		（c）读脏数据	

图 12-7　数据不一致性举例

1. 丢失修改

如图 12-7（a）所示，事务 T_1、T_2 都是对数据 A 做减 1 操作。事务 T_1 在时刻 t_5 把 A 修改后的值 15 写入数据库，但事务 T_2 在时刻 t_7 再把它对 A 减 1 后的值 15 写入。两个事务都是对 A 的值进行减 1 操作并且都执行成功，但 A 中的值却只减了 1。现实的例子如售票系统，同时售

出了两张票，但数据库里的存票却只减了一张，造成数据的不一致。原因在于 T_1 事务对数据库的修改被 T_2 事务覆盖而丢失了，破坏了事务的隔离性。

2. 不可重复读

如图 12-7（b）所示，事务 T_1 读取 A、B 的值后进行运算，事务 T_2 在 t_5 时刻对 B 的值做了修改以后，事务 T_1 又重新读取 A、B 的值再运算，同一事务内对同一组数据的相同运算结果不同，显然与事实不相符。同样是事务 T_2 干扰了事务 T_1 的独立性。

3. 读脏数据

如图 12-7（c）所示，事务 T_1 对数据 C 修改之后，在 t_4 时刻事务 T_2 读取修改后的 C 值做处理，之后事务 T_1 回滚，数据 C 恢复了原来的值，事务 T_2 对 C 所做的处理是无效的，它读的是被丢掉的垃圾值。

通过以上三个例子，在事务并行处理的过程中，因为多个事务对相同数据的访问，干扰了其他事务的处理，产生了数据的不一致性，这是因事务的隔离性被破坏。

问题的焦点在于事务在读写数据时不加控制而相互干扰。解决问题的方法是从如何保证事务的隔离性入手。

12.2.3　并发调度的可串行性

数据库系统必须控制事务的并发执行以保证数据库处于一致性状态。

1. 可串行化的调度

多个事务的并发执行是正确的，当且仅当其结果与某一次序串行地执行它们时的结果相同，称这种调度策略是**可串行化的调度**（serializability schedule）。

可串行性是并发事务正确性的准则，按这个准则规定，一个给定的并发调度，当且仅当它是可串行化的才认为是**正确调度**。

2. 冲突可串行化

冲突（conflict）：当 I_i 和 I_j 是不同事务在相同的数据项上操作的命令，且至少有一个是 write 命令时，则称 I_i 与 I_j 是冲突的。

考虑某调度 S 中含有分别属于事务 T_i、T_j 的两条命令 I_i、I_j（$i \neq j$）。若 I_i、I_j 分别访问不同的数据项，则交换 I_i、I_j 的执行次序不会影响调度执行的结果。若 I_i、I_j 访问相同的数据项，则 I_i、I_j 的执行次序可能会影响调度执行的结果。在此只讨论 read 和 write 命令在以下四种情况时 I_i、I_j 是否可交换：

（1）I_i=read(D)，I_j=read(D)。在调度 S 中，I_i 与 T_j 读到的是相同的数据 D 值，交换 I_i、I_j 的执行次序不会影响执行的结果。

（2）I_i=read(D)，I_j=write(D)。在调度 S 中，若 I_i 先于 I_j 执行，那么 I_i 没有读到 I_j 写回的 D 值，可见 I_i、I_j 的执行次序是非常重要的。

（3）I_i = write(D)，I_j = read(D)。在调度 S 中，I_i、I_j 的执行次序是非常重要的，其原因与（2）类似。

（4）I_i = write(D)，I_j =write(D)。由于 I_i、I_j 都是写操作，I_i、I_j 的执行次序对 I_i、T_j 没有影响，但是，若调度 S 中的下一条命令是 read(D)，那么读取的值会受到影响，因为数据库中只保留了后一条 write 命令写入的值。

等价调度：设 I_i 与 I_j 是调度 S 的两条连续的命令，若 I_i 与 I_j 是不同事务的命令且不冲突，则可以交换 I_i 与 I_j 的顺序得到一个新的调度 S^*。我们称 S 与 S^* 是等价的。

例如，考虑图 12-4（a）调度 S3，由于 T_1 的 write(A)与 T_0 的 read(B)不冲突，可以将 T_1 的 write(A)与 T_0 的 read(B)的执行次序交换，得到另一个等价调度 S5，如图 12-8 所示。

时间	T_0	T_1
t1	read(A)	
t2	A:=A-2000;	
t3	write(A);	
t4		read(A);
t5		temp:=A*0.2;
t6		A:=A-temp;
t7	read(B);	
t8	B:=B+2000;	
t9		write(A);
t10	write(B).	
t11		read(B);
t12		B:=B+temp;
t13		write(B).

图 12-8　调度 S5

继续依次交换非冲突命令的执行顺序：

①T_0 的 read(B)与 T_1 的 read(A)执行次序交换。

②T_0 的 write(B)与 T_1 的 write(A)执行次序交换。

③T_0 的 write(B)与 T_1 的 read(A)执行次序交换。

经过上述一系列交换后得到的是一个如图 12-3（a）所示的串行调度 S1。这也说明了调度 S5 等价于一个串行调度，所以是一个正确的调度。请思考为什么调度 S4 是一个错误的调度。

冲突等价（conflict equivalent）：如果调度 S 经过一系列非冲突命令交换成 S^*，则称 S 与 S^* 是冲突等价的。

冲突可串行化（conflict serializable）：若调度 S 与一个串行调度 S^* 冲突等价，则 S 是冲突可串行化的。

3. 冲突可串行化判定

在设计并发控制机制时，必须证明该机制产生的调度是否为可串行化的。为了确定一个调度 S 是否可串行化可以通过 S 构造一个有向图，也称优先图（precedence graph）。该图由 G=（V，E）组成，其中，V 是一个顶点集，由所有事务组成；E 是一个边集，由满足下述三个条件的边 $T_i \rightarrow I_j$ 组成：

（1）在 I_j 执行 Read(A)之前，T_i 执行 Write(A)。

（2）在 I_j 执行 Write(A)之前，T_i 执行 Read(A)。

（3）在 T_j 执行 Write(A)之前，T_i 执行 Write(A)。

如果优先图中存在边 $T_i \rightarrow T_j$，则任何等价于 S 的串行调度 S'中，T_i 必出现在 T_j 之前。

例如，调度 S1（参见图 12-3（a））优先图如图 12-9（a）所示，图中只有一条边 $T_0 \rightarrow T_1$，因为 T_0 的所有命令均在 T_1 之前执行；调度 S2（参见图 12-3（b））优先图如图 12-9（b）所示，图中只有一条边 $T_1 \rightarrow T_0$，意味着 T_1 的所有命令均在 T_0 之前执行。

但对调度 S4（参见图 12-4（b）），其优先图如图 12-9（c）所示，由于 T_0 执行 Read(A)先于 T_1 执行 Write(A)，所以优先图中有一条边 $T_0 \rightarrow T_1$；又因为 T_1 执行 Read(B)先于 T_0 执行 Write(B)，所以优先图中有一条边 $T_1 \rightarrow T_0$。

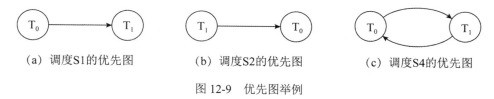

（a）调度S1的优先图　　　（b）调度S2的优先图　　　（c）调度S4的优先图

图 12-9　优先图举例

如果调度 S 的优先图中有环，则调度 S 是冲突不可串行化的；如果图中无环，则调度 S 是冲突可串行化的。

可见，要判定冲突是否可串行化，首先需要构造有向图，然后调用环检测算法进行判定。有关环检测算法可参见相关书籍。

12.2.4　并发控制技术

通过上面的例子我们知道，并发事务如果对数据读写时不加以控制，会破坏事务的隔离性和一致性。为了保持事务的隔离性，系统必须对事务之间的相互作用加以控制，最典型的方式是要求对数据对象以互斥的方式进行访问，即当一个事务访问某个数据对象时，其他事务都不能更新该数据对象。最常用的控制的手段就是加锁，该方法是只允许事务访问当前持有锁的数据项。给数据对象加锁的方式有多种，本节只介绍两种锁：排它锁和共享锁。

排它锁（Exclusive Locks，简称 X 锁）也称为写锁，用于对数据进行写操作时进行锁定。如果事务 T 对数据 A 加上 X 锁后，就只允许事务 T 读取和修改数据 A，其他事务对数据 A 不能再加任何锁，从而也不能读取和修改数据 A，直到事务 T 释放 A 上的锁。

共享锁（Share Locks，简称 S 锁）也称为读锁，用于对数据进行读操作时进行锁定。如果事务 T 对数据 A 加上了 S 锁后，事务 T 就只能读数据 A 但不可以修改，其他事务可以再对数据 A 加 S 锁来读取，只要数据 A 上有 S 锁，任何事务都只能再对其加 S 锁读取而不能加 X 锁修改。

【例 12.3】 若事务 T_1 对数据 D_1 已加排它锁，事务 T_2 对数据 D_2 已加共享锁，那么事务 T_2 对数据 D_1 __(1)__；事务 T_1 对数据 D_2 __(2)__。

（1）A．加共享锁成功，加排它锁失败　　　　B．加排它锁成功，加共享锁失败
　　　C．加共享锁、排它锁都成功　　　　　　D．加共享锁、排它锁都失败
（2）A．加共享锁成功，加排它锁失败　　　　B．加排它锁成功，加共享锁失败
　　　C．加共享锁、排它锁都成功　　　　　　D．加共享锁、排它锁都失败

分析：显然根据排它锁和共享锁的定义，空（1）的正确选项为 D，空（2）的正确选项为 A。分析略。

12.2.5　两段锁协议

通过对数据加锁，可以限制其他事务对数据的访问，但这会降低事务的并发性。如何在保证事务的一致性的前提下尽可能地提高并发性，这需要封锁协议来解决。封锁协议是对数据加锁类型、加锁时间和释放锁时间的一些规则的描述。封锁协议主要有三级封锁协议，以及两段锁协议。

1. 封锁协议

封锁协议有三个级别：一级封锁协议、二级封锁协议和三级封锁协议。具体描述如下：
（1）一级封锁协议：是事务 T 在修改数据 A 之前必须先对其加 X 锁，直到事务结束才释放 X 锁。一级封锁协议使得在一个事务修改数据期间，其他事务不能对该数据进行修改，只能等到该事务结束，解决了丢失修改的问题。
（2）二级封锁协议：是一级封锁协议加上事务 T 在读取数据 A 之前必须对其加上 S 锁，读完后即可释放 S 锁。二级封锁协议使得一个事务不能读取被其他事务修改中的数据。解决了读脏数据的问题。但是，如果事务 T 在读取数据 A 之后，其他事务再对 A 做完修改，事务 T 再读取 A，还会产生不可重复读的错误。
（3）三级封锁协议：是一级封锁协议加上事务 T 在读取数据 A 之前必须对其加上 S 锁，直到事务结束才释放 S 锁。三级封锁协议使得一个事务读取数据期间，其他事务只能读取该数据而不能修改，解决了不可重复读的问题。

2. 两段锁协议

1）两段锁协议（Two-phase locking Protocol）
两段锁协议是指对任何数据进行读写之前必须对该数据加锁；在释放一个封锁之后，事务不再申请和获得任何其他封锁。
所谓"两段"锁的含义是：事务分为两个阶段。第一阶段是获得封锁，也称为扩展阶段；

第二阶段是释放封锁，也称为收缩阶段。

例如：如果事务 T_1 和 T_2 的封锁序列如下，则 T_1 遵守两段锁协议而 T_2 不遵守两段锁协议。

T_1 的封锁序列是：Slock A ...Slock B...xlock C...Unlock B...Unlock A...Unlock C

T_2 的封锁序列是：Slock A ...Unlock A...Slock B...xlock C...Unlock C...Unlock B

为了确保事务并行执行的正确性，许多系统采用两段锁协议。同时系统设有死锁检测机制。发现死锁后按一定的算法解除死锁。

2）两段锁协议与可串行化

如果事务都遵循两段锁协议，那么它们的并发调度是可串行化的。两段锁是可串行化的充分条件，但不是必要条件。即如果事务不遵循两段锁协议，那么它们的并发调度可能是可串行化的，也可能是不可串行化的。

需要注意的是采用两段锁协议也有可能产生死锁，这是因为每个事务都不能及时解除被它封锁的数据，可能会导致多个事务互相都要求对方已封锁的数据不能继续运行。

3. 活锁与死锁

所谓活锁，是指当事务 T_1 封锁了数据 R，事务 T_2 请求封锁数据 R，于是 T_2 等待，当 T_1 释放了 R 上的封锁后，系统首先批准了 T_3 请求，于是 T_2 仍等待，当 T_3 释放了 R 上的封锁后，又批准了 T_4 请求，依此类推，使得 T_2 可能永远等待的现象。

所谓死锁，是指两个以上的事务分别请求封锁对方已经封锁的数据，导致长期等待而无法继续运行下去的现象。

12.2.6　多粒度封锁协议

1. 封锁的粒度

封锁对象的大小称为封锁的粒度。封锁的对象可以是逻辑单元（如属性、元组、关系、索引项、整个索引直至整个数据库），也可以是物理单元（如数据页或索引页）。

封锁粒度与系统的并发度和并发控制的开销密切相关。封锁的粒度越大，并发度越小，但系统开销也就越小；封锁的粒度越小，并发度越高，但系统开销也就越大。

选择封锁粒度时必须同时考虑封锁对象和并发度两个因素，对系统开销与并发度进行权衡，以求得最优的效果。一般说来，需要处理大量元组的用户事务可以以关系为封锁对象；需要处理多个关系的大量元组的用户事务可以以数据库为封锁对象；而对于一个处理少量元组的用户事务，可以以元组为封锁对象以提高并发度。

多粒度（multiple granularity）机制是指通过允许各种大小的数据项并定义数据粒度的层次结构，其中小粒度数据项嵌套在大粒度数据项中。对此，可以构造一个粒度层次图，粒度层次图像一棵倒置的树，故也称多粒度树。

例如，考虑一个由四层结点构成的多粒度树，该粒度树包括：根结点、区域类型结点、文件类型结点和记录类型结点，如图 12-10 所示。

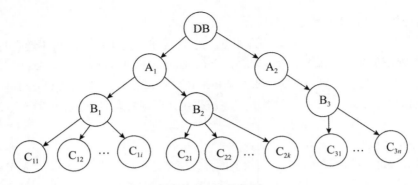

图 12-10　多粒度树

最高层是根结点，表示整个数据库，其下的结点是区域类型结点，而数据库是由这些区域组成。

第二层是区域类型结点，每个区域类型结点又以文件类型结点作为其子结点，每个区域是由这些文件类结点组成，任何文件都不能处于一个以上的区域中。

第三层是文件类型结点，文件类型结点下的是记录类型结点，文件是由作为其子结点的记录组成。

第四层（最底层）是记录类型结点，也称叶结点。

粒度树中的每个结点都可以单独加锁（共享锁或排它锁）。当一个事务对结点加锁时，那么该事务也可以同样类型的锁隐含地封锁该结点的全部后代结点。

例如，假设事务 T_1 显式地对图 12-10 中的文件结点 B_2 加排它锁，若事务 T_2 要求封锁文件结点 B_2 的后代结点 C_{23}，请分析加锁是否成功？

分析：由于事务 T_1 显式地对文件结点 B_2 加排它锁，则意味着事务 T_1 隐含地对 B_2 的后代结点 $C_{21}, C_{22}, \cdots, C_{2k}$，加排它锁。当 T_2 要求封锁文件结点 B_2 的后代结点 C_{23} 时，由于 T_1 已显式地对结点 B_2 加排它锁，意味着结点 C_{23} 也加了排它锁。当事务 T_2 发出封锁 C_{23} 命令时，由于 C_{23} 并没有显式加锁，系统必须从根结点到结点 C_{23} 开始搜索，如果发现该路径上的某个结点的锁与要加锁的锁类型不相容，T_2 就必须延迟（等待）。

采用多粒度树的好处是：减少对后代结点加锁的系统代价。从上例可见，由于事务 T_1 显式地对文件结点 B_2 加排它锁，这样事务 T_1 不用挨个对其后代记录结点 $C_{21}, C_{22}, \cdots, C_{2k}$，加排它锁，从而减少了事务 T_1 对记录结点 $C_{21}, C_{22}, \cdots, C_{2k}$ 加锁的系统代价。

2. 意向锁

意向锁是与共享锁和排它锁相关联的另一种锁。假如一个结点加了共享型意向锁（IS），那么将在树的较低层进行显式封锁，可以加共享锁，但不能加排它锁；假如一个结点加了排它型意向锁（IX），那么将在树的较低层进行显式封锁，可以加排它锁或共享锁；若一个结点加了共享排它型意向锁（SIX），则以该结点为根的子树被显式地加共享锁。这些锁类型的相容函数矩阵如图 12-11 所示。

T_i \ T_j	IS	IX	S	SIX	X
IS	True	True	True	True	False
IX	True	True	False	False	False
S	True	False	True	False	False
SIX	True	False	False	False	False
X	False	False	False	False	False

图 12-11　锁相容函数矩阵

3. 多粒度封锁协议

多粒度封锁协议（multiple-granularity looking protocol）允许多粒度树中的每个结点被独立地加锁，对某结点加锁意味着该结点的所有后代结点也被加了同类型的锁。

多粒度封锁协议采用这些锁（S、IS、X、IX 和 SIX）可以保证调度的可串行性。每个事务 T，要求按如下规则对结点 Q 加锁：

（1）事务 T 必须遵循图 12-11 所示的锁相容函数矩阵。

（2）事务 T 必须首先封锁根结点，且可以加任意类型的锁。

（3）仅当 T 当前对结点 Q 的父结点持有 IX 和 IS 锁时，T 对结点 Q 可加 S 锁或 IS 锁。

（4）仅当 T 当前对结点 Q 的父结点持有 IX 和 SIX 锁时，T 对结点 Q 可加 X 锁、SIX 锁或 IX 锁。

（5）仅当 T 未曾对任何结点解锁时，T 可对结点加锁，即 T 是两阶段的。

（6）仅当 T 不持有 Q 的子节点的锁时，T 可对结点 Q 解锁。

注意：多粒度封锁协议要求加锁按自顶向下（从根到叶）的顺序进行，而锁的释放则按自底向上（从叶到根）进行。

总之，并发控制的方法还有许多种。如基于时间戳协议、基于有效性检查协议、快照隔离等等，详细内容可参考相关书籍和资料，在此不做赘述。

12.2.7　案例分析

案例：某航空公司售票系统负责所有起飞航班的机票销售业务，该公司设有多个机票销售网点，各售票网点使用相同的售票程序。假设系统有如下业务及规则：

（1）售票程序中用到的伪指令如表 12-2 所示。

表 12-2　伪指令含义

伪　指　令	说　明
R (A, x)	返回航班 A 当前的剩余机票数给变量 x
W (A, x)	当前数据库中航班 A 的剩余机票数置为 x

（2）若某售票网点一次售出 a 张航班 A 的机票，则售票程序的伪指令序列为：R (A, x); W (A, x − a)。

（3）假设用 E-SQL 实现的机票销售程序的一部分（不完整），如图 12-12 所示。

```
EXEC SQL SET TRANSACTION ISOLATION LEVEL SERIALIZABLE
    EXEC SQL SELECT balance INTO :x FROM tickets WHERE flight = 'A';
    printf("航班A当前剩余机票数为：%d\n请输入购票数：", x);
    scanf("%d", &a);
    x = x − a;
    if (x<0)
    EXEC SQL ROLLBACK WORK;
    printf("票数不够，购票失败！");
else{
    EXEC SQL UPDATE tickets SET_____(a)_____;
        if (SQLCA.sqlcode <> SUCCESS)
            EXEC SQL ROLLBACK WORK;
        else
            _____(b)_____;
}
```

图 12-12　机票销售程序

根据上述业务及规则，完成下列问题：

【问题 1】　假设有两个售票网点同时销售航班 A 的机票，那么在数据库服务器端可能出现如下的调度：

A：$R_1(A, x)$，$R_2(A, x)$，$W_1(A, x − 1)$，$W_2(A, x − 2)$；

B：$R_1(A, x)$，$R_2(A, x)$，$W_2(A, x − 2)$，$W_1(A, x − 1)$；

C：$R_1(A, x)$，$W_1(A, x − 1)$，$R_2(A, x)$，$W_2(A, x − 2)$；

其中 $R_i(A, x)$，$W_i(A, x)$ 分别表示第 i 个销售网点的读写操作，其余类同。

假设当前航班 A 剩余 10 张机票，请分析上述三个调度各自执行完后的剩余票数，并指出错误的调度及产生错误的原因。

【问题 2】　（1）判定事务并发执行正确性的准则是什么？如何保证并发事务正确地执行？

（2）采用相应的加锁、解锁指令，重写售票程序的伪指令序列，以保证正确的并发调度。

【问题 3】　请补全图 12-12 所示空缺处的代码。

案例分析

【问题 1】分析

在事务并发执行情况下，不同的调度可能产生不同的结果。针对两个并发执行的售票程序，可能会由于事务相互影响从而得到错误的结果。

【问题 2】分析

考查对事务并发控制的相关知识的理解掌握。事务并发调度是否正确，可通过对非冲突命令进行交换，最终将并发调度转换成与某一串行化调度相同，则该并发调度为可串行化调度，可串行化调度被作为事务并发执行正确性的准则。

为保证可串行化调度，在事物执行过程中引入相应指令进行控制，即两段锁协议（2PL），即对数据读之前先加读锁，写前加写锁，事务只有获得相应的锁才能操作数据，加解锁过程分为两个阶段，前一阶段只能加锁，后一阶段只能解锁，不允许有交叉。两段锁协议是保证并发事务可串行化调度的充分条件。

针对给出的伪指令操作序列，在事务读取数据之前加 Slock()指令，写数据之前加 Xlock()指令，并保证读/写锁不交叉，即满足两段锁协议。

【问题 3】分析

考查对 2PL 协议理论与 SQL 中的隔离级别以及嵌入式 SQL 的编程实践。其中，空（a）要补充的是嵌入式 SQL 的更新语句；空（b）要补充的是嵌入式 SQL 中的事务提交语句。

参考答案

【问题 1】

调度 A 结果为 8，调度 B 结果为 9，调度 C 结果为 7。

调度 A、B 结果错误，因为破坏了事务的隔离性。一个事务的执行结果被另一个所覆盖。

【问题 2】

（1）判定事务并发执行正确性的准则是满足可串行化调度。要保证并发事务正确地执行，采用两段锁协议（2PL）。

（2）重写后的售票程序伪指令序列：XLock(A);R (A, x);W (A, x – a); Unlock(A);

【问题 3】

空（a）balance = :x WHERE flight = 'A'

空（b）EXEC SQL COMMIT WORK

12.3　数据库的备份与恢复

在数据库的运行过程中，难免会出现计算机系统的软、硬件故障，这些故障会影响数据库中数据的正确性，甚至破坏数据库，使数据库中全部或部分数据丢失。因此，数据库的关键技术在于建立冗余数据，即备份数据。如何在系统出现故障后及时使数据库恢复到故障前的正确状态，就是数据库恢复技术。

12.3.1　数据库系统故障种类

数据库系统中可能发生的故障有很多种，本小节只讨论事务故障、系统故障和介质故障。

1. 事务故障

事务故障（transaction failure）是由于程序执行错误而引起事务非预期的、异常终止的故障。通常有如下两类错误引起事务执行失败。

（1）逻辑错误。如非法输入、找不到数据、溢出、超出资源限制等原因引起的事务执行失败。

（2）系统错误。系统进入一种不良状态（如死锁），导致事务无法继续执行。

对于不可以预期的错误应用程序无法处理，是由 DBMS 系统实现故障恢复的。如非法输入、运算溢出等。非预期的故障如非法输入是由约束机制检查并恢复的。事务故障通常指非预期的故障。

事务故障意味着事务没有达到预期的终点（COMMIT 或者显示 ROLLBACK），因此数据库可能处于不正确状态。恢复程序要在不影响其他事务运行的情况下，强行回滚该事务，即撤销该事务已经做出的任何对数据库的修改，这类恢复操作称为事务撤销（UNDO）。

2. 系统故障

系统故障是指硬件故障、软件（如 DBMS、OS 或应用程序）漏洞的影响，导致丢失了内存中的信息，影响正在执行的事务，但未破坏存储在外存上的信息。这种情况称为故障-停止假设（fail-stop assumption）。

系统故障中止了事务的执行过程，破坏了事务的原子性，由于缓冲区中的内容可能部分已写入数据库，系统重启后数据库可能处于不一致状态。

3. 介质故障

介质故障是指数据库的存储介质发生故障，如磁盘损坏、瞬间强磁场干扰等。这种故障直接破坏了数据库，会影响到所有正在读取这部分数据的事务。

12.3.2　数据库备份

事实上，在当今信息社会，最珍贵的财产并不是计算机软件，更不是计算机硬件，而是企业在长期发展过程中所积累下来的业务数据。建立网络最根本的用途是要更加方便地传递与使用数据，但人为错误、硬盘损坏、电脑病毒、断电或是天灾人祸等等都有可能造成数据的丢失。所以应该强调指出："数据是资产，备份最重要。"应当理解备份意识实际上就是数据的保护意识，在危机四伏的网络环境中，数据随时有被毁灭的可能。系统灾难的发生，不是是否会，而是迟早的问题。造成系统数据破坏、丢失的原因很多，有些还往往被人们忽视。正确分析威胁数据安全的因素，及时地备份数据，能使系统的安全防护更有针对性。

数据转储是将数据库自制到另一个磁盘或磁带上保存起来的过程，又称为数据备份。数据的备份分为静态转储和动态转储、海量转储和增量转储。

（1）静态转储和动态转储。静态转储是指在转储期间不允许对数据库进行任何存取、修改操作；动态转储是在转储期间允许对数据库进行存取、修改操作，因此，转储和用户事务可并发执行。数据转储可以由系统管理员（DBA）来操作，如静态转储，可以设定时间计划由 DBMS 定时执行，可以在事务程序中增加功能实现动态转储，也可以通过硬件系统的冗余磁盘阵列来实现。

（2）海量转储和增量转储。海量转储是指每次转储全部数据；增量转储是指每次只转储上次转储后更新过的数据。

（3）日志文件。在事务处理的过程中，DBMS 把事务开始、事务结束以及对数据库的插入、删除和修改的每一次操作写入日志文件。每条记录包括的主要内容有执行操作的事务标识、操作类型、更新前数据的旧值（插入操作此项为空）、更新后的数据值（删除操作此项为空）、更新日期和更新时间。一旦发生故障，DBMS 的恢复子系统利用日志文件撤销事务对数据库的改变，回退到事务的初始状态。因此，DBMS 利用日志文件来进行事务故障恢复和系统故障恢复，并可协助后备副本进行介质故障恢复。

（4）数据库镜像。为了避免磁盘介质出现故障影响数据库的可用性，许多 DBMS 提供数据库镜像功能用于数据库恢复。需要说明的是，数据库镜像是通过复制数据实现的，但频繁地复制数据会降低系统的运行效果。因此实际应用中往往对关键的数据和日志文件镜像。

12.3.3 数据库恢复

要使数据库在发生故障后能够恢复，必须建立冗余数据，在故障发生后利用这些冗余数据实施数据库恢复。建立冗余数据常用的技术是数据转储和建立日志文件。在一个数据库系统中，这两种方法一般是同时被采用的。

1. 故障恢复的两个操作

有了数据转储和日志文件，就可以在系统发生故障时进行恢复。故障恢复有撤销事务（UNDO）和重做事务（REDO）两个操作。

1）撤销事务（UNDO）

所谓撤销事务是将未完成的事务撤销，使数据库恢复到事务执行前的正确状态。

撤销事务的过程：反向扫描未完成的事务日志（由后向前扫描），查找事务的更新操作；对该事务的更新操作执行逆操作，用日志文件记录中更新前的值写入数据库，插入的记录从数据库中删除，删除的记录重新插入数据库中；继续反向扫描日志文件，查找该事务的其他更新操作并执行逆操作直至事务开始标志。

2）重做事务（REDO）

所谓重做事务（REDO）是将已经提交的事务重新执行。

重做事务的过程：从事务的开始标识起，正向扫描日志文件，重新执行日志文件登记的该事务对数据库的所有操作，直至事务结束标识。

2. 故障恢复策略

对于不同的故障，采取不同的恢复策略。

1）事务故障的恢复

事务故障是事务在运行至正常终止点（SUMMIT 或 ROLLBACK）前终止，日志文件只有该事务的开始标识而没有结束标识。对这类故障的恢复是通过撤销（UNDO）产生故障的事务，使数据库恢复到该事务执行前的正确状态来完成的。事务恢复有如下三个步骤：

步骤 1：反向扫描日志文件（即从最后向前扫描日志文件），查找该事务的更新操作。

步骤 2：对事务的更新操作执行逆操作。

步骤 3：继续反向扫描日志文件，查找该事务的其他更新操作，并做同样的处理，直到事务的开始标志。

注意：事务故障的恢复由系统自动完成，对用户是透明的。

2）系统故障的恢复

系统故障会使数据库的数据不一致，原因有两个：一是未完成的事务对数据库的更新可能已写入数据库；二是已提交的事务对数据库的更新可能还在缓冲区中没来得及写入数据库。因此恢复操作就是要撤销故障发生时未完成的事务，重做（REDO）已提交的事务。

注意：系统故障的恢复是在系统重启之后自动执行的。

3）介质故障的恢复

介质故障时数据库遭到破坏，需要重装数据库，装载故障前最近一次的备份和故障前的日志文件副本，再按照系统故障的恢复过程执行撤销和重做来恢复。

注意：介质故障要有系统管理员（DBA）的参与，装入数据库的副本和日记文件的副本，再由系统执行撤销和重做操作。

【例 12.4】　系统重启后，由 DBMS 根据___(1)___对数据库进行恢复，将已提交的事务对数据库的修改写入硬盘。输入数据违反完整性约束导致的数据库故障属于___(2)___。

（1）A．日志　　　　　B．数据库文件　　　C．索引记录　　　D．数据库副本

（2）A．系统故障　　　B．事务故障　　　　C．介质故障　　　D．网络故障

分析：空（1）正确的选项为 A。系统故障由系统自动恢复，任何对数据库的修改，都必须采取先写日志的方式，修改前的数据和修改后的数据都会写入日志中，而且日志文件写入硬盘后才进行数据库的更新，所以在系统重启后，可以查看日志，对已提交的事务，将其更新结果写入数据库，即保证了事务的持久性。

空（2）正确的选项为 B。事务故障是指事务程序的执行引起的故障，更新程序的执行违背了完整性约束即应属于此；系统故障是指系统硬件（存储设备除外）、操作系统及 DBMS 的故障所引起的数据库运行故障；介质故障是指存储设备故障导致数据丢失；网络故障不直接影响数据库存储数据的正确，不属于数据库故障。

12.4　数据库的安全性与完整性

12.4.1　数据库的安全性

除了完整性约束提供保护意外引入的不一致性之外，数据库中存储的数据还要防止未经授权的访问和恶意的破坏或修改。这一节中，重点介绍数据误使用或故意使数据不一致的一些方式，然后给出防止这些情况的机制。

1. 安全性违例

恶意访问的形式主要包括：未经授权读取数据（窃取信息）；未经授权修改数据；未经授权破坏数据。

数据库安全性（data base security）指保护数据库不受恶意访问。需要注意的是绝对杜绝对数据库的恶意滥用是不可能的，但是可以使那些企图在没有适当授权的情况下访问数据库的代价足够高，以阻止绝大多数这样的访问企图。为了保护数据库的安全，可以在以下五个层次上采取安全性措施：

（1）数据库系统层次（database system）。数据库系统的某些用户获得的授权可能只允许他访问数据库中有限的部分，而另外一些用户获得的授权可能允许他提出查询，但不允许他修改数据。保证这样的授权限制不被违反是数据库系统的责任。

（2）操作系统层次（operating system）。不管数据库系统多安全，操作系统安全性方面的弱点总是可能成为对数据库进行未授权访问的一种手段。

（3）网络层次（network）。由于几乎所有的数据库系统都允许通过终端或网络进行远程访问，网络软件的软件层安全性和物理安全性一样重要，不管在因特网上还是在私有的网络内。

（4）物理层次（physical）。计算机系统所位于的结点（一个或多个）必须在物理上受到保护，以防止入侵者强行闯入或暗中潜入。

（5）人员层次（human）。对用户的授权必须格外小心，以减少授权用户接受贿赂或其他好处而给入侵者提供访问机会的可能性。

为了保证数据库安全，用户必须在上述所有层次上进行安全性维护。如果较低层次上（物理层次或人员层次）安全性存在缺陷，高层安全性措施即使很严格也可能被绕过。下面主要在数据库系统层次上讨论安全性，主要包括：权限机制、视图机制和数据加密。

2. 授权

通过 DBMA 提供的授权功能赋予用户在数据库各个部分上的几种形式的授权，其中包括：
- read 授权允许读取数据，但不允许修改数据。
- insert 授权允许插入新数据，但不允许修改已经存在的数据。
- update 授权允许修改数据，但不允许删除数据。
- delete 授权允许删除数据。

可以赋予用户获得上面的所有授权类型或其中一部分的组合，也可以根本不获得任何授权。除了以上几种对数据访问的授权外，用户还可以获得修改数据库模式的授权：
- index 授权允许创建和删除索引。
- resource 授权允许创建新关系。
- alteration 授权允许添加或删除关系中的属性。
- drop 授权允许删除关系。

drop 授权和 delete 授权的区别在于 delete 授权只允许对元组进行删除。如果用户删除了关系中的所有元组，关系仍然存在，只不过是空的。如果关系被删除，那么关系就不再存在了。

可以通过 resource 授权来控制创建新关系的能力。具有 resource 授权的用户在创建新关系后自动获得该关系上的所有权限。

index 授权看起来似乎是不必要的，因为索引的创建和删除不会改变关系中的数据。事实上，索引是提高性能的一种结构。但是，索引也会消耗空间，并且所有数据库的修改都需要更新索引。如果 index 授权被授予所有用户，那么执行更新操作的用户倾向于删除索引，而提出查询的用户倾向于创建大量索引。为了使数据库管理员能够管理系统资源的使用，我们有必要将索引的创建作为一种权限来看待。

最大的授权形式是给数据库管理员的。数据库管理员可以给新用户授权，可以重构数据库，等等。这一授权形式类似于操作系统中提供给超级用户或操作员的权限。

3. 授权与视图

视图是给用户提供个性化数据库模型的一种手段，而且可以隐藏用户不需要看见的数据。视图隐藏数据的能力既可以用于简化系统的使用，又可以用于实现安全性。由于视图只允许用户关注那些感兴趣的数据，它简化了系统的使用。尽管用户可能不被允许直接访问某个关系，但用户可能被允许通过一个视图访问该关系的一部分。因此，关系级的安全性和视图级的安全性可以结合起来，用于限制用户只能访问所需数据。

例如，银行高管考虑一个需要知道在各支行有贷款的所有客户姓名的职员。该职员不能看到与客户具体贷款相关的信息。因此，该职员对 loan 关系的直接访问必须被禁止，但是，如果他要访问所需信息，就必须得到对视图 cust-loan 的访问，这一视图由所有客户姓名及其贷款支行构成。此视图可以用 SQL 定义如下：

```
create view cust-loan as
    (select branch-name, customer-name
      from borrower, loan
      where borrower.loan-number=loan.loan-number)
```

假设该职员提出如下 SQL 查询：

```
select*
   from cust-loan
```

显然，该职员被允许看到此查询的结果。但是，当查询处理器将此查询转换为数据库中的事实关系上的查询时，它产生的是 borrower 和 loan 上的查询。因此，系统对职员查询授权的检查必须在查询处理开始之前进行。

创建视图并不需要 resource 授权。创建视图的用户不一定能获得该视图上的所有权限，他得到的权限不会为他提供超过原有授权的其他授权。例如，在用来定义视图的关系上没有 update 授权的用户不能得到相应视图上的 update 授权。如果用户创建一个视图，而此用户在该视图上不能获得任何授权，这样的视图创建请求将被系统拒绝。在 cust-loan 的例子中，视图的创建者必须在关系 borrower 和 loan 上都具有 read 授权。

4. 权限的授予

获得了某种形式授权的用户可能被允许将此授权传递给其他用户。但是，我们对于授权可能会在用户间怎样传递必须格外小心，以保证这样的授权在未来的某个时候可以被收回。

例如，考虑银行数据库中 loan 关系上 update 权限的授予。假设最初数据库管理员将 loan 上的 update 权限授给用户 U_1、U_2 和 U_3，他们接下来又可以将授权传递给其他用户。授权从一个用户到另一个用户的传递可以表示为授权图（authorization graph）。该图的结点是用户。如果用户 U_i 将 loan 上的 update 权限授给用户 U_j，则图中包含边 $U_i \rightarrow U_j$。图的根是数据库管理员。图 12-13 给出了一个示例的图，请注意用户 U_1 和 U_2 都给 U_5 授予了权限；而 U_4 只从 U_1 处获得了授权。

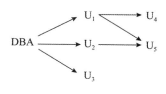

图 12-13　权限授予图

用户具有授权当且仅当存在从授权图的根（即代表数据库管理员的结点）到代表该用户的结点的路径。

设数据库管理员决定收回用户 U_1 的授权。由于用户 U_4 从 U_1 处获得授权，因此其权限也应该被收回。可是，用户 U_5 既从 U_1 处又从 U_2 处获得了授权。由于数据库管理员没有从 U_2 处收回 loan 上的 update 授权，U_5 继续拥有 loan 上的 update 授权。如果 U_2 最后从 U_5 处收回授权，则 U_5 失去授权。

狡猾的用户可能企图通过相互授权来破坏权限回收规则，如图 12-14（a）所示。

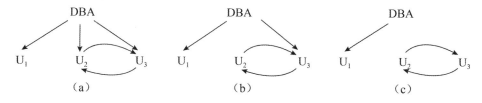

图 12-14　破坏权限回收的企图

如果数据库管理员从 U_2 收回权限，U_2 保留了通过 U_3 获得的授权，如图 12-14（b）所示。如果权限接着从 U_3 处收回，U_3 似乎保留了通过 U_2 获得的授权，如图 12-14（c）所示。

然而，当数据库管理员从 U_3 处收回权限时，从 U_3 到 U_2 的边以及从 U_2 到 U_3 的边就不再是从数据库管理员开始的路径的一部分了。

为了防止相互授权破坏权限回收规则，要求授权图中的所有边都必须是某条从数据库管理员开始的路径的一部分。这样 U_2 和 U_3 之间的边将被删除，不会产生图 12-14（c）的情况。结果授权图如图 12-15 所示。

图 12-15　结果授权图

5. 角色

考虑一个有很多出纳的银行。每一个出纳必须对同一组关系具有同种类型的权限。无论何时指定一个新的出纳，他都必须被单独授予所有这些授权。

一个更好的机制是指明所有出纳应该有的授权，并单独标示出哪些数据库用户是出纳。系统可以用这两条信息来确定每一个有出纳身份的人的权限。当一个人被新雇佣为出纳时，必须给他分配一个用户标识符，并且必须将他标示为一个出纳，而不需要重新单独给予出纳权限。

角色（role）的概念可用于该机制。在数据库中建立一个角色集，和授予每一个单个用户一样，可将权限授予角色。分配给每个数据库用户一些他（或她）有权扮演的角色（也可能是空的）。

事实上，在银行的数据库里，角色的例子可以包括 system-administrator、branch-manager、teller 和 auditor。一个不是很合适的方法是建立一个 teller 用户号，允许每一个出纳用这个出纳用户号来连接数据库。该机制的问题是它无法鉴别出到底哪个出纳执行了事务，从而导致安全隐患。应用角色的好处是需要每个用户用自己的用户号连接数据库。

任何可以授予一个用户的权限都可以授予一个角色。给用户分配角色就跟给用户授权一样。与其他授权一样，一个用户也可以被授予给他人分配角色的权限。这样，可以授予支行经理（branch-manager）分配出纳角色的权限。

6. 审计追踪

很多安全的数据库应用软件需要维护审计追踪（audit trail）。审计追踪是一个对数据库所有更改（插入/删除/更新）的日志，还包括一些其他信息，如哪个用户执行了更改和什么时候执行的更改等。

审计追踪在几个方面加强了安全性。例如，如果发现一个账户的余额不正确，银行也许会希望跟踪所有在这个账户上的更新来找到错误（或欺骗性）的更新，同时也会找到执行这个更新的人。然后银行就可以利用审计追踪跟踪这些人所做的所有的更新来找到其他错误或欺骗性的更新。

可以在关系更新操作上定义适当的触发器来建立一个审计追踪（利用标示用户名和时间的系统变量）。然而，很多的数据库系统提供了内置机制来建立审计追踪，用起来会更加方便。具体怎么建立审计追踪的细节随着不同的数据库系统而不同，通常应该参考数据库系统用户手册来了解具体细节。

7. 数据加密

目前数据加密仍是计算机系统对信息进行保护的一种最可靠的办法。它利用密码技术对信息进行加密，实现信息隐蔽，从而起到保护信息的安全的作用。对数据库中的数据进行加密，可以防止数据在存储和传输过程中失密。

按照作用的不同，数据加密技术可分为数据传输加密技术、数据存储加密技术、数据完整性的鉴别技术和密钥管理技术。

1）数据传输加密技术

数据传输加密技术的目的是对传输中的数据流加密，通常有线路加密与端—端加密两种。线路加密侧重在线路上而不考虑信源与信宿，是对保密信息通过各线路采用不同的加密密钥提供安全保护。端—端加密指信息由发送端自动加密，并且由 TCP/IP 进行数据包封装，然后作为不可阅读和不可识别的数据穿过互联网，当这些信息到达目的地，将被自动重组、解密，从而成为可读的数据。

2）数据存储加密技术

数据存储加密技术的目的是防止在存储环节上的数据失密，数据存储加密技术可分为密文存储和存取控制两种。前者一般是通过加密算法转换、附加密码、加密模块等方法实现；后者则是对用户资格、权限加以审查和限制，防止非法用户存取数据或合法用户越权存取数据。

3）数据完整性鉴别技术

数据完整性鉴别技术的目的是对介入信息传送、存取和处理的人的身份和相关数据内容进行验证，一般包括口令、密钥、身份、数据等项的鉴别。系统通过对比验证对象输入的特征值是否符合预先设定的参数，实现对数据的安全保护。

4）密钥管理技术

密钥管理技术包括密钥的产生、分配、保存、更换和销毁等各个环节上的保密措施。

12.4.2 数据库的完整性

数据库的完整性是指数据的正确性和相容性。如学生的性别只能是男或女，百分制的成绩只能取 0 到 100 的整数值等。为防止错误数据进入数据库，DBMS 提供了完整性约束机制，通过对数据库表结构进行约束，当对数据进行修改时由系统对修改数据进行完整性检查，将错误数据拒绝于数据库之外。

完整性约束条件作用的对象可以是表、行和列三种。列级约束主要是对列的类型、取值范围、精度、非空值、值不可重复等的约束条件。行级约束是记录字段值之间联系的约束条件，如余额应该等于存入金额减去支出金额的差值。表级约束是表的主码约束、表与表间的参照完整性约束、表中记录间的联系约束，如部门最高工资不能大于本部门平均工资的 5 倍。

列级约束、主码约束、参照完整性约束是在数据库定义过程中定义的，并和数据库定义的其他信息存储在数据字典中。标准 SQL 的 DDL 语言提供了这种功能，其他的相对复杂的约束需要编写触发器（trigger）程序实现。

在事务程序对数据库进行修改时，对于数据库定义的约束，由 DBMS 提供的完整性约束机制来检查，如果不符合约束条件则拒绝修改并给出提示。对于触发器程序编制的约束，由触发器机制执行程序来实现约束。

第 13 章　云计算与大数据处理

本章主要介绍云计算与大数据处理相关的基础知识。云计算技术中介绍云计算的基础知识、核心概念、云计算的不同分类与服务，介绍云计算相关的底层核心技术虚拟化；大数据技术介绍大数据的基本概念，相关的大数据技术及应用。

13.1　云计算基础知识

随着互联网时代信息与数据的快速增长，企业需要处理大规模、海量的数据，这对原有的系统架构的计算能力、可扩展性提出了新的要求。随着分布式技术、网格技术、虚拟化技术的发展，能够为企业提供可靠的、自定义的、最大化资源利用的、按需使用的服务的云计算技术，作为一种新的分布式计算模式应运而生。

自 2007 年 IBM 正式提出云计算的概念以来，许多专家、研究组织以及相关厂家从不同的研究视角给出了云计算的定义。近年来，随着云计算的不断发展，业界大多以国际标准 ISO/IEC 17788《云计算词汇与概述》的定义为主。该标准定义：云计算是一种将可伸缩、弹性、共享的物理和虚拟资源池以按需自服务的方式供应和管理，并提供网络访问的模式。

按照百度百科的解释，"云"实质上就是一个网络，狭义上讲，云计算是一种提供资源的网络，使用者可以随时获取"云"上的资源，按需求量使用，并且可以看成是无限扩展的，只要按使用量付费就可以。比如"云"像自来水厂，用户可以随时接水，并且不限量，按照用户的用水量，付费给自来水厂就可以。

从广义上说，云计算是与信息技术、软件、互联网相关的一种服务，这种计算资源共享池叫作"云"，云计算把许多计算资源集合起来，通过软件实现自动化管理，只需要很少的人参与，就能让资源被快速提供。

总之，云计算是以一种方便的使用方式和服务模式，通过互联网按需访问资源池模型（例如网络、服务器、存储、应用程序和服务），以快速和最少的管理工作为用户提供服务。在云计算模式下，不同种类的 IT 服务按照用户的需求规模和要求动态地构建、运营和维护。云计算采用"量入为出"的计费方式，即根据用户使用云服务情况收费，类似于水、电、气的弹性收费方式。

13.1.1　云计算的关键特征

国际标准 ISO/IEC 17788《云计算词汇与概述》中对云计算的关键特征进行了具体规定。这些关键特征可以帮助理解云计算的内涵与外延，也可以作为与其他计算模式区别的依据。

1. 关键特征

按照 ISO/IEC 17788 标准，云计算的关键特征有：广泛的网络接入、可测量的服务、多租户、按需自服务、快速的弹性和可扩展性、资源池化。

1）广泛的网络接入

用户可以通过网络，采用标准机制访问云中的物理和虚拟资源的特性。标准机制有助于用户通过异构平台使用资源。用户可以在任何有网络的地方，利用各种不同类型的客户端，如手机、电脑、工作站等设备，方便地访问云中的资源。

2）可测量的服务

通过可计量的服务交付使得服务使用情况可监控、控制和计费的特性。这个特性强调用户只为自己使用的服务付费，降低用户成本，为用户带来价值。

3）多租户

通过对物理或虚拟资源的分配保证多个租户以及他们的计算和数据彼此隔离和不可访问的特性。在云中可以实现多种不同形式的租户组织，在不同的云计算部署模型下，可以灵活实现一组云服务用户由来自不同客户的用户组成。

4）按需自服务

客户能够根据自身的实际需求，自动或在最少交互的情况下，配置计算能力的特性。该特性降低了用户的时间成本和操作成本，实现了企业业务的快速实现、部署与应用，降低了企业信息系统的运维成本，提高了企业快速响应市场的能力。

5）快速的弹性和可扩展性

物理或虚拟资源能够快速、弹性，有时是自动化地供应，以达到快速增减资源目的的特性。用户在使用云服务时，无需为资源容量担心，对用户而言，可使用的资源（物理或虚拟资源）是无限的，其上限只受服务协议的限制。

6）资源池化

将云服务提供者的物理或虚拟资源进行集成，以便服务于一个或多个云服务客户的特性。该特性通过抽象对用户屏蔽了资源处理和分配的复杂性，用户无需知道资源是如何分布，如何分配的。

2. 其他关键特征

由于云计算技术的快速发展，目前关于云计算本身的很多概念尚未统一。在云计算的相关文献中还提到了其他关键特征，如虚拟化技术、可靠性高、性价比高。

1）虚拟化技术

虚拟化突破了时间、空间的界限，是云计算最为显著的特点，虚拟化技术包括应用虚拟和资源虚拟两种。

2）可靠性高

倘若服务器故障也不影响计算与应用的正常运行。因为单点服务器出现故障时，可以通过虚拟化技术将分布在不同物理服务器上面的应用进行恢复，或利用动态扩展功能部署新的服务器进行计算。

　　3）性价比高

　　将资源放在虚拟资源池中统一管理，在一定程度上优化了物理资源，用户不再需要昂贵、存储空间大的主机，可以选择相对廉价的 PC 组成云，一方面减少费用，另一方面计算性能不逊于大型主机。

13.1.2　云计算分类

1. 根据云部署模式和云应用范围分类

　　云计算常见的部署模式有公有云、社区云、私有云和混合云。

　　1）公有云

　　云的基础设施一般是被一个云计算服务提供商所拥有，该组织将云计算服务销售给公众，公有云通常在远离客户建筑物的地方托管（一般为云计算服务提供商建立的数据中心），可实现灵活的扩展，提供一种降低客户风险和成本的方法。

　　2）社区云

　　云的基础设施被一些组织共享，并为一个有共同关注点的社区服务（例如任务、安全要求、政策和遵守的考虑）。可以是该组织或某个第三方负责管理。

　　3）私有云

　　云的基础设施是为一个客户单独使用而构建的，因而提供对数据、安全性和服务质量的最有效控制。私有云可部署在企业数据中心中，也可部署在一个主机托管场所，被一个单一的组织拥有或租用。

　　4）混合云

　　云的基础设施是由两种或两种以上的云（私有、社区或公有）组成，每种云仍然保持独立，但用标准的或专有的技术将它们组合起来，具有数据和应用程序的可移植性（例如，可以用来处理突发负载），混合云有助于提供按需和外部供应方面的扩展。

2. 根据云计算的服务层次和服务类型分类

　　云计算的服务层次可分为将基础设施作为服务层、将平台作为服务层以及将软件作为服务层，市场进入条件也从高到低。目前越来越多厂商可以提供不同层次的云计算服务，部分厂商还可以同时提供设备、平台、软件等多层次的云计算服务。

　　根据云计算的服务类型可将云分为三层：基础设施即服务、平台即服务和软件即服务。不同云层可提供不同的服务。服务之间的关系如图 13-1 所示。

SaaS服务
PaaS服务
IaaS服务
虚拟化平台
网络设备

图 13-1　云服务类型示意图

1）基础设施即服务（Infrastructure as a Service，IaaS）

基础设施即服务是主要的服务类别之一，提供虚拟化计算资源，如虚拟机、存储、网络和操作系统。通过网络作为标准化服务提供按需付费的弹性基础设施服务，其核心技术是虚拟化。可以通过廉价计算机达到昂贵高性能计算机的大规模集群运算能力。典型代表如亚马逊云计算 AWS（Amazon Web Services）的弹性计算云 EC2 和简单存储服务 S3，IBM 蓝云等。

2）平台即服务（Platform as a Service，PaaS）

平台即服务是一种服务类别，为开发人员提供通过全球互联网构建应用程序和服务的平台。Paas 为开发、测试和管理软件应用程序提供按需开发环境。其核心技术是分布式并行计算。PaaS 实际上指将软件研发的平台作为一种服务，以 SaaS 的模式提交给用户。典型代表如 Google App Engine（GAE）只允许使用 Python 和 Java 语言， 基于称为 Django 的 Web 应用框架调用 GAE 来开发在线应用服务。

3）软件即服务（Software as a Service，SaaS）

软件即服务也是其服务的一类，通过互联网提供按需软件付费应用程序，云计算提供商托管和管理软件应用程序，并允许其用户连接到应用程序并通过互联网访问应用程序。客户不需要管理或控制底层的云计算基础设施，包括网络、服务器、操作系统、存储，甚至单个应用程序的功能。客户可以自己定制、配置、组装来得到满足自身需求的软件系统。典型代表如 Salesforce 公司提供的在线客户关系管理 CRM（Client Relationship Management）服务，Google Apps 等。

近年来，也有一些研究者提出了新的云服务类型，有通信即服务，计算即服务，数据存储即服务等。

13.1.3　云关键技术

云计算作为一种新的计算方式和服务模式，以数据为中心，是一种数据密集型的超级计算，它运用了多种计算机技术，核心的关键技术有虚拟化技术、分布式数据存储、并行计算、运营支撑管理等。

1. 虚拟化技术

虚拟化或虚拟技术（Virtualization）是一种资源管理技术，是将计算机的各种实体资源

（CPU、内存、磁盘空间、网络适配器等）予以抽象、转换后呈现出来，并可供分割、组合为一个或多个电脑配置环境。云计算中的虚拟化往往指的是系统虚拟化。

系统虚拟化是指将一台物理计算机系统虚拟化为一台或多台虚拟计算机系统。每个虚拟计算机系统（简称虚拟机）都拥有自己的虚拟硬件（如 CPU、内存和设备等），来提供一个独立的虚拟机执行环境，被称为虚拟机监控器（Virtual Machine Monitor，VMM）。虚拟机基本结构如图 13-2 所示。

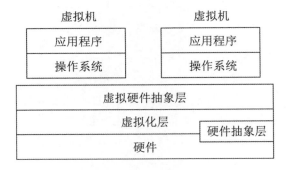

图 13-2　虚拟机结构示意图

当前主流的虚拟化技术实现结构可以分为三类：Hypervisor 模型、宿主模型和混合模型。在 Hypervisor 模型中，VMM 可以看作是一个扩充了虚拟化功能的操作系统，对底层硬件提供物理资源的管理功能，对上层的客户机操作系统提供虚拟环境的创建和管理功能。宿主模型中，VMM 作为宿主操作系统独立的内核模块。物理资源由宿主机操作系统管理，VMM 提供虚拟化管理。宿主模型和 Hypervisor 模型的优缺点恰好相反。宿主模型的最大优点是可以充分利用现有操作系统的设备驱动程序以及其他功能，缺点是虚拟化效率较低，安全性取决于宿主操作系统。而 Hypervisor 模型虚拟化效率高、安全，但是需要自行开发设备驱动和其他一些功能。混合模型集成了上述两类模型的优点。混合模型中，VMM 让出大部分 I/O 设备的控制权，将它们交由一个运行在特权虚拟机中的特权操作系统来控制。因此，混合模型下 CPU 和内存的虚拟化由 VMM 负责，而 I/O 虚拟化由 VMM 和特权操作系统共同合作完成。

2. 分布式数据存储

分布式数据存储技术包含非结构化数据存储和结构化数据存储。其中，非结构化数据存储主要采用文件存储和对象存储技术，而结构化数据存储主要采用分布式数据库技术，特别是 NoSQL 数据库。

1）分布式文件系统

为了存储和管理云计算中的海量数据，Google 提出分布式文件系统 GFS（Google File System），Apache Hadoop 项目的 HDFS 实现了 GFS 的开源版本。

Google GFS 是一个大规模分布式文件存储系统，其设计的特点如下：

● 利用多副本自动复制技术，用软件的可靠性来弥补硬件可靠性的不足。

- 将元数据和用户数据分开，用单点或少量的元数据服务器进行元数据管理，大量的用户数据结点存储分块的用户数据，规模可以达到 PB 级。
- 面向一次写多次读的数据处理应用，将存储与计算结合在一起，利用分布式文件系统中数据的位置相关性进行高效的并行计算。

GFS/HDFS 非常适于进行以大文件形式存储的海量数据的并行处理。

2）分布式对象存储

对象存储系统是传统的块设备的延伸，具有更高的"智能"：上层通过对象 ID 来访问对象，而不需要了解对象的具体空间分布情况。相对于分布式文件系统，在支撑互联网服务时，对象存储系统具有如下优势：

- 相对于文件系统的复杂 API，分布式对象存储系统仅提供基于对象的创建、读取、更新、删除的简单接口，在使用时更方便而且语义没有歧义。
- 对象分布在一个平坦的空间中，而非文件系统那样的名称空间之中，这提供了很大的管理灵活性：既可以在所有对象之上构建树状逻辑结构；也可以直接用平坦的空间；还可以只在部分对象之上构建树状逻辑结构；甚至可以在同一组对象之上构建多个名称空间。

Amazon 的 S3 就属于对象存储服务。S3 通过基于 Http REST 的接口进行数据访问，按照用量和流量进行计费，其他的云服务商也都提供了类似的接口服务。很多互联网服务商，如 Facebook 等也都构建了对象存储系统，用于存储图片、照片等小型文件。

3）分布式数据库管理系统

云计算环境下，大部分应用不需要支持完整的 SQL 语义，而只需要 Key-Value 形式或略复杂的查询语义。在这样的背景下，进一步简化的各种 NoSQL 数据库成为云计算中的结构化数据存储的重要技术。

Google 的 BigTable 是一个典型的分布式结构化数据存储系统。在表中，数据是以"列族"为单位组织的，列族用一个单一的键值作为索引，通过这个键值，数据和对数据的操作都可以被分布到多个结点上进行。

在开源社区中，Apache HBase 使用了和 BigTable 类似的结构，基于 Hadoop 平台提供 BigTable 的数据模型，而 Cassandra 则采用了亚马逊 Dynamo 的基于 DHT 的完全分布式结构，实现更好的可扩展性。

3. 并行计算

云计算下把海量数据分布到多个结点上，将计算并行化，利用多机的计算资源，加快数据处理的速度。Google 的 MapReduce 模型就是面向互联网数据密集型应用的并行编程模型。

云计算下的并行处理需要考虑以下关键问题，任务划分、任务调度和自动容错处理机制。

1）任务划分

在 MapReduce 中，数据以块的形式存储在集群的各个结点上，每个计算任务只需处理一部分数据，这样自然地实现了海量数据的并行处理。这种简单的根据存储位置进行任务划分的方式，只适用于不存在数据依赖关系的计算。而对于存在依赖关系的计算，MapReduce 将复杂的计算转化为一系列单一的 Map/Reduce 计算，串联起来完成多个 Map/Reduce 任务来实现复杂计算。

2）任务调度

MapReduce 将存储和计算资源部署在相同结点上，优先把计算任务调度到数据所在的结点或者就近的结点，这样在进行计算时，大部分的输入数据都能从本地读取，减少了网络带宽的消耗，提高了整个系统的吞吐量。另外，MapReduce 对于由于各种原因（例如硬盘出错）造成执行非常慢的子任务采用了备用任务的机制，当 MapReduce 操作接近完成时，调度备用任务进程来执行剩下的执行非常慢的子任务。

3）自动容错处理机制

常用恢复机制有两类：任务重做（Task Re-execute）和检查点（Checkpoint）回滚方式。这两种机制各有优缺点，前者实现非常简单，但是重做的代价比较大；后者实现较复杂，需要周期性地记录所有进程状态，但是恢复较快。MapReduce 主要采用任务重做的方式来处理结点的失效。

4. 运营支撑管理

为了支持规模巨大的云计算环境，需要成千上万台服务器来支撑。如何对数以万计的服务器进行稳定高效地运营管理，成为云服务被用户认可的关键因素之一。

1）负载管理和监控

云的负载管理和监控是一种大规模集群的负载管理和监控技术。在单个结点粒度，它需要能够实时地监控集群中每个结点的负载状态，报告负载的异常和结点故障，对出现过载或故障的结点采取既定的预案。在集群整体粒度，通过对单个结点、单个子系统的信息进行汇总和计算，近乎实时地得到集群的整体负载和监控信息，为运维、调度和成本提供决策。

与传统的集群负载管理和监控相比，云对负载管理和监控有新的要求：

● 新增了应用粒度，即以应用为粒度来汇总和计算该应用的负载和监控信息，并以应用为粒度进行负载管理。

● 监控信息的展示和查询现在要作为一项服务提供给用户，而不仅仅是少量的专业集群运维人员，这需要高性能的数据流分析处理平台的支持。

2）计量计费

云的主要商业运营模式是采取按量计费的收费方式，即便对于私有云，其运营企业或组织也可能有按不同成本中心进行成本核算的需求。为了精确的度量"用了多少"，就需要准确地、及时地计算云上的每一个应用服务使用了多少资源，这称为服务计量。

服务计量是一个云的支撑子系统，它独立于具体的应用服务，像监控一样能够在后台自动地统计和计算每一个应用在一定时间点的资源使用情况。对于资源的衡量维度主要是：应用流量、外部请求响应次数、CPU 时间、数据存储所占据的存储空间、内部服务 API 调用次数等。

也可认为，任何应用使用或消耗的云的资源，只要可以被准确的量化，就可以作为一种维度来计量。

在计量的基础上，选取若干合适的维度组合，制定相应的计费策略，就能够进行计费。计费子系统还产生可供审计和查询的计费数据。

13.1.4　云计算实施

云计算的发展已进入落地应用阶段，推广应用安全可靠的云产品和云解决方案，以及如何实施云计算、构建云计算、如何从用户的视角选择适合的云相关产品，是目前关注的重点。

1. 云方案参考架构

随着云计算技术以及产业的不断发展，各种云服务产品、云应用不断涌现，用户和企业也面临越来越多的问题。我国于 2017 年正式实施了 GB/T 32399—2015《信息技术　云计算　参考架构》（以下简称《参考架构》）。

《参考架构》通过详细描述云计算服务各个方面的关联性，包括角色、活动、功能组件以及它们和云计算的关系，同时将云计算及其提供的服务按照用户、功能、实现和部署四个视角进行划分，不仅为云服务提供者和开发者搭建了基本的功能参考模型，也为云服务的评估和审计人员提供相关指南。在标准中详细描述了云计算系统的用户视图和功能视图，并不包含对实现视图和部署视图的详细描述，因为实现视图和部署视图与技术以及供应者特定的云计算实现和部署方式相关联。

用户视图涉及云计算活动、角色与子角色、参与方、云能力类型和云服务类别、云部署模型和共同关注点等云计算概念。其中，角色是一组具有相同目标的云计算活动的集合，云计算的角色包括云服务客户、云服务提供者、云服务协作者；共同关注点指的是需要在不同角色之间协调，且在云计算系统中一致实现的行为或能力，共同关注点包含可审计性、可用性、治理、互操作性、维护和版本控制、性能、可移植性、隐私、法规、弹性、可复原性、安全、服务水平和服务水平协议等。

功能视图通过分层框架来描述组件。在分层框架中，特定类型的功能被分组到各层中，相邻层次的组件之间通过接口交互。功能视图涵盖了功能组件、功能层和跨层功能等云计算概念，分层框架包括 4 层，以及一个跨越各层的跨层功能集合。这 4 层分别是：用户层、访问层、服务层、资源层，跨越各层的功能称为跨层功能。分层框架如图 13-3 所示。

用户层，通过该接口，云服务客户和云服务提供者及其云服务进行交互，执行与客户相关的管理活动，监控云服务；访问层接收云服务消费请求，访问云服务提供者的服务和资源，同时负责对来自用户层和流行用户层的流量实施QoS策略,将经过验证的请求传递给服务层组件；服务层包含和控制实现服务所需的软件组件，并安排通过访问层为用户提供云服务，其服务实现软件依次依赖于资源层的可用能力来提供服务，并确保满足服务的任何 SLA 请求；资源层，驻留各类资源，提供云传输网络功能，在云服务提供者和用户之间，云服务提供者内部，云服务提供者和对等云服务提供者之间提供底层的网络连接。

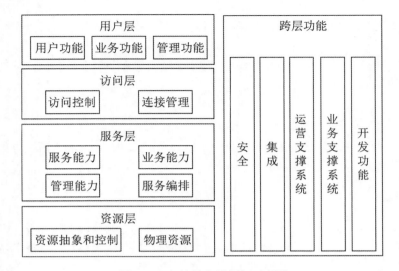

图 13-3　云计算分层框架示意图

图13-3 也展示了分层框架方式组织的云计算参考架构中组件的高层次概述，描述了不同层次中包含的大致组件。其中跨层功能中包含了集成、安全、运营支撑系统、业务支撑系统、开发功能等组件。集成组件中又包括安全集成、监控集成、服务集成、对等服务集成等子组件；安全组件中包括认证和身份管理、授权和安全策略管理、加密管理等子组件；运营支撑系统中包括服务目录、供应、监控和汇报、服务策略管理、服务自动化、服务水平协议、异常和问题管理、平台和虚拟化管理、对等服务管理等组件；业务支撑系统中包括产品目录、账户管理、订购管理、计费、账务等组件；开发功能中包括了开发环境、构建管理、测试管理等组件。

《参考架构》中描述了用户视图如何提供云计算活动的集合，以及这些云计算活动在功能视图中如何表示（以及如何使用实现视图中的技术实现）。同时也描述了云计算参考架构中主要元素的常用配置，包括角色、云计算活动和组件，描述了它们之间的关系。

在国家标准《信息技术 云计算 参考架构》中，展示了不同角色之间的分工、合作和交互，为云计算提供者和开发者搭建了一个基本的技术实现参考模型。

2. 云计算实施路线

下面介绍实施云计算的基本步骤。

1）组建团队

首先需要建立相应的工作团队，明确各角色的工作职责和工作目标。在战略阶段， CEO和高级管理层领导公司确定目标、职责范围和指导方针；在策略阶段，通常在 CIO 或 CTO 的领导下执行业务分析和技术分析；在运营阶段，运营主管针对云部署，共同完成持续运营业务的采购、实施和运营。

2）制定业务案例和云战略

云用户应明确需求，制定适合自身发展的综合云战略。在规划云战略时，应考虑以下因素：

培训团队、考虑现有 IT 环境、了解所需服务和功能、确定所需的技能、制定长期和短期规划图、确定明确目标和衡量进度的指标、了解法律法规要求。

3）选择云部署模式

综合考量企业规模、云服务关键程度、业务迁移成本、弹性、安全和多租户等因素，选择合适的云部署模式（公有云、私有云等）。

4）选择云服务模式

根据云用户的 IT 成熟度和企业规模，结合各类云服务模式的特点，选择适合用户需求的云服务模式（需要考虑 IaaS、PaaS、SaaS 各自的优缺点）。

5）明确云服务的服务方

根据云用户的需要和能力，开发、测试和部署云环境，按部署方法可分成四种方式：内部开发和部署；云提供商开发和部署；基于云服务的独立开发提供商；购买现成的云服务。云用户应从技能、初始考虑项、服务更新以及测试和部署这几个方面，综合考虑选择哪类部署方式。

6）制定和管理 SLA

SLA 是用于解决服务交付争议的书面协议，需要考虑到不同类型的服务模式有不同的需求，还应关注的因素有：组建内部 SLA 团队、为合约服务制定 SLA、与提供商共同定义关键流程、定期与企业内的关键利益相关者举行评审会、定期与云提供商召开检查点会议等。

7）管理云环境

企业管理和运营云环境需要 CIO 和用户支持经理共同负责，前者整体负责，后者负责管理日常运营，并建立通畅的沟通渠道，如问题不能解决，须参考 SLA 中相关规定。除此之外，还需对灾难恢复流程做定义和实施、对问题报告流程和问题报告回应达成书面协议。

3. 云服务水平协议实施

一个完整的云服务水平协议（Service-Level Agreement，SLA）同时也是一个具有法律效力的合同文件，它包括所涉及的当事人、协定条款、违约的处罚、费用和仲裁机构等。当事人通常是云服务提供商与用户。协定条款包含对服务质量的定义和承诺。服务质量一般包括性能、稳定性等指标，如月均稳定性指标、响应时间、故障解决时间等。

SLA 实施的基本步骤如下。

1）理解角色和责任

云计算环境可能会涉及的角色包括：云用户、云供应商、云运营商、云代理商和云审计者。用户需要详细了解各种云角色在云环境交付中的活动与责任，为每种角色准确设定要求与服务水平。

2）评估业务水平策略

SLA 内描述的云供应商的数据策略可能是最关键的业务水平策略，需要对其进行仔细评估。SLA 中涉及的数据策略包括：数据保存、数据冗余、数据位置、新数据位置的研究、数据获取、数据隐私。除了数据策略外，云 SLA 内所述的其他业务水平策略也需要仔细评估，包括未涵盖服务列表、超额使用、支付与惩罚模式、治理/版本控制、续约、转让、支持、计划内维护、分包服务、许可软件、行业特定标准等等。

3）了解各种服务模型和部署模型的区别

不同服务模型和部署模型，SLA 内可能包含的云资源抽象水平、服务水平目标和关键性能指标各有不同。SLA 还应包含服务部署条款，这些条款应确认部署模型、所采用的部署技术。

4）确定关键性能目标

用户必须确定哪些因素对其云环境最为重要，并确保 SLA 中包含这些因素。对云用户非常重要的性能声明需要具备可测量性，可以由用户对其审计，并且书面记录在 SLA 中，从而满足协议双方对服务水平的要求。

5）评估安全和隐私保护要求

根据企业数据的重要性和敏感性创建分类方案，该方案应包括数据所有权、对安全水平的合适定义和保护控制等方面的详细信息，以及对数据保留和删除需求的简单描述。分类方案应作为控制实施的依据，如访问控制、归档或加密。在隐私方面，数据管理人和云供应商应签订书面（法律）协议，明确各自的职责和要求。

6）明确服务管理需求

用户在与云计算供应商签订服务水平协议时需要考虑的有关服务管理的重要问题，主要包括：审计、监控和汇报、计量、快速调配、资源变更、对现有服务的升级等几个方面。

7）为服务故障管理做准备

SLA 应明确书面记录预期的服务能力和服务性能。用户应在协议中包括其自身的服务故障管理能力，以确保能够及时获知出现的问题。

8）了解灾难恢复计划

企业外包云环境并不意味着企业就不需要制定严格的灾难计划。每个企业外包的基础设施或应用程序的重要性不同，因此云灾难恢复计划也各不相同，而在制订灾难恢复计划时，业务目标是非常重要的参考。

9）开发有效的管理流程

管理流程的重要环节主要包括：确定每月例会、确保恰当的出勤、议题、追踪关键指标、生成报告。

10）了解退出流程

SLA 中应包含退出条款，对退出流程进行详细规定，包括云供应商与用户的关系提前终止或到期终止时的责任分配。应保证用户业务损失最小，并能顺利过渡。该退出流程应包括详细的程序，确保业务持续性，并明确提出可度量的指标，确保云供应商有效实施这些流程。

13.1.5　云计算的安全性

安全问题是用户是否选择云计算的主要顾虑之一。传统集中式管理方式下也有安全问题，云计算的多租户、分布性、对网络和服务提供者的依赖性，为安全问题带来新的挑战。

1. 安全问题和风险

云计算面临的主要数据安全问题和风险包括：

（1）数据存储及访问控制：数据丢失或损坏，数据被非法访问和篡改，多租户之间的数据干扰、泄露，数据服务被阻塞，过期数据的妥善保管或销毁等等。

（2）数据传输保护：数据在分布式应用中传递时被窃取或攻击。

（3）数据隐私及敏感信息保护：数据所有权问题，非法授信，隐私泄露等。

（4）数据可用性：异常崩溃、业务中断等。

（5）依从性管理：数据服务违反了法律及政策的要求等。

2. 数据安全管理技术

针对上述云计算面临的主要数据安全问题和风险，相应可采取的数据安全管理技术列举如下：

（1）数据保护及隐私保护：包括虚拟镜像安全、数据加密及解密、数据验证、密钥管理、数据恢复、云迁移的数据安全等。

（2）身份及访问管理：包括身份验证、目录服务、联邦身份鉴别/单点登录（Single Sign on，SSO）、个人身份信息保护、安全断言置标语言、虚拟资源访问、多租用数据授权、基于角色的数据访问、云防火墙技术等。

（3）数据传输：包括传输加密及解密、密钥管理、信任管理等。

（4）可用性管理：包括单点失败（Single Point of Failure，SPoF）、主机防攻击、容灾保护等。

（5）日志管理：包括日志系统、可用性监控、流量监控、数据完整性监控、网络入侵监控等。

（6）审计管理：包括审计信任管理、审计数据加密等。

（7）依从性管理：包括确保数据存储和使用等符合相关的风险管理和安全管理的规定要求。

3. 云安全实施

当用户把其应用及数据转移到使用云计算时，在云环境中提供一个与传统 IT 环境一样或更好的安全水平至关重要。下面介绍云安全实施的基本步骤。

1）确保拥有有效的治理、风险及合规性流程

依据安全和合规性政策，云服务用户核实用户和供应商之间的合同是否包含他们的所有要求。用户了解与安全性相关的所有条款，并确保这些条款能满足其需要是至关重要的。

2）审计运维和业务流程报告

主要考虑因素有：了解云服务供应商的内部控制环境，包括环境的风险、控制及其他治理问题；对企业审计跟踪的访问，包括当审计跟踪涉及云服务时的工作流程和授权；云服务供应商保证云服务管理和控制的设施是可用的，以及说明该设施是如何保障安全的。

3）管理人员、角色及身份

云用户必须确保其云服务供应商具备相关流程和功能来管理具有访问其数据和应用程序权限的人员。云服务供应商应设立正式流程，管理其员工对任何储存、传输或执行用户数据和应用程序的软硬件的访问情况，并应将管理结果提供给用户。

4）确保对数据和信息的合理保护

应注意以下几个方面：创建数据资产目录；将所有数据包含其中；注重隐私；保密性、完整性和可用性；身份和访问管理。

5）实行隐私策略

用户制定策略以处理隐私权保护问题，确保其云服务供应商遵守上述隐私权保护策略。用户应持续核对供应商是否遵守了上述策略，包括涵盖隐私权保护策略等所有方面的审计项目。

6）评估云应用程序的安全规定

制定明确的安全策略和流程，尽力保障应用程序的安全性。不同云部署模型下的应用程序安全策略均不一样，主要区别如下：

IaaS：部署完整的软件栈以及与堆栈相关的所有安全因素；应用程序安全策略应精确模拟用户内部采用的应用程序安全策略；通常情况下，用户有责任给操作系统、中间件及应用程序打补丁；应采用恰当的数据加密标准。

PaaS：用户有责任进行应用程序部署，并有责任保证应用程序访问的安全性；供应商有责任保障基础设施、操作系统及中间件的安全性；应采用恰当的数据加密标准；用户知道获得管理访问权限的个人将如何访问其数据。

SaaS：用户确保相关 SLA 条款满足其在保密性、完整性及可用性方面的要求；了解供应商的修补时间表、恶意软件的控制以及发布周期；采用阈值策略；用户应确保应用软件配置更改不会妨碍供应商的安全模式；用户应了解其数据如何受到供应商管理访问权限的保护；用户必须了解所使用的加密标准。

7）确保云网络和连接的安全性

从流量屏蔽、入侵检测防御、日志和通知等方面，来评估云服务提供商的外部网络管理。用户应关注的主要内部网络攻击类别包括：保密性漏洞（敏感数据泄露）、完整性漏洞（未经授权的数据修改）以及可用性漏洞（有意或无意地阻断服务）。用户根据其需求和任何现存的安全策略评估云服务供应商的内部网络管理。

8）评估物理基础设施和设备的安全管理

云服务供应商应采用的适用于物理基础设施和设备的安全管理包括：物理基础设施和设备应托管在安全区域内，设置物理安全界限，并配合物理准入控制设施；针对外部环境威胁提供安保措施，对火灾、洪灾、地震、国内动乱及其他潜在威胁提供安保措施；管理在安全区域工作的员工，以防止恶意行为；应进行设备安全管理，以防止资产丢失、盗窃、损失或破坏；应对配套公共设施进行管理，包括水、电、气的供应等；应防止因服务失败或设备故障（例如漏水）导致的服务中断；管理资产搬迁，防止重要或敏感资产遭盗窃；保障废弃设备或者重用设备中的安全；采用合理的备份、冗余和持续服务计划等等。

9）管理云服务水平协议（SLA）的安全条款

云活动中的安全责任，必须由云服务提供商和用户双方，通过云服务水平协议（SLA）的条款来共同明确和承担。

10）了解退出过程的安全需要

当用户完成退出过程，用户具有"可撤销权"，云服务供应商不可继续保留用户的数据。供应商必须保证数据副本已经从服务商环境下可能存储的位置清除，其他与用户相关的数据信息（日志或审计跟踪等），供应商应全部清除。

13.2　大数据处理基础知识

随着云时代的来临，大数据（Big Data）也吸引了越来越多的关注。大数据技术的战略意义不在于掌握庞大的数据信息，而在于对这些含有意义的数据进行专业化处理。换言之，如果把大数据比作一种产业，那么这种产业实现盈利的关键，在于提高对数据的"加工能力"，通过"加工"实现数据的"增值"。

大数据与云计算的关系密不可分。大数据通常用来形容大量的非结构化数据和半结构化数据，这些数据在下载到关系型数据库用于分析时会花费过多时间和金钱。因此大数据必须采用分布式架构。它的特色在于对海量数据进行分布式数据挖掘。但大数据必须依托云计算的分布式处理、分布式数据库和云存储、虚拟化技术。

13.2.1　基本概念

大数据本身是一个宽泛的概念，业界尚未给出一个统一的定义。不同的研究机构、公司从不同的角度给出了大数据不同的定义。

2011 年，美国著名的咨询公司麦肯锡在研究报告《大数据的下一个前沿：创新、竞争和生产力》中给出了大数据的定义：大数据是指大小超出了典型数据库软件工具收集、存储、管理和分析能力的数据集。Gartner 给出了这样的定义："大数据"是需要新处理模式才能具有更强的决策力、洞察发现力和流程优化能力来适应海量、高增长率和多样化的信息资产。

美国国家标准技术研究所的大数据工作组在《大数据：定义和分类》中指出：大数据是指那些传统数据架构无法有效地处理的新数据集，需要采用新的架构来高效率完成数据处理。

维基百科给出的定义是：大数据又称为巨量资料，指的是用传统数据处理应用软件不足以处理的大或复杂的数据集的术语，大数据通常包含的数据大小超出传统软件在可接受的时间内处理的能力。

国内普遍的理解：大数据是具有数量巨大、来源多样、生成极快且多变等特征且难以使用传统数据体系结构有效处理的包含大量数据集的数据。

因此，从以上定义可以看出，大数据的定义，不仅仅是数据本身，也包括了大数据技术和应用。从数据本身而言，大数据是指超出典型数据管理系统能力的大规模海量数据集，而这些数据之间存在着直接或间接的联系，通过大数据技术可以从中挖掘出模式与知识，实现数据增值，进而实现数据变现。

大数据技术是使得大数据中蕴含的价值得以挖掘和展现的一系列技术与方法，包括数据采集、预处理、存储、分析挖掘、可视化等相关技术。

大数据应用是对特定的大数据集、集成应用大数据系列技术与方法，获得有价值信息的过程。

大数据的特征一般采用 5V 来描述：

- Variety，多样性。数据类型繁多，除了结构化数据外，还包括种类繁多的非结构化数据，例如文本、音频、视频、文件记录等，也包括半结构化数据，例如 Email、word、ppt 文档等；
- Velocity，速度。一方面是数据的增长速度快，另一方面是要求数据访问、处理、交付的速度快，通常要求具有时效性。
- Volume，数量。聚合在一起供分析的数据规模非常庞大。各种业务系统产生的数据量急剧增长。
- Value，价值。从海量低价值密度的数据中挖掘出具有高价值的数据。大数据的本质是获取数据价值，关键在于商业价值，即如何有效利用好数据。
- Veracity，真实性。一方面，对于虚拟网络环境下如此大量的数据需要采取措施确保其真实性、客观性，这是大数据技术与业务发展的迫切需求；另一方面，通过大数据分析，真实地还原和预测事物的本来面目也是大数据未来发展的趋势。

13.2.2 大数据处理技术

大数据生命周期涉及众多技术，当前大数据发展迅速，在大数据处理的各个环节上涌现出众多技术，本小节做简要介绍。

从大数据生命周期的角度看，大数据处理的基本流程包括：数据采集、数据分析和数据解释。大数据处理流程图如图 13-4 所示。

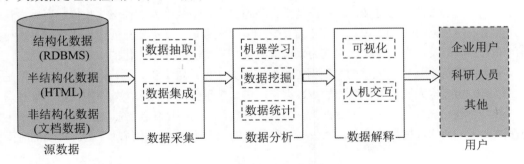

图 13-4 大数据处理基本流程

1. 数据采集

数据采集阶段的主要任务就是获取各个不同数据源的各类数据，按照统一的标准进行数据的转换、清洗等工作，以形成后续数据处理的符合标准要求的数据集。

原始数据往往形式多样，包括：结构化数据，例如业务系统中的交易明细、操作日志等；非结构化数据，例如企业中的各种文档数据，视频、音频等数据；半结构化数据，例如 Web 页面的 HTML 文档等。而且其来源和种类也存在很大差距。

当前的大数据处理中，数据的种类一般包括：

- 传感数据：传感数据是由感知设备或传感设备感受、测量及传输的数据。这些感知设备或传感设备实时和动态地收集大量的时序传感数据资源。传感数据种类有很多，如人身体的传感数据，网络信号的传感数据和气象的传感数据等。近年来随着物联网、工业互联网的日益发展，传感数据越来越丰富，人们也逐渐发现了其数据价值。

- 业务数据：企业业务系统在执行日常业务活动时产生的大量数据，包括设备工况、操作记录、交易流水，以及用户在使用系统时遗留下来的大量行为数据。这些数据反映了人或者物的属性、偏好，在推荐或预测系统中有很大的利用价值。

- 人工输入数据：用户通过软件人机交互等主动输入的数据，典型代表是微博、微信、抖音等系统的用户输入数据。随着互联网的不断深入，手机 APP 应用的不断发展，这种用户产生的数据也越来越多，越来越丰富。

- 科学数据：通过科学研究和科学实验不断搜集和汇聚的数据，一般是以电子记录或文本的形式存在。

从大数据的来源进行划分，其种类包括：

- 企业数据：企业自建的各种业务系统，如 ERP、在线交易系统、招聘系统等，也会产生各种数据集。

- 政府数据：政府信息化已发展多年，构建了很多业务数据。近年来政府也在不断地建设大数据中心，发布各种数据，包括人社、医疗、税务、工商、财务等。

- 互联网数据：互联网数据是当前大数据应用的一个重要的数据来源。互联网上存在各种应用沉淀下来的大量数据，包括门户网站、社交信息、电商网站等等。

其中，企业数据一般属于内部数据，而政府数据、互联网数据往往属于外部数据。

从上面大数据的分类可以看出，数据来源渠道众多，差异非常大。因此，数据采集的主要任务就是进行数据的汇聚，为后续的数据处理做好准备。这个阶段工作中主要涉及的技术包括针对内部数据的数据集成和 ETL 技术，针对外部数据，尤其是互联网数据的爬虫技术。

数据集成是把不同来源、格式、特点性质的数据在逻辑上或物理上有机地集中，从而为企业提供全面的数据共享。在企业数据集成领域，已经有很多成熟的框架可以利用。目前通常采用联邦式、基于中间件模型和数据仓库等方法来构造集成的系统，这些技术在不同的着重点和应用上解决数据共享和为企业提供决策支持。

ETL（Extract Transform Load）用来描述将数据从来源端经过抽取（extract）、转换（transform）、加载（load）至目的端的过程。目的是将企业中的分散、零乱、标准不统一的数据整合到一起，为企业的决策提供分析依据。

基本的 ETL 体系结构示意图如图 13-5 所示。

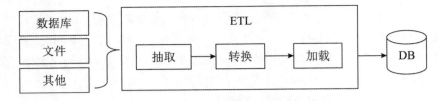

图 13-5   ETL 体系结构示意图

ETL 过程中的主要环节是数据抽取、数据转换和加工、数据加载。一般 ETL 工具中，围绕上述三个核心环节进行了功能上的扩充，例如工作流、调度引擎、规则引擎、脚本支持和统计信息等，尽量降低 ETL 阶段的工作强度，减少工作量。

数据转换和加工是三个环节的重点，因为抽取的数据中往往存在各种问题，例如数据格式不一致、数据输入错误、字段不匹配、字段类型不符、数据不完整等。ETL 一般以组件化的方式实现数据转换和加工。常用的数据转换组件有字段映射、数据过滤、数据清洗、数据替换、数据计算、数据验证、数据加解密、数据合并、数据拆分等，并以工作流的形式进行各种方式的组合，以满足数据转换的需求。有的 ETL 工具也提供脚本支持，满足用户定制化的数据转换需求。

常用的 ETL 工具有三种：DataStage、Informatica PowerCenter 和 Kettle。

- DataStage：IBM 公司的 DataStage 是一种数据集成软件平台，专门针对多种数据源的 ETL 过程进行了简化和自动化，同时提供图形框架，用户可以使用该框架来设计和运行用于变换和清理、加载数据的作业。它能够处理的数据源有主机系统的大型数据库、开发系统上的关系数据库和普通的文件系统。

- Informatica PowerCenter：Informatica 公司开发的为满足企业级需求而设计的企业数据集成平台。可以支持各类数据源，包括结构化、半结构化和非结构化数据。提供丰富的数据转换组件和工作流支持。

- Kettle：Kettle 是一款国外开源的 ETL 工具，纯 Java 编写，可以在 Windows、Linux、UNIX 上运行，数据抽取高效稳定。管理来自不同数据库的数据，提供图形化的操作界面，提供工作流支持。Kettle 中有两种脚本文件，transformation 和 job，transformation 完成针对数据的基础转换，job 则完成整个工作流的控制。Kettle 包括 4 个产品：Spoon、Pan、Chef、Kitchen。Spoon 通过图形界面来设计 ETL 转换过程（Transformation）。Pan 批量运行由 Spoon 设计的 ETL 转换（例如使用一个时间调度器），是一个后台执行的程序，没有图形界面。Chef 创建任务（Job），任务通过允许每个转换、任务、脚本等等，更有利于自动化更新数据仓库的复杂工作。Kitchen 批量使用由 Chef 设计的任务（例如使用一个时间调度器）。

由于很多大数据应用都需要来自互联网的外部数据，因此，爬虫技术也称为数据采集阶段的一个主要基础性的技术。

网络爬虫（又称为网页蜘蛛，网络机器人），是一种按照一定的规则，自动地抓取互联网信息的程序或者脚本。网络爬虫基本的体系结构如图 13-6 所示。

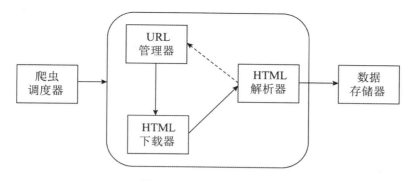

图 13-6　爬虫框架示意图

爬虫调度器主要负责统筹其他四个模块的协调工作。URL 管理器负责管理 URL 链接，维护已经爬取的 URL 集合和未爬取的 URL 集合，提供获取新 URL 链接的接口。HTML 下载器用于从 URL 管理器中获取未爬取的 URL 链接并下载 HTML 网页。HTML 解析器用于从 HTML 下载器中获取已经下载的 HTML 网页，并从中解析出新的 URL 链接交给 URL 管理器，解析出有效数据交给数据存储器。

网络爬虫大致可以分为以下几种类型：通用网络爬虫、聚焦网络爬虫、深层网络（Deep Web）爬虫。实际的大数据应用由于往往聚焦于某个特定的应用目标，其采用的网络爬虫系统通常是聚焦网络爬虫、深层网络爬虫技术相结合实现的。

通用网络爬虫，爬行对象从一些种子 URL 扩充到整个 Web，主要为门户站点搜索引擎和大型 Web 服务提供商采集数据。通用网络爬虫的结构大致可以分为页面爬行模块、页面分析模块、链接过滤模块、页面数据库、URL 队列、初始 URL 集合几个部分。为提高工作效率，通用网络爬虫会采取一定的爬行策略。常用的爬行策略有：深度优先策略、广度优先策略。

聚焦网络爬虫，是指选择性地爬行那些与预先定义好的主题相关页面的网络爬虫。和通用网络爬虫相比，聚焦爬虫只需要爬行与主题相关的页面，可以很好地满足一些特定人群对特定领域信息的需求。聚焦网络爬虫和通用网络爬虫相比，增加了链接评价模块以及内容评价模块。聚焦爬虫爬行策略实现的关键是评价页面内容和链接的重要性，常见的爬行策略有基于内容评价的爬行策略、基于链接结构评价的爬行策略、基于增强学习的爬行策略、基于语境图的爬行策略等。

深层网络爬虫用于专门爬取那些大部分内容不能通过静态链接获取的、隐藏在搜索表单后的，只有用户提交一些关键词才能获得的 Web 页面。Deep Web 爬虫爬行过程中最重要的部分就是表单填写，包含两种类型：基于领域知识的表单填写，此方法一般会维持一个本体库，通过语义分析来选取合适的关键词填写表单；基于网页结构分析的表单填写，此方法一般无领域知识或仅有有限的领域知识，将网页表单表示成 DOM 树，从中提取表单各字段值。

常见的爬虫工具有如下三种：

- Nutch：一个开源 Java 实现的搜索引擎。它提供了我们运行自己的搜索引擎所需的全部工具。包括全文搜索和 Web 爬虫。Nutch 有 Hadoop 支持，可以进行分布式抓取、存储和索引。Nutch 采用插件结构设计，高度模块化，容易扩展。

● Scrapy：是 Python 开发的一个快速、高层次的屏幕抓取和 Web 抓取框架，用于抓取 Web 站点并从页面中提取结构化的数据。Scrapy 吸引人的地方在于它是一个框架，任何人都可以根据需求方便地修改。它提供了多种类型爬虫的基类，如 BaseSpider、sitemap 爬虫、Web2.0 爬虫等。

● Larbin：Larbin 是一种开源的网络爬虫/网络蜘蛛，用 C++语言实现。Larbin 目的是能够跟踪页面的 URL 进行扩展的抓取，最后为搜索引擎提供广泛的数据来源。

当数据采集到以后，需要对采集并清洗后的数据进行存储。具体的存储技术在 13.1.3 云关键技术中的分布式数据存储中介绍，此处不再详述。

2. 数据分析

数据分析是大数据处理过程中的重要组成部分，是大数据价值体现的核心环节。经典的机器学习方法是最常见的数据智能分析方法，近年来迅速发展的深度学习在某些领域取得了惊人的效果。在应用开发上，也形成了几种主流的大数据处理框架。

机器学习中算法很多，也有很多不同种类的分类方法，一般分为监督学习和非监督学习（或无监督学习）。其中，监督学习是指利用一组已知类别的样本调整分类器的参数，使其达到所要求性能的过程，也称为监督训练，是从标记的训练数据来推断一个功能的机器学习任务。根据训练集中的标识是连续的还是离散的，可以将监督学习分为两类：回归和分类。

回归是研究一个或一组随机变量对一个或一组属性变量的相依关系的统计分析方法。线性回归模型是假设自变量和因变量满足线性关系。Logistic 回归一般用于分类问题，而其本质是线性回归模型，只是在回归的连续值结果上加了一层函数映射。

分类是机器学习中的一个重要问题，其过程也是从训练集中建立因变量和自变量的映射过程，与回归问题不同的是，分类问题中因变量的取值是离散的，根据因变量的取值范围，可将分类问题分为二分类问题、三分类问题和多分类问题。根据分类采用的策略和思路的不同，分类算法大致包括：基于示例的分类方法，如 K 最近邻（K-Nearest Neighbor，KNN）方法；基于概率模型的分类方法，如朴素贝叶斯、最大期望算法 EM 等；基于线性模型的分类方法，如 SVM；基于决策模型的分类方法，如 C4.5、AdaBoost、随机森林等。

在实际应用中，缺乏足够的先验知识，因此难以人工标注类别或进行人工类别标注的成本太高，学习模型是为了推断出数据的一些内在结构。因此，根据类别未知（没有被标记）的训练样本解决模式识别中的各种问题，称为无监督学习。常见的算法有：关联规则挖掘，是从数据背后发现事物之间可能存在的关联或联系。比如数据挖掘领域著名的"啤酒-尿不湿"的故事。K-means 算法，基本思想是两个对象的距离越近，其相似度越大；相似度接近的若干对象组成一个簇；算法的目标是从给定数据集中找到紧凑且独立的簇。

近年来发展起来的深度学习算法是基于原有的神经网络算法发展起来的，包括 BP 神经网络、深度神经网络。

BP 神经网络是一种反向传播的前馈神经网络，所谓前馈神经网络就是指各神经元分层排列，每个神经元只与前一层的神经元相连，接收前一层的输出，并输出给下一层。所谓反向传播是指从输出层开始沿着相反的方向来逐层调整参数的过程。BP 神经网络由输入层、隐含层和输出层组成。

深度神经网络主要包括卷积神经网络、循环神经网络等，也包括它们的各种改进模型。

（1）卷积神经网络（Convolutional Neural Network，CNN）是一种前馈神经网络，其结构包括输入层、卷积层、池化层、全连接层以及输出层等。该算法在图像处理、模式识别等领域取得了非常好的效果。在 CNN 的发展过程中，最经典的模型是 AlexNet，针对不同的应用需要，又产生了全卷积模型（FCN）、残差神经网络模型（ResNet）、DeepFace 等模型结构。

（2）循环神经网络（Recurrent Neural Network，RNN）是一种人工神经网络，在该网络中，除了层间的连接以外，同层各单元之间连接构成了一个有向图序列，允许它显示一个时间序列的动态时间行为。RNN 可以使用它们的内部状态来处理输入序列，这使得它们适用于诸如未分割的、连续的手写识别或语音识别等任务。传统的 RNN 是很难训练的，往往会出现梯度消失或梯度爆炸等情况，因此又出现了多个扩展版本，如 BiRNN、LSTM 等。

随着深度学习的快速发展和应用的普及，开始出现了一些深度学习框架。深度学习框架是一种界面、库或工具，可以使用户在无需深入了解底层算法的细节的情况下，能够更容易、更快速地构建深度学习模型。深度学习框架利用预先构建和优化好的组件集合定义模型，为模型的实现提供了一种清晰而简洁的方法。常见的深度学习框架有：Caffe，是一个广泛使用的开源深度学习框架，支持常用的网络模型，比如 Lenet、AlexNet、ZFNet、VGGNet、GoogleNet、ResNet 等；TensorFlow，是一个使用数据流图进行数值计算的开源软件库，图中的节点表示数学运算，而图边表示节点之间传递的多维数据阵列（又称张量），其为大多数复杂的深度学习模型预先编写好了代码，比如递归神经网络和卷积神经网络，灵活架构使我们能够在一个或多个 CPU（以及 GPU）上部署深度学习模型；Keras，是一个由 Python 编写的开源人工神经网络库，可以作为 TensorFlow、Microsoft-CNTK 和 Theano 的高阶应用程序接口，进行深度学习模型的设计、调试、评估、应用和可视化，Keras 完全模块化并具有可扩展性，并试图简化复杂算法的实现难度。

随着大数据技术的广泛深入，大数据应用已经形成了庞大的生态系统，很难用一种架构或处理技术覆盖所有应用场景。下文介绍几种当前主流的大数据分布式计算架构。

Apache Hadoop 是用于开发可靠、可伸缩、分布式计算的开源软件，是一套用于在由通用硬件构建的大型集群上运行应用程序的框架。包含的模块有：Hadoop 分布式文件系统（HDFS），提供对应用程序数据的高吞吐量访问的分布式文件系统；Hadoop YARN，作业调度和集群资源管理的框架；Hadoop MapReduc，一个用于大型数据集并行处理的基于 YARN 的系统；Hadoop Ozone，Hadoop 的对象存储；Hadoop Submarine，Hadoop 的机器学习引擎。

Apache Spark 是加州大学伯克利分校的 AMP 实验室所开源的类 Hadoop MapReduce 的通用并行框架。Spark 是一个分布式的内存计算框架，是专为大规模数据处理而设计的快速通用的计算引擎。Spark 的计算过程保持在内存中，不需要读写 HDFS，减少了硬盘读写，提升了计算速度。除了 Map 和 Reduce 操作外，Spark 还延伸出如 filter、flatMap、count、distinct 等更丰富的操作。同时通过 Spark Streaming 支持处理数据流。

Apache Storm 是一个免费的开源分布式实时计算系统，可以可靠地处理无边界的数据流变，可以实现实时处理。Apache Storm 速度很快，它是可扩展的，容错的，并且易于设置和操作。Apache Storm 应用于实时分析、在线机器学习、连续计算、分布式 RPC、ETL 等等。Storm 的核心是拓扑（Topology），拓扑被提交给集群，由集群中的主控节点分发代码，将任务分配给工作节点执行。

3. 数据解释

数据解释的主要工作是对大数据处理后产生的输出数据进行处理，采用合理合适的人机交互方式将结果展现给用户，帮助用户做出相应的决策。

在传统的数据挖掘、商业智能和大数据处理领域，可视化一直是重要的方法和手段。信息可视化是指对抽象数据使用计算机支持的、交互的、可视化的表示形式以增强认知能力。为了清晰有效地传递信息，数据可视化使用统计图形、图表、信息图表和其他工具。可以使用点、线或条对数字数据进行编码，以便在视觉上传达定量信息。有效的可视化可以帮助用户分析和推理数据和证据。它使复杂的数据更容易理解和使用。用户可能有特定的分析任务（如进行比较或理解因果关系），以及该任务要遵循的图形设计原则。表格通常用于用户查找特定的度量，而各种类型的图表用于显示一个或多个变量的数据中的模式或关系。

关于数据可视化的适用范围，当前存在着不同的划分方法。一个常见的关注焦点就是信息的呈现。例如，迈克尔·弗兰德利（2008）提出了数据可视化的两个主要的组成部分：统计图形和主题图。另外，《Data Visualization: Modern Approaches》一文则概括阐述了数据可视化的下列主题：思维导图、新闻的显示、数据的显示、连接的显示、网站的显示、文章与资源、工具与服务。所有这些主题全都与图形设计和信息表达密切相关。从应用领域来讲，又可分为文本数据可视化，如标签云；网络数据可视化，如 H 状树、气球图、放射图等；时空数据可视化，如流式地图、堆积图等；多维数据可视化，如散点图等。

常见的大数据可视化工具主要分为三类：底层程序框架，如 OpenGL、Java2D 等；第三方库，如 D3、ECharts、HighCharts、Google Chart API 等；软件工具，如 Tableau、Gephi 等。

13.2.3　大数据应用

近年来，我国政府大力推动大数据和实体经济深度融合，大数据的驱动力和引领作用正在给国民经济的各个领域带来革命性变化，大数据标准化活动在各领域发展中的应用范围逐步扩大，应用程度逐渐加深，应用效果不断显现。下面重点介绍大数据在几个行业中的应用情况。

1. 智能交通

当前，我国交通运输行业正处于交通运输基础设施发展、服务水平提高和转型发展的黄金时期。在这一历史进程中，交通运输行业积累了体量巨大、类型繁多、来源多样的数据资源，大数据应用需求活跃，大数据产业蓬勃发展。

大数据在智能交通领域的主要应用有：

- 基于统一的数据技术、管理标准，利用公路动态监测数据、收费数据等，开展公路基础设施使用性能评价、公路网运行监测预警、公路养护决策支持等。
- 利用 IC 卡数据、手机信令数据、车辆 GPS 数据和移动互联网众包数据等，开展交通流仿真及预测、城市群交通出行特征分析、公交能耗排放动态监测、公交线网评价及优化等。
- 聚焦出行导航、订票、约租车、物流、汽车后服务等领域，推动商业化的交通大数据产品增长，在改善用户服务体验的同时，又汇集形成新的交通运输大数据资源。

如某城市道路交通智能化系统，在车辆使用者、管理者、服务者之间构建起一个智能交通物联网体系，实现信息的安全、有效、无障碍的交互，让城市交通更加安全、畅通、和谐。目前实现的功能有城市道路信息实时交通信息采集；基于车辆电子标识的动态信息分析，实时提供交通信息；基于智能交通物联网体系，应运而生了众多商业应用，如车辆出行的各种停车、缴费、出行消费、涉车服务等 O2C、O2O 服务；避免了在道路和停车场地规划、建设、改造、维护方面的决策的误判和盲目性，减少投资的浪费和误判。

2. 电子商务

大数据开启了电子商务的时代转型。电商经营中获取的海量信息，如商家、用户信息和产品使用体验等，都蕴藏着具有巨大价值的用户需求和竞争情报。这些信息随着交易不断积累，渗透到电商交易的各个环节。

大数据在电子商务领域的主要应用有：

- 通过对数据的甄别与分析，勾勒用户消费习惯、能力的"用户画像"，获取产品在各区域、时间段和消费群的销售情况与市场趋势等，实现电商企业在开发、生产到销售的全产业链中更精准和迅速的反应。
- 急剧增加的消费数据使得电商企业更加理解客户，通过大数据应用划分消费群体，进行个性化、智能化的推广，有效提升了营销行为转化成购买行为的比例，带来了更高的经营效率。
- 基于行业内统一的数据标准化管理体系，电商（及合作的物流企业）依靠对客户数据的分析，选择更合理的派送方式、路径，更科学、智能地调配仓储，提供分时配送等服务，大大降低了仓储物流环节的存货和时间压力，提升了物流服务质量及交易的即时性、便捷性。
- 电商企业通过"用户画像"等数据技术，为用户提供差异化、定制化产品和服务，如定制咨询应答策略、针对性商品推荐和个性化关怀等，以个性化服务大大提升了用户体验。

如京东大数据平台，实现了分布式架构与传统 BI 工具的有机融合，打造出高性能、高稳定性、高安全性的数据治理、数据分析、数据挖掘基础平台，为京东提供全业务全过程的解决方案和技术保证。实现了用户消费行为深度挖掘、精准营销策略实施、销量预测与库房自动补货、搜索推荐系统的持续优化、广告精准投放技术等。

3. 智能制造

随着"智能制造 2025"国家战略的实施，大数据应用已成为制造业生产力、竞争力、创新能力提升的关键，是驱动制造过程、产品、模式、管理及服务标准化、智能化的重要基础，体现在产品全生命周期中的各个阶段。

大数据在智能制造领域的主要应用方向有：

- 通过产品全生命周期数据的采集，工业大数据建模和数字仿真技术优化设计模型，及早发现设计缺陷，减少试制实验次数，降低研发成本、提升设计效率，缩短了产品研发周期。
- 对综合制造过程中设备、效率、成本、耗能等数据展开建模分析，实现了运行过程的状态监测与优化工艺参数推荐。
- 通过生产工艺过程参数、设备运行状态参数与产品质量性能、生产线排产负荷、耗能等数据进行关联性深度挖掘，形成数据闭环，可得出工艺参数的最优区间、车间排产计划的最优方案、厂房能效优化的最佳调控手段等。
- 基于大数据构建的产品故障预测系统，能帮助用户实时掌握产品状态，在产品出现异常前展开预测性维修。
- 基于工业生产大数据的互联工厂柔性化生产能力，保障了个性化设计订单低成本高效率的制造。
- 结合物流大数据分析优化的物流配送系统，可充分保障个性化定制产品在最短时间内按承诺交付至用户。

例如中国某发动机公司通过实施以设备联网通信和数据采集为基础、以 PLM 技术为支撑、以数字化工单管控为核心的智能制造系统，实现了车间各类数控设备的联网、通信和设备状态数据采集，实现了技术文件的数字化下发，以及生产进度、质量等信息的实时反馈，将车间单元设备柔性制造能力快速提升为网络化柔性制造能力，提高了企业精益生产和智能制造能力。

第 14 章　数据库主流应用技术

本章主要介绍传统关系型数据库之外的一些数据库发展相关的新方向和新技术，分别是分布式数据库、与 Web 相关的数据库技术、XML 与数据库、面向对象数据库，以及决策支持系统与数据库。

14.1　分布式数据库

分布式数据库系统是数据库系统和计算机网络相结合的产物。一方面，由于计算机功能增强，成本下降，几乎每个办公室、实验室、个人用户都可以拥有自己的计算机，从而增加了数据分散处理的需求。另一方面，由于通信技术的迅速发展，出现了各种计算机网络，降低了数据传输费用，而计算机局部网络的广泛应用，则为分布式数据库系统的出现提供了实现的可能性。

分布式数据库系统的研制，经历了一个艰难而曲折的过程。最初由 IBM 和 UNIVAC 等设计单位提出在 APAC 和 CYCLADES 计划中发展起来的技术，只实现了分布式系统的信息通讯。关于分布式环境中的信息存贮、分配、交换以及处理等问题均没有得到妥善的解决，这说明在集中式数据库系统中所使用的传统技术，对于解决上述问题已经不再适用。因此，简单的移植是不够的，必须根据分布式系统的特殊要求，对实现技术做重新的考虑。

自 1975 年以来，美国、法国、德国等国家的许多大学、科研单位都在研究分布式数据库领域里的各种问题，力图实现分布式数据库系统。随着对各种理论问题研究的进展，以及人们对分布式数据库系统认识的深化，一些国家的政府也先后拟订了发展这一领域的计划，如美国的 SDD-1 计划、法国的 CIRIUS 计划、德国柏林工业大学的 VDN 系统和斯图加特大学的 POREL 系统等。

分布式数据库系统的必要性是显而易见的，在一个各场地有数据库的计算机网络系统中，若有分布式数据库管理系统，则可使系统中的数据库实现共享，利用率高，存取快，可靠性高，用户使用这些数据库如同使用本地数据库一样，极为方便。反之，若没有分布式数据库管理系统，只利用现有的一般网络操作系统来存取网络中数据，凡使用过这类系统的用户都会感到相当麻烦和困难，而且这类系统对于如何在有一定数据冗余（这是获得可靠性所需要的）情况下保证数据的一致性，故障点的自动切除和故障后的恢复以及并发控制等问题就更没有保障了。所以，研制各种性能优良的分布式数据库系统，无论是同构还是异构型，都是极为必要的。

分布式数据库系统将广泛用于：各企事业单位的人事、财务和库存控制等管理信息系统，百货公司销售点的经营销售信息处理系统，电子银行等的在线处理系统，国家政府部门的经济信息系统，大规模数据资源如人口普查、气象预报、环境污染、地震监测等数据库系统，军事指挥控制系统，具有多数据处理中心的企业报告生产系统，医院的病历药品管理以及辅助诊断、病人监护系统，工业控制和管理的集散型系统，计算机综合自动化制造系统以及各种办公自动化系统等。

14.1.1 分布式数据库基本概念

要使数据库系统能够正常运行，必须制订运行策略，运行策略的制订要从两个方面考虑：正常运行策略和非正常运行策略。

1. 正常运行策略

分布式数据库系统（Distributed Database System，DDBS）是面向地理上分散，而管理上又需要不同程度集中管理的需求而提出的一种数据管理信息系统。在明确地给出分布式数据库的定义之前，我们先来看一下一般的分布式数据库系统的组成，如图 14-1 所示。

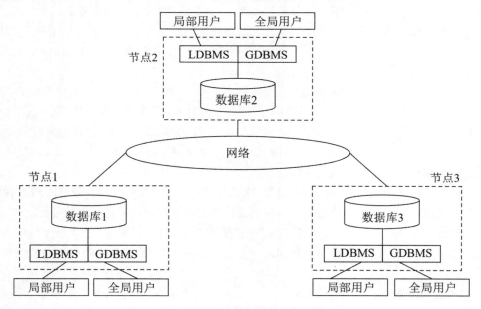

图 14-1　分布式数据库系统组成图

可以看出，分布式数据库系统首先是由多个不同节点或场地的数据库系统通过网络连接而成的（如不加特别说明，本章中的场地和节点表示同一含义），每个节点都有各自的数据库管理系统（Local Database Management System，LDBMS），同时还有全局数据库管理系统（Global Database Management System，GDBMS）。图 14-1 中的局部用户是针对某一个节点而言的，局部用户只关心他所访问的节点上的数据，而全局用户则可能需要访问多个节点上的数据。每个节点的 LDBMS 完成对局部用户的应用请求，GDBMS 则为全局用户提供服务。我们还可以看出，全局用户可以从任意一个节点访问分布式数据库系统中的数据。

在一个计算机网络中，每个节点都装有数据库系统，节点数据虽然达到共享，但如果没有统一的管理，对于用户来说，使用数据库数据时必须指明数据库所在场地的位置，无法实现场地透明性，就达不到分布式数据库的目标。如果只在计算机网络中某一场地设置数据库系统，其他场地不设数据库系统，而是有多个终端（远程）用户，显然又达不到数据分散存储的目标。所以分布式数据库至少应该有场地透明性和分散存储两个特点。

另外，因为分布式数据库系统作为一个整体，应该保证数据的一致性，这就意味着分布式数据库系统中的各个局部数据库之间应该具有逻辑相关性。根据上面的这些特点，我们给出分布式数据库的定义。

满足下面条件的数据库系统被称为完全分布式数据库系统：

（1）分布性：即数据存储在多个不同的节点上。

（2）逻辑相关性：即数据库系统内的数据在逻辑上具有相互关联的特性。

（3）场地透明性：即使用分布式数据库中的数据时不需指明数据所在的位置。

（4）场地自治性：即每一个单独的节点能够执行局部的应用请求。

分布式数据库系统的分布性可以让我们区分单一的集中式数据库与分布式数据库。而根据逻辑相关性，我们就可以将分布式数据库与一组局部数据库或存储在计算机网络中不同节点的文件系统区分开来。场地透明性和场地自治性则可以将分布式数据库和多机处理系统或并行系统区分开来。

2. 分布式数据库的特点

分布式数据库系统，是传统集中式数据库系统的发展，因此它具有集中式数据库系统的特点。同时，由于它的分布性而又使这些特点具有新的含义。传统的数据库系统针对文件系统的弱点，采用了集中控制以实现数据共享，这是其最主要的特色。对于分布式数据库系统来说，由于数据的分散性，分布式数据库系统具有分散与集中的统一的特性。下面给出了分布式数据库的几个主要的特点。

1）数据的集中控制性

能够对信息资源提供集中控制，是主张采用数据库最强有力的动机之一。数据库是随着信息系统的演变而发展起来的，在这些信息系统中，每个应用程序都有自己的专用文件，这样就不利于数据的管理和共享，由于数据本身已被当作企业的重要投资，在这样的需求推动下，传统的数据库系统孕育而生。分布式数据库系统是在传统数据库系统的基础上的新发展，所以，它也具有集中控制的特性。

在传统的数据库系统中，数据库管理员（Database Administrator，DBA）的基本任务是保证数据的安全，并负责对数据进行管理以达到用户和应用能够高效地访问数据。而在分布式数据库中可以认为存在全局数据库管理员和局部数据库管理员，这是一种分层控制结构，一般来说，全局数据库管理员负责管理所有数据库，而局部数据库管理员只负责各自节点的局部数据库，但是在有些情况下，局部数据库管理员可以有更高的自主性，甚至完成节点间的协调工作，从而不再需要全局数据库管理员。

2）数据独立性

数据独立性也是集中式数据库和文件系统相比所具有的一大特征，独立性是指数据的组成对应用程序来说是透明的。应用程序只需要考虑数据的逻辑结构，而不用考虑数据的物理存放，因而数据在物理组织上的改变不会影响应用程序。

在分布式数据库系统中，数据的独立性同样具有重要的意义，分布式数据库的数据独立性除了具有传统意义上数据独立性的含义，还有分布式透明的含义。所谓分布式透明是指虽然应用程序所面对的是分散存放的数据，但就像使用集中式数据库一样，不必考虑数据库的分布特性。

3）数据冗余可控性

将数据组织在数据库中可以方便地实现数据的共享，因此要尽量减少数据冗余，这不仅使存储代价降低，还可提高查询效率，便于数据一致性维护，这是数据库系统优于文件系统的特点之一。但是，对数据库系统来说，也不可能达到绝对的无冗余数据。

对于分布式数据库来说，由于数据存储的分散性，各场地在网络上需要传输数据，与集中式数据库相比，查询中就增加了传输代价。因此，分布式数据库中的数据一般存储在经常使用的场地上，但两个或两个以上的场地应用对同一数据有存取要求也是时常发生的，而且当传输代价高于存储代价时，可以将同一数据存储在两个（甚至更多）场地上，以节省传输的开销。另外，数据有多个副本，也可以提高系统的可用性，即当系统中某个节点发生故障时，因为数据有其他副本在非故障场地上，对其他所有场地来说，数据仍然是可用的，从而保证数据的完备性。由于这种冗余度是在系统控制之下的，所以给系统造成的不利的影响是可控制的。

另外，由于可用副本的存在也相应地提高了场地自治性的性能。

4）场地自治性

在分布式数据库系统中，多个场地的局部数据库在逻辑上集成为一个整体，这个整体被称为全局数据库，并为分布式数据库系统的所有用户使用，这种应用称为分布式数据库的全局应用，其用户为全局用户；同时，分布式数据库系统还允许用户只使用本地的局部数据库，这种应用为局部应用，其用户为局部用户，甚至局部用户所使用的数据可以不参与到全局数据库中去。这种局部应用独立于全局应用的特性就是局部数据库的自治性。

由于自治性，对每个场地来说就有两种数据，一种是参与全局数据库的局部数据，而另一种则是不参与全局数据库的数据。

5）存取的有效性

在传统的数据库系统中，采用二次索引、文件链接等复杂的存储结构是提高存取效率的主要方法。但在分布式数据库系统中，仅仅采用复杂的存取结构并不是一个正确的方法。分布式数据库系统中的全局查询被分解成等效的子查询，即全局查询的执行计划分解成多个子查询执行计划加以执行，它是根据系统的全局优化策略产生的，而子查询计划又是在各场地上分布执行的。因而，分布式数据库系统中查询优化有两个级别：全局优化和局部优化。

全局优化主要决定在多个副本中选取合适的场地副本，使得场地间的数据传输量传输次数最少，从而使系统通信开销少。而局部优化就和传统的集中式数据库中的优化是一致的了。

14.1.2   分布式数据库的体系结构

1. 分布式数据库的模式结构

我国在多年研究与开发分布式数据库及制定我国的《分布式数据库系统标准》中，曾提出把分布式数据库抽象为四层的模式结构，参见图 14-2。

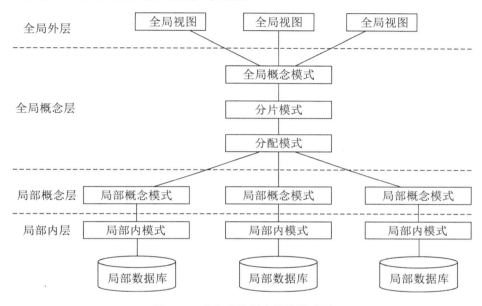

图 14-2   分布式数据库结构模式图

这种四层模式划分为：全局外层、全局概念层、局部概念层和局部内层。在各层间还有相应的层间映射。四层模式的划分不仅适用于完全透明的分布式数据库系统，而且也适合各种透明性要求的分布式数据库系统。无论是对同构型分布式数据库系统，还是异构型分布式数据库系统都能适用。

1）全局外层

分布式数据库是一组分布的局部物理数据库的逻辑集合。分布式数据库的全局视图如同集中式数据库一样，由多个用户视图组成。用户视图是针对分布式数据库特定的全局用户的，是对分布式数据库的最高层的抽象。

分布式数据库与集中式数据库的视图有同样的概念，不同的是，它不是从某一个具体场地上的局部数据库中抽取，而是从一个虚拟的由各局部数据库逻辑集合中抽取，对全局用户而言，不论他在分布式数据库系统中的哪一个节点上访问系统中的数据，都可以认为所有的数据库都在本场地，而且他只关心自己所使用的那部分数据。

如果是完全透明的关系模型的分布式数据库结构，则视图就和集中式数据库的视图一样，其定义方式也基本相同，因此全局用户在使用视图时，就不必关心数据的分片和具体的物理细节。若为非完全透明的分布式数据库，则在视图定义中，根据透明性支持的程度，需要给出一定的数据细节、物理存取的细节等。

2）全局概念层

全局概念层是分布式数据库的整体抽象，包含了系统中全部数据的特性和逻辑结构。就像集中式数据库中的概念视图一样，是对数据库的整体的描述，但在分布式数据库的四层抽象的结构中，全局概念层比集中式的概念层有更多的描述。

从分布透明特性来说，分布式数据库的全局概念层应具有三种模式描述信息：

（1）全局概念模式：描述分布式数据库全局数据的逻辑结构，是分布式数据库的全局概念视图。与集中式数据库的概念视图的定义相似，全局概念模式应包含模式名、属性名以及每种属性的数据类型的定义和长度。

（2）分片模式：描述全局数据逻辑划分的视图，它是全局数据的逻辑结构根据某种条件的划分，每一个逻辑划分即一个片段，或称为分片。

（3）分配模式：描述局部逻辑的局部物理结构，是划分后的片段（或分片）的物理分配视图。它与集中式数据库物理存储结构的概念不同，是全局概念层的内容。

分布式数据库的定义语言除了需要提供概念模式的定义语句外，还必须提供分片模式和分配模式的定义语句。

从全局模式到分片模式，再到分配模式，它们之间存在着映射。全局概念模式到分片模式的映射是一对多的，即一个全局概念模式有若干个分片模式与之相对应，而一个分片模式只能对应一个全局概念模式。分片模式到分配模式映射可以是一对多的或者一对一的，这是由数据分布的冗余策略所决定的。当采用一对多时，表明分片数据有多个副本存储在不同的场地上，且同一场地一般情况下不允许有相同的副本存在；当采用一对一时，则表明数据是非冗余的，即分片数据只有一个副本。

从全局概念层观察分布式数据库，它定义了全局数据的逻辑结构、逻辑分布性和物理分布性，但并不涉及全局数据在每个局部场地上的物理存储细节。所以全局概念层，仍然是概念层视图，或全局数据库管理员视图，因而，全局数据库管理员将负责全局数据结构的定义、逻辑分布的定义和物理分布的定义。

分布式数据库的全局数据分布性的描述对关系数据模型最为有利。对于关系型分布式数据库来说，全局概念模式由一组全局关系模式的定义组成，分片模式是对全局关系模式的逻辑划分定义，即片段定义，或子关系模式定义，所以可以将片段看作全局关系的逻辑组成，即逻辑片段；分配模式是对于子关系模式的描述，因此分配模式决定了子关系的物理场地，即决定子关系的物理片段。

如图 14-3 是全局关系 R 的分片和物理映像示意图。全局关系 R 分为三个片段 R1、R2 和 R3，以冗余的方式分配到不同物理节点上。R1 在节点 1 和节点 2 有相同的映像，R2 只在节点 2 上存储，R3 在节点 1、节点 2 和节点 3 上都有相同的映像副本。

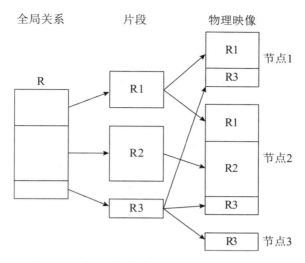

图 14-3　全局关系的各片段和物理映像示意图

3）局部概念层

局部概念层由局部概念模式描述，一般情况下，它是全局概念模式的子集，全局概念模式经逻辑划分后被分配在各局部场地上。

在分布式数据库局部场地上，每个全局关系有该全局关系的若干个（可允许是全部）逻辑片段的物理片段集合，该集合是一个全局关系在某个局部场地上的物理映像，全部的物理映像组成局部概念模式。如果两个场地上的所有物理映像都相同，则其中一个场地上的数据必然是另一个场地的副本，两个场地的局部概念模式亦相同。

如果分布式数据库只支持全局应用，则局部概念模式可理解为局部数据库的概念模式和外模式，在此情况下，外模式和概念模式是相同的；如果分布式数据库还支持局部用户，而局部用户定义的局部数据不参与分布式数据库的全局数据，则局部概念层还应划分为局部外模式和局部模式，并且由局部 DBA 描述，这些将不属于全局概念模式。这时值得注意的是，全局数据和局部数据分别由全局 DBA 和局部 DBA 管理。因此，全局用户是否可以使用全局数据则由全局 DBA 授权，局部 DBA 无权授予全局用户各种权限。

当全局数据模型与局部数据模型不同时，则物理映像与各局部数据库的数据模型之间还必须有数据模型的转换。即使是数据模型相同时，也可能有数据类型和格式的各种转换。也就是说，各局部数据库是多种数据模型构成的数据库时，在组成分布式数据库时，需要一个统一的全局描述，即数据模型的同种化的集成，而对于不同的规格化的统一，则称之为一体化。这就是分布式数据库中的全局概念层到局部概念层的映射模式的描述。

4）局部内层

局部内层是分布式数据库中关于物理数据库的描述。相当于集中式数据库的内层。其描述的内容和方法与之大致相同。

总之，分布式数据库四层结构及其模式定义之间的相互映射关系，体现了分布式数据库是一组用网络联结的局部数据库的逻辑集合。四层结构也体现了分布式数据库的特点：

（1）全局数据库与局部数据库分离。全局数据库是虚拟的，全局 DBA 的视图由全局概念层定义，完全独立于各个场地的局部数据库；局部概念层和局部内层可看作是局部数据库，它是全局数据库的内层。这样，不论是同构或异构型的分布式数据库，其全局数据库到局部数据库都是由映射模式解释的，所不同的是，同构型分布式数据库比异构型分布式数据库在映射模式上的复杂性低。而对于全局用户来说，他们所关心的只是外层所定义的视图，他们只需使用全局数据所提供的语言去操纵分布式数据库，无需考虑各种模型转换、语言的转换、场地分配等细节。全局数据库与局部数据库的分开描述，不仅体现了本章中关于分布式数据库的定义，同时也体现了它具有模式转换的透明性。

（2）数据库的数据独立性。四层结构中的全局外层是数据库的用户视图，可有多个。全局概念层和局部概念层是分布式数据库的全局整体逻辑数据和局部整体逻辑数据的抽象，由于分布式数据库的分布特性决定了全局整体逻辑数据的抽象只有一个，而局部数据的逻辑抽象则是每个局部数据库各有一个，当然也允许其中的某些逻辑抽象完全相同，这样，分布式数据库就具有了集中式数据库那样的数据独立性——逻辑数据独立性和物理数据独立性。

（3）透明性。在全局概念层中，把数据的分片概念和数据的分配概念分别定义，从而把分布透明中的分片透明和分配透明相分离。所谓分片透明即用户完全只对全局关系操作，而不管关系如何在逻辑上划分成片段关系，在全局概念层把分片透明看作是最高程度的透明性。所谓分配透明，是较低级的透明.要求用户在片段上操作，不是在全局关系上的操作，但不必考虑片段的存放位置，对用户而言，在完全透明的情况下，系统支持由分片定义而选中所需的片段进行操作，并由系统选择出适当的场地执行。从而实现了对用户的分布完全透明。这种分离对分布式数据库设计是十分有利的，可在逻辑设计阶段考虑分片的划分要求，而在实现时才考虑数据分配问题。

（4）数据冗余控制。冗余只在分配时才涉及，并且分布式系统提供了重复副本透明性。分布式系统还可提供比场地透明更低一级的透明性管理，即用户只要指定某个副本，系统对其他副本完成相应的操作，从而保证所有副本的完整性和可用性。

2. 数据分布

数据分布是分布式数据库系统中的基本问题，解决好这个问题对提高分布式数据库系统的效率和性能有积极的作用。所谓数据分布是指在分布式环境中通过合理分布数据.提高数据操作自然并行度，以达到最好的执行效率的目的。在构建分布式数据库系统的运行环境时，必须考虑数据如何分布在系统的各个场地上，或者说，必须考虑构成分布式数据库系统的各个组成部分各自如何使用数据的问题。所以，在分布式数据库系统中，同样存在着分布式数据库的设计问题。数据分布就是讨论这个问题，它包括分布式数据库的逻辑划分和物理分配，以及用户对分布式数据库的划分或分配的感知程度（透明度）。

数据分布要研究的问题是在分布式数据库中，如何放置数据，从而使得相关数据之间的相对位置最佳。

如何分布数据，使它们的相对位置最佳，还需要考虑许多其他问题，例如：

（1）如果一个场地上的存储空间不够，无法存放要访问的所有数据时该怎么办？

（2）数据相对位置对查询优化有什么样的影响？

（3）如何才能知道相对位置最佳的数据分布是否最大限度地利用了网络环境并行性？

对于数据分布问题，人们已经进行了大量的研究工作，其中主要的工作都是围绕着两方面进行的："高效的数据划分问题"和"数据放置问题"。第一个方面是关于如何把数据划分开，使得使用率最高的数据能够被放置在性能最好的场地上。第二个方面是关于如何把已划分好的数据合理地放置在网络上以获得最好的执行效率，减少网络传输的数据量。数据的划分和放置是数据分布问题的两个方面，只解决其中任何一个都不能说是已经解决了数据分布问题。数据分布是分布式数据库的特征，解决数据分布的策略一般有以下几种：

（1）集中式：所有全局数据片段都安排在一个节点上。

这种分布策略把系统数据都存放在一个节点上，对数据的控制和管理都比较容易，数据的一致性和完整性能够得到保证。但是由于数据的检索和修改都必须通过这个节点，使得这个节点的负担过重，容易出现瓶颈。另外，系统对这个节点的依赖性也过多，一旦这个节点出现故障，将使整个系统崩溃，系统的可靠性就相对较差，为了提高系统的可靠性，该节点的设备就必须提高。

（2）分割式：所有全局数据有且只有一份，它们被分割成若干个逻辑片段，每个逻辑片段被分别指派在特定的节点上，可以说对全局数据进行了划分。

这种分布策略充分利用各个站点上的存储设备，数据的存储量大。在存放数据的各个节点可自治地检索和修改数据，发挥系统的并发操作能力。同时，由于数据是分布在多个节点上的，所以当某部分节点出现故障时，系统仍可运行，提高了系统的可靠性。对于全局查询和修改，所需的时间会比集中式长些，因为数据不在同一场地上，需要进行网络通信。

（3）复制式：全局数据有多个副本，每个站点上都有一个完整的数据副本。

采用这种策略的系统可靠性较高，响应速度快。数据库的恢复也较容易，可从任意的场地得到数据的副本。但是要保持各个站点上数据的同步修改，将要付出昂贵的代价。另外，整个系统的数据冗余很大，系统的数据容量也只是一个节点上数据库的容量。

（4）混合式：全部数据被分为若干个数据子集，每个子集被放在不同的节点上，但任何一个节点都没有保存全部的数据，根据数据的重要性决定各个数据子集副本的数量。

这种分布策略，兼顾了分割式和复制式的做法，也获得了二者的优点，它灵活性好，能提高系统的效率，但同时也包括了二者的复杂性。

3. 数据分片

数据分片也称数据分割，是分布式数据库的特征之一。在一个分布式数据库中，全局数据库是由各个局部数据库逻辑组合而成。相反，各个局部数据库则是全局数据库的某种逻辑分割而得。实际上这也是应用的需要，以关系型模型为例来说明，一个关系描述了某些数据之间的逻辑相关性，但是，因为不同节点的用户对该关系中元组的需求可能是不同的。例如，某个关系中的元组是与地区有关，西安的用户需要的是有关"西安"的那些元组，而广州的用户需要的是有关"广州"的那些元组。这就需要对这个关系进行分割，分割后得到的各部分元组称为该关系的逻辑片段，并被存放在相应的节点上。这样处理将各得其所，可以大大减少网络上的通信，从而提高系统的响应效率。

在分布式数据库中，数据存放的单位是数据的逻辑片段。对关系型数据库来说，一个数据的逻辑片段是关系的一部分。数据分片有三种基本方法，它们是通过关系代数的基本运算来实现的：

（1）水平分片：按特定条件把全局关系的所有元组，分划成若干个互不相交的子集，每一子集为全局关系的一个逻辑片段。它们通过对全局关系施加选择运算得到，并可通过对这些片段执行合并操作来恢复该全局关系。

（2）垂直分片：把全局关系的属性分成若干子集，对全局关系作投影运算得到这些子集。要求全局关系的每一属性至少映射到一个垂直片段中，且每一个垂直片段都包含该全局关系的关键字。这样，通过对这些片段执行连接操作可以恢复该全局关系。

（3）水平和垂直结合的分片：以上两种方法的混合。可以先水平分片再垂直分片，或先垂直分片再水平分片。

不论采用哪一种方法进行数据分片，都要遵守如下规则：

（1）完备性条件：必须把全局关系的所有数据映射到各个片段中，绝不允许有属于全局关系却不属于任何一个片段的数据存在。

（2）可重构条件：必须保证能够由同一个全局关系的各个片段来重新构造该全局关系。对于水平分片可用并操作重构全局关系；对于垂直分片可用连接操作重构全局关系。

（3）不相交条件：要求一个全局关系被分割后所得的各数据片段互不重叠或只包含关键字重叠。

4. 分布透明性

在分布式数据库中，数据独立性是十分重要的，其内容比集中式数据库更加复杂。除了数据的逻辑独立性与数据的物理独立性外，还有数据的分布独立性。所谓数据分布独立性是指用户或用户程序使用分布式数据库如同使用集中式数据库那样，不必关心全局数据的分布情况，即用户不必关心全局数据的逻辑分片情况、逻辑片段的场地位置分配情况以及各场地上数据库的数据模型等。也就是说，全局数据的逻辑分片、片段的物理位置分配、各场地数据库的数据模型等情况对用户和应用程序是透明的。所以，在分布式数据库中分布独立性也称为分布透明性。下面我们来看看分布透明性的各种级别：

1）分片透明性

分片透明性是分布透明性中的最高层，在四层分布式数据库模式结构中，分片透明性位于全局概念模式与分片模式之间。当分布式数据库具有分片透明性时，用户编写的应用程序只对全局关系进行操作，而不必考虑数据的逻辑分片，当分片模式改变时，只要改变全局概念模式到分片模式之间的映像，从而不会影响应用程序，实现了数据分片透明性。

2）分配透明性

分配透明性也称位置透明性，是分布透明性的中间层，在四层的分布式数据库模式结构中，位于分片模式与分配模式之间。实际上，分配透明性包含了两种情形：一种是各片段被复制的情况，即每一片段是否被复制、复制了几个副本；另一种是片段及其各副本的场地的位置分配情况。前者也称复制透明性或数据冗余透明性。当分布式数据库具有分配透明性时，用户编写的应用程序要了解全局数据的数据分片情况，但不必了解各逻辑片段的复制副本情况，也不必关心各片段及其副本的站点位置分配情况。当片段及其副本的存储站点改变时，只要改变从分片模式到分配模式之间的映像，从而不会影响用户程序，实现了数据片段的位置透明性。

3）局部数据模型透明性

局部数据模型透明性也称局部映像透明性，即与各场地上数据库的数据模型无关，是分布透明性的最低层，在四层分布式数据库模式结构图中，处于分配模式与局部概念模式之间。当分布式数据库只具有局部数据模型透明性时，用户编写应用程序不但要了解全局数据的逻辑分片情况，还要了解各逻辑片段的副本复制情况，以及各片段和它们副本的站点位置分配情况，但不必了解各站点上数据库的数据模型。全局数据模型与每个节点上的局部数据库的数据模型的转换是由分配模式与局部概念模式之间的映像实现的。当某个节点上数据库的数据模型改变时，只要改变分配模式到该站点局部概念模式之间的映像即可，应用程序不受影响，从而实现了局部数据模型透明性。显然，在同构分布式数据库系统中，其各站点上的数据模型相同，且有可能全局数据库的数据模型就采用局部数据库的数据模型，此时，就大大减少这种映像的复杂性。

如果一个分布式数据库系统提供分片透明性，它一定也提供了分配透明性和局部数据模型透明性，所以也称为完全分布透明性，是分布透明性的最高级别。此时，对用户和用户程序而言，他们所面对的分布式数据库系统，如同集中式数据库一样，不必考虑数据的分片细节，不必考虑各片段的副本情况，不必考虑片段及副本的分配细节，也无需考虑各站点上数据库是什么数据模型等。

如果一个分布式数据库系统提供分配透明性，而没有提供分片透明性，它一定也提供局部数据模型透明性，所以也称为中级分布透明性。此时，对用户和应用程序而言，他们必须知道分布式数据库全局数据的逻辑分片情况，在程序中必须指出所需要访问的逻辑片段名。但不必关心逻辑片段是否被复制以及它们被分配在哪些站点上，也不必考虑站点的数据模型。

如果一个分布式数据库系统只提供局部数据模型透明性而不提供分片透明性，也不提供分配透明性，则被称为低级分布透明性。此时，对用户和应用程序而言，他们不但必须知道分布式数据库全局数据的逻辑分片情况，还必须知道各片段是否有副本、有多少副本、各片段及其副本被分配在哪些站点上。即在程序中要指定要访问的数据逻辑片段名，因此，要指定它们所在的节点名。但不必考虑站点上的数据模型。

如果一个分布式数据库系统，连局部数据模型透明性也不提供，即将异构数据模型转换也交给用户和用户程序自己处理，这种分布式数据库系统称为无分布透明性。

由此可见，一个分布式数据库系统可能提供的分布透明性的层次越高，用户编写应用程序越容易。因此，一个分布式数据系统可能提供的分布透明性的程度，也是衡量分布式数据库管理系统是否完善的标准之一。

5. 分布式数据库管理系统

分布式数据库管理系统（Distributed Database Management System，DDBMS）用以支持分布式数据库的建立和维护，皮博尔（Peebll）和曼宁（Manning）两位博士把分布式数据库管理系统分成两大类：综合型和联合型。

（1）综合型体系结构：是指在分布式数据库建立之前，还没有建立独立的集中式数据库管理系统，设计人员根据用户的需求，设计出一个全新的完整的数据库管理系统。

（2）联合型体系结构：是指每个节点的数据库管理系统已经存在，在此基础上建立的分布式数据库系统。同时，联合型体系结构又分为同构系统和异构系统。所谓同构系统是指每个节点的局部数据库管理系统支持同一种数据模式、命令语言及查询语言；而异构系统是指各个节点上的数据库管理系统有不同的数据模式、命令语言及查询语言。

1987 年，关系数据库的最早设计者 C.J.Date 提出了完全的分布式数据库管理系统应遵循的 12 条规则。这 12 条规则已被广泛接受，并作为分布式数据库系统的标准定义。它们是：

（1）本地自治性；

（2）不依赖于中心站点；

（3）可连续操作性；

（4）位置透明性和独立性；

（5）数据分片独立性；

（6）数据复制独立性；

（7）分布式查询处理；

（8）分布式事务管理；

（9）硬件独立性；

（10）操作系统独立性；

（11）网络独立性；

（12）DBMS 独立性。

如果一个分布式数据库管理系统能够满足上面的 12 条准则，我们就可称这个分布式管理系统为完全的分布式管理系统。图 14-4 给出了一个分布式数据库管理系统的参考结构。

分布式数据库管理系统由四部分组成：

（1）LDBMS，局部场地上的数据库管理系统，其功能是建立和管理局部数据库，提供场地自治能力，执行局部应用及全局查询的子查询。

（2）GDBMS，全局数据库管理系统，主要功能是提供分布透明性，协调全局事务的执行，协调各局部数据库管理系统以完成全局应用，保证数据库的全局一致性，执行并发控制，实现更新同步，提供全局恢复功能等。

（3）全局数据字典（Global Data Directory，GDD），用来存放全局概念模式、分片模式、分配模式的定义以及各模式之间映像的定义，存放用户存取权限的定义，以保证全部用户的合法权限和数据库的安全性，还存放数据完整性约束条件的定义，其功能与集中式数据库的数据字典类似。

（4）通信管理（Communication Management，CM），通信管理系统在分布数据库各场地之间传送消息和数据，完成通信功能。

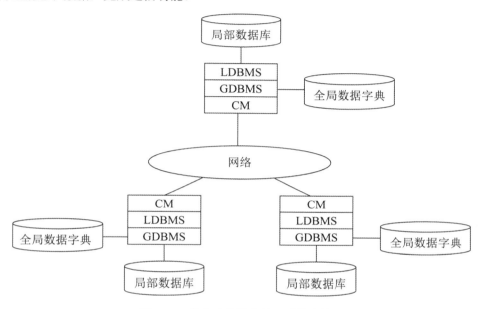

图 14-4　分布式数据库管理系统结构图

14.1.3　分布式查询处理和优化

在集中式关系型数据库中，数据的存取过程和数据的存储结构对用户和应用都是透明的，用户依据数据模型表达查询要求。借助于 SQL 一些语言来存取数据。这些数据存取及优化过程由数据库管理系统中的数据操作处理模块去完成，它们决定了系统的效率。分布式数据库中查询处理问题的基础是集中式关系型数据库系统中的概念及策略。分布式查询处理从讨论分布式查询的特点入手，并假设分布式数据库管理系统提供完全透明性。

分布式数据库环境中的查询与集中式数据库环境中的查询相比较，要增加对以下两个方面的考虑：

（1）数据和信息均要通过通信线路进行传输，存在延迟的问题将减慢整个查询的执行过程。

（2）网络中多处理器的存在提供了并行数据处理和传输的机会，应充分利用以加快查询的速度。

在分布式数据库系统中，查询优化器的主要任务是控制和加快查询执行与数据传输过程。在分布式查询处理技术中，查询优化的基本类型通常包括两类：针对查询执行代价的优化和针对查询响应时间的优化。执行代价是指查询所需要的系统资源；查询响应时间是指查询开始提交到获得第一个结果之间的时间。一般情况下，查询响应时间对一个组织机构而言，往往就代表着执行代价。例如对于一个商业组织机构，因为响应时间的延误而失掉了销售额或其他机会，就意味着商业损失，但是，出于教学和编程方面的某些原因，我们需要将查询执行代价和响应时间加以区分。

针对查询执行代价进行优化的目标是，使查询执行所使用的系统资源的总和尽量地少，从而降低系统开销，整个系统的开销可以从各单个系统资源的开销表达式中推出。针对查询响应时间优化的目标是尽量减少查询的响应时间，而不计较系统资源的耗费。可以形象地说，执行代价优化的目标是"最便宜"，而响应时间优化的目标是"最快"。

14.1.4　分布事务管理

1. 分布式事务

一个事务是访问数据库的一个逻辑工作单位，它是一个操作序列，执行这个操作序列，使数据库从一种一致状态转换到另一种一致状态，以实现特定的业务功能。

分布式事务是传统事务的扩充，在分布式数据库系统中，任何一个应用的请求最终都将转化成对数据库的存取操作序列，所以分布式事务从外部特征来看，继承了传统事务的定义。但是，在分布式数据库系统中，数据是分布的，一个事务的执行可能涉及多个站点上的数据，这使得分布式事务的执行方式与传统事务的执行方式不同，传统集中式事务只在一台计算机上执行，而分布式事务将在多个站点上的多台计算机上执行，即分布式事务的执行也是分布的。

在分布式数据库系统中，用分布式事务表明一个要求访问多个站点上数据库中数据的事务，但不关心存放数据的具体地点。分布式数据库管理系统的事务优化器实现把一个分布式事务转变为若干个与相应站点有关的操作序列，这些操作序列也称为"子事务"。所以，在分布式数据库系统中，可以把一个分布式事务看成是由若干个不同站点上的子事务组成。

2. 分布式事务的特性

分布式事务和集中式数据库中的事务一样具有下面的特性：

（1）原子性：事务的操作要么全部执行，要么全部不执行。当事务非正常终止时，其中间结果将被取消。事务的原子性保证数据库的状态总是从一个一致的状态变化到另一个一致的状态，而不会出现不一致的中间状态。

（2）可串行性或一致性：并发执行的几个事务，其操作的结果应与以某种顺序串行执行这几个事务所得出的结果相同，因此称为可串行性。这种可串行化的并行调度是由数据库系统的并发控制机制来完成，以保证并发事务执行时的数据库状态的一致。所以这种性质也称为事务的一致性。

（3）隔离性：一个没执行完的事务不能在其提交之前把自己的中间结果提供给其他的事务使用。因为未提交事务的结果不是最终结果，它有可能在以后的执行中被迫取消，如果其他的事务用到了它的中间结果，那么该事务也要夭折。

（4）持久性：当一个事务正常结束后，即提交后，其操作的结果将永久化，提交后发生的故障不会影响提交结果。即使发生了故障，系统应能够保证可以把事务的操作结果恢复过来。

人们常把事务的原子性（Atomicity）、可串行性（Serializability）或一致性（Consistency）、隔离性（Isolation）和持久性（Durability），称为事务的四个特性，简写为 ASID 或 ACID。

由于分布式数据库系统的分布特性，分布式事务的四性更带有分布执行时的特性。例如，在分布式数据库系统中，为了保证事务的原子，组成这个分布式事务的各个子事务，要么全部都提交（成功结束），要么全都撤销（不成功结束），这就需要对各子事务进行协调和控制。此外，在分布式事务中，除了需要考虑访问数据互斥的存取操作序列外，还必须考虑大量的数据传送、通信原语和控制报文等，这些都是分布式事务所特有的性质。因此分布式事务与集中式数据库中的事务相比，在下面几个特性有所区别：

（1）执行特性：由于分布式事务执行时被分解成多个子事务执行，而各子事务间的操作需要进行协调，因此每一个分布式事务必须创建一个控制进程（亦称协调进程），以协调各子事务的操作，协调数据及控制报文的收发，决定事务的提交与夭折。而集中式事务的执行由并行调度算法调度，不必产生一个控制进程，也不必分解为子事务。

（2）操作特性：在分布式事务中，除了应用对数据的存取操作序列之外，还必须加入大量的通信原语，负责协调进程和代理进程（负责完成子事务）之间的数据传送，以及代理进程之间的数据传送。此外，为了协调子事务的执行，还要加入大量的控制原语。因此，分布式事务比集中式事务的组成要复杂，而且执行的方式也要复杂得多。

（3）控制报文：分布式数据库系统中，除了数据报文外，更增加了控制报文。因为除了要对数据进行存取操作外，还要对各子事务的操作进行协调，这样就有了大量的控制报文要在网上传输。

3. 分布式数据库故障

在集中式数据库系统中，故障分为事务故障、系统故障和介质故障。

在分布式数据库系统中，除了上述故障外还有因网络引起的故障。一般，把网络上各站点可能出现的故障称为站点故障，它们包括集中式系统中可能发生的故障，而把站点之间通信出现的故障称为通信故障。

通信故障可分为报文故障和网络分割故障。而报文故障又可分为报文错、报文失序、报文丢失和长时间的延迟。对报文错和报文失序现今网络都可检测和处理，所以通信故障主要是报文丢失、报文延迟和网络分割。下面我们对每一种故障逐一解释：

（1）介质故障：存放数据的介质发生的故障，如磁带、磁盘的损坏等。

（2）系统故障：CPU 错、死循环、缓冲区满、系统崩溃等。

（3）事务故障：计算溢出、完整性被破坏、操作员干预、输入输出错等。

（4）网络分割故障：系统中一部分的节点和另外一部分节点完全失去了联系，两组节点无法通信。

（5）报文故障：收到的报文格式或数据错误、报文先后次序不正确、丢失了部分报文和长时间收不到报文。

综上所述，故障的分类如图 14-5 所示。

当在规定时间内未接到应答时，就要进行如下分析：

（1）是系统发生故障，还是性能不好，还是网络流量过大？

（2）如果是系统发生故障，是站点故障，还是报文故障，还是网络分割？

（3）如果是报文故障，是报文丢失还是应答丢失？等等。

处理网络分割故障要比处理站点故障和报文故障困难得多，但其发生频率也低于站点故障和报文故障。按照故障处理难度的升序排列，则为：

（1）仅发生站点故障。

（2）站点故障与报文故障同时存在。

（3）站点故障、报文故障和网络分割故障同时存在。

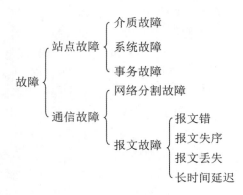

图 14-5　故障的分类图

4. 分布式数据库的恢复原则

故障的发生会影响数据库中数据的正确性，甚至破坏数据库，从而影响数据库系统的可靠性和可用性。因此，数据库管理系统都对故障恢复机制很下功夫，认真地做了研究和开发。研究数据库系统中故障的恢复，主要是指如何恢复因故障而破坏的数据库，使数据库恢复到正确状态。在分布式数据库系统中，当发生事务故障时，保证事务原子性的措施称为事务故障恢复，简称为事务恢复。事务本身的故障和系统的故障是造成数据库完整性和一致性破坏的主要原因。事务恢复主要是依靠日志来实现的。恢复应遵循的原则如下所述。

1）孤立和逐步退出事务的原则

对于不影响其他事务的可排除性局部故障，例如事务操作的删除、超时、违反完整性规则、资源、限制、死锁等，应令某个事务孤立地和逐步地退出，将其所做过的修改复原，即做 UNDO。

2）成功结束事务原则

成功结束事务所做过的修改应超越各种故障，当故障发生时，应该重做（REDO）事务的所有操作。

3）夭折事务的原则

若发生了非局部性的不可排除的故障，例如系统崩溃，则撤销全部事务，恢复到初态。这有两种做法：一种是利用数据库的备份实现；另一种是按反向顺序操作，复原其启动以来所做过的一切修改。

从集中式事务恢复可以了解事务恢复的一般过程，对分布式事务来说，由于处于网络环境，其恢复处理远比集中式事务恢复要复杂得多。在分布式事务恢复中，本地事务的恢复和集中式事务的恢复相同，由本地事务管理器（Local Transact Management，LTM）具体执行；而整个分布式事务的恢复由分布式事务管理器（Distribute Transact Management，DTM）与 LTM 协同完成。

5. 两阶段提交协议

两阶段提交协议（Two Phase Commitment Protocol，2PC）既简单又精巧，它把本地原子性提交行为的效果扩展到分布式事务，保证了分布式事务提交的原子性，并在不损坏日志的情况下，实现快速故障恢复，提高分布式数据库系统的可靠性。

在两阶段提交协议中，把分布式事务的某一个代理指定为协调者（Coordinator），所有其他代理称为参与者（Participant）。这里的代理是指完成各个子事务的进程。只有协调者才拥有提交或撤销事务的决定权，而其他参与者各自负责在其本地数据库中执行写操作，并向协调者提出撤销或提交事务的意向。一般一个站点唯一地对应一个子事务，如果某一参与者与协调者在同一站点，虽然它们不需要使用网络来通信，但仍逻辑地认为它与协调者不在同一站点。图 14-6 描述了协调者和参与者的关系。

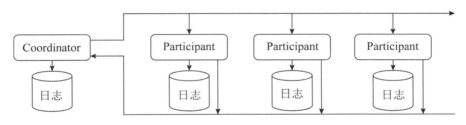

图 14-6　协调者和参与者的关系图

2PC 保证分布式事务提交的原子性，这是通过在分布式事务的结果生效以前，所有参与执行分布式事务的站点都同意提交而做到这一点的。这种同步的必要性有很多理由，如果某个事务正在读一项由另一个还未提交的事务更新的数据项的值时，相应的参与者就不会同意马上提交该事务。另一种参与者不同意提交的可能的原因是发生了死锁，这要求某一个参与者撤销事务。注意，参与者不需要任何其他进程来通知就可以撤销一个事务，这种能力相当重要，我们称之为单方面撤销。

2PC 把事务的提交过程分为两个阶段：第一阶段是表决阶段，目的是形成一个共同的决定。开始时，协调者在它的日志中写入一条开始提交的记录，再给所有参与者发送"准备提交"消息，并进入等待状态。当参与者收到"准备提交"消息后，它检查是否能提交本地事务。如果能提交，参与者在日志中写入一条就绪记录，并给协调者发送"建议提交"消息，然后进入就绪状态；否则，参与者写入撤销记录，并给协调者发送"建议撤销"消息。如果某个站点做出"建议撤销"提议，由于撤销决定具有否决权（即单方面撤销），发出"建议撤销"的站点就可以直接忽略这个事务。协调者收到所有参与者的回答后，它就做出是否提交事务的决定。只要有一个参与者建议撤销，协调者就必须从整体上撤销整个分布式事务，因此它写入一条撤销记录，并给所有参与者发送"全局撤销"消息，然后进入撤销状态；否则，它写入提交记录，给所有的参与者发送"全局提交"消息，然后进入提交状态。

第二阶段是执行阶段，目的是实现这个协调者的决定。根据协调者的指令，参与者或者提交事务，或者撤销事务，并给协调者发送确认消息。此时，协调者在日志中写入一条事务结束记录并终止事务。图14-6描述了两阶段提交协议的参与者和协调者的交互。

请注意协调者做出事务的全局终止决定的方式，该决定受两条规则的支配，这两条规则称为全局提交规则：

（1）只要有一个参与者撤销事务，协调者就必须做出全局撤销决定。

（2）只有所有参与者都同意提交事务，协调者才能做出全局提交决定。

从图14-7中可以看出以下关于两阶段提交协议的一些重要之处：

（1）两阶段提交协议允许参与者可以单方面撤销事务。

（2）一旦参与者确定了提交或撤销提议，就不能再更改它的提议。

（3）当参与者处于就绪状态时，根据协调者发出的消息的种类参与者可以转换为提交状态或撤销状态。

（4）协调者依据全局提交规则做出全局终止决定。

（5）注意协调者和参与者可能进入某些相互等待对方发送消息的状态。为了确保它们能够从这些状态中退出并终止，要使用定时器。每个代理进程进入一个状态时都要设置超时器。如果所期待的消息在定时器超时之前没有到来，定时器向代理进程报警，进程根据超时协议执行相应动作。

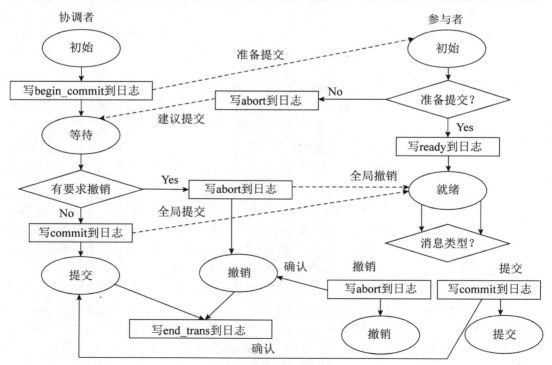

图 14-7　两阶段提交协议活动图

6. 两阶段提交协议对故障的恢复

1) 场地故障

- 当一参与者在写入"建议提交"前发生故障时，该参与者无法向协调者发回答信息，因此，当协调者等待超时后，将决定终止事务。当该故障恢复后，该参与者无须收集其他场地的信息即可终止事务。

- 参与者进程在写入"建议提交"后发生故障，这时其他的参与者可以正常结束该事务，"提交"或"撤销"，因为协调者可以根据收到该参与者的应答决定"提交"或"撤销"。因此，故障恢复后，该参与者要访问协调者或其他参与者，以了解协调者对事务做出的决定，然后执行相应的操作"提交"或"撤销"。这里我们假设在日志中写入"建议提交"记录和发送"建议提交"信息给协调者这两个动作具有原子性，要么都执行，要么都不执行。

- 协调者在日志中写入"准备提交"记录后，写入"全局提交"或"全局撤销"前发生故障，这时已发出"建议提交"信息的参与者等待协调者恢复。协调者的重启动过程从头恢复提交协议，从"准备提交"记录中读出参与者的标识符，重发"准备提交"报文给参与者，重新执行提交过程。

- 协调者在写入"全局提交"或"全局撤销"记录以后，在写入"事务结束"记录以前发生故障。在这种情况下，协调者恢复时必须给所有的参与者重发其决定，未收到信息的参与者不得不等待协调者的恢复。

2) 报文丢失故障

- 至少有一个参与者的回答报文（"建议提交"或"建议撤销"）丢失了。在这种情况下，协调者将等待回答而超时，整个事务被撤销。这种情况只由协调者发现，但它无法决定是场地故障还是通信故障，而参与者能够正确执行，它不会启动恢复过程。

- 丢失"准备提交"报文，由于至少有一个参与者收不到"准备提交"命令，因此参与者处于等待状态，而协调者也等待参与者的回答，所以协调者会因为等待超时而撤销事务。这种情况和上述一样。

- 丢失"全局提交"或"全局撤销"报文，这种情况下参与者处于等待协调者命令的状态下，当参与者未收到命令时，会因等待而超时，这时向协调者请求重发该命令的信息。

- 丢失了"确认"报文，当协调者未收到全部参与者的"确认"报文时，协调者会因等待而超时，这时协调者重发命令报文给参与者，这时参与者必须给予"确认"报文回答，即使此时相应的子事务已不在活动也要重发。

3) 网络分割故障

假设在出现网络分割时，整个网被分为两个组，包含协调者的组称为协调者组，其他的则组成参与者组。这种情况对于协调者来说相当于参与者组中的多个参与者同时发生故障，这时协调者可以做出决定，然后把命令发给协调者组中的参与者，因此这些场地上的子事务可以结束。而对于失去联系的参与者，它们则认为协调者出现故障，根据它们所缺少的回答信息，进行相应的故障处理。

7. 三阶段提交协议

所谓事务的阻塞是指一个场地的子事务本来是可以执行结束的，然而由于分布式数据库的故障，它必须等待故障恢复以后得到需要的信息后才可以做出决定，而故障情况是不可以预料的，该子事务又占有一些系统资源不能释放，无法继续执行，这时称之为事务进入阻塞状态。

事务出现阻塞的原因可能很多，例如：当参与者等待协调者的回答时，可能因为网络故障或协调者故障使之收不到回答信息而出现等待超时，这时事务进入阻塞状态，重发"建议提交"信息，要求协调者给予回答，直到网络故障或协调者恢复并给予回答，参与者才做出决定继续执行（提交或撤销），若一直收不到回答，则事务一直处于阻塞状态而挂在相应的场地上，因此，阻塞降低了事务的可用性。

如何使一提交协议成为非阻塞的提交协议呢?在 2PC 协议中，参与者的提交是在它知道了其他所有的参与者均发出了"建议提交"的报文以后进行的。若在 2PC 中增加一段使得参与者的提交不仅要等到它知道所有的参与者均发出了"建议提交"的报文，而且还知道所有参与者的状态（如它们是处于故障状态，还是已经恢复）以后才执行。这时 2PC 即变成 3PC 协议，即三阶段提交协议。在 3PC 协议中，报文有三次接收和发送，协调者第二次向参与者发出的报文不是"全局提交"报文，而是提交前的"全局预提交"报文，告诉所有的参与者均可以进入准备提交状态，而参与者的回答也不是提交子事务，而是发出"准备就绪"报文。在第三阶段中，当协调者收到全部的"准备就绪"的回答时才向所有的参与者发"全局提交"报文。此时，所有的参与者均知道其他的参与者已经进入"准备提交"状态。达到这一点，每个参与者均可以自己做出决定，撤销或提交，而不必因等待协调者的回答而进入阻塞状态，因为即使此时发生故障，系统的恢复机制迟早会恢复到故障前一刻的状态，即各参与者的子事务总会提交。因此，参与者可以自行决定先执行下去而不是处于等待状态，从而减少了阻塞。3PC 协议的提交过程为：

第一阶段，协调者向所有的参与者发"准备提交"报文，由每个参与者据自己的情况进行投票，只有所有的参与者回答"建议提交"才进入第二阶段。

第二阶段，协调者向所有的参与者发"全局预提交"报文，参与者收到该报文后若已经准备好提交，则回答"准备就绪"报文，否则进行撤销处理。

第三阶段，协调者收到所有的参与者"准备就绪"回答后，就向所有的参与者发"全局提交"报文，此时每个参与者都知道其他的参与者赞成提交，因此它可以收到"全局提交"报文后进行提交。

3PC 可以避免阻塞是基于一定的故障模型的，如果发生了网络分割故障，采用 3PC 协议同样存在问题，没有一种协议能够解决所有的故障，3PC 协议仅仅是降低了阻塞发生的可能性，但不是完全的非阻塞协议。

8. 三阶段提交协议对故障的恢复

由于系统的故障，报文可能没有收到。与 2PC 一样，3PC 也采用超时方法处理。

第一种情况是协调者没能及时发出"准备提交"报文，导致参与者等待超时，这时参与者决定撤销。

第二种情况是协调者等待参与者投票结果超时，这时协调者决定撤销。

第三种情况是参与者处于"赞成"提交状态，等待"全局预提交"命令时出现超时，这时进入恢复处理过程。

第四种情况是参与者处于"准备就绪"状态等待协调者的"全局提交"命令出现超时，也进入恢复处理，这时只要有至少一个参与者处于活动状态，子事务就不会阻塞。因为恢复后的参与者可以从活动子事务得到有关提交处理的信息，从而得知协调者的决定，依据协调者的决定确定自己应做的处理。

事务在进入恢复前有下述的两种状态是不相容的：

（1）一个参与者在其他任何一个活动的参与者处于赞成提交状态时，不可能进入"提交"状态。

（2）一个参与者在另一个参与者进入提交状态或任何一个参与者都进入准备就绪状态时不能进入撤销状态。

因此，恢复时参与者可以根据活动事务的状态决定相应的处理。在 3PC 协议中，恢复机制唯一可以做的是就近访问一个活动的参与者，确切地说是访问在它进入恢复处理前最近的活动参与者。如果所有的参与者处于"赞成"提交或"撤销"状态，则肯定没有一个参与者已提交，因此可以通知全部参与者"撤销"。如果已经有一个参与者"准备就绪"或"提交"，则肯定没有一个参与者被"撤销"，所以可以通知全部参与者提交，在通知"全局提交"前应先将仍处于"赞成"提交的参与者进入"准备提交"状态，然后再进入"提交"状态。因为在通知提交前，任何一个参与者均可能再发生故障，所以应避免其中一个参与者处于"赞成"提交状态而另一个处于"提交"状态。

14.1.5　新型分布式海量数据库

随着大数据和云计算时代的到来，海量数据每年都在呈指数级爆炸性增长，传统的分布式数据库模式处理起来也越来越吃力，新的分布式海量数据库管理和组织方法应运而生，典型的就是 Google 基于其分布式文件系统（Google File System，GFS）和 MapReduce 计算框架之上实现的 BigTable 分布式存储和管理机制。BigTable 非常适合 PB 以上级数据的处理，每秒可以处理百万级以上的读写操作，具有很好的高可用、高可靠和高效性。

Bigtable 是一种稀疏、分布式、持久化存储的多维度排序映射。映射由键（key）和值（volume）构成。BigTable 使用行和列名称对数据进行索引，这些名称可以是任意字符串。Bigtable 的键有三维，分别是行键（row key）、列键（column key）和时间戳（timestamp），行键和列键都是字节串，时间戳是 64 位整型；而值是一个字节串。可以用(row:string, column:string, time:int64)→string 来表示一条键值对记录。

BigTable 依赖一个高可用的、持久性的分布式锁服务 Chubby。一个 Chubby 服务包含 5 个动态副本，其中一个被选作主副本对外提供服务。当大部分副本处于运行状态并且能够彼此通信时，这个服务就是可用的。Chubby 使用 Paxos 算法来使它的副本在失败时保持一致性。

14.2　Web 与数据库

随着网络的高速发展和网络服务的日趋完善，网络上的信息量呈几何级数增加。为了有效地组织、存储、管理和使用网上的信息，数据库技术被普遍地应用于网络领域。20 世纪 90 年代的数据库技术已经十分成熟，可以支持大容量数据的存储和检索，而且具有较高的稳定性和可靠性。

14.2.1　Web 概述

1. Web 数据库

数据库是指按照一定的结构和规则组织起来的相关数据的集合，是存放数据的"仓库"，据此将网络数据库定义为以后台数据库为基础的，加上一定的前台程序，通过浏览器完成数据存储、查询等操作的系统。数据库技术是计算机处理与存储数据的最有效、最成功的技术，而计算机网络的特点是资源共享，因此数据与资源共享这两种技术的结合即成为今天广泛应用的 Web 数据库（也叫网络数据库）。

一个 Web 数据库就是用户利用浏览器作为输入接口，输入所需要的数据，浏览器将这些数据传送给网站，由网站对这些数据进行处理。例如，将数据存入后台数据库，或者对后台数据库进行查询操作等。最后网站将操作结果传回给浏览器，通过浏览器将结果告知用户。网站上的后台数据库就是 Web 数据库。

2. WWW 网络环境下的 Web 数据库

Web 与数据库的互连，将人、企业、社会与 Internet 融为一体。Web 技术发展到今天，人们已经可以把数据库技术引入 Web 系统中。数据库技术发展比较成熟，特别适用于对大量的数据进行组织管理，Web 技术具有较佳的信息发布途径，这两种技术的天然互补性决定相互融合是其发展的必然趋势。将 Web 技术与数据库技术融合在一起，使数据库系统成为 Web 的重要有机组成部分，不仅可以把二者的所有优点集中在一起，而且能够充分利用大量已有的数据库信息资源，使用户在 Web 浏览器上方便地检索和浏览数据库的内容，这对许多软件开发者来说具有极大的吸引力。因此，将 Web 技术与数据库相结合，开发动态的 Web 数据库应用已成为当今 Web 技术研究的热点。

关系数据库最初设计为基于主机/终端方式的大型机上的应用，其应用范围较为有限，随着客户机/服务器方式的流行和应用向客户机方向的分解，关系数据库又经历了客户机/服务器时代，并获得了极大的发展。

随着 Internet 应用的普及，由于 Internet 上信息资源的复杂性和不规范性，关系数据库初期在开发各种网上应用时显得力不从心，表现在无法管理各种网上的复杂的文档型和多媒体型数据资源，后来关系数据库对于这些需求作出了一些适应性调整，如增加数据库的面向对象成分以增加处理多种复杂数据类型的能力，增加各种中间件（主要包括 CGI、ISAPI、ODBC、JDBC、ASP 等技术）以扩展基于 Internet 的应用能力，通过应用服务器解释执行各种 HTML 中嵌入脚本来解决 Internet 应用中数据库数据的显示、维护、输出以及到 HTML 的格式转换等。

此时关系数据库的基于 Internet 应用的模式典型表现为一种三层或四层的多层结构。在这种多层结构体系下，关系数据库解决了数据库的 Internet 应用的方法问题，使得基于关系数据库能够开发各种网上数据库数据的发布、检索、维护、数据管理等一般性应用。

但是关系数据库从设计之初并没有也不可能考虑到以 HTTP 为基础、HTML 为文件格式的互联网的需求，只是在互联网出现后才作出相应的调整。同时，关系数据库的基于中间件的解决方案又给 Internet 应用带来了新的网络瓶颈，应用服务器端由于与数据库频繁交互，因其本身的效率和数据库检索的效率造成 Internet 应用在应用服务器端的阻塞。

虽然关系型数据库具有完备的理论基础、简洁的数据模型、透明的查询语言和方便的操作方法等优点，但是由于它本身并没有针对网络的特点和要求进行设计，因此并不适用于网络环境，我们应该研究开发新的数据库技术，从开始就考虑到 Web 的信息和结构特点，使数据库真正能与 Web 融合为一体，充分利用二者的特点，建立合理的 Web 数据库。

Web 数据库可以实现方便廉价的资源共享。数据信息是资源的主体，因而网络数据库技术自然而然成为互联网的核心技术。当前比较流行的 Web 数据库主要有：SQL Server、Oracle 和 MySQL 等。这几种数据库适应性强，性能优异，容易使用，在国内得到了广泛的应用。

14.2.2　Web 服务器脚本程序与服务器的接口

Web 页面与数据库的连接是 Web 数据库的基本要求。目前基于 Web 数据库的连接方案主要有两种类型：服务器端和客户端方案。服务器端方案实现技术有 CGI、SAPI、ASP、PHP、JSP 等；客户端方案实现技术有 JDBC（Java Database Connectivity）、DHTML（Dynamic HTML）等。其中 ASP 是微软开发的脚本语言技术，它嵌入在 IIS 中，因此 ASP 也就顺理成章地成为大部分 Windows 用户首选的脚本语言。

通常，Web 数据库的环境由硬件和软件组成。硬件包括 Web 服务器、客户机、数据库服务器、网络。软件包括客户端必须有能够解释执行 HTML 代码的浏览器（如 IE、Firefox 和 Chrome 等）；在 Web 服务器中，必须具有能执行可以自动生成 HTML 代码的程序的功能，如 ASP、CGI 等；具有能自动完成数据操作指令的数据库系统，如 Access、SQL Server 等。

Web 服务器使用 HTTP 协议对客户机的请求给予回答。一个 Web 服务器在 Internet 上都有唯一的地址，这个地址可以是一个域名，也可以是一个 IP 地址。例如 202.106.168.67。Web 服务器的种类很多，比较著名的有 IIS 和 Apache 等。

图 14-8 给出了典型的 Web 和数据库的运行模式。

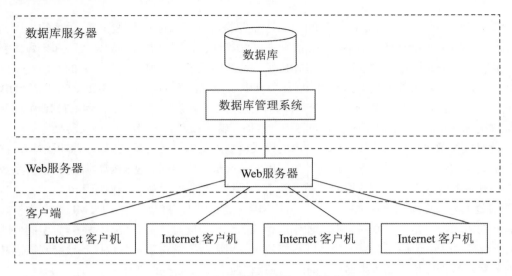

图 14-8　Web 和数据库的运行模式图

　　在脚本程序中连接数据库一般都需要相应的接口来完成。连接数据库的常用方法有：ODBC、DAO、RDO 及 ADO 等。

　　（1）ODBC（Open Database Connectivity，开发式数据库连接）是微软开发的一套统一的程序接口。通过这个接口可以存取不同厂商生产的数据库。经过多年的改进，它已成为存取服务数据库的标准。事实上，ODBC 技术成了后来 DAO、RDO 及 ADO 等数据库访问技术的基础。

　　（2）DAO（Data Access Objects，服务器访问对象）是微软公司开发的一套主要应用程序及开发工具，用它可以访问数据库的标准对象，如 Access、VB、Excel、Word 等。

　　（3）RDO（Remote Data Objects，远程数据库访问对象）是微软公司为增强 DAO 的功能而推出的新产品。该产品强化了 SQL Server 的访问功能，提高了它的执行效率。

　　（4）ADO（ActivteX Data Objects，ActivteX 数据对象）是微软在 Internet 领域采取的新举措。它本身并不是一项新技术，从对象结构的角度来看，它比 DAO 提供的对象更少；从存取 SQL 服务器的角度来看，它提供的功能也不如 RDO。但它汲取了 DAO 和 RDO 最精华的部分，成为一个更适合于 Internet 的小而精的对象群。因此，ADO 实际上是脚本程序连接数据库的一种选择。

14.2.3　CGI 的应用

　　公共网关接口（Common Gateway Interface，CGI）是最早出现的动态发布网页技术，由于其开发较早，技术成熟，因此目前仍是动态网页开发的主力之一。Common 表示确保 CGI 可以使用多种程序语言和多种不同的系统交互，Gateway 表示 CGI 的力量不在于它本身所做的事，而在于它提供了连接其他系统的潜力，例如数据库和图形生成工具等，Interface

表示 CGI 对如何更好地利用其特性提供了明确的定义，换句话说，可以设计程序来适当利用这个接口。CGI 是 Web 服务器调用外部程序的接口。通过 CGI，Web 服务器能完成一些本身所不能完成的工作。早期很多著名的服务器都以自己独特的方式，支持服务器端的可执行程序，用来帮助完成客户机的请求。为某个服务器写的程序要在其他服务器一同使用时，就必须做较大的修改，原因是每个服务器与可执行程序之间传递信息的内容和方式都不尽相同。为此就形成了一个公共标准 CGI，使得为一个服务器写的程序能够在任何服务器上运行。通过这个公共网关接口，服务器可以向 CGI 程序发送信息，CGI 程序也可以向服务器发送信息。可以使用 C Shell、Perl、C、C++、Fortran 和数据库语言等任何能够形成可执行程序的语言编写。

如果现在要让 Web 服务器与其他系统结合，比如后台数据库系统，则 CGI 程序会起到程序接口的作用，将接收到的参数进行预处理，转换成所要结合的数据库系统能够识别的形式，对于数据库系统而言，常常就是指数据库系统能够识别运行的标准的 SQL 语句。当其他系统完成数据处理后如果有结果返回，则 CGI 程序获得并处理其他系统所传回的数据，然后将其按一定的标准格式再送回至 Web 服务器，由 Web 服务器以网页的形式传回到客户端。为了灵活使用各种数据库系统，CGI 程序支持 ODBC 方式。CGI 程序不直接访问数据库系统，而是通过 ODBC 数据库接口管理器实现。应用程序以标准 SQL 语句访问 ODBC，通过 ODBC 由不同的数据库所提供的 ODBC 驱动程序将 SQL 语句转换成本数据库所能执行的语言，然后访问数据库。当数据库将结果返回 ODBC 时，ODBC 同样将返回结果进行预处理，以标准形式返回给 CGI 程序。这样使用 ODBC 方式访问数据库的优点是程序员在开发系统时不必考虑后台数据库的类型，只要以标准 SQL 语句编写数据库查询语句访问 ODBC 数据库接口，由 ODBC 来负责对各种数据库的支持。不论是使用大型数据库，还是小型数据库，开发人员都不必更改 CGI 程序。这样就给系统的开发、维护和升级都带来很大的方便和灵活性。

14.2.4　ASP 的应用

ASP（Active Server Page）提供了一个在服务器端执行脚本指令的环境（包括 HTML、VBScript 和 JavaScript 等），通过这种环境，用户可以创建和运行动态的 Web 应用程序。由于所有的程序都在服务器端执行，这样就大大减轻了客户端浏览器的负担，提高了交互速度。利用 ASP 不仅能够产生动态的、交互的、高性能的 Web 应用程序，而且可以进行复杂的数据库操作。ASP 本身包含了 VBScript 和 JavaScript 的引擎，使得脚本可以直接嵌入 HTML 中，而且还可以通过 ActiveX 控件实现更为强大的功能。

确切地说，ASP 并不是一种语言，它所使用的语言通常是 VBScript 或者 JavaScript，通过这两种脚本语言，我们能够很方便地开发 ASP 应用。但决不能将 ASP 与 VBScript 或者 JavaScript 等同起来，VBScript 和 JavaScript 之间最大的区别就是它们的结构。VBScript 是 Visual Basic 的子集，如果你曾经用过 Visual Basic 或者是 Visual Basic for Applications（VBA），就会觉得非常熟悉。不过它们并不是完全一样的，因为 VBScript 是特意为在浏览器中进行工作而设计的，它不包括一些在脚本这个范围以外的特性，如文件访问和打印等等。JavaScript 是从一组编程语言如 C、C++以及 Java 等之中脱离出来的。如果你以前曾经用过 C 或者是 Java，那么 JavaScript 的结构你会觉得非常熟悉。但是，JavaScript 和 Java 是完全不同的两种语言。Java 是一种对于网页应用程序和非网页应用程序都可以使用的完全成熟的开发语言。而 JavaScript 是一种主要用于脚本编写的脚本语言。

ASP 能够提供六个内建对象，能够很方便地实现状态保存功能，可以很容易地从客户浏览器获取信息，并向浏览器反馈信息，这样，我们就能够很方便地运用 ASP 开发 Web 应用。

ASP 有以下几个特点：

（1）ASP 无须编译。ASP 脚本集成于 HTML 中，无需编译或链接即可直接解释执行。

（2）ASP 易于生成。使用常规文本编辑器即可进行页面的设计。

（3）ASP 独立于浏览器。用户端只要使用可解释常规 HTML 码的浏览器，即可浏览 ASP 所设计的主页。

（4）ASP 脚本是在站点服务器端执行的，因此，若不通过从服务器下载来观察 ASP 主页，在浏览器端将看不到正确的页面内容。

（5）在 ASP 脚本中可以方便地引用系统组件和 ASP 的内置组件，还能通过定制 ActiveX 服务器组件来扩充功能。与任何 ActiveX Scripting 语言兼容。

（6）源程序码不会外漏。ASP 脚本在服务器上执行，传到用户浏览器的只是 ASP 执行结果所生成的常规 HTML 码，这样可保证程序代码不会被他人盗取。

ASP 所完成的功能主要有：

（1）处理由浏览器传送到站点服务器的表单输入。

（2）访问和编辑服务器端的数据库表。使用浏览器即可输入、更新和删除站点的数据库中的数据。

（3）读写站点服务器的文件，实现访客计数器等功能。

（4）取得浏览器信息管理等内置功能。

（5）由 Cookies 读写用户端的硬盘文件，以记录用户的数据。

（6）可以实现在多个主页间共享信息，以开发复杂的商务站点应用程序。

（7）使用 VBScript 或 JavaScript 等简易的脚本语言，结合 HTML，快速完成站点的应用程序。通过站点解释器执行脚本语言，产生或更改在客户端执行的脚本语言。

（8）扩充功能的能力强，可通过使用多种程序语言制作的 ActiveX Server Component 满足自己的特殊需要。

ASP 通过 ADO 的对象模块来存取数据库，无论采用什么数据库，只要该数据库具有对应的 ODBC 或 OLE DB 驱动程序，ADO 对象就能加以存取。事实上，ASP 提供的 ADO 对象模块包含了下列 6 个对象和 3 个集合，其中 Connection、Recordset、Command 和 Field 对象比较常用。

Connection 对象：打开或关闭数据库连接。

Recordset 对象：存取表的记录，包括读取、插入、删除或更新表的记录。

Fields 集合：Recordset 对象所包含的 Field 对象的集合。

Field 对象：用来表示表的某一条记录。

Command 对象：执行查询并返回条件符合的记录（返回值为 Recordset 对象）。

Parameter 集合：Command 对象所包含的参数集合。

Parameter 对象：用来表示 Command 对象所需要的某个参数。

Errors 集合：某个方法调用失败所产生的错误集合。

Error 对象：用来表示方法调用失败所产生的某个错误。

ASP 的工作流程如下：

当客户端的 Web 浏览器访问某一 Web 站点时，浏览器将 URL 发送给 Web 服务器请求信息，Web 服务器返回 HTML 页面响应。HTML 页面可以是已经格式化并存储在 Web 节点中的静态页面，也可以是服务器动态创建以响应用户所提供信息的页面，或者是列出 Web 节点上可用文件和文件夹的页面。

当用户申请一个 ASP 主页时，Web 服务器响应该 HTTP 请求，解释被申请文件。当遇到任何与 ActiveX Scripting 兼容的脚本（如 VBScript 和 JavaScript）时，ASP 引擎会调用相应的脚本引擎进行处理。若脚本指令中含有访问数据库的请求就通过 ODBC 与后台数据库相连，由数据库访问组件 ADO 执行访问数据库操作。ASP 脚本是在服务器端解释执行的，它依据访问数据库后返回的结果集自动生成符合 HTML 语言的主页，去响应用户的请求。所有相关的工作都由 Web 服务器负责。

在结构关系上，ASP 是通过 ODBC 与数据库打交道的。因此，向上可兼容各类数据库系统。而对于下层，ASP 产生的 HTML 对客户端的浏览器又有广泛的适应性。但 ASP 对 Web 服务器本身有所挑剔，这看起来似乎是一种缺陷，而实际上也许是一种商业策略——它只支持微软各种操作系统下的 Web 服务器。图 14-9 表示了 ASP 的工作原理。

图 14-9　ASP 工作原理图

14.2.5　Servlet 和 JSP 的应用

Servlet 是一种 Web 组件程序，它可以动态地生成 Web 内容，支持 Web 应用的 HTTP 协议使用请求—响应机制。服务器接收、处理请求并返回适当的响应。Servlet 用面向对象的方式对这一过程建模，使你能编写代码处理客户的请求并能动态地响应。例如，Servlet 可能从一个表单读取数据并用它更新公司的订单数据库。Servlet 技术在通过动态 HTML 页面扩展 Web Server 上呈现出一种强有力的方法。一个 Servlet 就是一个运行在 Web 服务器中的 Java 程序，Servlet

从浏览器中获取一个 HTTP 请求，生成动态内容（例如查询一个数据库），并把 HTTP 的响应返回给浏览器。

在 Servlet 之前，CGI 技术被用在动态内容中。然而，由于它的结构以及可升级性的限制，CGI 最后被证明为是不太理想的解决方案。

Servlet 技术，在可升级性上有了很大的改善，它提供了公认的 Java 平台扩展、安全性以及强壮性等方面的优点。

Servlet 能使用所有的标准 Java APIs，在 Java 领域中，Servlet 技术为密集型应用程序（比如访问一个数据库）提供了很多的优点。优点之一就是 Servlet 运行在服务器端，服务器端具有多种资源且属于一个相对强壮的机器，因此占用客户端的资源相当少。另外一个优点就是 Servlet 在访问数据时更加直接，因为运行 Servlet 的 Web 服务器或者数据服务器在数据被访问时是与网络防火墙在一端。

JSP 技术由 Sun 公司提出，利用它可以很方便地在页面中生成动态的内容，使网络应用程序可以输出多姿多彩的动态页面。JSP 技术通常与 Java Servlet 技术相结合，可以在 HTML 页面或者其他标记语言中内嵌 Java 代码段并且调用外部 Java 组件。它作为一个前端处理工具，可以使用 JavaBeans 实现复杂的商业逻辑和动态功能。

JSP 代码与 JavaScript 等网页脚本语言是不同的，在标准的 HTML 页面中可以出现的任何内容都可以在 JSP 页面中出现。

在一个典型的数据库应用中，JSP 页面将会调用某些 JavaBean 组件，这些组件可以通过 JDBC 或者 SQLJ 直接或间接地访问数据库。

JSP 页面在运行之前要被解释成 Java Servlet（解释过程是按需进行的，有时可能会提前进行），然后它可以处理 HTTP 请求并生成响应信息，JSP 技术为编写 Servlet 程序提供了更为便利的途径。

另外，JSP 页面和 Servlet 程序是可以相互操作的，也就是说 JSP 页面可以包含从 Servlet 程序输出的内容，可以将内容输出到 Servlet 程序，反过来 Servlet 程序也可以包含从 JSP 页面输出的内容，并且可以将内容输出到 JSP 页面中。JSP 技术的最大优点就是可以将网页的静态内容与动态内容开发分隔开来，从而可以使得精通 HTML 但对 Java 不很精通的开发人员专门负责网页静态内容的开发，而那些对 Java 很在行但却不熟悉 HTML 的开发人员就可以专注于网页的动态内容的开发。

14.3　XML 与数据库

14.3.1　什么是 XML

XML（Extensible Markup Language），意为可扩展的标记语言。XML 是一套定义语义标记的规则，这些标记将文档分成许多部件并对这些部件加以标识。它也是元标记语言，即定义了用于定义其他与特定领域有关的、语义的、结构化的标记语言的句法语言。

　　关于 XML 要理解的第一件事是，它不只是像 HTML 超文本标记语言或是格式化的程序。这些语言定义了一套固定的标记，用来描述一定数目的元素。如果标记语言中没有所需的标记，用户也就没有办法了。这时只好等待标记语言的下一个版本，希望在新版本中能够包括所需的标记，但是这样一来就得依赖于软件开发商的选择了。但是 XML 是一种元标记语言。用户可以定义自己需要的标记。这些标记必须根据某些通用的原理来创建，但是在标记的意义上，也具有相当的灵活性。例如，假如用户正在处理与家谱有关的事情，需要描述人的出生、死亡、埋葬地、家庭、结婚、离婚等，这就必须创建用于每项的标记。新创建的标记可在文档类型定义（Document Type Definition，DTD）中加以描述。XML 定义了一套元句法，与特定领域有关的标记语言都必须遵守。如果一个应用程序可以理解这一元句法，那么它也就自动地能够理解所有的由此元语言建立起来的语言。浏览器不必事先了解多种不同的标记语言使用的每个标记。事实是，浏览器在读入文档或是它的 DTD 时才了解了给定文档使用的标记。关于如何显示这些标记的内容的详细指令是附加在文档上的另外的样式单提供的。有了 XML 就意味着不必等待浏览器的开发商来满足用户的需要了。用户可以创建自己需要的标记，当需要时，告诉浏览器如何显示这些标记就可以了。

　　关于 XML 要了解的第二件事是，XML 标记描述的是文档的结构和意义。它不描述页面元素的格式化。可用样式单为文档增加格式化信息。文档本身只说明文档包括什么标记，而不是说明文档看起来是什么样的。XML 是一种元标记语言，可用来设计与特定专业领域有关的标记语言。每种基于 XML 的标记语言都叫作 XML 应用程序。这种应用不是像 Web 浏览器或 XML Pro 那样的编辑器一样地使用 XML，而是在特定的领域中应用 XML，如化学上用的化学标记语言（Chemical Markup Language，CML）。每种 XML 应用程序有它自己的句法和词汇表。这种句法和词汇表遵守 XML 的基本规则。这有点像人类语言，每种语言都有它们自己的词汇表和语法，但同时遵循人体解剖学和大脑结构所要求的基本规则。XML 是以文本数据为基础的非常灵活的格式。在本章中讨论的广泛的应用都选择了 XML 作为基础的原因是（排除大肆宣传的因素），XML 提供了切合实际的并清楚地描述了的易于读写的格式。应用程序将这种格式用于它的数据，就能够将大量的处理细节让几个标准工具和库函数去解决。更进一步说，对于这样的程序也容易将附加的句法和语义加到 XML 提供的基本结构之上。

14.3.2　XML 的文件存储面临的问题

　　如果采用文件存储 XML，那么会受到文件系统的限制，出现如下问题。

　　1）大小

　　第一个局限是文档大小。如果 XML 文件存储了太多的数据，将变得非常不实用。不仅仅是因为它太大了，而且想维护文档的不同部分也变得难于操纵。我们希望处理巨大的文档，并且想检查同其他部分分离的部分文档。

　　2）并发性

　　我们也希望让不同的人在不同的时间更新不同的部分。在一个文件系统中只有一个单一文档，在一个时间只能有一个人可以处理信息。

3）工具选择

一个 XML 编辑器可能不是处理一个文档不同部分的合适工具。我们想使用最适合处理数据的工具维护文档的各个部分。

4）版本

一个经常考虑的重要问题是控制同一文档的不同版本。我们想能够记录一个文档不同版本的轨迹。

5）安全

使用不同的工具处理文档的不同部分，并且允许不同的用户在同一时刻处理文档的不同部分引发出安全问题。我们希望控制一个文档的某一部分只有某人可以查看或修改。

6）综合性：集中和重复

我们希望在文档中无缝地集成其他的外部数据。

文件系统的局限限制了 XML，而数据库则可以突破文件系统的这些限制，所以以将 XML 与数据库相结合是必要的。

14.3.3　XML 与数据库的数据转换

使用 XML 来进行数据传输是很好的方案，因为数据具有高度规范的结构，而 XML 中的那些实体和编码并不重要。毕竟我们关心的仅仅是数据而不在于这些数据如何在文档中进行物理的存储。如果应用程序相对比较简单，关系数据库和数据传输中间件就可以满足需求；如果应用程序庞大而且复杂，那么就需要一个完全支持 XML 的开发环境。

从另一方面来说，假设有一个从零散的 XML 文件创建的网站，不仅需要管理这个网站，还要提供方法让用户可以查询其中的内容，这时网站的文件将非常的不规范，而这些文件的使用却变得非常重要，因为这些文件的结构是网站的根本。

要存储或检索数据，可以使用一个数据库（通常是关系型、面向对象型或者是层次型）和中间件（自带或者是采用第三方），也可以使用 XML 服务器（即创建分布式应用的平台，例如利用 XML 进行数据传输的电子商务应用）。

在选择数据库时，最重要的判断因素可能是你是利用数据库来保存数据还是保存文档。如果想保存数据，那么需要的数据库主要是面向数据存储（例如关系型数据库或者面向对象型数据库）以及在数据库和 XML 文档之间相互转换。

在以数据为中心的文档中的数据内容可能来自数据库（此时想把数据导出为 XML 格式），也可能是 XML 文档（此时想把数据存储在数据库中）。前者的例子是在关系型数据库中存储的大量现有数据（或称遗产数据）；后者的例子是将数据作为 XML 发布在 Web 中，而且要在你的数据库中进行存储以进行更多的处理。因此，根据需求，可能需要将 XML 文档转移到数据库的软件，也可能需要从数据库转移到 XML 文档的软件，或者两者都支持。

将数据存储在数据库中时，经常需要丢弃大量与文档有关的信息，例如文档名称，同时还有其物理结构，例如实体的定义和使用、属性值和同层元素的顺序、二进制数据的存储方式、字符数据段和其他的编码信息。类似的，当从数据库中检索数据时，生成的 XML 文档结果除了非预定义实体，不包含任何字符数据或实体引用。而同层元素和属性的出现顺序也常常就是从数据库中返回的数据的次序。

这一般是合理的。例如，假设需要用 XML 作为数据格式把一张销售单从一个数据库中转移到另一个数据库中。在这种情况下，在 XML 文档中并不关心销售单的编号是保存在销售单的日期的前面还是后面，也不用关心是否将顾客的名称保存在字符数据段还是作为一个外部实体。最重要的在于相关的数据是从第一个数据库转移到第二个数据库中。这样，这个数据传输软件就需要考虑数据的层次结构（该结构将销售单的有关数据进行了分组），而其他则不必过多考虑。

文档的"逆反回归"的不一致效应，即将一个文档的数据存储在数据库中，然后根据这些数据重新组织成新的文档。而即便是根据标准格式处理，得到的也常常是和前面不同的文档。这是否可以接受要取决于你的需求，而且也将影响到你对数据库和数据传输中间件的选择。

为了在 XML 和数据库之间传输数据，需要在文档结构和数据库结构之间进行相互的映射。这样的映射通常分为两大类：模板驱动和模型驱动。

在以模板驱动的映射中，没有预先定义文档结构和数据库结构之间的映射关系，而是使用将命令语句内嵌入模板的方法，让数据传输中间件来处理该模板。例如，考虑下面的模板，在 <SelectStmt> 元素中内嵌了 SELECT 语句：

```
<?xml version="1.0"?>
<FlightInfo>
<Intro>The following flights have available seats:</Intro>
<SelectStmt>SELECT Airline, FltNumber, Depart, Arrive FROM Flights</SelectStmt>
<Conclude>We hope one of these meets your needs</Conclude>
</FlightInfo>
```

当数据传输中间件处理到该文档时，每个 SELECT 语句都将被各自的执行结果所替换，得到下面的 XML 格式：

```
<?xml version="1.0"?>
<FlightInfo>
<Intro>The following flights have available seats:</Intro>
<Flights>
<Row>
<Airline>ACME</Airline>
<FltNumber>123</FltNumber>
<Depart>Dec 12, 2011 13:43</Depart>
<Arrive>Dec 13, 2011 01:21</Arrive>
```

```
    </Row>
    ...
    </Flights>
    <Conclude>We hope one of these meets your needs</Conclude>
    </FlightInfo>
```

这种以模板驱动的映射可以相当的灵活。例如，有些产品可以允许你在任何结果集合中替换你想要的内容（包括在 SELECT 中使用参数），而不是像上面的例子中简单地格式化结果。另外它还支持使用编程来进行构造，例如循环和条件判断结构。还有一些支持 SELECT 语句的参数化，例如通过 HTTP 来传递参数。目前，以模板驱动的映射只支持从一个关系型数据库转换成 XML 文档的情况。

在以模型驱动的映射中，利用 XML 文档结构对应的数据模型显式或隐式地将其映射成数据库的结构，而且反之亦然。它的缺点是灵活性不够，但是却简单易用，这是因为它是基于具体的数据模型来进行映射的，通常能够为用户实现很多的转换工作。由于将数据从数据库转换成 XML 的结果依照了单个模型，因此在这种方式下通常结合 XSL 来提供模板驱动的系统中所具有的灵活性。在 XML 文档中的数据视图通常有两种模型：表格模型和特定数据对象模型。有时候也可能会出现其他的模型。例如，通过采用 ID 和 IDREF 属性，一个 XML 文档可以用来表示一个指定的图形。不过，很多现有的中间件并不支持这些模型。

1）表格模型

许多中间件软件包都采用表格模型在 XML 和关系型数据库之间进行转换。它把 XML 的模型看成是一个单独的表格或者是一系列的表格。也就是说，XML 的文档的结构和下面的例子相类似，其中在单个表格的情况下，<database>并不出现。

```
    <database>
    <table>
    <row>
    <column1>...</column1>
    <column2>...</column2>
    ...
    </row>
    ...
    </table>
    ...
    </database>
```

其中的术语"table"可理解为单个的结果集（当从数据库向 XML 中转换数据时），或者是一个单独的表格或可更新的视图（当从 XML 向数据库转换数据时）。如果数据需要来自多个结果集（当数据来自数据库中时）或者与仅仅表达成一系列表格的集合（当转换数据到数据库时）相比，XML 的文档包含有更深层次的嵌套元素，那么类似的转换几乎是不可能的。

2）特定数据对象模型

XML 文档中第二种普遍的数据模型是特定数据对象的树型结构。在该模型中，元素类型通常对应对象，而 XML 中的内容模型、属性和 PCDATA 则对应对象的属性。这种模型直接映射成面向对象的数据库和层次型数据库，当然借助于传统的对象-关系映射技术和 SQL 对象视图也可以映射成关系数据库。要注意的是，这种模型并不是文档对象模型（DOM）。DOM 是对文档本身进行建模，而不是对文档中的数据。

在 XML 和数据库进行数据转换时，需要考虑许多问题。XML 不支持任何有实际意义的数据类型。所有 XML 文档中的数据都被当成文本来对待，即便它能够用其他的数据类型（如日期或者整数）来表示。通常，数据转换中间件将把 XML 文档中的文本转换成其他数据库中的数据类型，反之亦然。然而，特定的数据类型所识别的文本格式是有限制的，例如受到提供的 JDBC Driver 所支持的数据类型的限制。在这些众多的数据类型中，日期类型通常会导致麻烦。不同国际地区的数字格式的差异也可能产生问题。

在数据库世界中，空值（null）数据意味着数据不存在值。但是这与一个值为 0 的数字或长度为 0 的字符串有很大的区别。例如，假设你的数据来自一个气象站，如果气象站的温度计出了故障读不出温度值，那么你的数据库中将存储一个 null 值而不是一个 0。XML 中空值概念的支持可以通过设置可选的元素类型或属性来实现。如果元素类型或属性值为 null，XML 只要在文档不包含该元素或者属性就可以了。但是对数据库而言，空的元素或包含长度为零的字符串属性并不是空值 null，它们的值为长度为 0 的字符串。在 XML 文档和数据库结构之间相互映射过程中，你必须特别注意那些可选的元素类型或属性是否对应于数据库中的空值项。如果不这么做的话，很可能出现插入错误（当将数据转换到数据库中时）或者无效文档错误（当将数据从数据库读出时）。因为同样要用符号表示空值，XML 中相对于数据库而言更为灵活。具体来讲，许多 XML 用户很可能包含空字符串的空元素或属性是空值，这个时候你必须考虑如何选择合适的中间件来解决这个问题。一些中间件可以让用户选择在 XML 文档中定义用什么来组成空值。除了一些控制字符，XML 文档能够包含任何的 Unicode 字符。但许多数据库都限制或者不支持 Unicode，而且需要一些特殊的配置才能够处理非 ASCII 编码的字符数据。如果你的数据包含了非 ASCII 字符，那么务必要核实你的数据库和中间件是否能够处理这些字符。

14.4　面向对象数据库

数据库技术与面向对象程序设计方法相结合形成了面向对象数据库系统（Object Oriented Database System, OODBS），它是支持将数据当作对象来模拟和创造的一种数据库管理系统。通常认为，对象数据库必须满足两项标准：它必须是一个数据库管理系统，并且必须是面向对象的系统，例如在尽可能的范围内它必须与当前的面向对象的程序语言相兼容。第一个标准转换为五个特征：持续性、二级存储管理、同步性、防御性和一个特定询问工具。第二个标准转换为八个特性：复杂的对象、对象一致性、封装、类型、继承性、迟约束、可延长性和计算的完全性。

传统的层次、网状和关系数据库系统在许多传统的商业数据库应用中取得了极大的成功，然而在设计和实现更为复杂的数据库应用时，传统数据库系统就暴露了一些缺陷。在设计与实现工程设计和制造数据库、科学实验数据库、电信数据库、地理信息系统数据库以及多媒体数据库的时候，新的应用要求被提出了。如长事务的处理、图像或大文本项等新数据类型的存储、以及非标准的特殊应用操作，传统的数据库系统往往不能满足这些复杂数据库应用的要求。

面向对象程序设计方法已经被广泛地应用于软件工程、知识库、人工智能和计算机系统等领域。面向对象程序设计方法和数据库技术的结合，不但能让设计者定义复杂对象的结构，还能让设计者定义作用于这些复杂对象的操作，从而能够有效地支持新一代的数据库应用。

1990 年 7 月，美国高级 DBMS 功能委员会发表了"第三代数据库系统宣言"，提出指导开发第三代数据库系统的 3 条基本原则：

（1）第三代数据库系统必须支持数据管理、对象管理和知识管理。

（2）第三代数据库系统必须保持或继承第二代数据库系统的技术。

（3）第三代数据库系统必须对其他系统开放。

从这次宣言中可知，第三代数据库必须支持面向对象模型。面向对象数据库系统正是以面向对象模型为基础的，它必将成为数据库技术发展的一大趋势。

面向对象数据库产品的研制和开发上存在着两大派别，即：对象关系数据库和纯粹的面向对象数据库。前者认为关系数据库具有坚实而成熟的理论基础，主张对现有的关系数据库系统进行扩充和改进，使之升级为对象关系数据库系统。具有代表性的对象关系数据库系统产品有：DB2、Oracle、SQL Server 等。纯粹的面向对象数据库派则主张进行彻底的数据库革命，即采用全新的数据模型和模式，抛开现有的数据库系统，从底层做起，使之成为真正的、纯粹的面向对象数据库系统。其代表性的产品有 ObjectStore、db4o、Versant Object Database 及 IRIS 等。无论是对象关系数据库还是纯粹的面向对象数据库，面向对象的概念和方法是其不可缺少的组成部分。究竟哪一个更适合于存储和访问复杂的数据，具有更优越的性能，在理论界和工业界还有争论，有待于在实际应用中加以比较和校验。

对象数据库有以下几大优势：

（1）更快的开发速度，直接使用程序开发语言实现，不需要再编写烦琐的操作 SQL 的语句，大大节约了开发成本。

（2）更快的运行速度，采用导航式的搜索模式，对数据的获取可以更高效。对象数据库保持着世界上最大的数据库和被记录到的最高摄取率。

（3）强大的数据管理支持能力，适用于复杂数据的管理。

（4）支持分布式数据节点管理，适用于建立统一的大型数据环境。

在这里我们主要对 db4o 进行一下简单的介绍。db4o 是一个开源的纯面向对象数据库引擎，对于 Java 与.NET 开发者来说都是一个简单易用的对象持久化工具。同时，db4o 已经被第三方验证为具有优秀性能的面向对象数据库。db4o 的一个突出的优点是无需 DBA 的管理，占用资源很小，很适合嵌入式应用以及 Cache 应用。所以自从 db4o 发布以来便迅速吸引了大批用户将 db4o 用于各种各样的嵌入式系统，包括流动软件、医疗设备和实时控制系统。

db4o 的目标是提供一个功能强大的，适合嵌入的数据库引擎，其主要特性如下：

（1）开源模式。

（2）原生数据库。

（3）高性能。

（4）易嵌入。

（5）零管理。

（6）支持多种平台。

14.4.1　面向对象数据库系统的特征

数据库的特征依赖于实际应用，所设计的数据库语言必须允许用户方便地使用这些特征，数据库的结构也应能有效地支持这些特征。本节结合面向对象的程序设计方法，讨论面向对象数据库系统与传统数据库系统相区别的主要特征。

（1）面向对象数据库系统应该具有表达和管理对象的能力。面向对象数据库系统通过对象及它们之间的相互联系来描述现实世界。它应该支持对象标识，使得对象的存在不依赖于本身的值，而只依赖于它的标识，对象间能够通过对象标识而相互区分。类的层次和继承是一个关键的概念，新的类允许从以前定义过的类那里继承结构和操作。因此在面向对象数据库系统中，新的对象类型可以简便地重用已有的类型定义。面向对象数据库系统的一个问题是如何表示对象间的联系。在 ODMG2.0（Object Database Management Group，对象数据库管理组）标准中，提出了用一对反向引用来表示二元关系，即把与某个对象相关的对象的标识放在那个对象内部，并维护参照完整性。

（2）面向对象数据库系统中的对象可以具有任意复杂度的对象结构。这使对象能够包含所有描述该对象的必要信息。传统数据库恰好与此相反，它把关于复杂对象的信息分散在许多关系或记录中，从而丧失了现实世界的对象与数据库表示之间的直接对应关系。在面向对象数据库系统中，允许逐步细化复杂实体，还能将整个复杂对象或其子集作为一个独立的单位，可以在某一时刻将一成员对象加进去。

（3）面向对象数据库系统必须具有与面向对象编程语言交互的接口。面向对象程序设计中的对象是瞬态对象，只在程序执行过程中存在，而面向对象数据库可以延长对象的存在，把对象持久地存储起来。对象在程序结束之后仍然持续存在，以后可以被检索或被其他程序使用。面向对象数据库系统通过与面向对象编程语言交互的接口，可以提供持久化对象和共享对象的能力，从而允许多个程序和应用共享这些对象。

（4）面向对象数据库应具有表达和管理数据库变化的能力。管理同一对象的多个版本的能力对于设计和工程应用是至关重要的。一个对象的旧版本代表一个已经通过测试和鉴定的设计方案，那么应该保存这个版本直到新版本通过测试和鉴定。除了允许版本变化外，面向对象数据库系统也应该允许模式演变。所谓模式演变，是指类的声明发生了变化，或创建了新的类或联系。

综上所述，一个面向对象数据库系统首先应是一个数据库系统，同时又必须具有面向对象的特征。

14.4.2　面向对象数据模型

数据模型是现实世界对象或实体，以及对象的约束和对象间联系的逻辑组织。面向对象数据模型借鉴了面向对象的概念，是面向对象数据库系统所必须支持的数据模型。

面向对象数据库系统是以面向对象数据模型为基础的，是当今数据库技术发展的一大趋势。对于面向对象数据模型，已经有许多基本概念达成了共识，但是仍然缺少一个统一的严格的定义。面向对象数据模型可以看作是一个更高层次上的实现数据模型的新成员，它经常被用作高层概念模型，尤其在软件工程领域中更是如此。

一系列面向对象的概念构成了面向对象数据模型的基础。概括起来，面向对象数据模型的基本概念有对象、类、继承、对象标识、对象嵌套等，下面将一一加以介绍。

1. 对象结构

我们可以认为一个对象对应着 E-R 模型中的一个实体。对象中封装的属性和方法对外界是不可见的，对象之间的相互作用要通过消息来实现。一般来讲，一个对象有如下相关内容：

（1）属性集合：一个对象的属性值构成了该对象的状态，类似于关系数据库中关系元组的属性。属性的值域可以是任何类，包括原子类，如整型值、字符串等。一个属性可以有一个单一值，也可以有一个来自于某个值域的值集，即一个对象的属性可以是一个对象，从而形成了嵌套关系。

（2）方法集合：一个对象的方法作用于该对象的状态上，同一类对象所有操作的实现相同。方法的定义和实现：定义规定了方法名称、参数的个数和类型、返回值的类型，以及可能的语义描述；实现是一段代码，用来实现方法的功能。方法的定义和实现是相互分离的，为程序员提供了极大的灵活性，甚至可以用不同的语言实现不同的操作。

（3）消息集合：消息是发送给对象以存取属性值的，除了通过对象所指定的公共界面外，没有其他方法可以访问该对象。对象接收外部传送的消息，执行相应的操作，操作的结果同样可以以消息的形式返回。

2. 对象类

在面向对象数据库中，类是一系列相似对象的集合，对应于 E-R 模型中的实体集概念。类是面向对象系统和数据库系统之间最重要的连接。首先，类直接说明了一个实例及其所属类之间的实例关系；其次，类提供了构成查询的基础；再次，类可以用来增加面向对象数据库的语义完整性；最后，类提出了所有对象的属性和方法的规格说明，便于生成对象。

每个对象是它所在类的一个实例。类的概念类似于关系模式，类的属性类似于关系模式中的属性；对象类似于元组，类的一个实例对象类似于关系中的一个元组。如果把类本身看作一个对象，则称之为类对象。与其相关的属性集和方法集适用于该类对象而不适用于该类的实例，这样的属性和方法称之为类属性和类方法。一个类的类属性常常用来描述该类的实例的聚集特性。例如，所有学生实例的"平均年龄"就是一个聚集特性的例子。

3. 继承与多重继承

在面向对象数据模型中，所有类形成了一个有限的层次结构或者是有根的无环有向图，我们称之为类层次。如有一个类 C 和一个连接到 C 的一组较低层类的集合 S，则集合 S 中的类称为类 C 的子类，而类 C 又称为集合 S 中类的父类。集合 S 中的任何类继承类 C 的所有属性和方法，并可以有自己定义的属性和方法。一个父类可以有多个子类，一个子类也可以有多个父类，都存在直接关联或者间接关联的现象。

在面向对象数据模型中存在着两种继承：继承（单继承）和多重继承。在大多数情况下，类的继承足以满足应用的要求，典型的树型结构组织用来表示类层次。在树型结构组织中，每个类最多有一个父类，即一个子类只能继承一个父类的属性、方法和消息。然而，有些情况用树型结构并不能很好地表达类层次。多重继承允许一个类从多个直接父类中继承属性、方法和消息，此时类层次可以用一个有向无环图来表示。

在图 14-10 中给出了一个学校数据库的类层次结构图，通过它我们分别来解释类层次、继承和多重继承。

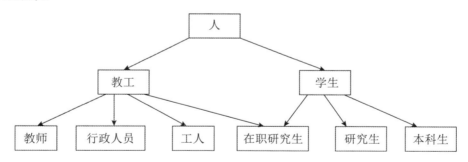

图 14-10　具有多继承的类层次结构图

在这个学校应用的面向对象数据库系统中，"人"是其他所有类的父类，它是这个有向无环图的根，是一个最高的类层次；在下面的一个类层次中，教工和学生是人的子类，它们继承了人的所有属性、方法和消息，同时又有本身的特殊属性、方法和消息；在最低的一个类层次中，教师、行政人员、工人和在职研究生是教工的子类，它们继承了教工和人的所有属性、方法和消息，在职研究生、研究生和本科生是学生的子类，它们继承了学生和人的所有属性、方法和消息。值得一提的是，在职研究生既是教工的子类，也是学生的子类，它同时继承了教工和学生两个父类的所有属性、方法和消息。

类的继承带来很多的优点，子类在继承父类特性的同时，还可以定义自身的属性、方法和消息，但这样就可能和父类的属性、方法和消息发生冲突。这类冲突可能发生在子类和父类之间，通常由系统解决。对于子类和父类之间的同名冲突，一般是以子类定义的为准。但是在多继承中，一个子类可以有多个父类，如果这些父类中存在同名冲突，就会发生二义性。例如，教工和学生都有方法"显示信息"，它们共同的子类在职研究生就不知道应该继承哪一个方法了。在多继承中有三种处理二义性的方案：一是由用户选择继承的优先次序；二是由系统指定继承某一个父类的定义；三是如果出现了二义性问题，就不允许多继承，甚至有些面向对象数据库系统根本不允许多继承。

4. 对象标识

每个对象有一个唯一的、由系统生成的对象标识（Object Identifier，OID）。OID 的值对外部用户来说是不可见的，但是系统会在内部用这个值唯一地标识每个对象，并用这个值创建和管理内部对象引用。

相对于非面向对象数据模型和程序设计语言来说，对象标识给出了一种更强的标识概念，几种常用的标识形式如下：

（1）值：用于标识的一个数据值。这种形式的标识常在关系数据库中使用。如一个元组的主码标识了这个元组。

（2）名称：用于标识的用户提供的一个名称。在程序设计语言中，用户赋予每个变量一个名字来标识它；在文件系统中，用户给每个文件赋予一个名称来唯一地标识这个文件。

（3）内置名：以上两种标识是由用户给出的，而内置名则是一种由系统来提供的标识。这种形式的标识在数据模型或程序设计语言中使用。

不同的标识符其持久性程度是不同的，主要有以下几种：

（1）过程内持久性：标识只有在单个过程的执行期间才是持久的，如过程内的局部变量。

（2）程序内持久性：标识只有在单个程序或查询执行期间才是持久的，如程序设计语言中的全局变量、内存指针，SQL 语句中的元组标识符。

（3）程序间持久性：标识在从一个程序的执行到另一个程序的执行期间都保持不变，如指向磁盘上的文件系统数据的指针提供了程序之间的标识，SQL 语句中的关系名也具有程序间持久性。

（4）永久持久性：标识的持久性不仅仅跨越了各个程序的执行，还跨越了数据结构的重新组织。这种持久性正是面向对象系统所要求的。

对象标识符必须具有永久持久性，也就是说，特定对象一经产生，系统就赋予一个在全系统中唯一的对象标识符，应该是固定不变的，一直到它被删除。面向对象数据库系统必须具有生成对象标识并维护其永远不变性的机制。

标识符通常是由系统自动生成的，不需要用户来完成这项工作。然而在使用这种功能时要注意：系统生成的标识符通常是特定于这个系统的，如果要将数据转移到另一个不同的数据库系统中，则标识符必须进行转化。而且，如果一个实体在建模时已经有一个系统之外的唯一标识符，则系统生成的标识符就可能是多余的。如身份证号码可以作为个人的唯一标识符。

早期的面向对象数据模型要求把所有的一切表示为对象，无论是一个简单的值还是一个复杂的对象，导致这样的情况出现：两个整型数值 10 和 20，需要创建两个具有不同 OID 的对象。这种模型需要生成很多的对象标识符，很不实用。因此，大多数的面向对象数据库系统允许有对象和值两种表示方法，即每个对象必须有一个永远不变的 OID，但是值没有 OID，值只是代表它自己。

5. 对象嵌套

对象嵌套是面向对象数据库系统中的一个重要概念。

在面向对象数据模型中，对象的一个属性可以是一个单一值，也可以是一个来自于值域的值集，即一个对象的属性可以是一个对象，形成了嵌套关系，产生了一个嵌套层次结构。

一个对象被称为复杂对象，如果它的某个属性的值是另一个对象。复杂对象主要分为两类：非结构化的复杂对象和结构化的复杂对象。非结构化的复杂对象通常是数据库系统不明结构、需要大量存储空间的数据类型，如图像或大文本对象。结构化的复杂对象是指数据库系统清楚对象内部结构，并可以通过递归生成的对象。

关系模式是对一个二维关系的描述，具有平面的结构。前面讲到的类层次结构形成了对象间的纵向关系，这里的对象嵌套层次结构则形成了对象间的横向关系。我们通过图 14-11 来说明。每台笔记本电脑包括：产地、型号、外部设备和内部器件等属性。其中产地和型号的数据类型是字符串，外部设备和内部器件都不是标准数据类型，而是对象。外部设备包括：外接鼠标和外接光驱等属性；内部器件包括：显示器、CPU、内存、硬盘等属性；外接光驱也是一个对象，包括：产地、型号、功率等属性。这样一种嵌套层次结构允许不同的用户采用不同的粒度来观察对象，突出了对象的特征，隐藏了不必要的信息，简化了查询。

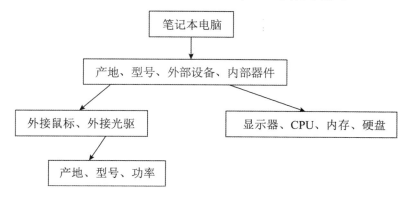

图 14-11　笔记本电脑的嵌套层次图

14.4.3　面向对象数据库语言

面向对象数据库语言用于描述面向对象数据库的模式，说明并操纵类定义与对象实例。与关系数据库的标准语言 SQL 类似，面向对象数据库语言主要包括对象定义语言和对象操纵语言。对象查询语言是对象操纵语言的一个重要子集。

面向对象数据库语言一般应具备下列功能：

（1）类的定义和操纵。面向对象数据库语言可以操纵类，包括定义、生成、存取、修改与撤销类。其中类的定义包括定义类的属性、操作特征、继承性与约束等。

（2）操作/方法的定义。面向对象数据库语言可用于对象操作/方法的定义与实现。在操作实现中，语言的命令可用于操作对象的局部数据结构。对象模型中的封装性允许操作/方法由不同程序设计语言来实现，并且隐藏不同程序设计语言实现的事实。

（3）对象的操纵。面向对象数据库语言可以用于操纵实例对象。

对象数据库管理组织（Object Database Management Group，ODMG）是面向对象数据库管理系统软件商的国际联盟，曾经提出一种标准，即 ODMG1.0。该标准目前已经修订到 ODMG3.0。ODMG 对象模型提供了数据类型、类型构造器，以及其他一些可以用于对象定义语言来说明对象数据库模式的概念，它是对象定义语言和对象查询语言的基础。

对象定义语言被设计成为支持 ODMG 对象模型的语义结构，并且独立于任何特定的编程语言。它的主要用途是创建对象说明，也就是类和接口。因此对象定义语言不是一个完全的编程语言。用户可以独立于任何编程语言在对象定义语言中指定一种数据库模式，然后使用特定的语言绑定来指明如何将对象定义语言结构映射到特定编程语言的结构，如 C++、SMALLTALK、Java。

对象查询语言是专门为 ODMG 对象模型指定的查询语言。对象查询语言被设计为与编程语言紧密配合使用，这些编程语言有一个 ODMG 绑定的定义，如 C++、SMALLTALK、Java。这样嵌入某种编程语言的一个对象查询语言的查询，可以返回与那种语言的类型系统相匹配的对象。对于查询，对象查询语言语法和关系型标准查询语言 SQL 的语法相似，只是增加了有关对象的特征，如对象标识、复杂对象、操作、继承、多态性。

面向对象数据库语言是面向对象数据库与传统数据库相区别的一个重要特征。但是面向对象数据库语言的查询功能很弱，这是因为用变量引用对象的方式不能对对象进行统一管理。例如图书作为类，作者是属性。面向对象数据库语言可从每一书的对象找到它的所有作者，但不支持另一方向的查询，即从作者查询他的所有作品，除非把作者也定义成一个类，同时把作品设置成属性，这样的设计将在数据库中造成冗余，为此就有必要扩充面向对象数据库语言的查询功能。

数据库系统从网状模型到关系模型的进步使数据库查询语言从用户导航式的过程性语言进入到了由系统自动选择查询路径的非过程性语言。但是非过程性语言的面向集合的操作方式又与高级程序设计语言的面向单个数据的操作方式之间产生了不协调现象，俗称阻抗失配。阻抗失配的根本原因在于关系数据库的数据模型和程序设计语言不一致。因而，对嵌入式数据库语言来说不可避免地产生阻抗失配。但面向对象数据库不同，它的数据模型的概念来自面向对象的程序设计方法，因此作为某一面向对象的程序设计语言扩充的面向对象数据库语言，能够从根本上解决阻抗失配问题。

商业的关系型数据库管理系统成功的一个原因在于 SQL 标准。对象数据库管理组织曾经提出 ODMG1.0 标准，已经修订为 ODMG3.0，它包含了对象定义语言和对象操纵语言。但是目前还没有一个关于面向对象数据语言的标准能够像 SQL 标准那样得到业界的普遍支持，现今不同的面向对象数据库管理系统的数据库语言各不相同，要解决这个问题还要花很长的时间。

14.4.4　对象关系数据库系统

在今天的商业领域中，有许多可用的数据库管理系统产品，占统治地位的主要有两个：关系数据库系统和面向对象数据库系统，分别支持关系数据模型和对象数据模型。数据库管理系统产品的另外两种主要类型是：层次数据库和网状数据库，它们分别基于层次和网状数据模型。随着数据库技术的发展，后两种数据库系统会逐渐被前两种所取代。

数据库系统面临着许多领域的新的应用挑战，如音频和视频处理系统中的数字化信息，计算机辅助桌面排版系统中的大文本，人造卫星成像或天气预报中的图像，工程设计、生物基因组信息、建筑图中的复杂数据，股票市场交易历史或卖出历史中的时间序列数据，地图数据和业务数据中的空间和地理数据。显然需要设计某些数据库，它们可以开发、操纵和维护来自这些应用的复杂对象。

在面对上述复杂应用时，基本关系模型及其 SQL 语言的早期版本被证明是不适用的。层次数据模型可以很好地适用于在组织中自然存在的分层结构，但是它在数据中的内置层次路径上过于局限和固定。网状数据模型可以明确地对联系建模，但是在实现方面却需要使用大量的指针，而且不具备对象标识、继承、封装这类概念，也不支持多种数据类型和复杂对象。因此产生了一种趋势，即将对象数据模型中的特征和语言结合到关系数据模型中，这样扩展了关系数据模型，形成了对象关系数据库系统，使它能够处理当今复杂的应用。

对象关系数据模型扩展关系数据模型的方式是通过提供一个包括复杂数据类型和面向对象的更丰富的类型系统。关系查询语言也需要做相应地扩展以处理这些更丰富的类型系统。对象关系数据库系统以对象关系数据模型为基础，它为想要使用面向对象特征的关系数据库用户提供了一个方便的迁移途径。

1. 嵌套关系

在关系数据理论中定义了第一范式，它要求所有的属性都具有原子的域。原子域是指这个域中的元素是不可再分的单元。然而并非所有的应用都是用第一范式关系建模最好。例如，某些应用的用户将数据库视为对象的一个集合，而不是记录的一个集合，这些对象可能需要数条记录来表示。一个简单、易用的界面要求用户直观概念上的一个对象与数据库系统概念上的一个数据项之间是一一对应的关系。

嵌套关系模型是关系模型的一个扩展，域可以是原子的也可以赋值为关系。这样元组在一个属性上的取值可以是一个关系，于是关系可以存储在关系中，从而形成了关系的嵌套。这样一个复杂对象就可以用嵌套关系的单个元组来表示。如果我们将嵌套关系的一个元组视为一个数据项，在数据项和用户数据库观念上的对象之间我们就有了一一对应的关系。

2. 复杂类型

嵌套关系只是对基本关系模型扩展的一个实例，其他非原子数据类型，如嵌套记录，同样已被证明是有用的。面向对象数据模型已经导致了对于如对象的继承、引用等特征的需求。有了复杂对象系统和面向对象，我们能够直接表达 E-R 模型的一些概念，如实体标识、多值属性、一般化和特殊化，而不再需要经过关系模型的复杂转化。

通过对 SQL 的扩展，我们可以使用复杂类型。下面关于复杂类型的一些简单概念加以介绍。

下面是对一个 books 表的定义：

```
create table books(
    ...
    keyword-set setof (varchar(20))
    ...
    )
```

这个表中的 keyword 属性比较特殊，因为它允许属性是集合。

集合是集合体类型的一个实例，其他的集合体类型包括数组和多重集合。因此不同于普通关系数据库中表的定义，允许属性是集合，从而 E-R 图中的多值属性能够直接表述。

现在许多的数据库应用需要存储的属性很大，如一个人的照片，或者更大的，如高分辨率的医学图像或者录像剪辑。在 SQL:1999 中提供了新字符型数据大对象数据类型和二进制数据大对象数据类型。大对象一般用于外部的应用，通过 SQL 对它们进行全体检索是毫无意义的。取而代之，应用程序一般只检索大对象的定位器，然后用定位器从宿主语言中操作该对象。

下面说明结构类型的声明和使用：

```
create type MyString char varying
create type MyDate
    (day integer,
     month char(10),
     year integer)
create type Document
    (name MyString,
     author-list setof(MyString),
     date MyDate,
```

```
    keyword-list setof(MyString)
create table doc of type Document
```

第一个语句定义了一个类型 MyString，它是一个变长的字符串。第二个语句定义了一个类型 MyDate，它有三个组成部分：date、month 和 year。第三个语句定义了一个类型 Document，它包含一个 name、一个作者的集合 author-list、一个类型为 MyDate 的日期以及一个关键词集合。最后创建表 doc，它包含了类型为 Document 的元组。上述表的定义与普通关系数据库中的表定义是有区别的，因为前者允许属性为集合或者如 MyDate 那样的属性具有结构类型，这些特征使得 E-R 图中的复合属性及多值属性能够直接表达。

3. 继承、引用类型

在这里的介绍是基于 SQL:1999 标准的，不过也会提到一些在这个标准中没有出现的，但是在 SQL 标准的未来版本中会介绍到的一些特征。

继承可以在类型的级别上进行，也可以在表的级别上进行。首先考虑类型的继承。

假定我们有如下的人的类型定义：

```
create type Person
    (name varchar(20),
     address varchar(20))
```

如果要在数据库中对那些是学生或教师的人分别存储一些额外的信息，由于学生和教师都是人，因而可以使用类型继承来定义学生和教师类型如下：

```
create type Student
    under Person
    (degree varchar(20),
     department varchar(20))
create type Teacher
    under Person
    (salary integer,
     department varchar(20))
```

Student 和 Teacher 都继承了 Person 的属性，即 name 和 address。Student 和 Teacher 都被称为 Person 的子类型，Person 是 Student 的父类型，同时也是 Teacher 的父类型。

现在假定要存储关于助教的信息，这些助教既是学生又是教师，甚至可能是在不同的系里。如果类型系统支持多重继承，可以为助教定义一个类型如下：

```
create type TeacherAssistant
    under Student, Teacher
```

　　TeacherAssistant 将继承 Student 和 Teacher 的所有属性，但是却有一个问题，因为 name、address 和 department 同时存在于 Student 和 Teacher 中。

　　name 和 address 属性实际上是从同一个来源即 Person 继承来的，因此同时从 Student 和 Teacher 中都继承这两个属性不会引起冲突。然而 department 属性在 Student 和 Teacher 中分别都有定义，事实上，一个助教可能是某个系的学生同时又是另一个系的教师。为了避免两次出现的 department 之间的冲突，可以使用 as 子句将它们重新命名，如对 TeacherAssistant 类型定义如下：

```
create type TeacherAssistant
     under Student with (department as student-dept),
          Teacher with (department as teacher-dept)
```

　　在 SQL:1999 中只支持单继承，即一个类型只能继承一种类型，使用的语法如同前面提到的例子。TeacherAssistant 例子中的多重继承在 SQL:1999 中是不支持的。

　　我们通过下面的例子来说明表继承。

　　假设定义 people 表如下：

```
create table people of Person
```

　　那么再定义表 students 和 teachers 作为 people 的子表，如下：

```
create table students of Student
     under people
create table teachers of Teacher
     under people
```

　　子表的类型必须是父表类型的子类型，因此 people 中的每一个属性均出现在子表中。

　　当我们声明 students 和 teachers 作为 people 的子表时，每一个 students 和 teachers 中出现的元组也隐式存在于 people 中。所以，如果一个查询用到 people 表，它将查找的不仅仅是直接插入到这个表中的元组，而且还包含插入到它的子表 students 和 teachers 中的元组。然而，只有出现在 people 中的属性才可以被访问。

　　面向对象的程序设计语言提供了应用对象的能力，类型的一个属性可以是对一个指定类型的对象的引用。我们可以定义一个 Department 类型，它有一个 name 字段和一个引用到 Person 类型的 head 字段，然后定义一个 Department 类型的表 departments，如下所示：

```
create type Department
     (name varchar(20),
     head ref(Person) scope people)
create table departments of Department
```

在上面的定义中，使用关键词 scope 来限定了引用范围。这里，引用限制在 people 表中的元组。

4. 与复杂类型有关的查询

这里要介绍的是处理复杂类型的扩展 SQL 查询语言。与复杂类型有关的查询可以分为如下几类。

1）路径表达式

在 SQL:1999 中对引用取内容使用→符号。可以使用下面的查询来找出各个部门负责人的名字和地址：

```
select head→name, head→address
from departments
```

在上面的查询中，带有→符号的表达式被称为路径表达式。

2）以集合体为值的属性

如果我们想找出所有的码中包含 "database" 字样的书，如下查询即可：

```
select title
from books
where 'database' in (unnest(keyword-set))
```

unnest（keyword-set）在无嵌套关系的 SQL 中相当于一个 select-from-where 的子表达式。

3）嵌套与解除嵌套

将一个嵌套关系转换成为 1NF 的过程称为解除嵌套。关系 doc 有 author-list 和 keyword-list 两个属性，这两者都是嵌套关系，同时关系 doc 另外还有 name 和 date 两个属性，它们都不是嵌套关系。假定想要将该关系转化为单个平面关系，使其不包含嵌套关系或者结构类型作为属性，可以使用以下查询来完成这个任务：

```
select name , A as author, date.day, date.month, date.year, K as keyword
from doc as B, B.author-list as A, B.keyword-list as K
```

from 子句中的变量 B 被声明以 doc 为取值范围，变量 A 被声明以该文档的 author-list 中的作者为取值范围，同时 K 被声明以该文档的 keyword-list 的关键词为取值范围。

反向过程即将一个 1NF 关系转化为嵌套关系，称为嵌套。嵌套可以用对 SQL 分组的一个扩展来完成。在 SQL 分组的常规使用中，需要对每个组创建一个临时的多重集合关系，然后在这个临时关系上应用一个聚集函数。如果不应用聚集函数而只返回这个多重集合，我们就可以创建一个嵌套关系。假定有一个 1NF 关系 flat-doc，下面的查询在属性 keyword 上对关系进行了嵌套：

```
select title, author, (date, month, year) as date, set(keyword) as keyword-list
from flat-doc
```

```
group by title, author, date
```

5. 函数与过程

在对象关系数据库系统中允许用户定义函数与过程，它们既可以用某种数据操纵语言如 SQL 来定义，也可以通过外部的程序设计语言来定义，例如 Java、C 或 C++。有些数据库管理系统支持它们自己的过程语言，如 Oracle 中的 PL/SQL 和 Microsoft SQL Server 中的 Transact SQL，它们类似于 SQL 的有关过程的部分，但在语法和语义上有所区别，详细信息可参见各自的系统手册。

假设定义这样一个函数：给定一个文档，返回其作者的人数。可以定义这个函数如下：

```
create function author-count(one-doc Document)
      return integer as
      select count(author-list)
from one-doc
```

这里 Document 是一个类型名。这个函数用单个文档对象来调用，select 语句同关系 one-doc 一起执行，这个关系仅包括单个元组，即函数的参数。这个 select 语句的结果是单个值，严格来讲，它是一个只有单个属性的元组，其类型被转化为一个值。

上面的函数可以使用在如下查询中，该查询返回具有多于一个作者的所有文档的名称：

```
select name
      from doc
      where author-count(doc)>1
```

注意，上面的 SQL 表达式中，尽管在 from 子句中 doc 是指一个关系，但在 where 子句中它隐含地被视为一个元组变量，因此它可以用来作为 author-count 函数的一个参数。

有些数据库系统允许我们使用如 C 或 C++这样的程序设计语言来定义函数。用这种方式定义的函数比用 SQL 定义的函数效率更高，并且能够执行有些无法用 SQL 完成的计算。使用这些函数的例子有很多，如在一个元组的数据上做一个复杂的算法。

用程序设计语言定义的函数在数据库系统的外部编译，它们需要被装入并与数据库系统代码一起执行。这个过程要冒一定的风险，因为程序中的错误可能会破坏数据库的内部结构，并且可能绕道数据库系统的存取控制功能。

使用程序设计语言定义的函数看起来与使用嵌入式 SQL 没什么不一样，使用嵌入式 SQL 时数据库查询包含在一个通用程序中，但是它们之间还是有一个重要差别。在嵌入式 SQL 中，用户程序将查询传送给数据库系统执行，结果以一次一个元组的形式返回给该程序。因此，用户书写的代码永远不会需要访问数据库本身，于是操作系统就可以保护数据库不被任何用户进程所存取。当在查询中使用用户编码的函数时，要么这些代码必须由数据库系统本身运行，要么该函数所操作的数据必须被拷贝到一个分离的数据空间中。第二种方法增加了系统开销，第一种方法则诱发了潜在的脆弱性，这同时表现在完整性方面和安全性方面。

6. 面向对象与对象关系

我们已经研究了建立在持久化程序设计语言上的面向对象数据库，也研究了建立在关系模型之上的面向对象的对象关系数据库。这两种类型的数据库系统在市场上都存在，数据库设计者要选择那种适合应用需求的系统。

程序设计语言的持久化扩展和对象关系系统有着不同的市场目标。SQL 语言的声明性特征和有限的能力为防止程序设计错误对数据造成破坏提供了很好的保护，同时使得一些高级优化，例如减少 I/O，变得相对简单。对象关系系统的目标在于通过使用复杂数据类型来简化数据建模和查询，典型的应用有复杂数据的存储和查询等。

然而，对于某些类型的应用，如主要在内存中运行和对数据库进行大批量访问的应用来说，一个说明性语言，如 SQL 会带来显著的性能损失。满足应用的高性能要求就是持久化程序设计语言的目标。持久化程序设计语言提供了对持久数据的低开销存取，并且取消了数据转换的要求。但是，持久化程序设计语言对由于程序错误而引起的数据破坏更为敏感，而且通常没有强大的查询能力。它们典型的应用包括 CAD 数据库。

这些不同种类的数据库系统的能力可以总结如下：

- 关系系统：简单数据类型、功能强大的查询语言、高保护性。
- 以持久化程序设计语言为基础的面向对象系统：复杂数据类型、与程序设计语言集成、高性能。
- 对象关系系统：复杂数据类型、功能强大的查询语言、高保护性。

这些描述具有普遍性，但是请记住对有些数据库系统来说它们的分界线是模糊的。例如，有些以持久化程序设计语言为基础的面向对象数据库系统是在一个关系数据库系统之上实现的，这些系统的性能可能比不上那些直接建立在存储系统之上的面向对象数据库系统，但这些系统却提供了关系系统所具有的较强的保护能力。

14.5　大数据与数据库

大数据（Big Data）是一种具有海量的数据规模，在获取、存储、管理和分析等方面都远远超过传统数据库处理范围的数据集合。大数据渗透在每个行业和业务领域，为人类提供辅助服务，以及为智能体（Agent）提供决策服务。

大数据能够有访问大量数据的能力，在重复处理和数据模式独特时，也就是无法使用传统技术、处理算法等方案处理，大数据能够从这些数据中获得关键的见解，人为干预少，数据分析更加简单无误。在当下，基础设施结合新的数据处理框架和平台（例如 Hadoop 和 NoSQL），能够显著降低成本，而且具有很高的扩展性。大数据不仅包括企业应用系统的数据分析，还包括行业产业深度融合，下面是一些例子：

（1）制造业：利用工业大数据提升制造业的水平，在更短时间内制造出高质量产品，分析工艺流程、改进生产工艺、优化生产耗能等。

（2）金融行业：利用大数据来分析社交情绪、分析信贷风险、分析高频交易等。

（3）能源行业：利用大数据分析用户用电模式，合理设计电力需求响应等。

（4）医疗行业：大数据帮助实现智慧医疗、健康管理，提供更好的医疗援助。

工业界使用三大特征作为大数据的分类标准。第一个维度是体量大，也就是数据的总量，存储单位从过去的 GB 到 TB，直到 PB、EB。随着技术的发展，数据开始爆发式增长。社交网络、智能终端等都成为数据的来源，使用智能算法分析数据，数据处理平台等统计、分析、处理如此大规模的数据。第二个维度是速度快，大数据的交换和传播是通过互联网和云计算实现的，远比传统媒介快捷。大数据对处理数据的响应速度很严格，几乎做到实时分析，从各种类型的数据中快速获得高价值信息。第三个维度是多样性，广泛的数据来源决定了大数据形式的多样。大数据时代，数据结构多种多样，包括结构化数据，如财务、医疗系统数据，这类的数据因果关系强；非结构化数据，视频、图片等，这类的数据没有因果关系；半结构化数据，邮件、网页等，这类的数据因果关系弱。

伴随着互联网的发展，数据积累量与日俱增，越来越多的应用场景产生，传统的数据处理无法满足日益增长的需求。基于大数据构建数据仓库首先在互联网行业得到尝试。基于大数据的数据库建设要求快速响应需求，同时需求灵活多变，对实时性有着较高的需求，除了传统应用外，基于大数据的数据仓库也要响应数据分析、机器学习、用户画像等场景。因此下一代的数据仓库可以说是异构平台下大数据和传统数据集成的架构，这是将被大型企业所接受的常态。

接下来介绍大数据时代，支撑起大数据体系的数据仓库设计，以及数据仓库主要应用场景 OLAP 和数据库的主要应用场景 OLTP。

14.5.1　大数据之数据仓库设计

由于数据库面向日常事务处理，不适合进行分析处理，一种新的技术应运而生，这就是数据仓库技术。数据仓库技术是公认的信息利用的最佳解决方案，它不仅能够从容解决信息技术人员面临的问题，同时也为商业用户提供了很好的商业契机。

数据仓库并不是一个独立的个体，而是与整个大数据体系融为一体，换句话说，大数据是一个巨人，而数据仓库则是巨人的心脏，相互依赖。在这一节里，我们将讨论数据仓库的系统设计方法，建设数据仓库的三级数据模型，如何提高数据仓库的物理性能，以及数据仓库的元数据等有关内容。

数据仓库的数据具有四个基本特征：面向主题的、集成的、不可更新的、随时间不断变化的。这些特点说明了数据仓库从数据组织到面向分析的数据处理都与原来的数据库有较大区别，这决定了我们在进行数据仓库系统设计时，不能够照搬原来传统的数据库系统开发方法，因而需要寻找一个适于数据仓库设计的方法。

所谓数据模型，就是对现实世界进行抽象的工具，抽象的程度不同，也就形成了不同抽象级别层次上的数据模型。数据仓库的数据模型与操作型数据库的三级数据模型又有一定的区别，主要表现在：

（1）数据仓库的数据模型中不包含纯操作型的数据。

（2）数据仓库的数据模型扩充了码结构，增加了时间属性作为码的一部分。

（3）数据仓库的数据模型中增加了一些导出数据。

可以看出，上述三点差别也就是操作型环境中的数据与数据仓库中的数据之间的差别，同样是数据仓库为面向数据分析处理所要求的。虽然存在着这样的差别，在数据仓库设计中，仍然存在着三级数据模型，即概念模型、逻辑模型和物理模型。

概念模型是主观与客观之间的桥梁，它是一个概念性的工具，用于设计系统、收集信息。具体到计算机系统来说，概念模型是客观世界到机器世界的一个中间层次。人们首先将现实世界抽象为信息世界，然后将信息世界转化为机器世界，信息世界中的这一信息结构，即是我们所说的概念模型。

概念模型最常用的表示方法是使用 E-R 图作为它的描述工具。E-R 图描述的是实体以及实体之间的联系，在 E-R 图中，长方形表示实体，在数据仓库中就表示主题，在长方形内写上主题名；椭圆形表示主题的属性，并用无向边把主题与其属性连接起来；用菱形表示主题之间的联系，菱形框内写上联系的名字。用无向边把菱形分别与有关的主题连接，给无向边标记上联系的类型。若主题之间的联系也具有属性，则把属性和菱形也用无向边连接上。

由于 E-R 图具有良好的可操作性，形式简单，易于理解，便于与用户交流，对客观世界的描述能力也较强，在数据库设计方面更得到了广泛的应用。因为目前的数据仓库一般建立在关系数据库的基础之上，为了和原有数据库的概念模型相一致，采用 E-R 图作为数据仓库的概念模型仍然是较为合适的。

在数据仓库的设计中采用的逻辑模型就是关系模型。无论是主题还是主题之间的联系，都用关系来标识。关系模型概念简单、清晰，用户易懂、易用，有严格的数学基础和在此基础上发展的关系数据理论；关系模型简化了程序员的工作和数据仓库设计开发的工作，当前比较成熟的商品化数据库产品都是基于关系模型的。因此采用关系模型作为数据仓库的逻辑模型是合适的。数据仓库的逻辑模型描述了数据仓库的主题的逻辑实现，即每个主题所对应的关系表的关系模式的定义。

所谓数据仓库的物理模型就是逻辑模型在数据仓库中的实现，如物理存取方式、数据存储结构、数据存放位置以及存储分配等等。物理模型是在逻辑模型的基础之上实现的，在进行物理模型设计实现时，所考虑的主要因素有：I/O 存取时间、空间利用率和维护代价；在进行数据仓库的物理模型设计时，考虑到数据仓库的数据量大，但是操作单一的特点，可采取其他的一些提高数据仓库性能的技术，如：合并表、建立数据序列、引入冗余、进一步细分数据、生成导出数据、建立广义索引等等。

建立数据仓库过程中的一个重要问题是如何提高系统的性能。因为数据仓库的数据量很大，分析处理时涉及的数据范围也较广，往往涉及大规模数据的查询。提高系统性能，主要是要提高系统的物理 I/O 性能，因为 I/O 瓶颈常成为影响系统性能的主要因素。在数据仓库的设计中，应尽量减少每次查询处理要求的 I/O 次数，而使每次 I/O 又能返回尽量多的记录。事实上，由于数据仓库的数据极少甚至不再更新，数据仓库的物理设计可以有更多的方法和途径来提高系统性能。下面介绍粒度划分和数据分割。

1）粒度划分

对数据仓库开发者来说，划分粒度是设计过程中最重要的问题之一。所谓粒度指数据仓库中数据单元的详细程度和级别。数据越详细，粒度越小级别就越低；数据综合度越高，粒度越大级别就越高。在传统的操作型系统中，对数据的处理和操作都是在详细数据级别上的，即最低级的粒度。但是在数据仓库环境中主要是分析型处理，粒度的划分将直接影响数据仓库中的数据量以及所适合的查询类型。一般需要将数据划分为：详细数据、轻度总结、高度总结三级或更多级粒度。不同粒度级别的数据用于不同类型的分析处理。粒度的划分是数据仓库设计工作的一项重要内容，粒度划分是否适当是影响数据仓库性能的一个重要方面。

2）数据分割

数据分割是数据仓库设计的另一项重要内容，是提高数据仓库性能的一项重要技术。数据的分割是指把逻辑上是统一整体的数据分割成较小的、可以独立管理的物理单元进行存储，以便于重构、重组和恢复，以提高创建索引和顺序扫描的效率。数据的分割使数据仓库的开发人员和用户具有更大的灵活性。数据仓库中数据分割的概念与数据库中的数据分片概念是相近的。数据库系统中的数据分片有水平分片、垂直分片、混合分片和导出分片多种方式。水平分片是指按一定的条件将一个关系按行分为若干不相交的子集，每个子集为关系的一个片段；垂直分片是指将关系按列分为若干子集，垂直分片的片段必须能够重构原来的全局关系。

在进行数据仓库设计时需要把数据分割与粒度划分结合起来考虑。

数据仓库中的元数据就是关于数据的数据，它描述了数据的结构、内容、码、索引等项内容。传统数据库中的数据字典是一种元数据，但在数据仓库中，元数据的内容比数据库中的数据字典更丰富、更复杂。设计一个描述能力强、内容完善的元数据，是有效管理数据仓库的具有决定意义的重要前提。因此元数据的设计在整个数据仓库设计中占有重要的地位，是数据仓库设计的一个重要组成部分。

数据仓库中的元数据的重要性表现在：

（1）大数据平台通过直接读写处理业务数据，除此之外的数据都是元数据，例如任务之间的权限映射关系，数据的业务属性，数据占用的磁盘空间等等。这些元数据能够帮助用户更加高效地分析数据，有助于系统和业务的优化以及数据质量的保证。

（2）操作型环境和数据仓库环境之间有着复杂的、多方面的区别，因此从操作型环境到数据仓库的数据转换也是复杂的、多方面的。元数据应包含对这种转换的描述。元数据要将这种转换清晰地表示出来，把从哪些数据源用怎样的转换逻辑转换成数据仓库中的哪些目的数据等内容描述出来。这样，当从数据仓库向数据库回溯时，便能够根据数据变换的历史，找到原始依据。数据仓库的元数据还要将这种转换管理起来，既保证这种转换是正确的、适当的或合理的，又要使其是可变的、灵活的。事实上，因为用户需求是不确定的，只有保证元数据的灵活性、可变性，才能真正保证其合理性和正确性。

（3）除了描述和管理从数据库到数据仓库的转换外，数据仓库的元数据当然还要管理好数据仓库中的数据。一方面，数据仓库中的数据量很大，划分不同的粒度层次、进行分割策略的选择、建立各种各样的索引等等，都需要在元数据中进行描述和管理；另一方面，数据仓库中包含着较长时期内的数据，不同时期不同的需求使得其数据从形式到内容都可能不同。

元数据的内容在数据仓库设计、开发、实施以及使用过程中不断完善，为大数据平台（如Hadoop、HBase）维持整个系统运转所需要的信息与数据。

14.5.2　数据转移技术

数据仓库的基本观念之一是，当数据从业务系统或其他数据来源提取出来时，应该先经过变换或清洗，才能将它加载到数据仓库中。然而，对于数据转移的目的和实现转移的最优方法却存在很多混乱的看法。在数据仓库环境中进行数据转移的目的应该有两个：第一，改进数据仓库中数据的质量；第二，提高数据仓库中数据的可用性。

所谓数据转移，也称为数据转换或数据变换，就是把多种传统资源或外部资源信息中不完善的数据自动转换为商务中准确可靠的数据。为了便于讨论，我们将把业务数据加载到数据仓库之前经历的内存和结构的变化都纳入数据转移。

在建立数据仓库的过程中，数据转移是个重要的步骤。实施数据转移的好方法有很多，既有定制代码的程序，也有用于转移仓库数据的专门工具。无论采用什么方法，转移的几个基本方面是必须实现的。转移远远不止是在你把数据移入数据仓库时改变它的数据结构，真正好的转移在数据进入数据仓库时能够检验并提高它的质量和可用性。

为了对数据转移的复杂性进行深入的讨论，我们必须定义数据转移的几个基本类型。每一类都有自己的特点和表现形式。为了便于讨论，应该考虑以下四种转移类型：

（1）简单转移。简单转移是所有数据转移的基本构成单元。这一类中包括的数据处理一次只针对一个字段，而不考虑相关字段的值。

（2）清洗。清洗的目的是保证前后一致地格式化和使用某一字段或相关的字段群。例如，它可以包括地址信息的适当格式化。清洗还能检查某一特定字段的有效值，通常是通过进行范围检查或是从枚举清单中做出选择。

（3）集成。集成是指将业务数据从一个或几个来源中取出，并逐字段地将数据映射到数据仓库的新数据结构上。

（4）聚集和概括。聚集和概括是把业务环境中找到的零星数据压缩成仓库环境中的较少数据块。有时对细节数据进行聚集是为了避免仓库存入业务环境中那样具体的数据，有时则是为了建立包括仓库的聚集副本或概括副本的数据商场。

顾名思义，简单转移代表了数据转移中最简单的形式。这些转移一次改变一个数据属性而不考虑该属性的背景或与它相关的其他信息。简单转移有如下形式：

（1）数据类型转换。最常见的简单变换是转换一个数据元的类型。除了将一个空值改为空白或零之外（或反之），通常不必改变该数据元的语义值就可以完成一次简单的数据类型转换。当应用程序存储的某个类型的数据只在该应用程序的背景下才有意义，在企业水平上却没有意义时，就常常要求进行这类变换。这类转换可以通过编码程序中的简单程序完成，或者运用数据仓库数据转换工具完成。所有转换工具都能轻松、迅速完成这类简单转换。另外，许多简单变换可以通过数据库卸载或加载设施完成，这种设施可以在从平面文件中取出数据并加载到数据库中时进行简单数据类型转换。

（2）日期/时间格式的转换。一般而言，在设计和构造业务应用程序时，对各程序内日期/时间很少进行统一的处理。应用程序设计人员常常选择用最适合的包含业务数据的数据库管理系统的格式表示日期和时间。在某些情况下，甚至在同一应用程序内日期和时间的处理也不一致。程序模块的设计者按照他们认为合适的方式随意设计日期和时间字段，很少考虑到一致性。在处理业务系统中时间和日期的格式差异的背后，无论有什么原因，有一件事是清楚的：数据仓库必须用单一的模式识别日期和时间信息。正如 2000 年问题所显示的，我们必须用稳健的方式存入日期，包括完整的年份。选择日期和时间的实际物理表示法取决于许多因素，但无论选择了哪种表示方式，它都应该存入年份的四个数字，必须在整个数据仓库中一致地使用它。

（3）字段解码。最后一类简单变换是编码字段的解码。简单地说，数据一般不应该以编码的格式存放在数据仓库中。我们在业务数据库中建立代码是为了节省数据库存储空间。虽然人不理解这些代码，但这并不是个大问题，因为我们与那些代码的交互作用是由应用程序管理的，这些程序在必要的时候会为我们破解那些值的代码。在数据仓库环境中，情况就大不一样了。因为有些查询工具能破解数据库值，所以无法保证应用程序逻辑一定能将用户与数据仓库数据库中的编码值隔绝开。考虑到查询工具的不断增加以及大多数数据仓库的用户自己编写的查询时，情况确实如此。当他们编写或运行特别查询，用户将看到的信息就像存储在数据库中一样。因为用户可能来自公司的任何部门，所以数据仓库的所有用户不可能都有足够的背景知识和培训，使他们能够理解在业务数据库中使用的编码值。因此，业务系统和外部数据中的编码值在存入数据仓库之前，应该转换为经过解码的、易于理解的相应值。当然，这样做必须遵循正确的路线。一方面，我们想把编码值充分扩展，使它们为大多数的用户理解；另一方面，把一个值扩展得太多要占用额外的存储空间，而且把该值当作查询中的检索标准也很难。还必须考虑到用户对于数据元业务含义的熟悉程度。从技术角度看，字段解码是一个非常易于实现的过程。它可以很容易地结合到转移程序中去，也可以在数据转移工具中轻松地完成。然而，确定应该进行多少解码工作是很难的。

清洗指的是比简单变换更复杂的一种数据转移。在这种转移中，要检查的是字段或字段组的实际内容而不仅是存储格式。

一种清洗是检查数据字段中的有效值。这可以通过范围检验、枚举清单和相关检验来完成。这里给出了每种方法的例子。

范围检验是数据清洗的最简单形式。它是指检验一个字段中的数据以保证它落在预期范围之内，通常是数字范围或日期范围。例如，可以检验一个发票编号，看它是否是有效的发票编号，即编号是否介于 1000 和 99999 之间；或者可以检验发票日期，看它是否落在 2005 年 4 月 1 日（公司开业之日）和当前日期之间，任何日期在该范围之外的发票都应该剔除出去。

枚举清单也相对容易实现。这种方法是对照数据字段可接受值的清单检验该字段的值。例如，可以检验一下送货类型代码，看看它是否包括有效值"快递"或"普通"之中的一个，任何与这张清单不符的值将被剔除出去以待进一步调查。

相关检验稍微复杂一些，因为它要求将一个字段中的值与另一个字段中的值进行对比。例如，我们可以检验发票记录上的采购订货编号字段，看看它是不是我们系统中存在的采购订货。任何含有采购订货编号却没有相应采购订货的发票记录应该留待进一步调查。

数据清洗的另一主要类型是重新格式化某些类型的数据。这种方法适用于可以用许多不同方式存储在不同数据来源中的信息，必须在数据仓库中把这类信息转换成一种统一的表示方式。最需要格式化的信息之一是地址信息。由于没有一种获取地址的标准方式，所以同一个地址可以用许多不同方式表示出来。当然，当人读这些地址时，他们能认出它们指的是同一地点。但在数据仓库中，地址可能按不同方式存储起来，那种对应关系就丢失了。因此我们必须把地址转变成一种共同的格式，这样我们才能在数据仓库中确定哪些地址其实是相同的。

集成是要把从全然不同的数据源中得到的业务数据结合在一起，困难在于将它们集成为一个紧密结合的数据模型。这是因为数据必须从多个数据源中提取出来，并结合成为一个新的实体。这些数据来源往往遵守的不是同一套业务规则，在生成新数据时，必须考虑到这一差异。因为不可能识别出每种可能发生的集成，所以这里只讨论字段水平的简单映射。

字段水平的简单映射在必须执行的数据转移总量中占去了大部分。在一个典型的数据仓库里，指定进行的转移中有 80%～90% 是字段水平的简单映射。这种映射的定义是指数据中的一个字段被转移到目标数据字段中的过程，例如从一个业务数据库中得到的一条记录，把它的一个字段转移到数据仓库的数据结构中。在此过程中，这个字段可以利用前面讨论过的任何一种简单变换进行变换。这些字段水平的映射很容易实现，并且占了数据集成工作的大部分。

大多数数据仓库都要用到数据的某种聚集和概括。这通常有助于将某一实体的实例数目减少到易于驾驭的水平，也有助于预先计算出广泛应用的统计概括数字，以使每个查询不必计算它们。虽然聚集和概括往往被当作可以互换的名词来使用，但在数据仓库中，这两个名词的含义还是有一些差异的。概括是指按照一个或几个业务维将相近的数值加在一起，例如商店把每日的销售额加在一起，生成按地区计算的月销售额。聚集指将不同业务元素加在一起成为一个公共总数。但是为了便于讨论，我们不区分聚集和概括，在数据仓库它们是以相同的方式进行的。

有时，数据仓库中存放的具体数据的具体程度往往不如业务系统中存放的细节数据。这时，就有必要在变换业务数据的过程中加入一些数据聚集功能。这可以减少存储在数据仓库中的行数。有时，聚集也可以用于建立数据商场，这类数据商场是从仓库中存储的更具体的数据中衍生出来的。聚集还有一个作用是去除数据仓库中的过时细节。在许多情况下，数据在一定时期内要以很具体的水平存放着。一旦数据到达某一时限，对这些细节的需求就大大减弱了。此时，这些非常具体的数据应该传送到存储器中，而数据的概括形式则可以存放在数据仓库当中。

当然，对于各种细节数据，有许多种概括方法，每一种概括或聚集都可以在某一个或几个维进行。例如，一家零售组织保存着每次单个销售事务的事务处理数据。以这一细节数据为基础，可以从许多维进行概括。例如产品大类、销售事务类型、地理区域、顾客和时间期限。生成的每一个总和都是在一个或几个维上进行聚集的结果。这样，用户通过访问元数据，就能够得知每种概括数据的衍生方法，这一点是极为重要的，这样他们才能知道哪些维已经得到了概括以及概括的程度。

目前可以得到的数据清洗工具，许多都已内置了概括功能，尤其是在时间维上进行聚集的功能。当然，通过使用分类设施就可以轻松地做到这一点，这类设施中含有复杂的概括逻辑能力。不管如何做到这一点，重要的是用户能够轻松地访问元数据，了解生成总和数据所用的标准。

在数据仓库环境中，实现数据转移的方法当然不止一种。但最主要的是选择转移方式，是使用为数据仓库提供数据的专用数据转移工具，还是建立能实现转换逻辑的手工编制程序。哪一个才是最佳选择要取决于很多因素，包括：

（1）时间范围。虽然使用数据转移工具能大大方便建立和维护数据仓库的过程，但获取、配置和学习这些工具都要花些时间。如果生产第一个仓库应交付成果的时间约束很紧，那么这样的项目往往选择人工编码，在仓库建设得较完善、项目小组的可信度较高时再迁移到数据转移工具中。

（2）预算。数据仓库工具可能会很贵，但编程人员编写变换程序的时间也一样宝贵，因此最佳选择取决于哪类预算近期在组织中更容易得到。但从长期来看，投资可以比手工编制和维护变换程序的成本要节省得多。

（3）数据仓库的规模。范围很小的数据仓库（即数据源很少，要实现的转移也很少）可能无法证实使用数据转移工具的成本合理性。然而，当数据仓库的范围逐渐扩大时，维护手工编写的变换程序将变得越来越困难，工具就会发挥更大的作用。但对于一个规模很小的初始数据仓库来说，当然就不需要变换工具了。

（4）数据仓库项目小组的规模和技能。如果仓库小组足够大，而且具有适当的编程技巧，建立和维护转移逻辑就容易一些。但是大多数数据仓库小组都受到资源的限制，无法得到足够的开发时间维护所有的变换代码。因此他们发现转移工具特别有用，因为数据仓库分析人员可以不要编程人员的帮助自己建立并维护大多数的转移。

当然，使用数据转移工具的最主要原因之一与节省时间和有效利用成本没有太大的关系。这个原因是，好的数据转移工具能自动地生成并维护宝贵的元数据。

14.5.3　数据仓库主要应用场景——联机分析处理（OLAP）

20 世纪 60 年代末，E.F.Codd 所提出的关系数据模型促进了关系数据库及联机事务处理（On-Line Transaction Processing，OLTP）的发展。数据不再以文件方式同应用程序捆绑在一起，而是分离出来以关系表方式供大家共享。随着政府及商业应用的发展，数据量越来越大，同时用户的查询需求也越来越复杂，涉及的已不仅是查询或操纵一张关系表中的一条或几条记录，而且要对多张表中千万条记录进行数据分析和信息综合。关系数据库系统已不能全部满足这一要求。这两类应用，操作型应用和分析型应用，特别是在性能上难以两全，尽管为了提高性能，人们常常在关系数据库中放宽了对冗余的限制，引入了统计及综合数据，但这些统计综合数据的应用逻辑却是分散杂乱的，非系统化的，因此分析功能有限、不灵活，维护困难。在国外，不少软件厂商采取了发展其前端产品来弥补关系数据库管理系统支持的不足，他们通过专门的数据综合引擎，辅之以更加直观的数据访问界面，力图统一分散的公共应用逻辑，在短时间内响应非数据处理专业人员的复杂查询要求。1993 年，Codd 将这类技术定义为联机分析处理（On-Line Analytical Processing，OLAP）。OLAP 作为一类产品同 OLTP 明显区分开来。

　　OLAP 是针对特定问题的联机数据访问和分析。为了反映用户所能理解的企业的真实的"维"，原始的数据被进行了转换，从而形成了可用的信息。通过对信息的很多种可能的观察形式进行快速、稳定一致的交互性存取，允许管理决策人员对数据进行深入观察。

　　OLAP 是以数据仓库进行分析决策的基础，针对特定问题的联机数据访问和分析，OLAP 能够对不同数据集合进行基于某个或是多个角度的比较，它能够从不同角度切割数据集合从而进行分析。从某种意义来说，OLAP 是有预见性的。OLAP 的分析是建立在经验的基础上，对数据进行某种指定关联的分析。在联机事务处理系统中，由于数据的离散性，而使 OLAP 实现起来相当复杂甚至是不可能，而以数据仓库为依托，辅之以 OLAP 工具，OLAP 的实现将十分简单易行。

　　OLAP 中的基本概念有：

　　（1）变量：变量是数据的实际意义，即描述数据"是什么"。例如，数据"10000"本身并没有意义或者说意义未定，它可能是一个学校的学生人数，也可能是某产品的单价，还可能是某商品的销售量等等。一般情况下，变量总是一个数值度量指标，例如，"人数""单价""销售量"等都是变量，而"10000"则是变量的一个值。

　　（2）维：维是人们观察数据的特定角度。例如，企业常常关心产品销售数据随着时间推移而产生的变化情况，这时他是从时间的角度来观察产品的销售，所以时间就是一个维，简称为时间维。企业也时常关心自己的产品在不同地区的销售分布情况，这时他是从地理分布的角度来观察产品的销售，所以地理分布也是一个维，称为地理维。

　　（3）维的层次：人们观察数据的某个特定角度（即某个维）还可以存在细节程度不同的多个描述方面，我们称这多个描述方面为维的层次。一个维往往具有多个层次，例如描述时间维，可以从日期、月份、季度、年等不同层次来描述，那么日期、月份、季度、年等就是时间维的层次；同样，城市、地区、国家等构成了一个地理维的多个层次。

　　（4）维成员：维的一个取值称为该维的一个维成员。如果一个维是多层次的，那么该维的维成员是在不同维层次的取值的组合。例如，我们考虑时间维具有日期、月份、年这三个层次，分别在日期、月份、年上各取一个值组合起来，就得到了时间维的一个维成员，即"某年某月某日"。一个维成员并不一定在每个维层次上都要取值，例如，"某年某月""某月某日""某年"等等都是时间维的维成员。对应一个数据项来说，维成员是该数据项在某维中位置的描述。例如对一个销售数据来说，时间维的维成员"某年某月某日"就表示该销售数据是"某年某月某日"的销售数据，"某年某月某日"是该销售数据在时间维上位置的描述。

　　（5）多维数组：一个多维数组可以表示为（维 1，维 2，……，维 n，变量）。例如，（地区，时间，销售渠道，销售额）就是一个多维数组，其中销售额是变量，它定义在地区维、时间维和销售渠道维这三者的基础上。

　　（6）数据单元：多维数组的取值称为数据单元。当在多维数组的各个维中都选中一个维成员，这些维成员的组合就唯一确定了一个变量的值。那么数据单元就可以表示为（维1的维成员，维2的维成员，……，维n的维成员，变量的值）。

多维分析是指对以多维形式组织起来的数据采取切片、切块、旋转等各种分析动作，以求剖析数据，使最终用户能从多个角度、多侧面地观察数据库中的数据，从而深入地了解包含在数据中的信息、内涵。多维分析方式迎合了人的思维模式，因此减少了混淆并且降低了出现错误解释的可能性。多维分析的基本动作有：

（1）切片：在多维数组的某一维上选定一维成员的动作称为切片，即在多维数组（维1，维2，……，维n，变量）中选一维，并取其一维成员。

（2）切块：在多维数组的某一维上选定某一区间的维成员的动作称为切块，即限制多维数组的某一维的取值区间。显然，当这一区间只取一个维成员时，即得到一个切片。

（3）旋转：旋转即改变一个报告或页面显示的维方向。例如，旋转可能包含了交换行和列，或是把某一个行维移到列维中去，或是把页面显示中的一个维和页面外的维进行交换（令其成为新的行或列中的一个）。

OLAP的数据来源于数据库。通过OLAP服务器，将这些数据抽取和转换为多维数据结构，以反映用户能理解的企业的真实维。通过多维分析工具对信息的多个角度、多个侧面进行快速、一致和交互的存取，从而使分析员、经理和行政人员能够对数据进行深入地分析和观察。

在数据仓库系统中OLAP使用的多维数据可以位于不同的层次，可以作为数据仓库的一部分，也可以作为数据仓库工具层的一部分。由于所处的层次的不同，其分析结果的综合程度也相应有高低之分，所以可以满足具有不同应用需求用户的要求。

1993年，Codd提出了有关OLAP的十二条准则，这也是他继关系数据库和分布式数据库提出的两个"十二条准则"后提出的第三个"十二条准则"。尽管业界对这个十二条准则褒贬不一，但其主要方面，如多维数据分析、客户/服务器结构、多用户支持及一致的报表性能等得到了大多数人的认可。

（1）OLAP模型必须提供多维概念视图：从用户分析员的角度来看，整个企业的视图在本质上是多维的，因此OLAP的概念模型也应是多维的。企业决策分析的目的不同，决定了分析和衡量企业的数据总是从不同的角度来进行的，所以企业数据空间本身就是多维的。

（2）透明性准则：无论OLAP是否是前端产品的一部分，对用户来说，它都是透明的。如果在客户/服务器结构中提供OLAP产品，那么对最终分析员来说，它同样也应透明。透明性原则包括两层含义：首先，OLAP在体系结构中的位置对用户是透明的。OLAP应处于一个真正的开放系统结构中，允许分析工具嵌入到分析人员指定的任何位置而不影响嵌入工具的性能，这对保持用户现有的效率，保证良好的性能至关重要。同时必须保证OLAP的嵌入不会引入和增加任何复杂性。其次，OLAP的数据源对用户也是透明的。用户只需使用熟悉的查询工具进行查询，而不必关心输入OLAP工具的数据是来自于同构还是异构的企业数据源。

（3）存取能力准则：OLAP系统不仅能进行开放的存取，而且还提供高效的存取策略。OLAP用户分析员不仅能在公共概念视图的基础上对关系数据库中的企业数据进行分析，而且在公共分析模型的基础上还可以对关系数据库、非关系数据库和外部存储的数据进行分析。OLAP系统应提供高效的存取策略，应使系统只存取与指定分析有关的数据，避免多余的数据存取。

（4）稳定的报表性能：当数据的维数和综合层次增加时，提供给最终分析员的报表能力和响应速度不应该有明显的降低和减慢，这对维护 OLAP 产品的易用性和低复杂性至关重要。即便当企业模型改变时，关键数据的计算方法也无需更改。只有做到这一点，OLAP 工具提供的数据报表和所做的预测分析结果才是可信的。

（5）客户/服务器体系结构：OLAP 是建立在客户/服务器体系结构上的。这要求它的多维数据库服务器能够被不同的应用和工具访问到。服务器端智能地以最小的代价完成同多种服务器之间的挂接任务，服务器端必须完成分散的企业数据库的逻辑模式和物理模式之间的映射，并确保它们的一致性，从而保证透明性和建立统一的公共概念模式、逻辑模式和物理模式。客户端负责应用逻辑和用户界面。

（6）维的等同性准则：每一数据维在数据结构和操作能力上都是等同的。系统可以将附加的操作能力赋予所选的维，但必须保证该操作能力可以赋予其他任意的维，即要求维上的操作是公共的。

（7）动态的稀疏矩阵处理准则：OLAP 工具的物理模型必须充分适应指定的分析模型，提供“最优”的稀疏矩阵处理，这是 OLAP 工具所应遵循的最重要的准则之一。该准则包括两层含义：第一，对任意给定的稀疏矩阵，存在且仅存在一个最优的物理视图，它能提供最大的内存效率和矩阵处理能力。稀疏度是数据分布的一个特征，如果不能适应数据集合的数据分布，将会导致快速、高效操作的失败。第二，OLAP 工具的基本物理数据单元可配置给可能出现的维的子集。同时，还要提供动态可变的访问方法并包含多种存取机制，使得访问速度不会因数据维的多少、数据集的大小而变化。

（8）多用户支持能力准则：多个用户分析员可以同时工作于同一分析模型上，或者可以在同一企业数据上建立不同的分析模型。该准则可由准则 5 推出。OLAP 工具必须提供并发访问、数据完整性及安全性机制。实际上，OLAP 工具必须支持多用户也是为了适合数据分析工作的特点。我们推荐以工作组的形式来使用 OLAP 工具，这样多个用户可以交换各自的想法和分析结果。

（9）不受限的跨维操作：多维数据之间存在固有的层次关系，这就要求 OLAP 工具能自己推导出而不是由最终用户明确定义出相关的计算。对于无法从固有关系中得出的计算，要求系统提供计算完备的语言来定义各类计算公式。该准则是对准则 1 的一个补充，对操作能力和操作范围做出了要求。

（10）直观的数据操纵：要求数据操纵直观易懂。综合路径重定位、向上综合、向下挖掘和其他操作都可以通过直观、方便的点拉操作完成。

（11）灵活的报表生成：报表必须从各种可能的方面显示出从数据模型中综合出的数据和信息，充分反映数据分析模型的多维特征。

（12）不受限制的维数与聚集层次：OLAP 工具的维数应不小于 15 维，用户分析员可以在任意给定的综合路径上建立任意多个聚集层次。

14.5.4　数据库主要应用场景——联机事务处理（OLTP）

在这一节中，我们将联机分析处理（OLAP）和联机事务处理（OLTP）进行分析和比较。

OLAP 主要是关于如何理解聚集的大量不同的数据。与 OLTP 应用程序不同，OLAP 包含许多具有复杂关系的数据项。OLAP 的目的就是分析这些数据，寻找模式、趋势以及例外情况。

OLAP 是决策人员和高层管理人员对数据仓库进行信息分析处理。OLAP 数据可能包含以地区、类型或渠道分类的销售数据。一个典型的 OLAP 查询可能要访问一个多年的销售数据库，以便能找到在每一个地区的每一种产品的销售情况。当得到这些数据后，分析人员可能会进一步地细化查询，在以地区、产品分类的情况下查询每一个销售渠道的销售量。最后，分析人员可能会针对每一个销售渠道进行年与年或者季度与季度的比较。整个过程必须被联机执行并要有快速的响应时间，以便分析过程不受外界干扰。联机分析处理可以被刻画为具有下面特征的联机事务：

（1）可以存取大量的数据，比如几年的销售数据，分析各个商业元素类型之间的关系，如销售、产品、地区、渠道。

（2）需要包含聚集的数据，例如销售量、预算金额以及消费金额。

（3）按层次对比不同时间周期的聚集数据，如月、季度或者年。

（4）以不同的方式来表现数据，如以地区、或者每一地区内按不同销售渠道、不同产品来表现。

（5）需要包含数据元素之间的复杂计算，如在某一地区的每一销售渠道的期望利润与销售收入之间的分析。

（6）能够快速地响应用户的查询，以便用户的分析思考过程不受系统影响。

OLAP 服务器允许用熟悉的工具方便地存取不同的数据源。快速响应时间是 OLAP 中的关键因素。它分批处理报表，应用程序中的信息必须快速可得，以便执行进一步的分析。为了使分析过程变得容易，OLAP 应用程序经常以诸如电子表格这样容易辨识的形式提交数据。

OLTP 是操作人员和低层管理人员利用计算机网络对数据库中的数据进行查询、增加、删除、修改等操作，以完成事务处理工作。

OLTP 以快速事务响应和频繁的数据修改为特征，用户利用数据库快速地处理具体业务。OLTP 应用时有频繁的写操作，所以数据库要提供数据锁、事务日志等机制。OLTP 应用要求多个查询并行，以便将每个查询的执行分布到一个处理器上。

与 OLAP 应用程序不同，OLTP 应用程序包含大量相对简单的事务。对这些事务通常只是需要获取或更新其中的一小部分数据，且这些表之间的关系通常是很简单的。

现代的数据库存储有数以万计的数据，经常每天处理成千上万的事务，OLTP 数据库在查找业务数据时是非常有效的。但在为决策者提供综合汇总性数据时则显得力不从心。这就需要 OLAP 技术。OLAP 是一项以灵活、可用和及时的方式构造、处理和表示综合数据的技术。例如，下面一个简单的问题：查看 1999 年西南地区的销售情况，数据按省、季度和产品分类。首先要从 OLTP 的数据库中抽取数据，这需要大量的时间；然后，还要用大量的时间来查询检索该年四个季度每个月的销售数据等。而用 OLAP 技术则可以在几秒钟内完成这样的问题。

OLTP 的特点在于事务量大，但事务内容比较简单且重复率高。大量的数据操作主要涉及的是一些增加、删除、修改操作，一般仅仅涉及一张或几张表的少数记录，因此 OLTP 适合于处理高度结构化的信息。与其相适应，在数据组织方面 OLTP 以应用为核心，是应用驱动的，数据模型采用 E-R 模型。

OLTP 处理的数据是高度结构化的，涉及的事务比较简单，因此复杂的表关联不会严重影响性能。反之，决策支持系统的一个查询可能涉及数万条记录。这时复杂的联接操作会严重影响性能。在 OLTP 系统中，数据访问路径是已知的，至少是相对固定的，应用程序可以在事务中使用具体的数据结构如表、索引等。而决策支持系统使用的数据不仅有结构化数据，而且有非结构化数据，用户常常是在想要某种数据前才决定去分析该数据。因此数据仓库系统中一定要为用户设计出更为简明的数据分析模型，这样才能为决策支持提供更为透明的数据访问。

OLTP 和 OLAP 的区别如表 14-1 所示。

表 14-1　OLTP 与 OLAP 对比表

OLTP	OLAP
数据库原始数据	数据库导出数据或数据仓库数据
细节性数据	综合性数据
当前数据	历史数据
经常更新	不可更新，但周期性刷新
一次性处理的数据量小	一次性处理的数据量大
响应时间要求高	响应时间合理
用户数量大	用户数量相对较少
面向操作人员，支持日常操作	面向决策人员，支持管理需要
面向应用，事务驱动	面向分析，分析驱动

由表 14-1 可见，OLTP 与 OLAP 是两类不同的应用。OLTP 面对的是操作人员和低层管理人员，OLAP 面对的则是决策人员和高层管理人员；OLTP 是对基本数据的查询和增加、删除、修改操作处理，它以数据库为基础，而 OLAP 更适合以数据仓库为基础的数据分析处理。OLAP 所需的历史的、导出的及经综合提炼的数据均来自 OLTP 所依赖的底层数据库。OLAP 数据较之 OLTP 数据而言要增加数据多维化或预综合处理等操作。例如，对一些统计数据，首先进行预综合处理，建立不同层次级别的统计数据，从而满足快速统计分析和查询的要求。除了数据及处理上的不同之外，OLAP 的前端产品的界面风格及数据访问方式也同 OLTP 有所区别。OLTP 多为操作人员经常用到的固定表格，查询和数据显示也比较固定、规范。而 OLAP 多采用便于非数据处理专业人员理解的方式，如多维报表、统计图形等，查询及数据输出直观灵活，用户可以方便地进行逐层细化、切片、切块和数据旋转等操作。

14.6　NewSQL 数据库

NewSQL 是一种新型关系数据库管理系统，是对各种新的可扩展和高性能数据库的简称，这类数据库不仅具有 NoSQL 对海量数据的存储管理能力，试图为联机事务处理（OLTP）读写工作负载提供与 NoSQL 系统相同的可伸缩性能，还保持了传统数据库支持 ACID 和 SQL 等特性。

本书第 9 章探讨了 NoSQL 相关技术，NoSQL 数据库的出现，弥补了关系数据的不足：做针对性的优化，提升性能和使用灵活度，以及更好地支持集群化运行来处理海量数据；能够极大地节省开发成本和维护成本。但是 NoSQL 存在许多缺陷：首先数据库提供的功能比较简单，需要用户在应用层添加更多的功能；其次数据库不支持 ACID 特性，许多应用场景中，分布式事务的这四个性使系统在中断的情况下也能保证在线事务的准确执行；最后 NoSQL 数据库没有统一的查询语言，在一定程度上增加了开发者的负担。为此 NewSQL 应运而生，很好地解决了上述问题。

14.6.1　NewSQL 数据库的发展

大数据处理技术，从一开始追求硬件的综合和运算（排列组合）速度的极限，经过计算框架的一代又一代发展、存储技术的发展，到最终 SQL（关系型）模型的回归。早期大数据 BigTable 模型还是显得比较简陋，NewSQL 中重新引入关系型模型使得数据更加容易处理，这当然也是由于数据压缩技术的发展所推动，体现的是技术自底向上不断抽象的结果。

2012 年和 2013 年，谷歌相继发表 Spanner 和 F1 两篇论文，让业界第一次看到了关系模型和 NoSQL 的扩展性在一个大规模生产系统上融合的可能性。分布式系统最头痛的问题是时钟问题，Spanner 通过使用 GPS 时钟和原子钟两种硬件设备巧妙地解决了时钟同步的问题，即使两个数据中心隔得非常远，也能保证通过 TrueTime API 获取的时间误差在 10ms 以内。F1 构建在 Spanner 之上，是一款可容错可扩展的关系数据库管理系统，对外提供 SQL 接口，作为分布式并行数据库集群，F1 本身不存储数据，而是将客户端的 SQL 翻译成对键值（Key-value，KV）的操作，调用 Spanner 来完成。Spanner 和 F1 的出现标志着第一个 NewSQL 在生产环境中提供服务，将 SQL 支持、ACID 事务、水平扩展、异地机房容灾等功能在一套系统中提供。Spanner/F1 论文引起了广泛的关注，很快开始出现了追随者，如 TiDB 和 CockroachDB。

NewSQL 系统虽然在的内部结构变化很大，但是它们有两个显著的共同特点：支持关系数据模型和使用 SQL 作为其主要的接口。目前 NewSQL 系统可通过架构、SQL 引擎和数据分片分成三类。

1. 新架构

采用新架构的 NewSQL 系统是全新的数据库平台，使用两种不同的设计方法：

第一种设计的数据库工作在一个分布式集群的节点上，其中每个节点拥有一个数据子集。

SQL 查询被分成查询片段发送给自己所在的数据的节点上执行。这些数据库可以通过添加额外的节点来线性扩展。现有的这类数据库有：Google Spanner、VoltDB、Clustrix、NuoDB。

第二种设计的数据库系统通常有一个单一的主节点的数据源。它们有一组节点用来做事务处理，这些节点接到特定的 SQL 查询后，会把它所需的所有数据从主节点上取回来后执行 SQL 查询，再返回结果。

2. SQL 引擎

第二类是高度优化的 SQL 存储引擎。这些系统提供了 MySQL 相同的编程接口，但扩展性比 MySQL 内置的引擎 InnoDB 更好。这类数据库系统有：TokuDB、MemSQL 等。

3. 数据分片

关系型数据库不能满足每秒大量的数据操作和写入率。为了解决这个问题，NewSQL 提供了分片（sharding）的中间件层，数据库自动分割在多个节点运行。首先分析表 schema 得出分片如何设置，然后开启多个关系型数据库实例，接着根据分片的配置导入导出数据，最后更新程序代码支持分片配置。这类数据库包括：ScaleBase、dbShards。

14.6.2　TiDB 的介绍

TiDB 是新一代开源分布式NewSQL 数据库——结合传统的关系型数据库和NoSQL 数据库特性的新型数据库。模型受 Google Spanner/F1 论文的启发，实现了无限的水平伸缩，具备强一致性的高可用性，无需修改代码即可从 MySQL 轻松迁移至 TiDB，分库分表后的 MySQL 集群亦可通过 TiDB 工具进行实时迁移。支持外部一致的分布式事务，完全支持标准的 ACID 事务。TiDB 结合 RDBMS 和 NoSQL 的优点，部署简单，在线弹性扩容和异步表结构变更不影响业务，按需扩展吞吐或存储，轻松应对高并发、海量数据场景，真正做到了自动故障恢复保障数据安全。TiDB 的目标是为 OLTP（On-Line Transaction Processing）和 OLAP（On-Line Analytical Processing）场景提供一站式的解决方案。

TiDB 集群主要包括三个核心组件：TiDB Server、PD Server 和 TiKV Server。此外，还有用于解决用户复杂 OLAP 需求的 TiSpark 组件和简化云上部署管理的 TiDB Operator 组件。如图 14-12 所示，通常 TiDB 集群架构至少部署 3 个 TiKV 节点，3 个 PD 节点和 2 个 TiDB 节点，随着业务的增长，按照需求添加相应的节点。

1）TiDB Server

TiDB Server 负责接收 SQL 请求，处理 SQL 相关的逻辑，并通过 PD 找到存储计算所需数据的 TiKV 地址，与 TiKV 交互获取数据，最终返回结果。TiDB Server 是无状态的，其本身并不存储数据，只负责计算，可以无限水平扩展，可以通过负载均衡组件（如 LVS、HAProxy或 F5）对外提供统一的接入地址。

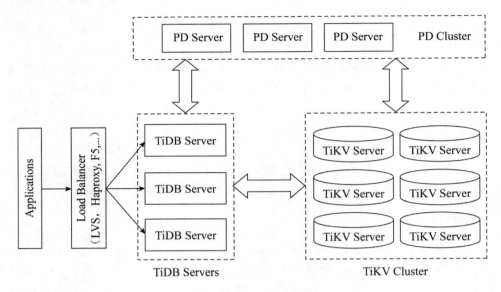

图 14-12　TiDB 集群架构

2）PD Server

Placement Driver（PD）是整个集群的管理模块，其主要工作有三个：一是存储集群的元信息（某个 Key 存储在哪个 TiKV 节点）；二是对 TiKV 集群进行调度和负载均衡（如数据的迁移、Raft group leader 的迁移等）；三是分配全局唯一且递增的事务 ID。

PD 通过 Raft 协议保证数据的安全性。Raft 的 leader server 负责处理所有操作，其余的 PD Server 仅用于保证高可用。建议部署奇数个 PD 节点。

3）TiKV Server

TiKV Server 负责存储数据，从外部看 TiKV 是一个分布式的提供事务的 Key-Value 存储引擎。存储数据的基本单位是 Region，每个 Region 负责存储一个 Key Range（从 StartKey 到 EndKey 的左闭右开区间）的数据，每个 TiKV 节点会负责多个 Region。TiKV 使用 Raft 协议做复制，保持数据的一致性和容灾。副本以 Region 为单位进行管理，不同节点上的多个 Region 构成一个 Raft Group，互为副本。数据在多个 TiKV 之间的负载均衡由 PD 调度，这里也是以 Region 为单位进行调度。

4）TiSpark

TiSpark 作为 TiDB 中解决用户复杂 OLAP 需求的主要组件，将 Spark SQL 直接运行在 TiDB 存储层上，同时融合 TiKV 分布式集群的优势，并融入大数据社区生态。至此，TiDB 可以通过一套系统，同时支持 OLTP 与 OLAP，免除用户数据同步的烦恼。

5）TiDB Operator

TiDB Operator 提供在主流云基础设施（Kubernetes）上部署管理 TiDB、集群的能力。它结合云原生社区的容器编排最佳实践与 TiDB 的专业运维知识，集成一键部署、多集群混部、自动运维、故障自愈等能力，极大地降低了用户使用和管理 TiDB 的门槛与成本。

　　TiDB 具有无限水平扩展和高可用性的特点，通过简单地增加新节点即可实现计算和存储能力的扩展，轻松地应对高并发、海量数据的应用场景。TiDB 的整体架构参考 Google Spanner/F1 的设计，也分为 TiDB 和 TiKV 上下两层。TiDB 对应的是 GoogleF1，是一层无状态的 SQL 层，负责与客户端交互，对客户端体现的是 MySQL 网络协议，且客户端需要通过一个本地负载均衡器将 SQL 请求转发到本地或最近的数据中心中的 TiDB 服务器。TiDB 服务器负责解析用户的 SQL 语句，生成分布式的查询计划，并翻译成底层 Key-Value 操作发送给 TiKV，而 TiKV 则是真正存储数据的地方，对应的是 Google Spanner，是个分布式 Key-Value 数据库，支持弹性水平扩展、自动的灾难恢复和故障转移，以及 ACID 跨行事务。另外，TiDB 架构采用 PD 集群来管理整个分布式数据库，PD 服务器在 TiKV 节点之间以 Region 作为单位进行调度，将部分数据迁移到新添加的节点上，完成集群调度和负载均衡。

第15章 标准化和知识产权基础知识

本章主要介绍标准化、知识产权基础知识，重点对软件著作权、商业秘密权、专利权和商标权进行了阐述。

15.1 标准化基础知识

15.1.1 标准化的基本概念

1. 标准、标准化的概念

标准（standard）是对重复性事物和概念所做的统一规定。规范、规程都是标准的一种形式。

标准化（standardization）是在经济、技术、科学及管理等社会实践中，以改进产品、过程和服务的适用性，防止贸易壁垒，促进技术合作，促进最大社会效益为目的，对重复性事物和概念通过制定、发布和实施标准达到统一，获得最佳秩序和社会效益的过程。

2. 标准化的范围和对象

标准化涉及的范围包括生产、经济、技术、科学及管理等社会实践中具有的重复性事物和概念以及需要建立统一技术要求的各个领域。在这些领域中，凡具有多次重复使用和需要制定标准的具体产品，以及各种定额、规划、要求、方法和概念等，都可称为标准化的对象。如产品的品种、规格、形式；包装的尺寸、材质、样式；信息表示、信息处理技术；试验方法、检验方法、操作方法和抽样方法等；量值、单位、术语、符号、代码、标志；市场调查、研制开发、物资采购、加工工艺、质量控制、质量检验、销售、售后服务等各阶段的管理事项，等等。

标准化对象一般可分为两大类：一类是标准化的具体对象，即需要制定标准的具体事物；另一类是标准化的总体对象，即各种具体对象的全体所构成的整体，通过它可以研究各种具体对象的共同属性、本质和普遍规律。

3. 标准化过程模式

标准是标准化活动的产物，其目的和作用都是通过制定和贯彻具体的标准来体现的。标准化不是一个孤立的事物，而是一个活动过程。标准化活动过程一般包括标准产生（调查、研究、形成草案、批准发布）子过程、标准实施（宣传、普及、监督、咨询）子过程和标准更新（复审、废止或修订）子过程等。

4. 标准的分类

标准化工作是一项复杂的系统工程，标准为适应不同的要求从而构成一个庞大而复杂的系统，为便于研究和应用的目的，可以从不同的角度和属性将标准进行分类。通常可从标准适用范围、标准的性质、标准的对象和作用以及根据法律的约束性进行分类。本书仅介绍根据标准制定的机构和标准适用的范围分类。

根据标准制定的机构和标准适用的范围可分为国际标准、国家标准、区域标准、行业标准、企业（机构）标准。

（1）国际标准（International Standard）。国际标准是指国际标准化组织（ISO）、国际电工委员会（IEC）所制定的标准，以及 ISO 出版的《国际标准题内关键词索引（KWIC Index）》中收录的其他国际组织制定的标准。国际标准在世界范围内统一使用，各国可以自愿采用，不强制使用，但由于国际标准集中了一些先进工业国家的技术经验，各个国家为外贸上的利益和本国利益考虑往往都积极采用国际标准。

（2）国家标准（National Standard）。国家标准是由政府或国家级的机构制定或批准的、适用于全国范围的标准，是一个国家标准体系的主体和基础，国内各级标准必须服从且不得与之相抵触。常见的国家标准如表 15-1 所示。

表 15-1　常见的国家标准

标准字头	国家	说　　明
GB	中国	GB 是中华人民共和国国家技术监督局所公布实施的标准，简称为"国标"
ANSI	美国	ANSI（American National Standards Institute）是美国国家标准协会制定的标准
BS	英国	BS 是英国标准学会（BSI）制定的标准
JIS	日本	JIS（Japanese Industrial Standard）是日本工业标准调查会制定的标准

（3）区域标准（Regional Standard）。也称地区标准，泛指世界上按地理、经济或政治划分的某一区域标准化团体所通过的标准。它是为了某一区域的利益建立的标准。太平洋地区标准会议（PASC）、欧洲标准化委员会（CEN）、亚洲标准咨询委员会（ASAC）、非洲地区标准化组织（ARSO）等地区组织所制定和使用的标准都是区域标准。

（4）行业标准（Specialized Standard）。由行业机构、学术团体或国防机构制定，并适用于某个业务领域的标准。例如：中华人民共和国国家军用标准（GJB）、美国电气和电子工程师学会标准（IEEE）、美国国防部标准（Department Of Defense-Standards，DOD-STD）。

（5）企业标准（Company Standard）。由企业或公司批准、发布的标准，某些产品标准由其上级主管机构批准、发布。例如，美国 IBM 公司通用产品部（General Products Division）1984 年制定的"程序设计开发指南"，仅供该公司内部使用。

根据《中华人民共和国标准化法》的规定，我国标准分为国家标准、行业标准、地方标准和企业标准 4 类。这 4 类标准主要是适用的范围不同，不是标准技术水平高低的分级。

5. 标准的代号和编号

1）国际标准 ISO 的代号和编号

国际标准 ISO 的代号和编号的格式为：ISO+标准号+[杠+分标准号]+冒号+发布年号（方括号中的内容可有可无）。例如，ISO 8402：1987 和 ISO 9000-1：1994 是 ISO 标准的代号和编号。

2）国家标准的编号

国家标准的编号由国家标准的代号、标准发布顺序号和标准发布年代号（4 位数）组成。例如，我国强制性国家标准：GB XXXXX-XXXX；推荐性国家标准：GB/T XXXXX-XXXX。

3）行业标准的编号

行业标准的编号由行业标准代号、标准发布顺序号及标准发布年代号（4 位数）组成。已正式公布的行业代号有 QJ（航天）、SJ（电子）、JB（机械）和 JR（金融系统）等。例如，航天强制性标准编号：QJ XXXX-XXXX；航天推荐性标准编号：QJ/T XXXX-XXXX。

4）地方标准的编号

地方标准的编号由地方标准代号、地方标准发布顺序号和标准发布年代号（4 位数）三部分组成。其中，地方标准的代号由大写汉语拼音 DB 加上省、自治区、直辖市行政区划代码的前两位数字（如北京市 11、天津市 12、上海市 31 等）组成。例如，北京市的强制性地方标准编号：DB11 XXX-XXXX；北京市的推荐性地方标准编号：DB11/T XXX-XXXX。

5）企业标准的编号

企业标准的编号由企业标准代号、标准发布顺序号和标准发布年代号（4 位数）组成。其中，企业标准的代号由汉语大写拼音字母 Q 加斜线再加企业代号组成，企业代号可由大写拼音字母、阿拉伯数字或两者兼用组成。企业标准一经制定颁布，即对整个企业具有约束性，是企业法规性文件，没有强制性企业标准和推荐性企业标准之分。

6. 国际标准和国外先进标准

国际标准是指国际标准化组织、国际电工委员会所制定的标准，以及 ISO 出版的《国际标准题内关键词索引（KWIC Index）》中收录的其他国际组织制定的标准。

国外先进标准是指国际上有权威的区域性标准；世界上经济发达国家的国家标准和通行的团体标准；包括知名企业标准在内的其他国际上公认的先进标准。

采用国际标准或国外先进标准应按国家标准 GB161 的规定编写。根据采用国际标准或国外先进标准的程度，分为等同采用、等效采用和非等效采用。采用程度符号缩写字母表示，等同采用 idt 或 IDT 表示，等效采用 eqv 或 EQV 表示，非等效采用 neq 或 NEQ 表示。例如：

（1）等同采用：GB XXXX—XXXX（idt ISO XXXX—XXXX）。

（2）等效采用：GB XXXX—XXXX（eqv ISO XXXX—XXXX）。

（3）非等效采用：GB XXXX—XXXX（neq ISO XXXX—XXXX）。

15.1.2　信息技术标准化

信息技术标准化是围绕信息技术开发、信息产品的研制和信息系统建设、运行与管理而开展的一系列标准化工作。例如，信息技术术语、信息表示、汉字信息处理技术、媒体、软件工程、数据库、网络通信、电子数据交换、管理信息系统和计算机辅助技术等方面的标准化。

1. 信息编码标准化

编码是一种信息表现形式。在一定条件下，它对事物或概念的描述比自然语言要直接、简洁、准确和有力。编码是一种信息交换的技术手段。对信息进行编码实际上是对文字、音频、图形和图像等信息进行处理，使之量化，从而便于利用各种通信设备进行信息传递和利用计算机进行信息处理。作为一种信息交换的技术手段，必须保证信息交换的一致性。为了统一编码系统，人们制定了各种标准代码，如国际上较通用的 ASCII 码（美国信息交换标准代码）。

2. 汉字编码标准化

汉字编码是对每一个汉字按一定的规律用若干个字母、数字、符号表示出来。汉字编码的方法很多，主要有数字编码，如电报码、四角号码字典中的汉字号码都是用数字对汉字进行编码；拼音编码，即用汉字的拼音字母对汉字进行编码；字形编码，即用汉字的偏旁部首和笔划结构与各个英文字母相对应，再用英文字母的组合代表相应的汉字。对每一种汉字编码，计算机内部都有一种相应的二进制内部码，不同的汉字编码，在使用上不能替换。若把各种编码方案都存入计算机供人们选择，在技术上和使用效果上则是困难的和不经济的。我国在汉字编码标准化方面取得的突出成就就是信息交换用汉字编码字符集国家标准的制定。该字符集共有 6 集。其中，GB 2312—80 信息交换用汉字编码字符集是基本集，收入常用基本汉字和字符 7445 个。GB 7589—87 和 GB 7590—87 分别是第二辅助集和第四辅助集，各收入现代规范汉字 7426 个。GB/T 12345—90 是辅助集，它与第三辅助集和第五辅助集分别是与基本集、第二辅助集和第四辅助集相对应的繁体字的汉字字符集。除汉字编码标准化外，汉字信息处理标准化的内容还包括汉字键盘输入的标准化；汉字文字识别输入和语音识别输入的标准化；汉字输出字体和质量的标准化；汉字属性和汉语词语的标准化等。

3. 软件工程标准化

软件工程的目的是改善软件开发的组织，降低开发成本，缩短开发时间，提高工作效率，提高软件质量。它在内容上包括软件开发的软件概念形成、需求分析、计划组织、系统分析与设计、结构程序设计、软件调试、软件测试和验收、安装和检验、软件运行和维护，以及软件运行的终止。同时还有许多技术管理工作，如过程管理、产品管理、资源管理，以及确认与验证工作，如评审与审计、产品分析等。软件工程最显著的特点就是把个别的、自发的、分散的、手工的软件开发变成一种社会化的软件生产方式。软件生产的社会化必然要求软件工程实行标准化。软件工程标准的类型也是多方面的，常常是跨越软件生存期各个阶段。所有这些方面都应逐步建立标准或规范。软件工程标准化的主要内容包括过程标准（如方法、技术和度量等）、产品标准（如需求、设计、部件、描述、计划和报告等）、专业标准（如道德准则、认证等）、记法标准（如术语、表示法和语言等）、开发规范（准则、方法和规程等）、文件规范（文件范围、文件编制、文件内容要求、编写提示）、维护规范（软件维护、组织与实施等）以及质量规范（软件质量保证、软件配置管理、软件测试和软件验收等）等。

我国软件工程国家标准目录如表 15-2 所示。

表 15-2　软件工程国家标准

序号	国家标准编号	年代	标 准 名 称
1	GB/T 1526	1989	信息处理数据流程图、程序流程图、系统流程图、程序网络图和系统资源图的文件编制符号及约定
2	GB/T 8566	2007	信息技术 软件生存周期过程
3	GB/T 8567	2006	计算机软件文档编制规范
4	GB/T 9385	1988	计算机软件需求说明编制指南
5	GB/T 9386	1988	计算机软件测试文件编制规范
6	GB/T 11457	2006	软件工程术语
7	GB/T 13502	1992	信息处理 程序构造及其表示的约定
8	GB/T 14085	1993	信息处理系统 计算机系统配置图符号及其约定
9	GB/T 14394	1993	计算机软件可靠性和维护性管理
10	GB/T 15532	1995	计算机软件单元测试
11	GB/T 15535	1995	信息处理 单命中判定表规范
12	GB/T 16260.1	2006	软件工程 产品质量 第 1 部分：质量模型
13	GB/T 16260.2	2006	软件工程 产品质量 第 2 部分：外部度量
14	GB/T 16260.3	2006	软件工程 产品质量 第 3 部分：内部度量
15	GB/T 16260.4	2006	软件工程 产品质量 第 4 部分：使用质量的度量
16	GB/T 16680	1996	软件文档管理指南
17	GB/T 17544	1998	信息技术 软件包 质量要求和测试
18	GB/T 18234	2000	信息技术 CASE 工具的评价与选择指南
19	GB/T 18491.1	2001	信息技术 软件测量 功能规模测量 第 1 部分：概念定义
20	GB/T 18492	2001	信息技术 系统及软件完整性级别
21	GB/Z 18493	2001	信息技术 软件生存周期过程指南
22	GB/T 18905.1	2002	软件工程 产品评价 第 1 部分：概述
23	GB/T 18905.2	2002	软件工程 产品评价 第 2 部分：策划和管理
24	GB/T 18905.3	2002	软件工程 产品评价 第 3 部分：开发者用的过程
25	GB/T 18905.4	2002	软件工程 产品评价 第 4 部分：需方用的过程
26	GB/T 18905.5	2002	软件工程 产品评价 第 5 部分：评价者用的过程
27	GB/T 18905.6	2002	软件工程 产品评价 第 6 部分：评价模块的文档编制
28	GB/Z 18914	2002	信息技术 软件工程 CASE 工具的采用指南
29	GB/Z 20156	2006	软件工程 软件生存周期过程 用于项目管理的指南

续表

序　号	国家标准编号	年　代	标　准　名　称
30	GB/T 20157	2006	软件工程　软件维护
31	GB/T 20158	2006	信息技术　软件生存周期过程　配置管理
32	GB/T 20917	2007	软件工程　测量过程
33	GB/T 20918	2007	信息技术　软件生存周期过程　风险管理

15.1.3　标准化组织

1. 国际标准化组织

ISO 和 IEC 是世界上两个最大、最具有权威的国际标准化组织。目前，由 ISO 确认并公布的国际标准化组织还有国际计量局（BIPM）、联合国教科文组织（UNESCO）、世界卫生组织（WHO）、世界知识产权组织（WIPO）、国际信息与文献联合会（FID）和国际法制计量组织（OIML）等 27 个国际组织。

1）国际标准化组织

国际标准化组织是世界上最大的、非政府性的，由各国标准化团体（ISO 成员团体）组成的世界性联合专门机构。它成立于 1947 年 2 月，其宗旨是世界范围内促进标准化工作的发展，以利于国际资源的交流和合理配置，扩大各国在知识、科学、技术和经济领域的合作。其主要活动是制定国际标准，协调世界范围内的标准化工作，组织各成员国和技术委员会进行交流，以及与其他国际性组织进行合作，共同研究有关标准问题，出版 ISO 国际标准。制定国际标准的工作通常由 ISO 的技术委员会完成，各成员团体若对某技术委员会确立的项目感兴趣，均有权参加该委员会的工作。与 ISO 保持联系的各国际组织（官方的或非官方的）也可参加有关工作。此外，ISO 还负责协调世界范围内的标准化工作，组织各成员国和技术委员会进行情报交流，并和其他国际性组织保持联系和合作，共同研究感兴趣的有关标准化问题。在电工技术标准化方面，ISO 与 IEC 保持密切合作关系。成员全体大会是 ISO 的最高权力机构。理事会是 ISO 常务机构，理事会下设若干专门委员会。

2）国际电工委员会

国际电工委员会成立于 1906 年，是世界上最早的非政府性国际电工标准化机构，是联合国经社理事会（ECOSOC）的甲级咨询组织。自 1947 年，ISO 成立后，IEC 曾作为一个电工部并入 ISO，但在技术上和财务上仍保持独立。1976 年，双方又达成新协议，IEC 从 ISO 中分离出来，两组织各自独立，自愿合作，互为补充，共同建立国际标准化体系，IEC 负责有关电气工程及电子领域国际标准化工作，其他领域则由 ISO 负责。

IEC 的工作领域包括电工领域各个方面，如电力、电子、电信和原子能方面的电工技术等。

2. 区域标准化组织

区域标准化组织是指同处一个地区的某些国家组成的标准化组织，其主要职能是制定、发布和协调该地区的标准。

（1）欧洲标准化委员会（CEN）成立于 1961 年，是由欧洲经济共同体（EEC）、欧洲自由联盟（EFTA）所属国家的标准化机构所组成，主要任务是协调各成员国的标准，制定必要的欧洲标准（EN），实行区域认证制度。

（2）欧洲电工标准化委员会（CENELEC）成立于 1972 年，是由欧洲电工标准协调委员会（CENEL）和欧洲电工协调委员会共同市场小组（CENELCOM）合并组成，主要是协调各成员国电器和电子领域的标准，以及电子元器件质量认证，制定部分欧洲标准。

（3）亚洲标准咨询委员会（ASAC）成立于 1967 年，由联合国亚洲与太平洋经社委员会协商建立，主要是在 ISO、IEC 标准的基础上，协调各成员国标准化活动，制定区域性标准。

（4）国际电信联盟 ITU（International Telecommunication Union）于 1865 年 5 月在巴黎成立，1947 年成为联合国的部门机构，是世界各国政府的电信主管部门之间协调电信事务的一个国际组织，研究制定有关电信业务的规章制度，通过决议提出推荐标准，收集有关情报。ITU 的目的和任务是维持和发展国际合作，改进和合理利用电信，促进技术设施的发展及有效应用，以提高电信业务的效率。

3. 行业标准化组织

行业标准化组织是指制定和公布适应于某个业务领域标准的专业标准化团体，以及在其业务领域开展标准化工作的行业机构、学术团体或国防机构。

（1）美国电气电子工程师学会 IEEE（Institute of Electrical and Electronics Engineers）是由美国电气工程师学会（AIEE）和美国无线电工程师学会（IRE）于 1963 年合并而成，是美国规模最大的专业学会。IEEE 主要制定的标准内容有电气与电子设备、试验方法、元器件、符号、定义以及测试方法等。近年来，该学会专门成立了软件标准分技术委员会（SESS）。IEEE 通过的标准常常要报请 ANSI 审批，使其具有国家标准的性质。因此，IEEE 公布的标准常冠有 ANSI 字头。例如，ANSI/IEEE Str 828-1983 软件配置管理计划标准。

（2）美国国防部批准、颁布适用于美国军队内部使用的标准，代号为 DOD（采用公制计量单位的以 DOD 表示）和 MIL。

（3）我国国防科学技术工业委员会批准、颁布适合于国防部门和军队使用的标准，代号为 GJB。例如，1988 年发布实施的 GJB473-88 军用软件开发规范。

4. 国家标准化组织

国家标准化组织是指在国家范围内建立的标准化机构，以及政府确认（或承认）的标准化团体，或者接受政府标准化管理机构指导并具有权威性的民间标准化团体。这些组织主要有：美国国家标准学会（American National Standards Institute，ANSI）、英国标准学会（British Standards Institution，BSI）、德国标准化学会（Deutsches Institution fur Normung，DIN）以及法国标准化协会（Association Francaise de Normalization，AFNOR）。

15.1.4　ISO 9000 标准简介

1. ISO 9000 标准

ISO 9000 标准是一系列标准的统称。ISO 9000 系列标准由 ISO/TC176 制定。TC176 是 ISO 的第 176 个技术委员会，专门负责制定质量管理和质量保证技术的标准。ISO 9000 系列标准的质量管理模式为企业管理注入新的活力和生机，给质量管理体系提供评价基础，为企业进行世界贸易带来质量可信度。

2. ISO 9000：2000 系列标准

ISO 9000：2000 标准族由以下 4 个核心标准构成：

（1）ISO 9000：2000《质量管理体系　基础和术语》、ISO 9001：2000《质量管理体系　要求》、ISO 9004：2000《质量管理体系　业绩改进指南》和 ISO 19011：2000《质量和环境管理体系审核指南》。

（2）一个支持标准 ISO 10012《测量设备的质量保证要求》。

（3）6 个技术报告，即 ISO 10006《项目管理指南》、ISO 10007《技术状态管理指南》、ISO 10013《质量管理体系文件指南》、ISO 10014《质量经济性指南》、ISO 10015《教育和培训指南》和 ISO 10017《统计技术在 ISO 9000 中的应用指南》。

（4）三个小册子，即质量管理原理、选择和使用指南、小型企业的应用指南和一个技术规范。

3. 核心标准简介

（1）ISO 9000：2000《质量管理体系　基础和术语》。

该标准描述了质量管理体系的基础，并规定了质量管理体系的术语和基本原理。术语标准是讨论问题的前提，统一术语是为了明确概念，建立共同的语言。它在总结了质量管理经验的基础上，明确了一个组织在实施质量管理中必须遵循的 8 项质量管理原则，也是 ISO 9000：2000 族标准制定的指导思想和理论基础。

（2）ISO 9001：2000《质量管理体系　要求》。

该标准是用于第三方认证的唯一质量管理体系要求标准，通常用于企业建立质量管理体系以及申请认证。它主要通过对申请认证组织的质量管理体系提出各项要求来规范组织的质量管理体系，主要分为 5 大模块的要求，即质量管理体系、管理职责、资源管理、产品实现、测量分析和改进，构成一种过程方法模式的结构，符合 PDCA 循环规则，且通过持续改进的环节使质量管理体系的水平达到螺旋式上升的效应，其中每个模块中又有许多分条款。

（3）ISO 9004：2000《质量管理体系　业绩改进指南》。

该标准给出了改进质量管理体系业绩的指南，描述了质量管理体系应包括持续改进的过程，强调通过改进过程，提高组织的业绩，使组织的顾客和其他相关方满意。该标准和 ISO 9001：

2000 是一对协调一致并可一起使用的质量管理体系标准，两个标准采用相同的原则，但应注意其适用范围不同，而且 ISO 9004 标准不拟作为 ISO 9001 标准的实施指南。通常情况下，当组织的管理者希望超越 ISO 9001 标准的最低要求，追求增长的业绩改进时，一般以 ISO 9004 标准作为指南。

（4）ISO 19011：2001《质量和环境管理体系审核指南》。

该标准提供了质量管理体系和环境管理体系审核的基本原则、审核方案的管理、环境和质量管理体系的实施以及对环境和质量管理体系评审员资格要求提供了指南。该标准是 ISO/TC176 与 ISO/TC207（环境管理技术委员会）联合制定的，按照"不同管理体系，可以共同管理和审核"的原则，在术语和内容方面，兼容了质量管理体系和环境管理体系两方面特点。

15.1.5　能力成熟度模型简介

软件质量是人们实践产物的属性和行为，是一个很复杂的事物性质和行为，可以通过一些方法和人们的活动来改进质量。概括地说，通过控制软件生产过程、提高软件生产者组织性和软件生产者个人能力来改进软件质量。

软件能力成熟度模型（Capability Maturity Model，CMM）是一个目前国际上较流行、较实用的软件生产过程行业标准模型，用于定义和评价软件开发过程的成熟度，并提供怎样做才能提高软件质量的指导，是 Carnegie Mellon 大学软件工程研究所（CMU/SEI）在与企业界和政府合作的基础上开发出来的模型。

CMM 为软件企业的过程能力提供了一个阶梯式的进化框架，将软件过程改进的进化步骤组织成 5 个成熟度等级，每一个级别定义了一组过程能力目标，并描述了要达到这些目标应该采取的实践活动，为不断改进过程奠定了循序渐进的基础。第一级实际上是一个起点，任何准备按 CMM 体系进化的企业都自然处于这个起点上，并通过这个起点向第二级迈进。除第一级外，每一级都设定了一组目标，如果达到了这组目标，则表明达到了这个成熟级别，可以向下一个级别迈进。CMM 体系不主张跨越级别的进化，因为从第二级起，对低级别的实现是实现高级别的基础。

（1）初始级。在初始级，企业一般缺少有效的管理，不具备稳定的软件开发与维护的环境。

（2）可重复级。在可重复级，企业建立了基本的项目管理过程的政策和管理规程，对成本、进度和功能进行监控，以加强过程能力。对新项目的计划和管理是基于以往的相似或同类项目的成功经验，以确保再一次的成功。

（3）定义级。在定义级，企业全面采用综合性的管理及工程过程来管理，对整个软件生命周期的管理与工程化过程都已标准化，并综合成软件开发企业标准的软件过程。企业标准软件过程是通过证明的，是正确且实用的，所有开发的项目需根据标准过程，剪裁出与项目适宜的过程，并执行这些过程。企业标准软件过程被应用到所有的工程中，用于编制和维护软件。

（4）管理级。在管理级，企业开始定量地认识软件过程，软件质量管理和软件过程管理是量化的管理。对软件过程与产品质量建立了定量的质量目标，制定了软件过程和产品质量的详细而具体的度量标准，实现了度量标准化。通过一致的度量标准来指导软件过程，保证所有项目对生产率和质量进行度量，并作为评价软件过程及产品的定量基础。量化控制使得软件开发真正成为一种工业生产活动。软件过程按照明确的度量标准度量和操作，软件过程以及软件产品质量的一些趋势就可以得以控制和预见。

（5）优化级。在优化级，企业将会把工作重点放在对软件过程改进的持续性、预见及增强自身，防止缺陷及问题的发生，不断地提高过程处理能力上。通过来自过程执行的质量反馈和吸收新方法和新技术的定量分析来改善下一步的执行过程，即优化执行步骤，使软件过程能不断地得到改进。根据软件过程的效果，进行成本/利润分析，从成功的软件过程中吸取经验，把最好的创新成绩迅速向全企业转移，对失败的案例进行分析以找出原因并预先改进，把失败的教训告知全企业以防止重复以前的错误，不断提高产品的质量和生产率。

15.2　知识产权基础知识

15.2.1　知识产权基本概念

1. 知识产权

知识产权（也称为智慧财产权）是指人们基于自己的智力活动创造的成果和经营管理活动中的经验、知识而依法享有的权利。我国《民法通则》规定，知识产权是指民事权利主体（公民、法人）基于创造性的智力成果。知识产权保护制度是现代社会发展不可缺少的一种法律制度。

世界知识产权组织公约罗列的知识产权范围包括下列各项权利：

（1）与文学、艺术和科学作品有关的权利（著作权）。

（2）与表演艺术家的表演以及录音和广播有关的权利（邻接权）。

（3）与人类创造性活动的一切领域内的发明有关的权利（专利权）。

（4）与科学发现有关的权利（科学发现权）。

（5）与工业品外观设计有关的权利（专利权）。

（6）与商标、服务标记、商号（企业名称）以及其他商业标记有关的权利（商标权）。

（7）与制止不正当竞争有关的权利（反不正当竞争权）。

（8）在工业、科学、文学艺术领域内由于智力创造活动所产生的一切其他权利。

知识产权可分为工业产权和著作权两类。

（1）工业产权。根据保护工业产权巴黎公约第一条的规定，工业产权包括专利、实用新型、工业品外观设计、商标、服务标记、厂商名称、产地标记或原产地名称、制止不正当竞争等内容。此外，商业秘密、微生物技术和遗传基因技术等也属于工业产权保护的对象。近年来，在一些国家可以通过申请专利对计算机软件进行专利保护。

（2）著作权。著作权（也称为版权）是指作者对其创作的作品享有的人身权和财产权。人身权包括发表权、署名权、修改权和保护作品完整权等；财产权包括作品的使用权和获得报酬权，即以复制、表演、播放、展览、发行、摄制电影、电视、录像或者改编、翻译、注释、编辑等方式使用作品的权利，以及许可他人以上述方式使用作品并由此获得报酬的权利。

2. 知识产权的特点

知识产权的特点主要包括：无形性、双重性、确认性、独占性、地域性和时效性。

（1）无形性。知识产权是一种无形财产权。知识产权的客体指的是智力创作性成果（也称为知识产品），是一种没有形体的精神财富。它是可以脱离其所有者而存在的无形信息，可以同时为多个主体所使用，在一定条件下不会因多个主体的使用而使该项知识财产自身遭受损耗或者灭失。

（2）双重性。某些知识产权具有财产权和人身权双重性，例如著作权，其财产权属性主要体现在所有人享有的独占权以及许可他人使用而获得报酬的权利，所有人可以通过独自实施获得收益，也可以通过有偿许可他人实施获得收益，还可以像有形财产那样进行买卖或抵押；其人身权属性主要是指署名权等。有的知识产权具有单一的属性，例如，发现权只具有名誉权属性，而没有财产权属性；商业秘密只具有财产权属性，而没有人身权属性；专利权、商标权主要体现为财产权。

（3）确认性。无形的智力创作性成果不像有形财产那样直观可见，因此，智力创作性成果的财产权需要依法审查确认，以得到法律保护。在我国，发明人所完成的发明，其实用新型或者外观设计已经具有价值和使用价值，但是，其完成人尚不能自动获得专利权，完成人必须依照专利法的有关规定向国家专利局提出专利申请，专利局依照法定程序进行审查，申请符合专利法规定条件的，由专利局做出授予专利权的决定，颁发专利证书，只有当专利局发布授权公告后，其完成人才享有该项知识产权。

（4）独占性。由于智力成果具有可以同时被多个主体所使用的特点，因此，法律授予知识产权一种专有权，具有独占性。未经权利人许可，任何单位或个人不得使用，否则就构成侵权，应承担相应的法律责任。

（5）地域性。知识产权具有严格的地域性特点，即各国主管机关依照本国法律授予的知识产权，只能在其本国领域内受法律保护，例如中国专利局授予的专利权或中国商标局核准的商标专用权，只能在中国领域内受保护，其他国家则不给予保护。外国人在我国领域外使用中国专利局授权的发明专利，不侵犯我国专利权。所以，我国公民、法人完成的发明创造要想在外国受保护，必须在外国申请专利。著作权虽然自动产生，但它受地域限制，我国法律对外国人的作品并不都给予保护，只保护共同参加国际条约国家的公民作品。同样，公约的其他成员国也按照公约规定，对我国公民和法人的作品给予保护。还有按照两国的双边协定，相互给予对方国民的作品保护。

（6）时效性。知识产权具有法定的保护期限，一旦保护期限届满，权利将自行终止，成为社会公众可以自由使用的知识。保护期限的长短依各国的法律确定。例如，我国发明专利的保护期为 20 年，实用新型专利权和外观设计专利权的期限为 10 年，均自专利申请日起计算。我国公民的作品发表权的保护期为作者终生及其死亡后 50 年。我国商标权的保护期限自核准注册之日起 10 年内有效，但可以根据其所有人的需要无限地续展权利期限，在期限届满前 6 个月内申请续展注册，每次续展注册的有效期为 10 年，续展注册的次数不限。如果商标权人逾期不办理续展注册，其商标权也将终止。商业秘密受法律保护的期限是不确定的，该秘密一旦被公众所知悉，即成为公众可以自由使用的知识。

3. 我国保护知识产权的法规

目前，我国已有比较完备的知识产权保护法律体系，保护知识产权的法律主要有《中华人民共和国著作权法》《中华人民共和国专利法》《中华人民共和国继承法》《中华人民共和国合同法》《中华人民共和国商标法》《中华人民共和国反不正当竞争法》《中华人民共和国计算机软件保护条例》等。

15.2.2　计算机软件著作权

1. 计算机软件著作权的主体与客体

1）计算机软件著作权的主体

计算机软件著作权的主体指享有著作权的人。根据《中华人民共和国著作权法》和《中华人民共和国计算机软件保护条例》的规定，计算机软件著作权的主体包括公民、法人和其他组织。《中华人民共和国著作权法》和《中华人民共和国计算机软件保护条例》未规定对主体的行为能力限制，同时对外国人、无国籍人的主体资格，奉行"有条件"的国民待遇原则。

（1）公民。公民（即指自然人）通过以下途径取得软件著作权主体资格：

①公民自行独立开发软件（软件开发者）。

②订立委托合同，委托他人开发软件，并约定软件著作权归自己享有。

③通过转让途径取得软件著作财产权主体资格（软件权利的受让者）。

④公民之间或与其他主体之间，对计算机软件进行合作开发而产生的公民群体或者公民与其他主体成为计算机软件作品的著作权人。

⑤根据《中华人民共和国继承法》的规定通过继承取得软件著作财产权主体资格。

（2）法人。法人是具有民事权利能力和民事行为能力，依法独立享有民事权利和承担义务的组织。计算机软件的开发往往需要较大投资和较多的人员，法人则具有资金来源丰富和科技人才众多的优势，因而法人是计算机软件著作权的重要主体。法人一般通过以下途径取得计算机软件著作权主体资格：

①由法人组织并提供创作物质条件所实施的开发，并由法人承担社会责任。

②通过接受委托、转让等各种有效合同关系而取得著作权主体资格。

③因计算机软件著作权主体（法人）发生变更而依法成为著作权主体。

（3）其他组织。其他组织是指除去法人以外的能够取得计算机软件著作权的其他民事主体，包括非法人单位和合作伙伴等。

2）计算机软件著作权的客体

计算机软件著作权的客体是指著作权法保护的计算机软件著作权的范围（受保护的对象）。

根据《中华人民共和国著作权法》第三条和《中华人民共和国计算机软件保护条例》第二条的规定，著作权法保护的计算机软件是指计算机程序及其相关文档。著作权法规定对计算机软件的保护是指计算机软件的著作权人或者其受让者依法享有著作权的各项权利。

（1）计算机程序。根据《中华人民共和国计算机软件保护条例》第三条第一款的规定，计算机程序是指为了得到某种结果而可以由计算机等具有信息处理能力的装置执行的代码化指令序列，或者可被自动转换成代码化指令序列的符号化语句序列。计算机程序包括源程序和目标程序，同一程序的源程序文本和目标程序文本视为同一软件作品。

（2）计算机软件的文档。根据《中华人民共和国计算机软件保护条例》第三条第二款的规定，计算机程序的文档是指用自然语言或者形式化语言所编写的文字资料和图表，用来描述程序的内容、组成、设计、功能规格、开发情况、测试结果及使用方法等。文档一般以程序设计说明书、流程图和用户手册等表现。

2. 计算机软件受著作权法保护的条件

《中华人民共和国计算机软件保护条例》规定，依法受到保护的计算机软件作品必须符合下列条件：

（1）独立创作。受保护的软件必须由开发者独立开发创作，任何复制或抄袭他人开发的软件不能获得著作权。程序的功能设计往往被认为是程序的思想概念，根据著作权法不保护思想概念的原则，任何人可以设计具有类似功能的另一件软件作品。但是，如果用了他人软件作品的逻辑步骤的组合方式，则对他人软件构成侵权。

（2）可被感知。受著作权法保护的作品应当是作者创作思想在固定载体上的一种实际表达。如果作者的创作思想未表达出来，不可以被感知，就不能得到著作权法的保护。因此，《中华人民共和国计算机软件保护条例》规定，受保护的软件必须固定在某种有形物体上，例如固定在存储器、磁盘和磁带等设备上，也可以是其他的有形物，如纸张等。

（3）逻辑合理。逻辑判断功能是计算机系统的基本功能。因此，受著作权法保护的计算机软件作品必须具备合理的逻辑思想，并以正确的逻辑步骤表现出来，才能达到软件的设计功能。毫无逻辑性的计算机软件，不能计算出正确结果，也就毫无价值。

根据《中华人民共和国计算机软件保护条例》第六条的规定，除计算机软件的程序和文档外，著作权法不保护计算机软件开发所用的思想、概念、发现、原理、算法、处理过程和运算方法。也就是说，利用已有的上述内容开发软件，并不构成侵权。因为开发软件时所采用的思想、概念等均属计算机软件基本理论的范围，是设计开发软件不可或缺的理论依据，属于社会公有领域，不能被个人专有。

3. 计算机软件著作权的权利

《中华人民共和国著作权法》规定，软件作品享有两类权利：一类是软件著作权的人身权（精神权利）；另一类是软件著作权的财产权（经济权利）。

　　1）计算机软件的著作人身权

　　《中华人民共和国计算机软件保护条例》规定，软件著作权人享有发表权和开发者身份权，这两项权利与软件著作权人的人身权是不可分离的。

　　（1）发表权。发表权是指决定软件作品是否公之于众的权利，即指软件作品完成后，以复制、展示、发行或者翻译等方式使软件作品在一定数量不特定人的范围内公开。发表权的具体内容包括软件作品发表的时间、发表的形式以及发表的地点等。

　　（2）开发者身份权（也称为署名权）。开发者身份权是指作者为表明身份在软件作品中署自己名字的权利。开发者的身份权不随软件开发者的消亡而丧失，且无时间限制。

　　2）计算机软件的著作财产权

　　财产权通常是指由软件著作权人控制和支配，并能够为权利人带来一定经济效益的权利。《中华人民共和国计算机软件保护条例》规定，软件著作权人享有下述软件财产权：

　　（1）使用权。使用权即在不损害社会公共利益的前提下，以复制、修改、发行、翻译、注释等方式合作软件的权利。

　　（2）复制权。复制权即将软件作品制作一份或多份的行为。复制权就是版权所有人决定实施或不实施上述复制行为或者禁止他人复制其受保护作品的权利。

　　（3）修改权。修改权即对软件进行增补、删节，或者改变指令、语句顺序等以提高、完善原软件作品的做法。修改权即指作者享有的修改或者授权他人修改软件作品的权利。

　　（4）发行权。发行是指为满足公众的合理需求，通过出售、出租等方式向公众提供一定数量的作品复制件。发行权即以出售或赠与方式向公众提供软件的原件或者复制件的权利。

　　（5）翻译权。翻译是指以不同于原软件作品的一种程序语言转换该作品原使用的程序语言，而重现软件作品内容的创作。简单地说，翻译权是指将原软件从一种程序语言转换成另一种程序语言的权利。

　　（6）注释权。软件作品的注释是指对软件作品中的程序语句进行解释，以便更好地理解软件作品。注释权是指著作权人对自己的作品享有进行注释的权利。

　　（7）信息网络传播权。信息网络传播权是以有线或者无线信息网络方式向公众提供软件作品，使公众可在其个人选定的时间和地点获得软件作品的权利。

　　（8）出租权。出租权即有偿许可他人临时使用计算机软件的复制件的权利，但是，计算机软件不是出租的主要标的除外。

　　（9）使用许可权和获得报酬权。使用许可权和获得报酬权即许可他人以上述方式使用软件作品的权利（许可他人行使软件著作权中的财产权）和依照约定或者有关法律规定获得报酬的权利。

　　（10）转让权。转让权即向他人转让软件的使用权和使用许可权的权利。软件著作权人可以全部或者部分转让软件著作权中的财产权。

　　3）软件合法持有人的权利

　　根据《中华人民共和国计算机软件保护条例》的规定，软件的合法复制品所有人享有下述权利：

（1）根据使用的需要把软件装入计算机等能存储信息的装置内。

（2）根据需要进行必要的复制。

（3）为了防止复制品损坏而制作备份复制品。这些复制品不得通过任何方式提供给他人使用，并在所有人丧失该合法复制品所有权时，负责将备份复制品销毁。

（4）为了把该软件用于实际的计算机应用环境或者改进其功能性能而进行必要的修改。但是，除合同约定外，未经该软件著作权人许可，不得向任何第三方提供修改后的软件。

4. 计算机软件著作权的行使

（1）软件经济权利的许可使用。软件经济权利的许可使用是指软件著作权人或权利合法受让者，通过合同方式许可他人使用其软件，并获得报酬的一种软件贸易形式。许可使用的方式可分为独占许可使用、独家许可使用、普通许可使用、法定许可使用和强制许可使用。

（2）软件经济权利的转让使用。软件经济权利的转让使用是指软件著作权人将其享有的软件著作权中的经济权利全部转移给他人。软件经济权利的转让将改变软件权利的归属，原始著作权人的主体地位随着转让活动的发生而丧失，软件著作权受让者成为新的著作权主体。《中华人民共和国计算机软件保护条例》规定，软件著作权转让必须签订书面合同。同时，软件转让活动不能改变软件的保护期。转让方式包括出卖、赠与、抵押和赔偿等，可以定期转让或者永久转让。

5. 计算机软件著作权的保护期

根据《中华人民共和国著作权法》和《中华人民共和国计算机软件保护条例》的规定，计算机软件著作权的权利自软件开发完成之日起产生，保护期为 50 年。保护期满，除开发者身份权以外，其他权利终止。一旦计算机软件著作权超出保护期，软件就进入公有领域。计算机软件著作权人的单位终止和计算机软件著作权人的公民死亡均无合法继承人时，除开发者身份权以外，该软件的其他权利进入公有领域。软件进入公有领域后成为社会公共财富，公众可无偿使用。

6. 计算机软件著作权的归属

我国著作权法对著作权的归属采取了"创作主义"原则，明确规定著作权属于作者，除非另有规定。《中华人民共和国计算机软件保护条例》第九条规定，"软件著作权属于软件开发者，本条例另有规定的情况除外"。这是我国计算机软件著作权归属的基本原则。

计算机软件开发者是计算机软件著作权的原始主体，也是享有权利最完整的主体。软件作品是开发者从事智力创作活动所取得的智力成果，是脑力劳动的结晶。其开发创作行为使开发者直接取得该计算机软件的著作权。因此，《中华人民共和国计算机软件保护条例》第九条明确规定"软件著作权属于软件开发者"，即以软件开发的事实来确定著作权的归属，谁完成了计算机软件的创作开发工作，其软件的著作权就归谁享有。

1）职务开发软件著作权的归属

职务软件作品是指公民在单位任职期间为执行本单位工作任务所开发的计算机软件作品。《中华人民共和国计算机软件保护条例》第十三条作了明确的规定，即公民在单位任职期间所开发的软件，如果是执行本职工作的结果，即针对本职工作中明确指定的开发目标所开发的；或者是从事本职工作活动所预见的结果或者自然的结果，则该软件的著作权属于该单位；或者主要使用了单位的专用设备、未公开的专门信息等物资技术条件所开发并由法人或者其他组织承担责任的软件。根据《中华人民共和国计算机软件保护条例》规定，可以得出这样的结论：当公民作为某单位的雇员时，如其开发的软件属于执行本职工作的结果，该软件著作权应当归单位享有。若开发的软件不是执行本职工作的结果，其著作权就不属于单位享有。如果该雇员主要使用了单位的设备，按照《中华人民共和国计算机软件保护条例》第十三条第三款的规定，其著作权不能属于该雇员个人享有。

对于公民在非职务期间创作的计算机程序，其著作权属于某项软件作品的开发单位，还是从事直接创作开发软件作品的个人，可按照《中华人民共和国计算机软件保护条例》第十三条规定的三条标准确定。

（1）所开发的软件作品不是执行其本职工作的结果。

任何受雇于一个单位的人员，都会被安排在一定的工作岗位和分派相应的工作任务。完成分派的工作任务就是他的本职工作，本职工作的直接成果也就是其工作任务的不断完成。当然，具体工作成果又会产生许多效益、产生范围更广的结果。但是，该条标准指的是雇员本职工作最直接的成果。若雇员开发创作的软件不是执行本职工作的结果，则构成非职务计算机软件著作权的条件之一。

（2）开发的软件作品与开发者在单位中从事的工作内容无直接联系。

如果该雇员在单位担任软件开发工作，引起争议的软件作品不能与其本职工作中明确指定的开发目标有关，软件作品的内容也不能与其本职工作所开发的软件的功能、逻辑思维和重要数据有关。雇员所开发的软件作品与其本职工作没有直接的关系，则构成非职务计算机软件著作权的第二个条件。

（3）开发的软件作品未使用单位的物质技术条件。

开发创作软件作品所使用的物质技术条件，即开发软件作品所必须的设备、数据、资金和其他软件开发环境，不属于雇员所在的单位所有。没有使用受雇单位的任何物质技术条件构成非职务软件著作权的第三个条件。

雇员进行本职工作以外的软件开发创作，必须同时符合上述三个条件，才能算是非职务软件作品，雇员个人才享有软件著作权。常有软件开发符合前两个条件，但使用了单位的技术情报资料、计算机设备等物质技术条件的情况。处理此种情况较好的方法是对该软件著作权的归属应当由单位和雇员双方协商确定，如对于公民在非职务期间利用单位物质条件创作的与单位业务范围无关的计算机程序，其著作权属于创作程序的作者，但作者许可第三人使用软件时，应当支付单位合理的物质条件使用费，如计算机机时费等。若通过协商不能解决，按上述三条标准作出界定。

2）合作开发软件著作权的归属

合作开发软件是指两个或两个以上公民、法人或其他组织订立协议，共同参加某项计算机软件的开发并分享软件著作权的形式。《中华人民共和国计算机软件保护条例》第十条规定："由两个以上的自然人、法人或者其他组织合作开发的软件，其著作权的归属由合作开发者签订书面合同约定。无书面合同或者合同未作明确约定，合作开发的软件可以分割使用的，开发者对各自开发的部分可以单独享有著作权；但是，行使著作权时，不得扩展到合作开发的软件整体的著作权。合作开发的软件不能分割使用的，其著作权由合作开发者共同享有，通过协商一致行使；如不能协商一致，又无正当理由，任何一方不得阻止他方行使除转让权以外的其他权利，但是所得收益应合理分配给所有合作开发者。"根据此规定，对合作开发软件著作权的归属应掌握以下 4 点：

（1）由两个以上的单位、公民共同开发完成的软件属于合作开发的软件。对于合作开发的软件，其著作权的归属一般是由各合作开发者共同享有。但如果有软件著作权的协议，则按照协议确定软件著作权的归属。

（2）由于合作开发软件著作权是由两个以上单位或者个人共同享有，因而为了避免在软件著作权的行使中产生纠纷，规定"合作开发的软件，其著作权的归属由合作开发者签订书面合同约定"。

（3）对于合作开发的软件著作权按以下规定执行："无书面合同或者合同未作明确约定，合作开发的软件可以分割使用的，开发者对各自开发的部分可以单独享有著作权；但是，行使著作权时，不得扩展到合作开发的软件整体的著作权。合作开发的软件不能分割使用的，其著作权由合作开发者共同享有，通过协商一致行使；如不能协商一致，又无正当理由，任何一方不得阻止他方行使除转让权以外的其他权利，但是所得收益应合理分配给所有合作开发者。"

（4）合作开发者对于软件著作权中的转让权不得单独行使。因为转让权的行使将涉及软件著作权权利主体的改变，所以软件的合作开发者在行使转让权时，必须与各合作开发者协商，在征得同意的情况下方能行使该项专有权利。

3）委托开发的软件著作权的归属

委托开发的软件作品属于著作权法规定的委托软件作品。委托开发软件作品著作权关系的建立，一般由委托方与受委托方订立合同而成立。委托开发软件作品关系中，委托方的责任主要是提供资金、设备等物质条件，并不直接参与开发软件作品的创作开发活动。受托方的主要责任是根据委托合同规定的目标开发出符合条件的软件。关于委托开发软件著作权的归属，《中华人民共和国计算机软件保护条例》第十一条规定："接受他人委托开发的软件，其著作权的归属由委托者与受委托者签订书面合同约定；无书面合同或者合同未作明确约定的，其著作权由受托人享有。"根据该条的规定，委托开发的软件著作权的归属按以下标准确定：

（1）委托开发软件作品须根据委托方的要求，由委托方与受托方以合同确定的权利和义务的关系而进行开发。因此，软件作品著作权归属应当作为合同的重要条款予以明确约定。对于当事人已经在合同中约定软件著作权归属关系的，如事后发生纠纷，软件著作权的归属仍应当根据委托开发软件的合同来确定。

（2）若在委托开发软件活动中，委托者与受委托者没有签订书面协议，或者在协议中未对软件著作权归属作出明确的约定，则软件著作权属于受委托者，即属于实际完成软件的开发者。

4）接受任务开发的软件著作权的归属

根据社会经济发展的需要，对于一些涉及国家基础项目或者重点设施的计算机软件，往往采取由政府有关部门或上级单位下达任务方式，完成软件的开发工作。对于下达任务开发的软件，其著作权的归属关系，《中华人民共和国计算机软件保护条例》第十二条作出了明确的规定："由国家机关下达任务开发的软件，著作权的归属与行使由项目任务书或者合同规定；项目任务书或者合同中未作明确规定，软件著作权由接受任务的法人或者其他组织享有。"根据该规定，国家或上级下达任务开发的软件著作权归属应按以下两条标准确定：

（1）下达任务开发的软件著作权的归属关系，首先应以项目任务书的规定或者双方的合同约定为准。

（2）下达任务的项目任务书或者双方订立的合同中未对软件著作权归属作出明确的规定或者约定的，其软件著作权属于接受并实际完成开发软件任务的单位。

5）计算机软件著作权主体变更后软件著作权的归属

计算机软件著作权的主体，因一定的法律事实而发生变更。如作为软件著作权人的公民的死亡，单位的变更，软件著作权的转让以及人民法院对软件著作权的归属作出裁判等。软件著作权主体的变更必然引起软件著作权归属的变化。对此，《中华人民共和国计算机软件保护条例》也作了一些规定。因计算机软件主体变更引起的权属变化有以下几种：

（1）公民继承的软件权利归属。

《中华人民共和国计算机软件保护条例》第十五条规定："在软件著作权的保护期内，软件著作权的继承者可根据《中华人民共和国继承法》的有关规定，继承本条例第八条项规定的除署名权以外的其他权利。"按照该条的规定，软件著作权的合法继承人依法享有继承被继承人享有的软件著作权的使用权、使用许可权和获得报酬权等权利。继承权的取得、继承顺序等均按照继承法的规定进行。

（2）单位变更后软件权利归属。

《中华人民共和国计算机软件保护条例》第十五条规定："软件著作权属于法人或其他组织的，法人或其他组织变更、终止后，其著作权在本条例规定的保护期内由承受其权利义务的法人或其他组织享有。"按照该条的规定，作为软件著作权人的单位发生变更（如单位的合并、破产等），而其享有的软件著作权仍处在法定的保护期限内，可以由合法的权利承受单位享有原始著作权人所享有的各项权利。依法承受软件著作权的单位，成为该软件的后续著作权人，可在法定的条件下行使所承受的各项专有权利。一般认为，"各项权利"包括署名权等著作人身权在内的全部权利。

（3）权利转让后软件著作权归属。

《中华人民共和国计算机软件保护条例》第二十条规定："转让软件著作权的，当事人应当订立书面合同。"计算机软件著作财产权按照该条的规定发生转让后，必然引起著作权主体的变化，产生新的软件著作权归属关系。软件权利的转让应当根据我国有关法规以签订、执行书面合同的方式进行。软件权利的受让者可依法行使其享有的权利。

（4）司法判决、裁定引起的软件著作权归属问题。

计算机软件著作权是公民、法人和其他组织享有的一项重要的民事权利。因而在民事权利行使、流转的过程中，难免发生涉及计算机软件著作权作为标的物的民事、经济关系，也难免发生争议和纠纷。争议和纠纷发生后由人民法院的民事判决、裁定而产生软件著作权主体的变更，引起软件著作权归属问题。因司法裁判引起软件著作权的归属问题主要有 4 类：第一类是由人民法院对著作权归属纠纷中权利的最终归属作出司法裁判，从而变更了计算机软件著作权原有归属；第二类是计算机软件的著作权人为民事法律关系中的债务人（债务形成的原因可能多种多样，如合同关系或者损害赔偿关系等），人民法院将其软件著作财产权判归债权人享有抵债；第三类是人民法院作出民事判决判令软件著作权人履行民事给付义务，在判决生效后执行程序中，其无其他财产可供执行，将软件著作财产权执行给对方折抵债务；第四类是根据破产法的规定，软件著作权人被破产还债，软件著作财产权作为法律规定的破产财产构成的"其他财产权利"，作为破产财产由人民法院判决分配。

（5）保护期限届满权利丧失。

软件著作权的法定保护期限可以确定计算机软件的主体能否依法变更。如果软件著作权已过保护期，该软件进入公有领域，便丧失了专有权，也就没有必要改变权利主体了。根据《中华人民共和国计算机软件保护条例》的规定，计算机软件著作权主体变更必须在该软件著作权的保护期限内进行，转让活动的发生不改变该软件著作权的保护期。这也就是说，转让活动也不能延长该软件著作权的保护期限。

7. 计算机软件著作权侵权的鉴别

侵犯计算机软件著作权的违法行为的鉴别，主要依靠保护知识产权的相关法律来判断。违反《中华人民共和国著作权法》《中华人民共和国计算机软件保护条例》等法律禁止的行为，便是侵犯计算机著作权的违法行为，这是鉴别违法行为的本质原则。对于法律规定不禁止，也不违反相关法律基本原则的行为，不认为是违法行为。在法律无明文具体条款规定的情况下，违背《中华人民共和国著作权法》和《中华人民共和国计算机软件保护条例》等法律的基本原则，以及社会主义公共生活准则和社会善良风俗的行为，也应该视为违法行为。在一般情况下，损害他人著作财产权或人身权的行为，总是违法行为。

1）计算机软件著作权侵权行为

根据《中华人民共和国计算机软件保护条例》第二十三条的规定："凡是行为人主观上具有故意或者过失对著作权法和计算机软件保护条例保护的计算机软件人身权和财产权实施侵害行为的，都构成计算机软件的侵权行为。"该条规定的侵犯计算机软件著作权的情况，是认定软件著作权侵权行为的法律依据。计算机软件侵权行为主要有以下几种：

（1）未经软件著作权人的同意而发表或者登记其软件作品。软件著作人享有对软件作品公开发表权，未经允许著作权人以外的任何其他人都无权擅自发表特定的软件作品。如果实施这种行为，就构成侵犯著作权人的发表权。

（2）将他人开发的软件当作自己的作品发表或者登记。此种行为主要侵犯了软件著作权的开发者身份权和署名权。侵权行为人欺世盗名，剽窃软件开发者的劳动成果，将他人开发的软件作品假冒为自己的作品而署名发表。只要行为人实施了这种行为，不管其发表该作品是否经过软件著作人的同意，都构成侵权。

（3）未经合作者的同意将与他人合作开发的软件当作自己独立完成的作品发表或者登记。此种侵权行为发生在软件作品的合作开发者之间。作为合作开发的软件，软件作品的开发者身份为全体开发者，软件作品的发表权也应由全体开发者共同行使。如果未经其他开发者同意，又将合作开发的软件当作自己的独创作品发表，即构成本条规定的侵权行为。

（4）在他人开发的软件上署名或者更改他人开发的软件上的署名。这种行为是指在他人开发的软件作品上添加自己的署名，或者替代软件开发者署名以及将软件作品上开发者的署名进行更改的行为。这种行为侵犯了软件著作人的开发者身份权及署名权。此种行为与第二条规定行为的区别主要是对已发表的软件作品实施的行为。

（5）未经软件著作权人或者其合法受让者的许可，修改、翻译其软件作品。此种行为是侵犯了著作权人或其合法受让者的使用权中的修改权、翻译权。对不同版本计算机软件，新版本往往是旧版本的提高和改善。这种提高和改善实质上是对原软件作品的修改、演绎。此种行为应征得软件作品原版本著作权人的同意，否则构成侵权。如果征得软件作品著作人的同意，因修改和改善新增加的部分，创作者应享有著作权。

（6）未经软件著作权人或其合法受让者的许可，复制或部分复制其软件作品。此种行为侵犯了著作权人或其合法受让者的使用权中的复制权。计算机软件的复制权是计算机软件最重要的著作财产权，也是通常计算机软件侵权行为的对象。这是由于软件载体价格相对低廉，复制软件简单易行效率极高，而销售非法复制的软件即可获得高额利润。因此，复制是常见的侵权行为，是防止和打击的主要对象。当软件著作权经当事人的约定合法转让给转让者以后，软件开发者未经允许不得复制该软件，否则也构成本条规定的侵权行为。

（7）未经软件著作权人及其合法受让者同意，向公众发行、出租其软件的复制品。此种行为侵犯了著作权人或其合法受让者的发行权与出租权。

（8）未经软件著作权人或其合法受让者同意，向任何第三方办理软件权利许可或转让事宜。这种行为侵犯了软件著作权人或其合法受让者的使用许可权和转让权。

（9）未经软件著作权人及其合法受让者同意，通过信息网络传播著作权人的软件。这种行为侵犯了软件著作权人或其合法受让者的信息网络传播权。

（10）侵犯计算机软件著作权存在着共同侵权行为。二人以上共同实施《中华人民共和国计算机软件保护条例》第二十三条和二十四条规定的侵权行为，构成共同侵权行为。对行为人并没有实施《中华人民共和国计算机软件保护条例》第二十三和二十四条规定的行为，但实施了向侵权行为人进行侵权活动提供设备、场所或解密软件，或者为侵权复制品提供仓储、运输条件等行为，构成共同侵权应当在行为人之间具有共同故意或过失。其构成的要件有两个：一是行为人的过错是共同的，而不论行为人的行为在整个侵权行为过程中所起的作用如何；二是行为人主观上要有故意或过失的过错。如果这个要件具备，各个行为人实施的侵权行为虽然各不相同，也同样构成共同侵权。两个要件如果缺乏一个，不构成共同的侵权，或者是不构成任何侵权。

2）不构成计算机软件侵权的合理使用行为

《中华人民共和国计算机软件保护条例》第八条第四项和第十六条规定，获得使用权或使用许可权（视合同条款）后，可以对软件进行复制而无需通知著作权人，亦不构成侵权。对于合法持有软件复制品的单位、公民在不经著作权人的同意的情况下，亦享有复制与修改权。合法持有软件复制品的单位、公民，在不经软件著作权人同意的情况下，可以根据自己使用的需要将软件装入计算机，为了存档也可以制作备份复制品，为了把软件用于实际的计算机环境或者改进其功能时也可以进行必要的修改，但是备份制品和修改后的文本不能以任何方式提供给他人，超过以上权利，即视为侵权行为。区分合理使用与非合理使用的判别标准一般有：

（1）软件作品是否合法取得。这是合理使用的基础。

（2）使用目的是非商业营利性，如果使用的目的是为商业性营利，就不属合理使用的范围。

（3）合理使用一般为少量的使用，所谓少量的界限根据其使用的目的以行业惯例和人们的一般常识综合确定。超过通常被认为的少量界限，即可被认为不属于合理使用。

《中华人民共和国计算机软件保护条例》第十七条规定："为了学习和研究软件内含的设计思想和原理，通过安装、显示、传输或者存储软件的方式使用软件的，可以不经软件著作权人许可，不向其支付报酬。"

3）计算机著作权软件侵权的识别

计算机软件明显区别于其他著作权法保护的客体，它具有以下特点：

（1）技术性。计算机软件的技术性是指其创作开发的高技术性。具有一定规模的软件的创作开发，一般开发难度大、周期长、投资高，需要良好组织，严密管理，且各方面人员配合协作，借助现代化高技术和高科技工具生产创作。

（2）依赖性。计算机程序的依赖性是指人们对其的感知依赖于计算机的特性。著作权保护的其他作品一般都可以依赖人的感觉器官所直接感知。但计算机程序则不能被人们所直接感知，它的内容只能依赖计算机等专用设备才能被充分表现出来，才能被人们所感知。

（3）多样性。计算机程序的多样性是指计算机程序表达的多样性。计算机程序的表达较著作权法保护的其他对象特殊，其既能以源代码表达，还可以以目标代码和微码等表达，表达形式多样。计算机程序表达的存储媒体也多种多样，同一种程序分别可以被存储在纸张、磁盘、磁带、光盘和集成电路上等。计算机程序的载体大多数精巧灵便。此外，计算机程序的内容与表达难以严格区别界定。

（4）运行性。计算机程序的运行性是指计算机程序功能的运行性。计算机程序不同于一般的文字作品，它主要的功能在于使用。也就是说，计算机程序的功能只能通过对程序的使用、运行才能充分体现出来。计算机程序采用数字化形式存储、转换，复制品与原作品一般无明显区别。

根据计算机软件的特点，对计算机软件侵权行为的识别可以将发生争议的某一计算机程序与比照物（权利明确的正版计算机程序）进行对比和鉴别，从两个软件的相似性或完全相同来判断，做出侵权认定。软件作品常常表现为计算机程序的不唯一性，即两个运行结果相同的计算机程序，或者两个计算机软件的源代码程序不相似或不完全相似，前者不一定构成侵权，而后者不一定不构成侵权。

8. 软件著作权侵权的法律责任

1）民事责任

侵犯计算机著作权以及有关权益的民事责任是指公民、法人或其他组织因侵犯著作权发生的后果依法应承担的法律责任。当侵权人侵害他人的著作财产权或著作人身权，造成权利人财产上的或非财产的损失，侵权人不履行赔偿义务，法律即强制侵权人承担赔偿损失的民事责任。

《中华人民共和国计算机软件保护条例》第二十三条规定了侵犯计算机著作权的民事责任，即侵犯著作权或者与著作权有关的权利的，侵权人应当按照权利人的实际损失给予赔偿；实际损失难以计算的，可以按照侵权人的违法所得给予赔偿。赔偿数额还应当包括权利人为制止侵权行为所支付的合理开支。权利人的实际损失或者侵权人的违法所得不能确定的，由人民法院根据侵权行为的情节，判决给予五十万元以下的赔偿。有下列侵权行为的，应当根据情况，承担停止侵害、消除影响、公开赔礼道歉、赔偿损失等民事责任：

（1）未经软件著作权人许可发表或者登记其软件的。

（2）将他人软件当作自己的软件发表或者登记的。

（3）未经合作者许可，将与他人合作开发的软件当作自己单独完成的作品发表或者登记的。

（4）在他人软件上署名或者涂改他人软件上的署名的。

（5）未经软件著作权人许可，修改、翻译其软件的。

（6）其他侵犯软件著作权的行为。

2）行政责任

《中华人民共和国计算机软件保护条例》第二十四条规定了相应的行政责任，即对侵犯软件著作权行为，著作权行政管理部门应当责令停止违法行为，没收非法所得，没收、销毁侵权复制品，并可处以每件一百元或者货值金额二至五倍的罚款。有下列侵权行为的，应当根据情况，承担停止侵害、消除影响、公开赔礼道歉、赔偿损失等行政责任：

（1）复制或者部分复制著作权人软件的。

（2）向公众发行、出租、通过信息网络传播著作权人的软件的。

（3）故意避开或者破坏著作权人为保护其软件而采取的技术措施的。

（4）故意删除或者改变软件权利管理电子信息的。

（5）许可他人行使或者转让著作权人的软件著作权的。

3）刑事责任

侵权行为触犯刑律的，侵权者应当承担刑事责任。《中华人民共和国刑法》第二百一十七条、二百一十八条和二百二十条规定，构成侵犯著作权罪、销售侵权复制品罪的，由司法机关追究刑事责任。

【例15.1】 甲经销商擅自复制并销售乙公司开发的 OA 软件光盘已构成侵权。丙企业在未知的情形下从甲经销商处购入 10 张并已安装使用。在丙企业知道了所使用的软件为侵权复制品的情形下，以下说法正确的是_____。

- A．丙企业的使用行为侵权，须承担赔偿责任
- B．丙企业的使用行为不侵权，可以继续使用这 10 张软件光盘
- C．丙企业的使用行为侵权，支付合理费用后可以继续使用这 10 张软件光盘
- D．丙企业的使用行为不侵权，不需承担任何法律责任

分析：本题正确的选项为 C。《中华人民共和国计算机软件保护条例》第三十条规定："软件的复制品持有人不知道也没有合理理由应当知道该软件是侵权复制品的，不承担赔偿责任；但是，应当停止使用、销毁该侵权复制品。如果停止使用并销毁该侵权复制品将给复制品使用人造成重大损失的，复制品使用人可以在向软件著作权人支付合理费用后继续使用。"丙企业在获得软件复制品的形式上是合法的（向经销商购买），但是由于其没有得到真正软件权利人的授权，其取得的复制品仍是非法的，所以丙企业的使用行为属于侵权行为。

软件复制品持有人一旦知道了所使用的软件为侵权复制品时，应当履行停止使用、销毁该软件的义务。不履行该义务，软件著作权人可以诉请法院判决停止使用并销毁侵权软件。如果软件复制品持有人在知道所持有软件是非法复制品后继续使用给权利人造成损失的，应该承担赔偿责任。

15.2.3　计算机软件的商业秘密权

关于商业秘密的法律保护，各国采取不同的立法例，《中华人民共和国反不正当竞争法》规定了商业秘密的保护问题。

1. 商业秘密

1）商业秘密的定义

《中华人民共和国反不正当竞争法》中商业秘密定义为"不为公众所知悉的、能为权利人带来经济利益、具有实用性并经权利人采取保密措施的技术信息和经营信息"。经营秘密和技术秘密是商业秘密的基本内容。经营秘密，即未公开的经营信息，是指与生产经营销售活动有关的经营方法、管理方法、产销策略、货源情报、客户名单、标底和标书内容等专有知识。技术秘密，即未公开的技术信息，是指与产品生产和制造有关的技术诀窍、生产方案、工艺流程、设计图纸、化学配方、技术情报等专有知识。

2）商业秘密的构成条件

商业秘密的构成条件是：商业秘密必须具有未公开性，即不为公众所知悉；商业秘密必须具有实用性，即能为权利人带来经济效益；商业秘密必须具有保密性，即采取了保密措施。

一项商业秘密受到法律保护的依据，是必须具备上述构成商业秘密的三个条件，当缺少上述三个条件之一就会造成商业秘密丧失保护。

3）商业秘密权

商业秘密是一种无形的信息财产。与有形财产相区别，商业秘密不占据空间，不易被权利

人所控制，不发生有形损耗，其权利是一种无形财产权。

4）计算机软件与商业秘密

《中华人民共和国反不正当竞争法》保护计算机软件，是以计算机软件中是否包含着"商业秘密"为必要条件的。而计算机软件是人类知识、智慧、经验和创造性劳动的成果，本身就具有商业秘密的特征，即包含着技术秘密和经营秘密。即使是软件尚未开发完成，在软件开发中所形成的知识内容也可构成商业秘密。

2. 计算机软件商业秘密的侵权

侵犯商业秘密是指行为人（负有约定的保密义务的合同当事人；实施侵权行为的第三人；侵犯本单位商业秘密的行为人）未经权利人（商业秘密的合法控制人）的许可，以非法手段（包括直接从权利人那里窃取商业秘密并加以公开或使用；通过第三人窃取权利人的商业秘密并加以公开或使用）获取计算机软件商业秘密并加以公开或使用的行为。根据《中华人民共和国反不正当竞争法》第十条的规定，侵犯计算机软件商业秘密的具体表现形式主要有：

（1）以盗窃、利诱、胁迫或其他不正当手段获取权利人的计算机软件商业秘密。盗窃商业秘密，包括单位内部人员盗窃、外部人员盗窃、内外勾结盗窃等手段；以利诱手段获取商业秘密，通常指行为人向掌握商业秘密的人员提供财物或其他优惠条件，诱使其向行为人提供商业秘密；以胁迫手段获取商业秘密，是指行为人采取威胁、强迫手段，使他人在受强制的情况下提供商业秘密；以其他不正当手段获取商业秘密。

（2）披露、使用或允许他人使用以不正当手段获取的计算机软件商业秘密。披露是指将权利人的商业秘密向第三人透露或向不特定的其他人公开，使其失去秘密价值；使用或允许他人使用是指非法使用他人商业秘密的具体情形。如果以非法手段获取商业秘密的行为人将该秘密再行披露或使用，即构成双重的侵权；倘若第三人从侵权人那里获悉了商业秘密而将秘密披露或使用，同样构成侵权。

（3）违反约定或违反权利人有关保守商业秘密的要求，披露、使用或允许他人使用其所掌握的计算机软件商业秘密。合法掌握计算机软件商业秘密的人，可能是与权利人有合同关系的对方当事人，也可能是权利人的单位工作人员或其他知情人，他们违反合同约定或单位规定的保密义务，将其所掌握的商业秘密擅自公开，或自己使用，或许可他人使用，即构成侵犯商业秘密。

（4）第三人在明知或应知前述违法行为的情况下，仍然从侵权人那里获取、使用或披露他人的计算机软件商业秘密。这是一种间接的侵权行为。

3. 计算机软件商业秘密侵权的法律责任

根据《中华人民共和国反不正当竞争法》和《中华人民共和国刑法》的规定，计算机软件商业秘密的侵权者将承担行政责任、民事责任以及刑事责任。

（1）侵权者的行政责任。《中华人民共和国反不正当竞争法》第二十五条规定了相应的行政责任，即对侵犯商业秘密的行为，监督检查部门应当责令停止违法行为，而后可以根据侵权的情节依法处以 1 万元以上 20 万元以下的罚款。

（2）侵权者的民事责任。计算机软件商业秘密的侵权者的侵权行为对权利人的经营造成经济上的损失时，侵权者应当承担经济损害赔偿的民事责任。《中华人民共和国反不正当竞争法》第二十条规定了侵犯商业秘密的民事责任，即经营者违反该法规定，给被侵害的经营者造成损害的，应当承担损害赔偿责任。被侵害的经营者的合法权益受到损害的，可以向人民法院提起诉讼。

（3）侵权者的刑事责任。侵权者以盗窃、利诱、胁迫或其他不正当手段获取权利人的计算机软件商业秘密；披露、使用或允许他人使用以不正当手段获取的计算机软件商业秘密；违反约定或违反权利人有关保守商业秘密的要求，披露、使用或允许他人使用其所掌握的计算机软件商业秘密，其侵权行为对权利人造成重大损害的，侵权者应当承担刑事责任。《中华人民共和国刑法》第二百一十九条规定了侵犯商业秘密罪，即实施侵犯商业秘密行为，给商业秘密的权利人造成重大损失的，处 3 年以下有期徒刑或者拘役，并处或者单处罚金；造成特别严重后果的，处 3 年以上 7 年以下有期徒刑，并处罚金。

【例 15.2】　某软件公司研发的财务软件产品在行业中技术领先，具有很强的市场竞争优势。为确保其软件产品的技术领先及市场竞争优势，公司采取相应的保密措施，以防止软件技术秘密的外泄。并且，还为该软件产品冠以"用友"商标，但未进行商标注册。此情况下，公司仅享有该软件产品的_____。

A．软件著作权和专利权　　　　　　　B．商业秘密权和专利权

C．软件著作权和商业秘密权　　　　　D．软件著作权和商标权

分析：本题正确的选项为 C。由于是软件公司研发的财务软件产品，因此，软件公司享有该软件产品的软件著作权。又由于商业秘密的构成条件是：商业秘密必须具有未公开性，即不为公众所知悉；商业秘密必须具有实用性，即能为权利人带来经济效益；商业秘密必须具有保密性，即采取了保密措施。

综上所述，公司仅享有该软件产品的软件著作权和商业秘密权。

15.2.4　专利权概述

1. 专利权的保护对象与特征

发明创造是产生专利权的基础。发明创造是指发明、实用新型和外观设计，是我国专利法主要保护的对象。《中华人民共和国专利法实施细则》第二条第一款规定："专利法所称的发明，是指对产品、方法或者其改进所提出的技术方案。"实用新型（也称小发明）则因国而异，《中华人民共和国专利法实施细则》第二条第二款规定："实用新型是指对产品的形状、构造或者其组合所提出的新的技术方案。"外观设计是指对产品的形状、图案、色彩或者它们的结合所做出的富有美感的并适于工业应用的新设计。

专利的发明创造是无形的智力创造性成果，不像有形财产那样直观可见，必须经专利主管机关依照法定程序审查确定，在未经审批以前，任何一项发明创造都不得成为专利。

下列各项属于专利法不适用的对象，因此不授予专利权。

（1）违反国家法律、社会公德或者妨害公共利益的发明创造。

（2）科学发现，即人们通过自己的智力劳动对客观世界已经存在的但未揭示出来的规律、性质和现象等的认识。

（3）智力活动的规则和方法，即人们进行推理、分析、判断、运算、处理、记忆等思维活动的规则和方法。

（4）病的诊断和治疗方法，即以活的人或者动物为实施对象，并以防病治病为目的，是医护人员的经验体现，而且因被诊断和治疗的对象不同而有区别，不能在工业上应用，不具有实用性。

（5）动物和植物品种，但是动物植物品种的生产方法，可以依照专利法规定授予专利权。

（6）用原子核变换方法获得的物质，即用核裂变或核聚变方法获得的单质或化合物。

2. 授予专利权的条件

授予专利权的条件是指一项发明创造获得专利权应当具备的实质性条件。一项发明或者实用新型获得专利权的实质条件为新颖性、创造性和实用性。

（1）新颖性。新颖性是指在申请日以前没有同样的发明或实用新型在国内外出版物公开发表过、在国内公开使用过或以其他方式为公众所知，也没有同样的发明或实用新型由他人向专利局提出过申请并且记载在申请日以后公布的专利申请文件中。在某些特殊情况下，尽管申请专利的发明或者实用新型在申请日或者优先权日前公开，但在一定的期限内提出专利申请的，仍然具有新颖性。我国专利法规定，申请专利的发明创造在申请日以前 6 个月内，有下列情况之一的，不丧失新颖性：

①在中国政府主办或者承认的国际展览会上首次展出的。

②在规定的学术会议或者技术会议上首次发表的。

③他人未经申请人同意而泄露其内容的。

（2）创造性。创造性是指同申请日以前已有的技术相比，该发明有突出的实质性特点和显著的进步，该实用新型有实质性特点和进步。例如，申请专利的发明解决了人们渴望解决但一直没有解决的技术难题；申请专利的发明克服了技术偏见；申请专利的发明取得了意想不到的技术效果；申请专利的发明在商业上获得成功。一项发明专利是否具有创造性，前提是该项发明具备新颖性。

（3）实用性。实用性是指该发明或者实用新型能够制造或者使用，并且能够产生积极的效果，即不造成环境污染、能源或者资源的严重浪费，损害人体健康。如果申请专利的发明或者实用新型缺乏技术手段；申请专利的技术方案违背自然规律；利用独一无二自然条件所完成的技术方案，则不具有实用性。

我国专利法规定，外观设计获得专利权的实质条件为新颖性和美观性。新颖性是指申请专利的外观设计与其申请日以前已经在国内外出版物上公开发表的外观设计不相同或者不相近似；与其申请日前已在国内公开使用过的外观设计不相同或者不相近似。美观性是指外观设计被使用在产品上时能使人产生一种美感，增加产品对消费者的吸引力。

3. 专利的申请

1）专利申请权

公民、法人或者其他组织依据法律规定或者合同约定享有的就发明创造向专利局提出专利申请的权利（专利申请权）。一项发明创造产生的专利申请权归谁所有，主要有由法律直接规定的情况和依合同约定的情况。专利申请权可以转让，不论专利申请权在哪一个时间段转让，原专利申请人便因此丧失专利申请权，由受让人获得相应的专利申请权。专利申请权可以被继承或赠与。专利申请人死亡后，其依法享有的专利申请权可以作为遗产，由其合法继承人继承。

2）专利申请人

专利申请人是指对某项发明创造依法律规定或者合同约定享有专利申请权的公民、法人或者其他组织。专利申请人包括职务发明创造的单位；非职务发明创造的专利申请人为完成发明创造的发明人或者设计人；共同发明创造的专利申请人是共同发明人或者设计人，或者其所属单位；委托发明创造的专利申请人为合同约定的人；受让人。

3）专利申请的原则

专利申请人及其代理人在办理各种手续时都应当采用书面形式。一份专利申请文件只能就一项发明创造提出专利申请，即"一份申请一项发明"原则。两个或者两个以上的人分别就同样的发明创造申请专利的，专利权授给最先申请人。

4）专利申请文件

发明或者实用新型申请文件包括请求书、说明书、说明书摘要和权利要求书。外观设计专利申请文件包括请求书、图片或照片。

5）专利申请日

专利申请日（也称关键日）是专利局或者专利局指定的专利申请受理代办处收到完整专利申请文件的日期。如果申请文件是邮寄的，以寄出的邮戳日为申请日。

6）专利申请的审批

专利局收到发明专利申请后，一个必要程序是初步审查，经初步审查认为符合本法要求的，自申请日起满 18 个月，即行公布（公布申请），专利局可根据申请人的请求，早日公布其申请。自申请日起三年内，专利局可以根据申请人随时提出的请求，对其申请进行实质审查。实质审查是专利局对申请专利的发明的新颖性、创造性和实用性等依法进行审查的法定程序。

我国专利法规定："实用新型和外观设计专利申请经初步审查没有发现驳回理由的，专利局应当做出授予实用新型专利权或者外观设计专利权的决定，发给相应的专利证书，并予以登记和公布。"由此规定可知，对实用新型和外观设计专利申请只进行初步审查，不进行实质审查。

7）申请权的丧失与恢复

专利法及其实施细则有许多条款规定，如果申请人在法定期间或者专利局所指定的期限内未办理相应的手续或者没有提交有关文件，其申请就被视为撤回或者丧失提出某项请求的权利，或者导致有关权利终止后果。因耽误期限而丧失权利之后，可以在自障碍消除后 2 个月内，最迟自法定期限或者指定期限届满后 2 年内或者自收到专利局通知之日起 2 个月内，请求恢复其权利。

4. 专利权行使

1）专利权的归属

根据《中华人民共和国专利法》的规定，执行本单位的任务或者主要是利用本单位的物质条件所完成的职务发明创造，申请专利的权利属于该单位。申请被批准后，专利权归该单位持有（单位为专利权人）。执行本单位的任务所完成的职务发明创造是指：

（1）在本职工作中做出的发明创造。

（2）履行本单位交付的本职工作之外的任务所做出的发明创造。

（3）工作变动（退职、退休或者调离）后短期内做出的，与其在原单位承担的本职工作或者原单位分配的任务有关的发明创造。

本单位的物质技术条件包括本单位的资金、设备、零部件、原材料或者不对外公开的技术资料等。

非职务发明创造，申请专利的权利属于发明人或者设计人；在中国境内的外资企业和中外合资经营企业的工作人员完成的职务发明创造，申请专利的权利属于该企业，申请被批准后，专利权归申请的企业或者个人所有；两个以上单位协作或者一个单位接受其他单位委托的研究、设计任务所完成的发明创造，除另有协议的以外，申请专利的权利属于完成或者共同完成的单位，申请被批准后，专利权归申请的单位所有或者持有。

2）专利权人的权利

专利权是一种具有财产权属性的独占权以及由其衍生出来的相应处理权。专利权人的权利包括独占实施权、转让权、实施许可权、放弃权和标记权等。专利权人有缴纳专利年费（也称专利维持费）和实际实施已获专利的发明创造两项基本义务。

专利权人通过专利实施许可合同将其依法取得的对某项发明创造的实施权转移给非专利权人行使。任何单位或者个人实施他人专利的，除《中华人民共和国专利法》第十四条规定的以外，都必须与专利权人订立书面实施许可合同，向专利权人支付专利使用费。被许可人无权允许合同规定以外的任何单位或者个人实施该专利。专利实施许可的种类包括独占许可、独家许可、普通许可和部分许可。

5. 专利权的限制

根据《中华人民共和国专利法》的规定，发明专利权的保护期限为自申请日起 20 年；实用新型专利权和外观设计专利权的保护期限为自申请日起 10 年。发明创造专利权的法律效力所及的范围如下：

（1）发明或者实用新型专利权的保护范围以其权利要求的内容为准，说明书及附图可以用于解释权利要求。

（2）外观设计专利权的保护范围以表示在图片或者照片中的该外观设计专利产品为准。

公告授予专利权后，任何单位或个人认为该专利权的授予不符合专利法规定条件的，可以向专利复查委员会提出宣告该专利权无效的请求。专利复审委员会对这种请求进行审查，做出宣告专利权无效或维持专利权的决定。我国专利法规定，提出无效宣告请求的时间（启动无效宣告程序的时间）始于"自专利局公告授予专利权之日起"。

专利权因某种法律事实的发生而导致其效力消灭的情形称为专利权终止。导致专利权终止的法律事实如下：

（1）保护期限届满。

（2）在专利权保护期限届满前，专利权人以书面形式向专利局声明放弃专利权。

（3）在专利权的保护期限内，专利权人没有按照法律的规定交年费。专利权终止日应为上一年度期满日。

专利权的限制是指专利法允许第三人在某些特殊情况下，可以不经专利权人许可而实施其专利，且其实施行为并不构成侵权的一种法律制度。专利权限制的种类包括强制许可、不视为侵犯专利权的行为和国家计划许可。

6. 专利侵权行为

专利侵权行为是指在专利权的有效期限内，任何单位或者个人在未经专利权人许可，也没有其他法定事由的情况下，擅自以营利为目的实施专利的行为。专利侵权行为主要包括如下方面：

（1）为生产经营目的制造、使用、销售他人专利产品，或者使用他人专利方法以及使用、销售依照该专利方法直接获得的产品。

（2）为生产经营目的制造、销售他人外观设计专利产品。

（3）进口依照他人专利方法直接获得的产品。

（4）未经许可，在其产品的包装上标明他人的专利标记和专利号。

（5）用非专利产品冒充专利产品的或者用非专利方法冒充专利方法等。

对未经专利权人许可，实施其专利的侵权行为，专利权人或者利害关系人可以请求专利管理机关处理。在专利侵权纠纷发生后，专利权人或者利害关系人既可以请求专利管理机关处理，又可以请求人民法院审理。侵犯专利权的诉讼时效为 2 年，自专利权人或者利害关系人知道或者应当知道侵权行为之日起计算。如果诉讼时效期限届满，专利权人或者利害关系人不能再请求人民法院保护，同时也不能再向专利管理机关请求保护。

【例 15.3】 李某在某软件公司兼职，为完成该公司交给的工作，做出了一项涉及计算机程序的发明。李某认为该发明是自己利用业余时间完成的，可以个人名义申请专利。关于此项发明的专利申请权应归属_____。

A．李某
B．李某兼职的软件公司
C．李某所在单位
D．李某和软件公司约定的一方

分析：本题正确的选项为 B。根据《中华人民共和国专利法》第六条第一款规定，执行本单位的任务所完成的发明创造是职务发明创造。职务发明创造申请专利的权利属于单位，申请被批准后，该单位为专利权人。《中华人民共和国专利法实施细则》第十一条对"执行本单位的任务所完成的发明创造"作出了解释：（1）在本职工作中作出的发明创造；（2）履行本单位交付的本职工作之外的任务所作出的发明创造；（3）退职、退休或者调动工作后一年内所作出的，与其在原单位承担的本职工作或原单位分配的任务有关的发明创造。李某是为完成其兼职软件公司交给的工作而作出的该项发明，属于职务发明。专利申请权应归属软件公司。

《中华人民共和国专利法》第六条第三款规定："利用本单位的物质技术条件所完成的发明创造，单位与发明人或者设计人订有合同，对申请专利的权利和专利权的归属作出约定的，从其约定。"在事先有约定的情况下，按照约定确定权属。如果单位和发明人没有对权属问题作出约定或约定不明的，该发明创造仍视为职务发明创造，专利申请权仍然属于单位。

第 16 章 数据库设计与案例分析

16.1 SQL 应用案例

16.1.1 SQL 应用案例一

某大型集团公司的数据库部分关系模式如下：

员工表：EMP(Eno, Ename, Age, Sex, Title)，各属性分别表示员工工号、姓名、年龄、性别和职称级别，其中性别取值为"男""女"。

公司表：COMPANY(Cno, Cname, City)，各属性分别表示公司编号、名称和所在城市。

工作表：WORKS(Eno, Cno, Salary)，各属性分别表示职工工号、工作的公司编号和工资。

有关关系模式的属性及相关说明如下：

（1）允许一个员工在多家公司工作，使用身份证号作为工号值。

（2）工资不能低于 1500 元。

根据以上描述，回答下列问题：

【问题 1】 请将下面创建工作关系的 SQL 语句的空缺部分补充完整，要求指定关系的主码、外码，以及工资不能低于 1500 元的约束。

```
CREATE TABLE WORKS (
    Eno CHAR(10)_____(a)_____,
    Cno CHAR(4) _____(b)_____,
    Salary int _____(c)_____,
    PRIMARY KEY _____(d)_____);
```

【问题 2】

（1）创建女员工信息的视图 FemaleEMP，属性有 Eno、Ename、Cno、Cname 和 Salary，请将下面 SQL 语句的空缺部分补充完整。

```
CREATE _____(e)_____
AS
SELECT  EMP.Eno, Ename, COMPANY.Cno, Cname, Salary
FROM  EMP, COMPANY, WORKS
WHERE _____(f)_____;
```

（2）员工的工资因为职称级别的变动而自动调整，需要用触发器来实现员工工资的自动维护，函数 float Salary_value(char(10) Eno) 依据员工号计算员工新的工资。请将下面 SQL 语句的空缺部分补充完整。

```
CREATE _____(g)_____ Salary_TRG AFTER _____(h)_____ ON EMP
REFERENCING new row AS nrow
FOR EACH ROW
BEGIN
UPDATE WORKS
SET_____(i)_____
    WHERE _____(j)_____;
END
```

【问题 3】 请将下面 SQL 语句的空缺部分补充完整。
（1）查询员工最多的公司编号和公司名称。

```
SELECT  COMPANY.Cno, Cname
FROM  COMPANY, WORKS
WHERE  COMPANY.Cno = WORKS.Cno
GROUP BY _____(k)_____
HAVING _____(l)_____ ( SELECT  COUNT(*)
                       FROM  WORKS
                       GROUP BY Cno);
```

（2）查询所有不在"中国银行北京分行"工作的员工工号和姓名。

```
SELECT Eno, Ename
FROM  EMP
WHERE Eno _____(m)_____ (SELECT  Eno
                         FROM _____(n)_____
                         WHERE _____(o)_____
                         AND  Cname = '中国银行北京分行' );
```

案例一分析

【问题 1】 由题目说明可知，Eno 和 Cno 两个属性组合是 WORKS 关系表的主键，所以在 PRIMARY KEY 后填的应该是(Eno, Cno)组合；Eno 和 Cno 分别作为外键引用到 EMP 和 COMPANY 关系表的主键，因此需要用 REFERENCES 对这两个属性进行外键约束；由"工资不能低于 1500 元"的要求，可知需要限制账户余额属性值的范围，通过 CHECK 约束来实现。从上述分析可知，完整的 SQL 语句如下：

```
CREATE TABLE WORKS (
    Eno CHAR(10) REFERENCES EMP(Eno) ,
    Cno CHAR(4) REFERENCES COMPANY(Cno) ,
    Salary int CHECK(Salary >= 1500) ,
    PRIMARY KEY (Eno, Cno),
    ) ;
```

【问题 2】

（1）分析：创建视图需要通过 CREATE VIEW 语句来实现，由题目可知视图的属性有(Eno, Ename, Cno, Cname, Salary)；通过公共属性列 Eno 和 Cno 对使用的三个基本表进行连接；由于只创建女员工的试图，所以还要在 WHERE 后加入"Sex='女'"的条件。从上述分析可见，完整的 SQL 语句如下：

```
CREATE  VIEW FemaleEMP(Eno, Ename, Cno, Cname, Salary)
AS
SELECT  EMP.Eno, Ename, COMPANY.Cno, Cname, Salary
FROM  EMP, COMPANY, WORKS
WHERE EMP.Eno = WORKS.Eno AND COMPANY.Cno = WORKS.Cno AND Sex='女';
```

（2）分析：创建触发器可通过 CREATE TRIGGER 语句实现，要求考生掌握触发器的基本语法结构。按照问题要求，在工资关系中更新职工职称级别时触发器应自动执行，故需要创建基于 UPDATE 类型的触发器，其触发条件是更新职工职称级别；最后添加表连接条件。完整的触发器实现的方案如下：

```
CREATE TRIGGER  Salary_TRG AFTER  UPDATE  ON EMP
REFERENCING new row AS nrow
FOR EACH ROW
BEGIN
  UPDATE WORKS
  SET  Salary = Salary_value(nrow.Eno)
    WHERE  WORKS.Eno= nrow.Eno ;
END
```

【问题 3】

（1）分析：根据问题要求，可通过子查询实现"查询员工最多的公司编号和公司名称"的查询；对 COUNT 函数计算的结果应通过 HAVING 条件语句进行约束；通过 Cno 和 Cname 的组合来进行分组查询。完整的 SQL 语句如下：

```
SELECT  COMPANY.Cno, Cname
```

```
FROM  COMPANY, WORKS
WHERE  COMPANY.Cno = WORKS.Cno
GROUP BY COMPANY.Cno, Cname
HAVING   COUNT(*) >= ALL ( SELECT  COUNT(*)
                                   FROM   WORKS
                                GROUP BY Cno);
```

（2）分析：根据问题要求，需要使用嵌套查询。先将 WORKS 和 COMPANY 表进行连接，查找出所有在"中国银行北京分行"工作的员工；然后在雇员表中使用"NOT IN"或者"<>ANY"查询不在前述结果里面的员工即可。完整的 SQL 语句如下：

```
SELECT Eno, Ename FROM  EMP
WHERE Eno  NOT IN 或 <>ANY (SELECT Eno
                             FROM  WORKS, COMPANY
                             WHERE  WORKS.Cno = COMPANY.Cno
                             AND  Cname ='中国银行北京分行');
```

案例一参考答案

【问题 1】

（a）REFERENCES EMP(Eno)

（b）REFERENCES COMPANY(Cno)

（c）CHECK(Salary >= 1500)

（d）(Eno, Cno)

【问题 2】

（1）（e）VIEW FemaleEMP(Eno, Ename, Cno, Cname, Salary)

　　（f）EMP.Eno = WORKS.Eno AND COMPANY.Cno = WORKS.Cno AND Sex='女'

（2）（g）TRIGGER

　　（h）UPDATE

　　（i）Salary = Salary_value(nrow.Eno)

　　（j）WORKS.Eno= nrow.Eno

【问题 3】

（1）（k）COMPANY.Cno, Cname

　　（l）COUNT(*) >= ALL

（2）（m）NOT IN 或 <>ANY （注：两者填一个即可）

　　（n）WORKS, COMPANY

　　（o）WORKS.Cno = COMPANY.Cno

16.1.2　SQL 应用案例二

某公司要对其投放的自动售货机建立商品管理系统，其数据库的部分关系模式如下：

售货机：VEM(<u>VEMno</u>, Location)，各属性分别表示售货机编号、部署地点。

商品：GOODS(<u>Gno</u>, Brand, Price)，各属性分别表示商品编号、品牌名和价格。

销售单：SALES(<u>Sno</u>, <u>VEMno</u>, <u>Gno</u>, SDate, STime)，各属性分别表示销售号、售货机编号商品编号、日期和时间。

缺货单：OOS(<u>VEMno</u>, <u>Gno</u>, <u>SDate</u>, <u>STime</u>)，各属性分别表示售货机编号、商品编号、日期和时间。

相关关系模式的属性及说明如下：

（1）售货机摆放固定种类的商品，售货机内每种商品最多可以储存 10 件。管理员在每天下班前将售货机中所有售出商品补全。

（2）每售出一件商品，就自动向销售单中添加一条销售记录。如果一天内某个售货机上某种商品的销售记录达到 10 条，则表明该售货机上该商品已售完，需要通知系统立即补货，通过自动向缺货单中添加一条缺货记录来实现。

根据以上描述，回答下列问题，将 SQL 语句的空缺部分补充完整。

【问题 1】　请将下面创建销售单表的 SQL 语句补充完整，要求指定关系的主码和外码约束。

```
CREATE TABLE SALES (
    Sno CHAR(8) ____(a)____ ,
    VEMno CHAR(5) ____(b)____ ,
    Gno CHAR(8) ____(c)____ ,
    SDate DATE,
    STime TIME ) ;
```

【问题 2】　创建销售记录详单视图 SALES_Detail，要求按日期统计每个售货机上各种商品的销售数量，属性有 VEMno、Location、Gno、Brand、Price、amount 和 SDate。为方便实现，首先建立一个视图 SALES_Total，然后利用 SALES_Total 完成视图 SALES_Detail 的定义。

```
CREATE VIEW SALES_Total(VEMno, Gno, SDate, amount) AS
    SELECT VEMno, Gno, SDate, Count(*)
    FROM SALES
    GROUP BY ____(d)____ ;
CREATE VIEW ____(e)____ AS
    SELECT VEM.VEMno, Location, GOODS.Gno, Brand, Price, amount, SDate
    FROM VEM, GOODS, SALES_Total
    WHERE ____(f)____ AND ____(g)____ ;
```

【**问题 3**】售货机每售出一件商品，就自动向销售单中添加一条销售记录。如果一天内某个售货机上某种商品的销售记录达到 10 条，则自动向缺货单中添加一条缺货记录。需要用触发器来实现缺货单的自动维护。程序中的 **GetTime()** 获取当前时间。

```
CREATE _____(h)_____ OOS_TRG AFTER _____(i)_____ ON SALES
    REFERENCING new row AS nrow
    FOR EACH ROW
BEGIN
    INSERT INTO OOS
    SELECT SALES.VEMno, _____(j)_____, GetTime()
        FROM SALES
        WHERE SALES.VEMno = nrow.VEMno AND SALES.Gno = nrow.Gno
            AND SALES.SDate = nrow.SDate
        GROUP BY SALES.VEMno, SALES.Gno, SALES.SDate
            HAVING count(*) > 0 AND mod(count(*), 10) = 0;
END
```

【**问题 4**】　查询当天销售最多的商品编号、品牌和数量。程序中的 **GetDate()** 获取当天日期。

```
SELECT GOODS.Gno, Brand, _____(k)_____
FROM GOODS, SALES
WHERE GOODS.Gno = SALES.Gno AND SDate = GetDate()
GROUP BY _____(l)_____
        HAVING _____(m)_____ ( SELECT count(*)
                                FROM SALES
                            WHERE SDate = GetDate()
                            GROUP BY Gno );
```

【**问题 5**】　查询一件都没有售出的所有商品编号和品牌。

```
SELECT Gno, Brand
FROM GOODS
WHERE Gno _____(n)_____ (
    SELECT DISTINCT Gno
    FROM _____(o)_____ );
```

案例二分析

【**问题 1**】本问题考查 SQL 数据定义语言 DDL 和完整性约束。

完整性约束包括三类：实体完整性、参照完整性和用户定义的完整性。实体完整性约束规定关系的主属性不能取空值，关系模型中以主码作为唯一性标识；参照完整性约束规定，若属性（或属性组）A是关系R上的主码，B是关系S上的外码，A与B相对应（来自相同的域），则B取值为空或者来自于R上的某个A的值；用户定义的完整性约束是针对具体的数据库应用而定义的，它反映该应用所涉及的数据必须满足用户定义的语义要求。

（a）空考查实体完整性约束，Sno是SALES的主码，用关键字PRIMARY KEY约束。（b）和（c）考查参照完整性约束，VEMno属性参照VEM关系模式中的VEMno属性，Gno属性参照GOODS关系模式中的Gno属性，空白处分别填入"REFERENCES VEM(VEMno)"和"REFERENCES GOODS(Gno)"。

【问题2】本问题考查SQL创建视图的操作及应用。

需创建的第一个视图SALES_Total(VEMno, Gno, SDate, amount)来自SALES表，属性分别对应SALES表中的VEMno、Gno、SDate、Count(*)，其中，Count(*)要对SALES表中的VEMno、Gno、SDate进行分组计数，因此空（d）应填入"VEMno, Gno, SDate"。

需要创建的第二个视图SALES_Detail基于第一个已经创建的视图SALES_Total和基本表VEM、GOODS。因此只需要把题意中需要统计的VEMno、Location、Gno、Brand、Price、amount、SDate从上述三个表中提取出来即可。空（e）应填入"SALES_Detail (VEMno, Location, Gno, Brand, Price, amount, SDate)"。

WHERE条件后需要将三个表按照公共属性列连接起来，因此空（f）和（g）分别填入"VEM.VEMno = SALES_Total.VEMno"和"GOODS.Gno = SALES_Total.Gno"即可（顺序可以互换）。

【问题3】本问题考查触发器的设计与应用。

触发器是一个能由系统自动执行对数据库修改的语句。一个触发器由三部分组成：①事件，即对数据库的插入、删除和修改等操作。触发器在这些事件发生时，将开始工作。②条件，触发器将测试条件是否成立，若成立就执行相应的动作，否则就什么也不做。③动态，若触发器测试满足预定的条件，那么就由数据库管理系统执行这些动作。本题判断销售记录达到10条，则自动向缺货单中添加一条缺货记录。因此空（h）处应填入"TRIGGER"，（i）处应填入"INSERT"，而（j）处应填入SALES表中的两个必要属性"SALES.Gno"和"SALES.SDate"。

【问题4】本问题考查SQL的查询操作。

题意要求查询当天销售最多的商品编号、品牌和数量。SELECT语句后缺少数量，可以用count(*)来对分组后的商品销售数量进行统计。GROUP BY分组条件是商品号和品牌的组合，也就是GOODS.Gno和Brand。需要统计销售最多的商品，只需要在嵌套子查询前面使用count(*) >= ALL即可达到目的。

【问题5】本问题考查SQL的查询操作。

题意要求查询一件都没有售出的所有商品编号和品牌，因此外层查询的Gno不在销售表中即可，空（n）处应填"NOT IN"或"<>ANY"。内层子查询统计的Gno来自于销售表SALES，因此空（o）处应填"SALES"。

案例二参考答案

【问题 1】

（a）PRIMARY KEY

（b）REFERENCES VEM(VEMno)

（c）REFERENCES GOODS(Gno)

【问题 2】

（f）VEMno, Gno, SDate

（e）SALES_Detail (VEMno, Location, Gno, Brand, Price, amount, SDate)

（f）VEM.VEMno = SALES_Total.VEMno

（g）GOODS.Gno = SALES_Total.Gno　　注：（f）、（g）可互换

【问题 3】

（h）TRIGGER

（i）INSERT

（j）SALES.Gno, SALES.SDate

【问题 4】

（k）count(*)

（l）GOODS.Gno, Brand

（m）count(*) >= ALL

【问题 5】

（n）NOT IN 或<>ANY（注：两者填其一个即可）

（o）SALES

16.2　数据库设计应用案例

16.2.1　足球联赛信息管理系统

某省针对每年举行的足球联赛，拟开发一套信息管理系统，以方便管理球队、球员、主教练、主裁判、比赛等信息。

1. 需求分析

（1）系统需要维护球队、球员、主教练、主裁判、比赛等信息。其中，球队信息主要包括：球队编号、名称、成立时间、人数、主场地址、球队主教练。球员信息主要包括：姓名、身份证号、出生日期、身高、家庭住址。主教练信息主要包括：姓名、身份证号、出生日期、资格证书号、级别。主裁判信息主要包括：姓名、身份证号、出生日期、资格证书号、获取证书时间、级别。

（2）每支球队有一名主教练和若干名球员。一名主教练只能受聘于一支球队，一名球员只

能效力于一支球队。每支球队都有自己的唯一主场场地，且场地不能共用。

（3）足球联赛采用主客场循环制，一周进行一轮比赛，一轮的所有比赛同时进行。

（4）一场比赛有两支球队参加，一支球队作为主队身份、另一支作为客队身份参与比赛。一场比赛只能有一名主裁判，每场比赛有唯一的比赛编码，每场比赛都记录比分和日期。

2. 概念模型设计

根据需求分析阶段的信息，设计的实体联系图（不完整）如图 16-1 所示。

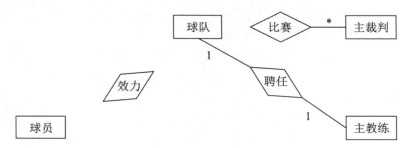

图 16-1　不完整的实体联系图

3. 逻辑结构设计

根据概念模型设计阶段完成的实体联系图，得出如下关系模式（不完整）：

球队 (球队编号,名称,成立时间,人数,主场地址)

球员 (姓名,身份证号,出生日期,身高,家庭住址,＿＿＿（1）＿＿＿)

主教练 (姓名,身份证号,出生日期,资格证书号,级别,＿＿＿（2）＿＿＿)

主裁判 (姓名,身份证号,出生日期,资格证书号,获取证书时间,级别)

比赛 (比赛编码,主队编号,客队编号,主裁判身份证号,比分,日期)

【问题 1】

补充图 16-1 中的联系和联系的类型。

图 16-1 中的联系"比赛"应具有的属性是哪些？

【问题 2】

根据图 16-1，将逻辑结构设计阶段生成的关系模式中的空（1）、（2）补充完整。

【问题 3】

现在系统要增加赞助商信息，赞助商信息主要包括赞助商名称和赞助商编号。

赞助商可以赞助某支球队，一支球队只能有一个赞助商，但赞助商可以赞助多支球队。赞助商也可以单独赞助某些球员，一名球员可以为多个赞助商代言。请根据该要求，对图 16-1 进行修改，画出修改后的实体间联系和联系的类型。

案例分析

本题考查数据库概念模型设计及向逻辑结构转换的掌握。

此类题目要求考生认真阅读题目，根据题目的需求描述，给出实体间的联系。

【问题 1】

根据题意由"一名球员只能效力于一支球队"可知球队和球员之间为 1:*联系。由"一场比赛有两支球队参加，一支球队作为主队身份、另一支作为客队身份参与比赛"可知球队分别按照"主队"和"客队"两种角色参与"比赛"的*:*联系。"比赛"应具有的属性：比赛编码，比分和日期。

【问题 2】

根据问题 1 分析可知球队和球员之间为 1:*联系，所以在球员关系里应该包括球队的主键，即"球队编号"。根据"每支球队有一名主教练，一名主教练只能受聘于一支球队"可知球队和教练之间为 1:1 联系，而球队关系已经给定，所以需要在主教练关系中包含球队的主键，即"球队编号"。

【问题 3】

根据题意由"赞助商可以赞助某支球队，一支球队只能有一个赞助商，但赞助商可以赞助多支球队"可知赞助商和球队之间为 1:*联系。由"赞助商也可以单独赞助某些球员，一名球员可以为多个赞助商代言"可知赞助商和球员之间为*:*联系。最终实体联系图如图 16-2 所示。

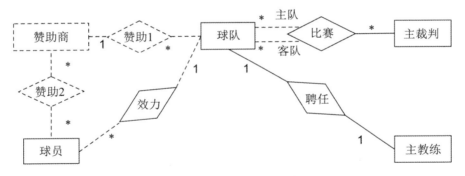

图 16-2　最终的实体联系图

16.2.2　孵化基地管理信息系统

某创业孵化基地管理若干孵化公司和创业公司，为规范管理创业项目投资业务，需要开发一个信息系统。请根据下述需求描述完成该系统的数据库设计。

1. 需求分析

（1）记录孵化公司和创业公司的信息。孵化公司信息包括公司代码、公司名称、法人代表名称、注册地址和一个电话；创业公司信息包括公司代码、公司名称和一个电话。孵化公司和创业公司的公司代码编码不同。

（2）统一管理孵化公司和创业公司的员工。员工信息包括工号、身份证号、姓名、性别、所属公司代码和一个手机号，工号唯一标识每位员工。

（3）记录投资方信息，投资方信息包括投资方编号、投资方名称和一个电话。

（4）投资方和创业公司之间依靠孵化公司牵线建立创业项目合作关系，具体实施由孵化公司的一位员工负责协调投资方和创业公司的一个创业项目。一个创业项目只属于一个创业公司，但可以接受若干投资方的投资。创业项目信息包括项目编号、创业公司代码、投资方编号和孵化公司员工工号。

2. 概念模型设计

根据需求阶段收集的信息，设计的实体联系图（不完整）如图 16-3 所示。

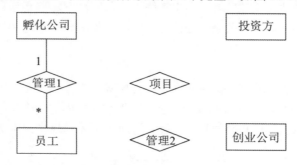

图 16-3   不完整的实体联系图

3. 逻辑结构设计

根据概念模型设计阶段完成的实体联系图，得出如下关系模式（不完整）：

孵化公司 (<u>公司代码</u>,公司名称,法人代表名称,注册地址,电话)

创业公司 (<u>公司代码</u>,公司名称,电话)

员工 (<u>工号</u>,身份证号,姓名,性别,＿＿＿（a）＿＿＿,手机号)

投资方 (<u>投资方编号</u>、投资方名称,电话)

项目 (<u>项目编号</u>,<u>创业公司代码</u>,＿＿＿（b）＿＿＿,孵化公司员工工号)

【问题 1】
根据问题描述，补充图 16-3 的实体联系图。

【问题 2】
补充逻辑结构设计结果中的（a）、（b）两处空缺及完整性约束关系。

【问题 3】
若创业项目的信息还需要包括投资额和投资时间，那么：

（1）是否需要增加新的实体来存储投资额和投资时间？

（2）如果增加新的实体，请给出新实体的关系模式，并对图 16-3 进行补充。如果不需要增加新的实体，请将"投资额"和"投资时间"两个属性补充并连线到图 16-3 合适的对象上，并对变化的关系模式进行修改。

案例分析

本题考查数据库概念模型设计及向逻辑结构转换的掌握。此类题目要求考生认真阅读题目，根据题目的需求描述，给出实体间的联系。

【问题 1】

根据题意由"投资方和创业公司之间依靠孵化公司牵线建立创业项目合作关系，具体实施由孵化公司的一位员工负责协调投资方和创业公司的一个创业项目"可知投资方、创业公司和员工三方参与项目联系，三方之间为 1:*:1 联系。根据题意由"统一管理孵化公司和创业公司的员工"可知创业公司和员工之间为 1:*联系。

【问题 2】

根据需求描述（2）可知员工信息包含工号、身份证号、姓名、性别、所属公司代码和一个手机号。所以在员工关系里应该包括"公司代码"，且以外键标识。

根据需求描述（4）可知投资方、创业公司和员工三方之间为 1:*:1 联系，所以需要在项目关系模式中包含"投资方编号"，且以外键标识。

【问题 3】

根据题意由"创业项目的信息还需要包括投资额和投资时间"，可知不需要增加新的实体来存储投资额和投资时间，只需要在项目关系模式中增加"投资额"和"投资时间"两个属性。

参考答案

【问题 1】

补充后的实体联系图如图 16-4 所示。

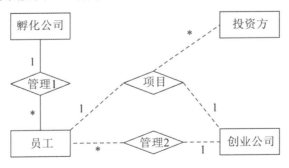

图 16-4 问题 1 补充后的实体联系图

【问题 2】

（a）公司代码 ； （b）投资方编号。

【问题3】

（1）不需要。

（2）修改后如图16-5所示。

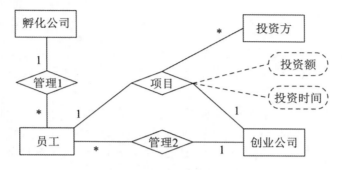

图16-5 补充属性后的实体联系图

16.2.3 小区停车位管理信息系统

某小区由于建设时间久远，停车位数量无法满足所有业主的需要，为公平起见，每年进行一次抽签来决定车位分配。小区物业拟建立一个信息系统，对停车位的使用和收费进行管理。

1. 需求分析

（1）小区内每套房屋可能有多名业主，一名业主也可能在小区内有多套房屋。业主信息包括业主姓名、身份证号、房号、房屋面积，其中房号不重复。

（2）所有车位都有固定的编号，且同一年度所有车位的出租费用相同，但不同年份的出租费用可能不同。

（3）所有车位都参与每年的抽签分配。每套房屋每年只能有一次抽签机会。抽中车位的业主需一次性缴纳全年的车位使用费用，且必须指定唯一的汽车使用该车位。

（4）小区车辆出入口设有车牌识别系统，可以实时识别进出的汽车车牌号。为方便门卫确认，系统还需登记汽车的品牌和颜色。

2. 逻辑结构设计

根据上述需求，设计出如下关系模式：

业主(业主姓名,业主身份证号,房号,房屋面积)

车位(车位编号,房号,车牌号,汽车品牌,汽车颜色,使用年份,费用)

【问题1】

对关系"业主"，请回答以下问题：

（1）给出"业主"关系的候选键。

（2）它是否为 2NF，用 60 字以内文字简要叙述理由。

（3）将其分解为 BCNF，分解后的关系名依次为：A1，A2，…，并用下画线标示分解后的各关系模式的主键。

【问题 2】

对关系"车位"，请回答以下问题：

（1）给出"车位"关系的候选键。

（2）它是否为 3NF，用 60 字以内文字简要叙述理由。

（3）将其分解为 BCNF，分解后的关系名依次为：B1，B2，…，并用下画线标示分解后的各关系模式的主键。

【问题 3】

若临时车辆进入小区，按照进入和离开小区的时间进行收费（每小时 2 元）。试增加"临时停车"关系模式，用 100 字以内文字简要叙述解决方案。

案例分析

本题考查数据库理论规范化及应用，属于比较传统的题目，考查点也与往年类似。

【问题 1】

本问题考查候选键和第二范式。由于"业主"关系的候选键为：房号，业主身份证号，通过分析"业主"关系的函数依赖可知：

房号，业主身份证号→业主姓名，业主身份证号，房号，房屋面积

根据第二范式的要求：每一个非主属性完全函数依赖于码。根据"业主"关系的函数依赖"房号→房屋面积"可知，存在非主属性对候选键的部分依赖。所以"业主"关系模式不满足第二范式。分解后的关系模式为：

A1（房号，业主身份证号）

A2（房号，房屋面积）

A3（业主身份证号，业主姓名）

【问题 2】

本问题考查第三范式。

根据第三范式的要求：每一个非主属性既不部分依赖于码也不传递依赖于码。由于"车位"关系的候选键为（车位编号，使用年份），（房号，使用年份）或（车牌号，使用年份），所以存在非主属性"汽车品牌"（或"汽车颜色"）对候选键"车位编号，使用年份"的传递依赖。由于（车位编号，使用年份）→车牌号，车牌号→汽车品牌，根据 Armstrong 公理系统中的传递率可知"（车位编号，使用年份）→汽车品牌"成立，故"（车位编号，使用年份）→汽车品牌"为传递依赖。可见"车位"关系模式不满足第三范式。分解后的关系模式见参考答案。

【问题 3】

本问题考查增加新的关系。因为需要根据进入和离开小区的时间进行收费，所以在增加

的"临时停车"关系模式中只需要体现车牌号、进入时间和离开时间即可，即增加的关系模式为：

临时停车（车牌号，进入时间，离开时间）

需要注意的是："车牌号，进入时间，离开时间"三个属性是必须有的，但根据需要也可以出现其他属性。

参考答案

【问题 1】

对关系"业主"：

（1）候选键：（房号，业主身份证号）

（2）不是 2NF。 候选键（房号，业主身份证号）部分决定非主属性"房屋面积"。

（3）分解后的关系模式：A1（房号，业主身份证号）；A2（房号，房屋面积）；

A3（业主身份证号，业主姓名）

【问题 2】

对关系"车位"：

（1）候选键：（车位编号，使用年份），（房号，使用年份），（车牌号，使用年份）

注：给出三个之一即可。

（2）不是 3NF。存在非主属性"汽车品牌"（或"汽车颜色"）对候选键"车位编号，使用年份"的传递依赖：（车位编号，使用年份）→车牌号，车牌号→汽车品牌。故（车位编号，使用年份）→汽车品牌，为传递依赖。

（3）分解后的关系模式：

B1（使用年份，费用）

B2（车牌号，汽车品牌，汽车颜色）

B3（车位编号，使用年份，房号，车牌号）或

B3（车位编号，使用年份，房号，车牌号）或

B3（车位编号，使用年份，车牌号，房号）

注：答三个 B3 中的任一个均对。

【问题 3】

因为需要根据进入和离开小区的时间进行收费，所以在增加的"临时停车"关系模式中只需要体现车牌号、进入时间和离开时间即可，即增加的关系模式为：

临时停车（车牌号，进入时间，离开时间）

注：根据题意"临时停车"关系模式中的 3 个属性是必须要有的，但也可以有其他属性。